Entscheidungen
des Reichsgerichts
in Zivilsachen

Sammlung der noch wichtigen Entscheidungen nach Fachgebieten geordnet

Herausgegeben

von

Professor Dr. **Leonhard Auerbach,** Berlin;
Präsident des Reichspatentamtes a. D. **Johannes Eylau,** München;
Rechtsanwältin **Charlotte Graf,** Berlin; Ministerialdirektor z. Wv. Senatspräsident Dr. **Ernst Knoll,** Berlin; Rechtsanwalt **Erich Kummerow,** Berlin; Rechtsanwalt **Hermann Reuß,** Berlin; Rechtsanwalt **Dr. Walter Schmidt,** Düsseldorf; Landgerichtsdirektor **Alexander Swarzenski,** Berlin; Rechtsanwalt Dr. **Werner Vahldiek, Berlin**

Gruppe V Öffentliches Recht

Kirchenrecht
Völkerrecht

Berlin 1957

Walter de Gruyter & Co.

vormals G. J. Göschen'sche Verlagshandlung / J. Guttentag, Verlagsbuchhandlung / Georg Reimer / Karl J. Trübner / Veit & Comp.

Kirchenrecht
Völkerrecht

Bearbeitet

von

Hermann Reuß

Rechtsanwalt in Berlin

Berlin 1957

Walter de Gruyter & Co.

vormals G. J. Göschen'sche Verlagshandlung / J. Guttentag, Verlagsbuchhandlung / Georg Reimer / Karl J. Trübner / Veit & Comp.

Archiv-Nr. 28 17 57
Satz und Druck: Zentraldruckerei Berlin

Vorwort

Zugleich eine Anleitung zur Benutzung des Bandes

Als vierten Band der Gruppe V der Auswahlsammlung legt der Bearbeiter hiermit Entscheidungen des ehemaligen Reichsgerichts zum Kirchen- und Völkerrecht vor. Die Zusammenfassung so heterogener Gebiete in einem Band erklärt sich aus verlegerisch-technischen Zweckmäßigkeitsgründen, da sonst zwei getrennte Bände von jeweils zu geringem Umfang angefallen wären.

Die Bezeichnung ‚Völkerrecht' ist für die darunter abgedruckten Entscheidungen ‚cum grano salis' zu verstehen. Vieles ist in Wahrheit nicht Völker-, sondern innerstaatliches Recht, das aber in engem Sachzusammenhang zu völkerrechtlichen Tatbeständen steht; das rechtfertigt die Einbeziehung, zumal die territorialen Veränderungen als Folge des zweiten Weltkrieges in rechtlicher Hinsicht hier viele Parallelen finden.

Besonders hat der Bearbeiter sich die technische Erschließung des Inhaltes des Bandes angelegen sein lassen. Dieser ‚Aufschlüsselung' dienen vor allem das bis in die Einzelheiten ausgebaute Sachregister, daneben auch die Kopftitel („Kolumnentitel") jeweils auf den Seiten des Buches. Dem fachlich Vertrauten dürfte schon die fortlaufende Durchsicht der Kolumnentitel und des Sachregisters mancherlei Anregungen bieten und aufschlußreiche Perspektiven eröffnen. Vor allem aber soll das Sachregister durch weitgehende Aufgliederung auch der Augenblicksverlegenheit des Praktikers abhelfen, indem es schnell die „Einstiegstelle" in die Rechtsprechung zum jeweiligen Problem aufzeigt.

Reuß

Inhaltsverzeichnis

Seite

Vorwort V

Verzeichnis der aufgenommenen Entscheidungen VII

Kirchenrecht 1

Völkerrecht 282

Sachregister 380

Verzeichnis

der aufgenommenen Entscheidungen aus der alten Sammlung

RGZ.	Seite
4, 289—290	1
5, 239—243	2
7, 136—138	5
9, 253—256	7
12, 280—288	10
14, 305	17
15, 168—174	18
16, 159—163	23
17, 153—158	27
24, 174—176	31
29, 188—189	33
31, 204—211	34
31, 243—246	36
42, 301—305	282
43, 172—174	38
43, 332—335	40
45, 208—215	43
56, 25—28	49
58, 244—248	52
59, 280—284	56
62, 165—168	285
62, 220—225	59
62, 252—255	64
62, 355—362	66
65, 146—151	73
69, 391—399	77
90, 346—350	84
96, 31—43	87
97, 122—125	97
97, 170—173	101
100, 271—274	104
101, 10—18	107
102, 251—254	288
102, 304—307	291
103, 91—94	115
103, 274—280	294
104, 338—341	119
105, 1—4	123
107, 44—50	300
107, 121—123	*305*
107, 173—175	308
107, 365—369	129
107, 382—386	310
108, 16—20	132
109, 357—363	313
111, 40—45	315
111, 115—123	320
111, 134—146	135
111, 149—151	326
111, 204—211	328
111, 211—223	140
113, 349—403	163
114, 220—230	171
117, 27—33	125
117, 284—286	334
118, 22—27	175
119, 156—163	335
121, 180—185	338
125, 186—191	179
127, 251—265	150
129, 67—72	181
132, 128—130	340
133, 192—200	185
136, 1—4	191
138, 243—247	342
143, 106—113	194
143, 143—153	200
143, 216—219	209
145, 16—21	344
146, 8—26	349
147, 233—247	212
152, 23—37	224
157, 246—256	236
157, 389—404	357
165, 242—248	244
165, 343—352	249
168, 143—174	258

Kirchenrecht

RGZ. 4, 289

Kirchliches Patronatsrecht.

Alter Leitsatz:

Ebenso wie seitens des Patrones ist seitens der Kirchengemeinde, wenn diese die Ersitzung des Patronatsrechtes behauptet, ein vierundvierzigjähriger Besitzstand nachzuweisen.

IV. Zivilsenat. Urt. v. 4. April 1881 i. S. der Kirchengemeinde R. (Bekl.) w. T. (Kl.) Rep. IV. 339/80.

I. Kreisgericht Groß-Strelitz. II. Oberlandesgericht Breslau.

Die Kirche zu S. und andere Kirchen sind als vereinigte Mutterkirchen unter einem Pfarrer zu der Parochie R. vereinigt. Kläger als Besitzer des Gutes S. hat gegenwärtig gegen die Vertreter der Parochie R. auf Anerkennung, daß er nicht Patron der Kirche zu S. sei, geklagt. Beklagte hat u. a. eingewendet, daß ihrerseits das Patronatsverhältnis gegen die Besitzer von S. durch Ersitzung erworben sei, wozu der Nachweis einer dreißigjährigen Ausübung der einzelnen, im Patronate liegenden Rechte und Pflichten genüge. Beklagte ist durch beide Vorderrichter nach dem Klagantrage verurteilt worden. Der Appellationsrichter hat eine vierundvierzigjährige Verjährungsfrist nach § 575 ALR. II. 11 für erforderlich und dieselbe für nicht nachgewiesen erachtet. Auf die von der Beklagten eingelegte Revision ist das zweite Erkenntnis bestätigt, bezüglich der Verjährungsfrist aus folgenden

Gründen:

Der Klagantrag betrifft das Bestehen oder Nichtbestehen des Patronates über die Kirche zu S., und dieser Gegenstand des Prozesses wird nicht durch einzelne Realberechtigungen, welche Beklagte gegenüber den Besitzern von S. erworben zu haben behauptet, gedeckt. Vielmehr können dem Klaganspuch nur solche Rechte entgegengesetzt werden, welche auf der Grundlage des Patronates beruhen und ein Ausfluß desselben sind; damit die von der Beklagten etwa erworbenen Rechte als Rechte aus dem Patronat angesehen werden können, hat Beklagte auch das Bestehen des Patronates als Quelle und Grundlage derselben nachzuweisen.. Allerdings ist hierbei nicht ausgeschlossen, daß ohne die Führung eines besonderen Beweises allein schon durch den Inhalt der von der Beklagten erworbenen Rechte der Schluß auf ein bestehendes Patronatsrecht gezogen werden kann; immerhin ist die Feststellung erforderlich, daß Beklagte das Recht erworben hat, die Stellung des Klägers als Patrones, also das Bestehen dieses Patronates, geltend zu machen. Zugunsten der Beklagten kann aber die Existenz des Patronates nicht angenommen werden, ohne daß gleichzeitig der Kläger als Besitzer desselben, der Erwerb des Patronates durch den Kläger als eingetreten und perfekt angesehen wird, und die Folgen des Nachweises des Patronates sind ebenso gegen die Kirchengesellschaft, wie gegen den Kläger gerichtet. Dieses zweiseitige Moment des Patronatsverhältnisses muß bei der Auslegung des § 575 ALR. II. 11 beachtet werden, und dieser Paragraph erheischt Anwendung überall, wo in einem Streite gegenüber der Kirchengemeinde es sich darum handelt, ob ein Patronat bei der Kirche existiert, ohne daß es darauf ankommt, auf welcher Seite die Existenz des Patronates behauptet und nachzuweisen ist. Der folgende § 576 stellt die einzige Ausnahme von der Regel des § 575 auf, nämlich wenn mehrere Privatpersonen über den Besitz des Patronates miteinander streiten, und bezeichnet hiermit den Fall, wenn die Existenz des Patronates an sich feststeht, während der § 575 einen Streit gerade hierüber voraussetzt und überall, wo diese Voraussetzung zutrifft, anwendbar ist. Die Frist für die Ersitzung im vorliegenden Falle ist daher gemäß § 35 ALR. II. 14, § 629 I. 9 die vierundvierzigjährige. . . .

RGZ. 5, 239

Nießbrauch des Pfarrers an den Pfarrländereien.

Alter Leitsatz:

Können der Patron und die Pfarrgemeinden im Rechtswege angehalten werden, zum Bau früher nicht vorhandener Pfarrwirtschaftsgebäude beizutragen, ohne daß die Notwendigkeit derselben von den geistlichen Obern festgestellt ist?

IV. Zivilsenat. Urt. v. 27. Mai 1881 i. S. des Fiskus u. Gen. (Bekl.) w. den Pfarrer Sch. (Kl.) Rep. IV. 25/81

I. Landgericht Konitz. II. Oberlandesgericht Marienwerder.

Auf die Klage des Pfarrers der katholischen Kirchengemeinde Osterwiek und der Filialgemeinde Frankenhagen sind die genannten Gemeinden für schuldig erklärt, anzuerkennen, daß sie ein Drittel der Baukosten zur Errichtung der notwendigen Wirtschaftsgebäude für 478 Morgen bisher verpachtetes Pfarrland beizutragen, auch die Leistung der Hand- und Spanndienste zu gewähren haben, und ebenso ist der Fiskus, als Patron, für schuldig erklärt, anzuerkennen, daß er zwei Drittel der gedachten Baukosten beizutragen habe.

Diese Erkenntnis ist auf die Revision der Beklagten abgeändert und Kläger mit der Klage abgewiesen.

Gründe:

Die Grundlagen der Entscheidung bilden die Behauptungen der Replik. In derselben unterscheidet der Kläger die Frankenhagener und die Osterwieker Pfarrländerei:

1. Von der ersteren behauptet er wörtlich:

„Auf dem Frankenhagener Pfarrlande von 312 Morgen haben sich seit Menschengedenken keine Pfarrgebäude befunden; es hatten dasselbe zwei sog. Pfarrbauern gepachtet und besaßen ihre eigenen Gebäude; dieselben waren aber keineswegs (dies hatten die Beklagten behauptet) Erbpächter, sondern Zeitpächter, weil mit ihnen zu verschiedenen Zeiten Pachtkontrakte geschlossen sind."

Nach § 778 ALR. II 11 gebührt dem Pfarrer die Verwaltung und der Nießbrauch der Pfarrgüter und es ist auch nicht zu bezweifeln, daß die im Tl. I Tit. 21 daselbst gegebenen Bestimmungen über die Obliegenheiten des Nießbrauchers in Ansehung der Gebäude durch die Bestimmungen des Tl. II Tit. 11 für den Pfarrer sehr wesentlich modifiziert sind. Indessen aus den letzten Bestimmungen folgt nicht, daß in Fällen, wo der Pfarrer seit Menschengedenken die Pfarräcker nur durch Verpachten genutzt hat, und zwar nur in der Weise, daß die Pächter für die zur Bewirtschaftung erforderlichen Gebäude Sorge trugen, wo also zur Ausübung des Nießbrauches keine Pfarrgebäude vorhanden waren, daß in solchen Fällen der Nießbrauch des Pfarrers das Recht desselben enthalte, von den Pfarrbaupflichtigen die Erbauung von dergleichen Gebäuden zu beanspruchen. In solchem Falle ist vielmehr die Dotation der Pfarre eine beschränktere, nämlich beschränkt auf den Nießbrauch, wie er ohne die Gebäude ausgeübt werden kann. Daß ein solcher Nießbrauch an sich möglich ist, zeigt der vorliegende Fall, wo derselbe durch Überlassung an Pächter, welche für das Bedürfnis der Bewirtschaftung selbst sorgten, ausgeübt ist. Die Bestimmungen § 168 ALR. I 21 und §§ 800 ff. II 11 ergeben, daß die Ausübung des Nießbrauches auch im Bezuge von Pachtgeldern bestehen kann, und es läßt sich auch nicht bezweifeln, daß es, abgesehen von der Verpachtung, ebenso Ausübung des Nießbrauches ist, wenn der Nießbraucher das Grundstück nur in der Weise nutzt, daß er sich die nötigen Wirschaftsgebäude selbst beschafft. Ist die Landdotation des Pfarrers in solcher Weise beschränkt, so ist die Hinzufügung ganz neuer, seit Menschengedenken nicht mit der Pfarre verbundener Gebäude eine Erweiterung der Dotation, welche nicht durch richterlichen Ausspruch festgesetzt werden kann. Denn so wenig das Gesetz dem Pfarrer unmittelbar ein Recht auf Pfarrländereien überhaupt gibt, so wenig gibt es demselben ein Recht, die Ausstattung von Pfarrländerei mit Wirschaftsgebäuden, welche früher nie bei derselben waren, zu verlangen...

2. Etwas anders liegt die Sache bei dem zur Dotation der Hauptgemeinde Osterwiek gehörigen Lande. Von diesem Lande werden 50 Morgen vom Kläger selbst bewirtschaftet, der Rest von 166 Morgen ist ebenfalls verpachtet. Hier behauptet der Kläger in der Replik, daß bis 1870 (richtiger bis 1860) alle für dieses Land notwendigen Gebäude vorhanden gewesen, und daß dieselben auch von den Pächtern, wenn der Pfarrer das Land nicht selbst bewirtschaftete, benutzt seien. Von diesen Gebäuden seien auf Anordnung der Regierung, als Patronatsbehörde, im Jahre 1860 die Scheune, dann ein Stall, endlich 1871 der zweite Stall wegen großer Schadhaftigkeit abgebrochen. Die abgebrochenen und verkauften Gebäude seien aber nicht in demselben Umfange für das ganze Osterwieker Pfarrland von 216 Morgen, sondern nur für 50 Morgen wieder erbaut.

Die wirkliche Intention des Klägers geht hiernach bei diesem Lande dahin:

> durch den in der Klage angetretenen Beweis darzutun, daß die neu hergestellten Gebäude nicht, wie die früheren, zu der Bewirtschaftung dieses Teiles des Pfarrlandes ausreichen, daß vielmehr zur Benutzung dieses und der Frankenhagener Landdotation notwendig ist: die Errichtung der vier Gebäude, welche der Kläger in der Klage unter näherer Beschreibung des Umfanges, welchen die Gebäude haben müssen, einzeln aufführt.

Nun ist aber die Frage der Notwendigkeit, und zwar nicht bloß des Umfanges der Notwendigkeit, von Kirchen- und Pfarrbauten (vgl. Entsch. des Obertrib. Bd. 54 S. 305, welcher sich auch das Reichsgericht angeschlossen hat,) dem Rechtswege entzogen. Das erkennt zwar auch der Kläger an; es widerspricht demselben aber sein Klagantrag, welcher auf Verurteilung der Beklagten zur Gewährung der Baukosten der auch für das Osterwieker Land notwendigen Wirtschaftsgebäude geht. Dies kann gegenüber seinen Auslassungen in der Replik nur dahin verstanden werden, daß der Richter entscheiden solle, daß die in neuerer Zeit an Stelle der älteren Gebäude errichteten neuen Gebäude zur Erfüllung der Bestimmung der ersteren, nämlich das ganze Osterwieker Land zu bewirtschaften, nicht ausreichen; daß neben denselben auch für dieses Land noch Gebäude notwendig sind. Diese Frage ist aber nicht im Rechtswege, sondern sie war damals, als die neuen Gebäude gebaut wurden, von der Oberen- und der Aufsichtsbehörde zu entscheiden und ist damals in einer der jetzigen Intention des Klägers entgegengesetzten Weise entschieden worden. Das Gericht kann jetzt nicht aussprechen, daß noch Gebäude notwendig sind, obwohl sie damals von den zuständigen Behörden nicht für nötig erachtet sind. Sollten aber diese Behörden die Errichtung jener Gebäude deshalb in ungenügender Weise angeordnet haben, weil die früheren Gebäude nur für die vom Pfarrer selbst benutzten 50 Morgen bestimmt waren, so würde die Sache hier wie bei der Frankenhagener Pfarrländerei liegen, es würde an jedem Anhalt dafür fehlen, daß zu den Wiedmutsstücken der Pfarre auch Gebäude für die übrigen 166 Morgen des Osterwieker Landes gehören. . . .

RGZ. 7, 136

Auch für katholische Kirchen sind privatrechtliche, im Rechtsweg verfolgbare Kirchenstuhlrechte (Gebrauchsrechte an Kirchenstühlen und Kirchensitzen) nicht grundsätzlich ausgeschlossen.

Alter Leitsatz:
Gibt es Privatrechte auf bestimmte Kirchensitze und Kirchenstühle? Kommen solche Rechte auch in katholischen Kirchen vor?

III. Zivilsenat. Urt. v. 5. Mai 1882 i. S. N. (Bekl.) w. v. N. (Kl.) Rep. III. 584/81.

I. Landgericht Marburg. II. Oberlandesgericht Kassel.

Aus den Gründen:

Nach heutigem Recht sind die dem Gottesdienste geweihten Sachen dem Verkehr nicht entzogen. Sowohl die Kirchengebäude selbst als die einzelnen für den Gottesdienst bestimmten Gegenstände können im Privateigentum stehen. Folgerichtig ist auch die Möglichkeit von dinglichen oder persönlichen Gebrauchsrechten an letztgenannten Gegenständen, zu welchen unter anderen die Kirchenstühle und Kirchensitze gehören, nicht ausgeschlossen. Diese Gebrauchsrechte sind nicht bloß als Ausfluß der allgemeinen Benutzung und damit als öffentlichrechtliche Befugnisse denkbar, welche im Streitfalle der Entscheidung durch die Verwaltungsbehörden unterliegen; sie können ebensowohl auf privatrechtlichen Erwerbstiteln beruhen und verschaffen in diesem Falle dem einzelnen Kirchengliede einen privatrechtlichen Anspruch auf die Benutzung eines bestimmten Kirchenstuhles und Kirchensitzes.

In fast völliger Übereinstimmung hat denn auch die gemeinrechtliche Doktrin und Praxis in dem sogenannten Kirchenstuhlrecht ein je nach seinem Erwerbstitel verschieden gestaltetes Privatrecht anerkannt, welches zwar den Einschränkungen unterliegt, die aus der Bestimmung des Gegenstandes zum Gottesdienste sich ergeben und durch die kirchliche Ordnung bedingt sind, das aber im übrigen gerichtlichen Schutz auf dem Wege petitorischer und possessorischer Rechtsmittel beanspruchen kann.

Nun ist zwar den Revisionsklägern zuzugeben, daß die eben erwähnte Doktrin und Praxis überwiegend aus evangelischen deutschen Gebieten stammt und hauptsächlich dort ausgebildet worden ist. Dies mag sich daraus erklären, daß in katholischen Kirchen auf den Besitz eigener Kirchenstühle *tatsächlich weniger Gewicht gelegt wird*; unbekannt sind eigene, von anderen abgetrennte Kirchenstühle auch in katholischen Kirchen keineswegs. Abgesehen von dem Ehrensitz, welcher schon durch das kanonische Recht dem Patron der Kirche eingeräumt ist, bezeugt Müller (Lexikon des katholischen Kirchenrechtes Bd. 3 S. 443), daß der Gebrauch gewisser Kirchenstühle nach besonderen Rechtstiteln einer bestimmten Familie zustehen könne, und daß Streitigkeiten, welche bezüglich solcher Stühle entstehen, vor die weltlichen Gerichte gehören. Auch Schulte (Lehrbuch des katholischen Kirchenrechtes 2. Aufl. S. 556) räumt ein, daß in katholischen Kirchen oft das Recht auf einen betimmten Sitz, sog. Kirchenstuhlrecht, bestehe, teils als ein persönliches durch Vertrag erworbenes, teils als ein der Familie zustehendes. Damit ist die Möglichkeit eines privatrechtlichen Charakters dieses Rechtes gleichzeitig zugegeben. Wenn aber Schulte a. a. O. beifügt, keinesfalls könne dem Pfarrer und dem Bischof das Recht bestritten werden, dergleichen gesperrte Sitze zu entfernen, und es lasse sich dieserhalb nicht der Rechtsweg, sondern nur eine Beschwerde ergreifen, so ist dies ein Satz, für welchen Schulte jegliche Begründung aus allgemeinen oder aus besonderen Grundsätzen des katholischen Kirchenrechtes schuldig bleibt. Nur so viel ist richtig, daß bezüglich der Kirchenstühle und ihres Gebrauches, da sie dem Gottesdienste dienen sollen, gewisse kirchenpolizeiliche Befugnisse der Kirchenbehörden naturgemäß nicht ausgeschlossen sind, und daß, soweit sich der einzelne durch Ausübung solcher Befugnisse verletzt erachtet, die Betretung des Zivilrechtswegs nicht offensteht. Selbstredend kann aber dadurch die Existenz privatrechtlich geschützter und deshalb zivilrechtlich verfolgbarer Ansprüche auf die Kirchenstühle nicht beseitigt sein.

Ist hiernach die Möglichkeit eines privatrechtlichen Charakters des sogenannten Kirchenstuhlrechtes auch für katholische Kirchen gegeben, so muß der Rechtsweg für den von den Klägern erhobenen Anspruch zugelassen werden. Denn letztere behaupten, daß ihnen ein durch Verjährung erworbenes Privatrecht auf den streitigen Kirchenstuhl zustehe, und die beklagte Kirchengemeinde hat dieses Recht als solches bestritten, also nicht etwa nur aus kirchenpolizeilichen Gründen dessen Ausübung beeinträchtigt. Wie der klägerische Anspruch des näheren rechtlich zu qualifizieren ist, ob als ein petitorischer oder als ein possessorischer Anspruch, muß zunächst dahingestellt bleiben; denn nicht die Frage liegt jetzt im Streite, ob und in welcher Weise der klägerische Anspruch begründet, sondern nur ob er nach den Anführungen der Kläger ein solcher ist, welcher begrifflich als ein zur Kompetenz der Zivilgerichte gehöriges Privatrecht erachtet werden kann.

RGZ. 9, 253

Kirchliches Patronatsrecht.

Alter Leitsatz:

Enthält die Verpflichtung des Patrones zum Baue der Pfarrgebäude die Verpflichtung, den bis zur Herstellung des Pfarrhauses für den Pfarrer aufzuwendenden Mietzins und den Kaufpreis für die Baustelle zu zahlen?

IV. Zivilsenat. Urt. v. 12. April 1883 i. S. Gemeinde H. (Bekl.) w. Fiskus (Kl.). Rep. VI. 608/82.

I. Landgericht Halberstadt. II. Oberlandesgericht Naumburg.

Für die aus den drei Kirchengemeinden H., G. und N. bestehende Gesamtparochie besteht unbestritten die observanzmäßige Verpflichtung des Fiskus, als Patron sämtliche Kirchen- und Pfarrbaukosten mit Ausnahme der von den Eingepfarrten zu leistenden Hand- und Spanndienste zu tragen. In neuerer Zeit ist die Anstellung eines Kompastors mit dem Amtssitze zu H. angeordnet, während der bisherige gemeinschaftliche Pfarrer seinen Amtssitz in G. behält. Da in H. ein Pfarrhaus noch nicht vorhanden ist, hat die Gemeinde H. den Kompastor gegen einen jährlichen Zins von 180 M. eingemietet, und der Fiskus ist durch Resolut der Bezirksregierung für verpflichtet erklärt, hierzu jährlich 130 M. (nämlich im Verhältnisse des Wertes seiner Bauleistungen zu dem Werte der Hand- und Spanndienste) zu zahlen.

Dagegen sind durch ein anderes Resolut die Eingepfarrten der drei Gemeinden für verpflichtet erklärt, den Kaufpreis des für das Pfarrgehöft erforderlichen Terrains aufzubringen, und davon ist ein verhältnismäßiger Teil auf die Gemeinde H. repartiert.

Fiskus hält die Eingepfarrten allein zur Tragung des Mietzinses, die Gemeinde H. den Fiskus allein zum Ankauf des Terrains für verpflichtet; beide haben klagend bzw. widerklagend die dementsprechenden Anträge gestellt.

Das Reichsgericht hat auf die Klage, sowie auf die Widerklage zugunsten des Fiskus entschieden aus folgenden

Gründen:

„1. Den Gegenstand der Klage angehend, so muß nach § 164 ALR. II. 11 für die Unterhaltung der bei einer Kirchengesellschaft angestellten Beamten die Gesellschaft selbst sorgen (§ 252 a. a. O.). Zu der Kirchengesellschaft, welche für diesen Unterhalt zu sorgen hat, gehört der Patron nicht; derselbe steht vielmehr den Eingepfarrten gegenüber.

Von dieser Sorge ist die Kirchengesellschaft nur soweit frei, als dieselbe einem Dritten, namentlich dem Patrone, kraft Gesetzes oder besonderer Rechtstitel obliegt.

Der § 584 a. a. O. bestimmt nun zwar, daß die dem Patrone obliegende Sorge für die Erhaltung der Kirche die Pflicht begreift, bei Ermangelung eines hinlänglichen Kirchenvermögens aus eigenen Mitteln beizutragen; indessen ist diese Verpflichtung im Titel 11 an anderen Orten im einzelnen geregelt und läßt sich nicht über die Grenzen dieser Einzelbestimmungen hinaus ausdehnen. Dieser Standpunkt ist in der Judikatur des Obertribunals stets festgehalten und auch bereits vom IV. Civilsenate des Reichsgerichtes (IV. 39/80) dahin gebilligt:

> daß § 584 a. a. O. lediglich den dem rechtlichen Verhältnisse des Patrones zugrunde liegenden Grundzug ausdrückt, und daß die Bestimmung der Pflichten desselben im einzelnen durch die §§ 720 ff., 779 ff. a. a. O. erfolgt ist; daß diese Bestimmungen, nicht der allgemeine Grundsatz des § 584 a. a. O., welcher ihnen nur als Grundlage zu dienen den Zweck hat, seine Verpflichtungen bestimmen und begrenzen.

Im vorliegenden Falle steht nun fest, daß der Kläger, als Patron, vermöge Observanz verpflichtet ist, die Baukosten der Pfarrgebäude in der Gesamtparochie außer den Hand- und Spanndiensten zu tragen. Von Fällen, in denen der Kläger bei Ermangelung von Pfarrgebäuden die Kosten der Unterbringung des Pfarrers getragen hat, ist überall nicht die Rede, und das Berufungsgericht nimmt auch eine solche Observanz nicht an. Allein es findet durch Gesetzesauslegung, daß die in den §§ 710 ff., 748 ff. ALR. II. 11 abgehandelte Kirchen- und Pfarrbaupflicht zugleich die Verpflichtung umfasse, beim Mangel von Pfarrgebäuden die Kosten der Unterbringung des Pfarrers zu bestreiten. Indessen, was zur Begründung dieses Satzes angeführt wird, entbehrt der gesetzlichen Grundlage.

Freilich beschafft der zur Erbauung des Pfarrgebäudes Verpflichtete durch den Bau dem Pfarrer Wohnung; es kann aber nicht mit dem Berufungsgerichte gefolgert werden, daß ihm vermöge seiner Pflicht, zu bauen, um deswillen, weil das Bauen Wohnung schafft, auch Verpflichtungen obliegen, deren Erfüllung zwar ebenfalls Wohnung schafft, welche aber nicht im Bauen bestehen. In der Baupflicht liegt nur die Pflicht, durch Bauen Wohnung zu schaffen. Daraus, daß der Zweck — Unterbringung des Pfarrers — sich sowohl durch den Bau des Pfarrhauses, als durch Einmieten des Pfarrers erreichen läßt, folgt nicht, daß der zum Bau Verpflichtete auch verpflichtet ist, den Mietzins für den Pfarrer zu zahlen.

Hiernach erscheint der Klaganspruch wohl begründet....

2. Den Anspruch der Widerklage angehend, so geht das Berufungsgericht auch hier davon aus, daß nicht behauptet ist, daß es sich inhalts der maßgebenden Observanz jemals um die Verpflichtung, den Grund und Boden zu einem der in Rede stehenden Gebäude herzugeben, gehandelt habe; daß sich vielmehr sämtliche Vorkommnisse nur auf Neu- und Reparaturbauten auf dem Pfarrgehöft zu G. (dem einzigen in den drei Gemeinden befindlichen) beziehen. Dasselbe folgert die dem Kläger auferlegte Verpflichtung zur Beschaffung des Bauplatzes auch hier lediglich aus dem gesetzlichen Begriffe der Pfarrbaupflicht. Indessen kann auch hier seiner Ausführung nicht beigetreten werden.

Der Umstand, daß ohne Bauplatz ein Gebäude nicht errichtet werden kann, führt nicht zu der Folgerung, daß das Gesetz den Kaufpreis für den Bauplatz zu den Kosten des Baues rechne. Daraus, daß der Ankauf des Bauterrains Vorbedingung des Baues ist, folgt nicht daß der Ankauf selbst ein Bau oder Teil des Bauens ist. Ist dies aber nicht der Fall, so kann man den Kaufpreis für das Terrain auch nicht unter die Baukosten begreifen. Ebensowenig folgt daraus, daß im Allgemeinen Landrecht nirgends speziell von den durch die Beschaffung des Bauterrains entstehenden Kosten gehandelt wird, eine Lücke des Gesetzes; die angebliche Lücke wird generell durch die §§ 110, sowie 160, 170 ALR. II. 11 ausgefüllt, nach welchen die Kirchen und andere dahin gehörige Gebäude ausschließlich zum Eigentum der Kirchengesellschaft, zu deren Gebrauch sie bestimmt sind, gehören. Bedarf daher die Kirchengesellschaft zu ihrem Gebrauch des Eigentumes an Terrain zur Errichtung eines Pfarrgehöftes, so ist es ihre Sache, sich solches Eigentum zu verschaffen. Speziell für Pfarrgebäude ist diese Verpflichtung aber außerdem in § 164 a. a. O. gegeben; denn die Wohnung gehört mit zum Unterhalt des Pfarrers. Wie die Gemeinde von der Verpflichtung, die Pfarrgebäude zu erbauen, nur soweit frei ist, als das Gesetz oder ein spezieller Rechtstitel dieselbe dem Patron oder einem anderen Dritten auferlegt, so wird sie von der Verpflichtung, das Bauterrain zu schaffen, nicht frei, wenn dieselbe keinem anderen obliegt. Das Fehlen spezieller Vorschrift darüber, wer die Kosten der Terrainanschaffung zu tragen hat, führt gerade zur Verpflichtung der Gemeinde.

..."

RGZ. 12, 280

Friedhofsrecht. Klagbarkeit des Rechts auf Benutzung.

Alter Leitsatz:

Steht dem Mitglied einer Kirchengemeinde gegen die letztere ein klagbares Recht auf die bestimmungsmäßige Benutzung eines im Eigentume derselben befindlichen Begräbnisplatzes zu?

GVG. § 13. Pr. AGO. Einl. § 1.
Pr. ALR. II. 11 §§ 108—110. 183. 453. 761, II. 6 § 72.

IV. Zivilsenat. Urt. v. 4. Dezember 1884 i. S. H. (Kl.) w. die Kirchengemeinde zu B. (Bekl.) Rep. IV. 221/84.

I. Landgericht Münster. II. Oberlandesgericht Hamm.

Der Kläger, welcher die Leiche seines im Duell getöteten Sohnes — wie er behauptete, provisorisch — auf einem auswärtigen Kirchhof hatte beerdigen lassen, beanspruchte von der beklagten Kirchengemeinde, deren Mitglied er ist, die Gestattung des ehrlichen Begräbnisses der gedachten Leiche auf dem im Eigentum der Beklagten stehenden Kirchhof zu B. „in der Reihe".

In erster und zweiter Instanz abgewiesen, legte er gegen das Berufungsurteil mit Erfolg die Revision ein.

Aus den Gründen:

Der erste Richter hat den Klaganspruch aus dem Grunde abgewiesen, weil derselbe durch die vom Kläger getroffene, einen tatsächlichen Verzicht in sich schließende Wahl eines anderen Begräbnisplatzes erloschen sei. Der zweite Richter hat diesen Entscheidungsgrund verworfen, gleichwohl aber die Berufung des Klägers zurückgewiesen, weil demselben das beanspruchte Recht, welches sich nur auf seine Eigenschaft als Mitglied der beklagten Kirchengemeinde und nicht auf einen speziellen Erwerbstitel gründe, als ein im Wege des Zivilprozesses verfolgbares gegen die Beklagte überhaupt nicht zustehe, solches vielmehr nur durch Beschwerde bei den kirchlichen und staatlichen Aufsichtsbehörden geltend gemacht werden könne.

Dieser Ansicht konnte nicht beigetreten werden.

Nach § 13 GVG. gehören vor die ordentlichen Gerichte alle bürgerlichen Rechtsstreitigkeiten, für welche nicht entweder die Zuständigkeit von Verwaltungsbehörden oder Verwaltungsgerichten begründet ist oder reichsgesetzlich besondere Gerichte bestellt oder zugelassen sind. Das Gesetz enthält weder eine Definition des Begriffes „bürgerliche Rechtsstreitigkeiten", noch eine Abgrenzung der Kompetenz der ordentlichen Gerichte gegenüber der Zuständigkeit der Verwaltungsbehörden und Verwaltungsgerichte. In dieser Hinsicht ist daher, soweit nicht andere Reichsgesetze Bestimmungen getroffen haben, auf die in Geltung gebliebenen Landesrechte zurückzugehen. — Für Preußen kommt vor allem der § 1 der Einleitung zur Allgemeinen Gerichtsordnung in Betracht, welcher in Wissenschaft und Praxis stets als oberster Grundsatz über die Zulässigkeit des Rechtsweges angesehen ist. Hiernach müssen, in Ermangelung eines gütlichen Übereinkommens, „alle Streitigkeiten über Sachen und Rechte, welche einen Gegenstand des Privateigentums ausmachen, durch richterlichen Ausspruch entschieden werden". Daß in dieser Vorschrift unter den Gegenständen des Privat**eigentums** nicht bloß die Objekte des eigentlichen Eigentums oder der **Vermögens**rechte überhaupt, sondern alle Gegenstände **privater Berechtigung** im Gegensatz sowohl zu den Befugnissen des öffentlichen Rechts, als auch zu denjenigen Betätigungen des Willens, welche ihrer Natur nach nicht den Inhalt eines subjektiven Rechts zu bilden vermögen, haben verstanden werden sollen, unterliegt keinem Zweifel und ist in der Praxis des vormaligen preußischen Obertribunals stets anerkannt worden (vgl. Entsch. desselben Bd. 7 S. 137).

Prüft man von diesem Gesichtspunkte aus den vorliegenden Klaganspruch, so gelangt man zu dem Ergebnisse, daß derselbe einen Gegenstand des Privatrechts in dem eben angegebenen Sinne betrifft.

Der Klagantrag bezweckt die Verurteilung der beklagten Kirchengemeinde, das ehrliche Begräbnis der Leiche des H. (eines Sohnes des Klägers) auf dem katholischen Kirchhof zu B. — in der Reihe — zu gestatten. Derselbe richtet sich nicht auf die Einräumung einer konkret bestimmten, sondern auf die Gewährung einer Grabstätte überhaupt an der für die Beerdigung der Gemeindeglieder regelmäßig dienenden Stelle (so sind die Worte: „in der Reihe" offenbar zu verstehen), unter Ausschließung aller, das Andenken des Verstorbenen herabsetzenden Ausnahmemaßregeln, ohne daß jedoch andererseits eine **kirchliche** Mitwirkung bei der Bestattung begehrt würde. Gegründet ist der Klaganspruch auf die unstreitigen Umstände, daß der fragliche Kirchhof im Eigentum der Beklagten steht und Kläger Mitglied der letzteren ist, sowie auf die streitig gebliebene Behauptung, daß der Verstorbene bei seinem Ableben in der väterlichen Gewalt des Klägers sich befunden, mithin gemäß § 272 ALR. II 11 der Parochie des Vaters angehört habe.

Nach § 183 a. a. O. stehen die zu den einzelnen Kirchen gehörigen Kirchhöfe und Begräbnisplätze der Regel nach — wie dies auch vorliegend der Fall ist — im Eigentum der betreffenden Kirchengesellschaften und bilden alsdann einen Teil des Kirchenvermögens (§ 160 a. a. O.). Unter den Kirchengesellschaften, als juristischen Personen und Subjekten des Kirchenvermögens, versteht aber das Allgemeine Landrecht anerkanntermaßen die lokalen, korporativ organisierten Kirchengemeinden, nicht die Gesamtkirche der betreffenden Konfession. Jene bestehen aus geistlichen und weltlichen Mitgliedern (§ 58 a. a. O.), und die letzteren haben das Recht, sich der Anstalten der Gesellschaft zu ihren Religionshandlungen nach Maßgabe der bei dieser Gesellschaft eingeführten Ordnungen und Verfassungen zu bedienen, wogegen sie auch nach ebendiesen Verfassungen zur Unterhaltung der Anstalten beizutragen haben (§§ 108—110 a. a. O.). Dementsprechend bestimmt denn auch § 761 a. a. O., daß die Unterhaltung der Begräbnisplätze, als gemeine Last, allen obliegt, „die an dem Kirchhof teilzunehmen berechtigt sind" (§§ 183 flg.). Hieraus ergibt sich, daß jeder Eingepfarrte, als Mitglied der Kirchengesellschaft, ein Recht auf die bestimmungsmäßige Benutzung des derselben gehörigen Kirchhofes für sich und seine, der nämlichen Parochie angehörenden Familienglieder hat, wie er andererseits zu den Unterhaltungskosten beizutragen verbunden ist, und demgemäß stellt denn auch der § 453 a. a. O., allerdings zunächst zum Zwecke der Regelung des Anspruches auf die Stolgebühren, aber doch immerhin in ersichtlicher Anerkennung des korrespondierenden Rechtes, den Grundsatz auf, daß jeder Eingepfarrte der Regel nach in seiner Parochie begraben werden müsse. Das hiernach aus der Gemeindemitgliedschaft entspringende Teilnahmerecht ist, wie bereits das vormalige preußische Obertribunal zutreffend dargelegt hat (vgl. Striethorst, Archiv Bd. 65 S. 110 flg., Bd. 86 S. 114 flg.), wesentlich verschieden von dem etwa auf § 189 ALR. II. 11 gegründeten Anspruch eines außerhalb der Gemeinde Stehenden auf Gewährung eines Begräbnisses; es gehört nach der für alle Korporationen aufgestellten Regel des § 72 a. a. O. II. 6 in Verbindung mit § 4 a. a. O. I. 17 zu den besonderen Rechten der einzelnen Mitglieder und stellt sich auch seinem Gegenstande wie seinem Inhalte nach als eine private Berechtigung dar, insofern es nicht der Ordnung des Gemeinwesens dient, sondern — wenigstens in erster Reihe — dem einzelnen zur Befriedigung eines individuellen Bedürfnisses gewährt ist.

Vgl. Schulze, Das preußische Staatsrecht Bd. 2 S. 359; Unger, System des österreichischen Privatrechtes Bd. 1 S. 2—4.

Zu einem wesentlichen Teile wird dies Recht sogar in den meisten Fällen als ein vermögensrechtliches zu qualifizieren sein, da derjenige, welchem die Sorge für die Bestattung des Verstorbenen und die Bestreitung der dadurch erwachsenden Kosten obliegt, an der Gewährung der ihm gebührenden Grabstätte auch ein beachtenswertes pekuniäres Interesse zu haben pflegt und in dieser Gewährung zugleich das Äquivalent für seinen Beitrag zu den Unterhaltungskosten des gemeinsamen Begräbnisplatzes empfängt. Indes kommt es hierauf nicht entscheidend an, da auch andere als Vermögensinteressen, sofern sie überhaupt rechtliche Anerkennung gefunden haben und dem Bereiche des Privatrechtes angehören, den Schutz der ordentlichen Gerichte genießen.

Der demzufolge, in Anwendung des an die Spitze gestellten Grundsatzes, gebotenen Anerkennung des streitigen Rechtes, als eines im Wege des Zivilprozesses verfolgbaren, steht auch nicht entgegen, daß der Gegenstand desselben in gewisser Hinsicht — keineswegs absolut — dem bürgerlichen Verkehr entzogen ist. Denn so wenig diese Eigenschaft der Kirchhöfe das Vorhandensein privaten Eigentumes (sei es der Kirchen- oder politischen Gemeinden oder einzelner) an demselben ausschließt, ebensowenig hindert dieselbe das Bestehen solcher Nutzungsrechte an ihnen, welche ihrer Bestimmung nicht zuwiderlaufen, und dies gilt sicherlich von dem in Frage stehenden Beerdigungsrechte. So ist denn auch der Erwerb von persönlichen, Erb- und Familienbegräbnisstätten in verbreiteter und rechtlich geschützter Übung,

vgl. Entsch. des preuß. Obertrib. Bd. 61 S. 219, Bd. 66 S. 200; Förster-Eccius, Theorie uws. Bd. 1 S. 119; Dernburg, Preuß. Privatrecht 4. Aufl. Bd. 1 S. 146,

und man wird kaum anstehen, auch den auf §§ 685, 591 ALR. II. 11 gestützten Ansprüchen auf unentgeltliche Anweisung von Begräbnisplätzen die Natur der klagbaren Ansprüche beizulegen.

Wenn gleichwohl der Berufungsrichter dem Anspruch des Klägers diese Anerkennung versagt hat, so beruht dies in erster Reihe auf der Annahme, daß die Mitglieder einer öffentlich-rechtlichen Korporation (welches die Beklagte zweifellos ist) gegen dieselbe klagbare Ansprüche auf Teilnahme an dem Korporationsvermögen aus ihrer Mitgliedschaft allein nicht herleiten könnten, hierzu vielmehr noch eines weiteren (speziellen) Erwerbstitels bedürften. — Allein ein allgemeiner Grundsatz dieses Inhaltes ist dem preußischen Rechte fremd. Aus dem bereits angezogenen § 72 ALR. II. 6 geht im Gegenteil hervor, daß das Anrecht jedes Korporationsmitgliedes an dem der Benutzung der Mitglieder unterworfenen Korporationsvermögen zu dessen besonderem Vermögen gehört und demgemäß wie gegen jedermann, so auch gegen die Korporation selbst im Rechtswege geltend gemacht werden kann, und es ist nicht zweifelhaft, daß diese Vorschrift, wie alle einschlägigen Bestimmungen des gedachten Titels, grundsätzlich auch auf die Korporationen des öffentlichen Rechtes anzuwenden sind.

Vgl. Entsch. des preuß. Obertrib Bd. 47 S. 316 flg., Bd. 48 S. 258 flg., Bd. 57 S. 308 flg.; Striethorst, Archiv Bd. 51 S. 141 flg., Bd. 78 S. 41 flg.

Für die Kirchengesellschaften sind in dieser Beziehung abweichende Festsetzungen nicht nur nicht getroffen, sondern es ist sogar im Titel 11 Teil II ALR. an einer Reihe von Stellen (§§ 193, 218, 365, 555, 620, 940) auf die entsprechende Vorschrift des 6. Titels und namentlich bezüglich des Vermögens der Kirchengesellschaften (im § 193) speziell auch auf den § 72 a. a. O. II. 6 verwiesen und dadurch deutlich zu erkennen gegeben, daß es eines weiteren Titels für das Teilnahmerecht an dem kirchlichen Vermögen nach Maßgabe und mit der Wirkung der im § 72 a. a. O. aufgestellten Regel, als der Mitgliedschaft an der berechtigten Gesellschaft, nicht bedarf.

Endlich fehlt es auch an jedem, aus der Natur des Rechtsverhältnisses zu entnehmenden Grunde, welcher es rechtfertigen könnte, den Korporationsmitgliedern die prozessuale Geltendmachung ihres in Frage stehenden Rechtes zwar gegen dritte Personen, nicht aber gegen die Korporation selbst zu gestatten, wiewohl doch die letztere nicht minder ein von ihren Mitgliedern gesondertes Rechtssubjekt ist.

An dem Ergebnis der bisherigen Erörterung ändert es nichts, daß das Begräbniswesen in anderen und, wie man zugeben kann, überwiegenden Beziehungen dem öffentliche Rechte angehört und deshalb Gegenstand auch solcher Vorschriften geworden ist, welche nur der Rücksicht auf das Gemeinwohl ihre Entstehung verdanken. Dahin gehören zweifellos die Vorschriften der §§ 184, 186 ALR. II. 11, welche die Beerdigung von Leichen in den Kirchen und in bewohnten Gegenden der Städte untersagen bzw. solche an anderen Orten als den öffentlichen Kirchhöfen von einer vorgängigen Anzeige an die geistlichen Oberen abhängig machen, und seiner vornehmen Tendenz nach auch der § 188 a. a. O., wonach ohne Erkenntnis des Staates niemandem das ehrliche Begräbnis auf dem öffentlichen Kirchhofe versagt werden soll. Denn die letztgedachte Vorschrift läßt nicht die von dem Vertreter des Revisionsklägers versuchte Deutung zu, daß über die Versagung des ehrlichen Begräbnisses nur im ordentlichen Rechtswege zu entscheiden sei, sondern ist mit dem Berufungsrichter dahin zu verstehen, daß sie im Interesse der öffentlichen Ordnung die Anwendung jener, als kirchliches Strafmittel anzusehenden Maßregel nur dann gestattet, wenn auf dieselbe (was nach dem damals geltenden Rechte in gewissen Fällen zulässig war) von dem bürgerlichen Richter erkannt war. Dies schließt jedoch nicht aus, daß der § 188 a. a. O., insofern er eine für alle Begräbnisse gültige Bestimmung trifft, auch für denjenigen, welcher auf die Gewährung eines Begräbnisplatzes einen prozessualisch verfolgbaren Anspruch hat, eine für den Umfang und die Modalitäten des letzteren maßgebende Bedeutung hat und demzufolge in dem hierfür geordneten Wege geltend gemacht werden darf, da das Privatrecht in so gearteten Fällen von dem Ermessen der Polizeibehörde und der hierfür entscheidenden Beteiligung des öffentlichen Interesses unabhängig sein muß.

Nun ist zwar richtig, daß in den vom Berufungsrichter angeführten Spezialgesetzen (von welchen übrigens nur noch das Gesetz vom 23. Juli 1847, betreffend die Verhältnisse der Juden, in Geltung ist) Streitigkeiten der Mitglieder politischer bzw. der Synagogengemeinden über ihr Teilnahmerecht an dem Korporationsvermögen und dessen Benutzung völlig oder doch beim Mangel eines anderweiten besonderen Titels dem Rechtswege entzogen und der endgültigen Entscheidung der staatlichen Verwaltungsbehörden überwiesen sind, und eine gleichartige Bestimmung findet sich im § 45 der Städteordnung für die Rheinprovinz vom 15. Mai 1856. Auch hat der preußische Gerichtshof für die Entscheidung der Kompetenzkonflikte für den Bereich der politischen (Stadt- wie Land-) Gemeinden den allgemeinen Satz aufgestellt, daß, selbst in Ermangelung positiver Gesetzesvorschriften, über Ansprüche der Gemeindeglieder auf Benutzung des Kommunalvermögens, welche sich lediglich auf die Mitgliedschaft gründeten, der Rechtsweg nicht stattfinde, solche vielmehr, als eine innere Kommunalangelegenheit betreffend, nur im administrativen Wege zu erledigen seien, und dies selbst dann, wenn einzelne Gemeindeglieder für ihre Person durch Beschlüsse des Vorstandes von der Mitbenutzung ausgeschlossen worden waren.

Vgl. preuß. Justizminist.-Blatt von 1861 S. 153 und die dort angeführten älteren Erkenntnisse; Justizminist.-Blatt von 1866 S. 251.

Es kann indes vorliegend dahingestellt bleiben, ob dieser weitgreifende, mit der Rechtsprechung des preußischen Obertribunales,

vgl. Entsch. des preuß. Obertrib. Bd. 47 S. 316.

schwerlich zu vereinigende Satz dem geltenden Rechte entspricht. Denn nach obigen Ausführungen ist nicht zu bezweifeln, daß die erwähnten positiven Satzungen (welche übrigens in jüngster Zeit durch die Zulassung des Verwaltungsstreitverfahrens — §§ 49, 164 bzw. §§ 18, 34, 54 der Zuständigkeitsgesetze vom 26. Juli 1876 und 1. August 1883 — eine erhebliche Modifikation erlitten haben) nicht Ausflüsse einer ihnen entsprechenden allgemeinen Norm, sondern Ausnahmen von einer solchen entgegengesetzten Inhaltes sind, und die Rechtsstellung der dem Staatswesen unmittelbar eingegliederten politischen Gemeinden ist von derjenigen der Kirchengesellschaften dergestalt verschieden, daß eine Übertragung der auf die Verhältnisse jener sich beziehenden Rechtssätze auf diese nicht ohne weiteres angängig ist. Und dies um so weniger, als verschiedene Angelegenheiten, welche zweifellos als innere Angelegenheiten der Kirchengesellschaften anzusehen, durch ausdrückliche Vorschriften des Gesetzes der richterlichen Entscheidung überwiesen sind, insbesondere Streitigkeiten über das Stimmrecht bei Pfarrwahlen (§ 362 ALR. II. 11), sowie über die kirchlichen Baulasten (§§ 709, 759, 760

a. a. O.), und auch in anderen Angelegenheiten des kirchlichen Gemeinwesens trotz ihrer zweifellosen Beziehung zum öffentlichen Rechte auf die Zulässigkeit des Rechtsweges hingewiesen ist (§§ 129, 239, 240, 313, 577, 1086 a. a. O.).

Was im übrigen der Berufungsrichter zur Begründung seiner Auffassung beigebracht hat, ist nicht von Gewicht. Daß einzelne von den auf die Benutzung der Begräbnisplätze bezüglichen Vorschriften polizeilicher Natur sind, erscheint unerheblich, da nach obigen Ausführungen der Klaganspruch nicht auf ihnen beruht. Ebensowenig kann ein Argument gegen die Zulässigkeit des Rechtsweges daraus entnommen werden, daß sich die Mitglieder der Kirchengesellschaft bei der Benutzung des kirchlichen Vermögens zu ihren gottesdienstlichen Handlungen (zu welchen im Sinne der betreffenden Vorschriften zweifellos auch das Begräbnis gehört) gemäß §§ 109, 253 a. a. O. den bei der Gesellschaft eingeführten Ordnungen und Verfassungen zu unterwerfen haben, und daß die Verwaltung des Vermögens der katholischen Kirchengemeinden nach dem Gesetze vom 20. Juni 1875 (GS. S. 241) den gewählten Kirchenvorständen unter Aufsicht der vorgesetzten Staats- und Kirchenbehörden gebührt. Denn daß jene „Ordnungen oder Verfassungen" der beklagten Kirchengemeinde die prozessuale Verfolgung des Klaganspruches ausschlössen, ist nicht festgestellt; aus der Verwaltungsbefugnis des Vorstandes aber folgt, in Ermangelung positiver Gesetzesbestimmungen, nicht dessen Befugnis, über die Individualrechte der Mitglieder mit Ausschluß des Rechtsweges zu entscheiden, und die angeordnete Aufsicht der vorgesetzten Behörden steht der gerichtlichen Geltendmachung dieser Rechte gleichfalls nicht entgegen, da beide Sicherungsmittel einer gehörigen Verwaltung sehr wohl nebeneinander bestehen können und die behördliche Aufsicht es mehr mit dem Schutze des öffentlichen Interesses, als dem der Einzelberechtigungen zu tun hat. — Wenn endlich der Berufungsrichter gegen die Zuständigkeit eines klagbaren Privatrechtes auf Gewährung einer Grabstelle noch geltend macht, daß nicht ersichtlich sei, aus welchem Grunde gerade der Kläger ein vielleicht seinem Sohne zustehendes derartiges Recht solle verfolgen dürfen, so hätte diese Erwägung höchstens zur Verneinung der Aktivlegitimation oder zu der Annahme, daß das fragliche Recht mit dem Tode des Sohnes erloschen sei, nicht aber dahin führen können, dem streitigen Anspruche überhaupt die Eigenschaft der Klagbarkeit abzusprechen. Die Erwägung ist aber auch an sich nicht zutreffend, da der Kläger nicht ein auf ihn vererbtes Recht seines Sohnes, sondern ein eigenes Recht auf die Benutzung des Kirchhofes seiner Parochie verfolgt, wozu er nicht nur als Haupt der Familie, welcher der Verstorbene angehörte, sondern auch kraft der ihm als Erben desselben erwachsenen Berechtigung und Verpflichtung zu dessen Bestattung zweifellos legitimiert (§§ 455, 456 ALR. II. 11, § 470 I. 11, § 435 II. 1; Koch, Recht der Forderungen 2. Auflage Bd. 3 S. 75 flg.).

Was schließlich die bisherige Rechtsprechung anlangt, so hat der preußische Gerichtshof zur Entscheidung der Kompetenzkonflikte im allgemeinen Streitigkeiten über Eigentum und Besitz an Begräbnisplätzen, sowie über die daraus herzuleitenden Dispositionsbefugnisse, namentlich auch bezüglich der Versagung eines bestimmten konfessionellen Begräbnisritus, für zur gerichtlichen Entscheidung geeignet erklärt — selbstverständlich unter Ausschluß des Possessoriums gegenüber polizeilichen Verfügungen.

Vgl. Urt. vom 3. Juni 1854, preuß. Justizminist.-Bl. von 1854 S. 392 und vom 10. März 1860, Justizminist.-Bl. von 1861 S. 200.

Und das preußische Obertribunal hat Streitigkeiten zwischen einer Kirchengemeinde, als Eigentümerin des Kirchhofes, und einem Mitgliede derselben bzw. einer anderen Privatperson über die Befugnis, ein Grab mit einem Steine zu belegen, solches auszumauern oder mit Denkmälern oder Einfriedigungen zu versehen, unbeanstandet zum Rechtswege zugelassen.

RGZ. 14, 305

Friedhofsrecht. Rechtslage im linksrheinischen Gebiet.

Alter Leitsatz:

Steht das Eigentum an alten Kirchhöfen der Civilgemeinde oder der Kirchengemeinde zu?

II. Zivilsenat. Urt. v. 5. Juni 1885 i. S. der kathol. Pfarrgemeinde zu B. (Kl.) w. die Zivilgemeinde zu B. (Bekl.) Rep. II. 118/85.

I. Landgericht Trier. II. Oberlandesgericht Köln.

In Übereinstimmung mit der Rechtsprechung des vormaligen preußischen Obertribunales,

vgl. Rhein. Archiv Bd. 50 II A S. 69, Bd. 56 II A S. 87,

hat das Reichsgericht angenommen, daß in den vier Departements des linken Rheinufers die alten Kirchhöfe, welche früher Zubehör der Kirchen bildeten, durch Konsularbeschluß vom 20. Prairial X säkularisiert worden sind und nicht zu den infolge des Beschlusses vom 7. Thermidor XI zurückgegebenen Fabrikgütern gehören, vielmehr in Gemäßheit der einschlagenden französischen Gesetzgebung Eigentum der Zivilgemeinde — domaine public municipal — geworden sind.

RGZ. 15, 168

Entstehung und Wesen des kirchlichen Patronatsrechts.

Alter Leitsatz:

Steht im Falle der Teilung des Pfarrsprengels und der Errichtung einer neuen Parochie dem Patron der Mutterkirche das Patronat oder wenigstens ein Recht zur Präsentation des Pfarrers an der Tochterkirche zu?

III. Zivilsenat. Urt. v. 2. Februar 1886 i. S. der Residenzstadt Hannover (Kl.) w. das Königl. Konsistorium zu Hannover (Bekl.)
Rep. III. 265/85.

I. Landgericht Hannover. II. Oberlandesgericht Celle.

Der Stadt Hannover steht auf Grund der landesherrlichen Verleihung vom 30. Juli 1746 das Patronat an der 1746 gegründeten sog. Gartenkirche in Hannover zu. Es besteht jedoch Streit unter den Parteien über den Umfang dieses Patronatrechtes. Während die Klägerin behauptet, die Stadt Hannover habe das volle, auf die Kirchenstiftung als Ganzes sich beziehende Patronat, behauptet der Beklagte, die Stadt Hannover habe nur das Patronat für die 1746 errichtete Pfarr- und Schulstelle erworben. Durch Anordnung des Königl. Konsistoriums zu Hannover wurde im Jahre 1883, nach Maßgabe der Erektionsurkunde vom 9. Januar 1883, die bis dahin zur Gartenkirche gehörige Ortschaft Kleefeld mit einem Teile der Ortschaften Bult und Heidorn von der Gartengemeinde abgetrennt und verfügt, daß die evangelischen Bewohner dieser Bezirke eine neue Kirchengemeinde unter dem Namen „Kirchengemeinde Kleefeld" mit dem Pfarrsitze in Kleefeld bilden sollen. Der Magistrat der Stadt Hannover beanspruchte, als ihm die Bildung dieser besonderen Kirchengemeinde bekannt wurde, das Patronatrecht, eventuell mindestens das Recht zur Präsentation des Pfarrers in demselben Umfange, wie über die Gartenkirche. Das Konsistorium lehnte dieses Verlangen ab und ernannte seinerseits den Pfarrer für die neugebildete Kirche in Kleefeld. Der Rekurs des Magistrats an den Minister für geistliche Angelegenheiten wurde zurückgewiesen. Der Magistrat hat jetzt klagend die Anerkennung des Patronatrechtes der Stadt, eventuell des Präsentationsrechtes und die Entfernung des vom Konsistorium unter Verletzung dieser Rechte ernannten Pfarrers verlangt.

Die Klage ist von dem Landgericht abgewiesen, die von der Klägerin erhobene Berufung vom Oberlandesgericht verworfen und die eingelegte Revision zurückgewiesen aus folgenden

Gründen:

„Das Berufungsgericht beantwortet die unter den Parteien streitige Frage, ob der Stadt Hannover das Patronatrecht über die Gartenkirche zu Hannover im vollen Umfange zustehe, in Übereinstimmung mit dem Landgericht, zugunsten der Klägerin bejahend, weist jedoch die Klage ab, weil es die weitere Frage, ob daraus, daß die Stadt Hannover Patron der Gartenkirche sei, kraft Gesetzes folge, daß derselben auch an der von der Gartenkirche abgezweigten Kirche zu Kleefeld ein Patronatrecht oder eventuell ein auf die dortige Pfarrstelle bezügliches Präsentationsrecht zustehe, verneint.

Da diese letztere Entscheidung auf der Verletzung des Gesetzes nicht beruht, so war die Revision zurückzuweisen, ohne daß es einer Prüfung der ersterwähnten Frage bedurfte.

Die Frage, ob bei der Teilung einer Parochie dem Patrone der Mutterkirche ohne weiteres das Patronat über die neu errichtete Kirche oder doch wenigstens ein Recht zur Präsentation des Pfarrers an der letzteren zustehe, ist bestritten.

Es muß jedoch den Vorderrichtern darin beigetreten werden, daß dieselbe in Fällen, wie dem vorliegenden, wo, wie der Berufungsrichter feststellt, die neu errichtete Kirche aus dem Stiftungsvermögen der Mutterkirche nicht dotiert ist, zu verneinen sei.

Die von der Klägerin verteidigte Ansicht, daß die aufgeworfene Frage nach den allgemeinen Grundsätzen über das Patronatrecht, sowie mit Rücksicht auf die in cap. 3 X° de eccles. aedif. 3, 48 enthaltene Entscheidung zu bejahen sei, kann für zutreffend nicht erachtet werden. Das Berufungsgericht hat vielmehr mit Recht ausgeführt, daß die allgemeinen Grundsätze und die rechtliche Natur des Patronatrechtes dieser Ansicht entgegenstehen, und daß dieselbe auch auf cap. 3 l. c. nicht gestützt werden könne.

Die von der Klägerin vertretene Ansicht beruht hauptsächlich auf der Annahme, daß das Patronatrecht auf den ganzen Sprengel der Patronatkirche sich beziehe, ein Recht territorialer Natur sei. Denn die Klägerin argumentiert im wesentlichen so: Wenn auch über die Frage der Teilung des Pfarrsprengels und der Errichtung einer neuen Pfarre nach Anhörung der Beteiligten, der Parochianen und des Patrones, das Kirchenregiment definitiv zu entscheiden habe, dem Patrone, sofern die Neugründung nicht aus den Stiftungsmitteln der Mutterkirche erfolge, ein Verbietungsrecht nicht zustehe, so dürften doch bei der Anordnung und Durchführung einer solchen Teilung und bei der Errichtung einer neuen Kirche die bestehenden Rechte, insbesondere die Rechte des Patrones, sein Recht zur Stiftungsaufsicht und zur Präsentation des Pfarrers, nicht verletzt werden. In der Errichtung einer Tochterkirche würde aber eine Verletzung und Schmälerung des Präsentationsrechtes des Patrones der Mutterkirche enthalten sein, wenn derselbe in Zukunft nur für den noch bei der Mutterkirche verbleibenden Teil, nicht mehr für den der

Tochterkirche beigelegten Teil des Pfarrsprengels das Recht zur Präsentation des Pfarrers haben sollte, da er vor der Teilung das Recht gehabt habe, den Pfarrer für den ganzen Bezirk der Mutterkirche zu präsentieren. Aber nicht allein die Rechte des Patrones, sondern auch die Rechte des Pfarrers der Mutterkirche würden verletzt werden, da dieser, solange ihm die Verwaltung der Seelsorge in der ungeteilten Parochie zugestanden habe, nach den Grundsätzen des kanonischen Rechtes das Recht gehabt habe, im Falle des Bedürfnisses einen Kaplan zu ernennen, welcher neben ihm die Seelsorge ausübe, so daß die bisherigen Rechte des Patrones sowohl, wie die des Pfarrers nicht allein mit der neuen kirchenregimentlichen Einrichtung, sondern auch untereinander kollidierten, weil sobald bei der Neustiftung nur das eine dieser beiden Rechte Berücksichtigung finde, das andere verletzt werde. Auf einen solchen Fall beziehe sich die Entscheidung des Papstes Alexander III. in cap. 3 X° de eccles. aedif. 3, 48, welche die Rechtsregel enthalte, nach welcher die streitige Frage noch heute zu beantworten sei. Die erwähnte Kollision der Rechte des Patrones und des Pfarrers der Mutterkirche werde dahin gelöst, daß der Pfarrer das Präsentationsrecht für die Tochterkirche erhalte, bei dessen Ausübung aber an die Zustimmung des Patrones gebunden werde, so daß dieser unter solcher Form des Mitwirkungsrechtes seine, wenn auch modifizierte Präsentationsbefugnis behalte. Die für den vorliegenden Fall entscheidende gemeinrechtlich kanonische Regel sei daher, daß hinsichtlich des Präsentationsrechtes an der Tochterkirche der Patron und der Pfarrer der Mutterkirche Kompatronen seien, dergestalt, daß der Pfarrer niemand präsentieren dürfe, den der Patron nicht genehmigt habe. In ihrer Anwendung auf die protestantischen Kirchenrechtsverhältnisse erleide diese kanonische Regel jedoch die Modifikation, daß das dem Pfarrer gewährte Präsentationsrecht hinwegfalle, weil nach den Grundsätzen des protestantischen Kirchenrechtes, falls der Sprengel einer Kirche zu groß werde und mehr als ein Pfarrer zur Ausübung der Seelsorge erforderlich sei, nicht der Pfarrer, sondern das Konsistorium die weiter notwendigen Pfarrer zu ernennen habe. Daraus folge aber nicht, daß nun eine collatio libera vorliege, sondern die Ernennung des Pfarrers an der Tochterkirche könne nur unter Mitwirkung des Patrones der Mutterkirche erfolgen, indem das Kirchenregiment niemand als Pfarrer an der Tochterkirche anstellen könne, welchen der Patron der Mutterkirche nicht genehmigt habe. Praktisch gestalte sich dieses als ein patronatisches Präsentationsrecht.

Die für diese Ausführungen wesentliche Annahme, daß das Patronatrecht ein Recht territorialer Natur sei, auf den gesamten Sprengel der Mutterkirche sich beziehe, ist aber für das heutige Kirchenrecht als gerechtfertigt nicht anzuerkennen. Nach Entwickelung, welche die Lehre vom Patronat, insbesondere seit der Zeit des Papstes Alexander III. genommen hat, ist die in den germanischen Reichen früher herrschende, rein privatrechtliche Auffassung des Patronates verschwunden. Das Patronatrecht ist nach dem heutigen gemeinen Kirchenrechte — und dieses ist zur Anwendung zu bringen, da es an abweichenden partikularrechtlichen Normen fehlt — vielmehr eine dem Berechtigten von der Kirche unter gewissen Voraussetzungen zugestandene Begünstigung, ein *jus singulare spirituali annexum*, ein innerhalb der kirchlichen Sphäre liegendes Individualrecht kirchlich öffentlich-rechtlicher Natur, keine dem Zivilrechte angehörige, in ihm wurzelnde Berechtigung. Wenngleich als Rest der früheren Auffassung sich noch die Dinglichkeit des Patronatrechtes erhalten hat, diese sogar die Regel bildet, indem die Mehrzahl der Patronatrechte in Deutschland mit Gütern verbunden ist, so ist es doch kein Recht territorialer Natur, steht mit den räumlichen Grenzen des Kirchensprengels nicht in dauernder Beziehung. Da das Patronat auf Grund der in der Stiftung liegenden Wohltat erworben wird, so kann sein Objekt kein anderes sein, als das durch die Stiftung in das Leben gerufene. Das Patronat bezieht sich daher nur auf die Pfründe, nicht auf den territorialen Umfang der Pfarrei.

Ist aber die Annahme der Revisionsklägerin, daß das Patronatrecht ein den ganzen Sprengel der Mutterkirche umfassendes Recht sei, nicht zutreffend, so fallen auch die daraus gezogenen Folgerungen, daß in der Errichtung einer Tochterkirche unter Teilung des Pfarrsprengels ein Eingriff in die bestehenden Rechte des Patrones, insbesondere in das ihm für den ganzen Bezirk der Mutterkirche zustehende Präsentationsrecht enthalten sei, hinweg. Es folgt vielmehr daraus, daß das Patronatrecht sich nur auf die Stiftung, die kirchliche Anstalt bezieht, daß, sofern, wie im vorliegenden Falle, die Tochterkirche aus dem Stiftungsvermögen der Patronatkirche nicht gestiftet oder dotiert ist, der Patron der Mutterkirche nicht ohne weiteres das Patronatrecht oder doch das Präsentationsrecht an der Tochterkirche erwirbt. Es handelt sich auch nicht, wie die Revisionsklägerin geltend macht, um die Festhaltung und Fortführung eines bereits erworbenen Patronatrechtes, sondern um den Erwerb eines solchen an der neu errichteten Kirche. Die Tochterkirche ist eine neue selbständige kirchliche Anstalt, auf welche die ursprüngliche Stiftung des Patrones sich nicht bezogen hat.

Da die allgemeinen Grundsätze über die Entstehung und das Wesen des Patronatrechtes mit der Ansicht, daß der Patron der Mutterkirche ohne weiteres das Patronatrecht über die davon abgezweigte Tochterkirche erwerbe, nicht im Einklang stehen, so würde die Revisionsklägerin auf die Entscheidung des Papstes Alexander III. in cap. 3 X⁰ de eccles. aedif. 3, 48 mit Erfolg nur dann sich berufen können, wenn der von ihr hingestellte Grundsatz hier mit Bestimmtheit zum Ausdrucke gekommen wäre.

Dieses ist aber keineswegs der Fall.

Die in Anlaß eines in der Stelle selbst näher angegebenen Spezialfalles von dem Papste Alexander III. an den Erzbischof von York erlassene Verfügung ist ihrer Wortfassung nach keineswegs klar. Ihre Auffassung und Auslegung, insbesondere der vorzugsweise in Betracht kommenden Worte:

> „mandamus ecclesiam ibi aedifices et in ea sacerdotem — ad praesentationem rectoris ecclesiae majoris cum canonico fundatoris assensu instituas" —

ist eine sehr bestrittene.

Während einige Kirchenrechtslehrer unter dem fundator, unter dessen assensus der Bischof den Pfarrer der neu errichteten Kirche einsetzen soll, den Patron der Mutterkirche, von welcher die neue Kirche abgetrennt wird, verstehen und die Stelle dahin auslegen, daß der Pfarrer der neu errichteten Kirche auf die Präsentation des Pfarrers der Mutterkirche unter Zustimmung des Patrones der Mutterkirche vom Bischofe instruiert werden solle, also ein Mitpräsentationsrecht des Pfarrers und des Patrones der Mutterkirche annehmen, auch wenn die Tochterkirche aus den Stiftungsmitteln der ersteren nicht errichtet ist, verstehen andere unter dem fundator den Gutsherrn der abgezweigten Villa, auf dessen Grund und Boden die neue Kirche errichtet wird, und welcher nach der Stelle zur Ausstattung des Geistlichen beiträgt, wogegen wieder andere zwar unter dem fundator den Patron der Mutterkirche verstehen, die Worte cum fundatoris assensu aber nicht auf das Präsentationsrecht in Vakanzfällen, sondern auf dessen Zustimmung zur Teilung der Stammpfarre und zur Errichtung der neuen Kirche beziehen.

Folgt man einer der beiden letzterwähnten Auffassungen, so ergibt sich ohne weiteres, daß der von der Klägerin geltend gemachte Anspruch in dem cap. 3 X⁰ cit. eine Stütze nicht findet. Aber auch die zuerst gedachte Auffassung würde nur dann für die Klägerin geltend zu machen sein, wenn nicht in der Verfügung vorausgesetzt wird, daß die Tochterkirche aus den Mitteln der Mutterkirche errichtet oder dotiert wird. Diese letztere Frage kann jedoch dahingestellt bleiben, weil dieser Auslegung der Stelle überhaupt nicht beigetreten werden kann, vielmehr der Ansicht der Vorzug zu geben ist, welche unter dem fundator den Gutsherrn der abgezweigten Villa versteht. Diese mit dem Wortlaute der Stelle vereinbare Auslegung steht mit den allgemeinen Grundsätzen über das Patronat im Einklange und findet auch in der Glosse ihre Bestätigung. Der von der Klägerin vertretenen Auffassung steht namentlich entgegen, daß aus dem Inhalte der Stelle keineswegs klar ersichtlich ist, daß die Kirche, von welcher ein Teil behufs Errichtung einer neuen Kirche abgezweigt wurde, einen Patron gehabt hat; daß sie mit den allgemeinen Grundsätzen über das Patronatrecht nicht im Einklange ist, und daß bei dieser Auffassung in der Teilung einer Patronatkirche neben den übrigen Erwerbstiteln ein Erwerbstitel des Patronates enthalten sein würde, von welchem in dem Titel de jure patronatus keine Rede ist, und daß nicht angenommen werden kann, daß ein so wichtiger Grundsatz nur beiläufig in dem in dem Titel de eccles. aedit. et rep. sich findenden cap. 3 X° cit. sollte ausgesprochen sein.

Der Versuch, dieses Bedenken damit zu beseitigen, daß es nicht um den Erwerb eines neuen Patronatrechtes, sondern um die Erhaltung und Fortführung eines bereits bestehenden sich handle, kann aus den bereits angegebenen Gründen für gelungen nicht erachtet werden.

Die angefochtene Entscheidung erscheint daher gerechtfertigt."

RGZ. 16, 159

Wesen des Kirchenstuhlrechts. Folgerungen hieraus für den Fall der Neubestuhlung der Kirche.

Alter Leitsatz:

1. Gibt es dingliche oder persönliche Gebrauchsrechte an Kirchenstühlen, welche auf privatrechtlichen Erwerbstiteln beruhen und dem Berechtigten einen privatrechtlichen Anspruch auf die Benutzung bestimmter Kirchenstühle gewähren?

2. Haben die Berechtigten für die Beseitigung solcher privatrechtlicher Nutzungsrechte an Kirchenstühlen, wenn eine solche durch die Ausübung kirchenpolizeilicher Befugnisse eingetreten ist, Anspruch auf Entschädigung?

3. Voraussetzungen der Begründung der Entschädigungsklage.

III. Zivilsenat. Urt. v. 29. Juni 1886 i. S. K. u. Gen. (Kl.) w. den Kirchenvorstand zu M. (Bekl.) Rep. III. 55/86.

I. Landgericht Hannover. II. Oberlandesgericht Celle.

Die Kläger sind mit Grundbesitz angesessene Parochianen der lutherischen Kirche zu M. Die letztere ist in den Jahren 1878/79 einem Umbau unterzogen, bei welchem die in der Kirche befindlichen Kirchenstände beseitigt und durch neue ersetzt sind, jedoch in der Art, daß die neuen Kirchenstühle der Zahl und Lage nach den früher vorhandenen nicht entsprechen. Infolge des Umbaues ist die frühere Kirchenstuhlordnung aufgehoben, eine neue bisher nicht erlassen. Es ist daher den Parochianen, welche früher an bestimmten Kirchenstühlen Benutzungsrechte gehabt haben, die fernere Ausübung dieser Rechte unmöglich geworden. Die Kläger behaupten, daß ihnen als Eigentümern ihrer adeligen Güter bzw. Bauernhöfe das private dingliche bzw. persönliche Nutzungsrecht an gewissen, näher bezeichneten Kirchenstühlen in der Kirche zu M. zugestanden habe. Sie behaupten, daß in dem von dem beklagten Kirchenvorstande veranlaßten Umbau der Kirche ein Eingriff in ihre wohlerworbenen Rechte enthalten sei, welcher einen Schadensersatzanspruch für sie begründe, solange und sofern der Beklagte nicht durch Überweisung von neuen Kirchenstühlen nach Maßgabe ihres früheren Besitzstandes ihnen Ersatz geleistet habe, weil sie außerstande seien, den im kirchlichen Interesse für notwendig erachteten Umbau zu hindern. Sie behaupten, während der seit dem Umbau der Kirche verflossenen fünf Jahre wiederholt versucht zu haben, den Kirchenvorstand zu einer Neuordnung des Kirchenstuhlwesens zu veranlassen, derselbe habe jedoch ihrem Verlangen, ihnen in der umgebauten Kirche ihrem früheren Besitzstande entsprechende Kirchenstühle und Plätze einzuräumen, nicht allein nicht entsprochen, sondern habe den Anspruch der Kläger überhaupt als unberechtigt abgelehnt, das Recht der Kläger auf Einräumung von Plätzen zur Benutzung bestritten und behauptet, mit der Beseitigung der früheren Kirchenstühle seien die etwaigen Rechte der Kläger daran untergegangen, Kläger hätten keinerlei Ansprüche an die neueingerichteten Kirchenstühle, über deren Benutzung könne vielmehr der Kirchenvorstand völlig frei verfügen, selbst wenn die Kläger früher die von ihnen behaupteten Privatrechte auf Benutzung der von ihnen bezeichneten Kirchenstühle und Plätze gehabt haben sollten.

Das Landgericht wies die Klage ab, indem es die lediglich auf Schadensersatz gerichtete Klage für rechtlich unbegründet erachtete.

Das Oberlandesgericht hat die von den Klägern erhobene Berufung verworfen. Es geht zwar, abweichend von dem Landgerichte, davon aus, daß, wenn durch berechtigte Anordnungen der Kirchenbehörden die Privaten an Kirchenstühlen zustehenden Rechte beseitigt werden, den Berechtigten Entschädigung geleistet werden müsse, hält jedoch die von den Klägern aufgestellten tatsächlichen Behauptungen für nicht genügend, die Entschädigungsklage zu substantiieren.

Auf die Revision der Kläger ist das Urteil des Oberlandesgerichtes aufgehoben und die Sache zur anderweitigen Verhandlung an dasselbe zurückverwiesen aus folgenden

Gründen:

„Das Berufungsgericht geht, in Übereinstimmung mit der Rechtsprechung des Reichsgerichtes,

vgl. Entsch. des RGs. in Zivils. Bd. 7 S. 137,

zunächst mit Recht davon aus, daß nach dem heutigen Rechte dingliche oder persönliche Gebrauchsrechte an Kirchenstühlen und Kirchensitzen, welche auf privatrechtlichen Erwerbstiteln beruhen und dem Berechtigten einen privatrechtlichen Anspruch auf die Benutzung eines bestimmten Kirchenstuhles gewähren, bestehen, daß dieses Recht zwar den Einschränkungen unterliegt, welche aus der Bestimmung des Gegenstandes zum Gottesdienste sich ergeben, im übrigen aber gerichtlichen Schutz auf dem Wege der petitorischen und possessorischen Rechtsmittel beanspruchen kann.

Es ist dem Berufungsgericht aber auch beizustimmen, wenn es, abweichend von dem Landgerichte, annimmt, daß solche Privatrechte Einzelner durch Verwaltungsakte, welche die Kirchenbehörden in Ausübung der ihnen zustehenden kirchenpolizeilichen Befugnisse vornehmen, nicht ohne weiteres spurlos hinweggetilgt werden können, als ob sie nie bestanden hätten, daß vielmehr den Berechtigten für eine Beseitigung der gedachten Privatrechte, wenn eine solche durch die Ausübung kirchenpolizeilicher Befugnisse notwendig geworden und eingetreten ist, Entschädigung geleistet werden müsse. Denn es ist mit Recht von dem Berufungsgerichte angenommen, daß nach allgemeinen staatsrechtlichen Grundsätzen in den Fällen, wo wohlerworbene Privatrechte als unvereinbar mit den Rücksichten der öffentlichen Ordnung und Wohlfahrt vermöge des sogenannten jus eminens des Staates aufgehoben werden, eine Entschädigungspflicht eintritt, und daß dieser Grundsatz auch in den Fällen der vorliegenden Art Anwendung findet.

Die weitere Ausführung des Berufungsgerichtes, daß gleichwohl die Kläger durch die Abweisung der von ihnen erhobenen Entschädigungsklage nicht beschwert seien, weil es dieser Klage in tatsächlicher Beziehung an der nötigen Begründung fehle, kann jedoch für zutreffend nicht erachtet werden, erscheint vielmehr rechtsirrtümlich. Das Berufungsgericht geht — und mit Recht — davon aus, daß die den Klägern nach ihrer Behauptung zustehenden Rechte an den bezeichneten Kirchenstühlen und Kirchensitzen nicht an der körperlichen Vorrichtung der von ihnen früher benutzten, individuellen Kirchenstühle haften, sondern Rechte bilden, vermöge deren die Kläger überhaupt die Einräumung und ausschließliche Benutzung gewisser Plätze von bestimmter Zahl und Beschaffenheit in der Kirche zu M. fordern können, und führt dann weiter aus: Danach hätten die Kläger, um eine stattgehabte Entziehung dieser ihrer Rechte darzulegen, behaupten müssen, daß ihren Rechten infolge der geschehenen baulichen Änderungen, z. B. wegen gegenwärtig unzureichender Räumlichkeiten, überhaupt nicht mehr, auch nicht durch Überlassung anderer Kirchenstühle in der früheren Zahl und Beschaffenheit, Genüge geleistet werden könne, jedenfalls, daß solches vom Beklagten behauptet sei. Dahingehende Behauptungen seien jedoch von den Klägern nicht aufgestellt; dieselben gäben nur an, daß ihnen, aller Aufforderungen ungeachtet, bisher neue Kirchenstühle nicht eingeräumt seien, und fügten in dieser Instanz hinzu, daß solche Einräumung ihnen von dem Beklagten verweigert sei. Das erstere könne seinen Grund in bloßer, durch mehrfach denkbare Ursachen herbeigeführter Verzögerung gehabt haben, das letztere könne darauf beruhen, daß Beklagter die von den Klägern beanspruchten Kirchenstuhlsrechte ihrer Entstehung nach bestreite. In keinem Falle sei aus dem Vorbringen der Kläger zu entnehmen, daß die Kirchenverwaltung nach der baulichen Umänderung der Kirche eine fernere Ausübung der klägerischen Kirchenstuhlsrechte für unvereinbar mit der kirchlichen Ordnung und Disziplin erklärt, somit aus hieraus beruhenden Gründen eine wirkliche Entziehung dieser Rechte verfügt habe, eher lasse das Gegenteil aus den eigenen Angaben der Kläger sich entnehmen, daß von den Kirchenkommissarien und dem Konsistorium dem Beklagten die Ausweisung neuer Plätze aufgegeben sei. Daneben führt das Berufungsgericht und mit Recht aus, daß die Kläger einen Anspruch auf Anweisung einer gleichen Zahl gleichwertiger Kirchenstühle wie der früher von ihnen benutzten im Wege des gerichtlichen Verfahrens gegen den Beklagten nicht verfolgen können.

Bei diesen Ausführungen übersieht das Berufungsgericht, daß die Kläger, ausweislich der in dem Tatbestande des Urteiles des Landgerichtes in Bezug genommenen Klaganträge, nicht nur behauptet haben, daß der Beklagte, trotz vielfach wiederholter Aufforderungen, ihnen in der umgebauten Kirche ihrem früheren Besitzstande entsprechende Kirchenstühle und Plätze einzuräumen, diesem Verlangen nicht entsprochen habe, sondern auch, daß der Beklagte den Anspruch der Kläger überhaupt als unberechtigt abgelehnt, das Recht der Kläger auf Einräumung von Plätzen zur Benutzung bestritten habe, und daß ausweislich der Klagbeantwortung der Beklagte die von den Klägern beanspruchten Rechte auf Benutzung von Kirchenstühlen nicht allein ihrer Entstehung nach bestritten, sondern behauptet hat, mit der Beseitigung der früheren Kirchenstühle seien die etwaigen Rechte der Kläger daran untergegangen, Kläger hätten keinerlei Ansprüche an die neuerbauten Stühle, über deren Benutzung der Kirchenvorstand vielmehr frei verfügen könne, daß also der Beklagte die von den Klägern behaupteten Rechte bestritten habe, auch wenn sie vor dem Umbau der Kirche zu M. die von ihnen behaupteten Privatrechte auf Benutzung der bezeichneten Kirchenstühle gehabt haben sollten. Durch diese Behauptungen wird die erhobene Schadensersatzklage genügend substantiiert. Da die Kläger ein Klagerecht auf Erfüllung des ihnen angeblich zustehenden Rechtes nicht haben, so müssen sie berechtigt erachtet werden, auf Entschädigung wegen Aufhebung ihres Rechtes durch den Beklagten zu klagen. Voraussetzung dieses Entschädigungsanspruches ist aber nicht, daß Beklagter außerstande ist, dem Anspruche der Kläger auf Einräumnung ihrem früheren Besitzstande entsprechender Kirchenstühle in der neugebauten Kirche überhaupt zu genügen, beziehungsweise, daß Beklagter die Verweigerung der Erfüllung des Anspruches der Kläger mit der Unmöglichkeit der Erfüllung begründet, sondern es genügt, daß der Beklagte den Anspruch der Kläger bestreitet, demselben Genüge nicht leisten will. In diesem Bestreiten des Rechtes der Kläger in Verbindung mit der tatsächlichen Aufhebung des früheren Zustandes liegt eine Entziehung des den Klägern ihrer Behauptung nach zustehenden Rechtes, ein zum Schadensersatze verpflichtender Eingriff des Beklagten in das Recht der Kläger. Durch das Verhalten des Beklagten ist den Klägern die Ausübung des ihnen angeblich zustehenden Rechtes dauernd unmöglich gemacht, und steht ihnen daher, da sie auf Realisierung ihres Rechtes nicht klagen können, ein Anspruch auf Schadensersatz zu, sofern und solange nicht, wie die Kläger selbst in der Klage hervorgehoben haben, der Beklagte ihnen durch Überweisung von neuen Stühlen in der umgebauten Kirche zu M. nach Maßgabe ihres früheren Besitzstandes Ersatz geleistet hat. Durch diese Möglichkeit, den Anspruch auf Geldentschädigung durch Befriedigung des Anspruches der Kläger auf Einräumung von Kirchenstühlen selbst abzuwenden, wird jedoch bei Lage der Sache die Schadensersatzklage nicht ausgeschlossen." ...

RGZ. 17, 153

Kirchliches Patronatsrecht.

Alter Leitsatz:

Ist der Patron der Tochterkirche zum Baue der bei der Mutterkirche befindlichen Pfarrgebäude beizutragen verpflichtet?

ALR. II. 11 §§ 725. 726. 788—792.

IV. Zivilsenat. Urt. v. 6. Dezember 1886 i. S. G. (Kl.) w. Königl. Hofkammer (Bekl.). Rep. IV. 186/86.

I. Landgericht Oppeln. II. Oberlandesgericht Breslau.

Vom Berufungsrichter ist festgestellt, daß der Kläger als Besitzer des Gutes Bo. Patron der Kirche daselbst und daß diese Kirche eine Tochterkirche der Kirche zu Bi. ist. Es ist ferner unbestritten, daß nur bei der Mutterkirche, nicht bei deren Tochterkirche Pfarrgebäude sich befinden.

Der Kläger ist zu der Hälfte der auf das Patronat fallenden zwei Drittel der Kosten des Baues eines neuen Pfarrwidmutsgebäudes herangezogen und hat gegen die Königl. Hofkammer als Patronin der Mutterkirche beantragt, dieselbe zu verurteilen, anzuerkennen, daß er als Besitzer des Gutes Bo. nicht verpflichtet sei, zu den auf 6307 M veranschlagten Kosten der Pfarrgebäude zu Bi. ein Drittel beizutragen, während die Beklagte im Wege der Widerklage beantragt hat, den Kläger zu verurteilen, anzuerkennen, daß der jedesmalige Besitzer von Bo. zur baulichen Unterhaltung des Pfarrgehöftes zu Bi. die Hälfte der auf das Patronat entfallenden Beiträge zu leisten habe und demgemäß der Kläger zu den jetzt veranschlagten Kosten eines Neubaues des Pfarrwidmutsgebäudes beizutragen habe, insoweit in diesen Kosten keine von den Eingepfarrten zu leistenden Hand- und Spanndienste enthalten sind.

Der Berufungsrichter hat den Kläger mit seinem Klagantrage abgewiesen und nach dem Antrage der Widerklage erkannt. Die von ihm eingelegte Revision ist zurückgewiesen.

Aus den Gründen:

... „Bei Beantwortung der Frage:

ob Kläger als Patron der Filialgemeinde Bo. verpflichtet ist, zu den Kosten des Baues der in Bi. gelegenen Gebäude, welche dem beiden Kirchen gemeinschaftlichen Pfarrer dienen, beizutragen,

entnimmt der Berufungsrichter aus den §§ 245, 249, 333, 348, 366 ALR. II. 11 den allgemeinen Satz: daß Mutter- und Tochterkirche miteinander eine grundsätzliche Einheit bilden. Er findet, daß aus diesen Gesetzesstellen der Mangel der Selbständigkeit der Tochterkirche, ihr Aufgehen in die Mutterkirche und damit das Einssein mit dieser entgegentritt; daß sie in voller Mitleidenschaft mit dieser steht, also unter anderen auch die Kosten eines bei der Mutterkirche notwendigen Baues mitzutragen hat.

Diese Ausführung kann als richtig nicht anerkannt werden. Vielmehr ergibt schon die Definition der Parochie in § 237 des angeführten Titels, als des Distriktes, in welchem Glaubensverwandte einer Religionspartei zu einer gemeinschaftlichen Kirche (nicht zu einem gemeinschaftlichen Pfarrer) angewiesen sind, daß die Tochterkirche (Filialgemeinde) eine eigene Korporation bildet, welche fähig ist, eigenes Vermögen zu haben, wie denn aus § 791 a. a. O. hervorgeht, daß eine Filialgemeinde eigene Pfarr- und Küstergebäude haben kann (vgl. auch §§ 160 ff., 183, 191). Der Berufungsrichter stellt selbst fest, daß die Filiale Bo. eine eigene Kirchenkasse hat, und entscheidet ausdrücklich, daß sie einen eigenen Patron hat. Ganz unzweifelhaft geht dies aber aus den neueren Gesetzen über die Vermögensverwaltung in den Kirchengemeinden hervor, welche nach dieser Richtung nichts Neues geschaffen, sondern nur das Bestehende organisiert haben. Für katholische Kirchengemeinden geht aus dem Gesetze vom 20. Juni 1874 (GS. S. 241) § 2 hervor, daß die Vorschriften über die Verwaltung des Vermögens der Filialgemeinde, für welche besonders bestimmte kirchliche Vermögensstücke (also auch besondere Kirchen-, Pfarr- und Küstergebäude) vorhanden sind, durch einen Kirchenvorstand und eine Gemeindevertretung besorgt werden, und § 5 Abs. 1 sowie § 20 dieses Gesetzes ergeben, daß diese Verwaltungsorgane unabhängig von den entsprechenden Organen der Mutterkirche gebildet werden. Für evangelische Gemeinden ergibt sich die Selbständigkeit der Tochtergemeinde ganz klar aus der Kirchengemeinde- und Synodalordnung vom 10. September 1873 (GS. 1874 S. 151) § 2 Abs. 2, 3; §§ 5, 27 Abs. 3. Es bildet danach der Bezirk der Tochtergemeinde eine besondere Parochie nicht nur neben der Parochie der Muttergemeinde, sondern auch neben der Gesamtparochie (vgl. Art. 4 des Gesetzes vom 25. Mai 1874, GS. S. 147). Auf alle Fälle aber ergibt sich aus § 725 ALR. II. 11 in Verbindung mit § 726, sowie aus §§ 791, 792 die Unrichtigkeit des Ergebnisses, zu welchem der Berufungsrichter gelangt, nämlich

> daß die Tochterkirche auch die Kosten eines bei der Mutterkirche notwendig werdenden Baues und umgekehrt die Mutterkirche die Kosten eines bei der Tochterkirche notwendigen Baues mitzutragen hat.

Wie bereits in einem Erkenntnisse des Reichsgerichtes vom 19. Januar 1880 (Rep. IV. 181/79) ausgeführt ist, ist die Tochterkirche von der Verpflichtung zur Unterhaltung des Kirchengebäudes der Mutterkirche befreit, wenn sie ein besonderes Kirchengebäude hat, da § 725 überhaupt von mehreren Kirchen spricht, ohne seine Disposition auf selbständige Kirchen im Sinne des § 246 a. a. O. zu beschränken. Das Wort „nur" im § 725 soll nicht das Verhältnis einer Mutterkirche zu einer Filialkirche ausschließen, sondern nur im Gegensatze zu § 726 a. a. O. bezeichnen, daß diejenigen Kirchengemeinden, welche zwar einen gemeinschaftlichen Pfarrer, aber eigene Kirchengebäude haben, in einer loseren Verbindung stehen, als diejenigen, welche eine gemeinschaftliche Kirche haben. Es ist in jenem Erkenntnisse sodann der Grundsatz aufgestellt:

> daß die Wirkungen der bestehenden Gemeinschaft sich nicht weiter erstrecken, als die Gemeinschaft selbst reicht.

Dies hat in dem in der Kirchengemeinde- und Synodalordnung aufgestellten Institute der Gesamtparochie seinen Ausdruck gefunden.

Die Entscheidung der vorliegenden Sache ist aus den für die Verteilung der Pfarrbaulast gegebenen positiven Bestimmungen des elften Titels zu entnehmen. Hier wird zunächst in § 789 bestimmt, daß mangels besonderer gesetzlicher Bestimmungen die im § 788 a. a. O.

bezeichneten Pfarrbaukosten (nämlich diejenigen, welche der Pfarrer nicht selbst zu tragen hat) gleich den Bau- und Reparaturkosten der Kirche selbst aus dem Kirchenvermögen genommen, bei dessen Unzulänglichkeit aber von dem Patron und den Eingepfarrten getragen werden. Daran schließt sich in § 790 a. a. O. die Bestimmung:

Wegen Aufbringung und Verteilung der Beiträge finden eben die Grundsätze wie bei Kirchengebäuden statt.

Nach dem Zusammenhange beider Bestimmungen ist es nicht bedenklich, dem § 726 in Gemäßheit des § 790 a. a. O. auf Pfarrbauten dergestalt entsprechende Anwendung zu geben, daß der Satz dann lautet:

Sind mehrere Haupt- und Filialgemeinden unter einem gemeinschaftlichen Pfarrer vereinigt, so sind sämtliche Patrone und Eingepfarrten zur Unterhaltung der Pfarrgebäude verpflichtet.

Auch das Obertribunal spricht in seiner Entscheidung vom 15. November 1858,

Entsch. des Obertrib. Bd. 39 S. 289,

nicht aus, daß § 726 mit § 790 nicht in Verbindung zu setzen sei, sondern sagt dies nur von § 725 a. a. O. Es erwägt aber, daß allerdings die Voraussetzung des § 791, daß nämlich e i n e g e m e i n s c h a f t l i c h e Kirche vorhanden sei, nicht vorliege, wenn (wie in dem damaligen Falle) mehrere vereinigte Mutterkirchen, von denen jede also eigene Kirchengebäude hat (e i n g e m e i n s c h a f t l i c h e s Kirchengebäude also nicht vorhanden ist), konkurrieren. Aber es findet, daß der § 791 a. a. O. ebenfalls implizite das allgemeine Prinzip sehr bestimmt anerkennt:

daß die gemeinschaftliche Baupflicht sämtlicher Patrone und Eingepfarrten ein Korrelat der gemeinschaftlichen Benutzung der Kirchen und der Pfarrwohnungen ist, und also auch überall da eintreten muß, wo sie sich jener oder dieser gemeinschaftlich bedienen.

Es wendet daher ebenfalls das dem § 726 a. a. O. zugrunde liegende Prinzip an. Dieser Grundsatz ist auch bereits vom Reichsgericht in einem Urteil vom 26. Oktober 1882 (i. S. Quittainen w. Groß-Thierbach Rep. IV. 369/82) anerkannt, allerdings nur beiläufig, da es sich damals nur um die Frage handelte, ob die G e m e i n d e n zweier vereinigten Mutterkirchen verpflichtet sind, gemeinschaftlich zu Pfarrbauten beizutragen. Aber es ist dem § 789 gegenüber, wonach bei Unzulänglichkeit des Kirchenvermögens die Pfarrbaukosten, gleich den Bau- und Reparaturkosten der Kirche selbst, von dem Patron und den Eingepfarrten getragen werden, nicht abzusehen, weshalb es beim Patron anders sein sollte als bei den Gemeinden.

Hiernach muß, da feststeht, daß in der Parochie der Tochterkirche Bo. keine Pfarrgebäude, welche der Kläger und die zu dieser Tochterkirche Eingepfarrten zu unterhalten hätten, bestehen, dem Berufungsrichter dahin beigetreten werden, daß der Kläger zu der von der beklagten Hofkammer widerklagend beanspruchten Beteiligung an den Pfarrbaulasten verpflichtet ist.

RGZ. 24, 174

Wesen des Kirchenstuhlrechts. Folgerungen hieraus für den Fall der Zerstörung des alten und der Errichtung eines neuen Kirchengebäudes.

Alter Leitsatz:

Erlischt das mit dem Besitze eines Grundstückes verbundene Recht auf ausschließliche Benutzung bestimmter Kirchenstühle durch Zerstörung der Kirche?

III. Zivilsenat. Urt. v. 19. November 1889 i. S. R. Graf P. (Kl.) w. den Kirchenvorstand zu N. (Bekl.) Rep. III. 217/89.

I. Landgericht Osnabrück. II. Oberlandesgericht Celle.

Aus den Gründen:

Am 18. Mai 1883 ist die lutherische Kirche zu N. bis auf den Turm und einzelne Mauerreste durch Brand zerstört. Auf demselben Platze ist unter Benutzung des Turmes und unter Heranziehung von umliegendem Grund und Boden eine neue, größere Kirche erbaut worden. Der Kläger, als Eigentümer des Gutes K., und seine Vorbesitzer haben seit unvordenklicher Zeit in der früheren Kirche eine Anzahl bestimmter Kirchensitze als Privatkirchenstände benutzt. Dem Verlangen des Klägers auf Einräumung einer entsprechenden Anzahl von Kirchensitzen in der neuen Kirche hat Beklagter nicht entsprochen, weil er das Recht des Klägers durch die Zerstörung der früheren Kirche für untergegangen erachtet. Der Klageantrag ist gerichtet auf Anerkennung des klägerischen Rechtes auf gewisse, näher bezeichnete Kirchensitze und Verurteilung des Beklagten zur Einräumung gleicher Sitze in der jetzigen neuen Kirche oder zur Leistung einer Entschädigung für die vereitelten 22 Sitzberechtigungen mit dem kapitalisierten Werte einer Rente von 286 M., eventuell zur Leistung von jährlich 286 M. oder einer richterlich festzustellenden Summe.

Die Vorinstanzen halten eine Klage auf Einräumung einer gleichen Anzahl von Sitzen für unzulässig und die Entschädigungsklage für unbegründet, weil sie die Sitzberechtigungen des Klägers mit dem Beplagten durch die Zerstörung des Kirchengebäudes für erloschen erachten. Das Berufungsgericht nimmt mit dem Landgericht an, daß das vom Kläger geltend gemachte Kirchenstuhlrecht als ein dingliches, den römisch-rechtlichen Servituten analoges und hiernach zu beurteilendes Gebrauchsrecht aufzufassen sei, welches sich zwar nicht auf die bestimmten Kirchenstühle beschränke, jedoch lediglich an dem konkreten Kirchengebäude bestehe und sich nicht auf den Grund und Boden des Gebäudes erstrecke.

Den Vorinstanzen ist darin beizutreten, daß der Kläger nach dem Neubau der Kirche nicht den Rechtsweg für seinen Anspruch auf Zuweisung einer gleichen Anzahl entsprechender Sitze betreten kann, weil die Verteilung der Sitze in der neuen Kirche eine der Anordnung der kirchlichen Aufsichtsbehörde unterliegende Angelegenheit ist. Dagegen kann die Beurteilung des Entschädigungsanspruches nicht gebilligt und muß die gegen die Abweisung dieses Anspruches gerichtete Revision für begründet erachtet werden.

Sowohl nach evangelischem wie nach katholischem Kirchenrecht kann das Recht auf Benutzung bestimmter Kirchensitze von der Kirchengemeinde dem Besitzer eines Grundstückes als Realrecht verliehen werden, und unvordenkliche Ausübung dieses Rechtes durch die wechselnden Besitzer eines Grundstückes begründet die Vermutung rechtmäßiger Erwerbung des Rechtes als Realrechtes. Der Inhalt dieses Rechtes ist aber nicht ein jus in re aliena an der einzelnen Kirchstuhlvorrichtung oder an dem Kirchengebäude selbst, sondern das Recht, von der Kirchengemeinde die dauernde Überlassung bestimmter Kirchensitze zum ausschließlichen Gebrauche bei der Teilnahme am Gottestienste der Gemeinde zu fordern. Es ist nicht das Grundstück, sondern die Kirchengemeinde selbst belastet; die Gemeinde wird durch das Realrecht gehindert, über die von demselben erfaßten Kirchenstühle anderweitig zu verfügen und zugleich verpflichtet, dem Realberechtigten die Nutzung zu gewähren. Auf diesen Anspruch des Berechtigten können die Grundsätze des römischen Rechtes über den ususfructus, speziell die Vorschriften über den Untergang eines an einem Gebäude legierten ususfructus durch die Zerstörung des Gebäudes, keine Anwendung finden. Das Realrecht ist an keine Zeitgrenze gebunden; es gewährt dem jedesmaligen Inhaber des Grundstückes die Befugnis, die Überlassung eines bestimmten Kirchensitzes zum ausschließlichen Gebrauche bei der Teilnahme am Gottesdienste der Gemeinde zu fordern, und wenn der Berechtigte sich auch eine durch den Umbau oder durch den Neubau des Kirchengebäudes veranlaßte Unterbrechung seines Nutzungsrechtes gefallen zu lassen hat, so ist er doch nach Beseitigung des Hindernisses zu dem Verlangen berechtigt, daß ihm gewährt werde, worauf er nach seinem Realrechte Anspruch hat. Das Recht des Klägers ist daher durch die Zerstörung des früheren Kirchengebäudes keineswegs erloschen. Auch hat der Beklagte nicht dargelegt, ja nicht einmal darzulegen versucht, daß es unmöglich sei, dem Kläger in der neuen Kirche eine gleiche Anzahl entsprechender Sitze einzuräumen. Seine Weigerung ist daher ohne Grund und berechtigt den Kläger, welcher auf Erfüllung seines Anspruches nicht klagen kann, zur Forderung einer Entschädigung. Der erhobene Entschädigungsanspruch muß daher dem Grunde nach anerkannt werden; dagegen versteht es sich von selbst, daß der Beklagte sich der Entschädigungsforderung durch Einräumung einer gleichen Anzahl von Sitzen gleicher Beschaffenheit entziehen kann.

RGZ. 29, 188

Kirchliches Patronatsrecht.

Alter Leitsatz:

1. Gehen die Rechte der Kirchengemeinde gegen den Patron durch Nichtgebrauch verloren?

2. Erlöschen die Verpflichtungen des Patrones der Gemeinde gegenüber durch Ersitzung der Freiheit von denselben?

ALR. II. 11 §§ 610 flg.

IV. Zivilsenat. Urt. v. 8. Februar 1892 i. S. Gr. zu L. (Bekl.) w. Kirchengemeinde V. (Kl.). Rep. IV. 311/91.

I. Landgericht Cottbus. II. Kammergericht Berlin.

Das Reichsgericht hat die vorstehenden Fragen in verneinendem Sinne beantwortet aus folgenden

Gründen:

Nach § 610 ALR. II 11 kann niemand ohne ausdrückliche Einwilligung der Gemeinde und ohne Genehmigung der geistlichen Oberen des Patronatrechtes und der damit verbundenen Obliegenheiten sich begeben. Der Patron wird also von seinen Verpflichtungen nur befreit, wenn die Gemeinde in die Befreiung ausdrücklich einwilligt, und diese Einwilligung die Genehmigung der Kirchenoberen findet; und daraus folgt, daß die Gemeinde ihrer Rechte gegen den Patron durch bloßen Nichtgebrauch, also durch passives Verhalten, nicht verlustig gehen kann. Diese Auffassung über den Sinn des § 610 wird durch die nachfolgende Bestimmung des § 611 bestätigt, welche dahin geht:

„Dagegen verliert aber auch der Patron seine Rechte keineswegs durch den bloßen Nichtgebrauch."

Hier ist mit klaren Worten ausgesprochen, daß die Rechte des Patrones mittels Verjährung durch Nichtgebrauch nicht aufgehoben werden, und das gebrauchte Wort: „auch" deutet darauf hin, daß dem Patrone in Ansehung seiner Rechte dieselbe Vergünstigung verliehen wird, wie sie der Gemeinde in Ansehung ihrer Rechte dem Patrone gegenüber eingeräumt ist. Der Bestimmung des § 611 ist in dem § 612 eine Einschränkung insofern beigefügt, als dort verordnet ist, daß, wenn der Patron es hat geschehen lassen, daß einzelne unter dem Patronate begriffene Befugnisse von der Gemeinde oder deren Vorstehern oder von einem Dritten durch eine zur gewöhnlichen Verjährung hinreichende Frist als ein ihnen zukommendes Recht ausgeübt worden, er diese Befugnisse verloren hat. Danach werden die Rechte des Patrones aufgehoben, wenn sie von der Gemeinde oder einem anderen durch Ersitzung erworben werden. Eine entsprechende Einschränkung ist der Vorschrift des § 610 zugunsten des Patrones nicht beigefügt, so daß auf der Seite des letzteren die Ersitzung der Freiheit von seinen Obliegenheiten der Gemeinde gegenüber ausgeschlossen erscheint, und folglich der Einwand des beklagten Patrones auch vom Gesichtspunkte der erwerbenden Verjährung als hinfällig erachtet werden muß.

RGZ. 31, 204

Ist die auf den Bestimmungen des märkischen Provinzialrechtes beruhende Kirchenbaupflicht der politischen Gemeinde, insbesondere die Kirchenbaupflicht der Stadt Berlin, durch die neuere Gesetzgebung aufgehoben?

IV. Zivilsenat. Urt. v. 10. November 1892 i. S. Stadtgemeinde B. (Kl.) w. Johannes-Evangelist-Kirchengemeinde zu B. (Bekl.). Rep. IV. 200/92.

I. Landgericht I Berlin. II. Kammergericht daselbst.

Der Gemeindekirchenrat der Johannes-Evangelist-Kirchengemeinde, der Beklagten, hat einen Erweiterungsbau der unzureichend gewordenen Kirche beschlossen und ein Resolut des Polizeipräsidiums zu Berlin erwirkt, in welchem die Notwendigkeit des Baues und die Art der Ausführung sowie ferner festgesetzt worden ist, daß von den vorläufig auf rund 200 000 M. veranschlagten Kosten die Stadtgemeinde B. die nach Abzug des Patronatsbeitrages verbleibende, vorläufig auf 110 000 M. berechnete Summe zu tragen habe. Die Klägerin hat mit der vorliegenden Klage beantragt, die Beklagte zu verurteilen, anzuerkennen, daß die Klägerin zu dem projektierten Neubau der Kirche der Beklagten einen Beitrag überhaupt nicht, insbesondere nicht den durch das Resolut des Polizeipräsidiums festgesetzten Beitrag von 110 000 M., zu leisten verpflichtet sei. Die Beklagte hat Abweisung der Klage beantragt. Das Landgericht hat die Klägerin „zur Zeit" nicht für verpflichtet erklärt, den Beitrag zu leisten, die Klägerin dagegen mit ihren weiteren Anträgen abgewiesen. Gegen dieses Urteil haben beide Teile Berufung eingelegt. Das Kammergericht hat die Berufung der Klägerin zurückgewiesen und auf die Berufung der Beklagten die Klägerin mit ihrer Klage gänzlich abgewiesen. Die Revision ist zurückgewiesen worden.

Aus den Gründen:

1. Das Berufungsgericht hat angenommen, die von der verklagten Kirchengemeinde behauptete Kirchenbaupflicht der klagenden politischen Gemeinde beruhe auf den Bestimmungen des märkischen Provinzialrechtes, nämlich der Visitations- und Konsistorialordnung von 1573 (Mylius, Corpus Constitutionum Marchicarum Bd. 1 Abt. 1 S. 292) und der Flecken-, Dorf- und Ackerordnung vom 16. Dezember 1702 (Rabe, Sammlung preußischer Gesetze Bd. 1 S. 238). Diese Beurteilung des Inhaltes von Normen des märkischen Provinzialrechtes ist nach § 511 ZPO. für das Revisionsgericht maßgebend; es muß aber geprüft werden, ob die fernere Annahme, daß jene provinzialrechtlichen Normen noch Geltung haben, eine Verletzung von revisibelen Rechtsnormen enthält. Diese Frage ist zu verneinen.

Mit dem Berufungsgericht ist davon auszugehen, daß der § 710 ALR. II 11, welcher lautet: „Wo in Ansehung der Kosten zum Bau und zur Unterhaltung der Kirchengebäude durch Verträge, rechtskräftige Erkenntnisse, ununterbrochene Gewohnheiten oder besondere Provinzialgesetze gewisse Regeln bestimmt sind, da hat es auch ferner dabei sein Bewenden", das Provinzialgesetz ausdrücklich aufrechterhalten hat. Danach wird mit Recht dahingestellt gelassen, ob, wie die Klägerin geltend gemacht hat, dieses Gesetz mit den Grundsätzen des modernen Staatsrechtes unvereinbar sei. Zutreffend ist hiergegen erwogen, es könne, falls dies richtig wäre, hierin nur ein Anlaß liegen, im Wege der Gesetzgebung eine Änderung des bestehenden Rechtes herbeizuführen.

Auch darin ist dem Berufungsgericht beizutreten, daß die streitige Kirchenbaulast der Stadtgemeinde mit dem Gesetz vom 3. Juli 1869, betreffend die Gleichberechtigung der Konfessionen in bürgerlicher und staatsbürgerlicher Beziehung (BGBl. S. 292), ebensowenig Berührungspunkte habe, als mit dem Gesetz über die Freizügigkeit vom 1. November 1867 (BGBl. S. 55). In letzterer Beziehung ist richtig angenommen, daß, wenn die kirchliche Baulast eine Kommunallast ist, ihr jeder neu Anziehende ohne Unterschied der Religion unterworfen sei, und daß, auch wenn die fraglichen Normen heutigen staats- und kirchenrechtlichen Grundanschauungen widersprächen, hieraus die Abschaffung eines bestehenden Gesetzes nicht zu folgern wäre, daß es hierzu vielmehr eines neuen Gesetzes bedürfen würde.

2. Das Berufungsgericht prüft weiter die Behauptung der Klägerin, die neue Kirchengesetzgebung habe jene Vorschrift der Konsistorialordnung aufgehoben. (Wird im folgenden verneint.)

RGZ. 31, 243

Kirchliches Patronatsrecht.

Alter Leitsatz:

1. Umfaßt die Kirchenbaulast des Patrones die Verpflichtung, zu den Kosten der Herstellung und der Unterhaltung der Umwehrung des Kirchplatzes beizutragen?

2. Ist die Umwehrung ein Zubehör des Kirchengebäudes?

ALR. II. 11 §§ 584. 710. 712. 720, I. 2 §§ 42 flg.

IV. Zivilsenat. Urt. v. 20. März 1893 i. S. der katholischen Kirchengemeinde zu Z. (Kl.) w. Fiskus (Bekl.). Rep. IV. 358/92.

I. Landgericht Schneidemühl. II. Oberlandesgericht Posen.

Die neu erbaute Kirche der klagenden Kirchengemeinde soll nach dem von den geistlichen Oberen genehmigten Beschluß der Gemeindeorgane mit einer massiven Umwehrung umgeben werden. Die Klägerin erachtet den beklagten Fiskus als Kirchenpartron für verpflichtet, zu den auf 6500 M. veranschlagten Kosten der Herstellung des Baues zwei Dritteile beizutragen. Diese Verpflichtung, die der Beklagte bestreitet, bildet den Gegenstand des Rechtsstreites. Beide Instanzrichter haben abweisend erkannt. Die von der Klägerin eingelegte Revision ist zurückgewiesen worden aus folgenden

Gründen:

Der Klaganspruch ist auf die Tatsache, daß eine Umwehrung der Kirchenanlage von jeher bestanden habe, und ferner auf die Behauptung, daß die fragliche Umwehrung ein Zubehör des Kirchengebäudes bilde, gestützt. Der Berufungsrichter hat beide Klagegründe verworfen. Er ist davon ausgegangen, daß, was beklagterseits anerkannt ist, der Kirchenpatron gemäß §§ 712, 720, 731 ALR. II. 11 verpflichtet sei, im Falle der Unzulänglichkeit des Kirchenvermögens zu den Kosten des Baues und der Unterhaltung des Kirchengebäudes . . . beizutragen. Seiner Annahme nach ist jedoch diese gesetzliche Verpflichtung auf die Erhaltung des Kirchengebäudes selbst und seiner Zubehörungen beschränkt, und es bedarf, wenn die Verpflichtung auf andere Baulichkeiten ausgedehnt werden soll, des Hinzutrittes eines besonderen Rechtsgrundes (§§ 710—712 ALR. II. 11). Wie konstatiert wird, ist der Nachweis, daß der Klägerin ein besonderer Rechtsgrund, kraft dessen sie von dem Beklagten einen Beitrag zu den Kosten der Herstellung der streitigen Umwehrung verlangen könne, zur Seite stehe, nicht erbracht, und kann insbesondere nicht das Vorhandensein eines solchen Rechtsgrundes aus der Tatsache, daß eine Umwehrung der Kirchenanlage von jeher bestanden habe, gefolgert werden.

Die Revision rügt die Verletzung der §§ 584, 710, 712 ALR. II. 11 mit der Ausführung: Nach der ersterwähnten Gesetzesvorschrift liege dem Patrone die Sorge für die Erhaltung der Kirche ob; unter Kirche sei aber nicht allein das Kirchengebäude zu verstehen, sondern auch der Raum, der das Kirchengebäude umgebe. Die Rüge ist unbegründet. Der § 584 a. a. O. kennzeichnet das rechtliche Verhältnis des Patrones nur im allgemeinen; die Bestimmung der Pflichten des Patrones im einzelnen ist durch die §§ 712, 720 flg., 789 flg. ebenda erfolgt, und danach erstreckt sich die Kirchenbaulast des Patrones nur auf die Erhaltung des Kirchengebäudes und seiner Zubehörungen. In diesem Sinne hat sich der vormalige höchste Landesgerichtshof wiederholt ausgesprochen, und das Reichsgericht ist seiner Rechtsprechung gefolgt.

Vgl. Entsch. des preuß. Obertribunales Bd. 14 S. 471, Bd. 32 S. 128; Entsch. des RGs. in Zivils. Bd. 2 S. 231, Bd. 9 S. 254.

Die Entscheidung hängt hiernach davon ab, ob der zweite Klagegrund durchgreifend ist, ob also die Umwehrung des Kirchplatzes, und um eine solche Umwehrung handelt es sich in Wirklichkeit, ein Zubehör des Kirchengebäudes bildet. Zur Unterstützung dieses Klagegrundes hat die Klägerin geltend gemacht: Die fragliche Umwehrung sei sowohl zum Schutze des Kirchengebäudes als auch besonders für die Religionsübung der Gemeinde notwendig; auf dem Kirchplatze hätten stets Prozessionen stattgefunden, auch sei dort bei größerem Andrange die Beichte abgehalten worden; der Platz liege dicht an einer öffentlichen Straße; solange dem Kirchplatz die Umwehrung fehle, könnten deshalb auf demselben gottesdienstliche Handlungen nicht vorgenommen werden; seitdem infolge des Neubaues der Kirche die frühere Umzäunung des Kirchplatzes niedergerissen sei, trieben sich auf diesem Gänse, Ziegen und Schweine umher, verunreinigten den Platz und beschädigten das Kirchengebäude.

Der Berufungsrichter hat verneint, daß die zu errichtende Umwehrung als ein Zubehör des Kirchengebäudes anzusehen sei. Er ist auf die Vorschriften der §§ 42 flg. ALR. I. 2 zurückgegangen, nach welchen als Pertinenzstücke diejenigen Sachen gelten, die durch die Bestimmung eines Menschen einer anderen Sache zugeschlagen seien, oder solche Nebensachen, ohne welche die Hauptsache zu ihrer Bestimmung nicht gebraucht werden könne, und hat erwogen, daß, da in der Umwehrung eines Kirchplatzes eine mit der Kirche zum Zwecke des Gottesdienstes in dauernde Verbindung gebrachte Einrichtung, mithin eine Zuschlagung der Umwehrung zur Kirche selbst, nicht zu finden sei, nur das Vorhandensein der letzteren Voraussetzung in Betracht kommen könne, so daß allein in Frage stehe, ob die Kirche ohne die zu erbauende Umwehrung zu ihrer Bestimmung nicht brauchbar sei. Für diese Frage erachtet der Berufungsrichter die Ausführungen der Klägerin, daß der Platz um die Kirche ohne die Umwehrung zu gottesdienstlichen Handlungen nicht gebraucht werden könne, für belanglos, da diese Behauptungen nichts über die Notwendigkeit der Umwehrung für die Benutzung der Kirche erwiesen, sondern nur dafür sprächen, daß die Umwehrung für den Gebrauch des Kirchplatzes erforderlich sei. Ebenso erklärt der Berufungsrichter die Behauptung der Klägerin, daß gegenwärtig, wo die Umwehrung fehle, das Kirchengebäude der Beschädigung durch herannahendes Vieh ausgesetzt sei, für unerheblich, weil, wenn dies richtig wäre, daraus nicht folgen würde, daß dem Übelstande nur durch den geplanten Bau der Umwehrung abgeholfen werden könnte, und namentlich nicht, daß ohne den Bau die Kirche zu ihrer Bestimmung nicht gebraucht werden könne. Von der Klägerin, führt der Berufungsrichter im weiteren aus, werde, wenn sie die Notwendigkeit eines umwehrten Kirchplatzes zu gottesdienstlichen Verrichtungen geltend mache, in Wahrheit verlangt, daß außer der vorhandenen Kirche ein zweiter Bau zum Zwecke der Religionsübung geschaffen werde, und daß der Beklagte zu diesem zweiten Bau beisteuere; für dieses Begehren würde nur dann vielleicht ein haltbarer Grund vorliegen, wenn die Kirche der klagenden Gemeinde für ihre Religionsübung nicht hinreichte, wenn insbesondere die Beicht- und Ablaßfeierlichkeiten selbst bei ordnungsmäßiger Verteilung nicht innerhalb der Kirche vorgenommen werden, und wenn die Prozessionen, wie es an anderen Orten hauptsächlich der Fall sei, nicht auch auf den gewöhnlichen Verkehrsstraßen stattfinden könnten; es sei aber die Kirche der Klägerin eine neue und ein Bedürfnis ihrer Erweiterung nicht behauptet; für eine Erweiterung sei auch nichts gefordert, und was gefordert sei, beziehe sich nicht auf die Kirche, für welche der Beklagte als Patron allein zu sorgen habe, sondern auf den Kirchplatz.

Diese, die Sachlage erschöpfenden Erwägungen lassen eine Rechtsnormverletzung nicht erkennen und rechtfertigen die Verwerfung des zweiten Klagegrundes. . . .

RGZ. 43, 172

Kirchliches Patronatsrecht (Präsentationsrecht).

Alter Leitsatz:

1. Hat der Kirchenpatron, wenn ohne seine Schuld der von ihm präsentierte Prediger nicht bestätigt wird, ein Recht auf Erneuerung der inzwischen abgelaufenen Präsentationsfrist?

2. Steht ihm in solchem Falle auch wiederholt ein Recht auf Erneuerung der Frist zu?

III. Zivilsenat. Urt. v. 24. Februar 1899 i. S. Stadt H. (Kl.) w. Landeskonsistorium H. (Bekl.). Rep. III. 286/98.

I. Landgericht Hannover. II. Oberlandesgericht Celle.

Gründe:

Am 2. Juni 1895 ist die dritte evangelisch-lutherische Pfarrstelle in H. erledigt worden. In Ausübung des für diesen Fall ihm zustehenden Patronates hat der klagende Magistrat zunächst den Kandidaten W. präsentiert. Dieser wurde zwar bestätigt, dann aber auf aus der Gemeinde erhobene Einwendungen ihm die Vokation endgültig verweigert. Der darauf vom Kläger präsentierte Pfarrer F. wurde nicht bestätigt, und die dagegen beim Kultusministerium erhobene Beschwerde blieb ohne Erfolg. Unstreitig ist auch unter den Parteien, daß nicht nur die erste Präsentationsfrist, sondern auch eine zweite Frist abgelaufen ist, daher die auf Feststellung des Rechtes zu einer — vom Beklagten bestrittenen — neuen Präsentation gerichtete Klage nur dann Erfolg haben kann, wenn eine wiederholte Erneuerung der Präsentationsfrist dem Gesetze entspricht.

Das Berufungsgericht nimmt nun zwar zu Gunsten des Klägers an, daß das c. 26 in VI° de elect. 1, 6 auf das Patronatsrecht Anwendung findet, hat aber die Klage doch abgewiesen, weil die dort im Falle der Schuldlosigkeit zugelassene Erneuerung der Frist trotz der aus dem Wortlaute sich ergebenden Zweifel nur als einmalige angesehen werden könne. Die dagegen eingelegte Revision konnte keinen Erfolg haben, da den Ausführungen des Berufungsgerichtes im wesentlichen beizustimmen ist.

Der erkennende Senat hat bereits in der Sache Rep. III. 55/93 (Urt. vom 30. Mai 1893) ausgesprochen, daß die Erneuerung der Präsentationsfrist ihre gesetzliche Grundlage in dem c. 26 cit. finde, und hält auch jetzt an dieser Ansicht fest. Zwar ist diese Vorschrift unmittelbar nur für den Fall der electio der geistlichen Behörden gegeben; aber es erscheint berechtigt, sie analog auf das Patronatsrecht anzuwenden. Dafür sprechen nicht nur die Billigkeit und die Gleichheit des Grundes, sondern auch die Unwahrscheinlichkeit, daß der in anderen Beziehungen gegenüber dem geistlichen Patrone bevorzugte Laienpatron im Sinne des kanonischen Rechtes ungünstiger gestellt werden sollte, als in dem ähnlichen Falle der electio die zu dieser Berufenen.

Aus der Anwendbarkeit des c. 26 cit. folgt aber noch nicht die in dem früheren Falle nicht entschiedene Wiederholung der Fristerneuerung. Der Wortlaut der Gesetzesstelle spricht überwiegend weder dafür noch dagegen. Sie sagt nur, daß die electores, wenn sie innerhalb der ersten Frist präsentiert haben, aber ohne ihre Schuld erfolglos,

„... habebunt a dissensu, renuntiatione, morte vel irritatione praedictis tempus integrum ad electionem aliam celebrandam. ..."

Man kann nun zwar, da keine Einschränkung hinzugefügt ist, folgern wollen, daß bei weiteren, gleichliegenden Präsentationsfällen dieselbe Begünstigung eintreten müsse; aber mit nicht geringerem Rechte wird man darauf hinweisen dürfen, daß ausdrücklich nur einmalige Erneuerung genannt wird („tempus integrum ad aliam electionem celebrandam"), und daß eine Abweichung von der an sich präklusivischen Frist streng auszulegen ist. Müssen bei dieser Sachlage allgemeine Gründe, die für den Gesetzgeber bestimmend sein mußten, den Ausschlag geben, so sprechen diese überwiegend gegen eine wiederholte Erneuerung. Die einmalige, allerdings der Billigkeit in unverschuldeten Fällen entsprechende Erneuerung trägt aber dieser Billigkeit in den meisten Fällen ausreichend Rechnung, während, wenn sie unbegrenzt gewährt wird, die doch vorwiegenden Interessen der Kirche und der Kirchengemeinden schwer geschädigt werden können, und kein Grund ersichtlich ist, weshalb trotz dieser Gefahren für die Kirche das Devolutionsrecht ungemessen hätte hinausgeschoben werden sollen. Denn mit Recht hebt das Berufungsgericht hervor, daß, wenn überhaupt die Erneuerung der Frist wiederholt zugelassen wird, für deren weitere Begrenzung es an jedem Anhaltspunkte fehlt.

Für das gewonnene Resultat spricht auch, daß manche Partikularrechte die Erneuerung der ursprünglichen Frist oder doch die Gewährung einer kürzeren Nachfrist vorschreiben, dieselbe aber nicht wiederholt zulassen, abgesehen vom badischen Rechte, das sich aber auf eine dreimalige Erneuerung der Frist beschränkt; auch die für die Anwendung des c. 26 cit. sich aussprechenden Schriftsteller erwähnen eine Wiederholung der Nachfrist nicht.

Über den Inhalt des Partikularrechtes, soweit es die zu entscheidenden Fragen betrifft, hat das Berufungsgericht sich nicht bestimmt ausgesprochen, aber doch hervorgehoben, daß das Partikularrecht für den Anspruch des Klägers günstigere Bestimmungen nicht enthalte. . . .

RGZ. 43, 332

Kirchliches Patronatsrecht.

Alter Leitsatz:

Ist der Patron verpflichtet, zu dem Neubau eines durch das Wachstum der Kirchengemeinde nötig gewordenen zweiten Gotteshauses neben dem schon bestehenden und auch weiterhin zu gottesdienstlichen Zwecken bestimmten Kirchengebäude beizutragen?

ALR. II. 11 §§ 584. 720 flg.

IV. Zivilsenat. Urt. v. 13. März 1899 i. S. Kirchengemeinde H. (Bekl.) w. preuß. Fiskus (Kl.). Rep. IV. 334/98.

I. Landgericht I Berlin. II. Kammergericht daselbst.

In der Kirchengemeinde der Heilig-Kreuz-Kirche zu Berlin sollte auf Beschluß der Gemeindeorgane eine zweite Kirche neben der bereits vorhandenen erbaut werden, weil die letztere wegen Anwachsens der Bevölkerung für die Mitglieder der Kirchengemeinde angeblich nicht mehr ausreichte. Für die Kosten des Baues nahm die verklagte Kirchengemeinde, da die Kirchenkasse nicht leistungsfähig war, außer der politischen Stadtgemeinde Berlin den klagenden Fiskus als den Patron der Kirche in Anspruch. Beide haben ihre Beitragspflicht nicht anerkannt. Die Beklagte hat deshalb die Entscheidung des Polizeipräsidiums zu Berlin angerufen, und dieses hat durch Resolut vom 4. Juni 1896 entschieden, daß der Bau notwendig sei, und daß der Stadtgemeinde Berlin und dem Patrone die Verpflichtung obliege, nach Maßgabe des märkischen Provinzialrechtes die Kosten des Neubaues zu tragen, soweit diese nicht anderweit Deckung finden sollten. Gegen dieses Resolut hat der Kläger den Rechtsweg beschritten und den Antrag gestellt, die Beklagte zu verurteilen, anzuerkennen, daß er zu dem beschlossenen Bau einer zweiten Kirche der Beklagten einen Beitrag zu leisten nicht verpflichtet sei.

Der erste Richter hat die Beklagte diesem Antrage gemäß verurteilt. Das Berufungsgericht hat die Berufung, und das Reichsgericht die Revision der Beklagten zurückgewiesen.

Gründe:

Über die zur Entscheidung stehende Frage,

> ob der Patron verpflichtet ist, zu dem Neubau eines durch das Wachstum der Kirchengemeinde nötig gewordenen zweiten Gotteshauses neben dem schon bestehenden und auch weiterhin zu gottesdienstlichen Zwecken bestimmten Kirchengebäude beizutragen,

enthält das märkische Provinzialrecht nach der unanfechtbaren Feststellung des Berufungsgerichtes keine Bestimmung. Die Frage ist daher nach den Vorschriften des Allgemeinen Landrechts zu entscheiden.

Der § 568 II. 11 dieses Gesetzes kennzeichnet den Patron als diejenige Person, welcher die unmittelbare Aufsicht über eine Kirche nebst der Sorge für deren Erhaltung und Verteidigung obliegt. Unter dem Wort „Kirche" ist an dieser Stelle nicht das Kirchengebäude, sondern die kirchliche Anstalt oder Einrichtung zu verstehen, d. h. „die Gesamtheit von Sachen und Rechten kirchlicher und weltlicher

Natur, welche dazu bestimmt ist, gewisse religiöse und kirchliche Bedürfnisse zu befriedigen."

Vgl. Hinschius, Preußisches Kirchenrecht § 568 Anm. 3.

Das Patronat wird durch die Erbauung oder Dotierung einer Kirche, durch den Wiederaufbau oder die neue Dotierung einer verfallenen oder verarmten Kirche, durch Auftrag einer Kirchengesellschaft, oder durch Verjährung erworben, vorausgesetzt, daß in den drei ersten Fällen die Genehmigung des Staates hinzutritt.

Der § 584 ALR. II. 11 bestimmt im allgemeinen, daß dem Patron die Pflicht zur Erhaltung des Kirchengebäudes obliege. Im einzelnen wird diese Pflicht in den §§ 720 flg. a. a. O. geregelt.

Vgl. Entsch. des Obertribunals Bd. 14 S. 471, Bd. 32 S. 131; Entsch. des RG. in Zivils. Bd. 9 S. 254, Bd. 31 S. 244.

Unter dem Kirchengebäude, für dessen Erhaltung der Patron zu sorgen hat, ist selbstverständlich dasjenige Gotteshaus zu verstehen, in Ansehung dessen ihm das Patronatsrecht zusteht. Bei diesem Gebäude bezieht sich seine Baupflicht sowohl auf die erforderlichen Reparaturen, als auch auf die durch das kirchliche Bedürfnis gebotenen Anbauten und Erweiterungsbauten. Auch erstreckt sie sich auf einen solchen Neubau, welcher an Stelle des baufälligen oder nicht mehr zureichenden ursprünglichen Kirchengebäudes errichtet werden muß.

Vgl. Gruchot, Beiträge Bd. 35 S. 1067 (Juristische Wochenschrift von 1890 S. 419 Nr. 30); Striethorst, Archiv Bd. 41 S. 23; Entsch. des Obertribunals Bd. 52 S. 266; Hinschius, Preußisches Kirchenrecht, Anm. 4 zu § 712 ALR. II. 11 S. 410.

Aber das Patronat ist nicht territorialer Natur. Die darunter begriffenen Rechte und Pflichten umfassen nicht ohne weiteres alle Kirchengebäude der Parochie. Der Patron eines Kirchengebäudes ist nicht schon deshalb auch Patron eines zweiten Kirchengebäudes, weil dieses in derselben Parochie gelegen ist wie das erste. Das Patronat über das zweite Kirchengebäude entsteht vielmehr nur dadurch, daß auch hinsichtlich seiner einer der gesetzlichen Erwerbsgründe (§§ 569—574 ALR. II. 11) vorhanden ist.

Vgl. Entsch. des RGs. in Zivils. Bd. 15 S. 168; Hinschius, a. a. O. Anm. 8 zu § 569, Anm. 4 zu § 712 ALR. II. 11 S. 372. 410.

In der Parochie, welche die verklagte Gemeinde bildet, hat bisher nur ein Kirchengebäude bestanden. Das landesherrliche Patronat kann daher nur in Ansehung dieses Gebäudes erworben sein. Zu dem zweiten, noch zu errichtenden und außer dem schon bestehenden gleichfalls zu gottesdienstlichen Zwecken bestimmten Kirchengebäude ist der Landesherr in kein Patronatsverhältnis getreten. Der klagende Fiskus ist daher nicht verpflichtet, einen Patronatsbeitrag zu diesem Bau zu leisten.

Eine von der vorstehend entwickelten abweichende Ansicht hat das Reichsgericht in den Urteilen vom 20. März 1893 (Entsch. des RGs. in Zivils. Bd. 31 S. 246) und vom 13. Oktober 1890 (Gruchot, Beiträge Bd. 35 S. 1064) nicht ausgesprochen, wie dies die Revision vermeint. Ob das frühere Obertribunal sich in dem Bd. 66 S. 179 seiner Entscheidungen (auch bei Striethorst, Archiv Bd. 85 S. 19) abgedruckten Erkenntnisse vom 29. September/14. Oktober 1871 auf einen anderen Standpunkt gestellt hat, ist nicht klar ersichtlich. Wäre es der Fall, so würde die Ansicht nicht als richtig anerkannt werden können.

Durch den Zusammenhang der landrechtlichen Bestimmungen, auf welchen sich die Revision beruft, wird das gewonnene Resultat ebenfalls nicht erschüttert. Insbesondere gestattet die Aufeinanderfolge der §§ 725—728 ALR. II. 11 nicht, dem § 728 eine über seinen Wortlaut hinausgehende Auslegung zu geben ...

RGZ. 45, 208

„Kirche" als Gegenstand des Patronatsrechtes ist nicht das Kirchengebäude, sondern die kirchliche Anstalt oder Einrichtung als Gesamtheit der für religiöse und kirchliche Bedürfnisse bestimmten Sachen und Rechte.

„Patronatsbaulast" ist die Verpflichtung des Patrons, mit den anderen Verpflichteten dafür einzustehen, daß für die kirchliche Anstalt stets die für ihre Zwecke erforderlichen Pfarrgebäude vorhanden sind, wobei auch einer Erhöhung des Bedarfs zu genügen ist; auf die Errichtung neuer Kirchengebäude bezieht sich das nicht.

Alter Leitsatz:

Erstreckt sich die Patronatsbaulast auf ein infolge der Einrichtung einer zweiten Predigerstelle — Diakonat — notwendig gewordenes Diakonatsgebäude auch dann, wenn dasselbe nicht einen Erweiterungsbau, sondern ein für sich bestehendes Gebäude bilden soll, während zugleich das vorhandene Pfarrgebäude unverändert bestehen und seinem bisherigen Zwecke, als Wohnung des Pfarres zu dienen, erhalten bleibt?

ALR. II. 11 §§ 568. 710. 788—790.

IV. Civilsenat. Urt. v. 16. November 1899 i. S. preuß. Fiskus (Bekl.) w. Kirchengemeinde Pankow (Kl.). Rep. IV. 217/99.

I. Landgericht Potsdam. II. Kammergericht Berlin.

Der beklagte Fiskus ist Patron der Kirche der Kirchengemeinde in Pankow, der Klägerin, welche mit der Kirchengemeinde in Nieder-

Schönhausen, für deren Kirche der Beklagte gleichfalls der Patron ist, die Gesamtparochie Pankow bildet. Die Kirchengemeinde Pankow umfaßt die gleichnamige Dorfgemeinde, die Kirchengemeinde Nieder-Schönhausen die Dorfgemeinden Nieder-Schönhausen und Schönholz. In Pankow und Nieder-Schönhausen befinden sich Kirchen, in deren jeder sonntäglich gepredigt wird. Für beide Kirchen bestand früher nur ein geistliches Amt, die Pfarre in Pankow, bis zufolge Beschlusses vom 27. Mai 1892 des Gemeindekirchenrates der Gesamtparochie Pankow durch die gemeinschaftliche Verfügung des Konsistoriums der Provinz Brandenburg und der Regierung in Potsdam vom 14. Juli/1. August 1893 wegen der Vermehrung der Seelenzahl der Gemeinde Pankow eine zweite Predigerstelle — Diakonat — mit dem Sitze in Pankow vom 1. Oktober 1893 ab errichtet wurde. Unterm 26. August 1896 beschloß der Gemeindekirchenrat in Pankow, ein besonderes, nach dem Beschlusse vom 27. Mai 1892 auf einem vom Pfarrgarten abgezweigten Bauplatze herzustellendes Diakonatsgebäude, zur Beseitigung des Übelstandes, daß der Diakonus zur Miete wohnen müsse, in Pankow zu errichten, jedoch mit dem Vorbehalte, daß der Fiskus den gesetzlichen Patronatsbeitrag übernähme. Da der Fiskus den Bestand seines Patronates über das als neu zu errichtende Diakonatsgebäude überhaupt nicht anerkannte, so beantragte die Klägerin die Regulierung des Interimistikums gemäß § 709 ALR. II. 11, und es erging darauf der Beschluß der Regierung in Potsdam vom 1. Mai 1897, welcher zwar die Errichtung des Diakonatsgebäudes in Pankow für notwendig erklärt, jedoch die fiskalische Patronatsbaulast in Ansehung derselben verneint und die Entscheidung über die Bauausführung nötigenfalls einem Nachtragsbeschlusse vorbehält.

Die Klägerin hat nunmehr, mit der Ausführung, daß nach dem Beschlusse vom 1. Mai 1897 die Entscheidung über die Bauausführung nicht vor Feststellung der Beitragspflicht des Beklagten erfolgen könne, daraufhin Klage erhoben und beantragt:

> festzustellen, daß der Beklagte verpflichtet ist, die zu dem Diakonatshausneubau in Pankow erforderlichen Hauptmaterialien an Holz, Steinen und Kalk bzw. deren Ersatzstoffe, als Patronatsleistungen zu liefern.

Klägerin erachtet die Unterscheidung zwischen alten Gebäuden und Neubauten und die Beschränkung der Patronatsbaupflicht auf die ersteren nicht für begründet. Demgegenüber verbleibt der Beklagte bei der Ansicht, daß der Regel nach neue, neben den bestehenden Kirchengebäuden errichtete Kirchen- oder Pfarrgebäude nicht unter das Patronat fallen, weil die Vermutung dagegen streite, daß sie Zubehörungen der ursprünglichen Patronatsstiftung seien.

Hieraus folgert der Beklagte, daß ihn die Patronatsbaulast bezüglich des Diakonatsgebäudes in Pankow nur treffen würde, wenn letzteres ein Zubehör der alten Kirchenstiftung wäre und lediglich deren Zwecken diente. Dies sei aber zu verneinen, weil, wie näher dargelegt wird, das Diakonat in Pankow keineswegs zur Abhaltung des vermehrten Gottesdienstes in der Kirche zu Pankow, sondern vielmehr zur Abhaltung des sonn- und festtäglichen Gottesdienstes in der Kirche zu Nieder-Schönhausen, sowie zur Verbesserung der außerhalb des Gotteshauses in der Gemeinde zu verrichtenden Seelsorge errichtet worden sei. Darauf führt die Klägerin aus, daß das Diakonatsgebäude allerdings als ein Zubehör der alten Kirchenstiftung anzusehen sei und lediglich den Zwecken dieser Stiftung diene. Daß der Diakonus, ebenso wie der erste Pfarrer von Pankow, bis zur Errichtung einer besonderen Pfarre in Nieder-Schönhausen, daselbst abwechselnd mit dem Hilfsprediger gepredigt habe, sei kein Beweis dafür, daß das Diakonat wegen Nieder-Schönhausen errichtet sei, zumal sämtliche Amtshandlungen schon vom 15. Dezember 1893 ab dem Hilfsprediger in Nieder-Schönhausen übertragen worden seien. Richtig sei allerdings, daß das Diakonat auch zum Zwecke der Verbesserung der außerhalb des Gotteshauses zu verrichtenden Seelsorge in der Gemeinde errichtet worden sei. Dieser Zweck sei jedoch nicht der zwingende und maßgebende Grund für die Errichtung des Diakonates gewesen, vielmehr hätten andere in der alten Kirchenstiftung zutage getretene Notstände, die näher dargelegt werden, zur Bestellung des zweiten Geistlichen geführt. Es komme aber auch in Betracht, so meint schließlich Klägerin, daß der Beklagte nicht bloß Patron der Kirche in Pankow, sondern auch Patron der Kirche in Nieder-Schönhausen sei, und daher den Patronatsbeitrag zur Pfarrbaulast der ganzen Gesamtparochie zu leisten habe.

Das Landgericht hat nach dem Klagantrage erkannt; die Berufung des Beklagten ist zurückgewiesen, ebenso die Revision, letztere aus folgenden

Gründen:

. . . „Der Ausgangspunkt des Berufungsgerichtes ist, daß nach dem gemäß §§ 788—790. 710 ALR. II. 11 hier in erster Reihe in Betracht kommenden märkischen Recht, in dessen Bezirk die Kirche in Pankow liegt, auf Grund einer allgemeinen Landesobservanz die Patrone von Landkirchen zu den Reparaturen und Bauten der Pfarrgebäude die Hauptmaterialien und deren Surrogate beizutragen haben, und zwar nicht bloß subsidär, d. h. in Ermangelung von ausreichendem Kirchenvermögen, sondern an erster Stelle, da aus diesem bei Landkirchen für Pfarrbauten nichts verausgabt werden dürfe. „Die hiernach begründete prinzipale Beitragspflicht des Patrons" —

so heißt es dann weiter — „ist nun auch in der Mark, wie sonst nach preußischem und auch nach gemeinem Rechte, mangels einer durch Observanz oder Provinzialgesetz bestimmten Regel, davon abhängig, daß das zu errichtende Pfarrgebäude zu derjenigen Kirche gehört, auf welche das Patronatsrecht sich bezieht." Im Anschluß hieran wird sodann ausgeführt, daß aber mit dem Worte „Kirche", welches in § 568 ALR. II. 11 zur Bezeichnung des Gegenstandes des Patronatsrechtes gebraucht werde, nicht das Kirchengebäude, sondern die kirchliche Anstalt oder Einrichtung als Gesamtheit von Sachen und Rechten kirchlicher und weltlicher Natur gemeint sei, dazu bestimmt, gewisse religiöse und kirchliche Bedürfnisse zu befriedigen. Wenn daher auch das Patronatrecht nicht territorialer Natur sei und daher nicht ohne weiteres alle Kirchengebäude der Parochie umfasse, so sei es doch nicht unbedingt auf bestimmte Gebäude beschränkt, sondern erstrecke sich auf alle Gebäude, welche für die Bedürfnisse der betreffenden kirchlichen Anstalt erforderlich seien. Gleichgültig sei es hierbei, ob diese Bedürfnisse erst durch eine nach Begründung des Patronates eingetretene Änderung der Verhältnisse, insbesondere durch Vermehrung der Bevölkerung hervorgerufen seien; denn mit der kirchlichen Baulast werde dem Patron die Verpflichtung auferlegt, mit den anderen Verpflichteten zusammen dafür einzustehen, daß für die kirchliche Anstalt s t e t s die für ihre Zwecke erforderlichen Gebäude vorhanden sind. Wenn daher durch die Vermehrung der Bevölkerungszahl eines Sprengels und die dadurch bedingte Vermehrung der seelsorgerischen Kräfte die Erweiterung des Pfarrhauses erforderlich werde, so habe auch zu diesem Erweiterungsbau der Patron seinen Beitrag zu leisten. In gleicher Weise bestehe aber seine Verpflichtung auch dann, wenn an Stelle des Erweiterungsbaues ein zweites Pfarrgebäude errichtet werde. Denn auch ein solches neues Pfarrgebäude sei für die Bedürfnisse derjenigen kirchlichen Anstalt bestimmt, auf welche sich das Patronat beziehe. Das Berufungsgericht nimmt dann auf Grund des in Betracht kommenden, vorgetragenen Inhaltes der Akten des Konsistoriums für erwiesen an, daß das Diakonat in Pankow hat errichtet werden müssen, weil die Kräfte des Pfarrers und des Hilfspredigers nicht mehr ausreichten, um die kirchlichen und seelsorgerischen Verrichtungen in den zu einer Parochie vereinigten Kirchengemeinden Pankow und Nieder-Schönhausen vorzunehmen. Da nun die Bedürfnisse einer kirchlichen Anstalt sich nicht nur auf die Vornahme der gottesdienstlichen Handlungen im Kirchengebäude, sondern auch auf die außerhalb des Kirchengebäudes zu verrichtende Seelsorge erstreckten, so sei, wie weiter ausgeführt wird, die Errichtung des Diakonates durch die Bedürfnisse der in der Gesamtparochie Pankow verbundenen kirchlichen Anstalten erforderlich geworden. Wäre also das Diakonat, wie bei seiner Errichtung, auch jetzt noch für die Bedürfnisse beider kirchlichen Anstalten bestimmt, so würde angenommen werden müssen, daß auch der Neubau des Diakonatshauses, für welchen der Beklagte als beitragspflichtig in Anspruch genommen werde, für die Zwecke der beiden kirchlichen Anstalten bestimmt und erforderlich sei und an Stelle eines Erweiterungsbaues des ebenfalls für diese Zwecke bestimmten und erforderlichen alten Pfarrhauses errichtet werden solle. Nach der festgestellten Sachlage könne es aber nicht dem mindesten Zweifel unterliegen, daß das Diakonat in Pankow, wenn nicht für die Bedürfnisse der Kirche, d. h. der kirchlichen Anstalt in Pankow allein, so doch jedenfalls, wie bei seiner Errichtung, für die Bedürfnisse der beiden in der Gesamtparochie Pankow vereinigten Kirchengemeinden bestimmt und erforderlich sei. Der Beklagte müsse als Patron der beiden vereinigten Kirchen von Pankow und Nieder-Schönhausen den ihm obliegenden Beitrag auch zur Errichtung solcher Pfarrgebäude leisten, welche an Stelle eines an dem alten Pfarrhause zu errichtenden Erweiterungsbaues zur Befriedigung der Bedürfnisse der beiden zur Parochie gehörigen kirchlichen Anstalten erforderlich seien; die Klägerin könne aber ohne Zuziehung der Kirchengemeinde Nieder-Schönhausen die Anerkennung dieser Verpflichtung im Wege der Klage verlangen. . . .

Die Revision . . . wirft mit ihrem ersten Angriffe dem Berufungsgerichte vor, im Widerspruche gegen die Ausführungen des jetzt erkennenden Senates in dem Urteile vom 13. März 1899 — in Sachen Heiligkreuzkirche in Berlin wider Fiskus Rep. IV. 334/98[1]) — verkannt zu haben, daß — weil das Patronat nicht territorialer Natur ist — der Patron eines Kirchengebäudes und folglich auch der Patron eines Pfarrgebäudes nicht schon deshalb auch Patron eines in derselben Parochie belegenen zweiten Kirchen- oder Pfarrgebäudes sei, ihm das Patronat über letzteres vielmehr nur durch einen der in den §§ 569—574 ALR. II. 1 erwähnten gesetzlichen Erwerbsgründe überkomme. Ein solcher Erwerbsgrund liege in betreff des hier in Rede stehenden Diakonatsgebäudes nicht vor. Gleichgültig aber sei in Ansehung der streitigen Beitragspflicht, ob die Einrichtung des Diakonates, wie das Berufungsgericht annehme, auch durch die Bedürfnisse der klagenden Kirchengemeinde notwendig geworden sei. Um einen Bau, der an Stelle einer Erweiterung des alten Pfarrhauses treten solle, handele es sich nicht. Letzteres solle nach wie vor dem Pfarrer als Wohnung dienen und reiche zu diesem Zwecke aus, während das Gebäude, zu dessen Bau der Beklagte beitragen solle, für einen anderen Zweck, nämlich zur Wohnung des neu angestellten Diakonus, bestimmt sei. — Der Revisionsangriff erscheint nicht begründet.

[1]) Abgedruckt S. 40 des vorliegenden Bandes dieser Auswahlsammlung

Grundlegend für die Entscheidung des Berufungsgerichtes ist einmal die zutreffende, auch in dem vorgedachten Urteile vom 13. März 1899, in Übereinstimmung mit Hinschius — Preußisches Kirchenrecht Anm. 3 zu § 568 ALR. II. 11 — vertretene Auslegung des Wortes „Kirche" in § 568 a.a.O., in der Bedeutung von kirchlicher Anstalt oder Einrichtung, nicht von Kirchengebäude, und sodann die Bestimmung des Inhaltes der Patronatsbaulast als die Verpflichtung des Patrones, mit den anderen Verpflichteten dafür einzustehen, daß für die kirchliche Anstalt stets die für ihre Zwecke erforderlichen Gebäude vorhanden sind, ohne Rücksicht auf eine etwaige Erhöhung des Bedarfes infolge von nach Begründung des Patronates in den Verhältnissen der Kirchengemeinde eingetretenen Änderungen. Auch die letztere Auffassung ist, vorbehaltlich der aus der nichtterritorialen Natur des Patronates sich ergebenden Beschränkung, nicht zu beanstanden; sie ist anerkannt vom preußischen Obertribunal in den Urteilen vom 8. März 1861 (Striethorst, Archiv Bd. 41 S. 24) und vom 4. Januar 1865 (Entsch. dieses Gerichtshofes Bd. 52 S. 261), sowie vom Reichsgerichte in den Urteilen vom 13. Oktober 1890 (Jurist. Wochenschr. S. 419 Nr. 30) und vom 20. März 1893 (Entsch. des RG.'s in Civils. Bd. 31 S. 243), über die Verpflichtung des Patrones bei Neu-, Reparatur- oder Erweiterungsbauten. Es kann sich daher nur fragen, ob die Patronatsbaulast des Beklagten im vorliegenden Falle um deshalb nicht begründet ist, weil es sich bei dem Diakonatsgebäude in Pankow um ein für sich bestehendes Gebäude handelt, während zugleich das vorhandene Pfarrgebäude unverändert bestehen und seinem bisherigen Zwecke, als Wohnung des Pfarrers, erhalten bleibt. In dieser Beziehung kommt, was den von der Revision geltend gemachten Widerspruch des Berufungsgerichtes mit dem mehrgedachten Urteile des Reichsgerichtes vom 13. März 1899 anlangt, wesentlich in Betracht, daß es sich in dem damals entschiedenen Falle um ein zweites Kirchengebäude, neben der vorhandenen, nach wie vor ihrem Zwecke gewidmeten Kirche, also um eine neue Kirche handelte, während hier eine an das vorhandene Kirchengebäude sich anschließende Einrichtung in Frage steht. Die so erforderlich werdende neue Baulichkeit fällt ohne weiteres, als Bestandteil der an das vorhandene Kirchengebäude sich anknüpfenden kirchlichen Anstalt, auch unter das über die letztere bestehende Patronat; eines vermittelnden Erwerbsaktes zur Erstreckung des Partonates bedarf es nicht. Daraus ergibt sich dann aber, daß es für den Eintritt der Patronatsbaulast bedeutungslos ist, ob dem hervorgetretenen Bedürfnis durch Erweiterungsbau an dem vorhandenen Pfarrgebäude oder an Stelle eines solchen Erweiterungsbaues durch einen Neubau entsprochen wird. Nicht folgen läßt sich hier auch der Ausführung der Revision, daß es sich bei dem Diakonatsgebäude um einen Bau, der an Stelle einer Erweiterung des alten Pfarrhauses treten solle, gar nicht handle. Es wird dabei übersehen, daß das vorhandene Pfarrhaus dem gegenwärtigen Bedürfnisse, das für zwei angestellte Geistliche Wohnung erfordert, nicht genügt, daß diesem Bedürfnisse zweckmäßig durch einen Erweiterungsbau an dem Pfarrhause nicht abzuhelfen, und daß damit die Notwendigkeit eines gesonderten Diakonatsgebäudes, statt eines Erweiterungsbaues an dem Pfarrhause, von selbst gegeben ist. Daß das gesonderte Diakonatsgebäude den sonst gebotenen Erweiterungsbau an dem Pfarrhause ersetzen soll, tritt um so klarer zutage, als dafür als Bauplatz nach dem Beschlusse des Gemeindekirchenrates in Pankow vom 27. Mai 1892 ein Teil des Pfarrgartens daselbst in Aussicht genommen ist. Daß die Patronatsbaulast sich auf Pfarrgebäude erstreckt, deren Errichtung infolge der Anstellung eines zweiten Geistlichen, zur Bewältigung der vermehrten, außerhalb des Kirchengebäudes auszuübenden Seelsorge innerhalb der Kirchengemeinde, erforderlich geworden ist, hat das Berufungsgericht mit Recht angenommen, wie denn auch der Beklagte auf seine entgegenstehende Auffassung jetzt nicht zurückgekommen ist. Hiernach ist der Beklagte allerdings verpflichtet, zu dem notwendig gewordenen Diakonatsgebäude in Pankow den in der Mark observanzmäßigen Patronatsbeitrag zu leisten." . . .

RGZ. 56, 25

Das Läuten der Kirchenglocken ist Ausübung einer der Überprüfung im Rechtsweg nicht zugänglichen öffentlich-rechtlichen Befugnis der Kirche.

Alter Leitsatz:

Ist für Klagen auf Unterlassung des Läutens mit Kirchenglocken der Rechtsweg zulässig?

V. Zivilsenat. Urt. v. 19. November 1903 i. S. Kirchengemeinde N. (Bekl.) w. M. (Kl.). Rep. V. 218/03.

I. Landgericht Meiningen. II. Oberlandesgericht Jena.

Die Beklagte hatte westlich von ihrer Kirche in einer Entfernung von ungefähr 4,50 m von dem Wohnhaus des Klägers ein hölzernes Glockenhaus erbaut und drei Glocken darin aufgehängt, die teils einzeln, teils zusammen die Woche über und an Sonntagen zu gewissen Zeiten geläutet wurden. Der Kläger verlangte Unterlassung dieses ihn in der Benutzung seines Hauses erheblich beeinträchtigenden Läutens, wurde aber vom ersten Richter mit seiner Klage abgewiesen. Auf seine Berufung verurteilte das Oberlandesgericht die Beklagte, das Läuten mit den beiden größeren Glocken gänzlich zu unterlassen und das Läuten mit der kleinsten Glocke in diesem Glockenhause, solange das nach dem Hause des Klägers zu gelegene Schallloch nicht geschlossen sei, nicht vorzunehmen.

Auf die Revision der Beklagten wurde dieses Urteil aufgehoben, und die Sache an das Berufungsgericht zurückverwiesen.

Aus den Gründen:

...Die erhobene Eigentumsbeeinträchtigungsklage richtet sich gegen eine angeblich ungehörige Benutzung einer Kirche zum Glockengeläute. Wenn auch nach heutigem Rechte die geheiligten Sachen — res divini juris oder sacrae —, zu denen Kirchen und deren Zubehör, namentlich Glocken, unzweifelhaft gehören, keineswegs dem privatrechtlichen Verkehr gänzlich entzogen, vielmehr im allgemeinen dem öffentlichen und bürgerlichen Rechte des Staates unterworfen sind, so gilt dies immerhin angesichts der selbständigen und unanfechtbaren Verfügungs- und Benutzungsrechte der kirchlichen Vertreter und Oberen nur in beschränktem Maße, und insbesondere muß auch, soweit die staatliche Macht über jene Sachen reicht, im Einzelfalle zunächst gefragt werden, ob öffentlich-rechliche oder privatrechtliche Verhältnisse gegeben sind, wonach sich dann auch der Weg der Rechtsverfolgung gegen jene Sachen und ihre Benutzung bestimmt.

Unzweifelhaft ist es nach dem geltenden Rechte der anerkannten christlichen Kirchengemeinschaften eine besondere und wichtige Befugnis der Kirchen, ihre Angehörigen zu bestimmten Zeiten oder auch bei außergewöhnlichen Gelegenheiten durch Glockengeläute zu Andachtsübungen anzuregen oder zum Besuche der öffentlichen Gottesdienste, Leichenbegängnisse usw. einzuladen. Dieses Recht wird als ein derart erhebliches erachtet, daß es Privatpersonen, ja sogar staatlich nicht voll anerkannten religiösen Gesellschaften meist nicht zugestanden wird.

Vgl. z. B. § 25 Pr. ALR. II 11.

Hiernach kann es keinem Zweifel unterliegen, daß das Recht, mit Glocken zu läuten, den Kirchen zum allgemeinen Wohle ihrer Angehörigen und damit zugleich zum Wohle des Gesamtstaates eingeräumt ist, daß es somit dem Gebiete des öffentlichen Rechtes angehört. Hierfür spricht insbesondere auch, daß es nicht etwa der Person des Kircheneigentümers als solchem, sondern den kirchlichen Behörden und Oberen zusteht.

Aber auch soweit das Kirchengeläute, wie üblich, nebenbei zu weltlichen Kundgebungen, z. B. bei Feuersgefahr, zur Bekanntgabe des Schulbeginns u. dgl., verwendet wird, geschieht dies im Interesse der Allgemeinheit und liegt nicht privatrechtliche, sondern öffentlich-rechtliche Übung und Befugnis vor.

Aus dem Gesagten folgt nun nicht, daß keinerlei Rechtsbehelf gegen einen etwa mit dem Geläute der Glocken getriebenen Mißbrauch gegeben ist; vielmehr ist — auch nach katholischem Kirchenrechte — anerkannt, daß dagegen staatliche einschränkende Maßregeln zulässig sind.

Vgl. Hinschius, Kirchenrecht Bd. 4 S. 419 bei und in Anm. 8.

Jedenfalls aber sind zur örtlichen oder zeitlichen Beschränkung oder Aufhebung der hervorragend öffentlich-rechtlichen Befugnis zum Läuten mit Kichenglocken in der Regel nicht die ordentlichen Gerichte, sondern nur die zur Überwachung und Handhabung des öffentlichen Rechts bestellten Behörden berufen, und kann dann eine Klage, wie die vorliegende, auf Unterlassung des Läutens bei den Gerichten nicht zugelassen werden. So wenig ähnliche Klagen gegen die unter Berücksichtigung der allgemeinen Wohlfahrt der Bevölkerung genehmigten wirtschaftlichen Unternehmungen statthaft sind (§ 26 GewO.), ebensowenig, ja noch weniger kann regelmäßig gegenüber der auf uraltem Rechte und Herkommen beruhenden kirchlichen Befugnis des Glockenläutens vor den ordentlichen Gerichten auf Einstellung dieses Läutens geklagt werden.

Vgl. Art. 111 Einf.-Ges. zum BGB.

Zu gleichen Ergebnissen gelangt man an der Hand der Rechtsprechung, namentlich des Reichsgerichts. Nach den für das Gebiet des gemeinen und des preußischen Rechts ergangenen Urteilen über Kirchenstühle steht über deren Ordnung und Benutzung nur der Kirche selbst und deren Oberen die Entscheidung zu, und können die Gerichte gegebenenfalls nur um Entschädigung wegen Verletzung wohlerworbener Privatrechte angerufen werden.

Vgl. Entsch. des RG.'s in Zivils. Bd. 7 S. 137, Bd. 16 S. 159, Bd. 24 S. 174; Jurist. Wochenschr. 1899 S. 108/56, 1901 S. 463/13. 859/58, 1903 S. 111/42.

Was auf Kirchenstühle, auf die doch von jeher gewisse Privatrechte anerkannt sind, zutrifft, muß noch viel mehr auf solche kirchlichen Gegenstände Anwendung finden, die, wie die Kirchenglocken, gewöhnlich jedem Sonderrecht einzelner entzogen sind.

Ergibt sich sohin die Unzulässigkeit des Rechtsweges, so fragt es sich nur noch, ob im Staate Sachsen-Meiningen durch etwa bestehende Sonderbestimmungen und Umstände die Zuständigkeit der Gerichte für Sachen dieser Art begründet ist.

Da die sich hiernach von selbst aufdrängende Frage der Zulässigkeit des Rechtsweges im Berufungsurteile nicht geprüft worden ist, so entbehrt dieses genügender Begründung und muß daher aufgehoben werden. Jene Frage ist aber in den Vorinstanzen überhaupt von niemand angeregt worden, und da bei ihrer Erörterung nach dem zur Anwendung kommenden Landesrecht immerhin Tatsachen zutage treten können, die Einfluß auf die Entscheidung zu üben vermögen, so hat sich das Revisionsgericht zur eigenen endgültigen Urteilsfällung über den Rechtsstreit nicht veranlaßt gesehen, vielmehr die Sache zu erneuter Verhandlung und Entscheidung an das Berufungsgericht zurückverwiesen. Darüber, ob dem durch Glockengeläute in unabwendbarer Weise Beeinträchtigten in jedem Falle eine Schadensersatzklage zusteht oder nicht, brauchte es sich nicht auszusprechen, da eine solche Klage nicht erhoben worden ist. . . .

RGZ. 58, 244

Rechtsstellung der Sammler bei Geldsammlungen für eine kirchliche Zweckbestimmung.

Alter Leitsatz:

1. Legitimation eines Vertreters, welcher der Kirchengemeinde für den Prozeß auf Grund des § 659 preuß. ALR. II. 11 von dem Konsistorium bestellt ist.

2. Ist für die Frage, ob die Revision ohne Rücksicht auf den Wert des Beschwerdegegenstandes nach § 39 Ziff. 3 des preußischen Gesetzes vom 24. April 1878 in Verbindung mit § 547 Ziff. 2 ZPO. und § 70 Abs. 3 GVG. zulässig ist, die Entscheidung von Einfluß, welche in einem dem Prozesse vorausgehenden Defektenfeststellungsverfahren von der Verwaltungsbehörde getroffen ist, und wieweit kommt es dabei auf die Parteiauslassungen an?

IV. Zivilsenat. Urt. v. 6. Juni 1904 i. S. Kirchengemeinde F. (Bekl.) w. D. (Kl.). Rep. IV. 464/03.

I. Landgericht Landsberg a. W. II. Kammergericht Berlin.

Zur Anschaffung einer neuen Orgel für die verklagte Kirchengemeinde waren durch eine Abendunterhaltung gegen Eintrittsgeld und demnächst auch durch Sammlungen bei den Gemeindemitgliedern Geldmittel aufgebracht worden. Kläger, welcher Mitglied des Gemeindekirchenrats ist, hatte sich in Gemeinschaft mit anderen Kirchenratsmitgliedern und mit einzelnen Gemeindevertretern an den getroffenen Veranstaltungen, insbesondere auch als Sammler, beteiligt. Die aufgebrachten Geldbeträge wurden an ihn abgeführt, und er zahlte sie auf ein Einlagebuch bei einer Sparkasse ein. Das Konto und das Einlagebuch lauteten auf den Namen der verklagten „Kirchengemeinde F.". Als aber die Beschaffung der Orgel nicht zustande kam, hob Kläger den Betrag der Sammlungen wieder ab und zahlte (wie er angibt, unter Beteiligung der anderen Sammler) den Spendern ihre Beiträge zurück. Hierauf hat das Königliche Konsistorium der Provinz Brandenburg durch Defektenbeschluß vom 2. Mai 1902 den Kläger für verpflichtet erklärt, der verklagten Kirchengemeinde F. die abgehobenen und verteilten 266,51 M. zu ersetzen. Seine auf Feststellung des Nichtbestehens dieser Verpflichtung gerichtete Klage ist in erster Instanz abgewiesen. Das Berufungsgericht hat ihr dagegen stattgegeben. Die Revision der Verklagten wurde als unzulässig verworfen aus folgenden

Gründen:

I. Nach § 56 Abs. 1 ZPO. entstand zunächst die Frage, ob für die verklagte Kirchengemeinde, deren Gemeindekirchenrat sich geweigert hat, einen Prozeßbevollmächtigten zu bestellen, in gesetzlicher Weise eine Vertretung dadurch hergestellt worden ist, daß das Königliche Konsistorium der Provinz Brandenburg anstatt des Gemeindekirchenrats ihr unter Berufung auf § 659 ALR. II 11 einen Prozeßbevollmächtigten als Vertreter bestellt hat. In Übereinstimmung mit der bisherigen Rechtsprechung mußte diese Frage bejaht werden. Die fortdauernde Gültigkeit des § 659 a. a. O. ist nicht zu bezweifeln. Wenn aber diese Gesetzesvorschrift die Zulässigkeit einer derartigen Bevollmächtigung an die Voraussetzung bindet, daß es sich um „wirkliche" Rechte der Kirche handle, so ist damit nicht die Legitimation des durch die Aufsichtsbehörde bestellten Vertreters von der im Endergebnis erfolgreichen Durchführung der Rechte der Gemeinde abhängig gemacht, vielmehr nur der Aufsichtsbehörde ein Hinweis gegeben, den sie bei der ihr allein obliegenden Prüfung der Notwendigkeit oder Zweckmäßigkeit ihres Eingreifens zu beachten hat.

Vgl. Urteile des Oberverwaltungsgerichts vom 21. März 1883, Entsch. desselben Bd. 9 S. 118 flg., und des Reichsgerichts vom 26. September 1883, Entsch. desselben in Zivils. Bd. 10 S. 207 flg.

II. Die eingelegte Revision der Beklagten konnte jedoch nicht für zulässig gehalten werden, da die im Prozesse streitige Forderung nur 266,51 M. beträgt und keiner der beiden Fälle vorliegt, in denen gemäß § 547 ZPO. die Zulässigkeit des Rechtsmittels von dem Werte des Beschwerdegegenstandes unabhängig ist. Insbesondere bildet den Gegenstand des Rechtsstreits auch nicht, wie von seiten der Beklagten behauptet wird, ein Anspruch solcher Art, daß für ihn gemäß § 39 Ziff. 3 des Ausführungsgesetzes zum Gerichtsverfassungsgesetz vom 24. April 1878 eine ausschließliche Zuständigkeit des Landgerichts bestanden hätte. Um einen derartigen Anspruch würde es sich freilich in dem Falle handeln, wenn die Rechtsauffassung zutreffend wäre, von der das Königliche Konsistorium der Provinz Brandenburg ausging, als es unter der Annahme, daß nach der Verordnung vom 24. Januar 1844 die Voraussetzungen für den Erlaß eines Defektenfeststellungsbeschlusses vorgelegen hätten, den Beschluß vom 2. Mai 1902 gegen den Kläger erließ. Allein wenn auch mit der bisherigen Rechtsprechung (Striethorst, Archiv Bd. 17 S. 95 flg.; Entsch. des RG. in Zivils. Bd. 12 S. 143) daran festgehalten werden muß, daß die im Verwaltungswege getroffene Entscheidung insofern, als die entscheidende Behörde das Defektenfeststellungsverfahren für zulässig und damit zugleich ihre eigene Zuständigkeit für begründet hält, einer Änderung im ordentlichen Rechtswege nicht unterliegt, so sind doch die Gründe, auf denen in diesen Beziehungen die Entscheidung beruht, für den ordentlichen Richter nicht bindend. Weder können sie der sachlichen Entscheidung über das Bestehen des festgestellten Ersatzanspruchs irgendwie vorgreifen, noch auch sind sie für die Gestaltung des gerichtlichen Verfahrens bestimmend. Es bedurfte deshalb bei der Frage nach der Zulässigkeit der Revision und insbesondere nach der Anwendbarkeit des § 39 Ziff. 3 a. a. O. einer von dem Defektenbeschlusse unabhängigen Prüfung, ob der streitige Anspruch, dessen Nichtbestehen der Kläger im ordentlichen gerichtlichen Verfahren festgestellt wissen will, darauf beruht, daß ihm als einem öffentlichen Beamten eine Überschreitung seiner amtlichen Befugnisse oder eine pflichtwidrige Unterlassung von Amtshandlungen zur Last gelegt wird. Die Unterlage für diese Prüfung bilden allein die Parteibehauptungen, jedoch auch diese nur insofern, als Tatsachen behauptet werden. Die rechtliche Bedeutung, welche den behaupteten Tatsachen in den Parteiauslassungen beigelegt wird, ist wiederum nicht maßgebend. Wie in anderen Fällen, in denen die Zulässigkeit der Revision von der Anwendbarkeit der §§ 547 ZPO., § 70 Abs. 3 GVG. und § 39 Ausf.Ges. abhängt, die Entscheidung darüber, ob unter der Voraussetzung der Richtigkeit des tatsächlichen Parteivorbingens es sich rechtlich um einen Anspruch handelt, der eine ausschließliche Zuständigkeit des Landgerichts begründet, nicht schon dadurch ihre Erledigung findet, daß die Partei diese Frage bejaht, so gilt dies auch in dem Falle, wenn die von dem Werte des Beschwerdegegenstandes unabhängige Anfechtbarkeit des Berufungsurteils durch Verweisung auf § 39 Ziff. 3 a. a. O. begründet werden soll.

Vgl. Urteile des Reichsgerichts, Entsch. in Zivils. Bd. 29 S. 420 flg., Bd. 40 S. 398 flg., Bd. 46 S. 340 flg., Bd. 50 S. 396 flg.

Im vorliegenden Rechtsstreit hat nun der Kläger vorgetragen, daß er bei allen zur Aufbringung von Geldmitteln für eine neue Orgel getroffenen Veranstaltungen, so schon bei der Veranstaltung der Abendunterhaltung, und sodann auch bei der Sammlung von Geldbeiträgen, bei der Anlegung des gesammelten Geldes und der späteren Rückzahlung an die Beitragenden, unabhängig von seiner Stellung als Kirchenältester ausschließlich als Privatmann tätig gewesen sei. Demgegenüber enthalten die Parteibehauptungen der Beklagten nichts, was die Annahme begründen könnte, daß zunächst die Veranstalter der Abendunterhaltung und sodann die Unternehmer der Sammlungen, nämlich in jenem Falle der Schullehrer des Ortes und andere Personen, bei den Sammlungen aber die einsammelnden Kirchenältesten und andere Gemeindemitglieder, damit eine Angelegenheit der kirchlichen Vermögensverwaltung betrieben hätten. Nichts spricht in den Parteibehauptungen dagegen, daß es sich um eine Privatangelegenheit aller dieser Veranstalter gehandelt hat. Selbst wenn es richtig ist, daß der Pfarrer der Gemeinde von der Kanzel herab auf die Sammlung hingewiesen und nach der Sammlung von derselben Stelle aus den Spendern gedankt hat, so wurden die getroffenen Veranstaltungen dadurch noch nicht zu einem Unternehmen der Kirchengemeinde. Daß sie von dem Gemeindekirchenrat, als dem für die vermögensrechtliche Vertretung der Gemeinde verfassungsmäßig berufenen Organ, ausgingen, oder daß sie nachträglich als Veranstaltungen der Kirchengemeinde von dieser kirchlichen Körperschaft gutgeheißen wären, hat die Beklagte nicht behauptet. Etwaige Anregungen aber, die von kirchlicher Seite her zur Veranstaltung insbesondere der Sammlungen gegeben sein mögen, machten für sich allein die Unternehmer noch nicht zu Beauftragten der Kirchengemeinde. Wie von allen anderen Sammlern, so gilt dies auch vom Kläger. Damit aber, daß der Kläger es übernahm und ausführte, die von den anderen Sammlern und von den Veranstaltern der Abendunterhaltung ihm allein anvertrauten Beträge aufzubewahren, und dadurch, daß er sie schließlich auf den Namen der Kirchengemeinde bei der Sparkasse anlegte, vermochte er, gleichviel ob er dies beabsichtigte oder nicht, die Angelegenheit für sich allein nicht in den Bereich der dem Gemeindekirchenrat nach §§ 13 ff. der Kirchengemeinde- und Synodalordnung vom 25. Mai 1874 zugewiesenen amtlichen Wirksamkeit hineinzuziehen. Er war darum ebensowenig als e i n z e l n e s Mitglied dieser Körperschaft mit der Angelegenheit befaßt und konnte deshalb weder amtliche Befugnisse überschreiten, wenn er die in seiner nichtamtlichen Geschäftstätigkeit ausgeführte Einzahlung bei der Sparkasse rückgängig machte und das Geld den Spendern zurückerstattete, noch auch sich der pflichtwidrigen Unterlassung von Amtshandlungen schuldig machen, wenn er ein entgegengesetztes Verhalten, nämlich die Beibehaltung der Anlage und die Aufbewahrung des Einlegebuchs bei unverkürzter Einzahlung, unterließ. In allen diesen Beziehungen lag das Verhalten des Klägers, auf welches von seiten der Beklagten der ihr vermeintlich entstandene Vermögensverlust zurückgeführt wird, außerhalb des Kreises der dem Kläger in seiner Eigenschaft als Kirchenältesten obliegenden Amtspflichten. Der von der Beklagten geltend gemachte Anspruch fällt demnach nicht unter die Bestimmung des § 39 Ziff. 3 des Ausführungsgesetzes; wobei unerörtert bleiben kann, ob überhaupt im Bereich der Kirchengemeinde- und Synodalordnung einem Kirchenältesten die Eigenschaft eines öffentlichen Beamten zukommt.

RGZ. 59, 280

Subsidiarität der finanziellen Leistungspflichten des Patrons bei kirchlichen Bauten.

Alter Leitsatz:

In welchem Umfange muß und darf zufolge der Bestimmungen in §§ 712. 713 ALR. II. 11 das Kirchenvermögen zum Bau und zur Unterhaltung der Kirchengebäude verwendet werden?

IV. Zivilsenat. Urt. v. 8. Dezember 1904 i. S. Stadtgem. Nordhausen (Bekl.) w. ev. Kirchengem. St. Petri das. (Kl.). Rep. IV. 238/04.

I. Landgericht Nordhausen. II. Oberlandesgericht Naumburg a. S.

Im Jahre 1898 wurde von dem Gemeindekirchenrat und der Gemeindevertretung zu St. Petri in Nordhausen eine umfassende Reparatur des Kirchengebäudes beschlossen, und gleichzeitig der Beschluß gefaßt, zur Bestreitung der Baukosten ein Amortisationsdarlehn aufzunehmen. Diese Beschlüsse fanden die Bestätigung des Konsistoriums, sowie der Königlichen Regierung. Auch der Magistrat zu Nordhausen erteilte dem Gemeindekirchenrat auf dessen Ansuchen die patronatliche Genehmigung zu der geplanten Ausbesserung des Kirchengebäudes, bemerkte indes daneben, daß er einen Patronatsbeitrag nicht in Aussicht stellen könne. Der Bau wurde sodann ausgeführt. Die Kosten für die eigentliche Reparatur bezifferten sich auf 18 562,01 M. Die Notwendigkeit der für diesen Betrag ausgeführten Bauten wurde von dem Konsistorium und von der Regierung bestätigt. Der Gemeindekirchenrat war der Ansicht, daß der Magistrat als Patron hiervon ein Drittel zu tragen habe, und hatte um Gewährung des entsprechenden Betrags mit 6187,33 M. ersucht. Der Magistrat hatte jedoch diese Forderung als unbegründet abgelehnt und nach weiterem Schriftwechsel erklärt, daß er eine Verpflichtung zur Leistung eines Beitrags nicht anerkenne. Die Kirchengemeinde schritt nunmehr zur Klage, verlangte indes zunächst nur einen Teilbetrag von 3100 M. In zweiter Instanz wurde die Stadtgemeinde verurteilt, den geforderten Betrag zu bezahlen. Die Revision der Beklagten führte zur Aufhebung des angefochtenen Urteils und zur Zurückverweisung der Sache an das Berufungsgericht.

Aus den Gründen:

... Gegenstand der richterlichen Entscheidung sind nur die Fragen, ob die Voraussetzungen für die Beitragspflicht des Patrons vorhanden sind, und auf welchen Betrag sich die tatsächlich erwachsenen Kosten belaufen. In letzterer Beziehung herrscht unter den Parteien kein Streit. Bestritten ist dagegen, ob die Stadt, auch wenn sie Patron sei, in Anspruch genommen werden dürfe. Von seiten der Stadt war behauptet worden, daß die klagende Gemeinde die Kosten des Baus aus eigenen Mitteln habe bestreiten können, da sie ein Kapitalvermögen von 42 000 M. besitze. Dieser Behauptung gegenüber ist die Beitragspflicht der Stadt von dem Berufungsgericht aus Gründen angenommen, die nicht für ausreichend zu erachten sind.

Zufolge §§ 584, 720 ALR. II. 11 darf der Patron zur Bestreitung von Kosten nur herangezogen werden, wenn und soweit das Kirchenvermögen nicht hinreichend ist. In Ansehung der Baukosten aber bestimmen §§ 712, 713 ebendaselbst, daß die Kosten hauptsächlich aus dem Kirchenvermögen genommen werden sollen, von diesem aber nicht mehr verwendet werden darf, als ohne Nachteil der aus der Kirchenkasse zu bestreitenden jährlichen Ausgaben geschehen kann. Behufs Auslegung dieser Bestimmungen wird auf das gemeine Kirchenrecht zurückgegangen werden müssen. In Ansehung der Pfarrkirchen traf das Tridentiner Konzil (sess. 21 cap. 7) Bestimmungen über die Kosten größerer Bauten zur Instandhaltung und Erneuerung. Danach sollen für den bezeichneten Zweck zunächst die Einkünfte der Kirche selbst verwendet, und in zweiter Linie diejenigen Personen, die Einkünfte aus dem Kirchengut beziehen, in Anspruch genommen werden. Von einem Angreifen des Grundvermögens wird nichts gesagt. In der Literatur besteht indes Einigkeit darüber, daß das Tridentinum etwas neues nicht bestimmen wollte, daß bereits in früheren Zeiten die Verwendung des Grundvermögens gestattet war, und daß es hierbei geblieben ist. Nach gemeinem katholischen Kirchenrecht kann danach zu größeren Reparaturen, falls die laufenden Einnahmen nicht hinreichen, auch der Grundstock des kirchlichen Vermögens angegriffen werden, wenn es ohne Nachteil für die Befriedigung der anderen Bedürfnisse geschehen kann. Die nämlichen Grundsätze werden auch als gemeines evangelisches Kirchenrecht bezeichnet, und sollen offenbar durch die hier maßgebenden Bestimmungen in §§ 712, 713 ALR. II. 11 wiedergegeben werden. Über ihre Tragweite finden sich in der Literatur freilich unmittelbar verwendbare Angaben nicht; es wird meist nur gesagt, das Kirchenvermögen hafte, soweit es nicht zu den laufenden Ausgaben nötig sei. Müßte dies dahin verstanden werden, daß das Kirchenvermögen nur so weit angegriffen werden dürfe, als es nicht nötig sei, um Zinsen oder andere Einkünfte zur Bestreitung der laufenden Ausgaben zu gewähren, so würde der Grundstock nur dann in Anspruch genommen werden können, wenn er so groß wäre, daß er mehr Zinsen trüge, als für den gesamten ordentlichen Ausgabenetat erforderlich wäre, und das kann die Absicht des Gesetzes nicht sein. Andererseits wird man nicht den Grundsatz aufstellen dürfen, daß jede Kirchengemeinde zum Bau und zur Unterhaltung ihrer Gebäude zunächst ein etwa vorhandenes Vermögen ganz verwenden müsse; denn das würde dem Grundsatze einer verständigen Verwaltung widerstreiten und mit dem Wortlaut der §§ 712, 713 nicht vereinbar sein. Um zu einer befriedigenden Anwendung zu gelangen, wird man diese Bestimmungen vielmehr dahin zu verstehen haben, daß der Grundstock des Kirchenvermögens für Bauten insofern angegriffen werden darf, als zu verwenden sind: 1. ein Kapital oder ein sonstiger Vermögensbestandteil, der von vornherein gerade für den in Rede stehenden Bau oder doch für Bauzwecke im allgemeinen bestimmt war; 2. eine Einnahme, die in Anlaß des Baus, etwa durch Verkauf entbehrlich gewordenen Grundes und Bodens, erzielt wurde; 3. in Ermangelung solcher Fonds der Grundstock des Vermögens zwar dann, aber auch nur dann, wenn solches nach Billigkeit und den Grundsätzen einer ordnungsmäßigen Vermögensverwaltung geschehen dürfte und müßte. Danach würde es sich zugleich entscheiden, ob und wieweit der Patron beizutragen hätte. Hierüber zu entscheiden aber ist im Streitfalle das Gericht berufen. Denn die Verbindlichkeit des Patrons steht in zweiter Linie; sie tritt, wie die schon erwähnten §§ 584, 720 ALR. II. 11 ergeben, erst ein, wenn das Kirchenvermögen unzulänglich ist. Und die Frage, ob diese Bedingung eingetreten sei, muß vom Gericht beantwortet werden.

Im vorliegenden Fall haben die Instanzgerichte die Unzulänglichkeit des Kirchenvermögens schon deshalb für dargetan erachtet, weil ein Amortisationsdarlehn aufgenommen sei, und eine Kirchensteuer erhoben werde. Man wird dies dahin verstehen dürfen, daß die bisher schon erhobene Kirchensteuer erhöht worden sei, um Mittel zur Tilgung der Anleihe zu beschaffen. Endlich wird aus den Parteivorträgen hinzugenommen werden dürfen, daß die Aufnahme der Anleihe von der Staatsbehörde genehmigt, ihre Notwendigkeit mithin geprüft worden ist. Letzteres kann indes nicht entscheidend sein. Die staatliche Genehmigung war erforderlich zufolge Art. 24 Ziff. 3 des preußischen Staatsgesetzes, betreffend die evangelische Kirchenverfassung in den acht älteren Provinzen der Monarchie, vom 3. Juni 1876 (GS. S. 125) und hat lediglich ermöglicht, daß die Mittel zum Bau einstweilen im Wege einer Anleihe herstellig gemacht wurden, hat jedoch für die Frage, ob das Kirchenvermögen für die Baukosten hingereicht hätte, keine Bedeutung. Die Tatsache, daß man zur Aufnahme einer

Anleihe schritt, beweist aber auch noch nichts, da behauptet war, daß die Kirche schon zur Zeit des Baus ein Kapital von 42 000 M. besessen habe. Denn so und nicht anders kann und muß die Behauptung, daß ein Kirchenvermögen von 42 000 M. vorhanden sei, verstanden werden. Ob diese Behauptung der Wirklichkeit entspricht, ist zwar nicht festgestellt und würde noch zu erörtern sein, da es für die Beantwortung der Frage, ob das eigene Vermögen der Kirche hinreichend sei, auf den Stand des Vermögens zu demjenigen Zeitpunkte ankommt, an dem die in Rede stehenden Ausgaben zu leisten sind. Sollte sich aber herausstellen, daß die Kirchengemeinde zur Zeit des in Rede stehenden Baus wirklich ein Kapitalvermögen von 42 000 M. besessen hat, so kann sehr wohl in Frage kommen, ob nicht die Kosten hieraus hätten bestritten werden können. Es darf hierbei in Betracht gezogen werden, daß in § 50 Abs. 2 der Verwaltungsordnung für das kirchliche Vermögen in den östlichen Provinzen der preußischen Landeskirche vom 15. Dezember 1886/17. Juni 1893 vorgeschrieben ist, es solle zur Deckung von Bedürfnissen, die längere Zeit vorauszusehen seien, z. B. für Bauten, von den Gemeindekörperschaften für die allmähliche Ansammlung des nötigen Geldbetrags Sorge getragen werden, und daß im Hinblick hierauf nicht einmal die Möglichkeit ausgeschlossen erscheint, es sei das erwähnte Kapital für den Bau ganz oder zum Teil angesammelt worden. Danach kann auch der Tatsache, daß behufs Tilgung der für den Bau gemachten Anleihen eine eigene Steuer erhoben wird, eine entscheidende Bedeutung nicht beigelegt werden; vielmehr bedarf es noch der anderweitigen Erörterung, welche Bewandtnis es mit dem Kapitalvermögen der Kirchengemeinde hat, und ob sie nicht die fraglichen Baukosten nach den oben ausgesprochenen Grundsätzen aus dem eigenen Vermögen ohne Zuziehung des Patrons decken kann. Das hierfür dienliche tatsächliche Material muß von der Klägerin beschafft werden, da von ihr der Beweis zu führen ist, daß das Kirchenvermögen nicht hinreicht. ...

RGZ. 62, 220

Wesen des kirchlichen Patronatsrechts. Integritätsanforderungen an den Patronatsherrn.

Alter Leitsatz:

Unter welchen Voraussetzungen tritt der Verlust des Patronatrechts zur Strafe für den Berechtigten ein?

III. Zivilsenat. Urt. v. 20. Oktober 1905 i. S. Oberkonsistorium in D. (Kl.) w. Graf A.-L.-W. (Bekl.). Rep. III. 88/05.

I. Landgericht Gießen. II. Oberlandesgericht Darmstadt.

Durch den Reichsdeputationshauptschluß von 1803 fiel den Grafen zu A.-L.-W. das vormalige Kloster J. und hiermit das diesem dinglich verbundene Patronat über die evangelische Kirche zu B. zu. Der Beklagte war Inhaber der Standesherrschaft A.-L.-W. Durch rechtskräftiges Urteil des Landgerichts zu Gießen vom 16. November 1898 wurde er des Ehebruchs im Sinne des § 172 StGB. in zwei Fällen schuldig erkannt und demgemäß zu einer Gesamtgefängnisstrafe von sechs Monaten verurteilt. Das die evangelische Landeskirche nach außen vertretende Großherzoglich Hessische Oberkonsistorium hielt infolgedessen den Beklagten der Ausübung des Patronatrechts für unwürdig (indignus). Dignität, d. h. Besitz ungeschmälerter Ehre, sei nach allgemeiner Rechtsregel für den Erwerb und die Ausübung eines Patronats unumgängliche Voraussetzung. Unbeschadet des Bestehens des in Rede stehenden dinglichen Patronats als solchen müsse deshalb das Patronatrecht des Beklagten für seine Person wegen eingetretener Unwürdigkeit ruhen.

Der Klagantrag ging dahin, festzustellen, eventuell den Beklagten zu verurteilen, anzuerkennen, daß das dingliche Patronatrecht über die evangelische Kirche zu B., welches als Zubehör zum Kloster J. bestehe, für seine, des derzeitigen Eigentümers, Lebenszeit ruhe, eventuell, daß der Beklagte die aus dem als Zubehör zum Kloster J. über die evangelische Kirche zu B. bestehenden dinglichen Patronat fließenden Rechte für seine Person verloren habe.

Das Landgericht wies die Klage als unbegründet ab, und die Berufung des Klägers wurde vom Oberlandesgericht zurückgewiesen. Auf die Revision der klagenden Partei wurde dieses Urteil aufgehoben, und nach dem Eventualantrage erkannt aus folgenden

Gründen:

Das Berufungsgericht geht von der rechtlichen Erwägung aus, daß der Besitz der bürgerlichen Ehre Voraussetzung für den Erwerb und folgeweise auch für die Ausübung des Patronats sei, und es gelangt bei Prüfung des Sachverhältnisses zu dem Ergebnis, daß nach den Anschauungen im heutigen Rechtsleben mit der Bestrafung wegen Ehebruchs nicht eine solche Ehrenminderung verbunden sei, wie sie zur Entziehung der Ausübung des Patronatrechts gefordert werden müsse.

Der Rechtssatz, den das Berufungsgericht aufstellt, wird von der Revision nicht beanstandet, ist aber vom Revisionsgericht nachzuprüfen. Vorauszuschicken ist, daß nach der für das Revisionsgericht maßgebenden Feststellung des Berufungsgerichts im Großherzogtum Hessen landesgesetzliche Vorschriften und Gewohnheitsrechte, welche das dem evangelischen Kirchenrechte zugrunde liegende kanonische Recht in betreff des Patronatrechts abgeändert haben, nicht bestehen, und deshalb die Bestimmungen des kanonischen Rechts zur Anwendung kommen. Danach geht der Patron des Patronatrechts verlustig,

1. wenn er sich einer Simonie bei Ausübung des Patronatrechts schuldig macht (cap. 6. 16 X de jure patronatus 3, 38. Conc. Trident. sess. 25 cap. 9),
2. wenn er den Geistlichen an der Patronatskirche tötet oder verstümmelt (cap. 12 X de poenis 5, 37),
3. wenn er in das Vermögen der Patronatskirche eingreift (cap. 12 X de poenis 5, 37. Conc. Trident. sess. 22 de reform. cap. 11).

Diese gesetzlichen Bestimmungen sind nicht dahin aufzufassen, daß der Verlust des Patronatrechts zur Strafe für den Berechtigten lediglich in den bezeichneten drei Fällen eintreten soll. Eine erschöpfende Angabe der Beendigungsgründe des Patronatrechts ist darin schon insofern nicht enthalten, als andere, aus allgemeinen Grundsätzen sich ergebende Aufhebungsgründe bestehen, wie die Beendigung des Patronats wegen Wegfalls des Subjekts oder Objekts, wegen Verzichts und wegen Ersitzung der Freiheit. Aber abgesehen hiervon ist aus dem Inhalt jener Bestimmungen zu entnehmen, daß sie Entscheidungen für einzelne Fälle enthalten, und daß keine Gründe dafür geltend gemacht sind, gerade nur in diesen Fällen den Verlust der Patronatrechte auszusprechen. Es kommt daher darauf an, das jenen Gesetzesstellen zugrunde liegende gemeinsame Prinzip zu ermitteln.

Der ausgesprochene Zweck der Vorschriften ging dahin, Mißstände zu beseitigen, die der Patron durch eigennützige Ausübung des Patronatrechts herbeigeführt hatte, und die Rechte der Kirche gegen Übergriffe der Patrone zu schützen (vgl. cap. 12 X 5, 37. Conc. Trident. sess. 22 cap. 11, sess. 25 cap. 9). Der Grund für die Zurückweisung solcher Übergriffe ist im weiteren Sinne in einem die Interessen der Kirche schädigenden unehrenhaften, mit dem Wesen des Patronats unvereinbaren Verhalten des Patrons zu erblicken (vgl. cap. 6 und 16 X 3, 38. cap. 12 X 5, 37). Der Ausspruch, daß der Verkauf des Patronatrechts durchaus unehrenhaft und unzulässig sei, wird in cap. 16 X 3, 38 damit begründet, daß das Patronatrecht ein jus spirituali annexum sei. Die in den Gesetzesstellen angedrohte Entziehung des Patronatrechts setzt aber nicht eine vorausgegangene Verurteilung wegen einer strafbaren Handlung voraus, sondern wird an einen im Sinne des Kirchenrechts deliktischen Tatbestand unmittelbar angeknüpft. Hiernach liegt der Entscheidung der drei Fälle der gemeinsame Gesichtspunkt zugrunde, daß der Verlust des Patronatrechts zur Strafe erfolgt, wenn ein unehrenhaftes Verhalten des Patronatsberechtigten zutage tritt, das die Interessen der Kirche schädigt, mit seinen Beziehungen zur Kirche unvereinbar ist und infolgedessen ihn seiner Stellung als Patron unwürdig erscheinen läßt. Daß die Entziehung des Patronatrechts an einen solchen Tatbestand angeknüpft wird, findet seine Rechtfertigung in dem Wesen des Patronatrechts als eines innerhalb der kirchlichen Sphäre liegenden Individualrechts kirchlich öffentlichrechtlicher Natur,

vgl. Urteil des IV. Zivilsenats des Reichsgerichts vom 16. März 1885 (Jurist. Wochenschr. 1885 S. 190 Nr. 41) und des III. Zivilsenats vom 2. Februar 1886 (Entsch. des RG. Bd. 15 S. 171, 172),

das mit kirchlichen Ehrenrechten, namentlich bevorzugtem Sitz in der Kirche und Einschluß in das Kirchengebet, ausgestattet ist und wegen dieser Beziehungen zur Kirche dem Patron die Pflicht auferlegt, ein unehrenhaftes und anstößiges, mit seiner Stellung als Patron unverträgliches Verhalten zu vermeiden. Es kann dem Kirchenregiment und der Kirchengemeinde nicht zugemutet werden, von einem Patronatsberechtigten, der sich durch unehrenhaftes in die Öffentlichkeit tretendes Verhalten der Ausübung des Patronatrechts unwürdig zeigt, den Vorschlag eines Geistlichen entgegenzunehmen und ihm die mit dem Patronat verbundenen Ehrenrechte zuzugestehen. Würde in solchen Fällen der Verlust des Patronatrechts für die Person des Berechtigten nicht eintreten, so müßten erhebliche Nachteile für das kirchliche Leben unausbleiblich sein. Namentlich würde der Patronatsgeistliche in einen Konflikt geraten zwischen den Pflichten seines Amtes als Seelsorger und den Rücksichten, die er auf den Patronatsherrn zu nehmen hat, dem er seine Stelle verdankt.

In der aus vorstehenden Erwägungen sich ergebenden Umgrenzung ist der Rechtssatz, von dem das Berufungsgericht ausgeht, und der auch in der Theorie des Kirchenrechts vertreten wird[1]), als richtig anzuerkennen. Handelt es sich um ein dingliches Patronat, so hat die in der Person des Berechtigten eintretende Unfähigkeit nur die Folge, daß er für seine Person des Rechts zur Ausübung des Patronats verlustig geht, während das dingliche Recht selbst unberührt bleibt, und auch die mit demselben verbundenen Verpflichtungen fortbestehen.

Das Berufungsgericht hat nun bei Anwendung des Rechts auf das festgestellte Sachverhältnis rechtlich geirrt. Zunächst zwar weist es

---

[1]) Vgl. Friedberg, Lehrb. des kathol. und evangel. Kirchenrechts 5. Aufl. § 119 S. 351; Schulte, Lehrb. des kathol. und evangel. Kirchenrechts 4. Aufl. § 65 S. 168 und § 73 III; Phillips, Lehrb. des Kirchenrechts 3. Aufl. § 141; Hinschius, System des kathol. Kirchenrechts Bd. 3 § 137 S. 35 und § 140 S. 94; Lippert, Versuch einer historisch-dogmatischen Entwicklung der Lehre vom Patronat § 26 S. 63, § 78 VI; Vering, Lehrb. des kathol., oriental. und evangel. Kirchenrechts § 90 S. 479 ff.; Hansult, Das Patronat in der evangel. Landeskirche des Großherzogtums Hessen S. 56.

D. E.

die Ansicht des ersten Richters zurück, der maßgebendes Gewicht darauf legen wollte, daß eine Aberkennung der bürgerlichen Ehrenrechte nicht erfolgt und rechtlich überhaupt nicht zulässig gewesen sei. Es führt dann aber aus, daß die Strafbarkeit des Ehebruchs im Laufe der Zeit erheblich herabgemindert, die Strafverfolgung eingeschränkt sei, und der Ehebruch nicht zu den Vergehen zähle, welche die Aberkennung der bürgerlichen Ehrenrechte zur Folge haben könnten; demnach sei der bestrafte Ehebrecher immer noch befugt, die im § 33 StGB. erwähnten Ehrenrechte auszuüben; daraus müsse, mit dem Urteil erster Instanz, der Schluß gezogen werden, daß nach den Anschauungen im heutigen Rechtsleben mit der Bestrafung wegen Ehebruchs nicht eine solche Ehrenminderung verbunden sei, daß man dem Bestraften die Ausübung eines wohlerworbenen Rechts untersagen dürfte; es sei auch kein Grund abzusehen, demselben trotz seiner Bestrafung die Ausübung aller Ehrenrechte auf dem Gebiete des öffentlichen Rechts zu belassen, ihn aber für unwürdig zu erklären, ein Recht auszuüben, das als Gegenleistung für die Gründung einer Pfarrei seinerzeit von dem ersten Patronatsherrn erworben worden sei; die in der Strafsache gegen den Beklagten zur Sprache gekommenen näheren Umstände des Ehebruchs müßten, da der Beklagte trotzdem alle bürgerlichen Ehrenrechte ausüben könne, im öffentlichen Rechtsleben außer Betracht bleiben.

Das Berufungsgericht setzt sich hiernach mit seinen eigenen Ausführungen in Widerspruch, wenn es den vom ersten Richter hervorgehobenen Gesichtspunkt, daß die bürgerlichen Ehrenrechte nicht aberkannt seien und nicht haben aberkannt werden können, für unwesentlich erklärt, dann aber doch auf diesen Umstand entscheidendes Gewicht legt. Nach den oben dargelegten Rechtsgrundsätzen ist nicht ausschlaggebend, ob die Ehrenrechte aberkannt sind, und nicht einmal, ob eine Verurteilung wegen einer strafbaren Handlung erfolgt ist. Es kann die Begehung strafbarer Handlungen, für die eine Aberkennung der bürgerlichen Ehrenrechte nicht vorgesehen ist, die Stellung des Patrons so erschüttern, daß der Verlust des Patronatrechts die Folge ist, und es können auch andere Handlungen, die im Strafgesetz nicht mit Strafe bedroht sind, diese Wirkung haben. Die Frage darf daher auch nicht so gestellt werden, ob die Verurteilung wegen Ehebruchs den Verlust des Patronatrechts zur Folge habe. Zu untersuchen war vielmehr, ob ein unehrenhaftes Verhalten des Patrons vorliegt, welches seine bürgerliche und kirchliche Ehre derart mindert, daß er seiner Stellung als Patron der Kirche unwürdig ist. Hierbei ist den Umständen des Falles, die das Berufungsgericht außer Betracht lassen will, Bedeutung beizumessen. Das Berufungsgericht geht auch fehl, wenn es darauf Gewicht legt, daß das Recht des Beklagten ein wohlerworbenes sei; die

Frage, welche das Berufungsgericht sich gestellt hatte, ging gerade dahin, ob der Beklagte nach seiner Verurteilung wegen Ehebruchs das Patronatrecht für seine Person hätte erwerben können; die Tatsache, daß es sich um ein der Standesherrschaft A.-L.-W. zustehendes wohlerworbenes dingliches Patronatrecht handelt, muß bei Beantwortung dieser Frage außer Betracht bleiben. Maßgebend kann auch nicht sein, ob der Beklagte andere Rechte auf dem Gebiete des öffentlichen Rechts nach wie vor ausüben kann; denn die Voraussetzungen für die Ausübung solcher Rechte sind positiv und nicht gleichartig geregelt.

Hiernach ist das angefochtene Urteil wegen Rechtsirrtums aufzuheben.

Die Sache ist zur Entscheidung reif. Schon die Tatsache, daß der Beklagte wegen Ehebruchs in zwei Fällen zu sechs Monaten Gefängnis verurteilt worden ist, erscheint geeignet, ihn in der öffentlichen Meinung herabzuwürdigen. Erschwerend kommen aber noch weitere Umstände in Betracht. (Es folgt die Darlegung dieser Umstände.)

Demnach liegen die tatsächlichen Voraussetzungen vor, welche nach den oben ausgesprochenen Rechtsgrundsätzen den Beklagten als unwürdig erscheinen lassen, das Patronatrecht auszuüben. Dem ersten Antrag, der auf Feststellung geht, daß das dingliche Patronatrecht über die evangelische Kirche zu B. für die Lebenszeit des Beklagten ruhe, kann nicht entsprochen werden. Dieser Antrag geht zu weit. Würde der Beklagte auf sein Recht zum Besitz und Genuß der Standesherrschaft zugunsten seines Nachfolgers verzichten, so könnte diesem der den Beklagten von der Ausübung des Patronatrechts ausschließende Grund nicht entgegengehalten werden. Dagegen war dem Eventualantrag gemäß zu erkennen, daß der Beklagte die aus dem dinglichen Patronat über die genannte Kirche fließenden Rechte für seine Person verloren hat. Nach den angegebenen Gesetzesstellen tritt der Verlust des Patronatrechts zur Strafe von Rechts wegen (ipso jure) ein (vgl. cap. 12 X de poenis 5, 37. Conc. Trident. sess. 22 cap. 11. sess. 25 cap. 9).

RGZ. 62, 252

Umfang des kirchlichen Selbstbestimmungsrechts.

Alter Leitsatz:

Ist der Rechtsweg über die Frage zulässig, ob einem Mitgliede einer Bruderschaft mit Recht Mitgliedschaftsrechte entzogen sind?

IV. Zivilsenat. Urt. v. 4. Januar 1906 i. S. K. u. Gen. (Kl.) w. St. Johannes-Bruderschaft zu A. (Bekl.). Rep. IV. 315/05.

I. Landgericht Paderborn. II. Oberlandesgericht Hamm.

Aus den Gründen:

Das Berufungsgericht führt zur Begründung seiner Entscheidung aus: . . . Hiernach könne nicht zweifelhaft sein, daß die Beklagte als eine sogenannte Bruderschaft (fraternitas, sodalitas) aufzufassen sei, deren Bestätigung, Beaufsichtigung und Aufhebung ausschließlich den geistlichen Obern zustehe, und daß sie wesentlich und in erster Linie nur religiöse Zwecke verfolge. Mithin kämen für die Frage, ob jemand zur Mitgliedschaft oder zur Bekleidung einer bestimmten Stellung in der Bruderschaft geeignet sei, ausschließlich sittliche und religiöse Momente in Betracht. Es sei aber auf Grund der Verfassung und des Gesetzes vom 13. Mai 1873 über die Grenzen des Rechts zum Gebrauche kirchlicher Straf- und Zuchtmittel davon auszugehen, daß die Entziehung eines innerhalb der Kirchen und Religionsgesellschaften wirkenden Rechts oder die Ausschließung aus diesen Gesellschaften als eine interne Angelegenheit derselben anzusehen sei, und ausschließlich ihnen selbst, ohne Einmischung des Staates, die Entscheidung hierüber zufalle. Was hinsichtlich der Kirchen und Religionsgesellschaften gelte, treffe in gleicher Weise auch für die lediglich religiösen Zwecken gewidmeten Vereinigungen zu. Es sei somit im vorliegenden Falle nicht Sache des Gerichts, nachzuprüfen, ob die Neuwahl, durch die die Kläger ihres Amtes enthoben seien, materiell begründet oder formell gültig gewesen; denn das Recht der Nachprüfung schließe das Recht der Außerkraftsetzung der angefochtenen Maßregel in sich, und diese stehe, wie dargetan, mit der Selbständigkeit der religiösen Vereinigung in Widerspruch.

Die Revision rügt: Die Annahme, daß der Rechtsweg ausgeschlossen sei, stütze sich auf den Art. 15 der preußischen Verfassungs-Urkunde[1]). Dieser ordne die selbständige Verwaltung lediglich für die evangelische und die römisch-katholische Kirche sowie jede andere Religionsgesellschaft, nicht aber für Gesellschaften an, die lediglich religiösen Zwecken gewidmet seien.

Der Revision war der Erfolg zu versagen. Durch die preußische Verfassungs-Urkunde und das Gesetz vom 13. Mai 1873 ist anerkannt, daß die Befugnis zur Entziehung eines innerhalb der Kirche oder Religionsgesellschaft wirkenden Rechts oder zur Ausschließung aus der Kirchen- oder Religionsgesellschaft ein autonomes Recht der Kirche und Religionsgesellschaft ist und in keiner Weise der Nachprüfung im ordentlichen Rechtswege unterliegt.

Entsch. des RGs. in Zivils. Bd. 26 S. 277 ff.

---

[1]) Anm.: Vgl. Art. 137 Abs. 3 WeimVerf.

Dieser Grundsatz beruht auf der Erwägung, daß die Frage der Entziehung eines solchen Rechts oder der Ausschließung regelmäßig mit den dogmatischen und sittlichen Auffassungen der betreffenden Kirche und Religionsgesellschaft dergestalt verknüpft ist, daß ihre Entscheidung durch staatliche Behörden eine Einmischung in die innersten Angelegenheiten der Kirchen- oder Religionsgesellschaft bedeuten würde. Es sind sonach die Bestimmungen der §§ 55 ff. ALR. II. 11 in Wegfall gekommen, die vom Standpunkte des Staatskirchentums die Entscheidung des Streits über die Entziehung der Mitgliedschaft bei Religionsgesellschaften dem Staate zuwiesen. Damit ist jedoch die Tragweite des neuen Rechtsgrundsatzes nicht erschöpft. Regelmäßig kommen nach § 949 ALR. II. 11 dem Staate die Rechte, die ihm über die Kirchengesellschaften im Sinne des § 11 daselbst zukommen, auch gegenüber den „geistlichen Gesellschaften" zu. Bei der grundsätzlichen Gleichstellung beider muß daher angenommen werden, daß auch über die inneren Mitgliedsrechte bei geistlichen Gesellschaften nicht mehr die richterliche Entscheidung offen steht. Die geistlichen Gesellschaften umfassen gemäß § 939 a. a. O. die vom Staate aufgenommenen Stifter, Klöster und Orden. Die Zugehörigkeit, insbesondere zu einem Kloster oder Orden im Sinne dieser Bestimmung, ist davon abhängig, daß das Mitglied ein feierliches Gelübde abgelegt hat, und die Kloster- oder Ordensniederlassung Korporationsrechte besitzt.

Vgl. Entsch. des RGs. in Zivils. Bd. 41 S. 295 ff., S. 308 ff.

Unter den geistlichen Gesellschaften des Allgemeinen Landrechts sind hiernach allerdings die Bruderschaften nicht mitverstanden. Deren rechtliche Verhältnisse sind im Tit. 11 Tl. II ALR. überhaupt nicht besonders geregelt. Als dauernde Organisationen mit immateriellen Zwecken unterliegen sie den allgemeinen Vorschriften des Tit. 6 Tl. II ALR. Dennoch muß auch bezüglich der Bruderschaften, insoweit sie auf religiösen Gebieten, insbesondere auf dem Gebiete der Religionsausübung, tätig werden, der Satz gelten, daß über die Frage der Entziehung eines innerhalb dieser Gesellschaften wirkenden Rechts und der Ausschließung nur von den betreffenden Gesellschaften selbst entschieden werden kann. Denn auch bei allen solchen Vereinigungen würde die staatliche Entscheidung über das Fortbestehen von Mitgliedschaftsrechten einen Eingriff in die sittlichen und religiösen Anschauungen und eine Einmischung in die internen Angelegenheiten dieser Gesellschaften bedeuten.

RGZ. 62, 355

Friedhofsrecht. Recht auf Mitbenutzung kirchlicher Friedhöfe durch Andersgläubige.

Alter Leitsatz:

Haben diejenigen Baptistengemeinden, denen auf Grund des preußischen Gesetzes vom 7. Juli 1875 (GS. S. 374) Korporationsrechte erteilt worden sind, im Bereich des preußischen Allgemeinen Landrechts Anspruch darauf, daß sie in Ermangelung eigener Begräbnisplätze die Kirchhöfe anderer Kirchengemeinden benutzen dürfen?

ALR. II. 11 § 189.

IV. Zivilsenat. Urt. v. 1. Februar 1906 i. S. Ev. Kirchengemeinde zu L. (Kl.) w. Prediger W. und Baptistengemeinde zu B. (Bekl.). Rep. IV. 365/05.

I. Landgericht Bochum. II. Oberlandesgericht Hamm.

Die Baptistengemeinde zu B., deren Bezirk das Kirchdorf L. umfaßte, nahm für sich das Recht in Anspruch, die Leichen derjenigen Baptisten, die in L. gestorben waren, auf dem Kirchhof der dortigen evangelischen Gemeinde beerdigen zu dürfen. In Ausübung dieses angeblichen Rechts beerdigte der Prediger der Baptistengemeinde W. die Leichen zweier Kinder, deren Eltern Baptisten waren und in L. wohnten, auf jenem Kirchhof mit liturgischen Feierlichkeiten. Die Klägerin, welche Eigentümerin des Kirchhofs war, fand hierin eine Beeinträchtigung ihres Eigentums, erhob gegen den Prediger W. und gegen die Baptistengemeinde Klage und beantragte, 1. beide Beklagte zu verurteilen, anzuerkennen, daß sie nicht berechtigt seien, von ihr die Duldung der Beerdigung eines Baptisten auf ihrem Kirchhof zu fordern, 2. dem Prediger W. bei Vermeidung einer für jeden Fall der Zuwiderhandlung gerichtlich festzusetzenden Strafe zu untersagen, den der Klägerin gehörenden Friedhof in seiner Eigenschaft als Prediger zu betreten und dort kirchliche Funktionen auszuüben.

In erster Instanz wurde nach dem Klagantrage erkannt. Beide Beklagte legten Berufung ein und beantragten, die Klage abzuweisen. Es wurde der Berufung des Beklagten W. stattgegeben und die gegen ihn gerichtete Klage abgewiesen, im übrigen dagegen erkannt:

> „die verklagte Baptistengemeinde wird verurteilt, anzuerkennen, daß sie nicht berechtigt ist, von der klagenden Kirchengemeinde die Duldung der Beerdigung eines Baptisten auf ihrem Kirchhof zu fordern."

Hiergegen wurde von den unterlegenen Parteien Revision eingelegt. Die Revision der Klägerin wurde zurückgewiesen; auf die Revision der verklagten Baptistengemeinde dagegen wurde das Urteil des Berufungsgerichts, soweit es sie betraf, aufgehoben, und die gegen sie gerichtete Klage abgewiesen.

Gründe:

Das preußische Allgemeine Landrecht, dessen Bestimmungen über die Benutzung von Kirchhöfen zufolge Art. 133 Einf.-Ges. zum BGB. in der vorliegenden Streitsache anzuwenden sind, geht davon aus, daß Kirchhöfe oder Gottesäcker und Begräbnisplätze, die zu den einzelnen Kirchen gehören, der Regel nach im Eigentum der Kirchengesellschaft stehen (§ 183 Tl. II Tit. 11); es berücksichtigt jedoch auch die Möglichkeit, daß der Friedhof der politischen Gemeinde gehört (§ 190 a. a. O.). In dem letzteren Falle hat (zufolge § 190) jedes Mitglied der Gemeinde ohne Unterschied der Religion Anspruch auf das Begräbnis daselbst. Steht der Friedhof im Eigentum einer Kirchengemeinde, so kann zwar jedes Mitglied ein Recht auf bestimmungsmäßige Benutzung in Anspruch nehmen, auch dieses Recht im Prozeßwege verfolgen (vgl. Entsch. des RGs. in Zivils. Bd. 12 S. 280); aber andere Personen und auch fremde Kirchengesellschaften können kraft des Eigentumsrechts ausgeschlossen werden, sofern ihnen nicht ein Anspruch auf Mitgebrauch aus besonderen Rechtsgründen zukommt. Entsteht Streit hierüber, so ist im Prozeßwege zu entscheiden (vgl. Urt. des preuß. Gerichtshofs zur Entsch. der Kompetenzkonfl. vom 3. Juni 1854, Just.-MinBl. S. 392). Gegen die Zulässigkeit der vorliegenden, auf § 1004 BGB. gestützten Klage ist daher nichts zu erinnern.

Ein Sonderrecht auf Mitbenutzung des in Rede stehenden Kirchhofs macht die beklagte Baptistengemeinde nicht geltend; wohl aber beruft sie sich darauf, daß ihr die Mitbenutzung gesetzlich freistehe, und zwar auf Grund des § 189 ALR. II. 11. Von den Gerichten der Vorinstanzen ist das nicht anerkannt, und demgemäß ist von dem Berufungsgericht der Klage gegen die Baptistengemeinde stattgegeben, während die Klage gegen den Prediger W. deshalb abgewiesen ist, weil dieser Beklagte ein Mitbenutzungsrecht für seine Person nicht in Anspruch nehme.

Die Entscheidung über die Revisionen hängt zunächst davon ab, ob der Anspruch der Baptistengemeinde begründet ist. Das aber muß bejaht werden.

Der § 189 ALR. II. 11 hat folgenden Wortlaut:

„Auch die im Staat aufgenommenen Kirchengesellschaften der verschiedenen Religionsparteien dürfen einander wechselweise, in Ermangelung eigener Kirchhöfe, das Begräbnis nicht versagen."

Über die hierbei in Betracht kommende, auch im vorliegenden Fall bedeutsame Frage, ob und in welcher Form die Mitwirkung eines Geistlichen und eine liturgische Feier bei dem Begräbnis eines fremden Konfessionsverwandten gestattet werden müsse, hat sich das preußische Staatsministerium in einem Beschluß vom 18. März 1844 ausgesprochen, und dieser Beschluß ist vom Minister der geistlichen Angelegenheiten den Regierungen durch Zirkular-Erlaß vom 30. Mai 1844 (MinBl. f. d. J. V. S. 239) mitgeteilt worden. Die Einzelheiten brauchen indes nicht erwähnt zu werden; denn für Westfalen, in welcher die Provinz L. liegt, ist über jene Angelegenheit eine königliche Verordnung vom 15. März 1847 (Ges.-Samml. S. 116) erlassen. Dieselbe lautet:

„Wir . . . finden uns durch den auf dem 8. Westfälischen Provinzial-Landtage ausgesprochenen Wunsch Unserer getreuen Stände bewogen, auf den Antrag Unseres Staatsministeriums mit Rücksicht auf die Vorschrift des § 189 ALR. II. 11 für den ganzen Umfang der Provinz Westfalen und unter Aufhebung aller entgegenstehenden Verordnungen, Rechte und Gewohnheiten hierdurch zu verordnen:

daß die im Staate aufgenommenen Kirchengesellschaften der verschiedenen Religionsparteien einander wechselweise, in Ermangelung eigener Kirchhöfe, ein nach dem Religionsgebrauche des Verstorbenen, und unter Mitwirkung eines Geistlichen der Konfession, zu feierndes Begräbnis nicht versagen dürfen."

Es fragt sich danach, ob die Baptistengemeinde zu B. zu den „aufgenommenen Kirchengesellschaften" im Sinne des § 189 ALR. II. 11 und der Verordnung vom 15. März 1847 zu rechnen ist.

Das Allgemeine Landrecht unterscheidet in Tl. II. Tit. 11:

1. „Die vom Staat ausdrücklich aufgenommenen Kirchengesellschaften" (§ 17), denen es „die Rechte privilegierter Korporationen" gibt und in §§ 18, 19 besondere Rechte zuweist; als das Allgemeine Landrecht erlassen wurde (1794), waren das zufolge § 1 des Religionsediktes vom 9. Juli 1788 (Rabe, Samml. preußischer Gesetze usw. Bd. 1, Abt. 7 S. 726) die drei Hauptkonfessionen der Christlichen Religion, die Reformierte, Lutherische und Römisch-Katholische;

2. „geduldete" Kirchengesellschaften (§ 20), die „nur die Befugnis geduldeter Gesellschaften (Tit. 6 § 11 seq.)" genießen sollen, und von deren Verhältnissen in den §§ 22 bis 26 näher gehandelt wird; ihre Bildung erforderte zufolge § 21 die Genehmigung des Staates.

Unter „Kirchengesellschaften" im Sinne des Tl. II Tit. 11 ALR. ist nicht die Gesamtheit der betreffenden Konfession zu verstehen, sondern die einzelne Kirchengemeinde (vgl. Hinschius, Das preußische Kirchenrecht, Abdruck von Tl. II Tit. 11 aus der 8. Aufl. von Koch's Kommentar zum ALR., § 11 Anm. 25); eine Ansicht, die auch das Reichsgericht bereits gebilligt hat (Entsch. in Zivils. Bd. 12 S. 282).

Die vorstehende Unterscheidung war schon bei Erlassung des Landrechts nicht erschöpfend, da es Kirchengesellschaften gab (die Herrnhuter, die Böhmischen Brüder), die weitergehende Rechte als die der geduldeten Gesellschaften besaßen (vgl. Hinschius, a. a. O. Anm. 29 zu § 17; Jacobson, in der Zeitschr. für Kirchenrecht Bd. 1 S. 394 ff.). Noch weniger entspricht sie dem gegenwärtig geltenden Recht, besonders da zufolge Art. 12, 13 der preußischen Verfassung vom 31. Januar 1850 das Erfordernis der staatlichen Genehmigung zur Bildung von Religionsgesellschaften gefallen, und nur noch die Schranke geblieben ist, daß Religionsgesellschaften, die keine Korporationsrechte haben, solche nur durch besondere Gesetze erlangen können, während sie sonst dem Vereinsrecht unterstehen. Gemäß Art. 13 der Verfassung sind die preußischen Gesetze vom 12. Juni 1874 (Ges.-Samml S. 238) und vom 7. Juli 1875 (Ges.-Samml. S. 374) erlassen, durch die den Mennoniten- und den Baptistengemeinden die Möglichkeit gewährt ist, Korporationsrechte zu erlangen.

Trotz der weitgreifenden Veränderung ist jedoch der Begriff der „vom Staat ausdrücklich aufgenommenen" Kirchengesellschaft unberührt geblieben. Eine Änderung ist freilich auch hinsichtlich dieser Kirchengesellschaften eingetreten, da infolge der Kabinettsorder vom 27. September 1817 eine Vereinigung der Lutheraner und Reformierten zu einem einzigen Kirchenkörper angebahnt, und danach die evangelische preußische Landeskirche geschaffen ist. Seitdem haben im Bereiche des Allgemeinen Landrechts nur diejenigen evangelischen Gemeinden, die der Union beigetreten sind, und die katholischen Gemeinden, einschließlich der altkatholischen, die Stellung der öffentlichen Korporationen, alle anderen Kirchengemeinden dagegen nicht, auch wenn sie Korporationsrechte besitzen, und selbst wenn ihnen, wie den Herrnhutern und Altlutheranern, weitgehende Rechte verliehen sind. Es ist das in der Lehre kaum bestritten und in der Rechtsprechung wiederholt anerkannt worden.

Vgl. Entsch. des RGs. in Zivils. Bd. 26 S. 278 und die dortigen Nachweisungen; auch Eccius, Preußisches Privatrecht 6. Aufl. Bd. 4 § 283 II; Entsch. des preuß. Oberverw.-Ger. Bd. 33 S. 29. Bd. 36 S. 21.

Im Einklang hiermit wird in den Motiven zu dem preußischen Gesetz, betreffend die Verhältnisse der Mennoniten, vom 12. Juni 1874 hervorgehoben, daß die Korporationsrechte, deren Erteilung zulässig sein solle, „nicht die Rechte einer vom Staat anerkannten Religionsgesellschaft enthalten, so daß insbesondere die in den §§ 17 bis 19 ALR. II. 11 bezeichneten Begünstigungen, d. h. die Steuerfreiheit der gottesdienstlichen Gebäude, die sonstigen Privilegien der Kirchen, diejenigen Exemtionen und Vorrechte, welche die zur Feier des Gottesdienstes und zum Religionsunterricht bestellten Personen der anerkannten Kirchen gleich den Staatsbeamten genießen, ausgeschlossen bleiben" (Drucks. des Herrenhauses 1873/74 Bd. 1 Nr. 39 S. 5). Ähnlich wird in den Motiven zu dem preußischen Gesetz, betreffend die Erteilung der Korporationsrechte an Baptistengemeinden, vom 7. Juli 1875 gesagt, es sei der Zweck des Gesetzes nur der, daß jene Gemeinden in den Stand gesetzt werden sollten, ihre Interessen im bürgerlichen Verkehr und vor Gericht wahrzunehmen und den Besitz des gemeinschaftlichen Vermögens sicherzustellen (Drucks. des Herrenhauses 1875 Bd. 1 Nr. 26 S. 6).

Hiernach würde, wenn unter den in § 189 ALR. II. 11 bezeichneten Kirchengesellschaften die nämlichen verstanden werden müßten, die in § 17 desselben Titels gemeint sind, eine nicht zu der katholischen oder zu der evangelischen Landeskirche gehörende Kirchengemeinde sich nicht auf § 189 berufen können. Allein die beiden erwähnten Bestimmungen sind voneinander verschieden. Der § 17 hat die „vom Staat ausdrücklich aufgenommenen" Kirchengesellschaften zum Gegenstand; der § 189 redet von den „im Staat aufgenommenen Kirchengesellschaften der verschiedenen Religionsparteien". Mit dem ersten Ausdruck sind, dem im gemeinen Recht hergebrachten Sprachgebrauche folgend, die mit einem exercitium publicum versehenen ecclesiae (absolute) receptae bezeichnet; der in § 189 gebrauchte Ausdruck wird auf Kirchengesellschaften angewandt, die zwar nicht die Stellung der Landeskirche einnehmen, aber doch mehr Befugnisse als die nur geduldeten besitzen, nämlich die „aufgenommenen konzessionierten nicht privilegierten Kirchengesellschaften" (J a c o b s o n , a. a. O. S. 394, 416; H i n s c h i u s , a. a. O. Anm. 29 zu § 17). Seinem Wortlaut nach würde der § 189 also nicht ausschließlich auf die Gemeinden der privilegierten Kirchen beschränkt sein. Daß seine Bestimmung bei der Handhabung desselben in der Tat so verstanden worden ist, ergibt sich aus einer Verfügung, die von den Ministern der geistlichen Angelegenheiten, des Innern und der Justiz auf eine Vorstellung des Oberkirchenkollegiums — der Zentralbehörde der von der Landeskirche sich getrennt haltenden Lutheraner — unter dem 29. September 1850 (MinBl. f. d. J. V. S. 328) erlassen worden ist. Die Minister erwidern auf jene Vorstellung, welche die Beerdigung der zur Gemeinschaft der getrennten Lutheraner gehörigen Gemeindemitglieder auf den Kirchhöfen evangelischer Pfarrgemeinden betraf:

„daß wir auf Grund des § 189 ALR. II. 11 uns zwar für ermächtigt und verpflichtet halten, den Gliedern Ihrer kirchlichen Gemeinschaft, in Ermangelung eigener Begräbnisplätze, nötigenfalls auch auf den Kirchhöfen anderer Kirchengemeinden ein anständiges und ehrliches Begräbnis von Staatswegen zu verschaffen, daß wir aber daraus keine Ermächtigung für uns herzuleiten vermögen, die evangelischen Kirchengemeinden wider ihren Willen dazu zu zwingen, daß sie, wenn sie dies nicht von freien Stücken gewähren, auf den in ihrem Eigentum befindlichen Kirchhöfen den Zutritt der getrennt-lutherischen Geistlichen und die Verrichtung geistlicher Handlungen auf denselben gestatten."

Anerkannt wird mithin in dieser Verfügung, daß die evangelischen Gemeinden verpflichtet seien und gezwungen werden könnten, die Benutzung der in ihrem Eigentum stehenden Kirchhöfe den von der Landeskirche sich getrennt haltenden lutherischen Gemeinden zur Beerdigung zu gestatten. Das entspricht aber auch dem Sinne des § 189 Denn seine Bestimmung ist nicht erlassen, um den Landeskirchen ein weiteres Vorrecht zu gewähren, das nur sie genießen sollten, wie schon daraus hervorgeht, daß in denjenigen Bestimmungen, die von den Privilegien der Landeskirche handeln, ihre Gemeinden anders, nämlich mit dem Ausdruck „vom Staat ausdrücklich aufgenommene Kirchengesellschaften" bezeichnet werden, einem Ausdruck, der nicht bloß in § 17 gebraucht wird, sondern, abweichend von § 189, auch in § 193 wiederkehrt. Der § 189 ist vielmehr eine polizeiliche Vorschrift, die eine Beschränkung des Eigentums enthält, welche die Kirchengemeinden sich im öffentlichen Interesse gefallen lassen sollen. Allerdings kann seine Bestimmung nicht schlechthin auf jede Kirchengesellschaft (§ 11 ALR. II. 11) bezogen werden, da sie nur für die „im Staat aufgenommenen Kirchengesellschaften der verschiedenen Religionsparteien" erlassen worden ist. Was aber hierunter zu verstehen sei, darf nicht unter Zugrundelegung der Zustände bei Inkrafttreten des Allgemeinen Landrechts bestimmt werden, sondern muß sich nach den jeweils obwaltenden Verhältnissen richten. Die Frage, welche Kirchengesellschaften gegenwärtig den § 189 für sich geltend machen dürfen, ist mithin auf Grund der Rechtslage zu beantworten, welche durch die preußische Verfassung vom 31. Januar 1850 geschaffen worden ist, und das führt dahin, daß jetzt, wo zwischen Kirchengesellschaften mit Korporationsrechten und Kirchengesellschaften ohne solche unterschieden werden kann (vgl. Jacobson, a. a. O. S. 427), alle Kirchengemeinden, welche Korporationsrechte besitzen, soweit sie nicht den Landeskirchen angehören, zu den „im Staat aufgenommenen" zu rechnen sind, die andern, da diese auch jetzt nur noch die Befugnis geduldeter Gesellschaften genießen, dagegen nicht.

Die in dem vorliegenden Rechtsstreit verklagte Baptistengemeinde besitzt Korporationsrechte, da ihr solche durch Erlaß der zuständigen Minister vom 29. November 1893 auf Grund des Gesetzes vom 7. Juli 1875 erteilt worden sind. Einen eigenen Kirchhof hat sie nicht. Die Voraussetzungen des § 189 ALR. II. 11 sind danach vorhanden. Die von ihr verlangte Duldung einer Mitwirkung ihres Geistlichen kann sie ebenfalls beanspruchen. Es mag dahingestellt bleiben, ob solches nicht ohnehin aus jener Bestimmung zu folgern sein würde; im vorliegenden Falle kommt hierauf nichts an, da die für Westfalen erlassene königliche Verordnung vom 15. März 1847 Platz greift, und danach ein Zweifel nicht obwalten kann.

Die von der evangelischen Kirchengemeinde zu L. erhobene Klage erweist sich mithin als unbegründet gegen beide Beklagte. . . .

RGZ. 65, 146

Kirchliches Patronatsrecht.

Alter Leitsatz:

Baulast des Kirchenpatrons im Falle der divisio beneficii.

IV. Zivilsenat. Urt. v. 31. Januar 1907 i. S. preuß. Fiskus (Bekl.) w. evangel. Kirchengemeinde in Niederschönhausen (Kl.).
Rep. IV. 289/06.

I. Landgericht Potsdam. II. Kammergericht Berlin.

Die evangelischen Kirchengemeinden Pankow und Niederschönhausen waren bis zum 1. Mai 1896 zu der Gesamtparochie Pankow vereinigt. In diesem Zeitpunkte fand eine Trennung in der Weise statt, daß für Niederschönhausen ein selbständiges geistliches Amt errichtet wurde. Hierdurch wurde, da bisher nur ein Pfarrgebäude in Pankow für die Kirchen von Pankow und Niederschönhausen bestanden hatte, der Bau eines besonderen Pfarrhauses in Niederschönhausen nötig. Nach Errichtung dieses Pfarrhauses nebst Konfirmandensaal durch Umbau des in Niederschönhausen vorhandenen Küster- und Schulhauses verlangte die klagende Kirchengemeinde Niederschönhausen vom preußischen Fiskus, der unstreitig Patron sowohl der Kirche von Pankow, als auch der von Niederschönhausen ist, als Beitrag zu den von ihr verauslagten Kosten nach Maßgabe der märkischen Landesobservanz, die den Patron bei Landkirchen zur Leistung der Hauptmaterialien verpflichte, 7000 M. nebst Zinsen. Der Beklagte bestritt seine Beitragspflicht mit der Ausführung, daß sich die Baupflicht des Patrons auf die Gebäude beschränke, die schon zur Zeit des Erwerbs des Patronats bestanden hätten. Das erstinstanzliche Urteil erklärte den Klaganspruch dem Grunde nach für gerechtfertigt. Die Berufung blieb ohne Erfolg. Auch die Revision wurde zurückgewiesen.

Gründe:

Das erstinstanzliche Urteil geht von der Bestimmung des § 568 preuß. ALR. II. 11 aus, wonach das Patronat die Aufsicht über die

Kirche nebst der Sorge für deren Erhaltung und Verteidigung umfasse. Kirche in diesem Sinne sei gleichbedeutend mit „kirchlicher Anstalt" oder „kirchlicher Einrichtung". Darunter sei die Gesamtheit von Sachen und Rechten kirchlicher und weltlicher Natur zu verstehen, welche dazu bestimmt seien, gewisse religiöse und kirchliche Bedürfnisse zu befriedigen. Die Baupflicht des Patrons habe demzufolge zum Inhalte: mit den sonstigen Beitragspflichten dafür einzustehen, daß für die kirchliche Anstalt stets die für ihre Zwecke erforderlichen Gebäude vorhanden seien, ohne Rücksicht auf die Erhöhung des Bedarfs infolge von Veränderungen, die nach Begründung des Patronats in den Verhältnissen der Kirchengemeinde eingetreten seien. Diese Grundsätze seien in der Entscheidung des Reichsgerichts, Entsch. in Zivils. Bd. 45 S. 208 ff., gebilligt. Nach dem gemäß §§ 788—790, in Verbindung mit § 710, ALR. II. 11 in Betracht kommenden märkischen Rechte bestehe die so begründete Baulast des Patrons bei Landkirchen in der Lieferung der Hauptmaterialien.

Das Berufungsgericht führt aus: der Prozeßstoff sei vom Vorderrichter durchweg rechtlich zutreffend gewürdigt, und es sei dem lediglich beizutreten. Da die Kirche zu Niederschönhausen im Gebiete der ehemaligen Kurmark liege, komme das märkische Recht zur Anwendung. Dieses bestimme in der Konsistorial- und Visitations-Ordnung von 1573 in dem Artikel von „Besserung und Bawung der Pfarre", daß für die Wohnungen der Pfarrer die Patrone, Dorfherren und Gemeinden zu sorgen hätten, und zwar in Dörfern, im Gegensatze zu Städten, an erster Stelle, nicht bloß subsidiär bei Unzulänglichkeit des Kirchenvermögens. Einen Unterschied zwischen neu zu errichtenden Bauten und Bauten, die an Stelle bereits vorhanden gewesener träten, mache die Konsistorial- und Visitations-Ordnung nicht. Bezüglich der Verteilung bestehe in der Mark die Landesobservanz, daß der Patron alle Materialien an Holz, Steinen, Kalk u. dgl. anzuschaffen habe. Die Folgerung, die der Beklagte aus der in den Entsch. des RG. in Zivils., Bd. 43 S. 332 ff., betonten nicht territorialen Natur des Patronats dahin ziehe, daß es sich nur auf die zur Zeit der Erwerbung vorhandenen Gebäude beziehe, sei nicht zutreffend. Jener Grundsatz der „Nichtterritorialität" sei dahin zu verstehen, daß das Patronat über eine Kirche nicht die Parochie zu umfassen brauche, in der sich die Kirche befinde, sondern sich allein auf die kirchliche Anstalt erstrecke, die sich an das Kirchengebäude anknüpfe. In der Mark seien die Kirchen bei ihrer ersten Gründung als besondere, mit eigener juristischer Persönlichkeit versehene Stiftungen errichtet worden. Diese einmal entstandenen kirchlichen Anstalten mit eigener rechtlicher Persönlichkeit seien durch das Allgemeine Landrecht nicht beseitigt. Von dem Grundsatze, daß der Patron nicht in einem Rechtsverhältnis zum Kirchengebäude, sondern zu der juristischen Person der kirchlichen Anstalt stehe, sei auch bei der Auslegung der Konsistorial- und Visitations-Ordnung von 1573 auszugehen. Es erscheine alsdann verständlich, daß diese zwischen neu zu errichtenden Bauten und Bauten, die an Stelle bereits vorhanden gewesener träten, nicht unterscheide; sie gehe von der Auffassung aus, daß der Patron dem Geistlichen, den er an die von ihm oder seinen Vorfahren gestiftete kirchliche Anstalt berufe, Wohnung zu gewähren habe, gleichviel ob zu diesem Zwecke ein bereits bestehendes, dem Bedürfnisse dienendes Haus umgebaut oder ein neues Pfarrhaus errichtet werden müsse. Hiermit stehe im Einklange die Entscheidung des Reichsgerichts Bd. 45 S. 208 ff., wonach der Patron zur Beschaffung einer Wohnung für einen zweiten Geistlichen, der an die kirchliche Anstalt berufen sei, beizutragen habe, und ferner auch die Entscheidung des Reichsgerichts Bd. 43 S. 332 ff., wonach der Patron einer kirchlichen Anstalt zur Errichtung eines zweiten Kirchengebäudes nicht beizusteuern habe; in letzterem Falle habe das zweite Kirchengebäude nicht den Bedürfnissen der bestehenden kirchlichen Anstalt gedient, sondern den Bedürfnissen der neben ihr als juristischer Person bestehenden Kirchengemeinde, deren Patron der Fiskus nicht gewesen sei. Der Willkür der Kirchengemeinde sei der Patron bei Zugrundelegung der in den Entscheidungen des Reichsgerichts gebilligten Auffassung nicht ausgesetzt.

Die Revision macht geltend: die Entscheidung des Berufungsgerichts lege das Allgemeine Landrecht als das maßgebende Recht zugrunde. Dies ergebe sich aus der Bezugnahme auf die Gründe des ersten Urteils und aus der Anknüpfung an die Entscheidungen des Reichsgerichts, die ausschließlich die aus dem Allgemeinen Landrechte sich ergebenden Rechtsgrundsätze beträfen. Nach Allgemeinem Landrecht aber beschränke sich die Baulast des Patrons auf die zur Zeit der Begründung des Patronats vorhandenen Pfarrgebäude und auf die an deren Stelle errichteten Gebäude.

Das erstinstanzliche Urteil nimmt zum Ausgangspunkte für seine Begründung den in § 568 ALR. II. 11 enthaltenen Grundbegriff des Patronats und gewinnt seine Entscheidung im Anschluß an die auf gleiche Grundlage gestellte Entscheidung des Reichsgerichts Bd. 45 S. 208 ff. durch Folgerungen aus jener Grundauffassung des preußischen Rechts. Das Berufungsurteil tritt zwar im Eingange dieser Begründung lediglich bei. Der weitere Inhalt des Berufungsurteils ergibt aber, daß das Berufungsgericht seine Entscheidung wesentlich auf eine der Mark eigentümliche Auffassung der Kirche als selbstständiger Stiftung und auf die mit dieser Grundlage von ihm gewonnene Auslegung der Konsistorial- und Visitations-Ordnung von 1573 stützt. Dem gegenüber beansprucht die Bezugnahme des Berufungsurteils auf die Urteile des Reichsgerichts in Entsch. Bd. 43 S. 332 und Bd. 45 S. 208 ff., die beide allerdings das Recht des Allgemeinen Landrechts erörtern, für seine Entscheidung keinen selbständigen Wert. Die Feststellungen des Berufungsgerichts über das Bestehen und den Inhalt des märkischen Rechts und der Konsistorialordnung von 1573 sind für das Revisionsgericht bindend. Insbesondere erstreckt sich gerichtskundig auch der Geltungsbereich der Konsistorialordnung nicht über den ganzen Umfang zweier Provinzen Preußens. Er umfaßt den Hauptbestandteil der Provinz Brandenburg; im übrigen gilt diese Ordnung nur in einzelnen Teilen der Provinzen Sachsen, Pommern, Posen, Westpreußen und Schlesien. Die Revision wäre schon hiernach in Gemäßheit der §§ 562, 549 ZPO., des § 6 Einf.-Ges. zur ZPO., sowie des § 1 der kaiserl. Verordn. vom 28. September 1879 zurückzuweisen.

Will man aber selbst annehmen, daß das Berufungsgericht für seine Entscheidung maßgebend auch das preußische Allgemeine Landrecht zugrunde gelegt hat, so wäre dennoch der Revision der Erfolg zu versagen, weil auch unter diesem Gesichtspunkte die angefochtene Entscheidung rechtlich begründet ist. Für die prinzipielle Beurteilung der in den §§ 720 ff., 789 ff., ALR. II. 11, gegebenen speziellen Vorschriften über die Verpflichtung des Patrons zum Bau und zur Unterhaltung der Kirchen- und Dienstgebäude ist mit dem ersten Richter auf die Bestimmung in § 568 daselbst zurückzugehen, deren Ausfluß jene Vorschriften sind. In diesem Sinne ist aber unter der „Kirche", deren Erhaltung gemäß der §§ 568, 720 ff., 789 ff. dem Patrone obliegt, nicht das einzelne Kirchengebäude, auf das sich das Patronat bezieht, zu verstehen, sondern die kirchliche Anstalt, d. h. die Gesamtheit von Sachen und Rechten kirchlicher und weltlicher Natur, die dazu bestimmt ist, gewisse religiöse und kirchliche Bedürfnisse zu befriedigen. Ist Gegenstand des Patronats und insbesondere der Baupflicht des Patrons die kirchliche Anstalt als dauernde organische Institution, so ergibt sich als unmittelbare Folge, daß diese Pflicht des Patrons grundsätzlich nicht auf die Erhaltung der Kirchen- und Dienstgebäude lediglich in dem Zustande und Umfange einzuschränken ist, wie er zur Zeit der Erwerbung des Patronats, insbesondere zur Zeit der Stiftung der kirchlichen Anstalt durch den Patron, bestand. Dementsprechend wird in Praxis und Doktrin prinzipiell anerkannt, daß der Patron zu Erweiterungs- und Neubauten der Kirchen- und Pfarrgebäude verpflichtet ist, wenn sich solche Bauten infolge Wachstums der Kirchengemeinde als nötig herausstellen. Auf diesem Boden steht auch die angezogene Entscheidung des Reichsgerichts in Entsch. Bd. 45 S. 208 ff. Allerdings hatte die dahin gehende

Rechtsübung als Regel vornehmlich die Fälle im Auge, daß die Kirche im übrigen in ihrer bisherigen Erscheinungsform, sei es als selbständig für sich bestehende Pfarrkirche, sei es als zu einem Pfarramt vereinigte Mutter- oder Tochterkirche erhalten bleibt, und die nötig gewordenen Bauten sich an die bestehende kirchliche Anstalt angliedern. Allein rechtsgrundsätzlich steht auf gleicher Linie der Fall, daß die bestehende Kirche bei substanzieller Erhaltung eine Änderung in ihrer Organisation erfährt, und infolgedessen sich das Bedürfnis zu weiteren Bauten herausstellt. Insbesondere hat dies von dem Falle der kanonischen divisio beneficii zu gelten, wenn also, wie hier, die bisher abhängige Kirche unter Benutzung der Substanz derselben zu einem selbständigen kirchlichen Amte erhoben wird und sich damit die Notwendigkeit ergibt, bisher gar nicht vorhanden gewesene Pfarrgebäude zu errichten. Auch in einem solchen Falle erstreckt sich die Baupflicht des Patrons — sofern nicht bei Gründung des neuen Kirchensystems besondere Anordnungen getroffen sind (vgl. §§ 726 ff., 753 ff. ALR. II. 11) — auf die durch die Neuorganisation nötig werdenden neuen Bauten. Die Richtigkeit dieser Auffassung kann nicht in Frage gestellt werden durch die Erwägung, daß es im freien Willen des Stifters gelegen habe, ob er ein selbständiges oder ein abhängiges Benefizium habe schaffen wollen. Vollziehen sich an der durch die Wohltat des Stifters fundierten Kirche durch Anordnung des Kirchenregiments und des Staates unter Anhörung des Patrons kraft zwingenden öffentlichen Rechts Änderungen der Kirchenämter, so kann der Wille des Stifters dagegen nicht entscheidend in Betracht kommen. Dementsprechend ist vom Reichsgericht anerkannt, daß im Falle einer kraft öffentlichen Rechts geschehenen Verwandelung einer Stadt- in eine Landgemeinde an sich damit auch eine Erschwerung der Baulast des Patrons verbunden ist (Entsch. des RG. in Zivils., Bd. 10 S. 216 ff.). Der entwickelten Auffassung steht die Entscheidung des Reichsgerichts in Bd. 5 S. 239—241 nicht entgegen. Hier liegt ein wesentlich anderer Tatbestand zugrunde. ...

RGZ. 69, 391

Niederlegung des Amtes als Geistlicher.

Alter Leitsatz:

1. Kann ein Kirchenvorstand als solcher Prozeßpartei sein?

2. Wird nach gemeinem protestantischen Kirchenrecht, wenn auf die Erklärung eines Geistlichen, er lege sein Amt nieder, von der vorgesetzten Kirchenbehörde die Entlassung aus dem Amte gewährt wird, das Kirchenamt auch dann beendet, wenn die Erklärung der Amtsniederlegung in einem die freie Willensbestimmung ausschließenden Geisteszustande abgegeben ist?

III. Zivilsenat. Urt. v. 3. November 1908 i. S. Kirchengemeinde St. Gertrud (Bekl.) w. G. (Kl.). Rep. III 19/08.

I. Landgericht Hamburg. II. Oberlandesgericht daselbst.

Der Kläger war als Pastor der St. Gertrudgemeinde in Hamburg angestellt. Am 10. März 1904 richtete er an seine vorgesetzte Kirchenbehörde, den Kirchenrat der evangelisch-lutherischen Kirche in Hamburg, ein Schreiben, worin er erklärte, daß er sein Amt niederlege, und der Kirchenrat hat dann auf Grund des § 30 Abs. 3 der Hamburger *Kirchenverfassung nach Anhörung des Kirchenvorstandes die Entlassung* gewährt, später die Stelle auch neu besetzt. Im gegenwärtigen Prozesse behauptet der Kläger, daß er sich zur Zeit der Niederlegung seines Amtes in einem seine freie Willensbestimmung ausschließenden Zustande krankhafter Störung der Geistestätigkeit befunden, außerdem auch unter Einwirkung unzulässigen Druckes von dritter Seite („oppressio") gehandelt habe. Seine Erklärung auf Amtsniederlegung sei daher nichtig und unwirksam und damit dann auch die Entlassungsentscheidung des Kirchenrats. Bei seiner danach noch gegenwärtig fortbestehenden Amtsstellung bestehe sein Anspruch auf Gehalt — und zwar einschließlich der inzwischen erfolgten Gehaltsaufbesserung —, auf Wohnungsentschädigung und Ersatz der ihm entgangenen Akzidentalien noch fort, und er erhob daher auf Zahlung dieser Beträge bis zum 31. März 1907, die er auf insgesamt 41 852 M berechnete, Klage, und zwar gegen den Kirchenvorstand der Gemeinde St. Gertrud. Eventuell, wenn die Entlassungsentscheidung nicht ohne weiteres durch die Nichtigkeit der Amtsniederlegung unwirksam geworden, er danach nicht als noch im Amt befindlich anzusehen sei, forderte er dieselben Beträge als Schadensersatz, weil Kirchenrat und Kirchenvorstand es schuldhaft unterlassen hätten, das Entlassungsgesuch dem Kirchenrecht gemäß sorgsam daraufhin zu prüfen, ob es unbeeinflußt von Geisteskrankheit und Druck erfolgt sei, und, wenn dies geschehen wäre, die Unzulässigkeit der Gewährung der Entlassung sich herausgestellt haben würde.

Die Beklagte, der in der Berufungsinstanz der Kirchenrat als Vertreter der evangelisch-lutherischen Kirche in Hamburg als Nebenintervenient beigetreten ist, und ebenso dieser Nebenintervenient beantragten Abweisung der Klage. Sie bestritten die behauptete Geisteskrankheit des Klägers, leugneten jedes Verschulden ihrerseits und machten besonders geltend, daß selbst wenn die Amtsniederlegungserklärung wegen Geschäftsunfähigkeit oder oppressio nichtig sein sollte, doch die Entlassungsentscheidung wirksam sei, da diese im Kirchenregiment ausgesprochene Entlassung Geltung behalte, solange nicht der Kirchenrat, als die einzige für die Aufhebung zuständige Behörde, sie aufgehoben habe, so daß der Kläger seine Klage auf die noch fortbestehende Innehabung seines Amtes nicht gründen könne.

Das Landgericht entschied durch Teilurteil zunächst über den Gehalts- und Wohnungsgeldanspruch und sprach ersteren in Höhe von 18 500 M (18 000 M Gehalt bis 31. März 1907 und 500 M Erhöhung) dem Kläger zu, letzteren erklärte es dem Grunde nach für berechtigt. Das Berufungsgericht hat, bis auf den von ihm gestrichenen Betrag der Gehaltserhöhung, die Berufung der Beklagten und des Nebenintervenienten zurückgewiesen.

Beide Instanzen erachten zunächst auf Grund der übereinstimmenden Gutachten der vernommenen Ärzte und Psychiater für erwiesen, daß der Kläger bei seiner Erklärung der Amtsniederlegung tatsächlich sich in einem geisteskranken, seine freie Willensbestimmung ausschließenden Zustande befunden habe. Danach sei, führt das Berufungsgericht in wesentlicher Übereinstimmung mit dem ersten Richter aus, die Erklärung der Amtsniederlegung trotz ihres publizistischen Charakters nichtig, weil bezüglich des Einflusses der geistigen Gesundheit im öffentlichen Recht dieselben Grundsätze gälten wie im Privatrecht. Es handle sich also darum, ob der Kläger der hier allein streitigen vermögensrechtlichen Ansprüche dadurch verlustig gegangen sei, daß auf seine nichtige Amtsniederlegungserklärung der Kirchenrat gemäß § 30 Abs. 3 der hamburgischen Kirchenverfassung die nachgesuchte Entlassung gewährt habe. Diese Frage unterliege der Prüfung des Gerichts. Es handele sich nicht darum, ob der Entlassungsbeschluß der Kirchenbehörde nichtig sei, was der Prüfung der Gerichte entzogen sei, sondern darum, ob derselbe nach der ihm gesetzlich zukommenden und von der Behörde beabsichtigten Bedeutung als Akt des Kirchenregiments für sich allein und losgelöst von dem Entlassungsantrage das Amtsverhältnis des Klägers beendet habe, oder ob er nur zusammenwirkend mit einer gültigen Amtsniederlegung diesen Erfolg herbeizuführen bestimmt gewesen sei. Die Prüfung dieser Frage, also der dem bestehenden Beschluß zukommenden Wirkung für das Amtsverhältnis des Klägers sei deshalb Sache des Gerichts, weil die vermögensrechtlichen Ansprüche auf Gehalt und Wohnungsgeld, trotzdem sie aus dem öffentlichrechtlichen Beamtenverhältnisse hervorgingen, im ordentlichen Rechtswege verfolgbar seien, und weil die Gerichte Vorfragen des öffentlichen Rechts, von denen das Urteil über den streitigen Privatanspruch abhänge, mit zu entscheiden hätten. Da der Kläger nun vorliegend seine Ansprüche in erster Linie auf sein Amt, das er ungeachtet der Entlassungserklärung des Kirchenrats behalten habe, stütze, so sei vom Gericht zu prüfen, welche Bedeutung dieser Erklärung zukomme. Unzweifelhaft sei diese Erklärung eine einseitige öffentlichrechtliche Handlung des Kirchenregiments. Aber die formelle

Rechtsnatur dieser Entscheidung sei nicht das Maßgebende, sondern ihr materieller Inhalt: ob sie nur die Amtsniederlegung des Klägers genehmigt, daher nur mit dieser das Amtsverhältnis beendigen konnte, oder ob sie eine für sich selbständig dastehende Aufhebung des Pfarramts bedeute. Diese dem Beschlusse zukommende Bedeutung lasse sich nur nach den Normen der Hamburgischen Kirchenverfassung und des ihr zugrunde liegenden evangelischen Kirchenrechts, mit dem auch die Hamburgische Kirchenverfassung in Einklang stehen wolle, beurteilen. Nach evangelischem Kirchenrecht werde aber das Kirchenamt durch die Entsagung (renuntiatio oder resignatio) ihres Inhabers erledigt. Damit nicht Störungen in der Kirchenverwaltung einträten, werde zwar die Genehmigung erfordert, und erst mit ihr die Niederlegung wirksam. Aber ihrem inneren Wesen nach sei die Entlassung nur die Annahme der Entsagung und könne daher nur zusammen mit dieser die vermögensrechtlichen Wirkungen des Amtes aufheben. Der eigentliche Beendigungsgrund sei die freiwillige Niederlegung des Amtes; ihre Wirkung werde nur im kirchlichen Interesse bis zur Genehmigung hinausgeschoben. Die Hamburgische Kirchenverfassung regle in § 30 Abs. 3 nur das Verfahren bei freiwilliger Amtsniederlegung und setze diese als zulässigen Grund der Beendigung des geistlichen Amtes voraus, damit auf die allgemeinen Normen des evangelischen Kirchenrechts zurückgreifend. Habe aber die Entlassungserklärung nur die Bedeutung der Genehmigung der Amtsniederlegung, bewirke sie nur m i t d i e s e r die Beendigung des Kirchenamts, so folge daraus, daß, wenn eine gültige Amtsniederlegung (wie hier wegen der mangelnden Geschäftsfähigkeit) nicht vorliege, auch die Genehmigungserklärung bedeutungslos sei, der Kläger also noch Inhaber des Pfarramts sei. Als solchem stehe ihm der vom ersten Richter zugesprochene Gehaltsanspruch und das Recht auf Wohnungsgeld zu. Die erst nach der Entlassungserklärung den Gemeindepastoren durch Beschluß der Synode vom 20. Dezember 1906 gewährte Gehaltserhöhung komme ihm aber nicht zugute. Denn sie sei nur den Gemeindepastoren gewährt. Unter diese sei im Sinne des Beschlusses der Kläger nicht zu zählen. Denn der Kläger habe öffentliche pfarramtliche Befugnisse und Pflichten nicht, gelte den in jeder öffentlichrechtlichen Beziehung mit ihrer Auffassung maßgeblichen Kirchenorganen nicht als Inhaber einer Pfarrstelle und gehöre daher nicht zu den Geistlichen, deren Gehalt die Aufbesserung hätte erfahren sollen. Nur wenn das zweite Klagfundament, der Anspruch auf Schadensersatz wegen Verschuldens des Kirchenrats oder Kirchenvorstandes begründet wäre, könnte der Anspruch auch für die Gehaltserhöhung begründet sein. Dieses Klagfundament zerfiele aber schon damit, daß für ein Verschulden des Kirchenrats bezüglich seiner Mitglieder, deren Geschäfte nicht zu den der kirchlichen Gemeindeverwaltung unterstehenden Angelegenheiten gehörten, und die nicht Gemeindebeamte seien, die Gemeinde nicht aufzukommen habe, und daß, anlangend das Verschulden des Kirchenvorstandes, es an einer gesetzlichen Bestimmung fehle, welche Kirchengemeinden für Verschulden ihrer Angestellten in Ausübung öffentlichrechtlicher Funktionen aufkommen lasse. Die Zubilligung der Gehaltserhöhung müsse daher gestrichen, im übrigen aber die Berufung zurückgewiesen werden.

Gegen diese Entscheidung haben nunmehr die Beklagte und der Nebenintervenient Revision eingelegt und dahin gerechtfertigt:

1. Die Klage und auch das Urteil seien gerichtet gegen den Kirchenvorstand. Dieser als solcher besitze aber gar keine Parteifähigkeit, er sei lediglich kollegialer Vertreter der Gemeinde. Es werde indes, wurde in der mündlichen Verhandlung ausgeführt, nicht verkannt, daß materiell Klage und Urteil, wie dessen Inhalt ergebe, gegen die St. Gertrud Gemeinde gerichtet sei, und daher in dieser Beziehung lediglich begehrt, daß der Sachlage entsprechend das Urteilsrubrum berechtigt werde, womit sich denn auch der Kläger einverstanden erklärte.

2. Das Berufungsurteil nehme an, daß der Kläger durch die auf sein Ersuchen erfolgte Entlassung durch den Kirchenrat aus dem Gemeindedienste ausgeschieden und aller öffentlichen Funktionen seines Amtes entkleidet sei, seiner Ansprüche auf Gehalt und Wohnung aber nicht verlustig gegangen sei. Das sei rechtsirrig, denn eine Scheidung der Wirkung der Entlassung dahin, daß damit publizistisch, hinsichtlich der öffentlichrechtlichen Pflichten und Befugnisse, das Amt erlösche, hinsichtlich der privatrechtlichen Ansprüche aber als bestehend angesehen werde, sei undenkbar, weil diese privatrechtlichen Ansprüche ausschließlich auf der Innehabung und Ausübung des Amtes, auf dem publizistischen Titel, beruhten, Befugnis und Pflicht zur Verrichtung kirchlicher Handlungen und Seelsorge die Voraussetzung des Anspruches auf die Emolumente seien. Es sei aber auch die auf ein formell richtiges Gesuch in den gesetzlichen Formen ausgesprochene Entlassung in ihrem Rechtsbestande unabhängig von der Handlungsfähigkeit des Entlassenen. Wolle man aber auch diese als Voraussetzung wirksamer Entlassung ansehen, so würde auch das ohne Belang sein, weil die Kirchenbehörde abschließend zu beurteilen habe, ob die Voraussetzungen der Entlassung vorlägen. Habe sich die Kirchenbehörde geirrt, so möge der Entlassene die Entlassung bei dem Kirchenregimente anfechten; solange sie noch bestehe, müsse sie als gegebene Tatsache respektiert werden. Es könne keine Ansprüche geben, die von den Gerichten nur zugesprochen werden könnten unter Ignorierung der mit kirchlicher Wirkung ausgesprochenen Entlassung

und unter Fiktion des Fortbestandes des Amtes, das tatsächlich nicht mehr ausgeübt werden dürfe und nicht mehr bestehe.

3. Jedenfalls könne Kläger nicht die jetzt geforderten vollen Ansprüche geltend machen. Denn er könne, wenn sein Entlassungsgesuch nichtig wäre, doch nicht besser gestellt werden, als wenn er das Gesuch nicht gestellt hätte. Denn dann wäre er wegen seines Geisteszustandes und der damit in Verbindung stehenden Vorgänge, wie vom Beklagten vorgetragen sei, emeritiert worden, und er könne daher nicht mehr als die ihm dann zustehenden Gebühren fordern. Habe das die Entlassung einleitende Gesuch an einem nicht zu erkennenden Mangel gelitten, so sei es nur billig, wenn der Erklärende und nicht die Gemeinde, deren Behörde fehlerfrei und korrekt gehandelt habe, die Konsequenzen trage.

Die Revision wurde zurückgewiesen, aus folgenden

Gründen:

Der Revision ist im Resultat der Erfolg zu versagen. Allerdings ist dem ersten Angriff der Revision durchaus beizutreten, daß ein Kirchenvorstand, der lediglich kollegialer Vertreter der Gemeinde ist, nicht als Rechtssubjekt, als Träger der Rechte und Verpflichtungen, den Pastoren gegenübersteht, nicht mit eigenem Vermögen haftet, sondern überhaupt nur als Vertreter der Kirchengemeinden in Betracht kommt, nicht selbst als Partei angesehen werden kann. Aber die Revision gibt selbst zu, daß das Urteil materiell gegen die Kirchengemeinde, was auch durch den Inhalt des Urteils bestätigt wird, gerichtet ist, daß es sich daher nur um eine falsche Bezeichnung im Urteilsrubrum handelt, und daß daher auch nur eine der Sachlage entsprechende Berichtigung des Urteilsrubrums begehrt werde. Diesem Antrage, dem auch der Kläger beistimmte, war daher ohne weiteres stattzugeben.

Was sodann die Sache selbst anlangt, so geht das Berufungsgericht überall von zutreffenden Rechtsgrundsätzen aus. Seine Schlüsse und Ausführungen sind logisch richtig und damit zwingend. Vorauszuschicken ist, daß, soweit Hamburger Recht in Frage kommt, die bezüglichen Ausführungen irrevisibel sind. Daraus folgt aber nicht, wie der Revisionsbeklagte geltend macht, daß danach das ganze Urteil, weil auf Hamburger Recht beruhend, der Revision überhaupt entzogen sei. Denn das Berufungsgericht stellt fest, daß das gemeine protestantische Kirchenrecht in Hamburg subsidär anwendbar ist, und daß insbesondere auch die in ihm hinsichtlich der freiwilligen Amtsniederlegung geltenden Rechtsgrundsätze auch in Hamburg gelten, daß der § 30 der Hamburger Kirchenverfassung die Rechtsgrundsätze des gemeinen protestantischen Kirchenrechts über die renuntiatio oder resignatio als geltend voraussetzt und nur das Verfahren regelt. Die Entscheidung des Berufungsgerichts stützt sich aber eben auf die im gemeinen protestantischen Kirchenrecht geltenden Grundsätze über resignatio oder renuntiatio, und eben gegen deren Anwendung ist die Revision gerichtet. Da das gemeine protestantische Kirchenrecht unzweifelhaft der Revision nicht entzogen ist, so kann keine Rede davon sein, daß ihr der Rechtsstreit überhaupt entzogen sei; es handelt sich vielmehr nur darum, ob eine Verletzung des gemeinen protestantischen Kirchenrechts vorliegt.

Das aber ist nicht der Fall. Denn zutreffend und in Übereinstimmung mit der gesamten kirchenrechtlichen Literatur führt das Berufungsgericht aus, daß nach gemeinem protestantischen Kirchenrecht, wie übrigens auch nach katholischem, die renuntiatio, der Verzicht, die freiwillige Amtsniederlegung dasjenige ist, was die Beendigung des Amtes bewirkt, die jedoch zu ihrer Wirksamkeit, damit durch unzeitige Niederlegung nicht kirchliche Interessen verletzt werden, der Genehmigung der Kirchenbehörde bedarf. Danach ist nicht der Genehmigungsbeschluß das, was einseitig das Amt beendigt, sondern die genehmigte Niederlegung. Liegt eine gültige Niederlegung nicht vor, dann ist auch eine wirksame Genehmigung gar nicht denkbar, und daher das Amt, das zu seinem Aufhören der Niederlegung und Genehmigung dieser Niederlegung bedarf, mangels einer gültigen Niederlegung auch noch nicht beendet.

Wenn die Revision zunächst ausführt, daß das Berufungsgericht eine undenkbare Scheidung der Wirkungen der Entlassung dahin vornehme, daß damit das Amt mit seinen öffentlichrechtlichen Befugnissen und Pflichten beendigt, in privatrechtlicher Beziehung aber die Ansprüche bestehen blieben, obwohl doch diese in dem öffentlichen Amt ihre Quelle und Voraussetzung hätten, so wird diese Ausführung dem Berufungsgericht nicht gerecht. Das Berufungsgericht nimmt an, daß mangels eines gültigen Endigungsgrundes das Amt des Klägers noch besteht, daß ihm daher die privatrechtlichen Bezüge, um die es sich vorliegend allein handelt, noch zustehen. Wenn es dagegen weiter bemerkt, daß er aller öffentlichen Funktionen des Amtes entkleidet und aus dem Gemeindedienst ausgeschieden sei, so steht in dieser Beziehung rechtlich fest, daß ein Privatrecht auf Ausübung der amtlichen Funktionen nicht besteht, daß jedenfalls eine Klage bei den ordentlichen Gerichten darauf nicht gegeben ist, und daß der Kläger daher diese Funktionen, da das Kirchenregiment sie ihm entzogen hat, tatsächlich nicht ausüben kann. Mehr hat das Berufungsgericht auch nicht gesagt, und rechtlich undenkbar ist diese Auffassung keineswegs. Die weitere Ausführung der Revision, daß, wenn auch die Handlungsfähigkeit des die Entlassung Nachsuchenden Voraussetzung der Entlassung sein möge, doch nur die Kirchenbehörde endgültig hierüber entscheiden könne, und von den Gerichten keine Ansprüche zugesprochen werden könnten mittels Ignorierung der mit kirchlicher Wirkung ausgestatteten Entlassung unter Fiktion des Fortbestandes des Amtes, das tatsächlich nicht mehr ausgeübt werden könne, wird dem Berufungsurteil nicht gerecht. Das Berufungsurteil beruht darauf, daß das Amt des Klägers noch bestehe, und zwar deshalb, weil die Entlassungserklärung des Kirchenrats dem kirchlichen Recht entsprechend das Amt nicht habe beendigen, sondern nur die Niederlegung habe genehmigen können und wollen, diese Niederlegung aber in rechtsgültiger Weise nicht vorgelegen habe. Das Berufungsgericht hebt hervor, daß es den Beschluß des Kirchenrats nicht nachprüft und seinen rechtlichen Bestand nicht angreift, daß es vielmehr lediglich seine Bedeutung und Wirkung für den vorliegenden Rechtsstreit prüft. Daß an sich der Rechtsstreit, da es sich um Vermögensrechte des Klägers handelt, zur Kompetenz der ordentlichen Gerichte gehört, und daß, wenn die Entscheidung von Fragen des öffentlichen Rechts abhängt, auch diese den ordentlichen Gerichten nicht entzogen sind, ist anerkannten Rechtens.

Endlich macht die Revision noch geltend, daß der Kläger doch jedenfalls nicht mehr erhalten könne, als was er haben würde, wenn er das nichtige Gesuch nicht gestellt hätte. Es sei unter Beweis gestellt, daß er alsdann emeritiert sein und nur die Bezüge eines Emeritierten haben würde. Auch dieser Angriff ist nicht begründet. Er scheitert daran, daß Kläger nicht emeritiert ist. Trotz der Entlassungserklärung ist sein Amt nicht beendet, und hat er Anspruch auf das Gehalt. Es mögen Emeritierungsgründe vorliegen; solange sie, was auch gegenwärtig noch nicht ausgeschlossen ist, nicht geltend gemacht, und die Emeritierung nicht durchgeführt ist, kann sein Gehaltsanspruch dadurch nicht berührt werden.

Nach alledem war die Revision, wie geschehen, zurückzuweisen.

RGZ. 90, 346

Kirchliches Patronatsrecht. Das Patronat ist kein Rechtsbegriff mit feststehendem Inhalt, vielmehr entspringen ihm bald mehr bald weniger Befugnisse und Pflichten. Folgerungen hieraus bezüglich der Kosten für die Anschaffung einer Orgel und für eine Heizungsanlage.

Alter Leitsatz:

Ist der Kirchenpatron verpflichtet, zu den Kosten einer Heizungsanlage beizutragen?

ALR. II. 11 §§ 584, 710. 720.

IV. Zivilsenat. Urt. v. 21. Juni 1917 i. S. ev. Kirchengemeinde L. (Kl.) w. preuß. Staat (Bekl.). Rep. IV 128/17.

I Landgericht Liegnitz. II. Oberlandesgericht Breslau.

Im Jahre 1914 beschlossen die kirchlichen Körperschaften der klagenden Gemeinde, in der Kirche eine Zentralheizung anzulegen. Für die Anlage entstanden 11 672 M. Kosten. Kirchenvermögen ist nicht vorhanden. Der preußische Staat ist Patron der Kirche und als solcher, wie die Klägerin behauptet, kraft Observanz zur Zahlung sämtlicher Baukosten verpflichtet. Er ist aber der Auffassung, daß die Kosten der neuen Heizungsanlage rechtlich der Patronatsbaulast nicht unterfallen, weil es sich nicht um eine zur Erhaltung des Kirchengebäudes notwendige bauliche Maßnahme handle. Die Kirchengemeinde hat daher Klage erhoben und beantragt, den Beklagten zur Zahlung von 11 672 M. zu verurteilen. Das Landgericht hat nach dem Klagantrag erkannt. Auf Berufung des Beklagten hat das Oberlandesgericht die Klage abgewiesen. Die Revision der Klägerin hatte keinen Erfolg.

Gründe:

Das Berufungsgericht erkennt ausdrücklich an, daß die Baupflicht des Patrons grundsätzlich nicht auf die Erhaltung der Kirchengebäude in ihrem ursprünglichen Zustand einzuschränken sei. Es steht vielmehr im Einklang mit den Entscheidungen des Reichsgerichts (RGZ. Bd. 45 S. 208, Bd. 65 S. 146) auf dem Standpunkt, daß der Patron auch zu Beiträgen für Erweiterungs- und Neubauten verpflichtet sein kann, wenn sich solche im Laufe der Zeit infolge einer Vermehrung der kirchlichen Bedürfnisse als nötig erweisen. Es ist aber der Auffassung, daß sich diese Verpflichtung des Patrons nur auf bauliche Anlagen bezieht, die nach Maßgabe der bestehenden gesetzlichen Vorschriften an sich in den Rahmen der dem Patron obliegenden Baulast fallen. Anderenfalls handele es sich nicht um eine Betätigung der bestehenden Patronatsbaupflicht, sondern um eine Neubegründung einer solchen, die nicht ohne das Vorhandensein der gesetzlichen Voraussetzungen (vgl. §§ 569 ff., 710 ALR. II, 11) erfolgen könne. Auch diese Ansicht entspricht den in der Rechtsprechung des Reichsgerichts anerkannten Grundsätzen (RGZ. Bd. 5 S. 239, Jur. Wochenschr. 1910 S. 123 Nr. 33, S. 592 Nr. 37).

Von diesen zutreffenden Gesichtspunkten ausgehend untersucht das Berufungsgericht, ob eine neuerrichtete Heizungsanlage der Patronatsbaulast unterfällt. Es führt aus: Nach der übereinstimmenden Rechtsprechung des Obertribunals und des Reichsgerichts sei der Patron nicht verpflichtet, zu den Kosten einer neu angeschafften Orgel beizutragen. Entsprechendes müsse für eine Heizungsanlage gelten. Das hier maßgebende Allg. Landrecht lege dem Patron eine Beisteuer zur Anschaffung einer Heizungsanlage ebensowenig auf wie einen Beitrag zur Anlage neuer Orgeln, Beleuchtungsanlagen u. dgl. Alle diese Gegenstände, die in der Hauptsache dem Kultusbedürfnis zu dienen bestimmt seien, würden deshalb grundsätzlich von der Baulast des Patrons nicht betroffen. Die Baulast erstrecke sich auch nicht etwa deshalb auf sie, weil sie Zubehör oder Bestandteil des Kirchengebäudes geworden seien. Denn nur dasjenige dem Kultus gewidmete Zubehör unterliege der Baulast des Patrons, welches entweder zur Zeit der Stiftung schon solches gewesen sei und deshalb mit dem Willen des Patrons in dessen Baupflicht aufgenommen oder welches später mit seinem Willen der Kirche eingefügt und damit ebenfalls von ihm auf die Baulast übernommen sei. Zur Zeit der Patronatsstiftung sei eine Heizungsanlage in der Kirche zu Lüben unstreitig nicht vorhanden gewesen; die Notwendigkeit der jetzigen Anlage sei zwar von der Regierung als Verwaltungsbehörde gemäß §§ 708 ff. ALR. II 11 anerkannt; als Vertreterin des Patrons habe die Regierung aber in verschiedenen Schreiben die Beitragspflicht des Beklagten nachdrücklich bestritten und damit zu erkennen gegeben, daß sie „mit Bezug auf die Patronatspflicht" des Beklagten mit der Anlage nicht einverstanden sei. Unter diesen Umständen brauche der Beklagte zu den Kosten nichts beizusteuern, selbst wenn auch anerkannt werden müßte, daß die Heizungsanlage zur Aufrechterhaltung des Gottesdienstes unbedingt erforderlich gewesen sei. Ob sich die Pflicht des Beklagten anders gestalten würde, wenn die Anlage der Heizung auch aus baulichen Gründen, z. B. wegen der Trockenhaltung des Mauerwerks, sich als notwendig erwiesen hätte, bedürfe nicht der Entscheidung, da die Notwendigkeit der Anlage aus diesem Grunde von der Klägerin weder dargelegt noch erwiesen sei.

Diese Begründung ist zwar nicht in allen Punkten frei von Rechtsirrtum. Im Ergebnis ist aber die Entscheidung rechtlich nicht zu beanstanden.

In der Rechtsprechung des Reichsgerichts sowohl wie des Obertribunals ist anerkannt, daß sich die Patronatsbaupflicht an und für sich nach den gemäß Art. 132, 170, 184 EG. z. BGB. auch jetzt noch maßgebenden §§ 42, 44, 105 ALR. I, 2 auch auf das Zubehör der Kirchengebäude erstreckt. Das gilt grundsätzlich auch hinsichtlich der Kirchenorgel. Sie unterfällt aber nach der feststehenden höchstrichter-Rechtsprechung der Patronatsbaulast dann nicht, wenn sie nicht von vornherein in der Kirche vorhanden war, sondern nachträglich ohne Zustimmung des Patrons neu angelegt ist. Das hat darin seinen Grund, daß das Patronat, wie das Reichsgericht wiederholt ausgesprochen hat, nach seiner geschichtlichen Enwicklung kein Rechtsbegriff mit feststehendem Inhalt ist, daß ihm vielmehr bald mehr bald weniger Befugnisse und Pflichten zukommen (vgl. § 710 ALR. II, 11). Demgemäß kann die Patronatsstiftung (vgl. §§ 569, 570, 572, 574 das.) von vornherein eine beschränkte sein, und dies kann bezüglich der

Orgel dadurch zum Ausdruck gebracht sein, daß die Kirche zunächst ohne Orgel errichtet und in Gebrauch genommen worden ist. In diesem Fall tritt die Baupflicht des Patrons in Ansehung der Orgel erst dann ein, wenn sie nachträglich mit seinem Willen zum Pertinenzstück der Kirche gemacht ist.

Striethorst Archiv Bd. 29 S. 219 = Entsch. des Obertrib. Bd. 38 S. 274; Striethorst Archiv Bd. 86 S. 88; Urteile des Reichsgerichts vom 12. Februar 1880, Gruchots Beitr. Bd. 24 S. 1047, vom 2. April 1900, daselbst Bd. 44 S. 977 und Jur. Wochenschr. 1900 S. 423; 2. Juni 1902, Jur. Wochenschr. 1902 S. 406 Nr. 60, vom 14. März 1910, Gruchot Bd. 54 S. 881 und Jur. Wochenschr. 1910 S. 466.

Es kann dem Berufungsgericht rechtlich nicht entgegengetreten werden, wenn es diese hinsichtlich der Orgel aufgestellten Grundsätze auch auf die hier in Rede stehende Heizungsanlage zur Anwendung gebracht hat. Denn bezüglich des tatsächlichen und rechtlichen Verhältnisses beider zum Kirchengebäude bestehen, abgesehen von dem hier ausscheidenden Fall, daß die Heizungsanlage der Erhaltung des Gebäudes selbst dient, wesentliche Unterschiede nicht. Daß die Heizungsanlage wider den Willen des Patrons zum Zubehör der Kirche gemacht ist, hat das Berufungsgericht rechtlich einwandfrei festgestellt.

Die Entscheidung des Oberverwaltungsgerichts vom 11. Dezember 1908 (Entsch. Bd. 53 S. 266) kann der Revision nicht zur Stütze dienen. Denn sie entscheidet nur die Frage, ob die Kirchengemeinde, die, anders als der Patron, für alle Kultusbedürfnisse aufzukommen hat, auch die Kosten der Heizung und Beleuchtung tragen muß.

Mit Recht hat endlich das Berufungsgericht ausgeführt, daß die Klägerin sich für ihre Ansicht nicht auf das Urteil des RG. vom 12. Oktober 1906 III. 67/06 berufen könne. Abgesehen davon, daß in jenem Urteil gemeines Kirchenrecht zur Anwendung kam, wird dort die Beitragspflicht nicht etwa aus gesetzlichen Vorschriften hergeleitet. Sie ist vielmehr für begründet erachtet worden auf Grund des besonderen Rechtstitels der unvordenklichen Verjährung, indem für erwiesen erachtet war, daß der beklagte Patron von jeher für alle Kultuskosten, die sich als notwendig herausstellten, welcher Art sie auch immer sein mochten, aufgekommen war. Läge die Sache in unserem Fall ebenso, so würde der Patron auch nach ALR. (§ 710 II, 11, unter Umständen auch nach § 574) verpflichtet sein, zu den Kosten der Heizungsanlage beizutragen.

RGZ. 96, 31

Säkularisation. Rechtsnatur der Preuß. Kab.-Order vom 25. Sept. 1834. Umfang der Haftung des Staates.

Alter Leitsatz:

1. Hat die Kabinettsorder vom 25. September 1834 die Bedeutung eines Gesetzes, das der Kirchengemeinde unter den darin bestimmten Voraussetzungen gegen den Staat einen Rechtsanspruch auf Befriedigung der bisher von dem säkularisierten Kloster bestrittenen kirchlichen Bedürfnisse gewährt?

2. Haftet der Staat nach jener Kabinettsorder der Kirchengemeinde nur mit den Erträgen des dem Kloster inkorporierten Kirchenvermögens oder mit denjenigen des gesamten Klostervermögens? Welcher Zeitpunkt ist für den Umfang und den Wert des säkularisierten Klostervermögens maßgebend? Kann sich der Staat, wenn er auf Leistung von Baukosten in Anspruch genommen wird, darauf berufen, daß er die Erträge des Klostervermögens für andere Zwecke verwendet habe?

IV. Zivilsenat. Urt. v. 19. Mai 1919 i. S. preuß. Staat (Bekl.) w. kath. Kirchengemeinde St. Jakob in Thorn (Kl.) IV 199/18.

I. Landgericht Graudenz. II. Oberlandesgericht Marienwerder.

Die im Anfang des 14. Jahrhunderts von den deutschen Ordensrittern als Pfarrkirche gegründete St. Jakobskirche in Thorn ist um die Mitte desselben Jahrhunderts von den Hochmeistern des Ordens Dietrich von Altenburg und Ludolf König „cum dote adjacenti", wie es in der Urkunde vom 6. Januar 1345 heißt, dem Benediktiner-Jungfrauenkloster in Thorn unter gleichzeitiger Übertragung des Patronatsrechts inkorporiert worden. Durch königliche Order vom 18. Juni 1832 wurde die Säkularisation des Klosters angeordnet. Die Kirche verblieb der klagenden Kirchengemeinde, die zur Bestreitung der kirchlichen Bedürfnisse vom Staate eine Dotation erhielt. Die Klägerin steht auf dem Standpunkt, daß das Benediktiner-Nonnenkloster infolge der Inkorporation sämtliche Baulasten der Kirche zu tragen verpflichtet gewesen sei. Diese Verpflichtung sei durch die Säkularisation auf den Staat übergegangen, der deshalb, soweit die der Klägerin bereits überwiesenen Bestandteile des Klostervermögens nicht ausreichten, nach Kräften des in seiner Hand verbliebenen Klostervermögens die Baukosten zu tragen habe. Der Beklagte war bisher damit grundsätzlich einverstanden und hat in einer Reihe von Bau- und Reparaturfällen Baukosten an die Klägerin geleistet.

Im Jahre 1912 stellten sich umfangreiche Instandsetzungsarbeiten am Kirchengebäude als notwendig heraus, die von zwei Unternehmern ausgeführt wurden. Eine Unterbrechung trat ein, als der Beklagte die dritte Abschlagszahlung an die Unternehmer mit der Begründung ablehnte, daß das säkularisierte Klostervermögen erschöpft sei. Die Klägerin leistete die Abschlagszahlungen. Sie verlangt sie im gegenwärtigen Rechtsstreite vom Beklagten zurück.

Beide Vorinstanzen haben den Beklagten zur Zahlung der von der Klägerin begehrten 22000 M. verurteilt. Der Beklagte hat Revision eingelegt und beantragt, die Klage insoweit abzuweisen, als er verurteilt ist, zu den Instandsetzungsarbeiten an der St. Jakobskirche mehr als ein Drittel — das ist der landrechtliche Patronatsbeitrag — beizutragen. Die Revision hatte keinen Erfolg.

Gründe:

Das Berufungsgericht hält den Klaganspruch in erster Linie auf Grund der zur Ausführung des Reichsdeputations-Hauptschlusses vom 25. Februar 1803 am 25 September 1834 vom König von Preußen erlassenen Kabinettsorder (abgedr. Vering, Archiv für kath. Kirchenrecht Bd. 19 S. 340) für gerechtfertigt. Nach dieser Kabinettsorder soll „eine rechtliche Verpflichtung des Staates und daher auch ein Anspruch der Kirchengemeinde auf vollständige oder ergänzende Dotation" u. a. in folgenden beiden Fällen anerkannt werden:

1. „wo das Pfarr-Offizium . . . dem Kloster . . . von der geistlichen Behörde förmlich inkorporiert worden",

2. „wo die betreffende Gemeinde . . . wenigstens 44 Jahre hindurch vom Jahre 1803 exklusive an zurückgerechnet, also vom Jahre 1759 ab, im fehlerfreien ununterbrochenen Besitze der von dem aufzuhebenden Kloster . . . ihr geleisteten Pfarrdienste sich befunden hat."

Beide Voraussetzungen des Dotationsanspruchs hält das Berufungsgericht für gegeben. Über die förmliche Inkorporation der Kirche in das Nonnenkloster herrsche kein Streit, und das beigebrachte Urkundenmaterial ergebe, daß das Nonnenkloster von jeher allein für die Bedürfnisse der Kirche gesorgt, insbesondere die Baulast getragen habe. Die der Klägerin nach der Aufhebung des Klosters gewährte Dotation sei zur Bestreitung der Baulast unzureichend gewesen. Die Klägerin habe deshalb nach der Kabinettsorder den Anspruch darauf, daß der Beklagte ihr die zu den notwendig werdenden Bauten erforderlichen Mittel zur Verfügung stelle. Allerdings hafte der Beklagte nach der Kabinettsorder nur mit den Erträgen des eingezogenen Klostervermögens. Dagegen habe die weitere Einschränkung der Kabinettsorder, daß die Entschädigung nicht über die früheren Verpflichtungen der Klostergeistlichen ausgedehnt werden dürfe, hier keine praktische Bedeutung, da das Kloster unbeschränkt für die Bedürfnisse der Kirche zu sorgen gehabt habe.

Die Revision erhebt verschiedene Angriffe.

1. Sie bekämpft zunächst die Auffassung des Berufungsgerichts, daß aus der Kabinettsorder von 1834 ein Rechtsanspruch der Klägerin gegen den Staat hergeleitet werden könne. Die Kabinettsorder habe nur die Grundsätze festlegen wollen, nach denen in Zukunft die Ver-

waltungsbehörden kraft Delegation des Landesherrn die Dotationen der Kirchengemeinden auf Grund des § 35 RDHSchl. festzusetzen hätten. Allein die Ansicht des Berufungsgerichts entspricht der ständigen Rechtsprechung des Reichsgerichts, wie sie zuerst im Urteile des jetzt erkennenden Senats vom 25. Januar 1900 IV 266/99 und sodann vom II. Zivilsenat in den beiden Urteilen vom 3. März 1907 II 369/06 (Jur. Wochenschr. 1907 S. 292) und II 382/06 entwickelt und bis in die neueste Zeit festgehalten ist (Urt. vom 15. November 1915 IV 599/14, Warneyer 1916 Nr. 120, und vom 13. November 1916 IV 211/16, Jur. Wochenschr. 1917 S. 228). Die Ausführungen der Revision geben keinen Anlaß, von dieser Ansicht abzugehen. Ihre Richtigkeit wird bestätigt durch den vom Beklagten in dieser Sache vorgelegten Bericht des Ministers der geistlichen Angelegenheiten und des Finanzministers vom 19. August 1834, auf den in der Kabinettsorder Bezug genommen ist. Der Bericht ist veranlaßt durch einen Auftrag des Königs an die genannten Minister, in nähere Erwägung zu ziehen, in welcher Art hinsichtlich der aus den Klosteraufhebungen abgeleiteten Dotationsansprüche zu verfahren und welcher allgemeine Grundsatz festzustellen sei, um die Staatskasse nicht mit bereits erloschenen oder doch in Vergessenheit geratenen Verpflichtungen zu belästigen. Die Minister meinen in ihrem Bericht, daß es für diesen Zweck nicht sowohl der Aufstellung neuer Grundsätze, als vielmehr nur der sorgfältigen Anwendung der bestehenden Prinzipien auf jeden einzelnen Fall zu bedürfen scheine. Es wird dann gesagt, daß die Landesteile des linken Rheinufers bei dieser Untersuchung gänzlich ausscheiden müßten. Was in ihnen zur Verbesserung der kirchlichen Einrichtungen etwa noch geschehen dürfte, werde immer nur Sache der Gnade des Königs sein. Rechtlich zu verfolgende Ansprüche seien hier nicht leicht denkbar.

Für die übrigen Landesteile wird dann die Rechtslage untersucht und die Minister kommen zu dem Ergebnis, daß sowohl nach dem Grundsatz des gemeinen Rechts und des Allgemeinen Landrechts,

> daß der Staat Korporationen und andere Gesellschaften . . . zwar nach seinem Ermessen aufheben könne, dann aber auch gegen diejenigen, welche Forderungen an die erloschene Gesellschaft haben, an die Stelle der letzteren trete, — vgl. dazu § 201 ALR. II 6 —

als auch nach der Bestimmung des § 65 RDHSchl.,

> daß die bisherige Religionsübung gegen Aufhebung und Kränkung geschützt sein, insbesondere jeder Religion der Besitz und ungestörte Genuß ihres eigentümlichen Kirchenguts . . . ungestört verbleiben solle,

der Staat verbunden sei, der beteiligten Gemeinde diejenigen Vorteile, die sie bisher von dem aufgehobenen Institute rechtlich habe verlangen können, künftig zu gewähren . . .

Von diesem Falle wird der andere unterschieden, wenn die betr. Gemeinde auf die bisherigen Leistungen des geistlichen Instituts kein wohlerworbenes Recht hatte. In solchem Falle hätten keine Verpflichtungen existiert, mithin könne auch der Staat durch die Aufhebung dergleichen nicht übernehmen.

Die Minister halten dafür, daß diese von ihnen bisher bei Prüfung der aus den Säkularisationen abgeleiteten Dotationsansprüche befolgten Grundsätze im allgemeinen festzuhalten sein möchten, teils weil sie den allgemeinen Prinzipien des Staats- und Privatrechts entsprächen, teils weil sie auf positiven Grundlagen beruhten, die, wie der Reichsdeputationshauptschluß, nicht füglich verlassen werden könnten.

Es werden dann mehrere Einzelfragen aufgeworfen, u. a. die: ob nicht darüber eine nähere Vereinigung zweckmäßig wäre, in welchen Fällen anzunehmen sei, daß eine Gemeinde gegen ein geistliches Institut ein wohlerworbenes Recht auf gewisse Leistungen gehabt habe.

Dazu äußert sich der Minister der geistlichen Angelegenheiten dahin, daß, „wenn" die Aufstellung eines allgemeinen Grundsatzes richtig befunden werde, der für alle Fälle durchgreifen solle, eine rechtliche Verpflichtung und daher auch ein Anspruch auf vollständige oder ergänzende Dotation in denjenigen näher beschriebenen vier Fällen anzuerkennen sei, die später in die Kabinettsorder Aufnahme gefunden haben.

Beide Minister erklären sich aber darin einverstanden, daß die Verschiedenheit der Fälle und Verhältnisse allzu groß sei, als daß sich für die Beurteilung derselben im voraus besondere Grundsätze mit Erfolg aufstellen ließen, und daß es daher zweckmäßiger in jedem einzelnen Falle ihrem pflichtmäßigen Ermessen und nötigenfalls der richterlichen Entscheidung überlassen bleiben dürfte, nach den allgemeinen Rechtsgrundsätzen und Rechtstheorien zu entscheiden,

> ob einem aufgehobenen Stifte oder Kloster gegen irgendeine Gemeinde hinsichtlich der Seelsorge wirklich zu Recht beständige Verpflichtungen obgelegen hätten oder nicht.

In einem besonderen Zusatz zu dem Bericht macht dann der Minister der geistlichen Angelegenheiten allein geltend, daß es ihm von großer Wichtigkeit erscheine, auch in denjenigen Fällen, wo die Gemeinde auf die Leistungen geistlicher Institute ein vollkommenes Recht nicht habe, nicht bloß die Rücksichten des strengen Rechtes vorwalten zu lassen, sondern auch Billigkeitsgründen willig und vollständig Gehör zu geben. Er betrachte es als seine Pflicht, in solchen Fällen, wo die Befürwortung eines Antrags auf Dotation durch Billigkeitsrücksichten ausreichend begründet erscheine, dafür zu sorgen, daß ein solcher Fall jederzeit zur Kenntnisnahme und Entscheidung des Königs gelange.

Die Kabinettsorder vom 25. September 1834 ergibt, daß der König dem Vorschlag der Minister, die Entscheidung über Dotationsgesuche ihrem pflichtmäßigen Ermessen zu überlassen, nicht beigetreten ist. Er hat es vielmehr „für zulässig und notwendig erachtet, mit Hinsicht auf die Bestimmungen des Reichsdeputationshauptschlusses allgemeine Grundsätze anzunehmen, welche bei den Ansprüchen der Pfarreien und Kirchengemeinden an den Staat zunächst im Auge gehalten werden könnten", und sich damit einverstanden erklärt, „daß eine rechtliche Verpflichtung und daher auch ein Anspruch auf Dotation" in den vier vom Minister der geistlichen Angelegenheiten angegebenen Fällen anzuerkennen sei.

Im Gegensatz dazu werden am Schluß der Kabinettsorder diejenigen Fälle behandelt, wo die Gemeinden auf die Leistungen geistlicher Institute ein vollkommenes Recht nicht gehabt haben. In solchen Fällen könne ein Anspruch auf Dotation nicht anerkannt werden, es bleibe vielmehr in dieser Beziehung bei dem in einer früheren Kabinettsorder vom 30. August 1830 gemachten Vorbehalt, nach Befinden nur im Wege der Gnade bei Dotation der Pfarreien zu Hilfe zu kommen.

Hiernach kann ein Zweifel nicht mehr darüber obwalten, daß unter den in der Kabinettsorder angegebenen Voraussetzungen ein privatrechtlicher im Wege Rechtens verfolgbarer Anspruch der Kirchengemeinden gegen den Staat anerkannt werden sollte. Diese Bestimmung beruhte allerdings auf der in neuerer Zeit mehrfach angefochtenen Auffassung, daß sich der Anspruch aus dem Reichsdeputationshauptschluß in Verbindung mit den bestehenden gesetzlichen Vorschriften ergebe. Für die Gültigkeit jenes vom König erlassenen Gesetzes ist es aber gleichgültig, ob jene Auffassung zutreffend war oder nicht.

Die rechtliche Natur der Ansprüche aus der Säkularisation wird übrigens in der Kabinettsorder wiederholt anerkannt in folgendem im Archiv für Kirchenrecht Bd. 19 S. 340 nicht abgedruckten Satz: „Die Anberaumung eines Präklusionstermins für die noch vorhandenen rechtlichen Ansprüche ist übrigens nicht ratsam, da solche eine Menge unbegründeter Prätensionen zur Folge haben würde." Aus dem Zusatze wird zugleich ersichtlich, weshalb man von einer öffentlichen Bekanntmachung der Kabinettsorder abgesehen hat. Daß eine solche nach damaligem Staatsrecht nicht eine wesentliche Voraussetzung für das Zustandekommen eines Gesetzes war, ist in den oben erwähnten Urteilen des Reichsgerichts vom 25. Januar 1900 und 3. März 1907 dargelegt . . .

— — —

Die Meinung der Revision, daß die klagende Kirchengemeinde nach der Kabinettsorder mit der alsbald nach der Säkularisation gewährten Dotation als ein für allemal abgefunden zu erachten sei und nur auf die Dotation einen klagbaren Anspruch habe, widerspricht, wie das Berufungsgericht mit Recht bemerkt, dem Inhalt der Kabinettsorder. Die Revision beachtet nicht, daß nicht nur im Eingang ein „Anspruch auf vollständige oder ergänzende Dotation" anerkannt wird, sondern, daß weiterhin ausdrücklich gesagt wird, „daß, wenn etwa . . . einer Kirche oder Gemeinde von der Zwischenherrschaft oder dem preußischen Staate eine anderweite Dotation oder Aushilfe für den gottesdienstlichen Bedarf gewährt worden sei, der diesfällige Betrag alsdann von dem ‚rechtlichen Anspruch' abgerechnet werden müsse". Diese Bestimmungen ergeben zugleich, daß die Ansicht der Revision unrichtig ist, der Ausdruck „ergänzende Dotation" sei in demselben Sinne gebraucht, wie der Ausdruck „supplementum dotationis" in der Bulle de salute animarum (GS. 1821 S. 140 Abs. 2), wo davon die Rede ist, daß das Einkommen der Bistümer aus den diesen verbliebenen Gütern auf einen gewissen Betrag erhöht werden solle. Den Klöstern verblieben nach § 35 RDHSchl. überhaupt keine Güter.

Daß selbst ein Anspruch auf Erhöhung der Leistungen in denjenigen Fällen, in denen die Zeitverhältnisse eine Steigerung der kirchlichen Bedürfnisse herbeigeführt haben, nach der Kabinettsorder unter der Voraussetzung anzuerkennen ist, daß auch dem Kloster schon eine entsprechende Verpflichtung oblag, ist vom Reichsgericht wiederholt anerkannt worden (vgl. Urteile vom 25. Januar 1900 IV 266/90 und 20. Oktober 1913 IV 277/13, Jur. Wochenschr. 1914 S. 161 Nr. 25 und Archiv für katholisches Kirchenrecht 1914 S. 138). Endlich findet auch die in der mündlichen Verhandlung von der Revision vertretene Auffassung, daß jedenfalls dann eine ergänzende Dotation nicht mehr verlangt werden könne, wenn die frühere schon auf Grund der Kabinettsorder gewährt worden sei, weder in deren Bestimmungen selbst noch in dem Ministerialbericht vom 19. August 1834 einen Anhalt.

— — —

2. Der Beklagte hatte in den Vorinstanzen bestritten, daß das aufgehobene Kloster für die Baulast unbeschränkt mit dem gesamten Klostervermögen gehaftet habe. Die Haftung habe sich vielmehr — so meinte er — auf den Bestand desjenigen Kirchenvermögens beschränkt, das infolge der Inkorporation im Jahre 1345 auf das Kloster übergegangen sei. Es komme demnach auf den Umfang des Vermögens der Kirche im Jahre 1345 an. Diejenigen Bestandteile des Klostervermögens, aus denen die Klägerin jetzt ihre Befriedigung suchen wolle, hätten nicht zu dem ursprünglichen Kirchenvermögen gehört. Dafür trat der Beklagte Beweis an. Das Berufungsgericht

hält den Einwand für unbegründet. Es stellt fest, daß das Kloster das überkommene Kirchenvermögen dem Klostervermögen einverleibt und nicht als gesonderte Vermögensmasse erhalten und verwaltet habe, und führt aus, daß sich danach die Schlußfolgerung rechtfertige, daß die durch die Vereinigung der beiderseitigen Vermögen untrennbar gewordene Vermögensmasse nunmehr für die auf dem Kirchenvermögen ruhenden Lasten verhaftet sei. Deshalb komme es auf den vom Beklagten angetretenen Beweis nicht an. Die Revision will dies nicht gelten lassen. Sie meint, aus dem Kirchenrechte sei nur die Verpflichtung zu entnehmen, mit dem unierten Vermögen für die Kirchenbaulast einzustehen, und zwar mit den Erträgnissen dieses Vermögens. Nicht einmal die Verpflichtung, das aufgenommene Vermögen gesondert zu halten, könne zugegeben werden. Im schlimmsten Falle könne aus allgemeinen Rechtsgrundsätzen abgeleitet werden, daß die Beweislast, die an sich der Kirchengemeinde obliege, die zu erfüllen ihr aber wegen der Verschmelzung der Vermögen unmöglich gemacht sein könne, sich zuungunsten des inkorporierenden Klosters verschiebe. Dann aber müsse immer noch dem Kloster oder seinem Rechtsnachfolger der Beweis offenstehen, daß das in Anspruch genommene Vermögen nicht Kirchenvermögen war, also auch der baubedürftigen Kirchengemeinde nicht hafte.

a) Wäre diese Ansicht der Revision richtig, so würde allerdings auch der Staat nur in jenem beschränkten Umfange haften, da nach der Kabinettsorder, wie schon erwähnt, die zu gewährende Entschädigung nicht über die Verpflichtungen des früheren Klosters ausgedehnt werden darf. Es muß aber die Ansicht des Berufungsgerichts gebilligt werden. Die rechtliche Wirkung der Inkorporation ist die, daß die inkorporierte Kirche ihre vermögensrechtliche Selbständigkeit verliert; das Vermögen der Kirche wird mit demjenigen des Klosters zu einer rechtlich ungetrennten Masse vereinigt, die Eigentum des inkorporierenden Instituts wird (RG. bei Gruchot Bd. 51 S. 1133/4). Demgemäß ruht nach der Inkorporation auf diesem Gesamtvermögen die Verpflichtung zur Bestreitung der Baulasst und der sonstigen Kultusbedürfnisse der inkorporierten Kirche, für welche das Kloster mit dessen Erträgnissen haftet. In gleicher Rechtslage befindet sich zufolge der Vorschriften der Kabinettsorder von 1834 der Staat nach der Säkularisation. Von dieser Haftung kann er sich aber nicht durch den Nachweis befreien, daß die Bestandteile des Klostervermögens nicht Bestandteile des Kirchenvermögens gewesen seien, sondern von jeher zum Klostervermögen gehört hätten. Frei von seiner Verpflichtung würde der Beklagte nur dann werden, wenn er nachweisen könnte, daß die inkorporierte Kirche gar kein Vermögen besessen habe — was der Beklagte selbst nicht behauptet — oder daß er dieses Vermögen vollständig im Interesse der klagenden

Kirchengemeinde verwendet habe. Diese Behauptung hat aber der Beklagte nicht aufgestellt.

— — —

b) Will man aber selbst der Ansicht des Berufungsgerichts, daß die Baulast vermöge der Inkorporation grundsätzlich auf dem zu einer Gesamtmasse vereinigten Kirchen- und Klostervermögen hafte, nicht beipflichten, so würde sich die Entscheidung zu diesem Punkte doch aus einem anderen rechtlichen Gesichtspunkt als gerechtfertigt herausstellen. Wie oben erwähnt, hat das Berufungsgericht die Kabinettsorder vom 25. September 1834 nicht nur wegen Inkorporation der Kirche in das Kloster, sondern auch deshalb für anwendbar gehalten, weil die Klägerin seit 1759 im fehlerfreien Besitz der vom Kloster geleisteten „Pfarrdienste" gewesen ist. Da sich nun nach der Kabinettsorder der Umfang der Haftung des Staates nach dem Maße der früheren Verpflichtungen des Klosters richtet, so kann der Beklagte eine Beschränkung seiner Haftung auf das ursprüngliche Kirchenvermögen nicht geltend machen, wenn nachweislich das Kloster während jener 44jährigen Besitzzeit die Kultusbedürfnisse der Gemeinde ohne Rücksicht auf die Zulänglichkeit des ursprünglichen Kirchenvermögens aus dem Klostervermögen bestritten hat. Das ist aber nach den Feststellungen des Berufungsgerichts der Fall gewesen . . .

3. Es fragt sich also noch, ob das Berufungsgericht mit Recht angenommen hat, daß — wie es die Kabinettsorder voraussetzt — die Erträge des Klostervermögens zur Bestreitung der Baukosten, welche die Klägerin jetzt fordert, noch ausreichend sind, oder ob, wie der Beklagte behauptet, das säkularisierte Klostervermögen durch die bisherigen Leistungen des Staates erschöpft ist. (Wird im folgenden erörtert mit dem Ergebnis, daß noch ausreichendes ehemaliges Klostervermögen vorhanden sei. Dann fährt das RG. fort:)

a) Die Revision beschwert sich zunächst darüber, daß das Berufungsgericht das Kapital von 32 474 M. und die sog. Kompetenz (richtig: die Landgüter des Klosters oder deren Wert) als Bestandteile des Klostervermögens angesehen habe. Der Standpunkt des Berufungsgerichts ist aber richtig. Wie das Reichsgericht wiederholt anerkannt hat, ist für den Umfang der einer Kirchengemeinde nach der Kabinettsorder vom 25. September 1834 zustehenden Entschädigung der Zeitpunkt der Säkularisation maßgebend (Urt. v. 15. November 1915 IV 599/14, Warneyer 1916 Nr. 120). Deshalb kann auch die Frage, aus welchen Bestandteilen das Klostervermögen besteht, nur nach diesem Zeitpunkt beurteilt werden, während allerdings der Wert des Klostervermögens mit der sich aus dem Nachstehenden ergebenden Maßgabe nach dem Zeitpunkt zu bemessen ist, in dem die Bauverpflichtung des Staates zu erfüllen ist.

Die Revision meint ferner, das Kapital von 32 474 M. habe nicht als Bestandteil des Klostervermögens angesehen werden dürfen, weil es der katholischen Kirchengemeinde in Marienburg zugewendet worden sei. Aus dem Grundsatz, daß für den Bestand des Klostervermögens der Zeitpunkt der Säkularisation maßgebend ist, ergibt sich schon, daß diese Ansicht unrichtig ist. Hatte also die Kirchengemeinde St. Jakob einen Anspruch darauf, aus diesem Klostervermögen befriedigt zu werden, so kann sich der Beklagte nicht darauf berufen, daß er dies Vermögen zur Befriedigung der Bedürfnisse einer anderen Kirchengemeinde verwendet habe. Wie schon oben zu 2 a) erörtert, würde der Beklagte von seiner Haftung nur frei geworden sein, wenn er das Kapital für die Klägerin selbst verwendet hätte.

b) Nicht ganz zutreffend ist allerdings die Meinung des Berufungsgerichts, die Klägerin habe nach der Kabinettsorder einen rechtlichen Anspruch darauf gehabt, daß der Beklagte ihr jährlich Bezüge in solcher Höhe zuwies, daß sie die ganze Baulast daraus bestreiten konnte, und sie könne nicht dadurch schlechter gestellt werden, daß der Beklagte dies nicht getan habe. Durch die Inkorporation war das Kloster Eigentümer des Kirchenvermögens und durch die Säkularisation ist der Staat Eigentümer des Klostervermögens geworden. Letzterer kann deshalb an sich wie ein Eigentümer über das Klostergut und dessen Einkünfte verfügen. Nach der Kabinettsorder von 1834 liegt ihm nur die Verpflichtung ob, aus den Erträgen und bis zur Höhe derselben die kirchlichen Bedürfnisse der Gemeinde in dem Umfange zu erfüllen, wie es vorher das Kloster getan hat. Aber gerade aus diesem Grunde muß der Beklagte, wie das Berufungsgericht mit Recht annimmt, die von ihm zu anderen Zwecken verwendeten Erträge des Klostervermögens in dem Maße vertreten, in dem sie zur Bestreitung der kirchlichen Bedürfnisse notwendig sind. Das Baubedürfnis ist ein wechselndes. Es können oft Jahre vergehen, ohne daß Neubauten oder auch nur Ausbesserungsarbeiten erforderlich werden, während dann auf einmal große Summen zur Dekkung von Baukosten aufgewendet werden müssen. Wenn deshab auf einem Vermögen die Verpflichtung ruht, mit dessen Erträgen für die Gesamtheit der Baubedürfnisse der Kirchengemeinde aufzukommen, so muß der Inhaber des Vermögens auch für verpflichtet erachtet werden, nach den Grundsätzen einer ordnungsmäßigen Verwaltung für die Bereitstellung der dazu erforderlichen Mittel zu sorgen und deshalb von den jährlichen Einkünften so viel zurückzubehalten, wie zur Deckung der Baukosten erforderlich ist. Würde man von dem Inhaber nur verlangen, daß er die seit Eintritt des einzelnen Baubedürfnisses oder gar der Zahlungspflicht gezogenen Nutzungen verwende, so würde die Möglichkeit, die Baukosten zu decken, vom

Zufall abhängen und es häufig an den erforderlichen Mitteln fehlen. Die Verpflichtung, das Kirchenvermögen ordnungsmäßig zu verwalten, also auch für die allmähliche Ansammlung des für Baubedürfnisse nötigen Geldbetrags Sorge zu tragen, liegt schon den Kirchengemeinden ob (RGZ. Bd. 59 S. 280, 284) und muß deshalb auch dem Staate, auf den die Baulast mit dem Klostervermögen übergegangen ist, angesonnen werden.

RGZ. 97, 122

Rechtsstellung der Orden und ordensähnlichen Kongregationen im bürgerlichen Rechtsverkehr.

Alter Leitsatz:

1. Welche Rechtsstellung nimmt eine in Preußen staatlich zugelassene, aber als juristische Person nicht anerkannte Niederlassung eines Ordens oder einer ordensähnlichen Kongregation ein?

2. Zur Frage der Verjährung des Architektenhonorars.

ALR. II. 6 §§ 2, 11 flg., II. 11 §§ 12. 939. 1057; BGB. §§ 54
196 Nr. 1 und Nr. 7

VII. Zivisenat. Urt. v. 7. November 1919 i. S. Pl. u. Gen. (Bekl.) w. W. (Kl.). VII 154/19.

I. Landgericht I Berlin. II. Kammergericht daselbst.

Die Dominikanerinnen betreiben seit dem Jahre 1896 durch eine Anzahl von Mitgliedern die St. Maria-Viktoria-Heilanstalt in Berlin. Für einen Neubau dieser Anstalt in Reinickendorf hat der Architekt We., der Zedent des Klägers, in den Jahren 1900—1902 Baupläne aufgestellt, Zeichnungen und Entwürfe geliefert. Der Kläger behauptet, daß dies auf Grund eines Werkvertrags geschehen sei. Einen Teil des nach seiner Ansicht noch rückständigen Werklohns klagte er gegen diejenigen Dominikanerinnen ein, die im Jahre 1900 zur Zeit des behaupteten Abschlusses des Werkvertrags in der Heilanstalt beschäftigt waren. Er nimmt sie als Mitglieder einer Gesellschaft des bürgerlichen Rechtes in Anspruch und behauptete ursprünglich nur, daß der Vertrag namens dieser Gesellschaft von der Oberin des Hauses, der Beklagten zu 1, abgeschlossen worden sei. Die Beklagten bestritten ihre Haftung, und wendeten u. a. ein, daß die Forderung verjährt sei. Das Landgericht nahm an, daß die Beklagte zu 1 einen Werkvertrag mit We. abgeschlossen habe, aber als Vertreterin des Mutterhauses der Dominikanerinnen in A. und ohne Vertretungsmacht, und erklärte unter Abweisung der Klage gegen die Mitbeklagten die Klageforderung ihr gegenüber dem Grunde nach für gerechtfertigt. Im Berufungsverfahren stellte sich der Kläger notfalls auf den Standpunkt, daß die Schwestern der Heilanstalt im Jahre 1900 einen nicht rechtsfähigen Verein gebildet hätten, und machte die Beklagte zu 1 auch unter dem Gesichtspunkte des § 54 Satz 2 BGB. haftbar. Dem ist das Kammergericht grundsätzlich beigetreten und hat die Berufung der Beklagten zu 1 zurückgewiesen. Auch die Revision blieb erfolglos.

Aus den Gründen:

... Die Dominikanerinnen, die nur einfache Gelübde ablegen und nach einer vom Papst genehmigten Lebensregel zwar zur Führung eines fest geordneten Gemeinschaftslebens verpflichtet sind, aber nicht in Klöstern unter strenger Klausur zu leben brauchen, bilden eine sogenannte ordensähnliche Kongregation, keinen Orden im engeren Sinne, der als solcher vom Pabst genehmigt ist, dessen Mitglieder feierliche Gelübde ablegen und in Klöstern unter strenger Klausur leben. Die einzelnen Niederlassungen der Orden und ordensähnlichen Kongregationen gehören zu den geistlichen Gesellschaften im Sinne der §§ 12, 939 ALR. II 11 (vgl. KG. bei Johow Bd. 27 A. S. 76; Rechtspr. OLG. Bd. 9 S. 372; Giese in den Annalen des Deutschen Reichs 1908 S. 171). Als die Dominikanerinnen im Jahre 1896 in Berlin die jetzt unter dem Namen der St. Maria-Viktoria-Heilanstalt bestehende Niederlassung mit der vorgeschriebenen staatlichen — ministeriellen — Genehmigung begründeten, erlangte diese Niederlassung nicht die Rechte einer juristischen Person. Denn einmal bezog sich der aus den §§ 939, 1057 ALR. II 11 zu folgernde Satz, daß die geistlichen Gesellschaften, insbesondere die Klostergesellschaften, mit der staatlichen „Aufnahme" Korporationsrechte erlangten, nur auf die Niederlassungen der Orden im engeren Sinne, sodann aber bestimmt Art. 13 der Verfassungsurkunde für den preußischen Staat vom 31. Januar 1850, daß geistliche Gesellschaften Korporationsrechte nur durch besondere Gesetze erlangen können. Diese dem öffentlichen Rechte angehörende Vorschrift ist durch das Bürgerliche Gesetzbuch nicht berührt worden. Art. 84 EG. z. BGB. spricht das noch besonders aus. Ein Gesetz, das der St. Maria-Viktoria-Heilanstalt Korporationsrechte verliehen hätte, ist nicht ergangen.

Bei dieser Sachlage nimmt das Kammergericht an, daß die Ordensschwestern, die im Jahre 1896 nach Berlin kamen und die bis dahin unter weltlicher Leitung bestehende Heilanstalt übernahmen, eine erlaubte Privatgesellschaft im Sinne der §§ 2, 11 ff. ALR. II 6 gebildet haben. Dem ist beizutreten. Das entscheidende Merkmal der erlaubten Privatgesellschaft wie jetzt das eines nicht rechtsfähigen Vereins im Sinne des § 54 BGB. ist der körperschaftliche Aufbau im Innern, aber das Fehlen der juristischen Persönlichkeit nach außen. Zum körperschaftlichen Aufbau wiederum gehört der Gesamtname, die Bestellung von Organen der Vereinigung und die Möglichkeit eines wechselnden

Mitgliederbestandes (RGZ. Bd. 60 S. 94, Bd. 74 S. 371, Bd. 95 S. 192). Der Gesamtname ist bereits erwähnt; daß die Mitglieder wechselten, „kamen und gingen", ist unstreitig und die Revision hebt es noch besonders hervor. Von den „Schwestern des Vorstandes", die sie für eine bestimmte Ansicht gewonnen habe, spricht die Beklagte Pl. ausdrücklich in ihrer vom Berufungsrichter gewürdigten Zeugenaussage, die sie in dem Vorprozeß W. wider A. ... abgegeben hat. Nach Jansen, Ordensrecht S. 108, 116, haben die einzelnen Niederlassungen der Orden und ordensähnlichen Kongregationen einen Lokaloberen, einen — insbesondere auch zur Verwaltung der zeitlichen Güter des Hauses und insoweit mit entscheidender Stimme — ihm beigegebenen Lokalrat, bestehend gewöhnlich aus zwei Lokalassistenten oder -konsultoren", und das Lokalkapitel, d. h. die Versammlung der stimmberechtigten Religiosen eines Hauses unter dem Vorsitze des Lokalobern. Deshalb nimmt auch Meurer, Katholisches Ordenswesen S. 41, vom Standpunkte des heutigen Rechtes aus an, daß die staatlich zugelassene aber als juristische Person nicht anerkannte Niederlassung eines Ordens oder einer Kongregation einen nicht rechtsfähigen Verein im Sinne des § 54 BGB. bildet. Loening in seiner Schrift über die Rechtsstellung der Orden usw. nach staatlichem Rechte (S. 71) ist für die elsaß-lothringischen Verhältnisse — die preußischen hat er a. a. O. nicht untersucht — der gleichen Ansicht. Das Reichsgericht endlich erwägt (RGZ. Bd. 41 S. 302), daß in der älteren landrechtlichen Zeit, d. h. in der Zeit vor Geltung des Art. 13 VerfUrk., eine Ordensniederlassung, die der staatlichen „Aufnahme" im Sinne des § 939 ALR. II 11 und damit der juristischen Persönlichkeit entbehrte, eine erlaubte Gesellschaft im Sinne der §§ 2, 11 ff. ALR II 6 gebildet habe.

Was die Revision gegen die hiernach zu billigende Auffassung des Kammergerichts sachlich vorbringt, leidet darunter, daß die kirchlichen Wirkungen des Gehorsamsgelübdes auf die bügerlichrechtlichen Verhältnisse übertragen werden. Ebenso wie die Mönche und Nonnen trotz ihres Gelübdes der Armut rechtsfähig und deshalb auch erwerbsfähig bleiben — die nach § 1 BGB. erworbene Rechtsfähigkeit endet nur durch den Tod oder die Todeserklärung —, ebenso bleiben sie trotz ihres Gelübdes des Gehorsams handlungsfähig. Die Befehle ihrer Oberen, denen sie nach kirchlichem Rechte unbedingt nachzukommen haben, bedeuten für das bürgerliche Recht nur einen Beweggrund ihrer Handlung. Die Beklagte Pl. und die andern Schwestern, die 1896 in die St. M.-V.-Heilanstalt gingen, haben sich auf Befehl ihrer Oberen zum gemeinschaftlichen Leben, zur gemeinschaftlichen Religionsübung und zur Krankenpflege zusammengeschlossen, aber sie haben sich doch eben zusammengeschlossen, wie das Kammergericht ausdrücklich feststellt, und sie haben dadurch nach der schon erwähnten Zeugenaussage der Beklagten Pl. eine weitgehende wirtschaftliche Selbständigkeit und Unabhängigkeit erlangt, die sich gerade auch auf bürgerlichrechtlichem Gebiet äußern mußte. Aus dem soeben entwickelten Gesichtspunkt ist es offenbar auch unerheblich, daß die jeweils aus der Heilanstalt ausscheidenden Schwestern nur auf Befehl ihrer Oberen ausscheiden. Die Tatsache, daß ein Mitgliederwechsel stattfindet und daß der Aufbau der Anstalt dadurch nicht verändert oder beeinträchtigt wird, bleibt bestehen. Daß die Heilanstalt trotz ihrer körperschaftlichen Verfassung schließlich doch von außen beherrscht wird, ist eine Eigenschaft, die sie mit sämtlichen Orden und Kongregationen und deren Niederlassungen teilt, auch soweit diesen die juristische Persönlichkeit durch Gesetz verliehen ist. Alle juristischen Personen der katholischen Kirche sind eigentlich, wie Meurer a. a. O. S. 6 hervorhebt, trotz ihrer Körperschaftsform vom Papst geleitete „Anstalten". Auch die Anstalten gehören aber nach § 89 BGB. und gerade wegen ihrer kirchenrechtlichen Bedeutung zu den juristischen Personen des öffentlichen Rechtes. Es wird also ihr körperschaftlicher Aufbau als das Entscheidende angesehen, nicht die hinzukommende Leitung von außen. Deshalb muß auch bei den Rechtsgebilden, die zwar keine juristische Persönlichkeit besitzen, aber körperschaftlich gegliedert sind, auf diese Gliederung der ausschlaggebende Wert gelegt werden.

Ob die Meinung des Kammergerichts, daß die im Jahre 1896 gebildete erlaubte Privatgesellschaft sich mit dem 1. Januar 1900 von selbst in einen nicht rechtsfähigen Verein des Bürgerlichen Gesetzbuchs umgewandelt habe, zutreffend ist, und ob sie insbesondere mit der vom Kammergericht als Beleg herangezogenen Rechtsprechung des Reichsgerichts (vgl. RGZ. Bd. 77 S. 19, Bd. 51 S. 160; Jur. Wochenschr. 1911 S. 115 Nr. 53) im Einklange steht, braucht nicht untersucht zu werden, denn die Frage der Haftbarkeit gegenüber dritten Personen aus den nach dem 31. Dezember 1899 geschlossenen Verträgen ist jedenfalls, auch wenn eine erlaubte Privatgesellschaft an sich als solche fortbestehen sollte, nach neuem Rechte zu beurteilen (RGZ. Bd. 63 S. 64). Namentlich gilt dies von der Haftbarkeit desjenigen, der im Namen einer solchen Gesellschaft einem Dritten gegenüber ein Rechtsgeschäft vorgenommen hat (§ 54 Satz 2 BGB. und dazu RGZ. Bd. 77 S. 429). Das Kammergericht durfte also die persönliche Haftbarkeit der Beklagten zu 1 für das mit dem Zedenten des Klägers Verabredete annehmen, wenn sie dabei im Namen der Heilanstalt gehandelt hatte. . . .

(Es wird dargelegt, daß die entsprechende Feststellung in genügender Weise getroffen ist und daß der Zedent We. durch einen Werkvertrag es übernommen habe, für die Anstalt die Vorarbeiten und Entwürfe zum Bau eines Krankenhauses anzufertigen. Sodann wird fortgefahren:)

Der Einwand der Verjährung scheitert schon daran, daß die vom Kammergericht offengelassene Frage, ob die Forderung des Klägers in zwei Jahren verjährt, gemäß § 196 BGB. zu verneinen ist. Schon das Landgericht hat angenommen, daß die Nr. 1 des § 196 nicht zutrifft. Der Architekt We. gehört vermöge seiner Vorbildung und seiner künstlerischen Betätigung nicht zu den Kaufleuten, Fabrikanten, Handwerkern und Kunstgewerbetreibenden, die unter diese Vorschrift fallen. Die vom Landgericht für zutreffend erachtete Nr. 7 des § 196 ist aber ebenfalls nicht anwendbar, weil nach der Feststellung des Kammergerichts die Anfertigung der Vorarbeiten und Entwürfe den Gegenstand eines selbständigen Vertrags, und zwar eines Werkvertrags, gebildet hat, und weil Werkverträge allgemein nicht von jener Bestimmung umfaßt werden (vgl. RGZ. Bd. 72 S. 179, Bd. 86 S. 75). . . .

RGZ. 97, 170

Säkularisation. Bemessung der Dotationsverpflichtung des Staates.

Alter Leitsatz:

Was versteht die Kabinettsorder vom 25. September 1834 unter den „früheren Verpflichtungen der Klostergeistlichen"?

II. Zivilsenat. Urt. v. 18. November 1919 i. S. der Kathol. Pfarrgemeinde Heribertus (Kl.) w. den preuß. Fiskus (Bekl.). II 233/19.

I. Landgericht Köln. II. Oberlandesgericht daselbst.

Im Jahre 1003 hat der Stifter des Deutzer Benediktinerklosters, der Erzbischof Heribertus von Köln, die Deutzer Pfarrkirche der Benediktinerabtei Deutz schenkungsweise übertragen, und zwar derart, daß sämtliche Einkünfte der Kirche einschließlich des Zehnten dem Kloster zufielen, wogegen dieses die Besorgung des Gottesdienstes an der Pfarrkirche mit allen dazugehörigen Verpflichtungen und Lasten übernahm. Bei diesem Verhältnis zwischen Abtei und Pfarrkirche ist es bis zur Aufhebung des Klosters durch den Reichsdeputationshauptschluß von 1803 verblieben. Nach dem im Jahre 1814 erfolgten Anfalle von Deutz an Preußen wurden die Gehaltsverhältnisse des Pfarrers und der beiden Kaplane der Pfarrgemeinde durch landesherrliche Verfügungen vom 15. Mai 1822, 20. Mai 1823 und 24. Februar 1827 geregelt.

Die Klägerin verlangt vom Beklagten auf Grund der Kabinettsorder von 1834 die Gewährung je eines höheren, den jetzigen Zeit- und Besoldungsverhältnissen angepaßten Gehalts für den Pfarrer, die zwei Kaplane, den Organisten und den Küster der Pfarrkirche, soweit der Ertrag des zur Zeit der Säkularisation vorhanden gewesenen und eingezogenen Vermögens der Benediktinerabtei Deutz hierzu ausreiche.

Beide Vorinstanzen haben die Klage abgewiesen.

Auf die Revision der Klägerin ist das Berufungsurteil aufgehoben und die Sache an das Oberlandesgericht zurückverwiesen worden.

Aus den Gründen:

Das Berufungsgericht geht in Übereinstimmung mit der ständigen Rechtsprechung des Reichsgerichts zutreffend davon aus, daß die Kabinettsorder vom 25. September 1834 den Charakter eines Gesetzes habe und daher privatrechtlichen Ansprüchen der Klägerin gegen den Staat als Grundlage dienen könne. Es ist auch richtig, daß die landesherrlichen Verfügungen vom 15. Mai 1822, 20. Mai 1823 und 24. Februar 1827 der Bezugnahme der Klägerin auf die Kabinettsorder als die rechtliche Unterlage ihrer Ansprüche nicht entgegenstehen. Die Kabinettsorder knüpft die Zubilligung „einer vollständigen oder ergänzenden" Dotation unter anderem an die Voraussetzung, daß die zu gewährenden Entschädigungen nicht „über die früheren Verpflichtungen der Klostergeistlichen" ausgedehnt werden dürfen. Der Berufungsrichter versteht unter den früheren Verpflichtungen der Klostergeistlichen die auf Rechtspflicht beruhenden tatsächlichen Leistungen des Klosters zur Zeit der Säkularisation.

Die Revision rügt Verletzung der Kabinettsorder durch unrichtige Auslegung. Der Angriff ist begründet. Es liegt nicht der mindeste Anhalt dafür vor, daß die Kabinettsorder, wenn sie von früheren Verpflichtungen der Klostergeistlichen spricht, damit etwas anderes gemeint hat als den Inbegriff dessen, was den Klostergeistlichen auf Grund des durch die Inkorporation geschaffenen Rechtsverhältnisses der Pfarrkirche gegenüber zu leisten oblag. Von tatsächlich geleisteten Pfarrdiensten ist an dieser Stelle der Kabinettsorder nicht die Rede. Lediglich die füheren, d. h. die zur Zeit der Säkularisation in Kraft gewesenen Verpflichtungen des Klosters sollen den Maßstab bilden für das, was die Pfarrgemeinde äußerstenfalls vom Staate zu fordern berechtigt ist. Dem klaren Wortlaute und Sinne der Kabinettsorder gegenüber, die allein die rechtliche Grundlage des Klaganspruchs bildet, kann der Umstand, daß § 35 des Reichsdeputationshauptschlusses als Zweck der Säkularisation am Schlusse noch die Erleichterung der Finanzen der Landesherren anführt, keine Bedeutung haben in dem Sinne, daß an Stelle der Verpflichtungen der Klostergeistlichen deren tatsächliche Leistungen im Zeitpunkte der Säkularisation die Höchstgrenze zu bilden hätten für die Dotationsleistungen des Staates auf Grund der Kabinettsorder von 1834. Der Möglichkeit einer Benachteiligung des Fiskus im einzelnen Falle ist durch den andern Vorbehalt der Kabinettsorder, daß die Entschädigungen nicht über den Ertrag des eingezogenen Klostervermögens hinausgehen dürfen, genügend vorgebeugt. Die dem Fiskus obliegenden Leistungen bestimmen sich somit nach dem Stande der Verpflichtungen des aufgehobenen Klosters oder Stifts im Zeitpunkte der Säkularisation; der Ausdruck „frühere Verpflichtungen der Klostergeistlichen" weist naturgemäß auf den Abschluß der Entwicklung hin, die das durch die Inkorporation von 1003 begründete Rechtsverhältnis bis zur Säkularisation genommen hat. Hatte diese Entwicklung im Einzelfalle dahin geführt, daß schon das Kloster rechtlich verpflichtet war, für eine in den Zeitverhältnissen liegende Steigerung der kirchlichen Bedürfnisse aufzukommen und — was hier besonders interessiert — den einzelnen Seelsorgegeistlichen und etwaigen anderen Angestellten der einverleibten Kirche das jeweils zum Unterhalt Erforderliche zu gewähren, so liegt, eben wegen der Bezugnahme der Kabinettsorder auf die früheren Verpflichtungen der Klostergeistlichen, die gleiche Verpflichtung jetzt dem Fiskus ob. Dasselbe gilt, wenn lediglich der Rechtsbesitz der Pfarr- oder Kirchengemeinde dem Kloster gegenüber so beschaffen war, daß in der einen oder anderen Beziehung die jeweiligen, also auch die einem gesteigerten Bedürfnis der Gemeinde entspringenden Anforderungen vom Kloster befriedigt wurden.

Dieses Ergebnis entspricht der bisherigen reichsgerichtlichen Rechtsprechung, von der abzugehen kein Anlaß vorliegt (folgen Zitate).

Der Beklagte ist daher dann, wenn bei der Säkularisation eine Rechtspflicht des Klosters zur Bestreitung der jeweiligen, also auch der mit der Zeit sich steigernden Unterhaltsbedürfnisse der Geistlichen und etwaigen sonstigen Angestellten der Pfarrkirche bestanden oder wenn sich die Pfarrgemeinde dem Kloster gegenüber in einem diesen gesteigerten Anforderungen entsprechenden Rechtsbesitze befunden hat, auf Grund der Kabinettsorder vom 25. September 1834 zur Gewährung den jetzigen Verhältnissen angemessener Dotationen verpflichtet. Diesen Gesichtspunkt hat das Berufungsgericht infolge seiner unrichtigen Auslegung der Kabinettsorder nicht beachtet. Darüber, daß schon dem Kloster eine derart gesteigerte Verpflichtung obgelegen und daß schon das Kloster dem jeweiligen Bedürfnis der Geistlichen und anderen Angestellten der Pfarrkirche entsprechende Dotationen gewährt habe, hat die Klägerin ausführliche Darlegungen gemacht, die vom Berufungsrichter noch nicht gewürdigt sind.

Von einer Verjährung der den Gegenstand der Klage bildenden Ansprüche kann nicht die Rede sein, weil diese Ansprüche auf Gewährung den jetzigen Verhältnissen entsprechender Besoldungen für die Zukunft gerichtet und daher erst in neuester Zeit entstanden sind.

Die erwähnten Rechtsfolgen ergeben sich unmittelbar aus der Kabinettsorder vom 25. September 1834. Auf die in verschiedenen reichsgerichtlichen Entscheidungen (vgl. Jur. Wochenschr. 1888 S. 350 Nr. 27, Gruchot. Bd. 51 S. 1131, 1139 und Urteil vom 29. März 1906

IV 485/05) bejahte Frage, ob nicht dasselbe Ergebnis aus dem Gesichtspunkte der Rechtsnachfolge des Staates gegenüber dem von der Säkularisation betroffenen Kloster abzuleiten wäre, braucht daher nicht eingeangen zu werden. ...

RGZ. 100, 271
Kirchenbaulast.

Alter Leitsatz:

Erstreckt sich die Kirchenbaulast des Zehntherrn und Patrons auch auf den Bau von Wohnungen katholischer Hilfskapläne, die dem Pfarrer mit Genehmigung des Bischofs wegen Vermehrung der Seelenzahl oder aus persönlichen Gründen beigegeben sind?

VII. Zivilsenat. Urt. v. 23. November 1920 i. S. kathol. Kirchengem. S. (Bekl.) w. preuß. Staat (Kl.). VII 484/19.

I. Landgericht Wiesbaden. II. Oberlandesgericht Frankfurt a. M.

In den Jahren 1909 und 1910 wurde das baufällig gewordene Pfarrhaus in S. einem Umbau unterzogen und es sollte gleichzeitig für den dem Pfarrer beigegebenen Kaplan in dem Obergeschoß des Anbaues eine neue Kaplanswohnung eingerichtet werden. Der Kaplan war als Hilfsgeistlicher dem Pfarrer zugeteilt, weil nach der Angabe der Beklagten die Seelenzahl der Gemeinde sich durch den Zuzug von Arbeitern stark vermehrt hatte. Die Kirchenbaulast in S., das früher zu Kur-Mainz, später zum Herzogtum Nassau gehörte, lag seit alters dem Zehntherrn (Decimator) ob und war seit dem Jahre 1484 von der Abtei Limburg an der Hardt auf das Petersstift in Mainz, nach der Säkularisation auf den Staat übergegangen. Der Zehntherr hatte das katholische „Pfarrhaus", nach Pfarrberichten aus den Jahren 1790 und 1832 die „Pfarrgebäude", in Bau und Besserung zu halten (aedificat et reparat). Der Kläger bestritt aber, daß dazu die Verpflichtung zum Bau einer besonderen Kaplanswohnung gehöre, denn nach gemeinem Kirchenrechte sei der Unterhalt (Besoldung, Beköstigung und Wohnung) des Hilfskaplans eine Last, die lediglich dem Pfarrer, nach neuerem preußischen Kirchenrecht, insbesondere dem Gesetze, betreffend das Diensteinkommen der katholischen Pfarrer vom 2. Juli 1898, Art. 1, 6, der Gemeinde obliege. Die Kirchenbaulast des Zehntherrn und Patrons könne durch die Bestellung solcher Hilfsgeistlicher. die lediglich im Ermessen des Pfarrers und der Oberen liege und auf die sie keinen Einfluß hätten, nicht erweitert und erschwert werden. Die Beklagte folgerte umgekehrt aus dem Umstande, daß der Pfarrer dem Hilfsgeistlichen Unterhalt und observanzmäßig auch Wohnung im Pfarrhause zu gewähren hätte, die Bauverpflichtung des Klägers. Der

Kläger bezahlte die gesamten Kosten des inzwischen ausgeführten Baues, fordert aber die durch die Einrichtung der Kaplanswohnung entstandenen Mehrkosten sowie den Austrag der entstandenen Streitfrage im Rechtswege. Er klagte mit dem Antrage, a) die Beklagte zu verurteilen, dem Kläger 1882,94 M mit Zinsen zu zahlen, b) festzustellen, daß die Beklagte ein für allemal verpflichtet sei, sämtliche Bau- und Unterhaltungskosten der Kaplanswohnung im Pfarrhause S. zu tragen.

Das Landgericht wies dem Antrage der Beklagten gemäß die Klage ab. Das Oberlandesgericht hat abändernd den Zahlungsanspruch zu a) dem Grunde nach für gerechtfertigt erklärt. Auf den Antrag zu b) hat es festgestellt, daß der Kläger nicht verpflichtet sei, die Bau- und Unterhaltungskosten einer Kaplanswohnung im Pfarrhause zu S. zu tragen. So hatte nämlich der Kläger in der Berufungsinstanz in erster Linie zu erkennen beantragt.

Gegen das Berufungsurteil legte die Beklagte Revision ein, diese hatte jedoch keinen Erfolg.

Gründe:

Nach gemeinem katholischem Kirchenrechte (vgl. u. a. Hinschius, System des kathol. Kirchenrechts, Bd. 2 S. 320 [§ 93 Nr. 8 und Anm. 9]; v. Schulte, Lehrbuch § 63 IV; Permaneder, Handbuch Bd. 1 § 371; v. Scherer, Handbuch Bd. 1 § 93 S. 650 bei Anm. 20) werden gemäß der Bestimmung des Tridentiner Konzils, Sess. XXI cap. 4 de reform.:

> „Episcopi . . . in omnibus ecclesiis parochialibus vel baptismalibus, in quibus populus ita numerosus sit, ut unus rector non possit sufficere ecclesiasticis sacramentis ministrandis et cultui divino peragendo, cogant rectores vel alios, ad quos pertinet, sibi tot sacerdotes ad hoc munus adjungere, quot sufficiant ad sacramenta exhibenda et cultum divinum celebrandum,"

die nötigen Hilfsgeistlichen (Kapläne), sowohl im Falle der Vermehrung der Seelenzahl als auch im Falle persönlicher Verhinderungen (Krankheit, Altersschwäche), vom Pfarrer mit Ermächtigung des Bischofs berufen und von ihm besoldet und unterhalten (mit Wohnung und Kost versehen). Der hieraus von der Beklagten gezogenen Folgerung, daß diejenigen, denen die Baulast in Ansehung der Kirchen- und Pfarrgebäude obliege,

> Conc. Trid. Sessio XXI cap. 7 de reform.: „Parochiales vero ecclesias, etiamsi juris patronatus sint, ita collapsas refici et instaurari procurent ex fructibus et proventibus quibuscumque ad easdem ecclesias quomodocumque pertinentibus. Qui si non fuerint sufficientes, omnes patronos et alios, qui fructus aliquos ex dictis ecclesiis provenientes

percipiunt, aut in illorum defectum parochianos omnibus remediis opportunis ad praedicta cogant..."

auch für die Kaplanswohnung zum mindesten dann zu sorgen hätten, wenn der Kaplan nicht aus persönlichen Gründen, sondern wegen Vermehrung der Pfarreingesessenen angenommen sei, hatte sich das Landgericht übereinstimmend mit der von Hummel in seiner Dissertation über die Verbindlichkeit der Zehntbesitzer (Stuttgart 1854) § 17 b (unter Berufung auf Permaneder, Handbuch Bd. 2 § 802 bei Anm. 1) vertretenen Auffassung, angeschlossen. Es hatte dabei Gewicht darauf gelegt, daß im Bistum Limburg observanzmäßig den Kaplänen in den Pfarrhäusern Wohnung und Beköstigung zu gewähren sei. Das Oberlandesgericht aber ist dem nicht beigetreten. Es vermißt jede gesetzliche Norm und auch jeden Anhalt für eine solche Ausdehnung der dem Zehntherrn und Patron obliegenden Baupflicht auf Verpflichtungen, die dem Pfarrer als solchem obliegen. Eine Observanz im rechtsrheinischen Teile des Erzbistums Mainz, im Gebiete des vormaligen Herzogtums Nassau, die den Pfarrer verpflichtete, den Hilfsgeistlichen, die er zu besolden hatte, im Pfarrhause Wohnung zu gewähren, sei nicht festzustellen. Es sei zwar erwiesenermaßen im allgemeinen so gehalten worden, aber es seien auch Ausnahmen vorgekommen, und in den Fällen, wo die Wohnung im Pfarrhause gewährt worden sei, fehle es an dem Nachweis, daß dies aus Rechtsüberzeugung (opinione necessitatis sive iuris, Gruchot Bd. 31 S. 887) und nicht um anderer Rücksichten Willen (Mangel an anderer Unterkunft, dienstlichen und gesellschaftlichen Rücksichten, Kostenersparnis) geschehen sei. Aber auch wenn man eine solche Observanz annehmen wolle, fehle es an einer den Zehntherrn oder Patron zur Erweiterung seiner Baupflicht im Falle des Vorhandenseins von Hilfskaplänen verpflichtenden Observanz. Nachgewiesen sei nur, daß in 2 Fällen (Höchst und Eltville) aus besonderen Gründen der Kläger und ebenso in 2 anderen Fällen (Schwanheim und Frankfurt) die Stadt Frankfurt ohne Anerkennung einer allgemeinen Verpflichtung sich zum Bau von Kaplanswohnungen verstanden hätten. Daraus sei kein Gewohnheitsrecht abzuleiten, vielmehr das Gegenteil festzustellen.

Die hiergegen von der Revision erhobenen Einwendungen sind nicht stichhaltig. Wenn von ihr unter Bezugnahme auf Kapitularien Karls des Großen (de villis c. 6, 7, u. a.) geltend gemacht wird, daß ursprünglich die Zehnten den Kirchen (ecclesiis) zugestanden und zum Unterhalte der Kirchenbeamten (des Bischofs und des Pfarrers) sowie zur Erbauung und Erhaltung der kirchlichen Gebäude und der Kirchen dienten, so mag dies zutreffen, beweist aber nicht, daß sie auch zur Besoldung der von dem Pfarrer aus seinen Gebührnissen zu unterhaltenden und mit Wohnung zu versehenden Hilfskapläne dienten. Im preußischen Recht ist die Rechtsprechung in der Anwendung der §§ 584, 720 flg., 789 ALR. II, 11 sehr weit gegangen, indem sie den Patron nicht nur zu notwendigen Erweiterungsbauten an Kirchen und Pfarrgebäuden, sondern auch zur Herstellung eines Neubaues für eine zweite Predigerstelle (RGZ. Bd. 45 S. 208) für verpflichtet erachtet hat. Aber die Ausdehnung der Baupflicht auf Hilfsgeistliche (Kapläne), die der Pfarrer zu unterhalten hatte und in Ansehung deren dem Patron kein Mitwirkungs- und Präsentationsrecht zusteht, hat der IV. Zivilsenat in dem dem Berufungsrichter vorgelegten und von ihm bei seiner Entscheidung berücksichtigten Urteil vom 5. März 1917 IV 391/16 abgelehnt. Für das gemeinrechtliche Rechtsgebiet andere Rechtsgrundsätze aufzustellen, verbietet sich um so mehr, als die Rechtsprechung des Reichsgerichts sich hier in der Erweiterung der Baupflicht viel zurückhaltender verhalten hat (JW. 1911 S. 233 Nr. 57; RGZ. Bd. 15 S. 168).

Was die vom Berufungsrichter verneinten Observanzen im rechtsrheinischen Teile des Erzbistums Mainz anlangt, so hat die Revision die bezüglichen Ausführungen des Berufungsrichters nicht besonders angefochten. Sie sind auch mit der Revision nicht anfechtbar, weil es sich um tatsächliche Feststellungen und um lokale Rechtsnormen handelt (JW. 1910 S. 662 Nr. 30; Gruchot Bd. 46 S. 120, Bd. 31 S. 887, Bd. 61 S. 949).

RGZ. 101, 10
Säkularisation. Schuldenhaftung des Staates.

Alter Leitsatz:

Ist der Staat Rechtsnachfolger der säkularisierten Klöster hinsichtlich der diesen gegenüber den Kirchengemeinden erwachsenen privatrechtlichen Verbindlichkeiten?

IV. Zivisenat. Urt. v. 22. November 1920 i. S. kath. Kirchengemeinde Bonndorf u. Gen. (Kl.) w. Bad. Staat (Bekl.). IV 264/20.

I. Landgericht Karlsruhe. II. Oberlandesgericht daselbst.

Die Klägerinnen behaupten, die Pfarrkirche in Bonndorf sei von dem Bischof Marquard in Constanz durch Urkunde vom Jahre 1403 (Freiburger Diösanarchiv Bd. 14 S. 216) dem Paulinerkloster in Bonndorf inkorporiert worden. Seitdem habe das Kloster alle Bedürfnisse der Kirche, auch die nach der Inkorporation neu entstandenen, befriedigt, so daß das Kloster die Stellung einer Kirchenfabrik erlangt habe. Diese Verpflichtung zur Bestreitung aller Kultusbedürfnisse sei durch die im Jahre 1807 erfolgte Säkularisation des Klosters auf den Badischen Staat übergegangen, der sie seit dieser Zeit auch immer erfüllt habe. Erst in neuerer Zeit seien über den Umfang der Verpflichtung Streitigkeiten entstanden. Insbesondere weigere sich der Staat, die Kosten der Heizung der Kirche und der Sakristei sowie der Beleuchtung der Kirche zu übernehmen.

Das Landgericht hat die Klägerinnen mit ihrem Antrag auf Feststellung dieser Verpflichtungen abgewiesen. In der Berufungsinstanz haben die Klägerinnen beantragt, festzustellen:

1. daß der Beklagte schuldig sei, die zur Heizung der Sakristei nötigen beweglichen Erfordernisse zu stellen.
2. daß dem Beklagten die unbeschränkte Pflicht obliege, die örtlichen kirchlichen Bedürfnisse in der Pfarrkirche zu Bonndorf in der Art und dem Umfange zu befriedigen, wie sie einem Pfarrkirchenvermögen (Kirchenfabrik, Kirchenfonds) obliegen, also nicht bloß in dem Umfange, wie er bei der Säkularisation bestanden und sich seither quantitativ erweitert hat, sondern auch insoweit, als nach der Säkularisation Einzelbedürfnisse qualitativ neuer Art entstanden sind oder entstehen.

Das Oberlandesgericht hat festgestellt, daß dem Beklagten die unbeschränkte Pflicht obliegt, die örtlichen kirchlichen Bedürfnisse der Pfarrkirche Bonndorf in dem Umfange weiter zu befriedigen, in dem der Beklagte bisher die Befriedigung vornahm, einschließlich künftiger quantitativer Erweiterungen. Im übrigen hat es die Klage abgewiesen.

Die Revision der Klägerinnen führte zur Aufhebung des Urteils.

Gründe:

Das Berufungsgericht unterstellt zugunsten der Klägerinnen, daß das Paulinerkloster in Bonndorf infolge der Inkorporation der Bonndorfer Pfarrkirche in das Kloster privatrechtlich verpflichtet gewesen sei, alle Kultusbedürfnisse der Pfarrkirche zu bestreiten. Es verneint aber die Frage, ob diese Verpflichtung auf den Badischen Staat übergegangen sei, und zwar mit folgender Begründung: Ein allgemeiner Rechtssatz, aus dem ein Übergang solcher Verpflichtungen herzuleiten sei, bestehe nicht. Aus dem § 35 des Reichsdeputationshauptschlusses sei nur eine öffentlich-rechtliche Verpflichtung des Staates zu entnehmen, derzufolge die Güter eines säkularisierten Klosters u. a. zur Förderung des Gottesdienstes verwendet werden müßten. Auch aus den §§ 36, 77, 63 und 65 RDH. sei eine privatrechtliche Verpflichtung der säkularisierenden Staaten nicht zu folgern. Der § 35 müsse dahin verstanden werden, daß alle älteren privatrechtlichen Ausstattungspflichten gegenüber der Ortskirche bei der Säkularisation in der öffentlich-rechtlichen Verbindlichkeit des Staates, für die örtlichen Seelsorgebedürfnisse zu sorgen, aufgehen sollten. Auf der Grundlage dieser öffentlich-rechtlichen Pflicht des Staates habe sich in dem Zeitraume von mehr als 100 Jahren seit der Säkularisation des Klosters zwischen den Parteien ein Rechtsverhältnis entwickelt, kraft dessen der Staat privatrechtlich verpflichtet sei, diejenigen Leistungen, die er für kirchliche Bedürfnisse seither gemacht habe, auf sich zu nehmen, und zwar auch dann, wenn diese in Zukunft größere Aufwendungen nötig machen oder wenn die Zeitverhältnisse andere Formen der Befriedigung verlangen würden. Andersartigen neuen kirchlichen Bedürfnissen dagegen brauche der Staat auf Grund seiner privatrechtlichen Verpflichtungen nicht zu genügen. Insoweit sei eine vertragsmäßige Bindung nicht erwiesen. Insbesondere gelte das von der seitens der Klägerinnen verlangten Heizung der Sakristei.

Diese Begründung beruht in verschiedenen Punkten auf Rechtsirrtum.

1. Mit Recht verwirft das Berufungsgericht die namentlich in der älteren Literatur vertretene Ansicht, daß sich schon aus § 35 RDH. eine privatrechtliche Verpflichtung des Staates ergebe, an Stelle der aufgehobenen Stifter und Klöster für die Bedürfnisse der Kirchengemeinden aufzukommen. Die Vorschrift enthält, soweit sie hier interessiert, nur die allgemeine Anweisung an die Landesherren, das eingezogene Kirchenvermögen zu gewissen Zwecken, u. a. „zum Behuf des Aufwandes für Gottesdienst" zu verwenden; es sind weder bestimmte kirchliche Rechtssubjekte als berechtigt bezeichnet, noch auch ist angegeben, in welchem Verhältnis das Vermögen auf die verschiedenen Verwendungszwecke verteilt werden soll. Es fehlt also der Vorschrift die nötige Bestimmtheit, um in ihr die Grundlage für eine privatrechtliche Verpflichtung des Staates zu finden (N i e d n e r, Die Ausgaben des Preuß. Staates für die evangelische Landeskirche, 1904, S. 153; Urt. des RG. vom 29. Oktober 1898 bei Gruchot Bd. 43 S. 1046). Trotzdem sind aber, wie in Theorie und Praxis von jeher anerkannt ist, die den Klöstern aus der Inkorporation erwachsenen privatrechtlichen Pflichten durch die Säkularisation nicht erloschen, sondern mit dem auf Grund der §§ 35, 36 RDH. eingezogenen Klostervermögen auf die säkularisierenden Staaten übergegangen. Es beruht dies auf der im späteren gemeinen Rechte zur Geltung gelangten Auffassung, daß bei dem Übergang eines Gesamtvermögens der Übernehmer für die auf jenem lastenden Schulden zu haften habe. Daß der RDH. auf demselben rechtlichen Standpunkte steht, ergeben nicht nur die Vorarbeiten (vgl. z. B. die Rastatter Protokolle der Reichsfriedensdeputation Bd. 1 S. 392, Bd. 2 S. 415, 468 und die Regensburger Protokolle der außerordentlichen Reichsdeputation Bd. 1 S. 30/31, Bd. 2 S. 802), sondern auch die Vorschriften des Gesetzes selbst. Schon in § 35 ist bestimmt, daß aus dem Vermögen der säkularisierten Stifter, Abteien und Klöster die Pensionen für die aufgehobene Geistlichkeit bestritten werden sollen

(vgl. dazu §§ 64, 66 flg.). Es sagt ferner der § 77, „es verstehe sich von selbst", daß der säkularisierende Regent alle auf den Entschädigungslanden haftenden Schulden, und zwar sowohl die Kameral- als die Landesschulden, mit übernehmen müsse. Im vorliegenden Falle handelt es sich zwar nach den rechtlich nicht zu beanstandenden Feststellungen des Berufungsgerichts nicht um ein Entschädigungsland, sondern um ein sog. Dispositionskloster im Sinne des § 35 RDH. Allein aus der Vorschrift („es versteht sich von selbst") ist die grundsätzliche Stellungnahme des RDH. ersichtlich, und es ist kein Grund vorhanden, die Schulden, die auf den den Fürsten zugewiesenen Stiftern und Klöstern haften, anders zu behandeln als die auf den ihnen zugeteilten Ländern ruhenden.

Der Meinung des Berufungsgerichts, unter Schulden verstehe der RDH. in § 77 nur Schulden, die auf Geld und andere ein für allemal bestimmte Leistungen gerichtet seien, ist nicht beizutreten. Wenn in den §§ 77 flg. von Verzinsung der Schulden und Hypotheken gesprochen wird, so folgt daraus nicht, daß nur Schulden gemeint sind, die verzinst und im Grundbuch eingetragen werden können. Es ist kein vernünftiger Grund für die vom Berufungsgericht gemachte Unterscheidung ersichtlich. Die gegenteilige Auffassung würde zu dem unannehmbaren Ergebnis führen, daß zwar wohl die Verpflichtung zur Zahlung von Gehältern an die Geistlichen, nicht aber die Baulast auf den neuen Landesherrn übergegangen wäre. ...

2. Der Fortbestand der der Kirche aus der Inkorporation zustehenden Privatrechte ergibt sich vor allem aus § 63 RDH. Danach soll die bisherige Religionsübung eines jeden Landes gegen Aufhebung und Kränkung jeder Art geschützt sein, insbesondere jeder Religion der Besitz und ungestörte Genuß ihres eigentümlichen Kirchenguts ... ungestört verbleiben. Zu dem „Kirchengut" gehört auch der Rechtsanspruch der Kirchengemeinde gegen das Kloster auf Bestreitung aller kirchlichen Bedürfnisse. Insoweit handelte es sich nicht um Klostervermögen, das nach § 35 der Einziehung unterlag, sondern um Kirchenvermögen, das nicht angetastet werden sollte (Entsch. d. OberverwGer. Bd. 38 S. 202; Urt. des RG. vom 20. Oktober 1913 IV 277/13; Archiv für kath. Kirchenrecht Bd. 94 S. 143). Das Berufungsgericht erkennt an, daß diese von den Klägerinnen vertretene Ansicht sich sehr wohl begründen lasse. Es lehnt sie aber ab mit der Begründung, daß die Entscheidung, ob der Kirche ein solcher privatrechtlicher Anspruch zustehe, nicht selten sehr schwierig sei; der Staat würde in einer großen Anzahl von Fällen in eine mehr als unerfreuliche Lage versetzt werden; die Untersuchung würde sich oft auf unklare, Jahrhunderte zurückliegende Vorgänge erstrecken müssen; eine Gesetzesauslegung aber, die zu praktisch derartig unangemessenen, Staat und

Kirche beunruhigenden Untersuchungen führen müsse, könne nur dann als richtig gelten, wenn sie überhaupt nicht zu umgehen sei. So aber liege es nicht. Vielmehr lasse sich § 35 RDH. wohl dahin verstehen, daß ihm zufolge alle älteren privatrechtlichen Bau-, Ausstattungs- und Gottesdienstpflichten gegenüber der Ortskirche bei der Säkularisation aufgingen in der öffentlich-rechtlichen Verbindlichkeit des Staates, für die örtlichen Seelsorgebedürfnisse zu sorgen. In diesem Sinne müsse dem Angeführten nach das Gesetz verstanden werden.

Es bedarf kaum der Ausführung, daß den vom Berufungsgericht geschilderten Beweisschwierigkeiten ein entscheidendes Gewicht bei der Auslegung des Gesetzes nicht beigemessen werden kann. Sie sind übrigens in zahlreichen Prozessen überwunden worden.

3. Das Berufungsgericht will schließlich seine Auffassung von der öffentlich-rechtlichen Natur der Ausstattungspflicht des Staates gegenüber der Kirche auf eine, wie es sagt, allgemeine, der Bedeutung der Säkularisation und der Natur des modernen Staates, oder wie es an einer anderen Stelle heißt, der „Interessenlage" entnommene Erwägung stützen. Es führt aus, die Kirche habe durch allgemeine oder besondere Anordnungen mehr oder weniger willkürlich neue Bedürfnisse der Kirche schaffen können. Es sei aber nicht anzunehmen, daß der Staat sich durch kirchliche Anordnungen den Inhalt seiner Pflichten habe vorschreiben lassen, und das noch zu einer Zeit, wo er sich seine Souveränität errungen und naturgemäß eifersüchtig auf seine Unabhängigkeit auch von der Kirche geachtet habe. Das sei der Grund, aus dem die privatrechtlichen Ausstattungspflichten der Klöster mit der Säkularisation eine Änderung hätten erleiden müssen. Und diese Änderung habe sich dadurch vollzogen, daß die privatrechtliche Ausstattungspflicht des Klosters in die öffentlich-rechtliche Dotationspflicht des Staates übergegangen sei, die sich aus § 35 RDH. ergebe.

Auch diese Begründung ist unhaltbar. Das Berufungsgericht hat keine Bestimmung des Gesetzes anzugeben vermocht, in der seine Auffassung eine Bestätigung finden könnte. Abgesehen davon ist es auch nicht die Kirche, die in maßgebender Weise über die Frage der Notwendigkeit einer Ausgabe und der Verpflichtung des Staates zur Tragung derselben entscheidet, sondern gerade der letztere durch seine Organe, mag nun für die Entscheidung, wie z. B. über die Frage der Notwendigkeit von Bauten, die Verwaltungsbehörde (vgl. die vom Berufungsgerichte zitierte badische Rechtsbelehrung vom 1. Juli 1812, Reg.-Bl. S. 121, für Preußen die §§ 707—709 II 11 ALR. und dazu RGZ. Bd. 50 S. 310) oder der ordentliche Richter zuständig sein.

4. Die gleiche Auffassung von dem Ubergange der Lasten auf den säkularisierenden Staat, wie sie vorstehend begründet ist, findet sich auch in anderen Gesetzen ausgesprochen. Erwähnung verdient insbesondere die Preuß. Kabinettsorder vom 25. September 1834 (abgedruckt in Vering, Archiv f. kath. Kirchenrecht Bd. 19 S. 340), die — soweit bekannt — in der Rechtsprechung zum ersten Male in dem Rechtsstreite der kath. Kirchengemeinde zu Bielefeld gegen den Preußischen Staat unter Billigung des Reichsgerichts (Urt. vom 25. Januar 1900 IV 266/99) zur Anwendung gelangt ist. In ihr ist die Rechtsnachfolge des Staates in die privatrechtlichen Verpflichtungen der aufgehobenen Klöster ausdrücklich anerkannt. In dem in der Kabinettsorder in Bezug genommenen Berichte des Ministers der geistlichen Angelegenheiten und des Finanzministers vom 19. August 1834 ist zur Begründung dieser Rechtsauffassung ausdrücklich auf den Grundsatz des gemeinen Rechtes und des Allgemeinen Landrechts (vgl. § 201 II 6), daß der Staat bei Aufhebung von Korporationen auch gegen diejenigen, welche Forderungen an die erloschene Gesellschaft hätten, an die Stelle der letzteren trete, und auch auf die Bestimmung des § 63 RDH., daß jeder Religion der Besitz und ungestörte Genuß ihres eigentümlichen Kirchenguts ungestört verbleiben solle, hingewiesen worden (vgl. RGZ. Bd. 96 S. 31, 34).

Auf demselben Rechtsstandpunkte wie jene preußische Kabinettsorder steht das erste Konstitutionsedikt, die kirchliche Staatsverfassung des Großherzogtums Baden betreffend, vom 14. Mai 1807. Unter Nr. 9 Abs. 2 bestimmt es, daß das Vermögen der Ordensgesellschaften, so oft jene aufgehoben werden oder erlöschen, dem Staate mit Lasten und Vorteilen anheimfalle, mithin auch mit der Pflicht, die fortdauernden kirchlichen oder Staatszwecke, als Seelsorge, Jugendunterricht, Krankenverpflegung u. dgl., anderweit hinlänglich zu begründen. Das Berufungsgericht erkennt an, daß hier von den privatrechtlichen Pflichten des Klosters die Rede sei, nimmt aber auch hier wiederum eine Umwandlung der bestehenden privatrechtlichen Verpflichtungen in eine öffentlich-rechtliche Ausstattungspflicht an. Diese Auffassung kann nicht richtig sein; denn bei dieser Auslegung würde der Abs. 2 der Nr. 9 mit dem Absatz 1 in Widerspruch treten, in dem in weitgehender Weise die Unverletzlichkeit des Eigentums der Kirche „an Liegenschaften, Renten, Bauansprüchen und beweglichem Gute" gewährleistet ist. Die Umwandlung des Anspruchs auf Bestreitung aller kirchlichen Bedürfnisse würde aber im Gegensatze dazu eine Entziehung eines Privatrechts bedeuten. Das Oberlandesgericht setzt sich mit seiner Ansicht auch in Widerspruch mit derjenigen des Badischen Oberhofgerichts, das in dem Urteile vom 27. Juni 1871 (Bad. Annalen Bd. 38 S. 239) angenommen hat, daß auch nach diesem Konstitutionsedikte die auf dem säkularisierten Klostervermögen haftenden Schulden auf den Staat übergehen. Die Revisibilität der Nr. 9 des Edikts ist nach § 7 der Kais. VO. vom 28. September 1879 zu bejahen. Denn die Konstitutionsedikte sind unter XVIII des Einführungsedikts zum Bad. Landrecht vom 3. Februar 1809 aufrechterhalten, soweit sie auf Gegenstände des bürgerlichen Rechtes Bezug haben. Eine solche Beziehung der Nr. 9 des 1. Konst.-Ed. ist nach dem Gesagten nicht zu bezweifeln. Übrigens ist das Konstitionsedikt erst nach der Säkularisation des Paulinerklosters ergangen und findet deshalb auf diese keine unmittelbare Anwendung. Das erkennt das Berufungsgericht ausdrücklich an. Es meint nur, das Edikt lasse ersehen, welche rechtliche Auffassung zur Zeit der Säkularisation über deren rechtliche Folgen geherrscht habe, und spreche deshalb in erheblichem Maße für die Richtigkeit des von ihm aus dem RDH. gewonnenen Ergebnisses. Diese Ansicht erweist sich, wie ausgeführt, als rechtsirrig.

Zu Unrecht findet das Berufungsgericht eine Bestätigung seiner Ansicht in dem Erlaß des Großherzogs Karl Friedrich von Baden vom 21. Januar 1809, in dem er die Verpflichtung des Staates verneint, an Stelle eines aufgehobenen Klosters die gestifteten Jahresmessen lesen zu lassen. Dieser Rechtsstandpunkt ist vielmehr zutreffend, weil ein privatrechtlicher Anspruch der Kirchengemeinde auf das Lesen solcher Messen nicht bestand (vgl. RGZ. Bd. 94 S. 148). Auch daraus, daß der Staat für das Pfarrbenefizium in Bonndorf in den Jahren 1812 und 1819 einseitig eine fixierte Dotation gewährte, folgt nicht, wie das Berufungsgericht meint, daß er glaubte, insoweit ein für allemal seiner Verpflichtungen ledig zu sein. In den Urkunden selbst steht darüber nichts. Dagegen spricht, daß der Staat, wie das Berufungsgericht selbst feststellt, in einem anderen Falle, der die Rippoldsauer Kirche betraf, von vornherein für den Fall eintretender Notwendigkeit weitere Zuschüsse versprach. Jedenfalls könnte einer etwaigen irrigen Rechtsauffassung maßgebende Bedeutung nicht zuerkannt werden. Daß eine Kirchengemeinde im Falle der Unzulänglichkeit der gewährten Dotation einen Anspruch auf Ergänzung haben kann, hat das Reichsgericht im Anschluß an die Bestimmungen der Preuß. Kabinettsorder vom 25. September 1834 vielfach anerkannt (vgl. z. B. Urteil vom 20. Oktober 1913 IV 277/13, teilweise abgedruckt JW. 1914 S. 161 Nr. 25). Ein solcher Anspruch könnte nur durch ausdrücklichen oder stillschweigenden Verzicht der Kirchengemeinde erlöschen.

5. Verfehlt ist die Ansicht des Berufungsgerichts, der RDH. habe gemäß Art. 2 der Rheinbundsakte vom 12. Juli 1806 (P f i s t e r, Geschichtliche Entwicklung des Staatsrechts im Großherzogtum Baden, Supplementband S. 30) seine verbindliche Kraft als Reichsgesetz ver-

loren und komme inhaltlich nur als badischrechtliche Vorschrift in Betracht. Es scheint damit nachweisen zu wollen, daß seine auf den Bestimmungen des RDH. beruhende Entscheidung der Nachprüfung des Revisionsgerichts entzogen sei. Unklar ist zunächst, worauf die inhaltliche Fortgeltung des RDH. beruhen soll, wenn er als Reichsgesetz aufgehoben ist. Der RDH. war Reichsgesetz und ist, wie in der Literatur allgemein anerkannt wird, durch die Auflösung des Deutschen Reiches als solches unberührt geblieben. Seine Aufhebung konnte schon deshalb nicht beabsichtigt sein, weil er die Rechtsgrundlage für die in ihm bestimmten Änderungen des Territorialbestandes auch der Rheinbundstaaten bildete und auf ihm die auch von ihnen ausgeübte Befugnis zur Säkularisation der Stifter und Klöster beruhte. Die fortdauernde Gültigkeit des RDH. als Reichsgesetz und der dadurch begründeten Rechtsverhältnisse läßt sich um so weniger bezweifeln, als sie in späteren Gesetzen wiederholt Anerkennung gefunden hat, z. B. in der Proklamation des Großherzogs von Baden vom 13. August 1806 (P f i s t e r a. a. O. S. 50), in der es heißt: „Wir erklären sämtliche uns von alters her angestammten, dann durch den Luneviller Frieden und darauf gefolgten Reichsdeputationshauptrezeß erworbenen Fürstentümer, Graf- und Herrschaften, zu einem unteilbaren souveränen Staat und Großherzogtum Baden", ferner in den Art. 15, 17 der deutschen Bundesakte vom 8. Juni 1815 (P f i s t e r S. 180) sowie in dem zum Vollzug des RDH. ergangenen Staatsvertrage vom 7. Oktober 1818, auf dessen Grundlage nach weiteren Verhandlungen mit dem Papste am 16. August 1821 die Bulle Provida sollersque betr. Einrichtung der oberrheinischen Kirchenprovinz erging (vgl. S ä g m ü l l e r, Der Rechtsanspruch der kath. Kirche auf finanzielle Leistungen seitens des Staates, S. 39 flg., 48, und im übrigen zu dieser Frage die Schiedssprüche des sächs. Oberappellationsgerichts in Dresden in Sachen des Preußischen gegen den Weimarischen Staat vom 1. April 1848 und 5. Dezember 1850, Archiv für kath. Kirchenrecht Bd. 11 S. 106 flg., 131 flg., 134/5; N i e d n e r a. a. O. S. 139; S ä g m ü l l e r S. 25/6).

6. Auf dem hier vertretenen Standpunkte steht nicht bloß die preußische, sondern auch die badische Rechtsprechung. Außer der bereits unter 4. erwähnten Entscheidung des bad. Oberhofgerichts vom 27. Juni 1871 kommen in Betracht die Urteile desselben Gerichtshofs vom 9. Juni 1870 (bad. Annalen Bd. 36 S. 305) und 8. Juli 1869 (a. a. O. Bd. 37 S. 190), endlich das Urteil des bad. Oberlandesgerichts in Karlsruhe vom 23. März 1899 (bad. Rechtspraxis Bd. 59 S. 233).

Von den zahlreichen Entscheidungen preußischer Gerichte, soweit sie sich lediglich auf gemeinrechtliche Grundsätze und nicht auf die Kabinettsorder vom 25. September 1834 stützen, seien genannt: die

Urteile des Obertribunals, Striethorst Archiv Bd. 22 S. 140 und Arch. f. kath. Kirchenrecht Bd. 22 S. 138, des Reichsgerichts vom 1. Februar 1888 V 220/87, Bolze, Praxis Bd. 7 S. 29 Nr. 83, v. 9. Juli 1888 IV 80/88, Auszug JW. 1888 S. 350 Nr. 27, 28, v. 25. Oktober 1888 IV 146/88, Bolze Bd. 6 S. 3 Nr. 7, v. 23. Februar 1905 IV 432/04, v. 29. März 1906 IV 485/03, von 23. April 1907 III 406/06 bei Gruchot Bd. 51 S. 1139 mit 1132, des Gerichtshofs zur Entscheidung der Kompetenzkonflikte vom 22. September 1860, Preuß. JMBl. 1861 S. 221, 223, endlich des Oberverwaltungsgerichts in dessen Entsch. Bd. 38 S. 194, 202 und Bd. 57 S. 231, 233.

Für die von jeher herrschende Rechtsauffassung ist es, wie die Revision mit Recht hervorhebt, bezeichnend, daß in dem der Denkschrift des preußischen Ministers der geistlichen Angelegenheiten vom 14. November 1877 über den hannoverschen (also nach gemeinem Rechte zu beurteilenden) Klosterfonds beigegebenen Verzeichnis der Verbindlichkeiten dieses Fonds als Entstehungsgrund der Verbindlichkeiten in der überwiegenden Mehrzahl der 486 Fälle „Universalsukzession" in das Vermögen eines aufgehobenen Klosters aufgeführt ist (Ebhardt-Böckler, Gesetze, Verordnungen und Ausschreiben in Kirchensachen für den Bezirk des Provinzial-Konsistoriums in Hannover 1877 S. 728 flg.; vgl. auch Niedner, a. a. O. S. 8, 98). . . .

RGZ. 103, 91

Kirchliches Selbstverwaltungsrecht. Rechtliche Tragweite des Art. 137 Abs. 3 Satz 1 RVerf.

Alter Leitsatz:

Sind die Sätze 5 und 6 in § 22 Abs. 1 des braunschweigischen Gesetzes vom 20. Juni 1919, zur Änderung der Neuen Landschaftsordnung vom 12. Oktober 1832, mit Art. 137 Abs. 3 der Verfassung des Deutschen Reiches vom 11. August 1919 vereinbar?

VII. Zivilsenat. Beschl. v. 26. Oktober 1921. VII B 1/21.

Das Reichsgericht hat die obige Frage verneint aus folgenden, den Sachverhalt ergebenden

Gründen:

Die Neue Landschaftsordnung vom 12. Oktober 1832 war die Verfassungsurkunde des Herzogtums Braunschweig. Nach § 213 Abs. 1 das. stand die Kirchengewalt in der evangelisch-lutherischen Kirche dem Landesfürsten zu, welcher sie unter Mitwirkung und Beirat des mit evangelischen Laien und Geistlichen besetzten Konsistoriums auszuüben hatte. Eine Landessynode und ein Synodalausschuß für die evangelisch-lutherische Kirche Braunschweigs wurden durch das

Gesetz vom 31. Mai 1871 (Ges. u. VOBl. S. 145) geschaffen. Nach der Staatsumwälzung vom November 1918 wurde in Braunschweig unter dem 20. Juni 1919 das Gesetz zur Änderung der Landschaftsordnung vom 12. Oktober 1832 (Ges. u. VOBl. S. 199) erlassen. Es heißt hier in § 21:

„Die vorläufige Kirchengewalt in der evangelisch-lutherischen Landeskirche steht bis zum Zusammentritt der verfassunggebenden Synode dem verstärkten Synodalausschuß (Landeskirchenrat) zu. Er besteht aus den gegenwärtigen Mitgliedern des Ausschusses der Landessynode (bzw. ihren Vertretern) und vier von der Landesversammlung aus ihrer Mitte zu erwählenden evangelisch-lutherischen Mitgliedern."

Und in § 22:

„(1.) Die bestehende Landessynode wird hiermit aufgelöst. (2.) Der Landeskirchenrat hat die Neuwahl der Synode unter Festsetzung der Zahl ihrer Mitglieder anzuordnen. (3.) Die verfassunggebende Synode hat die Aufgabe, der evangelisch-lutherischen Kirche des Freistaates Braunschweig eine neue Verfassung zu geben. (4.) Die Einberufung der verfassunggebenden Synode geschieht durch den Kirchenrat. (5.) Zur Teilnahme an der Wahl der Mitglieder der verfassunggebenden Synode, die nur aus gewählten Vertretern bestehen darf, sind alle männlichen und weiblichen Mitglieder der evangelisch-lutherischen Kirchengemeinden, die das 20. Lebensjahr vollendet haben und sich im Besitze der bürgerlichen Ehrenrechte befinden, mit gleichem Stimmrecht berufen. (6.) Die Wahl ist geheim und unmittelbar, sie erfolgt nach den Grundsätzen der Verhältniswahl." . . .

Nach § 24 sind Kirchengesetze dem Rate der Volksbeauftragten vorzulegen. Sie dürfen erst verkündet und ausgeführt werden, wenn von diesem nicht innerhalb zwei Wochen nach erfolgter Vorlegung Einspruch erhoben ist. Nach § 26 sind alle diesen Vorschriften entgegenstehenden gesetzlichen und kirchengesetzlichen Bestimmungen aufgehoben, insbesondere Art. 213 der Neuen Landschaftsordnung und das Gesetz über die Errichtung einer Landessynode vom 31. Mai 1871 nebst den dieses abändernden späteren Gesetzen.

In Braunschweig ist eine verfassunggebende Synode zusammengetreten. Die Mitglieder sind in allgemeiner, gleicher, unmittelbarer und geheimer Wahl nach den Grundsätzen der Verhältniswahl gewählt. Wahlberechtigt waren alle männlichen und weiblichen Mitglieder der evangelisch-lutherischen Landeskirche, die am Wahltage das 25. Lebensjahr vollendet hatten. Ausgeschlossen waren Personen, die sich nicht im Besitz der bürgerlichen Ehrenrechte befanden, unter Vormundschaft oder Pflegschaft standen, nicht konfirmiert oder ihres

Wahlrechts nach landeskirchlicher Bestimmung für verlustig erklärt waren, durch unehrenhaften Lebenswandel oder durch tatsächliche Verachtung der Religion oder der Kirche öffentliches Ärgernis gegeben hatten. Die Landesregierung, mit deren Zustimmung die Synode auf der angegebenen Grundlage gewählt war, hat sie zunächst als rechtsbeständig anerkannt, indem sie ihren Mitgliedern Tagegelder und Reisekosten bewilligte. Später hat die Landesregierung ihren Standpunkt geändert und einem von der Synode beschlossenen Kirchengesetz über die Einsetzung einer einstweiligen Kirchenregierung die Zustimmung versagt. Die Landesversammlung billigte den späteren Standpunkt der Regierung und lehnte einen Antrag, die Synode als rechtsgültig gewählt und als rechtmäßige Vertretung der Landeskirche anzuerkennen, ausdrücklich ab. Landesregierung und Landesversammlung berufen sich darauf, daß bei den Wahlen zur Synode die Vorschriften des § 22 des Gesetzes vom 20. Juni 1919 nicht innegehalten sind.

Nach vergeblichen Bemühungen, zwischen Landesregierung und Landesversammlung einerseits und Landessynode und Landeskonsistorium anderseits eine gütliche Einigung herbeizuführen, hat der Reichsminister des Innern unter dem 29. April 1921 gemäß Art. 13 Abs. 2 der Reichsverfassung und §§ 1, 2 des Gesetzes vom 8. April 1920 (RGBl. S. 510) die Entscheidung des Reichsgerichts angerufen und beantragt,

> Entscheidung dahin zu treffen, daß § 22 Abs. 1 Satz 5 und 6 des braunschweigischen Gesetzes vom 20. Juni 1919 zur Änderung der Neuen Landschaftsordnung vom 12. Oktober 1832 mit Art. 137 Abs. 3 der Reichsverfassung in Widerspruch steht.

Der Präsident des Reichsgerichts hat die Entscheidung dem VII. Zivilsenat übertragen. Die beteiligten Zentralbehörden, der Reichsminister des Innern und das Staatsministerium, Abteilung für Volksbildung, in Braunschweig haben sich schriftlich geäußert, ihre Erklärungen sind zur Kenntnis der Gegenpartei gebracht. Eine mündliche Verhandlung ist von keiner Seite beantragt worden.

Dem Antrage des Reichsministers ist zu entsprechen.

1. Wenn ein Landesgesetz mit einem Reichsgesetz nicht vereinbar sein soll, so muß das Landesgesetz als solches gültig sein. Ein von vornherein ungültiges Landesgesetz kann keine Wirkungen äußern, auch nicht die Wirkung eines Widerspruchs gegen das Reichsgesetz. Die — vom Reichsgericht in dem gegenwärtigen Verfahren übrigens auch nicht nachzuprüfende — landesrechtliche Gültigkeit der beanstandeten Sätze des braunschweigischen Gesetzes vom 20. Juni 1919 muß hier deshalb unterstellt werden.

2. Ein Landesgesetz ist mit einem Reichsgesetz nicht vereinbar im Sinne von Art. 13 Abs. 2 RV. jedenfalls dann, wenn es durch das

Reichsgesetz „gebrochen" ist im Sinne von Art. 13 Abs. 1 RV., d. h. wenn es durch das Reichsgesetz beseitigt ist.

3. Das Reichsgesetz, auf welches der Reichsminister des Innern sich gegenüber den beanstandeten Sätzen des braunschweigischen Landesrechts beruft, ist der Art. 137 Abs. 3 RV. Diese Vorschrift lautet in ihrem hier allein in Frage kommenden Satz 1:

> „Jede Religionsgesellschaft ordnet und verwaltet ihre Angelegenheiten selbständig innerhalb der Schranken des für alle geltenden Gesetzes."

Der Satz steht in dem zweiten Hauptteil der Reichsverfassung, welcher die Überschrift trägt: „Grundrechte und Grundpflichten der Deutschen". Darin sind enthalten allgemeine Grundsätze ohne jede rechtliche Wirkung, ferner Rechtsgrundsätze, welche durch die Reichs- oder die Landesgesetzgebung erst noch auszugestalten sind, aber auch Rechtssätze, welche unmittelbar und sofort anzuwenden sind. Zu diesen Rechtssätzen gehört mindestens in gewisser Beziehung Art. 137 Abs. 3 Satz 1. Indem diese Vorschrift den Religionsgesellschaften das Recht verleiht, ihre Angelegenheiten selbständig zu ordnen und zu verwalten, nimmt sie dem Staat zwar nicht die aus der Kirchenhoheit fließenden Hoheitsrechte, verbietet ihm aber jeden Eingriff in die eigentliche Kirchenverwaltung. Die Durchführung dieses Verbots bedarf keiner weiteren Regelung, das Verbot fällt deshalb nicht unter die Bestimmung des Art. 137 Abs. 8 RV., ist vielmehr unmittelbar geltendes Recht. Wenn also das Land Braunschweig unter der Herrschaft der Reichsverfassung daran gegangen wäre, das Synodalwahlrecht der evangelisch-lutherischen Landeskirche von sich aus zu regeln, so würde dieses Landesgesetz dem Verbot des Art. 137 Abs. 3 Satz 1 RV. widersprochen haben. Es würde von dem entgegenstehenden Reichsrecht „gebrochen", d. h. beseitigt sein.

4. Aber die Kraft des Art. 137 Abs. 3 Satz 1 RV. reicht noch weiter. Ihm widerspricht auch ein Landesgesetz, welches vor dem Inkrafttreten der Reichsverfassung geschaffen ist, wenn dieses Landesgesetz einen staatlichen Eingriff in die Verwaltung einer Religionsgesellschaft enthält und wenn es erst unter der Herrschaft der Reichverfassung ausgeführt werden soll. Es ist dann durch die vor der Reichsverfassung liegende Landesgesetzgebung ein Zustand geschaffen worden, der unter der Herrschaft der Reichsverfassung nicht hätte geschaffen werden dürfen und der deshalb unter ihrer Herrschaft auch nicht fortdauern darf. So lagen die Verhältnisse in Braunschweig. Als die Reichsverfassung in Kraft trat, hatte der Staat Vorschriften über das Synodalrecht der evangelisch-lutherischen Landeskirche erlassen, die er unter der Herrschaft der Reichsverfassung nicht mehr erlassen konnte. Nach diesem Wahlrecht darf deshalb

unter der Herrschaft der Reichsverfassung auch nicht mehr gewählt werden. Eine Vorschrift, welche diese Wahl trotzdem anordnet, steht mit der Reichsverfassung in einem unvereinbaren Gegensatz und muß ihr weichen.

RGZ. 104, 338

Haftet der Preußische Staat nach der Kabinettsorder vom 25. September 1834 für den Anspruch einer Kirchengemeinde gegen ein säkularisiertes Stift auf Bestreitung kirchlicher Bedürfnisse, wenn die Säkularisation während der französischen Zwischenherrschaft erfolgt und von dem Stiftsvermögen nichts in den Besitz des Preußischen Staates gelangt ist?

IV. Zivilsenat. Urt. v. 15. Mai 1922 i. S. Preuß. Staat (Bekl.) w. kath. Kirchengemeinde in Nordhausen (Kl.). IV 524/21.

I. Landgericht Erfurt. II. Oberlandesgericht Naumburg a. S.

Im Jahre 962 errichtete die Königin Mathilde, Witwe Heinrichs I., in Nordhausen ein Nonnenkloster (Kanonissenstift), das später als Stift ad Sanctam Crucem bezeichnet wurde. Mit dem Stift war eine Kirche verbunden. Kaiser Friedrich II. verwandelte dies Kloster im Jahre 1220 in ein Kanonikerstift. Die Stiftsgeistlichen übten in Nordhausen und Umgegend die Seelsorge aus. Durch Edikt des Königs von Westfalen vom 1. Dez. 1810 wurden alle Stifter im Königreich Westfalen und damit auch das Kreuzstift in Nordhausen aufgehoben, die Stiftsgüter wurden vom Staate eingezogen. Die Stiftskirche blieb als Pfarrkirche bestehen. Durch Kgl. Dekret vom 11. Jan. 1812 wurde eine vom Westfälischen Staate zu zahlenden Dotation festgesetzt.

Nach Beendigung der Zwischenherrschaft hat der Preuß. Staat die jährlichen Dotationsbeträge weiter entrichtet. Die klagende Kirchengemeinde als Gemeinde der früheren Stiftskirche ist der Ansicht, daß der Beklagte verpflichtet sei, die Dotationsbeträge den jetzigen Zeitverhältnissen entsprechend zu erhöhen. Sie stützt den Anspruch vor allem auf die Kabinettsorder vom 25. Sept. 1834. Das Landgericht hat den Klaganspruch dem Grunde nach für gerechtfertigt erklärt. Die Berufung des Beklagten hatte keinen Erfolg. Das Reichsgericht hat das Urteil aufgehoben.

Aus den Gründen:

Nach der Kabinettsorder vom 25. Sept. 1834 soll eine rechtliche Verpflichtung des Staates und daher auch ein Anspruch der Kirchengemeinde auf vollständige oder ergänzende Dotation u. a. anerkannt werden, wenn die betreffende Gemeinde, ohne zu einer anderen Pfarrkirche des Orts oder der Nachbarschaft wirklich eingepfarrt zu sein, wenigstens 44 Jahre hindurch vom Jahre 1803 exklusive an zurückgerechnet, also vom Jahre 1759 ab, im fehlerfreien ununterbrochenen Besitze der von dem aufgehobenen Kloster oder Stift ihr geleisteten Pfarrdienste sich befunden hat. Das Berufungsgericht hält diese Voraussetzung im vorliegenden Falle für gegeben. Mindestens seit 1674 bis zur Aufhebung des Stifts sei den Katholiken von Nordhausen und Umgegend die Pfarrseelsorge von den Stiftsgeistlichen gewährt worden. Die Stiftskirche habe als Pfarrkirche gedient. Das Stift habe die ganzen Kultuskosten der Pfarrseelsorge allein getragen. Da das Stift mehrere Menschenalter, wenn nicht gar, wie sehr wahrscheinlich, Jahrhunderte, allein die volle Seelsorge geleistet habe, dürfe angenommen werden, daß es das jeweils Erforderliche gewährt habe und bei gesteigerten Bedürfnissen auch für den Mehrbedarf aufgekommen sei. Die Pfarrgemeinde habe sich somit dem Stift gegenüber in einem diesen gesteigerten Bedürfnissen entsprechenden Rechtsbesitz befunden. Der Beklagte sei deshalb auf Grund der KabO. zur Gewährung einer den jetzigen Verhältnissen entsprechenden Dotation verpflichtet ...

(Nach Zurückweisung verschiedener Revisionsangriffe heißt es weiter:) Der Beklagte hatte behauptet, es sei nach der Säkularisation überhaupt kein Stiftsvermögen an den Preußischen Staat gelangt, von dem ein Ertrag habe erzielt werden können. Das gesamte, vom Königreich Westfalen säkularisierte Kloster- und Stiftsvermögen sei zur Deckung von Staatsausgaben des Königreichs Westfalen verwendet und restlos aufgebraucht worden. Dazu sagt das Berufungsgericht: Es könne zweifelhaft erscheinen, ob die Zulänglichkeit des säkularisierten Vermögens bereits im Verfahren über den Grund des Anspruchs festgestellt werden müsse. Jedoch unterliege die Zulässigkeit einer solchen Feststellung keinem Bedenken. Der gestellte Hilfsantrag gebe hier genügenden Anlaß, über den vom Beklagten erhobenen Einwand schon jetzt zu entscheiden. Er sei unbegründet. Der beklagte Preußische Staat übersehe, daß er der Rechtsnachfolger des Westfälischen geworden sei und es deshalb vertreten müsse, wenn letzterer Staat die Zurückbehaltung und Bereitstellung der zur Bestreitung der kirchlichen Bedürfnisse erforderlichen Mittel trotz ausreichender Erträgnisse versäumt und das ganze frühere Stiftsgut verausgabt und versilbert haben sollte.

Die Frage der Zulänglichkeit des Stiftsvermögens konnte nicht bloß, sie mußte in dem bisherigen Abschnitt des Verfahrens entschieden werden. Denn wenn infolge Mangels jeglichen Stiftsvermögens der Anspruch gänzlich wegfällt, kann er auch nicht nach § 304 ZPO. dem Grunde nach festgestellt werden. Es handelt sich um eine sogen. rechtshindernde Tatsache (vgl. RGZ. Bd. 96 S. 39) und nicht um eine Unzulänglichkeitseinrede nach Art derjenigen des § 1990 BGB., und selbst in diesem Falle müßte die Entscheidung im Urteil über den Grund des Anspruchs ergehen (RGZ. Bd. 61 S. 293).

Die sachliche Begründung aber, mit der das Berufungsgericht den Einwand zurückweist, ist rechtlich nicht haltbar. Es ist richtig, daß der säkularisierende Staat selbst, wenn er das eingezogene Stiftsvermögen zu anderen Zwecken als zur Erfüllung der auf diesem Vermögen ruhenden Verpflichtungen gegenüber der Kirchengemeinde verbraucht, von seiner Haftung dieser gegenüber nicht befreit wird (RGZ. Bd. 96 S. 42 zu 3 b). Es ist ferner richtig, daß der Beklagte in Ansehung des Klaganspruchs Rechtsnachfolger des Westfälischen Staates geworden ist, und zwar sowohl nach A Nr. 3 KabO. vom 31. Januar 1827 (GS. S. 13) als nach der KabO. vom 25. September 1834. Aber es fragt sich, ob der Beklagte den Verbrauch des Stiftsvermögens durch seinen Rechtsvorgänger zu vertreten hat. Die Frage ist nach der KabO von 1834 zu verneinen. Durch diese KabO. ist die Haftung des Preußischen Staates für die Ansprüche der Kirchengemeinden ausdrücklich auf die Erträge des säkularisierten Vermögens beschränkt, und es kann sich daher nur fragen, ob darunter die Erträge zu verstehen sind, die jenes Vermögen im Zeitpunkt der Säkularisation abwarf, oder diejenigen, die zur Zeit der Geltendmachung des gegenwärtigen Anspruchs aufkommen. Erstere Auffassung hat das Landgericht vertreten. Sie ist aber nicht zu billigen. Die Frage ist in dem der KabO. zugrunde liegenden Ministerialbericht vom 19. August 1834 erörtert. Dort ist gesagt, es könnten Fälle eintreten, in denen der Fonds, aus dem die durch die Säkularisationen begründeten Ansprüche der Gemeinden gegen Stifter und Klöster zu realisieren gewesen seien, — das durch die Säkularisation gewonnene Stiftsvermögen — während der Zwischenregierung verloren gegangen sei, und es scheine dann eine Unbilligkeit darin zu liegen, daß die spätere Regierung die nachteiligen Folgen einer Operation tragen sollte, deren Vorteile einer früheren zugute gekommen seien. Der König habe jedoch bisher in allen Fällen, wo einzelne Korporationen zu Recht beständige Ansprüche gegen die Zwischenregierung erworben gehabt hätten, die letzteren zu vertreten geruht, und es dürfte daher dasselbe Verfahren auch in Zukunft zu beachten sein, zumal es sich im ganzen doch nur um ein Objekt von geringer Bedeutung handele. Von diesem Vorschlag der Minister ist aber die KabO. selbst abgewichen, indem sie eine Beschränkung der Haftung des Staates auf die Erträge des eingezogenen Klostervermögens eingeführt hat. Das kann — zumal im Zusammenhalt mit der abweichenden Stellungnahme der Minister in dem Bericht vom 19. August 1834 — nur bedeuten, daß den Ansprüchen die Befriedigung versagt werden soll, wenn und soweit zur Zeit ihrer Geltendmachung ein zu ihrer Deckung ausreichender Ertrag des Stifsvermögens nicht vorhanden ist. Diese Auffassung steht im Einklang mit dem schon erwähnten Urteil des Senats vom

19. Mai 1919 (RGZ. Bd. 96 S. 41 zu 3a und b). Darin ist ausgesprochen, daß die Frage, aus welchen Bestandteilen das Klostervermögen bestehe, nur nach dem Zeitpunkt der Säkularisation beurteilt werden kann, während dessen Wert allerdings nach dem Zeitpunkt zu bemessen sei, in dem die Bauverpflichtung des Preußischen Staates — die damals im Streit war — zu erfüllen sei, mit der Maßgabe jedoch, daß dieser den Fehlbetrag zu vertreten habe, wenn er das Klostervermögen in einer bei Berücksichtigung seiner Baulast mit den Grundsätzen einer ordnungsmäßigen Verwaltung nicht im Einklang stehenden Weise anderweit verbraucht habe.

Dieser Beurteilung steht auch die KabO. von 1827 nicht entgegen. Allerdings enthält sie eine entsprechende Einschränkung nicht. Aber die KabO. von 1834 hat die Bedeutung einer Deklaration und deshalb rückwirkende Kraft. Es muß also gerade so angesehen werden, als wenn die KabO. von 1834 gleichzeitig mit derjenigen von 1827 erlassen worden wäre (vgl. RGZ. Bd. 103 S. 308). Es kommt nach alledem auf die Behauptung des Beklagten an, daß von dem Stiftsvermögen nichts in seinen Besitz gelangt sei. Das Berufungsurteil muß daher aufgehoben und die Sache zur Prüfung dieser Frage an das Berufungsgericht zurückverwiesen werden. Zu beachten bleibt dabei aber, daß es nicht genügen würde, wenn der Beklagte nachwiese, daß das ursprüngliche Stiftsvermögen vom Westfälischen Staate aufgebraucht sei. Er müßte vielmehr dartun, daß auch ein Gegenwert, den etwa der Westfälische Staat erhalten hatte, nicht in seine Hand geflossen sei ...

RGZ. 105, 1

Kirchenpatronat. Kosten einer Heizungsanlage.

Alter Leitsatz:

1. Unter welchen Voraussetzungen ist der Kirchenpatron verpflichtet, zu den Kosten einer Heizungsanlage beizutragen?

2. Inwieweit ist das Gericht an die nach §§ 707 flg. II. 11 ALR. erlassene Entscheidung der Regierung gebunden, daß eine Heizungsanlage zwar zur Aufrechterhaltung des Gottesdienstes, aber nicht zur Erhaltung des Bauwerks notwendig sei?

3. Ist eine Entscheidung der Regierung über die Notwendigkeit der Heizungsanlage Voraussetzung für die Eröffnung des Rechtswegs, wenn die Kirchengemeinde und der Patron zwar über die Notwendigkeit der Heizungsanlage, nicht aber über den Grund, aus dem diese notwendig ist, einverstanden sind?

IV. Zivilsenat. Urt. v. 13. Januar 1921 i. S. Domgemeinde zu Halberstadt (Kl.) w. preuß. Fiskus (Bekl.). IV 311/20.

I. Landgericht Magdeburg. II. Oberlandesgericht Naumburg a. S.

Der Beklagte ist Patron der klagenden Gemeinde und hat als solcher unstreitig die ganze Baulast zu tragen. Die klagende Gemeinde hat im Jahre 1909 in der Domkirche eine Heizung anlegen lassen und dafür 28 060,15 M. gezahlt. Sie verlangt vom Beklagten die Erstattung dieser Summe, ist aber mit ihrem Anspruch in beiden Vorinstanzen abgewiesen worden. Auf ihre Revision ist das Berufungsurteil aufgehoben worden.

Gründe:

Das Berufungsgericht hält den Rechtsweg für zulässig, weil die für den Erlaß des sog. Bauresoluts (§§ 707 flg. II 11 ALR.) zuständige Regierung nach Fertigstellung der Heizungsanlage deren Notwendigkeit durch das Schreiben vom 22. Februar 1911 anerkannt habe. Ein solches stillschweigendes Anerkenntnis sei, wie das Berufungsgericht im Anschluß an RGZ. Bd. 50 S. 310 annimmt, ausreichend. Zwar erkläre die Regierung in dem Schreiben, daß die Heizung zur Erhaltung der Substanz des Kirchengebäudes nicht notwendig sei, sie gebe aber zu, daß sie aus gottesdienstlichen Gründen, nämlich zur Erhaltung und Hebung des Kirchenbesuchs, nicht nur erwünscht, sondern auch geboten — also notwendig — gewesen sei. Und auch im Rechtsstreit habe der Beklagte ausdrücklich erklärt, nicht bestreiten zu wollen, daß die Heizungsanlage für Kultuszwecke notwendig sei. Die Notwendigkeit eines kirchlichen Baues im Sinne der §§ 707 flg. a. a. O. sei aber nicht nur nach bautechnischen, sondern auch nach den Gesichtspunkten des öffentlichen Interesses zu beurteilen, und dahin gehöre es auch, wenn der Bau für erforderlich gehalten werde, um den Kirchenbesuch zu heben.

In der Sache selbst geht das Berufungsgericht von den in RGZ. Bd. 90 S. 346 gebilligten Grundsätzen aus. Danach erstreckt sich zwar an und für sich die Baulast auf das Zubehör der Kirche, wozu auch eine Heizungsanlage gehört. Das gilt aber dann nicht, wenn die Heizung nicht von vornherein in der Kirche vorhanden war, sondern nachträglich ohne Zustimmung des Patrons neu angelegt ist. Letzteres nimmt das Berufungsgericht um deswillen an, weil der Beklagte jede Verpflichtung zur Beitragszahlung ausdrücklich verneint habe.

Die Klägerin hatte aber geltend gemacht, daß die Heizungsanlage nicht nur zur Erhaltung und Hebung des Gottesdienstes, sondern mit Rücksicht auf die Feuchtigkeit der Kirche zur Erhaltung des Bauwerks notwendig gewesen sei. Das Berufungsgericht tritt der Klägerin darin bei, daß, wenn dies der Fall sei, der Patron ohne Rücksicht darauf, ob schon früher eine Heizungsanlage vorhanden gewesen sei, die Kosten einer solchen zu tragen verpflichtet sei. Diese Frage ist zwar in RGZ. Bd. 90 S. 346 nicht ausdrücklich entschieden; es kann dem Berufungsgericht in dieser Beziehung aber nur beigetreten werden.

Denn der Patron ist nach §§ 568, 584, 712, 720 II 11 ALR. vor allem verpflichtet, für die Erhaltung der Kirche zu sorgen, und muß deshalb zu allen dazu erforderlichen Maßnahmen den Patronatsbeitrag leisten. Insoweit ist also seine Baupflicht gesetzlich geregelt, und es kann deshalb nicht darauf ankommen, ob er der Errichtung der Anlage zugestimmt hat oder nicht. Das Berufungsgericht verneint aber trotzdem die Verpflichtung des Beklagten mit folgenden Gründen: Die Frage, ob die Heizung zur Erhaltung des Bauwerks notwendig sei, habe nicht das Gericht zu prüfen, sie unterliege vielmehr nach §§ 707 flg. a. a. O. lediglich der Entscheidung der Geistlichen Oberen, jetzt der Regierung. Deren Entscheidung habe nicht nur den Sinn, daß sie die Voraussetzung für die Zulässigkeit des Rechtswegs bilde, sondern das Gericht sei auch in seinem Urteil an die Entscheidung der Regierung gebunden, habe also die Notwendigkeit des Baues nicht nachzuprüfen, sondern nur darüber zu befinden, ob unter Zugrundelegung dieser Entscheidung der Patron zur Zahlung verpflichtet sei und in welcher Höhe. Zu der Entscheidung gehöre aber nicht nur der Ausspruch, daß der Bau notwendig sei, sondern auch die Begründung dahin, daß die Notwendigkeit auf bautechnischen Gründen oder nur auf Zwecken des Gottesdienstes beruhe; denn die Entscheidung lasse sich von ihrer Begründung nicht trennen. Das Gericht habe also seiner Entscheidung den Ausspruch der Regierung zugrunde zu legen, daß die Heizungsanlage nur zur Erhaltung und Hebung des Kirchenbesuchs, also aus gottesdienstlichen Gründen notwendig sei.

Diese Begründung beruht auf einer rechtsirrigen Auffassung der §§ 707 flg. Die Entscheidung über die Notwendigkeit und die Art der Ausführung von kirchlichen Bauten ist deshalb in eine Hand gelegt, weil sie nur einheitlich erfolgen kann, und sie ist in die Hand der Verwaltungsbehörde gelegt, weil die Frage nicht nur aus bautechnischen Gesichtspunkten zu beantworten ist, sondern die Rücksicht auf öffentliche Interessen dabei häufig eine wesentliche Rolle spielt (RGZ. Bd. 50 S. 312; Urteil vom 8. März 1915 IV 607/15, abgedruckt Preuß. Pfarrarchiv Bd. 7 S. 138 und Hilling Archiv für kath. K. R. Bd. 95 S. 679). Ist die Frage von der Regierung bejaht, so bleibt zwar der ordentliche Richter an die Entscheidung über die Notwendigkeit des Baues in dem Sinne gebunden, daß er sie nicht mehr verneinen kann. Auf die Gründe, die für die Entscheidung maßgebend waren, kommt dabei aber nichts an. Der ordentliche Richter ist jetzt völlig frei in der Entscheidung über die Frage, ob und in welchem Umfange der Patron beitragspflichtig ist. Denn grundsätzlich steht der Rechtsweg über die aus dem Patronat erwachsenden Rechte und Pflichten offen (§ 577 II 11 ALR.; Urteile des RG. vom 7. Juni 1915 IV 171/15 und vom 11. Oktober 1915 IV 140/15). In der Regel werden für die Frage der Beitragspflicht die Gründe, die für die Prüfung der Notwendigkeit des Baues von Bedeutung waren, keine Rolle mehr spielen. Wenn dies aber, wie vorliegend, doch der Fall ist, ist der ordentliche Richter durch keine gesetzliche Vorschrift an der Prüfung gehindert, ob die Notwendigkeit noch aus einem anderen als dem von der Regierung gebilligten Grunde zu bejahen ist, und zwar auch dann nicht, wenn die Regierung dies verneint hat. Das Berufungsgericht hätte also darüber entscheiden müssen, ob die Heizungsanlage zur Erhaltung des Bauwerks nötig war.

In Wirklichkeit bedurfte es übrigens — und das hat das Berufungsgericht übersehen — einer Entscheidung der Regierung nach §§ 707 flg. im vorliegenden Falle gar nicht. Denn diese Vorschriften haben zur Voraussetzung, daß „über die Notwendigkeit oder Art des Baues unter den Interessenten Streit entsteht". Ein solcher Streit besteht aber zwischen den Parteien nicht. Denn der Beklagte hat nach der Feststellung des Berufungsgerichts zugegeben, daß die Heizungsanlage zur Aufrechterhaltung des Gottesdienstes nötig war. Über ihre Notwendigkeit herrschte also Einigkeit. Einigkeit über die Gründe wird, wie sich aus dem oben Gesagten ergibt, nicht erfordert. Über die Art der Ausführung hat, wie aus dem Schreiben der Regierung vom 8. Oktober 1909 ersichtlich ist, von vornherein Einverständnis geherrscht. Da also die Voraussetzungen der §§ 707 flg. nicht vorlagen, war der ordentliche Richter in der Entscheidung des Rechtsstreits irgendwelchen Einschränkungen nicht unterworfen. Der Streit über die Beitragspflicht macht nach feststehender Rechtsprechung den Erlaß eines Bauresoluts nicht nötig (vgl. die angeführte Entscheidung des RG. vom 8. März 1915).

RGZ. 117, 27

Trifft Art. 173 RVerf. auch solche Staatsleistungen, die einer Religionsgesellschaft bis zur Staatsumwälzung aus Gesetz, Vertrag oder besonderen Rechtstiteln geschuldet waren, vor dem Inkrafttreten der Reichsverfassung aber in landesrechtlich gültiger Weise aufgehoben worden sind?

IV. Zivilsenat. Urt. v. 13. April 1927 i. S. der Braunschw. evang.-lutherischen Landeskirche (Kl.) w. den Braunschw. Staat (Bekl.). IV 716/26.

I. Landgericht Braunschweig. II. Oberlandesgericht daselbst.

Der Klägerin sind anläßlich der Tagung des ersten Landeskirchentags in der Zeit vom Mai 1924 bis zum Mai 1925 Unkosten erwachsen. Sie fordert deren Erstattung vom Beklagten, indem sie geltend macht: Seit dem Inkrafttreten des braunschw. Gesetzes, die Errichtung einer

Landessynode und eines Synodalausschusses für die evangelisch-lutherische Kirche des Landes betreffend, vom 31. Mai 1871 (GuVS. S. 145) sei der Beklagte verpflichtet gewesen, die Kosten der Landessynode zu tragen. Die Verpflichtung zu dieser Staatsleistung bestehe gemäß Art. 138 Abs. 1, Art. 173 RVerf. auch unter der neuen Staatsverfassung fort; sie sei nunmehr mit Bezug auf den an die Stelle der Landessynode getretenen Landeskirchentag zu erfüllen. Landgericht und Oberlandesgericht haben die Klage als unbegründet abgewiesen. Auch die Revision der Klägerin hatte keinen Erfolg.

Aus den Gründen:

... In der Sache selbst hat es sich bei dem Streite der Parteien zunächst darum gehandelt, ob der beklagte Staat unter der Herrschaft des bis zur Staatsumwälzung in Geltung gewesenen Staatskirchenrechts zur Tragung der Kosten der Landessynode verpflichtet gewesen ist oder ob für ihn nach der Landesgesetzgebung von 1876 und 1895 nur die gesetzliche Ermächtigung bestanden hat, die Kosten zu übernehmen. Das Berufungsgericht hat diese Frage zugunsten der Klägerin entschieden.... Gemäß seiner Darlegung ist davon auszugehen, daß der Beklagte bis zur Staatsumwälzung zur Tragung der Kosten der Landessynode verpflichtet war.

Das Berufungsgericht hat ferner, und zwar nach § 562 ZPO. mit bindender Kraft für das Revisionsgericht, festgestellt, daß jene Verpflichtung durch den § 26 des „zur Änderung der Neuen Landschaftsordnung vom 12. Oktober 1832" (der Verfassungsurkunde des Herzogtums Braunschweig) unter dem 20. Juni 1919 (GuVS. S. 199) erlassenen, vor der Reichsverfassung in Kraft getretenen Gesetzes in landesrechtlich gültiger Weise aufgehoben ist. Es fragt sich aber, ob diese Aufhebung, wie die Klägerin angenommen wissen will, mit Art. 138 Abs. 1, Art. 173 der Reichsverfassung vom 11. August 1919 in Widerspruch steht und deshalb gemäß Art. 13 Abs. 1 RVerf. durch das Reichsrecht „gebrochen", d. h. wieder beseitigt ist. Diese Frage ist im Berufungsurteil mit Recht verneint.

Art. 138 Abs. 1 bestimmt, daß die auf Gesetz, Vertrag oder besonderen Rechtstiteln beruhenden Staatsleistungen an die Religionsgesellschaften abgelöst werden und daß die Grundsätze hierfür das Reich aufstelle. Nach Art. 173 bleiben bis zu dem gemäß Art. 138 zu erlassenden Reichsgesetze die bisherigen auf Gesetz, Vertrag oder besonderen Rechtstiteln beruhenden Staatsleistungen an die Religionsgesellschaften bestehen. Diese Bestimmungen könnten der Klägerin nur zugute kommen, wenn unter den „bisherigen" Staatsleistungen diejenigen zu verstehen seien sollten, die auf dem alten, d. h. dem bis zur Staatsumwälzung in Geltung gewesenen Rechte beruhen. Die Meinung, daß der Ausdruck „bisherig" einen solchen

Sinn habe, wird in der von der Klägerin mitgeteilten Begründung zu § 1 Abs. 1 des Referentenentwurfs eines Reichsgesetzes über die Ablösung der Staatsleistungen an die Religionsgesellschaften vertreten. Diese Meinung ist aber unbegründet.

Nach dem allgemeinen Sprachgebrauch wird unter einem „bisherigen Zustand" ein solcher verstanden, der sich bis zur Gegenwart, oder, in der Sprache eines Gesetzes, bis zum Zeitpunkte seines Inkrafttretens erstreckt. In diesem Sinne ist der Ausdruck zweifellos an den beiden anderen Stellen gebraucht, an denen er in den „Übergangs- und Schlußbestimmungen" der Reichsverfassung vorkommt, nämlich in Art. 178 Abs. 3, wo Anordnungen der Behörden, die auf Grund „bisheriger" Gesetze in rechtsgültiger Weise getroffen waren, eine bis auf weiteres fortdauernde Gültigkeit zuerkannt ist, und in Art. 179 Abs. 2, wo bestimmt ist, daß die nach den „bisherigen" Vorschriften dem Staatenausschuß (§ 2 des Gesetzes über die vorläufige Reichsgewalt vom 10. Februar 1919, RGBl. S. 169) zustehende Befugnis zum Erlaß von Verordnungen auf die Reichsregierung übergehe. Daß der Ausdruck „bisherig" in Art. 173 denselben Sinn hat, daß also unter den „bisherigen auf Gesetz, Vertrag oder besonderen Rechtstiteln beruhenden Staatsleistungen" die noch zur Zeit des Inkrafttretens der Reichsverfassung aus Gesetz, Vertrag oder besonderen Rechtstiteln geschuldeten Staatsleistungen zu verstehen sind, wird dadurch bestätigt, daß die bisherigen Staatsleistungen „bestehen bleiben" sollen. Denn Staatsleistungen, die zwar bis zur Staatsumwälzung, aber nicht mehr zur Zeit des Inkrafttretens der Reichsverfassung geschuldet wurden, konnten nicht kraft einer Bestimmung in der Reichsverfassung „bestehen bleiben"; sie hätten wieder aufleben müssen. Dazu kommt, daß die in Art. 173 mit Bezug auf Art. 138 Abs. 1 getroffene Übergangsbestimmung der Übergangsvorschrift entspricht, die in Art. 174 mit Bezug auf Art. 146 Abs. 2 RVerf. gegeben ist. Auch nach Art. 146 Abs. 2 soll das Nähere über die dort zugelassene Einrichtung von Volksschulen als Bekenntnisschulen oder bekenntnisfreien Schulen „durch die Landesgesetzgebung nach den Grundsätzen eines Reichsgesetzes" bestimmt werden; und Art. 174 schreibt vor, daß es bis zum Erlaß dieses Reichsgesetzes „bei der bestehenden Rechtslage bleibe". Damit ist nicht die Rechtslage, die bis zur Staatsumwälzung bestanden hatte, sondern die zur Zeit des Inkrafttretens der Reichsverfassung bestehende Rechtslage gemeint. Das ist schon in dem Beschluß des IV. Zivilsenats vom 4. November 1920 IV 1/20 (Arch. des öff. Rechts Bd. 40 S. 102; vgl. auch RGZ. Bd. 105 S. 26) anerkannt.

Die Entstehungsgeschichte der Reichsverfassung ergibt nichts, was der dem Wortlaut und dem Zusammenhang des Art. 173 entsprechenden Auslegung berechtigterweise entgegengehalten werden könnte. Der Abgeordnete D. Dr. Kahl, dessen Partei beantragt hatte, dem Art. 135 (jetzt 138) Abs. 1 als dritten Satz hinzuzufügen, daß bis zum Erlaß des Reichsgesetzes die bisherigen Staatsleistungen bestehen bleiben, hat in der Sitzung der verfassunggebenden Nationalversammlung vom 17. Juli 1919 (Verh. Bd. 328 S. 1648 D, 1649 A) zur Begründung dieses Antrags ausgeführt:

„Wann dieses (nämlich das in Art. 135, jetzt 138, Abs. 1 vorgesehene) Reichsgesetz ergehen wird, weiß niemand. ... Es ist aber für die evangelische Kirche nicht nur, sondern auch für die katholische von gleich großer Bedeutung, daß für diesen Zwischenzustand, der Jahre, vielleicht Jahrzehnte dauern kann, wenigstens der gegenwärtige Rechtszustand sichergestellt ist. Wir haben alle Veranlasung, dies zu betonen. Mir werden Klagen aus verschiedenen Einzelstaaten zugestellt, in denen man in der Zwischenzeit die Staatsleistungen von kurzer Hand für den Staatssäckel eingezogen hat. Das ist contra bonam fidem, gegen das Gesetz. Deshalb muß gegenüber der unrühmlich betätigten Eigenmacht einzelner Einzelstaaten festgestellt werden, daß, bis die Reichsgesetzgebung diese Ablösung näher regelt, die bisherigen Staatsleistungen ihren gewöhnlichen Weg weitergehen."

Auch in dieser Ausführung, welche die Klägerin für sich angezogen hat, wird also von den „bisherigen Staatsleistungen" als dem „gegenwärtigen Rechtszustand" gesprochen, womit auf den zur Zeit bestehenden und nicht auf den bis zur Staatsumwälzung in Geltung gewesenen Rechtszustand hingewiesen ist. Als der „Zwischenzustand", für dessen Dauer (nach der „unrühmlichen" Betätigung staatlicher „Eigenmacht" in einigen Einzelstaaten) „wenigstens" die bisherigen Staatsleistungen gegen einseitige einzelstaatliche Aufhebung sichergestellt werden sollten und sichergestellt worden sind, erscheint auch hiernach die Zeit zwischen dem Inkrafttreten der Reichsverfassung und dem Inkrafttreten eines Reichsgesetzes über die Ablösung der Staatsleistungen.

Die Frage, wie die nach der Staatsumwälzung, aber vor dem Inkrafttreten der Reichsverfassung, insbesondere in der Zeit der Beratung der Reichsverfassung von Einzelstaaten vorgenommenen Aufhebungsmaßnahmen zu beurteilen seien, wurde durch den damals zur Debatte stehenden, bei der 3. Lesung (Verh. Bd. 329 S. 2191 D, 2192 A) unter Verweisung in die Übergangsbestimmungen angenommenen Gesetzesvorschlag nicht geregelt. Die von dem Abgeordneten Kahl in dieser Beziehung geäußerte Meinung, daß eine solche, dem Wirksamwerden der Reichsverfassung zuvorkommende Aufhebung contra bonam fidem und in diesem Sinne gegen das Gesetz verstoße, berührt sich mit dem im Verfassungsausschuß (Verh. Bd. 336 S. 194) von dem Abgeordneten Dr. Kaas ausgesprochenen Gedanken, die auf Gesetz beruhenden Leistungen könne der Staat, soweit das strenge „Recht", nicht die Billigkeit in Betracht komme, schließlich durch Gesetz auch wieder aufheben. Einzelstaatlichen, vor dem Inkrafttreten der Reichsverfassung in Kraft getretenen Aufhebungsgesetzen ist in der Tat, mögen sie von einzelnen Volksteilen, zu deren Sprechern sich die beiden genannten Abgeordneten machten, auch als unbillig empfunden werden, die rechtliche Anerkennung nicht zu versagen. Es trifft durchaus zu, was zu dieser Frage in RGZ. Bd. 105 S. 26 gesagt ist: „Solange der Landesgesetzgebung keine Schranken durch die Reichsgesetzgebung gezogen waren, war sie nicht gehindert, auch solche Vorschriften zu erlassen, welche mit dem Geiste erst in der Vorbereitung befindlicher Reichsgesetze in Widerspruch standen. Selbst die ... positive Absicht, einem kommenden Reichsgesetz entgegenzuarbeiten, dessen Wirkungen durch eiligst erlassene Landesgesetze zu vereiteln, gibt dem Richter nicht die Macht, diese Landesgesetze für unwirksam zu erklären. Sache der Reichsgesetzgebung ist es vielmehr, solchen Landesgesetzen vorzubeugen oder sie nachträglich zu beseitigen." Wollte das Reich eine Beeinträchtigung der Religionsgesellschaften durch Landesgesetze ausschließen, die nach der Staatsumwälzung und insbesondere während der Beratung der Reichsverfassung erlassen wurden, so hätte dies durch die Aufnahme einer solche Landesgesetze für unwirksam erklärenden Bestimmung oder dadurch geschehen können, daß ein vor dem Inkrafttreten der Reichsverfassung liegender Zeitpunkt (etwa der 9. November 1918 oder der Tag der Eröffnung der Nationalversammlung) für den Schutz der bis dahin noch zu Recht bestehenden Staatsleistungen festgesetzt wurde. Das ist indessen nicht geschehen.

...Nach alledem ist dem Berufungsgericht darin beizutreten, daß die in § 26 des Landesgesetzes vom 20. Juni 1919 mit landesrechtlicher Gültigkeit ausgesprochene Aufhebung der früheren Verpflichtung des Beklagten, die Kosten der Landessynode zu tragen, unter der Herrschaft der Reichsverfassung wirksam geblieben ist.

RGZ. 107, 365

Können kirchliche Gerätschaften Gegenstand von Privatrechten sein?

VII. Zivilsenat. Urt. v. 4. Dezember 1923 i. S. Altkatholische Kirchengemeinde Schw. (Bekl.) w. Römisch-katholischen Kirchenfond in Schw. (Kl.). VII 854/22.

I. Landgericht Waldshut. II. Oberlandesgericht Karlsruhe.

Die Beschlüsse des Vatikanischen Konzils, namentlich die Lehrsätze von der „höchsten ordentlichen und unmittelbaren Jurisdiktion und von dem unfehlbaren Lehramt" des römischen Papstes, wurden von einem Teil der Katholiken, den sog. Altkatholiken, nicht anerkannt. Deren Rechtsverhältnisse hat das damalige Großherzogtum Baden durch das Gesetz vom 15. Juni 1874 geordnet. Art. 1 erkennt sie auch ferner als Katholiken im Sinne der Staatsgesetze an und gewährleistet ihnen die Rechte, welche ihnen als Katholiken zustehen. Art. 2 setzt die Jurisdiktionsgewalt der bisherigen kirchlichen Oberen den Altkatholiken gegenüber außer Wirksamkeit und billigt den Altkatholiken das Recht zu, „innerhalb der Kirchspiele beziehungsweise der *Gemeinden eigene kirchliche Gemeinschaften* zu bilden". Dazu ist nach Art. 3 die Genehmigung der Regierung erforderlich. In Art. 4 heißt es sodann: „Nach der staatlichen Anerkennung einer solchen kirchlich konstituierten Gemeinschaft werden die Verhältnisse derselben im Verwaltungswege bis auf weiteres, wie folgt, geordnet: 1. Der Gemeinschaft wird die Mitbenutzung der Kirche und der kirchlichen Gerätschaften eingeräumt. Über die Art und Weise der Ausübung und den Umfang der Mitbenutzung trifft die Regierung die nötigen Bestimmungen. Bestehen in einem Kirchspiel beziehungsweise einer Gemeinde mehrere Kirchen, Kapellen usw., so kann eine Gebrauchsteilung nach bestimmten Objekten mit Rücksicht auf das Zahlenverhältnis beider Teile vorgenommen werden. 2. (betr. die Pfründen usw.). 3. Hinsichtlich des übrigen örtlichen Kirchenvermögens kann je nach den tatsächlichen Verhältnissen eine Teilung des Genusses angeordnet oder der überwiegenden Mehrheit der volle Genuß zugewiesen werden. In letzterem Falle steht auch die Verwaltung des Vermögens dem ausschließlich genußberechtigten Teile zu." Art. 6 endlich beauftragt das Ministerium des Innern mit dem weiteren Vollzuge des Gesetzes. Durch Erlaß dieses Ministeriums vom 10. September 1874 ist der Beklagten als einer kirchlich konstituierten Gemeinschaft von Altkatholiken die staatliche Genehmigung erteilt, ihr auch die Mitbenutzung der Pfarrkirche und der dazu gehörigen kirchlichen Gerätschaften eingeräumt worden. Die Regelung im einzelnen blieb vorbehalten. Sie ist durch Entschließung des Ministeriums der Justiz, des Kultus und des Unterrichts vom 25. Februar 1895 dahin vorgenommen worden, daß die Pfarrkirche dem römisch-katholischen Gemeindeteil, die sog. Notkirche aber den Altkatholiken zum ausschließlichen Gebrauch zugeschieden wurde. Mit der Notkirche sollten deren Geläute, Hochaltar, Kanzel, Beichtstuhl, Paramentenkasten, Sakristeischrank und Harmonium in den Gebrauch der Altkatholiken übergehen; sie sollten auch berechtigt sein, aus der seither von ihnen benutzten Pfarrkirche die erforderlichen Paramente, Bücher und Musikalien in die Notkirche hinüberzunehmen. Entsprechend ist verfahren worden. Mit der Klage begehrt der Kläger die Herausgabe einer Anzahl von kirchlichen Gerätschaften, welche die Beklagte auf Grund der oben dargestellten Entwicklung in Besitz und Benutzung hat. Er nimmt die Sachen als sein Eigentum in Anspruch; Rechte der Beklagten daran beständen nicht mehr, weil das Altkatholikengesetz durch die Reichsverfassung aufgehoben worden sei, und weil die Beklagte schlimmstenfalls auch als Altkatholikengemeinschaft im Sinne des Altkatholikengesetzes nicht mehr angesehen werden könne; sie habe sich über die Nichtanerkennung des Vatikanums hinaus immer weiter von den Lehren der katholischen Kirche entfernt.

Aus den Gründen:

... Die Klage stützt sich nicht nur auf das Eigentum, sondern auch auf die jetzt eingetretene Freiheit des Eigentums von einem früher begründeten Gebrauchsrecht der Beklagten. Dieses Gebrauchsrecht hat das Landgericht in einer von seinem Standpunkt aus mehr beiläufigen Bemerkung als öffentlichrechtlich gewertet. Das Oberlandesgericht dagegen, das hilfsweise auch bereits das Bestreiten des Gebrauchsrechts als Klagegrund ansieht, hält dafür, daß jenes Recht zwar durch einen öffentlichrechtlichen Akt begründet worden sei, daß es aber, solange es bestehe, ein dem bürgerlichen Recht angehörendes Rechtsverhältnis sei. Dem ist beizutreten. Die Art der Entstehung von Rechtsverhältnissen ist nicht entscheidend. Jede Enteignung, jede Zwangsversteigerung, ja jede auf Grund einer Auflassung bewirkte Eintragung des neuen Eigentümers in das Grundbuch schafft durch öffentlichrechtlichen Akt das privatrechtliche Eigentumsverhältnis. Ebenso ist hier durch das Gesetz selbst und die in seinem Rahmen ergangene Ministerialverfügung ein Rechtsverhältnis geschaffen worden, kraft dessen — wenn die Klagebehauptungen zugrunde gelegt werden — dem einen Rechtssubjekt ein Gebrauchsrecht an dem Eigentum des anderen zusteht. Es ist nicht abzusehen, was das für ein anderes Recht sein sollte als ein bürgerlichrechtlicher Nießbrauch. Wollte man das leugnen, so wäre der Beklagten auch der Schutz abgesprochen, auf den nach bürgerlichem Recht der Nießbraucher und Besitzer Anspruch hat. Mit einem solchen Ergebnis würde die Beklagte wohl kaum einverstanden sein. Daran endlich, daß kirchliche Gerätschaften überhaupt Gegenstand von Privatrechten sein können, ist nicht zu zweifeln. Es ist das bürgerlichrechtliche Eigentum, welches der einzelnen Kirchengemeinde an ihren kirchlichen Gerätschaften zusteht; sie kann diese Sachen in Verwahrung geben, sie kann sie einem Werkmeister zur Ausbesserung übergeben, sie kann sie einer anderen Kirchengemeinde verkaufen und übereignen, sie kann sie ihr leihen, sie kann ihr einen Nießbrauch daran bestellen. Solche und ähnliche Rechtsgeschäfte werden täglich unbeanstandet vorgenommen, sie bewegen sich durchaus auf privatrechtlichem Boden.

RGZ. 108, 16

Bedarf ein auf Grund des Gesetzes vom 3. Januar 1845 (GS. S. 25) aufgestellter und von der Regierung genehmigter Abgabenregulierungsplan, durch den nach Zerteilung des Patronatsguts eine anderweite Verteilung der Patronatslasten vorgenommen wird, zu seiner Gültigkeit der Genehmigung der geistlichen Oberen?

IV. Zivilsenat. Urt. v. 11. Oktober 1923 i. S. v. W. u. Gen. (Kl.) w. N. (Bekl.). IV 763/22.

I. Landgericht Cöslin. II. Oberlandesgericht Stettin.

Mit dem Gute Arnhausen war von jeher das Patronat über die Pfarrkirche daselbst verbunden. Durch gerichtlichen Vertrag vom 13. November 1862 trat der damalige Besitzer Hofrat N. dem Dr. phil. S. den größeren Teil des Gutes ab. Mit dem Reste errichtete er das Gut Passenthin. In dem Vertrage wurde bestimmt, daß Arnhausen das alleinige unumschränkte Patronat behalten und allein die Patronatslasten tragen solle. Diese Bestimmung ist in den vom Landrat aufgenommenen, von sämtlichen Interessenten genehmigten Abgaben-Regulierungsplan aufgenommen. Der Plan ist von der Königlichen Regierung in Cöslin unter dem 27. Mai 1864 bestätigt. Das damals übrig gebliebene Gut Arnhausen ist später weiter geteilt worden; die Klägerin zu 1 ist Eigentümerin des Restgutes, die übrigen Kläger sind Eigentümer von Grundstücken, die früher zu Arnhausen gehört haben. Als in neuerer Zeit ein Neubau des Pfarrhauses in Arnhausen notwendig wurde, stellten die Kläger sich auf den Standpunkt, daß der Beklagte als Besitzer des Rittergutes Passenthin Mitpatron sei und deshalb zu den Kosten des Neubaues beizutragen habe. Der Baubeschluß der Regierung vom 20. Februar 1914 stellte jedoch die ausschließliche Verpflichtung der Kläger fest. Die Kläger erhoben deshalb Klage mit dem Antrage, festzustellen, daß die Besitzer des Rittergutes Passenthin nach dem sich aus der Größe ihres Grundbesitzes ergebenden Anteil am Patronat zu den Patronatslasten der Kirche in Arnhausen beizutragen und deshalb 30 % von den Patronatsbeiträgen zu dem Bau des neuen Pfarrhauses zu entrichten hätten. Die Kläger sind der Ansicht, daß die Vereinbarungen zwischen N. und S. über die Befreiung des Gutes Passenthin von der Patronatslast ungültig seien, weil sie nach §§ 580, 610 II, 11 ALR. der Genehmigung der geistlichen Oberen, nämlich des Konsistoriums bedurft hätten, diese aber nicht erteilt sei. Das Landgericht ist der Auffassung der Kläger beigetreten, hat auch die vom Beklagten behauptete befreiende Observanz nicht für dargetan erachtet und deshalb gegen ihn nach den Klaganträgen erkannt. Das Oberlandesgericht wies die Klage ab. Die Revision der Kläger hatte keinen Erfolg.

Gründe:

Das Berufungsgericht geht davon aus, daß die Vereinbarung, wonach bei der Teilung des Grundbesitzes die Patronatslasten sich nicht den gesetzlichen Vorschriften gemäß auf beide Grundstückseigentümer verteilen, sondern dem Eigentümer von Arnhausen allein zufallen sollten, zu ihrer Wirksamkeit und damit zur Geltung gegen jeden Sonderrechtsnachfolger nach §§ 580, 610 II 11 ALR. der ausdrücklichen Einwilligung der geistlichen Oberen bedurft habe. Es führt aber aus, daß unter geistlichen Oberen im Sinne jener Vorschriften nach dem im Jahre 1864 bestehenden Rechtszustande die Regierungen und nicht die Konsistorien zu verstehen seien. Die Regierung habe den Regulierungsplan am 27. Mai 1864 bestätigt und damit seinen Inhalt genehmigt. Allerdings sei nicht ersichtlich, daß gerade die für die Erteilung jener Genehmigung nach der Kabinettsorder vom 31. Dezember 1825 (GS. 1826 S. 5) zuständige Abteilung für Kirchenverwaltung und Schulwesen den Bestätigungsvermerk auf die Urkunde gesetzt habe. Da der Abgaben-Regulierungsplan nicht nur Gegenstände behandele, die zur Zuständigkeit der genannten Abteilung der Regierung gehörten, so sei anzunehmen, daß gemäß § 5 der Regierungs-Instruktion vom 23. Oktober 1817 (GS. S. 248) alle beteiligten Abteilungen bei dem Beschlusse mitgewirkt hätten. Daraus, daß die Ausfertigung der Bestätigung nur die Geschäftsnummer der Abteilung des Innern (1. Abteilung) enthalte, könne nicht gefolgert werden, daß die Instruktion nicht befolgt sei. In zweiter Linie erwägt das Berufungsgericht, daß durch den auf die Urkunde gesetzten Bestätigungsvermerk der Regierung zum Ausdruck gebracht werde, daß die Aufsichtsbehörde den Abgaben-Regulierungsplan genehmigt habe, ohne daß es einer Aufklärung bedürfe, ob die für den inneren Geschäftsbetrieb der Behörde erlassenen Vorschriften in allen Punkten befolgt seien.

Die Entscheidung des Berufungsgerichts ist im Ergebnis zu billigen, weil es nach dem vom Berufungsgericht übersehenen Gesetze betr. die Zerteilung von Grundstücken vom 3. Januar 1845 (GS. S. 25) in der Fassung vom 24. Februar 1850 (GS. S. 68), 24. Mai 1853 (GS. S. 240, vgl. jetzt Ges. vom 25. August 1876, GS. S. 405) der Genehmigung der geistlichen Oberen zu dem Abgaben-Regulierungsplan vom 27. Mai 1864 überhaupt nicht bedurfte. Dieses Gesetz ordnet ein besonderes Verfahren an für die Verteilung der auf dem „dismembrierten" Grundstück haftenden öffentlichen Lasten einschließlich der aus dem Gemeinde-, Kirchen- und Pfarrverbande entspringenden (§ 7 Nr. 1 Ges. von 1845, § 2 Ges. von 1850), wozu auch die Patronatslast gehört (vgl. § 9 Ges. von 1876). Der Landrat hatte danach einen Plan über die Regulierung vorzubereiten (§§ 8 flg. Ges. von 1845), über diesen Plan sämtliche Beteiligte zu hören und alsdann den Plan der

Regierung zur Bestätigung einzureichen (§ 19). Gegen die Entscheidung der Regierung und den von ihr bestätigten Verteilungsplan war binnen 6 Wochen der Rekurs an das Ministerium des Innern zulässig (§ 22). Der von der Regierung bestätigte oder durch Rekursentscheidung festgesetzte Regulierungsplan hatte die Wirkung einer gerichtlich bestätigten und vollstreckbaren Urkunde (§ 23). Mit der Rechtskraft des Planes trat die im Plane festgesetzte anderweite Haftung der Teilstücke für die öffentlichen Lasten ein (§ 24). Zuständig für die Bestätigung war nach *D II 1* der Kabinettsorder *vom 31. Dezember 1825* (GS. 1826 S. 5) in Verbindung mit § 2 Nr. 4 der Regierungs-Instruktion vom 23. Oktober 1817 (GS. S. 248) die Abteilung des Innern, die frühere Abteilung I. Denn danach hatte diese Abteilung die „Abbaue und Zerschlagung größerer Güter" zu bearbeiten. Daraus erklärt es sich, daß im vorliegenden Falle der Bestätigungsvermerk die Geschäftsnummer dieser Abteilung trägt. Die Einholung einer Genehmigung der geistlichen Oberen, also damals der Regierung, Abteilung für Kirchen- und Schulwesen (§ 3 Nr. 5 der Verordnung betr. die Ressortverhältnisse der Provinzialbehörden für das evangelische Kirchenwesen vom 27. Juni 1845, GS. S. 440), war im Gesetze nicht erfordert, nicht einmal ihre Anhörung war im Gesetze vorgeschrieben (vgl. §§ 9, 19 Abs. 2). Die Wahrnehmung der öffentlichen Interessen war vielmehr lediglich in die Hand der Regulierungsbehörde, also der Abteilung des Innern gelegt. Die Meinung der Revision, die §§ 580, 610 II 11 seien durch das Gesetz von 1845 nicht berührt und müßten deshalb neben diesem Gesetz beachtet werden, ist unrichtig. Die Revision verkennt die rechtliche Bedeutung des Bestätigungsbeschlusses. Die Verteilung der öffentlichen Lasten bei Parzellierungen hängt nicht von etwaigen Vereinbarungen der Beteiligten ab, sondern lediglich von der nach den Vorschriften des Gesetzes von 1845 zu bewirkenden Feststellung der zuständigen Behörde. Allerdings können nach § 18 des Gesetzes Verabredungen der Beteiligten über die Regulierung dem Plane zugrunde gelegt werden. Aber solchen Verabredungen wohnt hinsichtlich der Verteilung der öffentlichen Lasten keine rechtsgestaltende Wirkung bei. Sie erlangen vielmehr insoweit erst Wirksamkeit durch die von der zuständigen Behörde nach geführter Sachuntersuchung erfolgte Bestätigung. Ein auf Grund dieses Gesetzes aufgestellter und bestätigter Regulierungsplan hat also als solcher nicht den Charakter einer vertragsmäßigen, nach den für Verträge maßgebenden Normen zu beurteilenden Abmachung, er bildet vielmehr einen Teil der Gemeindeverfassung und schafft objektives öffentliches Recht, das nur auf dem gesetzlich vorgeschriebenen Wege geändert werden kann. Daraus ergibt sich schließlich, daß, selbst wenn man die §§ 580, 610 II 11 ALR. an sich für anwendbar erachten wollte, die Nichtbeachtung angesichts des Bestätigungsbeschlusses unschädlich sein würde.

Die Revision kann sich für ihre Ansicht auch nicht auf den Zirkular-Erlaß des Ministers der landwirtschaftlichen Angelegenheiten vom 21. August 1860 (MinBl. für die innere Verwaltung S. 193) berufen. Denn dieser stellt nur eine Verwaltungsvorschrift dar, deren Nichtbeachtung das Verteilungsverfahren nicht unwirksam machen könnte. Übrigens ist in diesem Erlaß nicht etwa die Genehmigung der geistlichen Oberen für erforderlich erklärt, sondern nur angeordnet, daß die Regierung sich mit ihnen vor der Bestätigung des Planes in näher bezeichneter Weise ins Benehmen setzen solle.

Die vorstehend entwickelte Auffassung steht im Einklang mit der bisherigen oberstrichterlichen Rechtsprechung (Urt. d. RG. vom 11. Juni 1913 IV 449/12, Entsch. des Obertribunals Bd. 59 S. 267, des Oberverwaltungsgerichts Bd. 4 S. 109, Bd. 7 S. 187, Bd. 8 S. 150, RGZ. Bd. 17 S. 181). . . .

RGZ. 111, 134

Staatsleistungen an die Kirche.

Alter Leitsatz:

1. Ist das braunschweigische Grundsteuergesetz vom 26. Februar 1923 (GuVBl. S. 37) mit den Art. 173, 138 der Reichsverfassung insoweit vereinbar, als es die bisherige, auf Gesetz beruhende Freiheit des Grundbesitzes der Kirchen, Pfarren und Pfarrwitwentümer der evangelisch-lutherischen Landeskirche in Braunschweig von Staatssteuern beseitigt hat?

2. Ist die in jenem Gesetz ausgesprochene Aufhebung der Freiheit jenes Grundbesitzes von den Kommunalsteuern mit den genannten Verfassungsvorschriften vereinbar?

IV. Zivilsenat. Beschl. v. 20. Juni 1925. IV Tgb. 83/25.

Im Verfahren nach Art. 13 Abs. 2 der Reichsverfassung hat das Reichsgericht die erste Frage verneint, die zweite Frage bejaht mit folgender, den Sachverhalt ergebender

Begründung:

I. Der Grundbesitz der Kirchen, Pfarren und Pfarrwitwentümer der ev.-luth. Landeskirche in Braunschweig war von altersher in gewissem Umfang von der Grundsteuer befreit. Diese Steuerfreiheit ist durch das braunschweigische Staatsgesetz vom 26. Februar 1923 (GuVS. S. 37) in erheblichem Maße eingeschränkt worden. Nach § 2 d ist nur noch den dem öffentlichen Gottesdienst dauernd gewidmeten Gebäudegrundstücken Steuerfreiheit gewährt. Die Kirchenregierung der braunschweigischen Landeskirche und der deutsche evangelische Kirchenausschuß sind abweichend von der Auffassung des braunschweigischen Finanzministers der Ansicht, daß die bisherige Gewährung der Steuerfreiheit eine „Staatsleistung" im Sinne der Art. 138, 173 RV bedeute, und daß deshalb ihre Aufhebung mit diesen Verfassungsbestimmungen nicht vereinbar sei. Der Reichsminister des Innern hält die Frage für zweifelhaft und hat, gestützt auf Art. 13 Abs. 2 RV. und das zu seiner Ausführung ergangene Gesetz vom 8. April 1920 (RGBl S. 510), bei dem Präsidenten des Reichsgerichts den Antrag gestellt:

Das Reichsgericht wolle entscheiden, ob das braunschweigische Grundsteuergesetz vom 26. Februar 1923 insoweit mit den Art. 173 und 138 RV. vereinbar ist, als es unter Beseitigung der bisherigen Steuerbefreiung auf den Grundbesitz der braunschweigischen evangelisch-lutherischen Landeskirche Anwendung findet.

Der Präsident des Reichsgerichts hat zur Entscheidung dieser Frage den IV. Zivilsenat bestimmt

II. Bestehen Zweifel oder Meinungsverschiedenheiten darüber, ob eine landesrechtliche Vorschrift mit dem Reichsrecht vereinbar ist, so kann die zuständige Reichs- oder Landeszentralbehörde nach näherer Vorschrift eines Reichsgesetzes die Entscheidung eines obersten Gerichtshofes des Reichs anrufen (Art. 13 Abs. 2 RV.). Zur Ausführung erging das Gesetz vom 8. April 1920 (RGBl. S. 510), das im § 1 ganz allgemein bestimmt: Für die Entscheidungen auf Grund des Art. 13 Abs. 2 der Verfassung des Deutschen Reiches ist das Reichsgericht zuständig. (Es folgen Ausführungen zur Abgrenzung gegenüber einer rechtsähnlichen, vom RG. jedoch für den vorliegenden Fall verneinten Zuständigkeit des Reichsfinanzhofs. Dann führt das RG. aus:)

III. 1. Wenn man den Begriff der „Staatsleistungen" in den Art. 138, 173 RV. im buchstäblichen Sinne versteht, so bedeutet er lediglich die Beiträge des Staates zu den sächlichen und persönlichen Kultuskosten der Religionsgesellschaften, mögen sie in Geldzahlungen oder Naturalleistungen bestehen. Man kann nicht, wie die braunschweigische Kirchenregierung im Schreiben an den deutschen evangelischen Kirchenausschuß vom 25. Juli 1924 unter Hinweis auf § 241 BGB. meint, von einem Anspruch der Kirche auf Unterlassung der Steuererhebung sprechen. Ein solcher Anspruch würde ein zwischen Kirche und Staat bestehendes Schuldverhältnis voraussetzen Davon kann keine Rede sein. Es handelt sich um nichts weiter als um eine auf der Grundlage der Immunität der Kirche entstandene Ausnahmebestimmung (Exemtion), kraft deren die Kirche von gewissen öffentlichen Lasten befreit ist, die den übrigen Staatsgenossen obliegen (vgl. RGZ. Bd. 87 S. 201 und über die Entwicklung der Steuerfreiheit in den verschiedenen Staaten: Richter-Dove-Kahl, Kirchenrecht § 304, Friedberg dgl. § 168, Sägmüller dgl. II § 194). Dagegen steht rechtlich nichts im Wege, den Begriff der Staatsleistungen über den Wortlaut hinaus ausdehnend auszulegen, wenn sich ergibt, daß man bei buchstäblicher Auslegung dem Sinne des Gesetzes, wenn es auch die Verfassung ist, nicht gerecht werden würde (RGZ. Bd. 2 S. 110, Bd. 90 S. 57, Bd. 93 S. 5). Und dabei kann allerdings § 241 BGB. insofern eine gewisse Bedeutung gewinnen, als aus ihm zu entnehmen ist, daß in der deutschen Rechtssprache der Begriff der Leistung auch ein Unterlassen bedeuten kann. Eine solche ausdehnende Auslegung ist aber hier veranlaßt. Der Bericht des Verfassungsausschusses der Nationalversammlung (Bd. 336 Nr. 391 S. 190 flg.) und die Verhandlungen der Nationalversammlung selbst in der 59. Sitzung, S. 1648 flg., lassen deutlich erkennen, daß es der Zweck der Art. 138, 173 sein sollte, die vermögensrechtliche Stellung der Kirche, soweit sie auf dem bisherigen Zusammenhang mit dem Staat beruht, bis zur Neuregelung des finanziellen Verhältnisses zwischen Staat und Kirche aufrechtzuerhalten. Der Antrag auf Einfügung des Art. 173 ist von dem Abgeordneten Dr. Kahl in der 59. Sitzung der Nationalversammlung (S. 1648) gestellt worden. Zur Begründung führte er aus, es sei für die evangelische und die katholische Kirche von gleich großer Bedeutung, daß für den Zwischenzustand (bis zur Ablösung der Staatsleistungen), welcher Jahre, vielleicht Jahrzehnte dauern könne, wenigstens der bisherige Rechtszustand sichergestellt werde. Er habe alle Veranlassung, dies zu betonen. Es seien ihm Klagen aus verschiedenen Einzelstaaten zugestellt, in denen man in der Zwischenzeit die Staatsleistungen kurzerhand für den Staatssäckel eingezogen habe. Das sei contra bonam fidem. Deshalb müsse festgestellt werden, daß, bis die Reichsgesetzgebung diese Ablösung näher regele, die bisherigen Staatsleistungen ihren gewöhnlichen Weg weitergingen. Das ist auch der Standpunkt der übrigen Abgeordneten, die sich zu der Frage geäußert haben. Z. B. sagte Dr. Naumann im Verfassungsausschuß: Die Konsequenz des Antrags Groeber (Nr. 91 S. 175) sei die, daß vom Staat in Zukunft, nachdem einmal Inventur gemacht und Ablösung erfolgt sei, keine Mittel mehr für die Kirche aufzuwenden seien. Es müsse eine „gerechte Ablösung" erfolgen, die die Kirche lebensfähig erhalte. Aus diesem Grunde müsse die Kirche auch das Besteuerungsrecht behalten (S. 203). Das Besteuerungsrecht der Kirche ist dann auch im Art. 137 Abs. 6 ausdrücklich festgelegt. Das gestattet aber nicht etwa ein argumentum e contrario zum Nachteil der bisherigen Steuerfreiheit der Kirche.

Nun ist es gewiß richtig, daß das Recht zur Erhebung der öffentlichen Abgaben ein Ausfluß der Finanzhoheit des Staates ist, und daß es deshalb in der Macht des Staates steht, eine einmal gesetzlich bewilligte kirchliche Steuerfreiheit durch ein späteres Gesetz ohne Entschädigung aufzuheben. Diese Befugnis kann aber durch ein Reichsgesetz, insbesondere die Reichsverfassung, eingeschränkt werden. Das ergibt sich aus § 1 des Finanzausgleichsgesetzes, der bestimmt, daß die Länder und Gemeinden berechtigt seien, Steuern nach Landesrecht zu erheben, soweit nicht die Reichsverfassung und die gemäß der Reichsverfassung erlassenen reichsrechtlichen Vorschriften entgegenstehen. Soweit also die bestehende Steuerfreiheit der Kirche als Staatsleistung im Sinne des Art. 173 RV. anzusehen ist, kann sie nicht durch ein Landesgesetz vor der Ablösung beseitigt werden. Die geschichtliche Entwicklung in Braunschweig ergibt nun in der Tat, daß die Befreiung von der staatlichen Grundsteuer ihrem Wesen nach einer Staatsleistung, die der Kirche zur Erfüllung ihrer Aufgaben gewährt wird, gleichzustellen ist, daß sie mit anderen Worten einen organischen Bestandteil der zwischen Staat und Kirche bestehenden vermögensrechtlichen Beziehungen bildet. (Das wird anschließend im einzelnen ausgeführt mit dem Ergebnis):

Aus alledem ergibt sich unzweideutig, daß die Steuerfreiheit der Kirchen, Pfarren und Pfarrwitwentümer in Braunschweig einen wesentlichen Teil derjenigen Unterstützung bildete, die der Staat der Kirche zur Bestreitung ihrer Bedürfnisse gewährte, und daß er, wenn sie nicht bestanden hätte, statt ihrer entsprechende Leistungen an die Kirche hätte machen müssen. Es liegt daher durchaus im Sinne der Art. 173, 138 RV., die Steuerfreiheit der Grundstücke der Kirche in Braunschweig, soweit es sich um die Staatssteuer handelt, ebenso wie wirkliche Staatsleistungen zu behandeln.

2. Da die Steuerfreiheit der Kirche auf Gesetz beruhte, war die braunschweigische Regierung nicht befugt, sie vor Erlaß des Ablösungsgesetzes aufzuheben. Voraussetzung ist nicht, daß die auf Gesetz beruhenden Staatsleistungen dem Rechtsweg unterliegen. Solche privatrechtliche Ansprüche (über die Bedeutung dieses Begriffes auf dem Gebiet des Kirchenrechts vgl. Urteil des Reichsgerichts vom 15. Mai 1922, JW. 1922 S. 1579 Nr. 5 unter Nr. 2) hätten des Schutzes der Art. 138, 173 nicht einmal bedurft. Wollte man diese Vorschriften, wie die braunschweigische Regierung will, nur auf privatrechtliche Ansprüche beziehen, so würden von den Art. 138, 173 RV. die wichtigsten gesetzlichen Staatsleistungen, z. B. die auf dem preußischen Gesetz betreffend die Bereitstellung von Mitteln zu Diensteinkommensverbesserungen für die Geistlichen der evangelischen Landeskirche und die katholischen Pfarrer vom 26. Mai 1909

(GS. S. 85) beruhenden Leistungen, nicht getroffen. Damit soll aber nicht gesagt sein, daß etwa die auf den jährlichen Staatshaushaltsgesetzen beruhenden Dotationen ohne weiteres als gesetzliche Staatsleistungen im Sinne der Art. 138, 173 RV. angesehen werden können (vgl. dazu die Ausführungen des Abgeordneten Dr. Naumann in der 59. Plenarsitzung der Nationalversammlung S. 1654).

Ebenso ist es für die Anwendbarkeit der Art. 138, 173 gleichgültig, ob die Steuerfreiheit aus „Liberalität", aus „Billigkeitserwägungen" gewährt ist. Es genügt, daß die Staatsleistung auf Gesetz beruht. Die Staatsleistungen sind zum großen Teil durch Billigkeitserwägungen veranlaßt.

Nach braunschweigischem Staatskirchenrecht sind sämtliche Kirchen, Pfarren und Pfarrwitwentümer selbständige juristische Personen (v. Schmidt-Phiseldeck a. a. O. § 112 S. 299). Deshalb bezeichnet der braunschweigische Finanzminister es als unrichtig, Pfarren und Pfarrwitwentümer als „Religionsgesellschaften" im Sinne der Art. 138, 173 RV. anzusehen. Er meint, dies ergebe sich einmal schon aus ihrer Eigenschaft als selbständiger juristischer Personen, ferner aber auch aus dem inneren Gegensatz der Religionsgesellschaften einerseits und der Pfarren und Pfarrwitwentümer anderseits. Es sei zwar berechtigt, den Kirchen als solchen, dem öffentlichrechtlichen Verband als Träger öffentlicher Aufgaben, mit Rücksicht auf seinen unmittelbaren gemeinnützigen Charakter bestimmte Ansprüche zu gewährleisten, nicht aber den nur mittelbar religiösen Zwecken dienenden Anstalten, wie Pfarren und Pfarrwitwentümern, die im Grunde nur als Versorgungsanstalten der Geistlichen und ihrer Hinterbliebenen anzusehen seien. Es liegt auf der Hand, daß diese Unterscheidung jeglicher Berechtigung entbehrt. Wenn die Art. 138, 173 von den auf Gesetz, Vertrag oder besonderen Rechtstiteln beruhenden Staatsleistungen an „die Religionsgesellschaften" sprechen, so verstehen sie darunter alle Beiträge, die von den Ländern an die betreffenden Kirchengemeinschaften zur Bestreitung der sächlichen und persönlichen Kultuskosten geleistet werden, ohne Rücksicht darauf, welche Institute der Kirche im einzelnen Falle Träger der Berechtigungen sind (vgl. über die verschiedenen Auffassungen hierüber Urteil des Reichsgerichts vom 20. Oktober 1913 IV 277/13 S. 6, abgedruckt im Archiv für katholisches Kirchenrecht Bd. 94 S. 138, und die dort zitierte Literatur). Es ist keinerlei Grund ersichtlich, weshalb nicht die Leistungen des Staates für die Diener der Religionsgesellschaft der Entschädigungspflicht unterworfen sein sollten. Ohne solche Diener kann die Kirche nicht bestehen. Würde man anderer Ansicht sein, so würde sich überdies das unannehmbare Ergebnis herausstellen, daß in einem Lande, wo die Kirchengemeinde als solche Trägerin der kirchlichen Rechte und Pflichten ist, wie z. B. in Preußen, eine solche Entschädigung stattzufinden hätte, in Ländern dagegen, in denen wie in Braunschweig die Pfarre selbständiges Rechtssubjekt ist, nicht. Indem der Art. 138 sagt, daß das Reich die Grundsätze für die Ablösung aufstellt, bringt er zum Ausdruck, daß diese in den Ländern sich nach einheitlichen Grundsätzen vollziehen soll.

Die Art. 138, 173 regeln nur das vermögensrechtliche Verhältnis zwischen Kirche und Staat, nicht zwischen Kirche und Gemeinde und sonstigen Kommunalverbänden. Die bisherigen Leistungen des Staates bleiben bis zum Erlaß des Ablösungsgesetzes bestehen. Wenn deshalb auch die Kirchen, Pfarren und Pfarrwitwentümer, wie in der Denkschrift des braunschweigischen Finanzministers anerkannt ist (vgl. auch v. Schmidt-Phiseldeck a. a. O. § 112 S. 297) in gewissem Umfange von der Grundsteuer der Städte, Gemeinden und Kreise befreit waren, so kann diese bisher gewährte Steuerfreiheit nicht unter den Begriff der „Staatsleistungen" gebracht werden. Die Aufhebung der Steuerfreiheit von den Kommunalabgaben durch die §§ 2, 22 des Grundsteuergesetzes vom 26. Februar 1923 (S. 37) und §§ 5, 33 des Gemeindeabgabengesetzes vom 5. November 1923 (S. 357) verstößt also nicht gegen Art. 138, 173.

RGZ. 111, 211

Rechtsnatur und Inhalt der Preuß. Kabinettsorder vom 25. Sept. 1834.

Alter Leitsatz:

1. Ist der Rechtsweg zulässig für Rechtsansprüche auf vermögenswerte Leistungen zu kirchlichen Zwecken?

2. Über die rechtliche Natur und den Inhalt der Preuß. Kabinettsorder vom 25. September 1834, betr. die von Pfarreien und Kirchengemeinden rechts des Rheins aus der Säkularisation hergeleiteten Dotationsansprüche.

GVG. § 13.

IV. Zivilsenat. Urt. v. 2. Juli 1925 i. S. kathol. Kirchengemeinde Groß-Ammensleben (Kl.) w. Preuß. Staat (Bekl.). IV 377/24.

I. Landgericht Magdeburg. II. Oberlandesgericht Naumburg a. S.

Das Kloster Groß-Ammensleben ist auf Grund des Reichsdeputationshauptschlusses durch die Preußische Kabinettsorder vom 21. September 1804 säkularisiert und vom Preußischen Staate unter Umwandlung in ein Domänenamt am 2. Oktober 1804 übernommen worden. Die klagende Kirchengemeinde macht geltend, daß der Staat ihre sämtlichen persönlichen und sachlichen Kultuskosten zu tragen habe.

Sie beansprucht zur Deckung dieser Kosten „außer der ihr seither bereits gewährten jährlichen Dotation" eine weitere Jahreszahlung. Diesen Anspruch gründet sie u. a. auf die Preußische Kabinettsorder vom 25. September 1834 (Arch. f. Kath. KR. Bd. 19 S. 340). Das Landgericht hat der Klage stattgegeben, das Berufungsgericht hat sie abgewiesen.

Die Revision der Klägerin führte zur Aufhebung und Zurückverweisung.

Aus den Gründen:

Die Vorfrage der Zulässigkeit des Rechtswegs ist im Berufungsurteil nur in dem Zusammenhange berührt, es könne mit Rücksicht darauf, daß die Kabinettsorder vom 25. September 1834 nicht als ein Gesetz, sondern als eine bloß für den inneren Dienst bestimmte Verwaltungsanweisung anzusehen sei, dahingestellt bleiben, ob die Klage, soweit sie sich auf die Kabinettsorder stütze, der Einrede der Unzulässigkeit des Rechtswegs unterliege oder wegen Fehlens der Rechtsunterlage für einen privatrechtlichen Anspruch abzuweisen sei. Dieses Verfahren ist rechtlich zu mißbilligen, da jedes klagabweisende Urteil wegen der Verschiedenheit der rechtlichen Folgen Klarheit darüber geben muß, ob eine bloße Prozeßabweisung erfolgt oder ob der Klaganspruch als sachlich unbegründet aberkannt wird. Dazu kommt, daß im Hinblick auf die neuere Rechtsprechung des Preußischen Gerichtshofs zur Entscheidung der Kompetenzkonflikte (JW. 1924 S. 73, 2081 Nr. 4, 2083 Nr. 5; Preuß. Pfarrarchiv Bd. 13 S. 45, 76, 175) die Zulässigkeit des Rechtswegs für einen Anspruch gegen den Staat auf Bestreitung von kirchlichen Bedürfnissen, wie er hier vorliegt, auch insoweit zu prüfen ist, als der Anspruch nicht aus der bezeichneten Kabinettsorder hergeleitet, sondern unter anderen rechtlichen Gesichtspunkten begründet wird.

Nach § 13 GVG. gehören vor die ordentlichen Gerichte alle bürgerlichen Rechtsstreitigkeiten, für die nicht entweder die Zuständigkeit von Verwaltungsbehörden oder Verwaltungsgerichten begründet ist oder reichsgesetzlich besondere Gerichte bestellt oder zugelassen sind. Besondere Gerichte sind für einen Rechtsstreit, wie den vorliegenden, reichsgesetzlich weder bestellt noch zugelassen. Es bestehen auch keine reichs- oder landesgesetzlichen Vorschriften, nach denen die Zuständigkeit von Verwaltungsbehörden oder Verwaltungsgerichten begründet wäre. Die Zulässigkeit des Rechtswegs hängt somit nur davon ab, ob der anhängige Prozeß sich als eine bürgerliche Rechtsstreitigkeit im Sinne des § 13 GVG. darstellt.

Das Gerichtsverfassungsgesetz enthält keine Bestimmung des Begriffs der bürgerlichen Rechtsstreitigkeit. Es sieht den Begriff als einen, ungeachtet seiner Verschiedenheit in den verschiedenen Rechtsgebieten des Reichs, nach geschriebenem oder ungeschriebenem Rechte feststehenden an. Was nach der zur Zeit der Erlassung des Gerichtsverfassungsgesetzes bestehenden Rechtsauffassung als bürgerliche Rechtsstreitigkeit galt und deshalb durch die ordentlichen Gerichte zu entscheiden war, sollte auch fernerhin als bürgerliche Rechtsstreitigkeit vor die ordentlichen Gerichte gehören. Der Begriff deckt deshalb nicht nur Streitigkeiten aus einem Privatrechtsverhältnis, schließt vielmehr auch solche Ansprüche, welche nach heutiger Auffassung auf öffentlichem Rechte beruhen, nicht schlechthin aus. So ist für Streitigkeiten „über die Zuständigkeit des Patronatsrechts", die durch § 577 *II 11* Pr. *ALR.* den ordentlichen Gerichten zugewiesen sind, der ordentliche Rechtsweg auch jetzt noch zulässig, trotzdem das Patronatsrecht jetzt als ein Individualrecht kirchlich öffentlich-rechtlicher Natur aufgefaßt wird (vgl. RGZ. Bd. 63 S. 21). Auch da, wo das Gesetz rechtliche Ansprüche gibt, ohne durch positive Vorschrift eine Rechtsschutzbehörde zu bestimmen, kann sich aus der Gesamtheit der für das Rechtsgebiet geltenden Normen und ihrer Anwendung in ständiger Rechtsübung ergeben, daß der Rechtsschutz, trotz Einschlags von öffentlichem Recht, durch die ordentlichen Gerichte zu gewähren ist. So steht für die Ansprüche aus einem sog. Zustimmungsvertrage nach § 6 des Preuß. Kleinbahngesetzes vom 28. Juli 1892 in der Rechtsprechung des Reichsgerichts fest, daß solche Ansprüche zwar im Sinne des materiellen Rechtes als öffentlich-rechtlich, aber im Sinne des § 13 GVG. als bürgerlichrechtlich anzusehen sind, weil das Rechtsgebiet dieser Zustimmungsverträge und der daraus entspringenden Rechtsverhältnisse nach der seinerzeit herrschenden Auffassung der Entscheidung durch die ordentlichen Gerichte unterstellt war (RGZ. Bd. 92 S. 310, Bd. 93 S. 78, Bd. 106 S. 177). Ebenso ist in anderen Entscheidungen des Reichsgerichts zwar die Meinung zurückgewiesen, daß vermögensrechtliche Ansprüche notwendigerweise privatrechtlich seien, und es ist denjenigen vermögensrechtlichen Ansprüchen, welche sich ihrem Wesen nach auf öffentliches Recht gründen, der öffentlichrechtliche Charakter zuerkannt, aber doch nur mit der Maßgabe, daß diese Ansprüche zum Teil nach der geschichtlichen Entwicklung unter den Begriff der bürgerlichen Rechtsstreitigkeiten in § 13 GVG. fallen (RGZ. Bd. 106 S. 409 u. a.). Für rechtliche, wenn auch, wenigstens nach heutiger Anschauung, im öffentlichen Rechte begründete Ansprüche auf vermögenswerte Leistungen zu kirchlichen Zwecken ist in bestimmter und ständiger Rechtsprechung wie des vormaligen Preuß. Obertribunals, so auch des Reichsgerichts der ordentliche Rechtsweg zugelassen, soweit nicht besondere landesgesetzliche Vorschriften, wie die Preuß. Kabinettsorder, betr. die Einziehung der Kirchen-, Pfarr- und Schulabgaben usw., vom 19. Juni 1836 (GS. S. 198) und § 15 Pr. G., betr. die Erweiterung des Rechtswegs, vom 24. Mai 1861 entgegenstehen. Von einschlägigen Urteilen des Reichsgerichts seien angeführt die nach vorstehendem für die Auslegung des § 13 GVG. bedeutungsvollen Entscheidungen aus den ersten Jahren nach dem Inkrafttreten dieses Gesetzes RGZ. Bd. 1 S. 140, Bd. 5 S. 300, Bd. 6 S. 233, Bd. 7 S. 136. Die von der damaligen Rechtsauffassung abweichende Umgrenzung des Begriffs der bürgerlichen Rechtsstreitigkeit, die der Preuß. Gerichtshof zur Entscheidung der Kompetenzkonflikte in seinen oben angezogenen Entscheidungen vorgenommen hat, würde dazu führen, daß bisher des Rechtsschutzes durch die ordentlichen Gerichte teilhaftigen, im Rechte begründeten Ansprüchen, insbesondere Ausstattungsansprüchen von Kirchengemeinden gegen den Staat, ohne eine Änderung der Gesetzgebung der Rechtsschutz entzogen würde. Das erscheint als ein unannehmbares Ergebnis.

Der Senat bejaht hiernach (in Übereinstimmung mit dem Urteil Warn. 1925 Nr. 31) die Zulässigkeit des Rechtswegs. Darauf, ob die Kabinettsorder vom 25. September 1834 eine Rechtsgrundlage für den Anspruch bietet, braucht erst bei der Prüfung der Begründetheit des Anspruchs eingegangen zu werden. Denn die Klägerin macht damit, daß sie sich auf diese Order beruft, keinen selbständigen Klagegrund geltend, sondern sie führt damit ein „Gesetz" an, das neben anderen (parallel laufenden) Rechtsnormen schon für sich allein geeignet sei, den Klaganspruch auf Grund der vorgetragenen Tatsachen als gerechtfertigt erscheinen zu lassen. Die Anwendung des zutreffenden Gesetzes auf die den Klagegrund bestimmenden Tatsachen aber ist eine von dem Parteivorbringen unabhängige Aufgabe des Gerichts.

In der Sache selbst ... (wird nach der Zurückweisung von Revisionsangriffen, die sich auf andere Rechtsnormen stützen, mit Bezug auf die Kabinettsorder vom 25. September 1834 ausgeführt:)

Die zuerst 1868 im Archiv für katholisches Kirchenrecht Bd. 19 S. 340 nicht ganz veröffentlichte, ihrem vollen Wortlaute nach in dem Aufsatze von Triepel, Archiv des öffentlichen Rechts N. F. Bd. 5 S. 207, mitgeteilte Kabinettsorder König Friedrich Wilhelms III. vom 25. September 1834 ist auf den gemeinschaftlichen Bericht des Ministers der geistlichen Angelegenheiten und des Finanzministers vom 19. August 1834 an diese beiden Minister gerichtet. Sie bezieht sich auf die von Pfarreien und Kirchengemeinden diesseits des Rheins „aus den Klosteraufhebungen abgeleiteten Dotationsansprüche" gegen den Preußischen Staat. Der König geht davon aus, daß bei der Verschiedenheit der Fälle und Verhältnisse nach Umständen und den Beweismitteln im einzelnen näher zu beurteilen bleibe, ob einem aufgehobenen Stifte oder Kloster wirklich zu Recht bestehende Verpflichtungen obgelegen haben oder nicht, erachtet es aber doch für zulässig und notwendig, mit Hinsicht auf die Bestimmungen des Reichsdeputationsschlusses vom 25. Februar 1803 allgemeine Grundsätze anzunehmen, die bei den Ansprüchen der Pfarreien und Kirchengemeinden an den Staat zunächst im Auge gehalten werden könnten, und genehmigt gemäß der in dem Berichte vom Minister der geistlichen Angelegenheiten geäußerten Ansicht, „daß eine rechtliche Verpflichtung (nämlich des ehemaligen Stifts oder Klosters) und daher auch ein Anspruch auf vollständige oder ergänzende Dotation überall anzuerkennen sei, wo erweislich entweder

1. vor der Errichtung des Stifts oder Klosters schon eine Pfarrkirche existierte, welche mit den diesfälligen Pfarrverrichtungen dem Kloster oder Stifte übergeben worden ist, oder wo

2. das Pfarroffizium späterhin dem Kloster oder Stifte von der geistlichen Behörde förmlich inkorporiert worden, oder wo

3. Stifter und Klöster sich anderweitig zur Leistung der Pfarrdienste ausdrücklich und auf rechtsverbindliche Weise verpflichtet hatten, oder wo endlich

4. die betreffende Gemeinde, ohne zu einer anderen Pfarrkirche des Orts oder der Nachbarschaft wirklich eingepfarrt zu sein, wenigstens 44 Jahre hindurch vom Jahre 1803 exklusive an zurückgerechnet, also vom Jahre 1759 ab, im fehlerfreien und ununterbrochenen Besitze der von dem aufgehobenen Kloster oder Stift ihr geleisteten Pfarrdienste sich befunden hat." Im Anschluß hieran wird es in der Order als selbstverständlich bezeichnet, daß die zu gewährenden Entschädigungen nicht über den Betrag des eingezogenen Klostervermögens und über die früheren Verpflichtungen der Klostergeistlichkeit ausgedehnt werden dürfen.

Das vormalige Preußische Obertribunal hat in einem Erkenntnis vom 22. Februar 1858 (Striethorst Archiv Bd. 29 S. 149) ausgesprochen, daß die in jenem Prozeß von dem Bischöflichen Stuhl in Paderborn als Kläger in Abschrift vorgelegte Kabinettsorder sich nach Form und Inhalt und im Hinblick auf die fehlende Publikation als eine für die richterliche Entscheidung nicht maßgebende bloße Instruktion für die Verwaltungsbehörden darstelle. Dagegen hat das Reichsgericht in den Urteilen vom 25. Januar 1900 IV 266/99 und 8. März 1907 II 369/06 (JW. 1907 S. 292 Nr. 54) die Kabinettsorder als ein Gesetz gekennzeichnet, das der Kirchengemeinde unter den darin bestimmten Voraussetzungen gegen den Staat einen Rechtsanspruch auf Dotation gewähre. Die in den beiden Urteilen gegebene Begründung ist in zwei späteren Urteilen (RGZ. Bd. 96 S. 31; JW. 1922 S. 1579 Nr. 5) ergänzt. In gleichbleibender Rechtsprechung ist dieselbe Auffassung wiederholten anderen Entscheidungen sowohl des IV. als auch des II. Zivilsenats zugrunde gelegt worden (Recht 1914 S. 429; Warn. 1916 Nr. 120; JW. 1917 S. 228 Nr. 18; RGZ. Bd. 97 S. 170, Bd. 101 S. 15 u. a.). Der

Auffassung des Reichsgerichts, der Kahl (in Anm. zu JW. 1917 S. 228 Nr. 18) zugestimmt hat, sind Fürstenau (in Anm. zu JW. 1922 S. 1579 Nr. 5), Triepel in dem schon erwähnten Aufsatz (Arch. Öff. R. N. F. Bd. 5 S. 206) und der Preuß. Gerichtshof zur Entscheidung der Kompetenzkonflikte in dem Erkenntnis vom 12. Mai 1923 (JW. 1924 S. 73) entgegengetreten, und zwar unter Billigung des Standpunkts des Obertribunals, während Otto Fischer wiederum diesen Standpunkt bekämpft und die Auffassung des Reichsgerichts verteidigt hat (Anm. zu JW. 1924 S. 73 und Arch. Kath. KR. Bd. 103 S. 37). Auch das Berufungsgericht hat sich auf den Standpunkt des Obertribunals gestellt.

Der erkennende Senat hält nach eingehender Würdigung der gegen die Annahme der Gesetzesnatur der Kabinettsorder vorgebrachten Gründe an dieser Annahme fest. Es sind zwei Fragen zu unterscheiden, einmal die, ob der König durch die Order eine Anordnung erlassen hat, die objektives Recht setzen sollte, zum anderen die, ob er diese Wirkung durch eine nicht veröffentlichte Order erreichen konnte. Die erste Frage ist aus dem Inhalt und Wortlaute der Order selbst und ihrem Zusammenhang mit dem sie veranlassenden Inmediatberichte vom 19. August 1834 zu beantworten. Die früheren Vorgänge, die übrigens dem Senat bei Erlassung seines Urteils vom 15. Mai 1922 (JW. 1922 S. 1579 Nr. 5) schon sämtlich bekannt waren, haben nur untergeordnete Bedeutung. Es darf nicht übersehen werden, daß der Bericht vom 19. August 1834 sich nicht darauf beschränkt hat, den ihm vorangegangenen Auftrag des Königs zu erledigen, sondern in einem wesentlich weiteren Rahmen erstattet ist. Auf dieser breiteren Grundlage ist die Order vom 25. September 1834 ergangen. Was sich aus der zusammenfassenden Betrachtung von Order und Bericht ergibt, ist in RGZ. Bd. 96 S. 33—36 dargelegt. Auf diese Darlegung, die zwar Widerspruch, aber keine Widerlegung gefunden hat, wird hier verwiesen. Der König hat danach kraft seines Majestätsrechts zur Deklaration von Recht und Gesetzen (§ 6 II 13, vgl. auch §§ 7, 15 Einl. z. Pr. ALR.) die Voraussetzungen festgestellt, unter denen die aus dem Reichsdeputationshauptschlusse folgenden oder aus der Gesamtnachfolge des Staates in die säkularisierten Güter entstandenen Verpflichtungen des Fiskus gegenüber den vor der Säkularisation von den Stiftern oder Klöstern versorgten Pfarreien oder Kirchengemeinden anerkannt werden sollen. Ob diese Deklaration dem bestehenden Rechtszustand entsprach oder davon abwich, ist für ihre Eigenschaft als Rechtsquelle ohne Belang. Daß die vom König aufgestellten Grundsätze von den Verwaltungsbehörden bei der Beurteilung der an sie herantretenden Dotationsansprüche zu beachten waren, war eine praktisch sehr bedeutsame, aber nicht die einzige Folge ihrer auf Allgemeinverbindlichkeit abzielenden Aufstellung.

Übereinstimmung besteht in der Wissenschaft und Rechtsprechung darüber, daß die Sanktion eines Gesetzes durch den absoluten König weder durch die vorherige Anhörung einer beratenden Behörde, als welche in § 7 Einl. z. Pr. ALR. die (1808 aufgehobene) Gesetzkommission und in § 2a VO. wegen Einführung des Staatsrats vom 20. März 1817 (GS. S. 67) der Staatsrat vorgesehen war, noch durch die bereits in einer Verordnung König Friedrich Wilhelms I. vom 25. März 1719 vorgesehene Gegenzeichnung eines Departementsministers rechtlich bedingt war. Daß die Kabinettsorder vom 25. September 1834 nicht im Staatsrate vorberaten und nicht von einem Minister gegengezeichnet worden ist, ist daher für die Gültigkeit unerheblich. Beide Umstände lassen auch keinen Rückschluß darauf zu, daß die Order trotz ihres für ein Gesetz geeigneten Inhalts nicht als Gesetz beabsichtigt gewesen sei.

Zweifelhafter ist, was der Senat schon früher anerkannt hat, die zweite, die Bekanntmachung der Order betreffende Frage. Nach § 10 Einl. z. Pr. ALR. erhält ein Gesetz seine rechtliche Verbindlichkeit erst von der Zeit an, da es gehörig bekannt gemacht worden. Die Form der Bekanntmachung war im Jahre 1834 durch die Verordnungen vom 27. Oktober 1810 (GS. S. 1), 28. März 1811 (GS. S. 165), 14. Januar 1813 (GS. S. 2) und 24. Juli 1826 (GS. S. 73) geregelt. Danach war für die Gesetze, um sie verbindlich zu machen, der Abdruck in der Gesetzsammlung oder in den Amtsblättern vorgeschrieben. Aber solange der preußische Staat absoluter Staat war, blieb es dem Könige freigestellt, im einzelnen Falle die von ihm selbst über die „gehörige" Form der Gesetzespublikation aufgestellten Normen zu durchbrechen. Er konnte an die Stelle der normalen Verkündungsform selbstherrlich eine andere setzen, wenn ihm dies die Verhältnisse des besonderen Falls als zweckmäßig erscheinen ließen. Und er hat nicht ganz selten von dieser Freiheit Gebrauch gemacht (so mit Recht T r i e p e l a. a. O. S. 218 in Übereinstimmung mit H u b r i c h , Entwickelung der Gesetzespublikation in Preußen S. 17, 47).

Von den in der Tat „nicht ganz seltenen" Fällen, in denen der König in solcher Weise verfahren ist, seien hier aus der oberstrichterlichen Rechtsprechung die Fälle angeführt, in denen es sich, wie hier, um Verordnungen aus dem vierten Jahrzehnt des vorigen Jahrhunderts handelt. Es sind dies die Kabinettsorder vom 20. Mai 1832 über das Disziplinarverfahren gegen die Hofstaatsbeamten (RGZ. Bd. 84 S. 168), die Kabinettsorder vom 6. Juni 1835 über das Verhältnis der Stadt Berlin zum Charité-Krankenhause (Gegenstand des Reichsgerichtsurteils IV 498/14, Recht 1915 Sp. 197), und die Kabinettsorder vom 3. Juni 1838 über die Begrenzung der Haftung der suspendierten Beamten für die Kosten ihrer Stellvertretung, Gegenstand des Urteils des Preuß. Obertribunals vom 30. Januar 1840 (Entsch. Bd. 12 S. 145).

Keine dieser drei Verordnungen mit verbindlich gewordenem Gesetzesinhalt ist in der Gesetzsammlung oder in einem Amtsblatte bekannt gemacht. Wenn daher der Kompetenzgerichtshof (JW 1924 S. 73) sagt, „soweit bekannt, sei seit 1817 bis zum Erlasse der Verfassung kein allgemeines Gesetz, im Gegensatze zu den nur einen Einzelfall entscheidenden Befehlen, ohne Beobachtung der bezeichneten (insbesondere also auch der die Bekanntmachung regelnden) Formvorschriften ergangen", so könnte dem nur zugestimmt werden, wenn der Begriff des allgemeinen Gesetzes nicht in dem weiten, sich aus dem Gegensatz zum Befehle für einen Einzelfall ergebenden Sinne gebraucht, sondern lediglich auf solche Gesetze angewandt wird, welche für die Untertanen im allgemeinen bestimmt waren. In diesem engeren Sinne aber ist auch die Kabinettsorder vom 25. September 1834 kein allgemeines Gesetz, da sie sich nur auf die Rechtsverhältnisse des beschränkten Kreises von Pfarreien und Kirchengemeinden bezieht, deren frühere Versorger von der Säkularisation betroffen worden waren.

Aus der oben mit den Worten Triepels wiedergegebenen Rechtslage folgt zunächst, was auch Triepel und Hubrich a. a. O. sowie Fürstenau (JW 1922 S. 1580 Anm.) gelten lassen, daß der König eine gesetzlich bestimmte Art der Bekanntmachung, nämlich die durch Gesetzsammlung oder die Amtsblätter, durch eine andere Art in der Weise ersetzen konnte, daß er mit der Rechtsetzung eine besondere Anordnung über eine von der Regel abweichende Art der Bekanntmachung an die Betroffenen verband. Eine solche besondere Anordnung ist in den vorher erwähnten Ordern vom 20. Mai 1832 und 6. Juni 1835 getroffen. Die Order vom 25. September 1834 enthält keine entsprechende Anordnung. Es bedurfte dessen aber auch nicht. Denn der König nahm die Kundmachung an die Beteiligten und damit die nach seinem maßgebenden Willen „gehörige" Bekanntmachung selbst schon dadurch vor, daß er die Order den Ministern der geistlichen Angelegenheiten und der Finanzen zugehen ließ. Das ist hinsichtlich des auf der einen Seite beteiligten, durch den Finanzminister vertretenen Fiskus ohne weiteres klar, erhellt aber auch hinsichtlich der auf der anderen Seite beteiligten Pfarreien und Kirchengemeinden, wenn man sich den damaligen Rechtszustand vergegenwärtigt, der von dem Kompetenzgerichtshof (JW. 1924 S. 76) zutreffend in der folgenden Weise gekennzeichnet ist: „Die Verwaltung auch der katholischen Kirche lag im wesentlichen in der Hand des Staates, dessen Behörden die wichtigeren Geschäfte erledigten. Oberste Instanz war das geistliche Departement, später seit der Verordnung vom 3. November 1817 (GS. S. 289) das Ministerium für die geistlichen Angelegenheiten". Da dem so war, konnte der König den Minister der geistlichen Angelegenheiten als denjenigen betrachten, welcher bei der Entgegennahme der Order die Pfarreien und Kirchengemeinden vertrat, deren Interessen er auch bei dem der Order vorangegangenen Schriftwechsel in ausgesprochenem Gegensatz zum Finanzminister wahrgenommen hatte. In dem gleichen Sinne hat der Senat schon früher (JW. 1922 S. 1580) darauf Gewicht gelegt, daß die Order „vom Könige selbst an die mit der Ausführung betrauten Minister gerichtet" worden ist. Daß die Order etwa vor den Pfarreien und Kirchengemeinden oder den zur Entscheidung künftiger Rechtsstreitigkeiten zwischen ihnen und dem Fiskus berufenen Gerichten geheim gehalten werden sollte, ist in ihr weder ausdrücklich angeordnet, noch ergibt es sich aus ihrem Inhalte. Insbesondere läßt die Erklärung des Königs am Schlusse der Order, daß die Anberaumung eines Präklusionstermins für die noch vorhandenen rechtlichen Ansprüche allerdings nicht ratsam sei, da sie eine Menge unbegründeter Prätensionen zur Folge haben würde, keinen Rückschluß auf den Willen des Königs zur Geheimhaltung zu (so auch Triepel a. a. O. S. 220). Die Minister haben die Order auch nicht geheim gehalten. Wie schon erwähnt, war der Bischöfliche Stuhl in Paderborn in dem 1858 vom Obertribunal entschiedenen Prozeß in der Lage, eine Abschrift der Order vorzulegen. Er hatte die Order nach einer Feststellung von Hilling, dem Herausgeber des Archivs für katholisches Kirchenrecht (Bd. 103 S. 37 Anm. 3), durch die Regierung in Minden unter dem 15. Januar 1840 mitgeteilt erhalten, und zwar auf Anweisung des vorher mit dem Finanzministerium ins Benehmen getretenen Ministers der geistlichen Angelegenheiten.

Nach alledem erscheinen die aus der Art der Bekanntmachung der Order gegen ihre rechtliche Verbindlichkeit (im Sinne des § 10 Einl. z. Preuß. ALR.) hergeleiteten Bedenken nicht stichhaltig.

Von den vier alternativen Voraussetzungen, unter denen nach der Kabinettsorder anzunehmen ist, daß einem aufgehobenen Kloster gegen eine Gemeinde eine (auf den Staat übergegangene) rechtliche Verpflichtung hinsichtlich der Seelsorge obgelegen habe, stellt sich die vierte als eine abschließende Regelung des Falles eines Rechtserwerbs gegen das Kloster durch Zeitablauf (Ersitzung oder unvordenkliche Verjährung) dar. In den Urteilen des II. Zivilsenats vom 8. März 1907 (JW. 1907 S. 292 Nr. 54) und des IV. Zivilsenats vom 4. Mai 1914 (Recht 1914 Sp. 429) ist darüber hinaus gesagt, daß ein Anspruch gegen den Staat aus der Säkularisation auf Bestreitung von Kultuskosten überhaupt nur unter den genau umschriebenen Voraussetzungen der Kabinettsorder gegeben sei. An diesem allgemeinen Satze, auf dem in beiden Fällen die Entscheidung nicht beruht, hält der IV. Zivilsenat nicht fest. Er entnimmt vielmehr daraus, daß die

Order ihre Grundsätze nur als solche aufstellt, welche „zunächst im Auge gehalten werden können", als den Willen des Königs, daß er den Gemeinden die Möglichkeit der Geltendmachung anderer Entstehungsgründe für eine Verpflichtung des Klosters „und daher auch" für einen Anspruch gegen den Staat offen lassen wollte. Gegenüber den Entstehungsgründen aller Art gilt aber, was zur Vermeidung von Mißverständnis hier bemerkt sei, die in der Order ausgesprochene Beschränkung der Dotationsansprüche gegen den Staat auf den „Betrag des eingezogenen Klostervermögens" und auf den Umfang der „früheren Verpflichtungen der Klostergeistlichkeit".

Das Berufungsgericht, das die Gesetzesnatur der Kabinettsorder verneint, hat doch hilfsweise geprüft, ob ihre Voraussetzungen gegeben seien. Es scheidet die drei ersten Fälle der Order (förmliche Inkorporation einer schon bei Errichtung des Klosters vorhanden gewesenen Pfarrkirche, spätere Inkorporation, anderweitige ausdrückliche Verpflichtung des Klosters zur Leistung der Pfarrdienste) als mindestens nicht erwiesen aus. Das ist rechtlich nicht zu beanstanden.

Für den vierten Fall der Order kommt es darauf an, ob sich die betreffende Gemeinde, ohne zu einer anderen Pfarrkirche des Ortes oder der Nachbarschaft eingepfarrt gewesen zu sein, wenigstens 44 Jahre hindurch, von 1759 bis 1802 einschließlich, im fehlerfreien und ununterbrochenen Besitze der ihr vom Kloster geleisteten Pfarrdienste befunden hat. Es genügt dabei, wie das Reichsgericht schon im Urteil vom 25. Januar 1900 IV 266/99 und später wiederholt (so JW. 1922 S. 1581 und im Urt. v. 20. Oktober 1924 IV 614/23) ausgesprochen hat, wenn dem Kloster eine durch gemeinschaftliche örtliche Beziehungen verbundene Mehrheit von Personen gegenübergestanden hat, die sich allmählich zu einer Pfarrgemeinde entwickelt hat. Das nimmt auch das Berufungsgericht an. Es meint aber, daß der Besitz der Gemeinde nur dann fehlerfrei gewesen sei, wenn er dem Zivilrechte des Staates entsprochen habe, und daß dieses Recht einen Besitz nur dann als fehlerfrei anerkannt habe, wenn er sich nicht in Widerspruch zu dem geltenden Staatsrecht gesetzt habe. Auf dieser Grundlage wird ausgeführt: Im Magdeburger Gebiete sei der Erzbischof in der Mitte des 16. Jahrhunderts evangelisch geworden, während die Ordensgeistlichkeit der Klöster zum Teil dem alten Glauben treu geblieben sei. Für das nach dem Westfälischen Frieden (Instrumentum Pacis Osnabrugensis Art. V §§ 25, 31) maßgebende Jahr 1624 seien keine von Klostergeistlichen im evangelisch gewordenen Dorfe vorgenommenen Ministerialhandlungen erwiesen, die den Schluß auf ein exercitium religionis der Katholiken rechtfertigen könnten. Die katholischen Einwohner von Ammensleben hätten demgemäß nach den angeführten Friedensbestimmungen kein Recht auf exercitium ihrer Religion gehabt. An diesem Rechtszustande habe sich in der Folgezeit bis zu den entscheidenden Jahren 1759 flg. nichts geändert.

Die so begründete Verneinung des vierten Falles der Kabinettsorder ist von Rechtsirrtum beeinflußt. Die Bedeutung, in der die Kabinettsorder den Begriff „fehlerfrei" gebraucht hat, ist aus den zur Zeit ihrer Erlassung geltenden §§ 96 flg. I 7 Pr. ALR. zu entnehmen (vgl. Urt. vom 3. Juli 1922 IV 620/21). Es ist ebenso anzusehen, wie wenn die Kabinettsorder bestimmt hätte, der von ihr erforderte 44jährige Besitz dürfe dem Kloster gegenüber weder auf Gewalt oder Betrug noch auf Verheimlichung noch auf Precarium beruht haben. Die Kabinettsorder erfordert allerdings juristischen Besitz an einem Rechte, was voraussetzt, daß der eine Teil die Leistung als Recht verlangt, der andere sie in Erfullung einer Pflicht gewährt hat (Urt. v. 4. Mai 1914 Recht 1914 Sp. 429). Ob Recht und Pflicht aus der staatlichen oder der kirchlichen Rechtsordnung abgeleitet wurden, ist dabei aber ebenso unerheblich wie für die Anwendung des von der Kabinettsorder bei der Umgrenzung des Umfanges der Dotationsansprüche gebrauchten Begriffs der „früheren Verpflichtungen der Klostergeistlichkeit" (Urt. v. 27. Januar 1922 II 6/578/21; vgl. auch JW. 1922 S. 1580). Auch juristischer Besitz ist ferner nur Besitz und unabhängig von dem Rechte zum Besitze. Die vom Berufungsgericht, und zwar auch nur auf Grund der staatlichen Rechtsordnung, angestellte Untersuchung uber das Recht zum Besitze, sowie die Erörterungen der Parteien hieruber in der Revisionsinstanz liegen deshalb neben der Sache. Unter den zutreffenden rechtlichen Gesichtspunkten ist die Sachlage mit Bezug auf den vierten Fall der Kabinettsorder bisher nicht geprüft.

RGZ. 127, 251

1. Sind bei der Auseinandersetzung des Vermögens einer Küsterlehrerstelle gemäß § 30 Abs. 6, 7 des preuß. Volksschulunterhaltungsgesetzes vom 28. Juli 1906[1]) die Eigentumsverhältnisse oder die öffentlich-rechtliche Zweckbestimmung der bisher gemeinschaftlich benutzten Vermögensstücke zugrunde zu legen?

2. Über das Vorhandensein und die Rechtsnatur einer sog. Küsterlehrerpfründe.

[1]) Anm. Trotz Neuregelung dieses Rechtsstoffes durch das (preuß.) Ges. über die Trennung dauernd vereinigter Schul- und Kirchenämter vom 7. September 1938 (GS. S. 93) und die DurchfVO. hierzu vom 13. Oktober 1938 (GS. S. 103) können die rechtsgrundsätzlichen Ausführungen der vorliegenden Entsch. auch weiterhin wissenschaftliche und praktische Bedeutung erlangen.

IV. Zivilsenat. Urt. v. 24. Februar 1930 i. S. Eigenschulverband A. (Bekl.) w. Kirchengemeinde R. (Kl.). IV 741/28.

I. Landgericht Halle a. S. II. Oberlandesgericht Naumburg a. S.

In der Gemeinde Radewell (Saalekreis) ist von altersher das Küsteramt mit dem Schulamt dauernd vereinigt. Auf Antrag der dortigen evangelischen Kirchengemeinde hat der Oberpräsident auf Grund des § 30 Abs. 6, 7 des preuß. Volksschulunterhaltungsgesetzes vom 28. Juli 1906 die Auseinandersetzung des vereinigten Stellenvermögens vorgenommen und durch Bescheid vom 14. März 1927 der Kirchengemeinde und dem Schulverband die bisher zur Landdotation der Küsterschulstelle dienenden Grundstücke je zur Hälfte als Eigentum zugewiesen, ebenso das vorhandene, von der Kirchengemeinde verwaltete Kapitalvermögen gleichheitlich verteilt. Das 1867/68 errichtete Küsterschulhaus ist zwischen beiden dergestalt geteilt worden, daß die Kirchengemeinde den westlichen Teil und der Schulverband den östlichen Teil erhalten sollte. Die Bau- und Gartenstelle der früheren Küsterschule sowie die alte Küsterscheune sind der Kirchengemeinde zu freiem Eigentum überwiesen worden. Gegen diesen Auseinandersetzungsbescheid hat die Kirchengemeinde wegen der Teilung der Landdotationsgrundstücke und des Kapitalvermögens rechtzeitig den ordentlichen Rechtsweg beschritten. Sie verlangt insoweit mit der Klage Aufhebung des Bescheids und Feststellung ihres Alleineigentums an diesen Vermögensstücken. Der verklagte Schulverband hat Abweisung der Klage begehrt. Die Vorinstanzen haben nach dem Klagantrag erkannt. Die Revision des Beklagten ist zurückgewiesen worden aus folgenden

Gründen:

I.

Die Revision bittet in erster Linie um Nachprüfung der Frage, ob die Auseinandersetzung des Stellenvermögens eines organisch vereinigten Kirchen- und Schulamts gemäß § 30 Abs. 6, 7 des preuß. Volksschulunterhaltungsgesetzes vom 28. Juli 1906 nach privatrechtlichen Grundsätzen, insbesondere nach Maßgabe der Eigentumsverhältnisse zu erfolgen hat, oder ob hierbei die öffentlich-rechtliche Zweckbestimmung des Vermögens zugrunde zu legen ist. Wäre die letztere Ansicht richtig, so könnte die Schulgemeinde (der Schulverband) verlangen, bei der Trennung der Ämter an dem Stellenvermögen, auch wenn es im Alleineigentum der Kirchengemeinde steht, irgendwie beteiligt zu werden, und es wäre nicht zulässig, die Auseinandersetzung in der Weise vorzunehmen, daß der Kirchengemeinde die bisher in ihrem Eigentum stehenden Vermögensstücke ohne Rücksicht auf ihre frühere zugunsten von Kirche und Schule bestehende Zweckbestimmung zugewiesen würden. Der jetzt erkennende Senat hat im Urteil vom 18. Juni 1925 (RGZ. Bd. 111 S. 53, vollständig abgedruckt JW. 1925 S. 2441 N. 3) die Frage im ersteren Sinne entschieden; ihm sind der VI. Senat (JW. 1926 S. 1446 N. 4) und der V. Senat (JW. 1926 S. 2285 N. 4) beigetreten. Auf dem Standpunkt der reichsgerichtlichen Rechtsprechung steht auch das Berufungsurteil und nimmt auf sie Bezug. Gegen diese Rechtsprechung haben sich gewandt: Dirksen, und zwar neuerdings in seinen Anmerkungen zu JW. 1925 S. 2441 und 1926 S. 1447, sowie u. a. in den im preuß. Volksschularchiv Bd. 21 S. 1 flg., Bd. 26 S. 97 flg. abgedruckten Aufsätzen, ferner Fleischer in seiner Schrift: Die Vermögensauseinandersetzung bei vereinigten Kirchen- und Schulämtern (vgl. auch dessen Anmerkungen zu JW. 1926 S. 1446, 2285) und Herrmann im Preuß. Verwaltungsblatt Bd. 47 S. 365 flg., S. 377 flg. und weiter in der Schrift: Die vermögensrechtliche Auseinandersetzung bei Trennung von Kirchen- und Schulamt. Ebenso hat das Oberverwaltungsgericht im Urteil vom 18. Dezember 1928 (Preuß. Volksschularchiv Bd. 26 S. 342) einen abweichenden Standpunkt eingenommen, ohne aber hierauf seine Entscheidung zu gründen (vgl. auch Fürstenau in JW. 1927 S. 2838 und Armbrüster das. 1929 S. 3357). Dagegen haben sich für die sog. Eigentumstheorie im Sinne der reichsgerichtlichen Urteile erklärt: Arndt in der Schrift: Die organisch vereinigten Kirchen- und Schulämter in Preußen, 2. Aufl.; Paschasius im Volksschularchiv Bd. 21 S. 289 flg.; Schulte das. Bd. 25 S. 11 flg.; Strippel im Preuß. Pfarrarchiv Bd. 16 S. 97 flg., 190 flg. und in der Schrift: Die Küsterlehrerstelle S. 17 flg.; schließlich in eingehender Darstellung Hoheisel: Das Recht der Küsterschule S. 140 flg.[2]).

Der Senat sieht sich nicht veranlaßt, von seinem in dieser Streitfrage früher eingenommenen Standpunkt abzugehen. Das Gesetz selbst hat es in § 30 Abs. 6, 7 vermieden, sachliche Grundsätze über die Auseinandersetzung aufzustellen. Wenn dort von der „Auseinandersetzung in Ansehung des Vermögens" gesprochen wird, so kann daraus nicht im Wege der Auslegung die Richtigkeit der gegnerischen Ansicht hergeleitet werden. Ohne Zweifel hat beim vereinigten Kirchen- und Schulamt das Stellenvermögen bisher öffentlich-rechtlichen Zwecken (sog. „Zugleichzwecken") gedient. Die Frage aber, wer während der Ämtervereinigung Eigentümer des Vermögens war, ist dadurch in keiner Weise berührt worden. Privatrechtliches Eigentum hat, wie auch von den Gegnern zum Teil nicht bestritten wird, die ganze Zeit über bis zur Trennung bestanden. Die Auseinandersetzung hat begrifflich zum Gegenstand die Klarstellung

[2]) Vgl. an Schrifttum zur neuen Rechtslage Mirow: RVerwBl. 1938 S. 1041 ff., sowie Bertram und Große: Dt. Schul-VerwArch. 35 Bd. (1939) S. 265 ff. und S. 274 ff.

der Rechte an den einzelnen Vermögensstücken unter Aufhebung der Gemeinschaft und unter Lösung der sich bisher daraus ergebenden Beziehungen. Es handelt sich auch dem Eigentum nach um privatrechtliches, nicht um öffentlich-rechtliches Vermögen, das auseinandergesetzt werden soll, und hierfür kann in aller Regel nur die privatrechtliche Eigentumsordnung maßgebend sein, die der im Gesetz (§ 30 Abs. 6) zur letzten Entscheidung berufene ordentliche Richter anzuwenden hat. Hätten daneben nach dem Auseinanderfallen der öffentlich-rechtlichen und der privatrechtlichen Verhältnisse für letztere gleichwohl noch Beziehungen des öffentlichen Rechts, hier die öffentlich-rechtliche Zweckbestimmung, maßgebend bleiben sollen, so wären die Absätze 6 und 7 der Ort gewesen, eine solche keineswegs selbstverständliche Bestimmung zu treffen.

Nun könnte sich allerdings aus dem Zusammenhang der Vorschriften des Gesetzes — zunächst der sonstigen Vorschriften des § 30 — die Berücksichtigung der öffentlich-rechtlichen Zweckbestimmung bei der Auseinandersetzung als vom Gesetzgeber stillschweigend gewollt ergeben. In § 30 Abs. 2 ist gesagt, daß die Vermögensstücke, die schon seither Zugleichzwecken dienten, diesen Zwecken erhalten bleiben sollten. Die Vorschrift gilt aber, ebenso wie die des Abs. 4 das., nur für die Dauer der Vereinigung der Ämter. Das ist bereits in RGZ. Bd. 111 S. 56, 57 dargelegt und daran muß auch nach erneuter Prüfung festgehalten werden. Die Beibehaltung der bisherigen Zweckbestimmung nach Inkrafttreten des Gesetzes ergab sich von selbst aus dem Wesen des vereinigten Amtes, solange es bestand. Es wäre, wenn die Zweckbestimmung auch noch für die spätere Auseinandersetzung hätte maßgebend bleiben sollen, nicht nur naheliegend, sondern geboten gewesen, einen so wichtigen, in die Rechte des Eigentümers tief eingreifenden Grundsatz besonders zum Ausdruck zu bringen[3]) und in Abs. 6, 7 wenigstens auf die vorhergehenden Absätze zu verweisen. Eine solche Bezugnahme fehlt; vielmehr läßt sich schon aus der äußeren Anordnung und Fassung entnehmen, daß die Vorschriften der Abs. 6, 7 getrennt von den vorhergehenden aufgestellt sind und in keinem inneren Zusammenhang mit ihnen stehen. Daß das „wo" in Abs. 1, richtig verstanden, einer Beschränkung der Geltung der Abs. 2 bis 5 auf die Verhältnisse während der Dauer der Vereinigung nicht entgegensteht, ergibt die sinngemäße Auslegung. Diese Vorschriften sollen gelten in allen Fällen, in denen eine dauernde Ämtervereinigung vorliegt, also „wenn" oder „wofern" sie an einem Orte besteht. Daraus folgt, daß sie nicht anwendbar sind, wenn diese Voraussetzung nicht oder nicht mehr gegeben ist, also dann nicht, wenn, wie Abs. 6, 7 vor-

[3]) Vgl. für die ehemals preuß. Gebiete jetzt VO. v. 13. 10. 1938 (a. a. O.), bes. § 2 (1) und (2), § 3.

sehen, die Ämter getrennt werden. Es muß ferner im Rahmen des § 30 wiederholt darauf hingewiesen werden, daß i n Abs. 6 der ordentliche Rechtsweg zugelassen ist[4]). Allerdings kann auch der Prozeßrichter in die Lage kommen, über Fragen des öffentlichen Rechts zu entscheiden. Aber grundsätzlich ergeht seine Entscheidung, auch wo sie rechtsgestaltend wirkt, auf dem Boden des privaten Rechts. Deshalb ist die Annahme nicht abzuweisen, daß, wenn durch besondere Vorschrift der Rechtsweg geöffnet wird, vor allem privatrechtliche Gesichtspunkte den Ausschlag zu geben haben. Das ergibt allgemein der Kommissionsbericht des Abgeordnetenhauses zu § 11 c des Entwurfs, jetzt § 27 des Gesetzes (Drucks. 1905/06 II. Session, B zu N. 288 S. 531/32), wonach die Zulässigkeit der Klage im ordentlichen Rechtsweg gerade zum Schutze des privaten Eigentums der Kirchengemeinden in das Gesetz aufgenommen worden ist. Daß nach § 27 Abs. 1, 2 der Prozeßrichter die vorhandene öffentlich-rechtliche Widmung zu Schulzwecken beachten muß, kann nicht zur Unterstützung der gegenteiligen Ansicht herangezogen werden, weil es sich dort um den eigenartigen Tatbestand der nur vereinzelt vorkommenden sog. Kirchschulen handelt, bei denen die Kirche bisher die Trägerin der Volksschullast war, und nicht um die Verhältnisse der hier in Frage stehenden Küsterschulen, deren Regelung in § 27 ausdrücklich dem späteren § 30 vorbehalten ist.

Deshalb kann auch im übrigen § 27 nicht für die gegnerische Meinung verwertet werden. Ebensowenig gestatten die Vorschriften der §§ 28, 29 in ihrem Verhältnis zu § 30 den zwingenden Schluß auf eine vom Gesetzgeber gewollte Aufrechterhaltung der öffentlichrechtlichen Zweckbestimmung bei der Auseinandersetzung des vereinigten Kirchen- und Schulamts, wie in RGZ. Bd. 111 S. 58 ausgeführt ist. Was insbesondere die Vorschrift des § 29 Abs. 2 betrifft, so bezieht sie sich auf das der Schule „mitgehörige", also im Miteigentum von Kirche und Schule stehende Vermögen, nicht aber auf Anteilsrechte, welche die Schule durch eine dauernde Widmung erlangt haben soll (RG. in JW. 1926 S. 1446; vgl. RGZ. Bd. 74 S. 59). Wollte man aber auch die Bestimmung dahin verstehen, daß ohne Rücksicht auf das Eigentum das Vermögen entsprechend seinen bisherigen Zwecken nunmehr dem neuen Schulverband gegenüber gemeinschaftlich bleiben solle, so wäre das für die spätere Auseinandersetzung ebensowenig maßgebend wie die in § 30 Abs. 2 getroffene Regelung.

Von diesen Erwägungen abgesehen, kann an der Geltung der Eigentumstheorie jedenfalls kein Zweifel sein, wenn man die leiten-

[4]) Ausgeschlossen hingegen durch Ges. v. 7. 9. 1938 (a. a. O.), § 3. a. E.

den Grundsätze des Gesetzes und seine Entstehungsgeschichte ins Auge faßt[5]). Während in § 1 die bürgerliche Gemeinde als Trägerin der Schullast anerkannt wird, sollen nach § 29 Abs. 1 die Rechte Dritter, insbesondere der Kirchengemeinden, u. a. an den gleichzeitig Schul- und kirchlichen Zwecken dienenden Vermögensstücken unberührt bleiben, und anderseits sollen nach § 32 Abs. 1 die auf allgemeiner Rechtsnorm beruhenden Verpflichtungen für die Zwecke der Schule fortfallen, soweit sie nicht im Gesetz aufrecht erhalten sind. Danach behält die Kirchengemeinde ihr Eigentum und ihre sonstigen Berechtigungen. Die bisher für „Zugleichzwecke" bestimmten Vermögensstücke bleiben zwar nach § 30 Abs. 2, 4 zunächst ihren Zwecken erhalten, doch spielt die Beschränkung bei der Auseinandersetzung keine Rolle mehr, weil sie, wie oben dargelegt, nur für die Dauer der Ämtervereinigung gilt und die Verpflichtung, es bei der bisherigen Zweckbestimmung zu belassen und für die Schule mitzusorgen, nach der Trennung — entsprechend dem Grundsatz des § 32 Abs. 1 — wegfällt. Daß diese Vorschrift auch gegenüber den Kirchengemeinden gilt, wird vom Reichsgericht in JW. 1926 S. 1447 anerkannt. Wenn das Oberverwaltungsgericht in dem angezogenen Urteil S. 352/53 den § 32 Abs. 1 für eine Übergangsvorschrift erklärt, die nur bestehende, nicht künftige Rechtsverhältnisse ordne, so steht dem entgegen, daß die Schluß- und Übergangsvorschriften in §§ 63 bis 70 des Gesetzes enthalten sind und ein Anhalt für die Annahme fehlt, der Gesetzgeber habe jener im Rahmen und inmitten der sachlichen Regelung aufgestellten Vorschrift die Eigenschaft einer bloßen Übergangsbestimmung beilegen wollen.

Weiterhin läßt sich auch aus der Entstehungsgeschichte des Gesetzes keineswegs entnehmen, daß die öffentlich-rechtliche Zweckbestimmung die Auseinandersetzung beherrschen soll; aus ihr ist vielmehr das Gegenteil zu folgern. Eine Übersicht über die Vorarbeiten (Gesetzentwurf und Begründung) sowie über die Verhandlungen und Beratungen in den Kommissionen und im Plenum der gesetzgebenden Körperschaften findet sich mit näheren Hinweisen bei Fleischer Vermögensauseinandersetzung usw. S. 25 bis 52, und bei Hoheisel a. a. O. S. 140 bis 180. Aus ihnen geht hervor, daß die privatrechtlichen Verhältnisse durch das Gesetz grundsätzlich nicht berührt werden sollten; anderseits sollte das vorhandene Vermögen, wie mehrfach anerkannt wurde, den bisherigen öffentlichrechtlichen Zwecken erhalten bleiben (s. Fleischer S. 29, 35, 41, 44). In beiden Richtungen blieb mithin alles beim Alten, nur daß der Träger der Schullast wechselte. Für die Rechtsverhältnisse des

---

[5]) Zur neuen Rechtslage wichtig auch AusfAnw. E II e 2524/38 vom 13. Oktober 1938, bes. Absch. II A (abgedruckt Dt. Schul-VerwArch., a. a. O., S. 312 ff.).

vereinigten Kirchen- und Schulamts wurde ebenfalls anerkannt, daß bei ihnen keine Änderung einzutreten habe und das Kirchenvermögen unberührt zu lassen sei (Fleischer a. a. O. S. 33; vgl. JW. 1924 S. 1984). Dagegen ist — und nur diese Frage steht hier zur Entscheidung — in den Vorarbeiten und Beratungen nirgends in klarer und bestimmter Weise zum Ausdruck gekommen, daß die Zweckbestimmung auch für die Auseinandersetzung maßgebend sein, diese also in sachlicher Beziehung nach öffentlich-rechtlichen Grundsätzen erfolgen sollte. Vielmehr kann bei unbefangener Betrachtung den verschiedenen Äußerungen über *die Gemeinschaftlichkeit des zu* Kirchen- und Schulzwecken genutzten Vermögens keine andere Bedeutung beigemessen werden, als daß hier das Vermögen nach dem Eintritt des neuen Schullastträgers wie bisher den Gemeinschaftszwecken zu dienen, insofern also zunächst keine Änderung einzutreten habe. Damit ist aber für die Frage nach den materiell-rechtlichen Grundsätzen der selbständig zu regelnden Auseinandersetzung nichts gewonnen. Daß in der Begründung zu § 14 des Entwurfs (dem § 30 des Gesetzes) eine sachliche Auseinandersetzung auf der Grundlage des öffentlichen Rechts vorgesehen sei, kann nicht anerkannt werden. Dort ist nur von einer Regelung des Verfahrens, also von der Form der Auseinandersetzung die Rede.

Gegen die öffentlich-rechtliche Theorie aber sprechen vor allem die Erklärungen des Regierungskommissars Ministerialdirektors D. Schwartzkopff in der Sitzung des Herrenhauses vom 3. Juli 1906 (Stenogr. Berichte 1905/06 S. 483 bis 485) wonach die Kirche im Falle der Trennung ihr Vermögen zurücknehmen und für ihre Zwecke verwenden könne und dann der Staat für die Bedürfnisse der Schule einzutreten habe. Hier wird zu der Streitfrage unzweideutig im Sinne des ungeschmälerten Rücknahmerechts der Kirche, also des Wiederauflebens ihres unbeschränkten privatrechtlichen Eigentums, Stellung genommen. Der Auffassung Schwartzkopffs ist im Herrenhaus und bei den späteren Verhandlungen im Abgeordnetenhaus nicht widersprochen worden. Die Frage nach der von einzelnen Herrenhausmitgliedern befürworteten Erschwerung der Ämtertrennung mag den Anlaß zu jener Erklärung gegeben haben, ändert aber an ihrem Inhalt nichts. Die hervorragende Stellung des damaligen Regierungskommissars bei der Verabschiedung des Gesetzes wird von Fleischer nicht geleugnet. Es kann auch nach Sinn und Wortlaut der Erklärung nicht anerkannt werden, daß unter dem Vermögen, das die Kirche zurücknehmen kann, nur das kirchlichen Zwecken dienende und nicht das auch zur Dotation der Schule bestimmte kirchliche Vermögen gemeint sein sollte. Wenn geltend gemacht wird, der Abgeordnete Dr. Porsch habe bei der zweiten Beratung im Abgeordnetenhaus vom 22. Mai 1906 (Stenogr. Berichte

S. 5079 flg.) einen Standpunkt eingenommen, der demjenigen des Regierungsvertreters gerade entgegengesetzt gewesen sei, so trifft das nicht zu. Er hat vielmehr dessen Standpunkt geteilt, wie er jetzt im Volksschularchiv Bd. 26 S. 289 flg. ausdrücklich klarstellt. Auch er spricht sich dahin aus, daß nach den Gedankengängen der Staatsregierung und der gesetzgebenden Körperschaften bei der Beratung des Gesetzes der privatrechtliche Gesichtspunkt für den Fall der Auseinandersetzung als berechtigt anerkannt worden sei.

Nach alledem ergibt die Auslegung des Gesetzes nach dem Zusammenhang seiner Vorschriften und besonders unter Berücksichtigung seiner Entstehungsgeschichte die Richtigkeit der sog. Eigentumstheorie. Wenn demgegenüber die Gegner versuchen, unter Berufung auf allgemeine Rechtsgrundsätze oder im Wege juristischer Konstruktion oder analoger Rechtsanwendung zu einem anderen Ergebnis zu gelangen, so können ihre Darlegungen nicht überzeugen Daß die öffentlich-rechtliche Bindung des Vermögens während der Dauer der Ämtervereinigung noch nach der Trennung fortwirke, wird von ihnen aus dem Satze gefolgert, daß das öffentliche Recht (hier die öffentlich-rechtliche Zweckbestimmung) dem privaten Recht (hier dem Eigentum) unbedingt vorgehe. Das kann in dieser Allgemeinheit nicht als richtig anerkannt werden. Auch wo ein einheitliches Rechtsverhältnis privatrechtliche und öffentlich-rechtliche Bestandteile aufweist, die sich durchdringen oder gegenseitig ergänzen, ist der Vorrang des öffentlichen Rechts keineswegs die Regel, Ein Rechtsgebilde, das über den Boden des Privatrechts hinausgewachsen ist, hört damit nicht ohne weiteres auf, Privatrechtswirkungen zu erzeugen. Nur wo der Staat kraft obrigkeitlicher Gewalt dem einzelnen gegenübertritt, gilt das öffentliche Recht unbedingt. Ein solcher Zwangsakt liegt hier nicht vor. Davon abgesehen würde es sich, wenn man dem Gesetz hier eine öffentlich-rechtliche Beschränkung des Eigentums der Kirche entnehmen wollte, um einen Eingriff in Privatrechte handeln, der nach Art. 153, 138 Abs. 2 RVerf. nicht zulässig wäre. Daß die auf Grund der Zweckbestimmung vorgenommene Auseinandersetzung eine Enteignung von Kirchengut bedeuten würde, hat das Reichsgericht in JW. 1926 S. 1446 angenommen.

Es wird weiter geltend gemacht, das gesamte Recht der Küsterlehrerschule werde von einer öffentlich-rechtlichen, auf der Ortsverfassung beruhenden, im Laufe der Jahre entstandenen Observanz beherrscht, wonach die Kirchengemeinde zur Fürsorge für die Küsterschule verpflichtet sei. Es kann dahingestellt bleiben, inwiefern eine solche Observanz, die begrifflich immer nur ein örtlich begrenztes Gewohnheitsrecht darstellen würde, eine allgemein geltende objektive Rechtsnorm schaffen sollte. Jedenfalls würde sie zunächst immer nur für das vereinigte Kirchen- und Schulamt während der

Zeit seines Bestehens Geltung haben, und es wäre darzutun, daß früher wirklich eine Übung bestanden hat, wonach die Kirche auch nach einer Trennung ihr Eigentum noch ganz oder teilweise den Zwecken der Schule tatsächlich geopfert hat. Aber auch dann würde nach den obigen Darlegungen der Weitergeltung der Observanz der § 32 Abs. 1 des Gesetzes entgegenstehen. In ähnlicher Richtung bewegen sich die Ausführungen der Gegner, insbesondere Dirksens, die vom regelmäßigen Vorhandensein eines öffentlich-rechtlichen Zweckvermögens des vereinigten Kirchen- und Schulamts ausgehen. Die ursprünglich der Kirche gewidmeten oder gestifteten Vermögensstücke sollen sich im Laufe der Zeit zu einem selbständigen, den Zwecken der Kirche und Schule dienenden Zweckvermögen öffentlich-rechtlicher Art umgewandelt haben, das seiner Bestimmung dauernd erhalten bleiben müsse. Wo sich in Einzelfällen oder in einem bestimmten Bezirk ein solches Zweckvermögen (etwa in Gestalt einer sog. Küsterlehrerpfründe) gebildet hat, könnte bei der Auseinandersetzung eine Berücksichtigung der öffentlich-rechtlichen Zweckbestimmung in Frage kommen (s. unten II). Aber die Geltung eines allgemeinen Satzes des Inhalts, daß überall die Zweckbestimmung bei der Auseinandersetzung maßgebend sei, weil ein derartiges Vermögen überall bestehe, ist abzulehnen. Es handelt sich um eine rechtliche Folgerung, deren tatsächliche Voraussetzung bisher nicht dargetan ist.

Schließlich steht § 32 Abs. 2 des Gesetzes mit der hier vertretenen Auffassung in keinem Widerspruch. Danach sollen die auf besonderen Rechtstiteln beruhenden Verpflichtungen Dritter, zu denen auch die Kirche gehört (RGZ. Bd. 111 S. 58; JW. 1926 S. 1447) für die Zwecke der Schule bestehen bleiben. Es handelt sich, wie allgemein anerkannt ist, um Sondertitel öffentlich-rechtlicher Natur. Ist die Kirche als Eigentümerin des Stellenvermögens mit derartigen Sonderverpflichtungen belastet, so erhält sie ihr Eigentum selbstverständlich nur mit den darauf ruhenden Beschränkungen zurück. Ein allgemeiner Grundsatz der Aufrechterhaltung der öffentlich-rechtlichen Zweckbestimmung bei der Trennung läßt sich aus dieser für besondere Fälle getroffenen Regelung nicht herleiten.

Hiernach ist zusammenfassend festzustellen, daß bei der Trennung die Privatrechte als solche wieder hervortreten und daß die bisherigen, auf allgemeiner Rechtsnorm beruhenden Verpflichtungen der Kirche, für die Bedürfnisse der Schule mit beizutragen, in Wegfall kommen, daß also eine Beschränkung der privaten Rechte insoweit nicht stattfinden darf. Die gegenteilige Meinung entbehrt einer bestimmten Unterlage und läßt sich jedenfalls aus dem zur Zeit geltenden Rechte nicht begründen. Nur wenn Sondertitel für Leistungen der Kirche (öffentlich-rechtliche im Sinne des § 32 Abs. 2

oder Privatrechtstitel) vorliegen, müssen die sich daraus ergebenden Verpflichtungen bei der Auseinandersetzung aufrechterhalten werden. Solche Titel sind vom Beklagten nicht dargetan.

Das so gewonnene Ergebnis widerspricht auch keineswegs der Billigkeit. Der Kirche, die alle die Jahre hindurch die Lasten der Küsterlehrerschule getragen oder mitgetragen hat, kann nicht zugemutet werden, nach der Trennung von Staat und Kirche, von Küsteramt und Lehreramt, diese Lasten zugunsten der Schule ohne jede Entschädigung weiter auf sich zu nehmen. Die Verhältnisse liegen nicht so, als ob der Kirche viele Millionen in den Schoß fielen. Denn sie muß nach wie vor aus den Einkünften ihres zurückgenommenen Vermögens die Aufwendungen für eigne kirchliche Zwecke, nämlich für das jetzt getrennte Kirchenamt, bestreiten, während die Schulverbände nötigenfalls einen Rückhalt am Staate haben. Etwaige Härten des bestehenden Rechtszustands auszugleichen ist in erster Linie die Gesetzgebung berufen.

II.

Die Frage, ob die Klägerin Eigentümerin der mit der Klage beanspruchten Vermögensstücke (der Grundstücke und des in Wertpapieren angelegten Kapitalvermögens) ist, hat der Berufungsrichter bejaht. Der Nachweis liegt der Klägerin ob.

Was zunächst die Ländereien (die sog. Landdotation) betrifft, so beruft sich die Klägerin, nachdem diese Grundstücke am 14. Januar 1920 im Grundbuch auf ihren Namen eingetragen worden sind, auf die Rechtsvermutung des § 891 BGB. Für die Grundstücke war bisher kein Grundbuchblatt angelegt. In der Sitzung vom 4. Juli 1919 hat der Schulverband, entsprechend einem Antrag des Gemeindekirchenrats, einstimmig die Eintragung für die Kirchengemeinde bewilligt, weil das rein kirchliche Eigentum an der Landdotation der Küsterlehrerstelle nachgewiesen sei. In der Verhandlung vor dem Grundbuchamt vom 2. Dezember 1919 erklärten darauf beide Teile, sie seien darüber einig, daß die Grundstücke von altersher Eigentum und Besitz der Kirchengemeinde seien, und demgemäß beantragte die Kirchengemeinde die Anlegung eines Grundbuchblattes und die Eintragung auf ihren Namen. Die Eintragung geschah dann nach Vorlegung eines Zeugnisses über 44jährigen Eigenbesitz, der vor dem 1. Januar 1900 bestanden habe. Gegenüber der Eintragung hat nach § 891 BGB. der Beklagte den Nachweis zu erbringen, daß das eingetragene Recht in Wirklichkeit nicht bestehe. Und zwar muß er, wie der Berufungsrichter mit Recht annimmt, nachweisen, daß das Recht auch nicht auf andere Weise, als im Grundbuch angegeben, zur Entstehung gelangt sein kann. Es genügt also nicht, daß er die Unwirksamkeit des Anerkenntnisses vom 4. Juli 1919 oder der Einigung vom 2. Dezember 1919, soweit hierauf überhaupt die Eintragung beruht, unter Berufung auf § 779 BGB. oder infolge Irrtumsanfechtung oder wegen fehlender Verfügungsbefugnis des Schulvorstands (mangelnde Genehmigung der Aufsichtsbehörde) oder auf Grund des § 181 BGB. geltend macht. Vielmehr muß der Beklagte, nachdem die Klägerin unter Darlegung der näheren Umstände behauptet hatte, daß sie das Eigentum schon in alter Zeit erworben habe, die Möglichkeit eines solchergestalt geschehenen Erwerbs ausräumen.

Der Berufungsrichter sieht den Gegenbeweis, der dem Beklagten in diesem Umfang obliegt, nicht als erbracht an. Er hält im Gegenteil für erwiesen, daß die Klägerin von jeher Eigentümerin der Grundstücke gewesen sei. Ein Eigentumserwerb durch die Schule sei vor 1829 nicht möglich gewesen, weil frühestens in diesem Jahre im Regierungsbezirk Merseburg, zu dem Radewell gehört, den Schulen die Eigenschaft juristischer Personen beigelegt worden sei. Diese Feststellung steht, soweit sie revisibel ist, im Einklang mit der Rechtsprechung (s. besonders Entsch. des Obertribunals Bd. 25 S. 301); ihr wird auch von der Revision nicht widersprochen. Daß durch die spätere Erlangung der Rechtsfähigkeit die Schule (Schulgemeinde) nicht Eigentümerin oder Miteigentümerin geworden ist, nimmt der Berufungsrichter mit Recht an (Gruch. Bd. 32 S. 1056; JW. 1924 S. 1983, 1926 S. 2288). Ein Erwerb durch die Schule auf Grund besonderen Rechtstitels hat aber nach 1829 nicht stattgefunden. Der Berufungsrichter führt zutreffend aus, daß die Separationsrezesse von 1858, wenn sie auch die Grundstücke der Schule zuwiesen, ihr dadurch noch kein Eigentum oder Miteigentum verschafft haben, weil abgesehen von der Mehrdeutigkeit der Bezeichnung „Schule" die zugewiesenen Parzellen zur Abfindung für die der Kirche hier von alters her zustehenden Rechte auf Kornzins und Grasnutzung dienten, und weil die Rezesse den bisherigen Rechtszustand in Ansehung der abgelösten Rechte aufrecht zu erhalten, nicht aber neues Eigentum zu begründen bestimmt sind (JW. 1926 S. 2288). Ebenso wird eine Ersitzung zugunsten der Schulgemeinde durch den Inhaber des vereinigten Kirchen- und Schulamts vom Berufungsrichter mit Recht abgelehnt (JW. 1924 S. 1984, 1925 S. 2443/44; 1926 S. 2287). Angriffe sind in dieser Richtung von der Revision nicht erhoben worden.

Daß der Klägerin die vorerwähnten Berechtigungen, an deren Stelle nach ihrer Ablösung die Grundstücke getreten sind, seit langer Zeit zugestanden haben, stellt der Berufungsrichter an Hand der vorgelegten Urkunden (Kirchenvisitationsprotokolle von 1563, 1583, 1647 und 1717) fest. Auch das alte, 1870 abgebrochene Schul- und Küstereigebäude sei stets Eigentum der Kirchengemeinde gewesen. Es sei von der Kirche immer baulich unterhalten worden (Hauptinventar von 1647, Belege zur Kirchenrechnung von 1771, Vermerke in den Bauakten der Regierung aus 1845, 1848, 1860). 1870 habe der Regierungspräsident das Eigentum der Klägerin an dem alten Schul- und Küstereigehöft anerkannt. Gegen diese Art der Beweisführung bestehen vom Rechtsstandpunkt aus keine Bedenken; solche werden auch von der Revision nicht geäußert. Ist hiernach der dem Beklagten nach § 891 BGB. obliegende Gegenbeweis nicht nur nicht gelungen, sondern darüber hinaus der frühere Eigentumserwerb der Klägerin erwiesen, so kann auch eine Zurückforderung (Kondiktion) der *Grundbucheintragung in Ansehung der Landdotationsgrundstücke* nicht zum Ziele führen. Ob eine solche Zurückforderung rechtlich möglich wäre, mag dahingestellt bleiben; jedenfalls hat die Klägerin hier die Eintragung nicht auf Kosten des Beklagten erlangt, da dieser nicht Eigentümer war.

Der Beklagte hat aber eingewendet, daß in früheren Zeiten, in Preußen jedenfalls bis 1794, keine Kirchengemeinden mit selbständiger Rechts- und Vermögensfähigkeit bestanden hätten. Das kirchlichen Zwecken dienende Vermögen sei, soweit es nicht im Laufe der geschichtlichen Entwicklung auf die politische Gemeinde übergegangen sei, Eigentum von Anstalten oder piae causae, besonders von Pfründen, als selbständigen Rechtssubjekten gewesen. Diese und nicht die damals rechtlich noch gar nicht existierenden Kirchengemeinden seien als die Rechtsträger des kirchlichen Vermögens anzusehen. Eine solche Rechtsbildung müsse namentlich auch für das Küsterlehrervermögen behauptet werden. Dieses Vermögen habe der von alters her bestehenden Küsterlehrerpfründe, einer Anstalt oder pia causa, gehört und gehöre ihr auch jetzt noch.

Wäre diese Annahme richtig, so könnte die Klägerin nicht geltend machen, daß sie von alters her Eigentümerin gewesen sei und daß ihr auf Grund ihres Eigentums die Vermögensstücke herauszugeben seien. Auf welcher Grundlage dann eine Auseinandersetzung zu erfolgen hätte, insbesondere ob bei Annahme eines selbständigen öffentlich-rechtlichen Zweckvermögens ausschließlich die Zweckbestimmung maßgebend wäre, etwa unter entsprechender Anwendung des § 87 BGB., braucht hier nicht entschieden zu werden, wo es sich um den Eigentumsanspruch der Kirchengemeinde handelt, dessen Fehlen die Klage ohne weiteres zu Fall bringen würde. Auch die Frage, ob die Klägerin allein berechtigt wäre, die Pfründe in einem Prozeß zu vertreten, kann auf sich beruhen bleiben.

Die rechtliche Möglichkeit des Bestehens einer mit selbständiger Rechtspersönlichkeit ausgestatteten Küsterlehrerpfründe beim vereinigten Kirchen- und Schulamt kann auch in evangelischen Rechtsgebieten nicht geleugnet werden. Sie ergibt sich aus der geschichtlichen Entwicklung der Rechtsverhältnisse des Kirchenguts (S c h o e n

Ev. Kirchenrecht II S. 432 flg.; Gierke Genossenschaftsrecht III S. 799 flg., 810) und aus der Vorschrift in Art. 80 Abs. 2 EG. z. BGB., wonach die landesrechtlichen Vorschriften über das Pfründenrecht aufrechterhalten bleiben. So ist im Gebiete des gemeinen Rechts für Kurhessen die Küsterlehrerpfründe als Rechtssubjekt anerkannt (Strippel a. a. O.). Es mag dahinstehen, ob der Ausspruch in den Urteilen des Reichsgerichts Gruch. Bd. 32 S. 1056 und vom 15. Oktober 1885 (bei Arndt a. a. O. S. 76, vgl. JW. 1924 S. 1983), daß auch „Schulen" als piae causae bestehen können, sich auf die Küsterlehrerpfründe bezieht. *Ein allgemein geltender Satz des Inhalts aber, daß überall beim vereinigten Kirchen- und Schulamt eine Küsterlehrerpfründe selbständige Trägerin des Stellenvermögens gewesen sei und noch sei, kann nicht anerkannt werden.* Eine solche Annahme verbietet sich wegen der Vielgestaltigkeit der in den einzelnen Gebieten bestehenden Rechte. Für die Zeit, in der keine Kirchengemeinden mit selbständiger Rechtspersönlichkeit vorhanden waren, mag es — sofern nicht ein anderer Rechtsträger in Frage kommt — gerechtfertigt sein, das Stellenvermögen einer rechtsfähigen Anstalt (Pfründe) zuzuweisen, obwohl auch hier die später selbständig gewordene Kirchengemeinde das Eigentum im Laufe der Zeit für sich erworben haben kann. Wo aber rechtsfähige Kirchengemeinden seit alter Zeit bestanden haben, wird es nicht leicht sein, ein besonderes Pfründeneigentum an dem Vermögen nachzuweisen, das doch in den allermeisten Fällen aus kirchlichen Quellen stammt. Gerade in solchen Fällen bedarf es einer genauen Untersuchung, ob — was immerhin möglich ist — neben der Kirchengemeinde eine Küsterlehrerpfründe mit selbständigem Zweckvermögen bestanden hat und ob ihr das Eigentum an den einzelnen Vermögensstücken zustand.

Im Streitfall hat der Berufungsrichter die Frage an Hand des im früheren Erzbistum, späteren Herzogtum Magdeburg geltenden Rechts geprüft. Er ist zu dem Ergebnis gekommen, daß dort schon in vorlandrechtlicher Zeit die Kirchengemeinde Vermögen erwerben und zu Eigentum besitzen konnte, also rechtsfähig war. Diese Feststellung muß, da sie auf Grund der Bestimmungen der Magdeburger Kirchenordnung vom 13. November 1685 / 9. Mai 1739 getroffen ist, für das Revisionsgericht maßgebend bleiben (§§ 549, 562 ZPO., RGZ. Bd. 101 S. 193). Es erübrigt sich deshalb ein Eingehen auf die Frage, ob für andere preußische Gebiete vor dem Inkrafttreten des Allgemeinen Landrechts die Rechtsfähigkeit der Kirchengemeinden nicht anzuerkennen war; dabei mag gegenüber der Berufung auf Fleischer, Vermögensauseinandersetzung usw. S. 54 flg., darauf hingewiesen sein, daß es sich hier um eine Dorfgemeinde handelt, nicht um eine Stadtgemeinde, deren Verhältnisse Fleischer seinen

Ausführungen hauptsächlich zugrunde legt. Der Berufungsrichter stellt weiter fest, daß nach der Entwicklung des Volksschulwesens namentlich im Gebiete des Herzogtums Magdeburg in älterer Zeit die Kirchengemeinde die Trägerin des Vermögens der Schule gewesen sei. Er versteht hier darunter, wie seine Ausführungen im Zusammenhang klar ergeben, die Küsterlehrerschule, die in Radewell stets eine Kirchschule (kirchliche Schule) gewesen sei. Die Annahme, daß dieser Schule die Eigenschaft einer selbständigen Anstalt mit eigenem Stiftungsvermögen zukomme, lehnt er ausdrücklich ab. Auch diese Feststellung beruht auf irrevisiblem Recht. Von hier aus kann namentlich ihre Richtigkeit auch nicht etwa im Hinblick auf Cap. 29 § 1 der Magdeburger Kirchenordnung nachgeprüft werden, wo ganz allgemein von abgesonderten Hospitälern, Schulen und anderen piae causae die Rede ist, die neben der Kirche bestehen. Unter diesen Umständen bedarf es keine Erörterung der Frage, ob die Kirchengemeinden nicht auf jeden Fall kraft gesetzlicher Regelung (§§ 160, 170 ALR. II 11) Eigentümer des kirchlichen Vermögens geworden sind, wie die bisher herrschende Meinung annimmt, oder ob die angezogenen Bestimmungen lediglich die Eigentumsverhältnisse bei einem etwaigen Konfessionswechsel der Gemeinde ordnen sollen.

Besteht hiernach in Radewell keine selbständige Küsterlehrerpfründe als Eigentümerin des Stellenvermögens, so unterliegt der Eigentumserwerb der Klägerin an den Dotationsgrundstücken auch insoweit keinen Rechtsbedenken. Dasselbe hat für die Kapitalien zu gelten. Sie sind an die Stelle von alten Geld- und Naturalabgaben getreten, die der Küsterei zustanden und mit anderen, der Kirche und Pfarre geschuldeten Abgaben im Jahre 1874 abgelöst wurden.

RGZ. 113, 349

Staatsleistungen an die Kirche.

Alter Leitsatz:

Ist der sächsische Staat zur Gewährung von Beihilfen zur Besoldung der Geistlichen der evangelisch-lutherischen Landeskirche verpflichtet?

IV. Zivilsenat. Schiedsspruch v. 17. Februar 1926. IV Tgb. 320/25.

Auf Grund der §§ 2, 14 der Geschäftsordnung des Reichsgerichts (RZBl. 1880 S. 190) in Verbindung mit § 5 des Übergangsgesetzes vom 4. März 1919 (RGBl. S. 285) hat der Reichsminister der Justiz den Schiedsspruch über die zwischen dem sächsischen Staat und der evangelisch-lutherischen Landeskirche streitig gewordene, in der Überschrift bezeichnete Frage dem IV. Zivilsenat des Reichsgerichts übertragen. Dieser hat dahin entschieden:

Der Freistaat Sachsen ist verpflichtet, der evangelisch-lutherischen Landeskirche des Freistaats Sachsen Zuschüsse zur Besoldung der Geistlichen aushilfsweise insoweit zu gewähren, als eine den Zeitverhältnissen entsprechende Besoldung in der einzelnen Kirchgemeinde nicht aus der Pfründe oder sonstigen Stiftungsmitteln bestritten und von der einzelnen Gemeinde, insbesondere auch durch Kirchensteuern, nicht aufgebracht werden kann.

— — —

Aus den Gründen:

Die im schiedsgerichtlichen Verfahren zu entscheidende Streitfrage hat sich bei den Verhandlungen ergeben, die nach dem Inkrafttreten der Reichsverfassung vom 11. August 1919 Staatsregierung und Kirchenregierung des Freistaats Sachsen über die vorläufige Ablösung der Staatsleistungen an die Kirche geführt haben. Die Reichsverfassung bestimmt in Art. 138 Abs. 1:

> Die auf Gesetz, Vertrag oder besonderen Rechtstiteln beruhenden Staatsleistungen an die Religionsgesellschaften werden durch die Landesgesetzgebung abgelöst. Die Grundsätze hierfür stellt das Reich auf.

Und in Art. 173:

> Bis zum Erlaß eines Reichsgesetzes gemäß Art. 138 bleiben die bisherigen auf Gesetz, Vertrag oder besonderen Rechtstiteln beruhenden Staatsleistungen an die Religionsgesellschaften bestehen.

Aus diesen Bestimmungen folgt, daß bis zur Erlassung des in ihnen vorbehaltenen, noch ausstehenden Reichsgesetzes die bei Inkrafttreten der Reichsverfassung auf Gesetz, Vertrag oder besonderen Rechtstiteln beruhenden Staatsleistungen an eine Religionsgesellschaft vom Staat einseitig weder eingestellt oder gemindert noch auch nur abgelöst, d. h. gegen Entschädigung aufgehoben werden dürfen. Dagegen steht die Reichsverfassung dem nicht entgegen, daß Staat und Kirche die Ablösung der Staatsleistungen im Wege der Vereinbarung schon vorher herbeiführen. Rechtliche Vorfrage für eine zu vereinbarende wie für die in einem Verfahren nach Maßgabe des künftigen Reichsgesetzes erfolgende Ablösung ist, ob und in welchem Umfang Gesetz, Vertrag oder besondere Rechtstitel Staatsleistungen an die Religionsgesellschaft begründet haben.

I. Die Kirche vertritt die Meinung, der Freistaat Sachsen sei verpflichtet, ihr (der evangelisch-lutherischen Landeskirche) aushilfsweise Beihilfen zur Besoldung von Geistlichen zu gewähren, soweit diese Besoldung nicht aus Stiftungsmitteln, insbesondere Pfründen, bestritten oder von den Kirchgemeinden aufgebracht werden könne. Diese Rechtspflicht des Staats wird in erster Reihe auf Gewohnheitsrecht zurückgeführt, das als Gesetz im Sinne der Art. 138, 173 RVerf.

anzusehen sei. In zweiter Reihe beruft sich die Kirche auf den „besonderen Rechtstitel" der Gemeinschaft, die bis zum Inkrafttreten der Reichsverfassung zwischen ihr und dem Staat als ein in dieser finanziellen Frage noch unaufgelöstes Staatskirchentum bestanden habe. In dritter Reihe macht die Kirche geltend, die Art und Weise, in welcher die Feststellung der Gehälter der Geistlichen und des Anteils des Staats an der Lastentragung seit der Einrichtung der Landessynode (durch die Kirchenvorstands- und Synodalordnung vom 30. März 1868) und des Evangelisch-lutherischen Landeskonsistoriums (durch die Kirchen- und Staatsgesetze vom 15. und 16. April 1873) ständig vor sich gegangen sei, erfüllte die Voraussetzungen des Rechtstitels des Vertrags. In letzter Reihe will die Kirche auch in den Staatshaushaltsgesetzen, durch die jederzeit die subsidiären Besoldungszuschüsse für die Geistlichen der Landeskirche festgelegt worden seien, Gesetze im Sinne der Art. 138, 173 RVerf. erblickt wissen.

Der Staat bestreitet, daß er aus irgendeinem dieser Gründe verpflichtet sei, der Kirche auch nur aushilfsweise Beihilfen zur Besoldung der Geistlichen zu gewähren.

II. Daß ein Etatsansatz an sich einen Rechtsanspruch gegen den Staat auch dann nicht begründet, wenn es sich um die regelmäßige Wiederkehr eines gleichen oder ähnlichen Ansatzes handelt, steht in der Rechtsprechung des Reichsgerichts fest (vgl. RGZ. Bd. 111 S. 145 und das in JW. 1925 S. 2436 Nr. 1 mitgeteilte Urteil vom 2. Juli 1925 IV 377/25 auf S. 2439 unter III). Die Feststellung des Haushaltsplans im Wege des formellen Gesetzes ist nur ein Staatsverwaltungsakt in besonderer Form, schafft dagegen keine allgemein verbindlichen Rechtsnormen; und nur solche werden von dem Ausdruck „Gesetz" in den Art. 138, 173 RVerf. getroffen. Überdies kommen als ablösungspflichtige Staatsleistungen, was auch bei den Verhandlungen der verfassunggebenden Deutschen Nationalversammlung (Bd. 328 S. 1654 D) zum Ausdruck gebracht worden ist, nur Dauerleistungen, also solche Leistungen in Betracht, welche ohne Ablösung weiterlaufen würden. Ist eine Staatsleistung gesetzlich auf einen kürzeren Zeitraum beschränkt, so endet sie mit Ablauf dieses Zeitraums von selbst. Ein Etatsgesetz aber gilt nur für die in ihm bezeichneten Rechnungsjahre.

Anderseits umfaßt der Ausdruck „Gesetz" in den Art. 138, 173 RVerf., wie in dem Art. 2 EG. z. BGB., jede nicht nur die Verwaltungsbehörden, sondern auch die Allgemeinheit bindende Rechtsnorm und demgemäß auch, soweit die Bildung von Gewohnheitsrecht zugelassen ist, eine so entstandene Rechtsnorm.

Für Sachsen bestimmte das am 1. März 1865 in Kraft getretene Sächsische Bürgerliche Gesetzbuch in § 28, daß durch Gewohnheiten neue Vorschriften mit Gesetzeskraft nicht eingeführt werden könnten. Diese unter der Überschrift „von den bürgerlichen Gesetzen" stehende Bestimmung hat für das hier in Betracht kommende Gebiet des Staatskirchenrechts als eines Teils des öffentlichen Rechts keine Bedeutung. Auf diesem Gebiet ist nach wie vor dem 1. März 1865 die Bildung von Gewohnheitsrecht nach den Grundsätzen des gemeinen Sachsenrechts möglich.

III. Die vor dem Inkrafttreten der Reichsverfassung unter dem Etatstitel „Zulagen an Geistliche und geistliche Stellen" gemachten Staatsleistungen knüpfen sich an Vorgänge, die in dem Bericht der Finanzdeputation A der II. Kammer vom 29. Mai 1908 (LandtA. 1907/08, Berichte der II. K. Bd. 3 S. 1981 flg.) die folgende Beleuchtung gefunden haben:

> „Die Geistlichen sind, abgesehen von Ausnahmefällen, nicht Angestellte des Staats, sondern der Kirche, und demgemäß ist es in erster Linie Sache der Kirche und insbesondere Sache der einzelnen Kirchengemeinden und Stiftungen, für eine angemessene Besoldung der Geistlichen zu sorgen. Der Staat hat an der Erfüllung dieser Aufgabe von jeher in Sachsen nur aushilfsweise sich beteiligt. Zur Zeit stellt er Zulagen an Geistliche und geistliche Stellen sowie für Beihilfen an bedürftige Gemeinden zur Gewährleistung des Stelleneinkommens der Geistlichen Mittel zur Verfügung und trägt außerdem die Pension für die Geistlichen und deren Hinterbliebene. Im Einklang mit demjenigen Verfahren, welches auch sonst bei Gewährung von staatlichen Mitteln für nicht unmittelbar staatliche Zwecke, zum Beispiel zur Besoldung der Lehrerschaft an staatlich unterstützten Realgymnasien und Realschulen, gehandhabt wird, behält er sich das Recht vor, auf die Verwendung der von ihm bewilligten Mittel einen gewissen Einfluß auszuüben, und zu diesem Zweck sind durch das königliche Kultusministerium für die Gewährung von Zulagen an Geistliche und geistliche Stellen wiederholt Grundsätze aufgestellt und durch das Evangelisch-lutherische Landeskonsistorium im Verordnungswege in Geltung gesetzt worden."

Demgemäß ist auch verfahren worden. Das Ministerium des Kultus und öffentlichen Unterrichts beschloß die „Grundsätze", nach denen „Zulagen" für Geistliche und geistliche Stellen aus den hierfür zu bewilligenden Staatsmitteln gewährt werden sollten, und brachte sie in die Form eines Entwurfs zu einer nachher vom Landeskonsistorium zu erlassenden Verordnung. Das Landeskonsistorium erklärte sich dem Ministerium gegenüber zur Erlassung einer Verordnung dieses Inhalts bereit. . . .

Unter dem 19. Februar 1909 (GVBl. S. 115) erging dann die Verordnung des Landeskonsistoriums, die Zulagen für Geistliche und geistliche Stellen betreffend, die sich selbst mit den folgenden Sätzen einleitet:

„Das königliche Ministerium des Kultus und öffentlichen Unterrichts hat nach anderweiter Vereinbarung mit den Ständen und nach Vernehmung mit dem Evangelisch-lutherischen Landeskonsistorium beschlossen, daß vom 1. Januar 1909 an Zulagen für Geistliche und geistliche Stellen aus den hierzu bewilligten Staatsmitteln nach nachstehenden Grundsätzen gewährt werden sollen.

Demgemäß wird im Einverständnis der in Evangelicis beauftragten Herren Staatsminister und mit Zustimmung der Landessynode verordnet, was folgt."

Nach den so aufgestellten Grundsätzen richtete sich die fortlaufende Bereitstellung von Staatsmitteln in Kap. 93 Tit. 9 des Staatshaushaltsplans bis zum Inkrafttreten der Reichsverfassung.

Durch das bei der Aufstellung der Grundsätze in den Jahren 1908/09 und entsprechender Weise in früheren Fällen eingeschlagene Verfahren ist ein Vertrag zwischen Staat und Landeskirche nicht zustande gekommen (vgl. das in JW. 1899 S. 613 Nr. 19 auszugsweise mitgeteilte Urteil des Senats vom 29. Juni 1899 IV 447/98). Die Staatsregierung hat zwar über die Grundsätze, nach denen die aus Staatsmitteln an Geistliche und geistliche Stellen zu gewährenden Zulagen verwendet werden sollten, „Einvernehmen" mit den Organen der Landeskirche gesucht und herbeigeführt. Aber Staat und Kirche sind sich bei der Festsetzung dieser Staatsleistungen nicht als Vertragsparteien gegenüber getreten. Der Staat hat vielmehr nur, wie auch sonst bei der Gewährung von staatlichen Mitteln für nicht unmittelbar staatliche Zwecke, seinen Einfluß auf die Verwendung der Mittel geltend gemacht. Daß er dies getan hat, schließt auf der anderen Seite nicht aus, daß das von ihm Gewährte ganz oder teilweise in den Rahmen einer ihm gesetzlich obliegenden Verpflichtung fällt.

IV. In dem Bericht der Finanzdeputation vom 29. Mai 1908 ist festgestellt, daß sich der Staat an der „in erster Linie der Kirche und insbesondere den einzelnen Kirchengemeinden und Stiftungen" obliegenden Aufgabe, für eine angemessene Besoldung der Geistlichen zu sorgen, von jeher in Sachsen aushilfsweise beteiligt habe. Diese Feststellung ist zutreffend. (Das wird für die Zeit nach Inkrafttreten der sächsischen Verfassung vom 4. September 1831 eingehend dargelegt mit dem Ergebnis:)

So läßt sich für die Zeit von 1834 bis 1918 an der Hand der Staatshaushaltspläne und der sonstigen Landtagsurkunden — zunächst als rein tatsächliches Geschehen — feststellen, daß der Staat zur Aufbringung einer angemessenen, den Zeitverhältnissen angepaßten Besoldung der Geistlichen der evangelisch-lutherischen Landeskirche zum Besten bedürftiger Kirchgemeinden mit eigenen Mitteln aushilfsweise beigetragen hat.

V. Die Staatsleistungen in der Zeit von 1834 bis 1918 stehen mit der Einführung der sächsischen Verfassung vom 4. September 1831 nicht in ursächlichem Zusammenhang, erscheinen vielmehr nur als eine Fortsetzung dessen, was schon seit der Reformationszeit geübt worden war. (Dazu werden Ausführungen gemacht mit der Schlußbemerkung:)

Es kommt indessen auf die Staatsleistungen in der vorkonstitutionellen Zeit nicht an, da sich auch bei bloßer Berücksichtigung der konstitutionellen Zeit die Voraussetzungen für die Entstehung eines Gewohnheitsrechts nachweisen lassen.

VI. Zur Erbringung dieses Nachweises muß vorab der vom Staate vertretenen Meinung widersprochen werden, daß, solange eine Einheit zwischen Staat und Kirche auf vermögensrechtlichem Gebiete bestanden, der Staat mithin kirchliche Aufgaben erledigt habe oder das Kirchenwesen Staatsaufgabe gewesen sei, sich ein Gewohnheitsrecht nicht habe bilden können, da sich keine verschiedenen Rechtssubjekte gegenübergestanden hätten. — — —

Auch solange der Landeskirche die Rechtspersönlichkeit nicht nur auf dem Gebiete des bürgerlichen, sondern selbst auf dem Gebiete des öffentlichen Rechts fehlte, konnte sich Gewohnheitsrecht bilden. Denn als diejenigen, denen gegenüber gegebenenfalls eine rechtliche Verpflichtung des Staates entstanden ist, erscheinen die Kirchgemeinden. — — —

Als zur Unterhaltung ihrer Geistlichen verpflichtet waren die Kirchgemeinden zugleich diejenigen, denen es zugute kam, wenn bei ihrem Unvermögen, den Geistlichen eine angemessene Besoldung zu gewähren, der Staat helfend eintrat. Wäre diese Hilfe unterblieben, so würden die bedürftigen Gemeinden der Gefahr ausgesetzt gewesen sein, unter der Ungunst der wirtschaftlichen Verhältnisse die Gewissenhaftigkeit oder die Arbeitsfreudigkeit ihrer Geistlichen leiden zu sehen und beim Freiwerden einer Stelle keinen geeigneten Nachfolger zu finden.

Es handelt sich dabei nicht um ein zugunsten einzelner bestimmter Kirchengemeinden, sondern zugunsten bedürftiger Kirchengemeinden im allgemeinen entstandenes Gewohnheitsrecht. Daß dessen Feststellung im vorliegenden Verfahren von der Landeskirche als dem jetzigen Verbande der Kirchgemeinden betrieben wird, ist unbedenklich. Die Ablösung der festzustellenden Verpflichtung wird auch nicht gegenüber einzelnen Gemeinden, von denen keine ein für allemal als bedürftig oder nichtbedürftig feststeht, sondern gegenüber dem den Gemeinden übergeordneten Verbande, der Landeskirche, zu erfolgen haben.

VII. Was die Erfordernisse der Bildung von Gewohnheitsrecht auf dem Boden des gemeinen Sachsenrechts angeht, so verlangte eine in der Wissenschaft und Praxis des sächsischen Rechts verbreitete Meinung, daß eine aus der Überzeugung rechtlicher Notwendigkeit entsprungene gleichmäßige Übung in mindestens 3 Fällen betätigt sein und sich auf einen Zeitraum von mindestens 31 Jahren, 6 Wochen und 3 Tagen erstreckt haben müsse (vgl. Curtius, Sächs. Zivilrecht 4. Aufl. Bd. 1 § 30; v. Weber, Sächs. Kirchenrecht 2. Aufl. Bd. 1 § 5; Bekanntm. des Oberappellationsgerichts in Dresden, einige Rechtssätze betreffend, vom 6. August 1836, GVBl. S. 270). Diesen aus dem Rechte der Verjährung entlehnten zahlenmäßigen Erfordernissen ist im vorliegenden Falle zweifellos genügt. Es kann deshalb auf sich beruhen, ob sie überhaupt als zu Recht bestehend anzuerkennen sind, oder an ihrer Stelle nicht vielmehr einfach zu fordern ist, die Übung dürfe nicht eine bloß vereinzelte gewesen sein, worin schon von selbst das weitere Erfordernis einer gewissen Dauer liegt (vgl. Friedberg, Kirchenrecht 6. Aufl. § 43 Nr. 2; Windscheid-Kipp, Pandekten 9. Aufl. Bd. I § 16 S. 84, 85; Dernburg, Pandekten 7. Aufl. Bd. I § 27 Nr. 1, 2).

Zweifelhaft und Hauptgegenstand der Erörterungen der Streitteile ist, ob die in dem vorstehenden Abschnitt IV für die Zeit von 1834 bis 1918 festgestellte Übung aus der Überzeugung ihrer rechtlichen Notwendigkeit hervorgegangen ist. Diese Zweifelsfrage ist zu bejahen. (Wird ausgeführt.)

VIII. Nach alledem kann die Bildung eines Gewohnheitsrechts des Inhalts festgestellt werden, daß der sächsische Staat verpflichtet ist, den Kirchengemeinden der evangelisch-lutherischen Landeskirche Zuschüsse zur Besoldung der Geistlichen aushilfsweise insoweit zu gewähren, als eine den Zeitverhältnissen entsprechende Besoldung in der einzelnen Gemeinde nicht aus der Pfründe oder sonstigen Stiftungsmitteln bestritten und nicht von der Gemeinde, insbesondere auch durch Kirchensteuern, aufgebracht werden kann. Es kommt in letzterer Hinsicht nur auf die Steuerkraft der einzelnen Gemeinde an. Der Staat kann die Kirche nicht darauf verweisen, daß jetzt nach dem Gesetz über das Steuerrecht der öffentlich-rechtlichen Religionsgesellschaften vom 1. Juli 1921 (GBl. S. 202), geändert durch das Gesetz vom 23. Juni 1923 (GBl. S. 151), nicht nur von den Kirchgemeinden, sondern auch von der Landeskirche Steuern erhoben werden können. Maßgebend für das Bestehen und das Maß der Verpflichtungen, die nach Art. 138 RVerf. abzulösen und nach Art. 173 RVerf. zunächst weiter zu erfüllen sind, ist der Rechtszustand zur Zeit des

Inkrafttretens der Reichsverfassung. Von einer in diesem Zeitpunkt bestehenden Verpflichtung hat sich der Staat, wie sich schon aus dem Eingange dieser Gründe ergibt, nicht dadurch aus eigener Machtvollkommenheit befreien können, daß er der Landeskirche das Besteuerungsrecht eingeräumt hat. Allerdings hat er sie dadurch in den Stand gesetzt, sich Mittel zu verschaffen, aus denen sie die bis dahin aus staatlichen Mitteln gewährten Zuschüsse ganz oder teilweise selbst leisten könnte. Aber die Subsidiarität der Verpflichtung des Staates hatte nach dem festgestellten Gewohnheitsrechtssatz lediglich die Leistungsunfähigkeit der einzelnen lokalen Kirchenstiftungen und -gemeinden zur Voraussetzung; und bei diesem am 14. August 1919 geltenden Rechtszustand ist es geblieben.

...Mit der Annahme einer in der Zeit bis 1919 durch Gewohnheitsrecht begründeten Verpflichtung des Staates zur Leistung von Besoldungszuschüssen an bedürftige Kirchengemeinden erledigt sich der von der Kirche hilfsweise geltend gemachte „besondere Rechtstitel" der Rechtsgemeinschaft. Im übrigen stellt sich im Sinne der in den Art. 138, 173 RVerf. gegebenen Verfassungsvorschriften der staatskirchliche Zusammenhang als solcher nicht als ein „besonderer Rechtstitel" dar. Sollte schon dieser Zusammenhang an sich zur Begründung einer Ablösungspflicht des Staates ausreichen, so hätte das im Gesetz einen anderen, klareren Ausdruck finden müssen. Bei den eingehenden Beratungen im Ausschuß und Plenum der Nationalversammlung ist von diesem Titel von keiner Seite gesprochen worden, was im Falle seiner beabsichtigten Zulassung sicherlich geschehen wäre. Die kirchliche Verwaltung war in Sachsen bereits seit dem Jahre 1874 aus der Staatsverwaltung ausgegliedert. Die Landeskirche war seitdem ein selbständiger Organismus des öffentlichen Rechts. Auf diese Körperschaft des öffentlichen Rechts soll jetzt, so könnte man sagen, eine bisher vom Staat erfüllte Aufgabe, die der subsidiären Unterstützung bedürftiger Kirchgemeinden, übertragen werden. Aber es besteht kein Rechtssatz, daß im Falle der Verschiebung des Aufgabenkreises zwischen zwei öffentlich-rechtlichen Körperschaften die freiwerdende die andere dotieren müßte. In Preußen ist dies im Jahre 1875 bei der Übertragung der bis dahin staatlichen Chausseen auf die Provinzialverbände allerdings geschehen. Es könnte in solchem Falle jedoch auch in der Weise vorgegangen werden, daß dem mit einer neuen Aufgabe belasteten Kommunalverbande neue öffentliche Einnahmen, z. B. durch Steuern oder Abgaben, erschlossen werden. Unter diesem Gesichtspunkt könnte daher auch der (unter dem Gesichtspunkt einer gewohnheitsrechtlichen Verpflichtung des Staates als unerheblich bezeichnete) Umstand erheblich erscheinen, daß der Staat der Kirche das landeskirchliche Besteuerungsrecht gewährt hat.

RGZ. 114, 220

Rechtsstellung der Pfarrer als ,Beamte' i. S. des Art. 129 Abs. 1 Satz 3 und 4 RVerf.

Alter Leitsatz:

1. Sind die Pfarrer der Evangelischen Kirche der altpreußischen Union Beamte im Sinne der Reichsverfassung?

2. Stehen die nach Art. 137 Abs. 3 RVerf. den Religionsgesellschaften zukommenden Rechte der Anwendung der Schutzvorschriften des Art. 129 Abs. 1 Satz 3 und 4 daselbst auf die Kirchenbeamten entgegen?

3. Enthält Art. II § 1 der durch das Staatsgesetz vom 3. Juni 1922 (PrGS. 141) bestätigten Notverordnung zur vollen Ausnutzung des kirchlichen Vermögens für die Bedürfnisse der Pfarrbesoldung vom 20. Januar 1922 (Kirchl. GVBl. S. 127) in seiner Erstreckung auf die derzeitigen Pfründeninhaber einen unzulässigen Eingriff in deren wohlerworbene Rechte?

IV. Zivilsenat. Urt. v. 5. Juli 1926 i. S. Evangelische Kirche der altpreußischen Union (Bekl.) w. A. (Kl.). IV 608/25

I. Landgericht III Berlin. II. Kammergericht daselbst.

Der Kläger ist seit dem Jahre 1917 Pfarrer einer evangelischen Kirchengemeinde der altpreußischen Union; seine Pfarrstelle ist eine sogenannte Pfründenstelle. Er bezieht aus dem hauptsächlich aus Liegenschaften bestehenden Pfarrstellenvermögen Einkünfte. Mit der Klage macht er geltend, daß die Beklagte in seine wohlerworbenen Rechte auf diese Einkünfte unzulässigerweise eingegriffen habe. Seinem Antrag gemäß wurde in den beiden vorigen Rechtszügen festgestellt, daß die Beklagte nicht berechtigt sei, ihn über das zur Zeit seiner Anstellung zulässige Maß hinaus in den Einkünften aus seiner Pfarrstelle zu beeinträchtigen. Die Revision der Beklagten wurde zurückgewiesen.

Gründe:

Das Berufungsgericht bejaht die Zulässigkeit des Rechtswegs auf Grund der Erwägung, daß nach der Klagebegründung ein Dritter in den allerdings auf öffentlich-rechtlicher Grundlage beruhenden Nießbrauch des Klägers an den Pfarrgütern einzugreifen drohe, obwohl hierfür eine rechtsgültige gesetzliche Grundlage fehle. Dem kann entgegengehalten werden, daß hier nicht der Eingriff eines beliebigen Dritten, sondern ein solcher der Landeskirche in Frage kommt, und daß aus der öffentlich-rechtlichen Natur des Pfarramts in allen seinen Beziehungen, auch soweit es vermögensrechtliche Wirkungen erzeugt, für alle daraus hergeleiteten Ansprüche die Unzulässigkeit des Rechtswegs folgt, sofern er nicht durch eine besondere gesetzliche Bestimmung zugelassen ist (RGZ. Bd. 104 S. 252). Eine derartige Bestimmung liegt indessen im Art. 129 Abs. 1 Satz 4 RVerf. vor, wonach für die vermögensrechtlichen Ansprüche der Beamten der Rechtsweg offen steht. Diese prozeßrechtliche Vorschrift gibt den Beamten ein gegenwärtiges, mit der Reichsverfassung ins Leben getretenes Recht zur Beschreitung des Rechtswegs für ihre vermögensrechtlichen Ansprüche, auch für solche, die bereits vor dem Inkrafttreten der Reichsverfassung begründet worden sind (RGZ. Bd. 99 S. 262, Bd. 101 S. 287, Bd. 104 S. 252). Der Kläger erhebt aus seinem Anstellungsverhältnis als Pfarrer den vermögensrechtlichen Anspruch auf unbeeinträchtigten Genuß der Einkünfte seiner Pfarrstelle. Es fragt sich, ob er im Sinne der Reichsverfassung ein Beamter ist. Das ist aus folgenden Gründen zu bejahen:

Der jetzt als Evangelische Kirche der altpreußischen Union sich bezeichnenden evangelischen Landeskirche der älteren Provinzen Preußens ist die ihr bis 1918 zukommende Eigenschaft einer Körperschaft des öffentlichen Rechts auch unter der Herrschaft der neuen Reichsverfassung (Art. 137 Abs. 5) erhalten geblieben. Die Verfassung, die sie sich in der mit dem Staatsgesetz betr. die Kirchenverfassungen der evangelischen Landeskirchen vom 8. April 1924 (GS. S. 221) bekanntgemachten Verfassungsurkunde vom 29. September 1922 gegeben hat, ist öffentliches Recht. Ihre Pfarrer sind als die Träger des in Art. 42 dieser Verfassungsurkunde umschriebenen geistlichen Amtes, da ihnen ein durch das öffentliche Recht begrenzter Kreis von Geschäften im Organismus einer öffentlichen Körperschaft übertragen worden ist, Beamte im Sinne des öffentlichen Rechts oder öffentliche Beamte (vgl. RGZ. Bd. 37 S. 243 und die beiden Urteile vom 18. Mai 1926 III 648/25 und III 71/26, sowie die Entscheidung des Reichsschiedsgerichts vom 9. September 1924, veröffentlicht im Reichsbesoldungsblatt 1924 S. 327).

Alle öffentlichen deutschen Beamten, nicht bloß die Staatsbeamten, sondern insbesondere auch diejenigen, welche im Dienste einer öffentlichen Körperschaft stehen, werden von Art. 129 RVerf. betroffen. Das ergibt sich klar aus dem Zusammenhang des Art. 129 mit Art. 128 Abs. 1 und Art. 131 Abs. 1 Satz 1 a. E. Auch Anschütz und Giese, auf deren Erläuterungsbücher zur Reichsverfassung (je Anm. 1 zu Art. 129) sich die Beklagte berufen hat, erkennen die Erstreckung des Art. 129 auf die Beamten der öffentlichen Körperschaften im allgemeinen an. Sie wollen aber die Beamten der Religionsgesellschaften auch dann, wenn die Dienstherrin gemäß Art. 137 Abs. 5 eine Körperschaft des öffentlichen Rechts darstellt, von der Anwendung des Art. 129 ausgenommen wissen, weil ihr Dienstverhältnis gemäß Art. 137 Abs. 3 durch die Autonomie der Dienstherrin geregelt werde und der Herrschaft des staatlichen Beamtenrechts entzogen sei. Diese Beweisführung ist nicht zwingend. In Art. 137 Abs. 3 Satz 1 ist den Religionsgesellschaften das Recht, ihre Angelegenheiten selbständig zu ordnen und zu verwalten, nur „innerhalb der Schranken des für alle geltenden Gesetzes" eingeräumt. Das Wort „alle" ist dabei nicht, wie die Revision geltend macht, adjektivisch (so daß das Hauptwort „Religionsgesellschaften" zu ergänzen wäre), sondern, wie in Art. 146 Abs. 1 Satz 2 und Art. 151 Abs. 1 Satz 1 RVerf., substantivisch zu verstehen. Das wurde bei den Verhandlungen der verfassunggebenden Nationalversammlung (Bd. 328 S. 1652 D, 1653 A) vom Abgeordneten D. Naumann klar ausgesprochen, insbesondere mit den Worten, die Kirche stelle sich mit Bewußtsein als Mensch unter Menschen, Bürger unter Bürgern, hinein unter die für alle gültigen Gesetze, Rechte und Pflichten. Diese Gleichstellung des „für alle" mit „für jeden", „für jedermann" ist in der Nationalversammlung unwidersprochen geblieben; sie entspricht im Schrifttum der herrschenden, auch von Anschütz und Giese (je Anm. 4 zu Art. 137) geteilten Meinung. Auch das Reichsschiedsgericht hat in der angeführten Entscheidung vom 9. September 1924 denselben Standpunkt eingenommen. Daß es in dieser Entscheidung das Reichsgesetz zur Sicherung einer einheitlichen Regelung der Beamtenbesoldung (Besoldungssperrgesetz) auf die Beamten der evangelisch-lutherischen Kirche in Mecklenburg-Schwerin für unanwendbar erachtet hat, beruht nicht auf Art. 137 Abs. 3 Satz 1 RVerf., sondern auf der Bestimmung in Satz 2 das., daß jede Religionsgesellschaft ihre Ämter ohne Mitwirkung des Staats verleihe. Das Reichsschiedsgericht hat angenommen, daß eine Religionsgesellschaft bei Verleihung ihrer Ämter an die „Schranken des für alle geltenden Gesetzes" nicht gebunden sei, wenn die Anwendung des Gesetzes zu einer Mitwirkung des Staats bei der Ämterverleihung im Sinne einer auch nur mittelbaren Beeinflussung des Rechts der Religionsgesellschaft zu solcher Verleihung führen würde. Ein derartiger Einfluß könnte sich vielleicht, was in diesem Urteil nicht zu entscheiden ist, aus der Anwendung der Vorschriften des Art. 129 Abs. 1 Satz 1 und 2 ergeben, kommt aber weder bei der hier in Rede stehenden Vorschrift des Art. 129 Abs. 1 Satz 4 noch bei der für die Beurteilung der Sache selbst erheblichen Vorschrift in Satz 3 das. in Frage. Es kann insbesondere keine Rede davon sein, daß sich der Kreis der Bewerber um ein Amt verengern und deshalb die Freiheit der Religionsgesellschaft in der Ämterbesetzung beeinträchtigt werden könnte, wenn die Beamten unter dem Schutze der beiden zuletzt angeführten Verfassungsvorschriften stehen, also materiellrechtlich in wohlerworbenen Rechten geschützt sind und prozeßrechtlich ihre vermögensrechtlichen Ansprüche im ordentlichen Rechtswege verfolgen dürfen. Scheidet danach der Art. 137 Abs. 3 Satz 2 aus und ist gemäß Satz 1 das. davon auszugehen, daß die Religionsgesellschaften bei der Ordnung und Verwaltung ihrer Angelegenheiten den allgemein geltenden staatlichen Rechtsnormen unterworfen sind, so gehören zu diesen Normen von den in Art. 129 zugunsten aller öffentlichen Beamten und zu Lasten aller öffentlichen Körperschaften aufgestellten Schutzvorschriften jedenfalls auch die mehrerwähnten Vorschriften in Abs. 1 Satz 3 und 4. Es besteht kein Grund zu der Annahme, daß von diesen laut der Überschrift zum 2. Hauptteil der Reichsverfassung die „Grundrechte und Grundpflichten der Deutschen" regelnden Vorschriften gerade die Religionsgesellschaften und ihre Beamten ausgenommen sein sollten. In demselben Sinne hat der III. Zivilsenat in den beiden angeführten Urteilen vom 18. Mai 1926 (in Übereinstimmung mit dem früheren Urteil vom 24. November 1925 III 36/25) ausgesprochen: Wie der Art. 129 Abs. 1 Satz 3 das gesamte Berufsbeamtentum gegenüber Bestrebungen, die seinen Bestand in Frage gestellt hätten, habe sichern sollen (RGZ. Bd. 104 S. 60, Bd. 109 S. 121), so habe der mit Satz 4 bezweckte Rechtsschutz allen Beamten, auch den Kirchenbeamten, zuteil werden sollen.

Die beklagte Landeskirche wäre aus diesen Rechtsgründen nicht imstande, den Rechtsweg für die vermögensrechtlichen Ansprüche ihrer Pfarrer auszuschließen.

In der Sache selbst ist folgendes auszuführen:

Der Beamte hat ein wohlerworbenes Recht auf das volle Stellendiensteinkommen (RGZ. Bd. 104 S. 61). Darin mag, was hier dahingestellt bleiben kann, im allgemeinen nicht das Recht darauf eingeschlossen sein, daß die Gesetze, nach denen sich die Höhe dieses Einkommens zur Zeit der Anstellung des Beamten richtet, nicht durch spätere Gesetze zu seinem Nachteil abgeändert werden. Die Berufung auf eine Pfründenstelle hat aber ihre Besonderheit. Der Inhaber einer solchen Stelle bezieht nicht, wie sonst regelmäßig der Beamte, auch der evangelische Pfarrer, ein aus der Besoldungsordnung nach festen Normen sich ergebendes Geldgehalt, sondern er hat zu seinem Unterhalt den Nießbrauch an den Pfarrgütern (Liegenschaften und Kapitalien) zugewiesen erhalten; deren Einkünfte verbleiben ihm nach dem Pfründensystem grundsätzlich auch insoweit, als sie das Normativgehalt eines Pfarrers von gleichem Dienstalter und gleichen Familienverhältnissen übersteigen. Sein Diensteinkommen ist so, in wesentlichem Unterschied vom Gehalt eines aus allgemeinen öffentlichen Mitteln besoldeten Beamten, zu bestimmten nutzbaren Gütern in eine feste Beziehung gesetzt; es hängt — darauf hat der Pfründeninhaber durch seine Anstellung ein

Recht erworben — von der Höhe der Erträge dieser Güter ab. In diese wohlerworbene Rechtsstellung greift die Anordnung der Beklagten ein, indem sie dem Pfründeninhaber von den ihm zustehenden Einkünften nur den dem allgemeinen landeskirchlichen Pfarrbesoldungsstand entsprechenden Betrag belassen und ihm den ganzen Überschuß teils zugunsten des landeskirchlichen Hilfsfonds, teils zugunsten der Kirchengemeinde für allgemeine (nicht der Pfarrbesoldung dienende) ortskirchliche Bedürfnisse, teils zum Zwecke der Ansammlung einer Rücklage bei der beteiligten Pfarrstelle entziehen will. Das kommt darauf hinaus, daß dem Pfründeninhaber alle wirtschaftlichen Vorteile seiner Sonderstellung genommen werden sollen. Das ist wegen der in Art. 129 Abs. 1 Satz 3 den Beamten gewährleisteten Unverletzlichkeit ihrer wohlerworbenen Rechte unzulässig.

RGZ. 118, 22

Einschränkung oder Aufhebung des Kirchenstuhlrechts aus kirchenpolizeilichen Gründen.

Alter Leitsatz:

Welche im ordentlichen Rechtsweg verfolgbaren Ansprüche stehen dem Inhaber eines Kirchenstuhlrechts gegenüber einer Anordnung der kirchlichen Verwaltung zu, durch die sein Recht aus kirchenpolizeilichen Gründen eingeschränkt oder aufgehoben wird? Welches kirchliche Organ ist für eine solche Anordnung zuständig? Ist die Anordnung eine Enteignung im Sinne der Reichsverfassung?

EG. z. BGB. Art. 133. Preuß. Allg. Landrecht Einleitung §§ 74, 75; Teil II Tit. 11 §§ 681, 685. RVerf. Art. 137, 153. Codex juris canonici can. 335, 368, 1263.

IV. Zivilsenat. Urt. v. 11. Juli 1927 i. S. Sch. (Kl.) w. kathol. Kirchengemeinde G. (Bekl.). IV 74/27.

I. Landgericht Dortmund. II. Oberlandesgericht Hamm.

Der Kläger ist Eigentümer eines Gutes in G., des sog. Schultenhofs. Er macht geltend, daß ihm an den auf der kleinen Orgelbühne der katholischen Kirche in G. befindlichen Plätzen ein Kirchenstuhlrecht zustehe, und zwar (Gegenstand des in erster Linie gestellten Feststellungsantrags) als ein mit dem Eigentum am Schultenhof verbundenes dingliches Recht oder (Gegenstand des in zweiter Linie gestellten Feststellungsantrags) als ein vererbliches persönliches Recht. Das Landgericht hat den Hauptklaganspruch zuerkannt. Das Oberlandesgericht hat die Klage abgewiesen.

Die Revision des Klägers hatte mit Bezug auf den Hauptantrag und den angeführten Hilfsantrag keinen Erfolg.

Aus den Gründen:

Das Landgericht hat gemäß dem Hauptantrag des Klägers erkannt, weil es für erwiesen erachtet hat, daß ein mit dem Eigentum am Schultenhof verbundenes dingliches Kirchenstuhlrecht (Art. 133 EG. z. BGB., § 685 ALR. II 11) vom Kläger und seinen Rechtsvorgängern durch 44jährige Ersitzung (§ 629 ALR. I 9) erworben sei. Das Oberlandesgericht hat es dahingestellt gelassen, ob der Kläger den ihm obliegenden Nachweis für ein Kirchenstuhlrecht als ein mit dem Schultenhof dinglich verbundenes oder, was er in zweiter Linie geltend gemacht hat, als ein persönliches *(gemäß § 681 ALR. II 11)* vererbliches Recht erbracht habe. Der Kläger habe, so wird ausgeführt, ein von ihm etwa erworbenes Recht durch die an den Pfarrer in G. und an ihn unmittelbar gerichtete Anordnung des Bischöflichen Generalvikariats in Paderborn vom 20. Oktober 1923 verloren. Diese Anordnung, die der Bischof selbst durch ein Schreiben an den Kläger vom 16. Februar 1924 ausdrücklich bestätigt habe, sei ergangen, weil durch die Beanspruchung des alleinigen Benutzungsrechts an der (kleinen) Orgelbühne durch den Kläger „die kirchliche Ordnung gefährdende Verhältnisse" hervorgerufen seien. „Um die im Gotteshause durchaus notwendige kirchliche Ordnung zu sichern und unliebsamen Störungen in der Kirche vorzubeugen", sei dem Kläger unter Bezugnahme auf can. 1263 § 3 cod. jur. can. auch für den Fall, daß ihm früher einmal ein Benutzungsrecht an den beanspruchten Sitzen eingeräumt worden sein sollte (womit auch der Fall eines auf Ersitzung beruhenden Rechts habe getroffen werden sollen und getroffen worden sei), dieses Recht abgesprochen und der Kirchenvorstand aufgefordert worden, die Sitze zu vermieten. Damit habe die geistliche Aufsichtsbehörde das vom Kläger beanspruchte Recht, wenn es bestanden haben sollte, beseitigen wollen. Wenn das Kirchenstuhlrecht auch, weil auf privatrechtlichem Titel beruhend, privatrechtlichen Charakter habe, so unterliege es doch solchen Einschränkungen, die sich aus der Bestimmung der dem Rechte dienenden Gegenstände für den kirchlichen Gottesdienst ergäben und durch die kirchliche Ordnung bedingt seien. Der geistlichen Aufsichtsbehörde komme es zu, die im Interesse des Kultus erforderlichen Anordnungen zu treffen. Ihr stehe daher auch die Entscheidung darüber zu, welche Maßnahmen zur Aufrechterhaltung der Ordnung bei dem im Kirchengebäude sich vollziehenden Gottesdienst erforderlich seien. Ihr müsse auch die Befugnis zuerkannt werden, dem auf Grund privatrechtlichen Titels zur Benutzung eines Kirchenstuhls Berechtigten die weitere Benutzung zu untersagen oder das Kirchenstuhlrecht selbst für die Zukunft in Fortfall zu bringen, wenn sie dessen Ausübung mit den Zwecken des Gottesdienstes für unvereinbar halte. Dieser in der Rechtsprechung des vormaligen Preuß.

Obertribunals (Striethorst Arch. Bd. 99 S. 173) und des Reichsgerichts (RGZ. Bd. 7 S. 136, Bd. 16 S. 159, Bd. 24 S. 174) anerkannte Rechtszustand bestehe auch unter der neuen Reichsverfassung fort. Er entspreche dem den Religionsgesellschaften in Art. 137 Abs. 3 RVerf. verliehenen Rechte, ihre Angelegenheiten selbständig innerhalb der Schranken des für alle geltenden Gesetzes zu ordnen und zu verwalten. Das Kirchenstuhlrecht des Klägers habe allerdings, wenn es durch 44jährigen Besitz nach den Vorschriften des Privatrechts erworben worden sei, auch durch die Ausübung von kirchenpolizeilichen Befugnissen der geistlichen Aufsichtsbehörde nicht so beseitigt werden können, wie wenn es nie bestanden hätte. Nach allgemeinen staatsrechtlichen Grundsätzen sei in Fällen, wo wohlerworbene Privatrechte als unvereinbar mit Rücksichten der öffentlichen Ordnung und Wohlfahrt aufgehoben würden, eine Entschädigung in Geld zu leisten (§§ 74, 75 Einl. z. ALR.; RGZ Bd. 16 S. 159).

Diese Ausführung hält der von der Revision allgemein erbetenen rechtlichen Nachprüfung stand. Sie steht für die Zeit vor der neuen Reichsverfassung im Einklang mit wiederholten Entscheidungen des Reichsgerichts, von denen neben den im Berufungsurteil angeführten, auf dem Boden des gemeinen Rechts ergangenen Urteilen des III. Zivilsenats das Urteil des jetzt erkennenden Senats vom 31. März 1910 (WarnRspr. 1910 Nr. 224, Gruch. Bd. 54 S. 1182) und die dort angezogenen weiteren Urteile in Betracht kommen.

Im besonderen erhebt die Revision gegen diesen Teil des Urteils zwei Einwendungen. Sie macht geltend: a) Wenn überhaupt eine kirchliche Instanz befugt sein sollte, in das auf dem Kirchengebäude in G. haftende und zugleich die beklagte Kirchengemeinde belastende Kirchenstuhlrecht verfügend einzugreifen, so stehe diese Befugnis nicht dem Bischof, sondern dem Kirchenvorstand als demjenigen Organ zu, das nach § 1 des Gesetzes über die Verwaltung des katholischen Kirchenvermögens vom 24. Juli 1924 (PrGS. S. 585) das Vermögen der Kirchengemeinde verwalte und die Gemeinde und das Vermögen vertrete. Der Kirchenvorstand habe aber seinerseits keine solche Verfügung getroffen. b) Die etwa mögliche Beseitigung eines wohlerworbenen Privatrechts durch die kirchliche Obrigkeit habe jedenfalls gemäß Art. 153 RVerf. nicht ohne Entschädigung geschehen dürfen. Die Enteignung habe deshalb nicht ausgesprochen werden dürfen, ohne daß gleichzeitig ein Verfahren wegen der Entschädigung des Enteigneten eingeleitet worden sei. Solange dies nicht geschehen sei, habe der Kläger sein Recht behalten. Art. 137 RVerf. überlasse den Religionsgesellschaften die Verwaltung ihrer Angelegenheiten nur innerhalb der für alle geltenden gesetzlichen Schranken. Aus der Selbständigkeit der Kirche könne deshalb ein Grund für die Enteignungsberechtigung nicht hergeleitet werden.

Beide Einwendungen beruhen auf einer Verkennung des Wesens der in Rede stehenden kirchlichen Anordnung:

a) Es handelt sich bei der Anordnung vom 20. Oktober 1923 nicht um die Besorgung einer kirchlichen Vermögensangelegenheit, die nach § 1 des von der Revision angezogenen Gesetzes vom 24. Juli 1924 oder vielmehr nach den entsprechenden Vorschriften in §§ 1 und 8 des damals noch geltenden Gesetzes über die Vermögensverwaltung in den katholischen Kirchengemeinden vom 20. Juni 1875 (PrGS. S. 241) Sache des Kirchenvorstands gewesen wäre. Jene Anordnung wurde ausgesprochenermaßen getroffen, um die im Gotteshause notwendige kirchliche Ordnung zu sichern und unliebsamen Störungen in der Kirche vorzubeugen. Damit sind kirchenpolizeiliche Befugnisse ausgeübt worden. Darüber, wem solche Befugnisse zustehen, ist in den beiden angeführten Gesetzen nichts gesagt. Die Zuständigkeit bestimmt sich insofern nicht nach Staatskirchenrecht, sondern nach der inneren Verfassung der katholischen Kirche. Das war schon vor dem Inkrafttreten der neuen Reichsverfassung rechtens und in dieser ist durch die Vorschrift des Art. 137 Abs. 3 gewährleistet, daß jede Religionsgesellschaft innerhalb der Schranken des für alle geltenden Gesetzes ihre Angelegenheiten selbständig ordne und verwalte. Nach dem somit maßgebenden Codex juris canonici ist mit dem Berufungsgericht nicht zu bezweifeln, daß die Befugnis, ein Kirchenstuhlrecht aus kirchenpolizeilichen Gründen einzuschränken oder aufzuheben, dem Bischof als dem Ordinarius loci (can. 335, 1263 §§ 2, 3) und in seiner Vertretung dem Generalvikar zusteht (can. 368 § 1). Die Vermietung der Kirchensitze, die der Beklagten durch die Aufhebung des etwaigen Kirchenstuhlrechts des Klägers ermöglicht ist, ist allerdings eine Vermögensangelegenheit, bei der die Beklagte durch ihren Kirchenvorstand vertreten wird. Die Besorgung dieser Vermögensangelegenheit steht aber hier nicht in Frage.

b) Eine Verdrängung privater Herrschaft durch polizeiliche, hier kirchenpolizeiliche Gewalt ist keine Enteignung in dem in Art. 153 Abs. 2 RVerf. vorausgesetzten technischen Sinne. Ein solcher Eingriff in ein Privatrecht findet seine rechtliche Grundlage in den im Berufungsurteil angezogenen §§ 74, 75 Einl. z. ALR., deren fortdauernde Geltung neben Art. 153 RVerf. in der Rechtsprechung des Reichsgerichts anerkannt ist (RGZ. Bd. 82 S. 80, Bd. 105 S. 330, Bd. 112 S. 98, Bd. 113 S. 304, 306; JW. 1925 S. 2446 Nr. 3). Nach den beiden Landrechtsparagraphen müssen einerseits einzelne Rechte und Vorteile der Mitglieder des Staates den Rechten und Pflichten zur Beförderung des gemeinschaftlichen Wohls, bei einem zwischen beiden eintretenden wirklichen Widerspruch, nachstehen (§ 74); anderseits muß der Staat denjenigen entschädigen, der seine besonderen Rechte und Vorteile dem Wohle des gemeinen Wesens aufzuopfern genötigt wird (§ 75). Dieser Grundsatz ist schon vom vormaligen Preuß. Obertribunal auf die Fälle, in denen der zum Besten des gemeinen Wohls erfolgende Eingriff nicht dem Staatsganzen, sondern einer im Staate bestehenden engeren öffentlich-rechtlichen Gemeinschaft zugute kommt, in dem Sinne angewandt worden, daß dann die engere Gemeinschaft zur Entschädigung verpflichtet ist. Das Reichsgericht hat hieran in ständiger Rechtsprechung festgehalten. Die beklagte Kirchengemeinde ist auch unter der Herrschaft der neuen Reichsverfassung (Art. 137 Abs. 5, 6) eine Körperschaft des öffentlichen Rechts. Daß der Kläger kraft der kirchenpolizeilichen Anordnung sein etwaiges Kirchenstuhlrecht zu ihren Gunsten aufopfern muß, macht sie entschädigungspflichtig. Die Wirksamkeit der die Aufopferung aussprechenden Anordnung ist aber in den §§ 74, 75 a. a. O. nicht von der gleichzeitigen Einleitung eines Entschädigungsverfahrens abhängig gemacht. Ob die Worte in dem von der Revision zu Unrecht angerufenen Art. 153 Abs. 2 RVerf., daß eine Enteignung „gegen angemessene Entschädigung" erfolge, in einem derartigen Sinne zu verstehen sind, braucht hier nicht erörtert zu werden...

RGZ. 125, 186

Art. 138 Abs. 1 RVerf. betrifft nur das Verhältnis der Kirche zum Staat, nicht dasjenige der Kirche zu Gemeinden und Gemeindeverbänden.

Alter Leitsatz:

1. Sind die auf einer rechtlichen Verpflichtung beruhenden Leistungen eines Kommunalverbands an eine Religionsgesellschaft mit dem Inkrafttreten der neuen Reichsverfassung fortgefallen?

2. Dürfen die Religionsgesellschaften öffentlichen Rechts die zur Befriedigung ihrer Bedürfnisse erforderlichen Mittel nur auf dem Wege der Besteuerung aufbringen?

RVerf. Art. 137, 138, 173.

IV. Zivilsenat. Urt. v. 4. Juli 1929 i. S. Gemeinde W. (Bekl.) w. Pfarrei W. (Kl.). IV 793/28.

I. Landgericht Weimar. II. Oberlandesgericht Jena.

Die Klägerin verlangt von der Beklagten die Erstattung von Kosten, die sie für die Erneuerung des Pfarrhauses in W. aufgewendet hat. Sie gründet den Anspruch auf Herkommen und auf die Pfarrmatrikel. Das Landgericht hat die Klage abgewiesen. Das Oberlandesgericht hat den Anspruch dem Grunde nach für berechtigt erklärt. Die Revision der Beklagten wurde zurückgewiesen.

Gründe:

... Zu der Frage, ob die (zunächst als entstanden nachgewiesene) Verpflichtung der verklagten Gemeinde unter der Herrschaft der neuen Reichsverfassung fortbestehe, macht die Revision geltend: Infolge des in Art. 137 Abs. 1 RVerf. (mit den Worten: „Es besteht keine Staatskirche") scharf ausgesprochenen Grundsatzes der Trennung von Kirche und Staat kämen die sich aus dem bisherigen Bestehen einer Staatskirche ergebenden Leistungen an die Kirche in Wegfall, soweit sie nicht als auf Gesetz, Vertrag oder besonderem Rechtstitel beruhende Staatsleistungen gemäß Art. 138 Abs. 1 RVerf. der Ablösung unterlägen und bis dahin gemäß Art. 173 RVerf. fortzugewähren seien. Unter dem Schutze der Reichsverfassung ständen daher von Staatsleistungen nur die in Art. 138 Abs. 1, Art. 173 bezeichneten Leistungen, und überhaupt keine Leistungen der Gemeinden und sonstigen Kommunalverbände.

Daran ist richtig, daß die Artikel 138 Abs. 1 und 173 nur das vermögensrechtliche Verhältnis der Kirche zum Staat, nicht dasjenige der Kirche zu den Gemeinden und sonstigen Kommunalverbänden regeln (RGZ. Bd. 111 S. 146, Bd. 113 S. 397). Daraus, daß die auf einer rechtlichen Verpflichtung beruhenden Leistungen eines Kommunalverbands an eine Kirche (Kirchengemeinde oder Kirchenanstalt) nicht unter dem Schutze dieser Verfassungsbestimmungen stehen, folgt aber nicht, daß die rechtliche Verpflichtung mit dem Inkrafttreten der Reichsverfassung fortgefallen ist. Aus Art. 137 Abs. 1 ist dies schon deshalb nicht zu entnehmen, weil dort, wie sich aus den weiteren Vorschriften desselben Artikels und den folgenden Verfassungsartikeln ergibt, nur ein Grundsatz, eine Richtschnur für die Landesgesetzgebung, keine unmittelbar geltende Rechtsnorm aufgestellt ist. Das ist gemeine Meinung (vgl. Schoen, VerwA. Bd. 29 S. 4, und die Kommentare von Anschütz und Giese, je Anm. 1 zu Art. 137). ...

Nach Art. 137 Abs. 6 RVerf. sind die Religionsgesellschaften, welche Körperschaften des öffentlichen Rechtes sind, berechtigt, auf Grund der bürgerlichen Steuerlisten nach Maßgabe der landesrechtlichen Bestimmungen Steuern zu erheben. Damit ist das kirchliche Besteuerungsrecht in einem bestimmten Rahmen gewährleistet. Aber es ist damit nicht verordnet, daß die Kirchen die zu ihrer Erhaltung und zur Durchführung ihrer Aufgaben erforderlichen Mittel nur durch Kirchensteuern aufbringen dürften und daß die rechtlichen Verpflichtungen Dritter zu Leistungen für solche Zwecke aufgehoben seien. Dementsprechend bestimmt das im Berufungsurteil angezogene thüringische Gesetz über das Steuerrecht der Religionsgesellschaften vom 6. Juli 1926 (GS. S. 267) in § 1: „Die Religionsgesellschaften, die in

Thüringen als Körperschaften des öffentlichen Rechts anerkannt sind, dürfen Steuern nach Maßgabe dieses Gesetzes erheben, soweit ihre sonstigen Einnahmen, insbesondere aus ihrem Vermögen und aus Leistungen Dritter, nicht ausreichen, ihre Ausgaben zu bestreiten."

Auch sonst enthält die Reichsverfassung keine Bestimmung, die der Fortdauer der streitigen Baulast entgegenstände.

RGZ. 129, 67

Kirchliches Patronatsrecht. Lastenfreies und lastenpflichtiges Patronat.

Alter Leitsatz:

1. Gilt die Vermutung des § 579 II. 11 ALR., daß das Kirchenpatronat auf einem Gut oder Grundstück hafte, auch für lastenfreie Patronate?

2. Geht das dingliche Patronatsrecht bei Veräußerung von Teilen des Gutes, auf dem es haftet, auf die Erwerber der Trennstücke über? Kommt es dabei darauf an, ob das Patronat mit Lasten verbunden oder lastenfrei ist?

IV. Zivilsenat. Urt. v. 24. März 1930 i. S. Kirchengemeinde M. (Bekl.) w. v. V. (Kl.). IV 155/29.

I. Landgericht Erfurt. II. Oberlandesgericht Naumburg.

In M. war seit Jahrhunderten die Familie v. H. ansässig. Zur Zeit bestehen dort drei Rittergüter mit der Bezeichnung M. I, II und III. Eigentümer von M. I war bis 1919 C. Graf v. H. Dieser verkaufte durch den Kläger als seinen Generalbevollmächtigten zunächst einen Teil des sog. Unterfeldes in einer Größe von etwa 360 Morgen in einzelnen Trennstücken an Einwohner aus M. und seiner Umgebung. Das Restgut nebst Gutsgebäuden und Zubehör, im Grundbuch mit etwa 190 Morgen Land und etwa 240 Morgen Wald eingetragen, ging im Jahre 1919 durch Kauf auf den Kläger über, der als Eigentümer eingetragen ist. Dieser behauptet: Die Eigentümer der Rittergüter seien von jeher Mitpatrone der evangelischen Kirche in M. gewesen. In den Kaufverträgen mit den Trennstückserwerbern sei vereinbart worden, daß die Patronatsrechte, soweit sie auf den verkauften Teilflächen beruhen sollten, nicht mitverkauft seien, sondern dem Verkäufer vorbehalten blieben, während in dem Kaufvertrag über das Restgut ausdrücklich gesagt sei, daß das Kirchenpatronat bei dem Rittergut I verbleibe. Die Beklagte ist der Ansicht, daß es sich nicht um ein mit den Rittergütern dinglich verbundenes, sondern um ein der Familie v. H. zustehendes Patronat handle, so daß der Kläger, der dieser Familie nicht angehöre, keine Patronatsrechte erworben habe. Hilfsweise macht die Beklagte geltend, daß die Patronatsrechte, wenn sie dinglicher Natur sein sollten, auf alle Erwerber von Trennstücken des Rittergutes I übergegangen seien und daß deshalb der Kläger nur dann zu den Angelegenheiten der Kirche zugezogen werden könne, wenn er von sämtlichen Mitpatronen zum Patronatsvertreter gewählt würde. Einen aus den Kaufverträgen über die Trennstücke etwa zu entnehmenden Verzicht der Käufer auf das Mitpatronat hält die Beklagte für unwirksam, weil die zuständige Kirchenbehörde die Genehmigung dazu nicht erteilt habe.

Der Kläger verlangt die Feststellung, daß er als Eigentümer des Rittergutes M. I neben den Eigentümern der Rittergüter II und III Mitpatron der Kirche in M. sei. Er erläutert seinen Antrag dahin, es solle damit zugleich festgestellt werden, daß die Käufer der Trennstücke nicht Mitpatrone seien. Das Landgericht gab der Klage durch den Ausspruch statt, daß der Kläger zusammen mit den Eigentümern der Rittergüter II und III Patron der Kirche sei. Die Berufung der Beklagten hatte keinen Erfolg. Ihre Revision führte zur Aufhebung und Zurückverweisung.

Aus den Gründen:

...Der Landesteil, in dem M. liegt, gehörte früher zum Königreich Sachsen. Das Allgemeine Landrecht für die Preußischen Staaten ist durch Patent vom 15. November 1816 (GS. S. 233) in den ehemalig sächsischen Provinzen und Distrikten eingeführt worden. Nicht in Betracht kommt hier der in § 3 dieses Patents enthaltene Vorbehalt, wonach die in den einzelnen Provinzen und Orten bisher bestehenden besonderen Rechte und Gewohnheiten noch fernerhin gesetzliche Kraft und Gültigkeit behalten dergestalt, daß die vorkommenden Rechtsangelegenheiten hauptsächlich nach diesen und erst in deren Ermangelung nach den Vorschriften des Allgemeinen Landrechts beurteilt und entschieden werden sollen. Das Patronatsrecht war im Königreich Sachsen im wesentlichen einheitlich geregelt und ist deshalb nicht als besonderes Recht im Sinne jenes Vorbehalts anzusehen (vgl. Präjudiz des Preuß. Obertribunals Entscheidungen Bd. 24 S. 1, auch Bd. 32 S. 463).

Zutreffend ist daher das Berufungsgericht von der Vorschrift des § 579 II 11 ALR. ausgegangen, wonach die Vermutung dafür spricht, daß das Kirchenpatronat auf einem Gut oder Grundstück hafte. Diese Vermutung sieht das Berufungsgericht mit Recht für nicht widerlegt an. ...

Angesichts dieser Rechtslage konnte das Berufungsgericht die Tatsachen, auf welche die Beklagte ihre Annahme eines Familienpatronats zu stützen sucht, ohne Rechtsirrtum als unerheblich ansehen.

Für die Frage der Dinglichkeit des Patronats kommt es nicht darauf an, ob mit ihm Lasten verbunden sind oder ob es sich um ein lastenfreies Patronat handelt. Allerdings setzen die Vorschriften des Allgemeinen Landrechts ein lastenpflichtiges Patronat voraus, da die an die Spitze gestellte Vorschrift des § 568 II 11 ALR. den Begriff des Patronats dahin festlegt, daß Kirchenpatron derjenige ist, dem die unmittelbare Aufsicht über eine Kirche nebst der Sorge für deren Erhaltung und Verteidigung obliegt. Auch nach den besonderen Vorschriften über die Baulast ist der Patron regelmäßig beitragspflichtig, und nur wo durch Verträge, rechtskräftige Erkenntnisse, ununterbrochene Gewohnheiten oder besondere Provinzialgesetze etwas anderes bestimmt ist, soll es dabei bewenden (§§ 710 flg. a. a. O.). Aus diesen Bestimmungen kann indessen nicht gefolgert werden, daß die gesetzliche Vermutung des § 579 nur auf lastenpflichtige Patronate anzuwenden wäre. Abgesehen davon, daß nach der Vorschrift des § 710 auch vom Standpunkt des Allgemeinen Landrechts aus für lastenfreie Patronate Raum bleibt, trägt die Vermutung des § 579 nur der Tatsache Rechnung, daß sich in Deutschland das Patronatsrecht aus dem Eigentum an der Kirche entwickelt hat (Koch-Hinschius Komm. Anm. 18 zu § 579 a. a. O.; Schoen Evangelisches Kirchenrecht in Preußen II § 49 II 1). Diese geschichtliche Grundlage bleibt bestehen, gleichviel ob sich im einzelnen Falle das Patronat als ein lastenpflichtiges oder als ein lastenfreies herausgebildet hat. Es bestehen somit nach keiner Richtung hin Bedenken dagegen, im vorliegenden Falle von der gesetzlichen Vermutung auch dann auszugehen, wenn es sich um ein lastenfreies Patronat handeln sollte.

Hiernach ist die Annahme des Berufungsgerichts, daß der Kläger neben den Eigentümern der Rittergüter II und III Patron der Kirche in M. geworden sei, rechtlich nicht zu beanstanden. Dagegen ist es rechtsirrig, wenn das Berufungsgericht meint, die weitere Frage, ob die Erwerber von Trennstücken des Ritterguts I Mitpatrone geworden seien, sei auch dann zu verneinen, wenn das Patronat lastenpflichtig sein sollte. Die Bezugnahme auf das Urteil RGZ. Bd. 27 S. 147 geht insofern fehl, als sich dieses auf das gemeinrechtliche Gebiet bezieht. Für das Gebiet des Allgemeinen Landrechts hat das Reichsgericht im Anschluß an das Preußische Obertribunal in ständiger Rechtsprechung angenommen, daß das dingliche oder Realpatronat nicht mit dem Gut als einem Inbegriff von Sachen und Rechten verbunden sei, sondern auf dem Grund und Boden — fundus — ruhe, auf ihm radiziert sei. Daraus folgt, daß bei einer Veräußerung von Teilen des Gutes das Patronatsrecht aktiv und passiv auf die Erwerber übergeht (JW. 1886 S. 240 Nr. 55; Recht 1912 Nr. 387; Gruch. Bd. 57 S. 708; JW. 1920

S. 290 Nr. 14, 1929 S. 1142 Nr. 17 und neuerdings Urteil vom 11. November 1929 IV 105/29). An dieser Rechtsansicht ist festzuhalten. Sie beruht auf den der geschichtlichen Entwicklung Rechnung tragenden positiven Vorschriften des Allgemeinen Landrechts, setzt mithin ein den Begriff des § 568 II 11 ALR. erfüllendes, also mit Lasten verbundenes Patronat voraus. Dem entspricht es, daß die Befreiung einzelner Trennstücke von der Patronatslast in Preußen im Wege der Verteilung der Lasten nach dem Gesetz vom 25. August 1876 (GS. S. 405, vgl. den Fall RGZ. Bd. 108 S. 16) oder gegebenenfalls durch Unschädlichkeitsattest gemäß dem Gesetz vom 3. März 1850 (GS. S. 145) erreicht werden kann.

Eine andere Beurteilung müßte Platz greifen, wenn ein lastenfreies Patronat vorliegen sollte. Dann wäre die Rechtslage ähnlich wie im Gebiet des gemeinen Rechts. Gemeinrechtlich liegt insbesondere die Baulast nicht jedem Patron ob. Jedenfalls ist die etwaige Lastenpflicht regelmäßig nicht erzwingbar, sondern die Verweigerung ihrer Erfüllung hat nur den Rechtsnachteil zur Folge, daß der Patron seines Patronatsrechts für verlustig erklärt wird (Hinschius System des katholischen Kirchenrechts Bd. III § 138 II). Sind mit dem Patronat nur Rechte, nicht auch (erzwingbare) Pflichten verbunden, so kann es, auch wenn es subjektiv-dinglich ist, nicht als öffentliche Last im Sinne der erwähnten preußischen Gesetze, übrigens auch nicht als solche im Sinne des Art. 11 Abs. 1 des preuß. Ausführungsgesetzes zur Grundbuchordnung und des § 10 Nr. 3 des Reichsgesetzes über die Zwangsversteigerung und die Zwangsverwaltung vom 24. März 1897/20. Mai 1898 angesehen werden. Es steht deshalb nichts im Wege, auch im Bereiche des Allgemeinen Landrechts auf das lastenfreie Patronat die Grundsätze anzuwenden, die in dem Urteil RGZ. Bd. 27 S. 147 für das Gebiet des gemeinen Rechts aufgestellt worden sind, also anzunehmen, daß das lastenfreie Patronat bei der Veräußerung von Teilen des Gutes, mit dem es dinglich verbunden ist, regelmäßig nicht auf die Erwerber als solche übergeht.

Hiernach kann das angefochtene Urteitl nicht aufrecht erhalten werden. Das Berufungsgericht wird zu der Frage, ob das Patronat des Klägers als lastenfrei oder lastenpflichtig anzusehen ist, Stellung zu nehmen haben. Nur im ersteren Falle wäre seine Ansicht, daß die Erwerber der Trennstücke kein Patronatsrecht erworben haben, rechtlich einwandfrei.

Die Frage eines Verzichtes der Trennstückserwerber auf das Patronat ist vom Standpunkt der vorstehenden Darlegungen aus nur für den Fall von Bedeutung, daß das Patronat lastenpflichtig sein sollte. In diesem Falle finden die Vorschriften der §§ 580, 610 II 11 ALR. unbedenklich Anwendung.

RGZ. 133, 192

Rechtsentwicklung in Preußen bezüglich der Rechtsform und der Rechtsstellung der jüdischen Synagogengemeinden.

Alter Leitsatz:

Haben die jüdischen Synagogengemeinden in Altpreußen die Rechtsstellung öffentlich-rechtlicher Körperschaften?

RVerf. Art. 137 Abs. 5. Preuß. Gesetz über die Verhältnisse der Juden vom 23. Juli 1847 (GS. S. 263) §§ 35 bis 67.

III. Zivilsenat. Urt. v. 7. Juli 1931 i. S. G. (Kl.) w. Synagogengemeinde in E. (Bekl.). III 414/30.

I. Landgericht Essen. II. Oberlandesgericht Hamm.

Die Beklagte, die Synagogengemeinde in E. (Rheinprovinz), stellte im Jahre 1926 den Kläger als Gemeindesekretär an. Im Jahre 1929 kündigte sie ihm. Der Kläger erkennt diese Kündigung nicht als rechtswirksam an, da er lebenslänglich angestellter Beamter der Beklagten geworden sei. Er klagt auf Feststellung seiner Beamteneigenschaft und auf Gehaltszahlung. Die Beklagte hat den Einwand der Unzuständigkeit erhoben mit der Begründung, der Kläger sei nicht Beamter geworden; sie habe ihn lediglich auf Grund eines bürgerlichrechtlichen Dienstvertrages angestellt, so daß für seine Ansprüche das Arbeitsgericht zuständig sei.

Die Vorinstanzen haben die Klage abgewiesen. Die Revision des Klägers führte zur Aufhebung und Zurückverweisung.

Gründe:

Der Berufungsrichter hat die Klage wegen Unzuständigkeit des angerufenen Gerichts abgewiesen. Er vertritt die Rechtsansicht, daß die Beklagte als jüdische Religionsgemeinschaft keine Körperschaft des öffentlichen Rechts sei, da ihr auf Grund des preußischen Gesetzes über die Verhältnisse der Juden vom 23. Juli 1847 und des bestätigten Statuts zwar die Körperschaftsrechte als juristische Person, nicht aber die als öffentlich-rechtliche Körperschaft zuständen. Die Beklagte habe durch die Bestätigung des Statuts die besondere Rechtsstellung erlangt, welche der Staat nach verschiedenen Richtungen den Religionsgesellschaften eingeräumt habe, wie sich im einzelnen aus dem preußischen Gesetz von 1847 und dem Statut ergebe Sie könne seitdem von ihren Mitgliedern Abgaben und Steuern erheben, sie auch in besondere Heberollen eintragen, so daß die Abgaben im Verwaltungswege beigetrieben werden könnten. Mit dem Erwerb der Rechte einer juristischen Person für die Vermögensverhältnisse sei aber der Erwerb der Rechte einer Körperschaft des öffentlichen Rechts nicht verbunden gewesen. Nach wie vor sei zwischen Religionsgesellschaften des öffentlichen Rechts und solchen des privaten Rechts ein Unterschied bestehen geblieben. — — —.

Der Unterschied sei nur aus geschichtlichen Gründen zu rechtfertigen. Danach seien gemäß den Bestimmungen des Preußischen Allgemeinen Landrechts als öffentlich-rechtlich aufgenommen nur die evangelische und katholische Kirche zu betrachten, während die übrigen Religionsgesellschaften nur juristische Personen des Privatrechts seien. Im Gegensatz zur Entwicklung bei den christlichen Kirchen hätten die Synagogengemeinden durch das Gesetz von 1847 in Verbindung mit dem genehmigten Statut nur die Rechte einer juristischen Person für die Vermögensverhältnisse erlangt. Sie seien dadurch noch nicht in die Reihe der öffentlich aufgenommenen Religionsgesellschaften eingegliedert werden, wenn ihnen auch eine Reihe von Aufgaben übertragen worden sei, die sonst nur öffentlich-rechtliche Körperschaften ausübten. Dieser Rechtszustand, der durch die Reichsverfassung in Art. 137 Abs. 5 aufrechterhalten worden sei, werde auch durch die spätere Gesetzgebung gerechtfertigt, die in vereinzelten Fällen die Rechte einer öffentlich-rechtlichen Körperschaft an jüdische Synagogengemeinden verliehen habe. — — —.

Der grundlegende Rechtsstandpunkt des Berufungsrichters muß in Übereinstimmung mit der Revision als rechtsirrig bezeichnet werden. Er verkennt die Bedeutung und den Geltungsbereich des Gesetzes vom 23. Juli 1847 und zieht insbesondere aus dem wegen Anerkennung der Synagogengemeinde „Israelitische Religionsgesellschaft" in Frankfurt a. M. als Körperschaft des öffentlichen Rechts ergangenen preußischen Gesetz vom 16. April 1928 (GS. S. 81) verfehlte Schlüsse, indem er unbeachtet läßt, daß das für die Rechtsverhältnisse der altpreußischen Juden maßgebende Gesetz von 1847 in Frankfurt a. M. niemals Geltung erlangt hat. Dort galt vielmehr das Regulativ vom 8. März 1839, welches über die Verfassung und Verwaltung der jüdischen Synagogengemeinden Bestimmungen enthält, die von denen des preußischen Gesetzes von 1847 wesentlich abweichen.

Für die Entscheidung ist auszugehen von der Vorschrift des Art. 137 Abs. 5 Satz 1 RVerf. Nach dieser bleiben die Religionsgesellschaften Körperschaften des öffentlichen Rechts, soweit sie solche bisher waren. Es ist anerkannt, daß dieser Satz unmittelbar geltendes Recht und nicht nur eine Richtschnur für den Gesetzgeber bildet. Die jüdischen Synagogengemeinden haben aber auf Grund des Gesetzes vom 23. Juli 1847 die Rechte als öffentlich-rechtliche Körperschaften erlangt.

Diesem Gesetz ging folgende geschichtliche Entwicklung voraus, deren Betrachtung zu seinem Verständnis notwendig ist. Nachdem in Preußen durch das Edikt vom 21. Mai 1671 die Niederlassung von fünfzig aus Wien vertriebenen jüdischen Familien geregelt war, erhielten ihre Gemeinden durch Verordnung vom 24. Januar und durch das Reglement vom 7. Dezember 1700 die politische Aufgabe und die Verpflichtung, die vom Staate geforderten Judensteuern aufzubringen. Zu diesem Zwecke wurden sie in einen religiös-politischen Verband umgestaltet, dem von Staats wegen eine Verfassung gegeben wurde. Diese Entwicklung wurde durch weitere Erlasse (Edikt vom 20. Mai 1714, Reglements vom 29. September 1730 und 17. April 1750) ausgebaut und eine Organisation geschaffen, deren Grundzüge in der Hauptsache folgende waren: Alle Juden werden zu einer Gemeinde zusammengefaßt derart, daß jeder Jude ohne weiteres Mitglied der Gemeinde wird (Parochialzwang). Die Gemeinde erhält das Steuerrecht gegenüber ihren Mitgliedern, zu deren Durchsetzung ihr der Staat seine Zwangsmittel gewährt. Der Aufgabenkreis ist teils religiöser, teils politischer Natur. Die Gemeinde erhält Polizeigewalt gegenüber sämtlichen Juden, zunächst gegenüber den stadtfremden, später auch gegenüber ihren eigenen Mitgliedern. Im „Rabbiner" und in den „Ältesten" werden Organe der Gemeinde geschaffen, deren Verfassung staatlich geregelt wird. Die Ältesten erhalten gewisse Strafbefugnisse.

Das Preußische Allgemeine Landrecht, welches in § 17 II 11 die vom Staat ausdrücklich aufgenommenen Kirchengesellschaften als privilegierte Korporationen und in § 20 das. die nur genehmigten Religionsgesellschaften als „geduldete Gesellschaften" behandelt, hat die Rechte der jüdischen Gemeinden nicht geregelt. Vielmehr erging am 11. März 1812 das Edikt betr. die bürgerlichen Verhältnisse der Juden in dem Preußischen Staate (GS. S. 17), welches die Juden aus Fremden und Schutzbefohlenen zu einheimischen Staatsbürgern erhob und in Rechten und Pflichten den Christen gleichstellte. Durch diese Eingliederung entfiel die Rechtsgrundlage für die Aufrechterhaltung des bisherigen besonderen politischen Zusammenschlusses. Auf der anderen Seite enthielt das Edikt keine Regelung über die jüdischen Gemeinden, sondern behielt in § 39 die Erlassung derartiger Bestimmungen vor. Die Folge waren Unklarheit und Unsicherheit in der Beurteilung und Behandlung der Gemeinden durch die Staatsbehörden, was zu unhaltbaren Verhältnissen führte. Es kam mehr und mehr im Anschluß an die Einteilung des Allgemeinen Landrechts die Auffassung zur Herrschaft, daß die jüdischen Gemeinden die Stellung von Privatgesellschaften hätten. Der Staat kümmerte sich um ihre Angelegenheiten nur, soweit das polizeiliche Interesse es gebot. Die jüdischen Gemeinden waren deshalb durch die Möglichkeit von Massenaustritten oder Steuerverweigerungen in ihrem Bestehen bedroht. Diesem Zustand machte für das Großherzogtum Posen die Vorläufige Verordnung wegen des Judenwesens im Großherzogtum Posen vom 1. Juni 1833 (GS. S. 66) ein Ende, welche den dortigen Synagogengemeinden wieder hoheitsrechtliche Befugnisse verlieh und den Parochialzwang wiederherstellte. Die Gemeinden erhielten eine gesetzlich geregelte Organistation, die den Vorschriften der revidierten Städteordnung nachgebildet war. Die Verwaltung der Vermögens- und Schulverhältnisse wurde den Staatsbehörden unterstellt und den Korporationen zur Pflicht gemacht. Für das übrige Preußen im damaligen Umfange brachte dann das mehrfach erwähnte Gesetz vom 23. Juli 1847 eine Neugestaltung der jüdischen Gemeindeverhältnisse, die sich auf ähnlicher Grundlage bewegte. Es wurden nunmehr folgende Grundsätze gesetzlich festgelegt: 1. der Parochialzwang (§ 35), 2. die Bildung der Synagogenbezirke durch die Regierung (§ 36), 3. die Organisation der Synagogengemeinde durch den Vorstand und Repräsentantenversammlung (§§ 38 bis 47). Den Gemeinden wurde weitgehende Autonomie, insbesondere für das Steuerverfahren und für die Verfassung im Rahmen der gesetzlichen Grenzen, sowie für das Kultuswesen eingeräumt. Ferner behielt sich der Staat ein weitgehendes Aufsichtsrecht und die Mitwirkung bei einer Reihe von Rechtsakten vor (§§ 42, 43, 50 Abs. 2, §§ 51 bis 61). Endlich bedurften Ausländer zur Anstellung an der Synagoge der staatlichen Genehmigung (§ 71 Abs. 2). Diese Gesetzgebung ist, abgesehen von der Abänderung durch Art. 13 der alten Preußischen Verfassung, bis zum Inkrafttreten der Reichsverfassung vom 11. August 1919 nur noch durch das Gesetz betr. den Austritt aus den jüdischen Synagogengemeinden vom 28. Juli 1876 (GS. S. 353) und das Gesetz betr. die Erleichterung des Austritts aus der Kirche und aus den jüdischen Synagogengemeinden vom 13. Dezember 1918 (GS. S. 199) geändert worden.

Aus diesen hervorgehobenen Grundsätzen des Gesetzes von 1847 ergibt sich die Rechtsstellung der jüdischen Gemeinden in Altpreußen als die öffentlich-rechtlicher Körperschaften. Diese Ansicht wird auch in dem vom preußischen Staatsministerium herausgegebenen Handbuch über den Preußischen Staat für das Jahr 1931 (137. Jahrgang S. 1126: Kirchliche Behörden D a) vertreten.

Der Berufungsrichter glaubt seine abweichende Ansicht besonders aus § 37 des Gesetzes von 1847 entnehmen zu können, welcher lautet:

> Die einzelnen Synagogengemeinden erhalten in bezug auf ihre Vermögensverhältnisse die Rechte juristischer Personen.

Diese Bestimmung kann jedoch nur im Zusammenhang mit den übrigen Vorschriften des Gesetzes gewürdigt werden. Der Berufungsrichter verkennt, daß diese neben der Verleihung der Autonomie eine Belehnung mit staatlichem Herrschaftsrecht (imperium) und zugleich eine Unterstellung unter die öffentlich-rechtlich geordnete, umfassende

Staatsaufsicht enthalten. Zugleich werden nach dem Gesetz den jüdischen Gemeinden neben der ihnen überlassenen Pflege des religiösen Kultuswesens Zwecke auferlegt, die auch der Staat für alle seine Untertanen anstrebt. Das Gesetz gedenkt der Armen- und der Krankenpflege (§ 59). Der Regierung wird ein Oberaufsichtsrecht über die hierfür der Gemeinde zur Verfügung stehenden Fonds und Anstalten vorbehalten. Weiter finden sich Bestimmungen über das Unterrichtswesen in den §§ 60 bis 67, und zwar in §§ 63 bis 67 über den Elementarunterricht und in § 62 über den religiösen Unterricht. Den jüdischen Gemeinden ist gestattet (§ 64), unter gewissen Voraussetzungen eine öffentliche Schule (§ 67) anzulegen und die Absonderung der Juden zu einem eigenen Schulverbande zu beantragen. Auch hier besteht ein Mitwirkungsrecht der Regierung (§§ 65, 66). Endlich enthält das Gesetz in § 58 Bestimmungen über Einrichtung und Unterhaltung der Begräbnisplätze. Deren Kosten gehören zu den allgemeinen Kosten des Kultus und können wie diese nach den Grundsätzen des Statuts auf die einzelnen Beitragspflichtigen umgelegt und im Verwaltungswege eingezogen werden.

Alle diese Aufgaben gehören dem Bereich der öffentlichen Angelegenheiten an. Sie sind zu erfüllen für Untertanen des Staates, welche durch die Gemeinschaft der Religion verbunden sind. Zur Durchführung ihrer Aufgaben ist den Gemeinden das schon erwähnte Recht der Autonomie zugesprochen (§ 50). Das die inneren Verhältnisse regelnde Statut bedarf aber der Bestätigung durch den Oberpräsidenten. Die Erledigung der Verwaltungsangelegenheiten erfolgt durch Beauftragte, welche das Gesetz (§ 45) bezeichnenderweise Verwaltungsbeamte nennt. Ihre Wahl und Anstellung ist Sache des Vorstandes der Gemeinde. Die Repräsentanten sind aber über die Würdigkeit vorher zu hören. Die den Untertanen gegenüber eingeräumte Hoheitsgewalt äußert sich namentlich in dem Parochialzwang (§ 35). Durch die spätere Austrittsgesetzgebung ist dieser Zwang gemildert, aber nicht aufgehoben worden. Der Durchführung der besonderen Aufgaben dient endlich das erwähnte, in § 58 geregelte Steuerwesen. Der Rechtsweg ist wegen Abgaben und Leistungen nur insoweit zulässig, als Mitglieder Ansprüche auf Grund besonderer Rechtstitel erheben. Durch § 49 Abs. 2 wird in dem Rekurs ein im System des Verwaltungsrechts begründeter Beschwerdeweg für alle Angelegenheiten der Synogogengemeinde geschaffen.

Daneben zeigt sich eine Eingliederung der Aufgaben der Gemeinde in die allgemeine Staatsgewalt auf Grund des weitgehenden Aufsichtsrechts des Staates. Schon die Bildung der Synagogenbezirke geschieht durch die Regierung nach Anhören der Beteiligten (§ 36 Abs. 1). Stellung und Wahl der Organe der Gemeinde sind in den großen Grundzügen nach Art des Kommunalrechts gesetzlich geregelt. Die Wahlhandlung wird durch einen Abgeordneten der Regierung geleitet. Die erste Wahl erfolgt nach Vorschrift der Regierung (§ 50 Abs. 2). Für bestimmte wichtige Verwaltungsakte ist die Genehmigung der Regierung erforderlich. Ihr ist auch sonst ein weitgehendes Aufsichtsrecht eingeräumt (§ 49). Die Regierung hat ein Einspruchsrecht gegen die Einweisung der gewählten Kultusbeamten in ihr Amt (§ 52 Satz 3). Streitigkeiten innerhalb der Synagogengemeinde über innere Kultuseinrichtungen, welche auf Bildung einer neuen Synagoge abzielen, können durch eine vom Minister eingesetzte Kommission begutachtet werden; über die zu treffenden Anordnungen entscheiden an letzter Stelle unter Ausschluß des Rechtswegs die Minister (§ 53).

Der Berufungsrichter nimmt ferner auf die Vorschriften des Allgemeinen Landrechts Bezug. Aber auch diesem kann die entgegengesetzte Meinung nicht entnommen werden. Zwar wurden die jüdischen Synagogengemeinden in Altpreußen nicht zu den vom Staat ausdrücklich privilegierten Kirchengesellschaften (§ 17 II 11) gerechnet, sondern sie fielen nach § 20 das. unter die „geduldeten Religionsgesellschaften". Damit ist aber über ihren öffentlich-rechtlichen Charakter noch nichts entschieden. Vielmehr muß bei den geduldeten Religionsgesellschaften unterschieden werden zwischen solchen rein privatrechtlichen Charakters und solchen, deren Organisation öffentlich-rechtlich geordnet ist. Deshalb kann auch der § 1 der erwähnten Vorläufigen Verordnung wegen des Judenwesens im Großherzogtum Posen vom 1. Juni 1833 in geschichtlicher Betrachtungsweise nicht zu einer anderen Auslegung des § 37 des Gesetzes von 1847 führen. Im Gegenteil ergibt bereits diese Verordnung, daß die jüdischen Gemeinden im Großherzogtum Posen wieder in den öffentlich-rechtlichen Bereich erhoben wurden.

Endlich ist auch den vom Berufungsgericht weiter erwähnten Gesetzen, dem vom 16. April 1928 wegen Anerkennung der Synagogengemeinde Frankfurt a. M. und dem Austrittsgesetz vom 30. November 1920, nichts Gegensätzliches zu entnehmen. Das erste Gesetz erklärt sich, wie schon betont, durch die ganz abweichend gestaltete frühere Judengesetzgebung für Frankfurt a. M. Aber auch die Einfügung des § 4 in das Austrittsgesetz erhält durch diesen Umstand eine andersartige Beleuchtung. Da das Austrittsgesetz für den ganzen Freistaat Preußen erlassen wurde, so mußte es mit Rücksicht auf diejenigen preußischen Gebiete, in denen die jüdischen Gemeinden vor dem Inkrafttreten der Reichsverfassung nicht die Stellung öffentlich-rechtlicher Körperschaften hatten, die Anwendung des Gesetzes, das nur den Austritt aus Religionsgesellschaften des öffentlichen Rechts regelte, für die einzelnen Synagogengemeinden allgemein vorschreiben, zumal da die Frage des öffentlich-rechtlichen Charakters für einzelne Gebiete zweifelhaft sein konnte. Der vom Berufungsrichter aus § 4 a. a. O. gezogene Rückschluß ist daher nicht gerechtfertigt.

Schließlich mag gegenüber der verschiedentlich vertretenen Ansicht, daß überhaupt für alle Kirchengemeinden die Eigenschaft als öffentlich-rechtliche Körperschaft zu verneinen sei, auf die entgegenstehende Rechtsprechung des Reichsgerichts (RGZ. Bd. 114 S. 220; JW. 1927 S. 1253 Nr. 10) verwiesen werden, an der nach nochmaliger Prüfung festzuhalten ist.

Die in § 45 des Gesetzes von 1847 erwähnten Verwaltungsbeamten sind daher Beamte im öffentlich-rechtlichen Sinne, keine Arbeitnehmer gemäß § 2 Abs. 2 ArbGG. Zu Unrecht hat somit das Oberlandesgericht die Beamteneigenschaft des Klägers schon deswegen verneint, weil die Beklagte keine öffentlich-rechtliche Körperschaft sei. Das Berufungsurteil ist deshalb wegen irrtümlicher Anwendung des Gesetzes von 1847 aufzuheben.

RGZ. 136, 1

Rechtsstellung der Mitglieder des Kirchenvorstandes, insbesondere ihre Pflichten und ihre Haftung.

Alter Leitsatz:

Muß sich ein Kirchenvorsteher einer katholischen Pfarrgemeinde, der diese auf Schadensersatz wegen Verletzung einer Verkehrspflicht in Anspruch nimmt, entgegenhalten lassen, daß er ihr für die Erfüllung der Verkehrspflicht verantwortlich sei?

Preuß. Gesetz über die Verwaltung des katholischen Kirchenvermögens vom 24. Juli 1924 (GS. S. 585) §§ 1, 9. BGB. §§ 31, 89, 254.

IX. Zivilsenat. Urt. v. 27. Februar 1932 i. S. Kath. Pfarrgemeinde Gl. (Bekl.) w. O. (Kl.). IX 395/31.

I. Landgericht Köln. II. Oberlandesgericht daselbst.

Der Kläger ist Mitglied des Kirchenvorstandes der verklagten katholischen Pfarrgemeinde. Am 13. Februar 1929 — Aschermittwoch — vormittags fiel er beim Verlassen der Kirche, in der er dem Gottesdienst beigewohnt hatte, auf dem im Eigentum der Beklagten stehenden Kirchplatz hin und erlitt dabei einen schweren linksseitigen Unterschenkelbruch. Er behauptet, er sei infolge der Glätte gefallen, die auf dem Kirchplatz geherrscht habe, denn die Beklagte habe schuldhafterweise versäumt, den Kirchplatz mit abstumpfendem Material zu bestreuen. Mit der Klage nimmt er die Beklagte auf Ersatz des ihm entstandenen Schadens in Anspruch. Die Beklagte hat geltend gemacht, daß der Kläger als Mitglied des Kirchenvorstandes für die Verkehrssicherheit auf dem Kirchplatz neben dem Pfarrer verantwortlich sei, und daß ihm deshalb kein Schadensersatzanspruch zustehe.

Das Landgericht hat den Zahlungsanspruch dem Grunde nach für gerechtfertigt erklärt. Die Berufung der Beklagten ist zurückgewiesen worden. Ihre Revision führte zur Aufhebung und Zurückverweisung.

Aus den Gründen:

Die Beklagte hat gegen den Klaganspruch geltend gemacht, der Kläger habe als Mitglied ihres Kirchenvorstandes selbst dafür Sorge tragen müssen, daß der Kirchplatz gehörig bestreut werde. Der Berufungsrichter hat dies Vorbringen unter dem Gesichtspunkt des mitwirkenden Verschuldens des Klägers geprüft und es mit folgender Erwägung zurückgewiesen: Nach dem preußischen Gesetz über die Vermögensverwaltung in den katholischen Kirchengemeinden vom 20. Juni 1875 (GS. S. 241) komme dem Kirchenvorstand lediglich die rechtsgeschäftliche Willensbildung bei der Verwaltung des Kirchenvermögens zu. Dagegen habe der Kirchenvorstand mit der tatsächlichen Sachverwaltung nichts zu tun. Zu ihr gehöre die Erfüllung der Streupflicht. Sie liege nur dem Pfarrer ob. Die hiergegen erhobene Revisionsrüge ist im Ergebnis begründet.

An den Darlegungen des Berufungsrichters ist zunächst formell die Heranziehung des Gesetzes vom 20. Juni 1875 unzutreffend. Denn dieses Gesetz war zur Zeit des Unfalls nicht mehr in Kraft, sondern war durch das Gesetz über die Verwaltung des katholischen Kirchenvermögens vom 24. Juli 1924 ersetzt worden, gegen dessen Gültigkeit keine verfassungsrechtlichen Bedenken bestehen.

Aber auch materiell kann dem Berufungsrichter nicht beigetreten werden. Unter „Verwaltung" des Vermögens in der Kirchengemeinde, die nach § 1 des Gesetzes vom 24. Juli 1924 dem Kirchenvorstand obliegt, ist nach der preußischen Rechtsentwicklung nicht bloß die rechtsgeschäftliche Willensbildung, sondern auch die Sorge für die tatsächliche Erhaltung, Nutzbarmachung und vorschriftsmäßige Verwendung des kirchlichen Vermögens zu verstehen. Danach ist die Sorge für die Erfüllung der Streupflicht Vermögensverwaltung. Denn die aus ihrer Verletzung entstehenden Haftpflichtverbindlichkeiten treffen nach §§ 31, 89 BGB. das Vermögen der Kirchengemeinde. Diese Haftpflichtverbindlichkeiten von der Kirchengemeinde fernzuhalten, ist grundsätzlich Aufgabe des Kirchenvorstandes.

Nach § 9 des Gesetzes vom 24. Juli 1924 ist das Amt eines Kirchenvorstehers ein Ehrenamt, das regelmäßig durch Wahl nach Maßgabe des öffentlichen Rechts erworben wird. Hieraus folgt für die Beziehungen des Kirchenvorstehers zu der Gemeinde, die gleichfalls öffentlich-rechtlicher Natur sind, daß auf sie die Grundsätze des Auftrags entsprechend anzuwenden sind und daß demnach die Kirchenvorsteher für jede Fahrlässigkeit haften, die ihnen bei ihren Handlungen und Unterlassungen in Beziehung auf die Vermögensverwaltung zur Last fällt. Dagegen ist die Annahme abzulehnen, daß hierüber das innerkirchliche Recht entscheide. Dies kann schon deshalb nicht zutreffen, weil das innerkirchliche Recht der katholischen Kirche nicht von der Vorstellung der Pfarrgemeinde als einer juristischen Person ausgeht.

Durch das Vorangeführte wird aber nicht ausgeschlossen, daß unter den Mitgliedern des Vorstandes eine geteilte Verantwortung bestehen kann, die mit der tatsächlichen Arbeitsteilung zusammenhängt und die den Rückgriff der Gemeinde auf das einzelne Mitglied des Kirchenvorstandes rechtlich ausschließt. In der Tat bestimmt die Bischöfliche Geschäftsanweisung für die Verwaltung des Vermögens in den Kirchengemeinden und Gemeindeverbänden in der Erzdiözese Köln vom 11. Juli 1928, die auf Grund des Gesetzes vom 24. Juli 1924 erlassen und seit dem 1. August 1928 in Kraft ist, daß, abgesehen von Ausschüssen und Kuratorien, die ihre Beschlüsse ausführen, der Vorsitzende des Kirchenvorstandes, also der Pfarrer, es ist, der für die Ausführung der Beschlüsse des Kirchenvorstands zu sorgen hat. Dabei kann er die Mitwirkung der übrigen Mitglieder in Anspruch nehmen. Hier hatte der Kirchenvorstand 100 RM. für das Streuen ausgeworfen und damit seiner Pflicht genügt. Aufgabe des Pfarrers war es, diesen Beschluß auszuführen und seine Ausführung zu überwachen. Daß er dabei die Mitwirkung des Klägers in Anspruch genommen habe, ist nicht behauptet. Eine Überwachungspflicht, die den einzelnen Mitgliedern des Kirchenvorstandes den Beauftragten des Pfarrers und diesem selbst gegenüber obgelegen hätte, ist nicht anzuerkennen.

Das schließt aber nicht aus, daß ein Kirchenvorsteher, wenn ihm die mangelnde Ausführung des Vorstandsbeschlusses — hier also die Vernachlässigung des Streuens — zur Kenntnis kommt, kraft seines Amtes verpflichtet ist, dem Pfarrer hiervon Mitteilung zu machen, und daß er, falls dies keinen Erfolg hat, die Angelegenheit im Kirchenvorstand zur Sprache zu bringen hat. Dringt er auch dort nicht durch, so wird man ihm allerdings grundsätzlich nicht zumuten können, Beschwerde bei der Bischöflichen Behörde zu führen oder Anzeige an die Polizei zu erstatten. Schweigt er aber zu dem ihm bekanntgewordenen Mißstande aus unsachlichen Erwägungen, so verletzt er seine Pflicht als Kirchenvorsteher. Der Berufungsrichter hätte daher prüfen müssen, ob die Vernachlässigung der Streupflicht während der Frostperiode dem Kläger so rechtzeitig bekannt geworden ist, daß er eine Abstellung des Übelstandes vor dem Unfalltage hätte erreichen können. Bejahendenfalls wird sich der Kläger zwar nicht die Einrede des Mitverschuldens (§ 254 BGB.), wohl aber die Einrede der allgemeinen Arglist entgegenhalten lassen müssen,, die jedem entgegensteht, der etwas fordert, was er wieder zurückzugewähren hat.

RGZ. 143, 106

Kirchliches Selbstverwaltungsrecht. Rechtsnatur des Verhältnisses der Kirche zu ihren Mitgliedern. Eintragungen in die kirchliche Chronik als im Rechtsweg nicht überprüfbarer innerkirchlicher Hoheitsakt.

Alter Leitsatz:

1. Ist der Rechtsweg zulässig für die Klage eines katholischen Religionsunterricht erteilenden Lehrers gegen den Pfarrer mit dem Ziele, daß dieser eine den Lehrer beleidigende Eintragung widerrufe, welche der Pfarrer in die von ihm dienstlich zu führende Chronik aufgenommen hat?

2. Welche Befugnisse stehen der Kirche hinsichtlich des Religionsunterrichts an Schulen zu?

GVG. § 13. RVerf. Art. 144, 149.

VI. Zivilsenat. Urt. v. 4. Januar 1934 i. S. M. (Bekl.) w. K. (Kl.). VI 360/33.

I. Landgericht Magdeburg. II. Oberlandesgericht Naumburg a. S.

Der Kläger ist Lehrer an der Volksschule in Sch. und zugleich Kantor und Organist an der katholischen Kirche in Kl. W., zu deren Sprengel Sch. gehört. Er hat die missio canonica und erteilt in der Schule Religionsunterricht. Das Pfarramt W. verwaltete im Jahre 1930 der Beklagte als Pfarrvikar. Zu seinen Amtspflichten gehörte es, neben anderen Büchern auch ein im Rechtsstreit „Chronik" genanntes zu führen und dort für den inneren Dienstgebauch des jeweiligen Pfarrers und der geistlichen Oberen Eintragungen über wichtige Begebenheiten des kirchlichen Lebens und der Kennzeichnung von Personen zu machen, die für die Kirche irgendwie von Bedeutung sein konnten. Nach einer Verordnung des bischöflichen Generalvikariats vom August 1928 ist die Einsicht der Chronik unter besonderen Bedingungen auch anderen Amtsstellen und Privatpersonen gestattet, jedoch, soweit die Verarbeitung und Veröffentlichung der Kirche oder noch lebenden Personen zum Schaden gereicht, nur mit besonderer Genehmigung des Generalvikariats. Während seiner

Amtstätigkeit machte der Beklagte im Jahre 1930 in die Chronik eine Eintragung folgenden Inhalts: Er habe Gelegenheit gehabt, sein Wissen über den Charakter mancher Diasporalehrer zu bereichern. Den „Sch.er wohlbeleibten Kantor" hätte er bei der Regierung anzeigen können. Eine solche Anzeige wäre für die Kinder der Diaspora nur von Vorteil gewesen, weil sie dann ein nachlässiger Lehrer hätte verlassen müssen, bei dem sie nicht einmal die Worte des Bußsakramentes gelernt hätten. Gelegentlich einer Katechese habe er diese schmerzliche Erfahrung machen müssen. Diese Erfahrung bestätige schlaglichtartig die Gesinnung des Klägers und bezeuge die Tatsache, daß er, obgleich katholisch, als Mitglied des freien Lehrervereins die weltliche Schule propagiere. Es wäre daher von Vorteil, dem Kläger die missio canonica zu entziehen und an seine Stelle einen würdigen katholischen Junglehrer zu berufen. In gleicher Weise traurig sei es, daß der Kl. in Sch. gegen die Pfarrgeistlichkeit hetze und so die Gläubigen vom Kirchenbesuch fernhalte. Als einzige Rettung bleibe, in Sch. einen eigenen Geistlichen anzustellen, dessen Hauptaufgabe sein müsse, der Wühlarbeit des Klägers mit Nachdruck zu begegnen und damit gleichzeitig auch ein Gegengewicht zu schaffen gegen den in M. wohnenden Priesterhasser und Verleumder . . .

Der Kläger erfuhr diese Eintragung durch einen anderen Lehrer, der die Chronik eingesehen hatte, und forderte den Beklagten auf, die Eintragung zu entfernen. Das lehnte der Beklagte ab. Nun wandte sich der Kläger an das erzbischöfliche Generalvikariat in P. und bat, dem inzwischen an die Stelle des Beklagten getretenen Amtsnachfolger an der Kirche in Kl. W. die Entfernung der Eintragung aufzugeben. Das Generalvikariat stellte eine Untersuchung an und beauftragte dann den Amtsnachfolger des Beklagten, die den Kläger betreffende Eintragung zu streichen und am Rande eine amtliche Erklärung beizufügen, die den Kläger angehende Eintragung sei unhaltbar. Demgemäß wurde verfahren; die Streichung erfolgte mit Rotstift, aber derartig, daß die Eintragung lesbar blieb. Auf eine erneute Eingabe des Klägers, der mit dieser Art der Streichung nicht einverstanden war, sondern völlige Entfernung der Blätter mit der Eintragung verlangte, lehnte das Generalvikariat durch Schreiben vom 31. Januar 1931 die Entfernung der Blätter mit der Begründung ab, die Chronik sei eine Urkunde und würde durch die Entfernung der Blätter ein Torso werden, auch hätten die bereits getroffenen Maßnahmen zur völligen Ehrenrettung des Klägers geführt.

Mit der Behauptung, die in der Eintragung enthaltenen Behauptungen seien unwahr und vom Beklagten in der Absicht, ihn zu beleidigen und zu schädigen, wider besseres Wissen aufgestellt, er werde auch dadurch dauernd in seinem Ansehen und seinem Fortkommen geschädigt, erhob der Kläger 1. gegen die katholische Kirchengemeinde Kl. W., 2. gegen den Beklagten unter Berufung auf § 823 Abs. 2 BGB., §§ 185, 186 StGB., §§ 824, 826, 1004 BGB. Klage mit dem Antrage, 1. die Gemeinde zu verurteilen, die Eintragung so zu beseitigen, daß niemand sie lesen könne, 2. den Beklagten zu verurteilen, die Schmähungen des Klägers zu widerrufen und durch den Widerruf dahin zu wirken, daß die Schmähungen in der Kirchenchronik so beseitigt werden, daß sie nicht mehr gelesen werden könnten. Die Beklagten haben Abweisung der Klage begehrt und insbesondere geltend gemacht, der Rechtsweg sei mit Rücksicht auf die Natur der Eintragung unzulässig, der Beklagte M. auch: die in der Eintragung aufgestellten Behauptungen entsprächen der Wahrheit, die Eintragungen seien von ihm nach bestem Wissen gemacht, er selbst sei jedenfalls nicht der richtige Beklagte. Das Landgericht wies die Klage gegen beide Beklagte, gegen den Beklagten M. mit der Begründung ab, an sich sei eine Zivilklage auf Widerruf zulässig, doch fehle das Rechtsschutzinteresse, weil die Maßnahmen des Generalvikariats die völlige Ehrenrettung des Klägers herbeigeführt hätten. Dagegen legte der Kläger Berufung hinsichtlich dieses Beklagten ein. Er beantragte nunmehr, den Beklagten zu verurteilen.

a) die Äußerungen, die er in der Kirchenchronik von Kl. W. über den Kläger niedergeschrieben habe, zu widerrufen,

b) sowohl dem erzbischöflichen Generalvikariat in P. wie auch der katholischen Kirche in M. — zu dieser gehört die Kirche Kl. W. — diesen Widerruf ausdrücklich mitzuteilen und gleichzeitig die Bitte auszusprechen, daß die oben genannte Eintragung sowie der später hinzugefügte Vermerk unter entsprechender Mitteilung an den Kläger aus der Kirchenchronik Kl. W. entfernt, mindestens aber unleserlich gemacht, zum mindesten mit dem Zusatz versehen werde, daß der Beklagte diese Eintragung ausdrücklich widerrufen habe.

Das Berufungsgericht verurteilte in teilweiser Abänderung des ersten Urteils gemäß dem Antrage a) den Beklagten, die in der Chronik über den Kläger niedergeschriebenen Äußerungen zu widerrufen, den Antrag b) aber wies es ab. Die Abweisung ist damit begründet: Das Verlangen würde auf eine unzulässige Demütigung des Beklagten hinauslaufen. Überdies sei insoweit die Ehre des Klägers bereits gerettet. Auch sei der darin für die Kirchenbehörde liegende mittelbare Zwang unzulässig.

Die Revision des Beklagten führte zur völligen Abweisung der Klage.

Gründe:

Da der Antrag zu b) auf Mitteilung des Widerrufes an das erzbischöfliche Generalvikariat und die katholische Kirchengemeinde in M. mit der Bitte, entsprechend die Eintragungen in der Chronik zu beseitigen oder zu berichtigen, vom Berufungsgericht abgewiesen worden ist, steht zur Erörterung jetzt nur, ob die Verurteilung zum Widerruf auf einem Rechtsverstoß beruht.

Das Berufungsgericht hat für den gesamten Klaganspruch den Rechtsweg für zulässig erklärt und das so begründet: Zweck der Klage sei hier nicht die Abwehr einer Maßnahme, die ein Organ einer öffentlich-rechtlichen Gemeinschaft kraft obrigkeitlicher Gewalt gegen einen seiner Herrschaft Unterworfenen getroffen habe. Ziel und Zweck der Klage sei vielmehr die Abwehr und Beseitigung einer nur bei Gelegenheit einer Diensthandlung von einem Organ einer öffentlich-rechtlichen Körperschaft verübten unerlaubten Handlung im Sinne des Zivilrechts, durch die das Organ unmittelbar in den durch bürgerlich-rechtliche Bestimmungen geschützten Rechtskreis eines Bürgers eingegriffen habe. Da ständen sich die Prozeßparteien als Gleichberechtigte gegenüber. Denn auch ein solches Organ habe nicht das Recht, bei Gelegenheit der Ausübung einer dienstlichen Befugnis durch unerlaubte Handlungen verletzend in die Rechtssphäre der Bürger einzugreifen. Bei der Abwehr solcher Übergriffe handle es sich nicht um einen Angriff gegen Maßnahmen, die auf Grund hoheitsrechtlicher Befugnisse getroffen sind.

Diese Ausführungen unterliegen rechtlichen Bedenken. Für die Zulässigkeit des Rechtswegs kommt es darauf an, ob nach dem vom Kläger behaupteten Tatbestande das Rechtsverhältnis, das dem Klaganspruch zugrunde liegt, ein bürgerlich-rechtliches, dem Privatrecht angehörendes oder öffentlich-rechtlicher Natur nach dem Stande des Rechts zur Zeit des Erlasses des Gerichtsverfassungsgesetzes ist. Liegt ein Rechtsverhältnis öffentlich-rechtlicher Natur vor, so ist der Rechtsweg nur gegeben, wenn in dem maßgebenden Recht ausdrücklich der ordentliche Rechtsweg zugelassen ist. Daraus wird in der Rechtsprechung der Satz hergeleitet, daß insbesondere die Zurücknahme oder Änderung einer öffentlich-rechtlichen Maßnahme nicht im ordentlichen Rechtswege verlangt werden kann. Eine solche nicht dem Rechtswege zugängliche öffentlich-rechtliche Maßnahme liegt allerdings dann nicht vor, wenn sie in dem maßgebenden Recht überhaupt keine Grundlage mehr hat, vielmehr eine rein willkürliche Amtshandlung vorliegt und die Wiederherstellung von Privatrechten verlangt wird, die dadurch verletzt sind (vgl. RGZ. Bd. 130 S. 290 (292) und Sydow-Busch GVG. § 13 Anm. I — 20. Aufl. S. 1313 — und Anm. II 1 — S. 1318). So ist in RGZ. Bd. 138 S. 57 (61) der Rechtsweg für eine Klage versagt, mit der von den Richtern eines ärztlichen Ehrengerichts der Widerruf von Bemerkungen verlangt wird, die in einem einstellenden Beschluß über einen an diesem Verfahren nicht Beteiligten gemacht wurden. Und im RGUrt. vom 2. Oktober 1924 IV 221/24 ist ebenso der Rechtsweg versagt für eine Klage, mit der ein städtischer Beamter von dem Oberbürgermeister einer Stadt, bei der er früher angestellt war, verlangte, er solle Behauptungen über ihn widerrufen, die er in einer dienstlichen Äußerung auf Bitten des Oberbürgermeisters einer anderen Stadt, zwecks Prüfung, ob der Kläger dort anzustellen sei, gemacht hatte, und zwar auch für den Fall, daß die Äußerung wider besseres Wissen gemacht sein sollte.

Bei der hier in Rede stehenden Eintragung, die der Beklagte in der Chronik über den Kläger gemacht hatte, handelt es sich an sich um einen hoheitsrechtlichen Akt. Gemäß Art. 137 Abs. 5 RVerf. bleiben die Religionsgesellschaften Körperschaften des öffentlichen Rechts, soweit sie solche bisher waren. Die katholische Kirche war eine solche Körperschaft des öffentlichen Rechts gemäß II, 11 § 17 ALR. und dem Religions-Edikt vom 9. Juli 1788. Sie regelt ihre inneren Angelegenheiten, insbesondere ihr Verhältnis zu ihren Mitgliedern selbständig. Ihr Verhältnis zu diesen Mitgliedern ist daher stets öffentlich-rechtlicher Natur. Streitigkeiten aus diesem Verhältnis sind niemals bürgerliche Rechtsstreitigkeiten im Sinne von § 13 GVG. — vgl. dazu Anschütz RVerf. Art. 137 Bem. 8 Anm. 2; Giese RVerf. Art. 137 Bem. 6; Poetzsch-Heffter RVerf. Art. 137 Bem. 7 b; Gebhard RVerf. Art. 137 Bem. 7 a und c. Zu diesen inneren Angelegenheiten der katholischen Kirche gehörte auch die Führung der von ihr vorgeschriebenen Bücher und die Eintragungen, die dort über Gemeindemitglieder gemacht sind. Hier war die Persönlichkeit der Lehrer der Bekenntnisschule für die Kirche und ihre Belange von besonderer Bedeutung, vornehmlich soweit sie, wie der Kläger, den Religionsunterricht erteilten und die Kinder in den Lehren der katholischen Kirche unterwiesen. Es ist für den jeweiligen, zuständigen Pfarrer und die geistlichen Oberen von der größten Bedeutung, über die Person des Lehrers und seine Stellung zu der Kirche unterrichtet zu sein. Eine diese Frage behandelnde Äußerung in der dafür bestimmten Chronik gehörte also zu den kirchlich hoheitsrechtlichen Aufgaben des Pfarrers. Nicht von Bedeutung ist es dafür, ob in solchen Schulen dem Pfarrer die Schulaufsicht zusteht. Das wäre nur wesentlich, wenn es sich um solche Aufsichtsmaßnahmen, also Anordnungen gegenüber dem dienstlichen oder außerdienstlichen Verhalten des Lehrers, handelte. Das steht hier nicht in Frage. Es handelt sich vielmehr nur um Äußerungen über den Lehrer zu innerkirchlichen Zwecken, nur diesen sollten sie dienen. In die Lehrbefugnis des Klägers wurde dadurch in keiner Weise eingegriffen. Daß die Schulaufsicht, insbesondere auch soweit der Religionsunterricht in Betracht kommt, nur den staatlichen Schulaufsichtsbeamten und nicht den Organen der Kirche zusteht, kann nach Art. 144, 149 RVerf. nicht zweifelhaft sein. Aber darauf kommt es hier, wie gezeigt, nicht an. Anderseits bemißt sich aber der Inhalt, das „Was" des Religionsunterrichts nach den Lehren und Grundsätzen der Kirche, und diese hat das Recht und nach ihren Gesetzen die Pflicht, darüber zu wachen, daß er in Ubereinstimmung mit ihren Grundsätzen erteilt wird. Das ergibt sich aus der Vorschrift des Art. 149 Abs. 1 Satz 3 RVerf., wonach dieser Unterricht in „Ubereinstimmung mit den Grundsätzen der betreffenden Religionsgesellschaft" erteilt wird. Die Kirche kann danach zwar, wenn ihrer Ansicht nach die Grundsätze nicht eingehalten werden, das nicht dem Lehrer gegenüber rügen und ihm andersgearteten Unterricht aufgeben oder gar ihn dienstlich strafen. Aber es muß ihr das Recht zugestanden werden, sich über die Art der Erteilung des Unterrichts zu erkundigen und gegebenenfalls wegen Änderungen bei den staatlichen Organen vorstellig zu werden. Auch das zeigt, welches besondere Interesse die Kirche daran hat, durch ihre Organe über die Lehrer und die Art ihres Religionsunterrichts Kenntnis zu erhalten (vgl. dazu Gebhard RVerf. Art. 144, Bem. 3 c und Art. 149 Bem. 4 a; Anschütz RVerf. Art. 149 Bem. 3; Poetzsch-Heffter RVerf. Art. 149 Bem. 6 b; Landé in „Die Grundrechte und Grundpflichten der Reichsverfassung" Art. 143 bis 149, Bd. 3 S. 78 flg.; Piloty im Archiv für öffentliches Recht, n. F. Bd. 5/6, S. 343 flg. bes. 353 und 356; Vorbrodt-Herrmann Handwörterbuch des gesamten Schulrechts usw. in Preußen, Artikel „Religiöse Erziehung" S. 535 flg.; Kahl Die missio canonica — K. L. Diss. — S. 21). Es kann hiernach nicht zweifelhaft sein, daß es sich an sich bei der Eintragung eines katholischen Pfarrers über den Lehrer einer zu seinem Sprengel gehörenden Schule um eine rein innere Amtshandlung hoheitsrechtlicher Art handelt, bei welcher der Pfarrer lediglich als Amtsperson tätig wird und durch die Beziehungen privatrechtlicher Art des Lehrers zu dem Pfarrer auch dann nicht entstehen, wenn diese Eintragung Behauptungen enthält, die für den Lehrer beleidigend sind, nicht den Tatsachen entsprechen, ja sogar wider besseres Wissen aufgestellt sind. Das muß auch dann noch gelten, wenn diesen Eintragungen eine Form gegeben ist, die beleidigend ist. Auch dann kann eine Änderung nur auf dem von der Kirche vorgesehenen Verwaltungswege, nicht aber im Wege eines bürgerlichen Rechtsstreits erzielt werden. Und nichts wird auch dadurch geändert, daß solche Eintragungen unter Umständen, nämlich dann, wenn das bischöfliche Vikariat zustimmt, ausnahmsweise zur

Kenntnis dritter Personen kommen können. Auch dann bleibt die Äußerung noch ein Hoheitsakt, dessen Abänderung im ordentlichen Rechtsstreit nicht verlangt werden kann. Auf eine solche Abänderung aber läuft auch das Verlangen auf Zurücknahme im Grunde hinaus. Das zeigt der ursprüngliche Klagantrag und auch der im zweiten Rechtszuge gestellte Antrag. Denn Leben und Bedeutung gewinnt in dem letzteren der Antrag a) erst durch den Antrag b). Es kommt dem Kläger danach entscheidend darauf an, eine Zurücknahme der Äußerung gerade zur Kenntnis der jeweiligen Geistlichen von M. und Kl. W. sowie des erzbischöflichen Generalvikariats zu bringen und dadurch schließlich doch das zu erreichen, was er erstrebt, aber bisher im Verwaltungsweg nicht erreicht hat, nämlich daß die Eintragung in der Chronik entfernt oder wenigstens unleserlich gemacht wird. Das würde er dadurch zu erreichen suchen, daß er ein nur nach dem Antrage a) erkennendes Urteil diesen Stellen einreicht und so die Eintragung des Beklagten als solche durch das eine gegenteilige Erklärung ersetzende Urteil diesen Hauptbeteiligten gegenüber unwirksam macht.

Ob etwas anderes zu gelten hätte, wenn der Beklagte eine sachliche amtliche Äußerung überhaupt nicht bezweckt, sondern lediglich die Form einer solchen Eintragung gewählt hätte, um den Kläger herabzusetzen und zu beleidigen, kann dahingestellt bleiben, da ein solcher Tatbestand nach den Feststellungen des Berufungsgerichts hier nicht vorliegt. Da hiernach auch für den Antrag a) des Klägers der Rechtsweg nicht gegeben ist, erübrigt sich eine Erörterung, ob etwa auch sachlich durchgreifende Rechtsgründe einem solchen Anspruch entgegenstehen.

RGZ. 143, 143

Berechnungsgrundsätze für den Gegenwartswert und die Erträgnisse säkularisierten Vermögens.

Alter Leitsatz:

1. Sind die Gesetze des ehemaligen Königreichs Westfalen revisibel?

2. Zur Frage, wie weit Preußen auf Grund der Kabinettsorder vom 25. September 1834 für die Versilberung von Stiftsgütern durch das Königreich Westfalen einzutreten hat, und wie die Unzulänglichkeit der Erträgnisse oder die Erschöpfung des Stiftsvermögens festzustellen ist?

IV. Zivilsenat. Urt. v. 11. Januar 1934 i. S. kath. Pfarrgemeinde in N. (Kl.) w. Preuß. Staat (Bekl.). IV 185/33.

I. Landgericht Erfurt. II. Oberlandesgericht Naumburg a. S.

Der Sachverhalt ergibt sich aus der in RGZ. Bd. 104 S. 338 abgedruckten Entscheidung. Nach erneuter Verhandlung wies das Berufungsgericht die Klage ab. Die Revision der Klägerin hatte Erfolg.

Aus den Gründen:

Die Revision würde mit ihren Angriffen gegen die Auslegung, die das Berufungsgericht den westfälischen Dekreten gegeben hat, selbst dann nicht gehört werden können, wenn nicht schon der § 565 ZPO. jede Möglichkeit ausschlösse, dem Beklagten jetzt noch den Beweis der Unzulänglichkeit des überkommenen Vermögens abzuschneiden. Es handelt sich um Akte der Gesetzgebung eines früheren, nicht mehr bestehenden Staates, die schon wegen dieser ihrer Eigenschaft nicht revisibel sind (RGUrt. v. 5. Oktober 1900 II 152/1900). Sie üben Rechtswirkungen nur noch aus, weil das streitige Rechtsverhältnis unter der Herrschaft des westfälischen Gesetzes entstanden ist; geltendes Recht stellen diese landesgesetzlichen Bestimmungen selbst nicht mehr dar. Denn durch das Publikationspatent vom 9. September 1814 (Pr. GS. S. 89) ist das allgemeine Landrecht wieder eingeführt worden (vgl. dazu RGZ. Bd. 5 S. 417). Zudem enthielt Westfalen nur Teile preußischer Provinzen und als einzigen Bundesstaat das Land Braunschweig; es sind also auch die räumlichen Voraussetzungen der Revisibilität nicht gegeben (VO. v. 28. September 1879 [RGBl. S. 299] § 1).

Nachzuprüfen bleiben in der Revisionsinstanz die Gründe, aus denen das Berufungsgericht den Nachweis der Unzulänglichkeit der Einkünfte oder der Erschöpfung des einst stiftischen, auf Preußen überkommenen Vermögens für geführt erachtet. Für diese Fragen bedurfte es der Feststellungen, welche Vermögenswerte an Preußen gelangt sind, welche inzwischen etwa verlorengegangen sind, wie hoch der Wert des zur Zeit noch vorhandenen Vermögens zu veranschlagen ist, um aus alledem die Höhe der wirklich nachweisbaren oder doch zu schätzenden Erträgnisse, zutreffendenfalls die Erschöpfung des Stiftsvermögens zu beurteilen. Das Berufungsgericht stellt mit dem Sachverständigen fest, daß gewisse Gegenstände des Stiftsvermögens mit Werten auf Preußen überkommen sind, die bei Übernahme des Landes auf 84 000 Taler anzuschlagen waren. Hinsichtlich dieser Tatsachenfeststellung bestehen keine Zweifel rechtlicher Art, auch die Revision macht keine geltend. Im früheren Urteil des erkennenden Senats war außerdem darauf hingewiesen worden, es sei festzustellen, ob ein Gegenwert, den der westfälische Staat durch Hingabe von Stiftsvermögen erhalten habe, in die Hand des Preußischen Staates gelangt sei. Der Sachverständige und mit ihm das Berufungsgericht stellen dies für ein bestimmtes Kapital fest. Auch insoweit bestehen keine Zweifel an der Richtigkeit dieser Auffassung. Darüber hinaus hatte der Sachverständige aber darauf hingewiesen, daß Preußen wenigstens von einem Teil der von Westfalen versilberten Werte von rund 108 000 Talern Nutzen gezogen habe, weil die westfälische Schuld vermindert worden sei und Preußen daher geringere Schulden übernommen habe. In gleichem Sinne hat die reichsgerichtliche Rechtsprechung schon anerkannt, daß die Abtragung von Schulden, die der säkularisierende Staat durch eingezogenes Vermögen hat vornehmen können (vgl. JW. 1928 S. 3233 Nr. 4), eine Vermehrung des Vermögens um den Betrag der getilgten Schulden, also einen Gegenwert bedeute. Wenn Preußen als Rechtsnachfolger Westfalens Nutzen aus solcher Schuldentilgung durch Westfalen erwachsen ist, so ist auch ihm ein Gegenwert für die von Westfalen veräußerten Gegenstände zugekommen. Dem Berufungsurteil ist daher nicht darin zu folgen, daß es annimmt, der im ersten Urteil des Reichsgerichts ausgesprochene Hinweis auf einen Gegenwert sei auf eine Schuldendeckung Westfalens nicht zu beziehen. Beweispflichtig für die Unzulänglichkeit und die Erschöpfung, also für den Bestand des überkommenen Vermögens, ist dabei der Beklagte. Bedenken erregen muß daher auch der Ausspruch des Berufungsgerichts, die Feststellung, daß Preußen durch die Verwendung des Stiftsvermögens seitens Westfalens eigene Ausgaben erspart habe, könne nicht getroffen werden. Preußen hätte vielmehr zu beweisen gehabt, daß ihm keine Gegenwerte zugeflossen seien (RGZ. Bd. 104 S. 338 [340]; RG. JW. 1927 S. 2510 Nr. 16). Mit Recht macht die Revision geltend, hieraus sei auf eine Verkennung der Beweislast zu schließen.

Freilich wird man an eine solche Beweisführung keinen zu strengen Maßstab anlegen dürfen. Der Gutachter hat ausgeführt, kein Mensch dürfte heute mehr in der Lage sein, rechnerisch genau festzustellen, was Preußen und den anderen Nachfolgestaaten aus dem von Westfalen veräußerten und zur Verminderung der westfälischen Staatsschulden verwendeten Stiftsvermögen zugute gekommen ist. Wollte man aus dieser Lage für den beweispflichtigen Staat den Schluß ziehen, daß er beweisfällig geblieben sei, so würde man dem wahren Recht fern bleiben. Es mußte die Aufgabe freier Beweiswürdigung sein, eine Überzeugung zu gewinnen, ob Preußen Vorteile gehabt hat. Dafür war erheblich, ob Preußen Schulden Westfalens aller Art oder nur bestimmte Schulden übernommen hat. Die Kabinettsorder vom 31. Januar 1827 (Pr. GS. S. 13) läßt erkennen, daß Preußen es damals abgelehnt hat, für gewisse Schulden, z. B. Ansprüche an die Zivilliste des Königs Jérome, aufzukommen. Das gleiche ergibt sich für die zur Abtragung von Kriegskontributionen ausgeschriebenen Zwangsanleihen aus der Kabinettsorder vom 3. März 1843 und aus dem Vertrag mit Hannover, Hessen und

Braunschweig-Lüneburg vom 29. Juli 1842 (Pr. GS. 1843 S. 77, 78 flg.). Ist das aber richtig, so würde die Bezahlung von Teilen der Schulden, die Preußen nicht übernommen hat, durch Westfalen Preußen auch nicht zugute gekommen sein. Aus dem Gutachten geht weiter hervor, daß die Einnahmen aus der Versilberung des Stiftsvermögens wenigstens zum größten Teil in die allgemeine Staatskasse Westfalens geflossen sind. Gleichfalls mußte zweifelhaft sein, ob daraus zu schließen wäre, daß wirklich auch Zahlungen auf alte fundierte Schulden vorgenommen worden sind von einem Staat, der seine Schuld z. B. dadurch getilgt hat, daß er sie zu zwei Dritteln strich oder Privatgläubiger an Kassen verwies, von denen nichts zu haben war. Das Berufungsgericht ist der Ansicht, es sei nicht festgestellt, welche Art von Schulden — Hofhaltung des Königs, Heeresbedarf, Kriegslasten, Kontributionen an Frankreich, Beamtenbesoldung — bezahlt sein könnten. Die Schwierigkeiten liegen also nur zum kleinen Teil darin, daß das Königreich Westfalen nicht allein an Preußen gefallen ist (auch wenn man Hannover und Hessen jetzt zu Preußen rechnet), sondern auch an Braunschweig. Das Berufungsgericht erblickt mit Recht die Schwierigkeit vor allem darin, daß sich nicht sagen lasse, ob Preußen jenen Schuldenteil, auf den Zahlungen entfallen sein könnten, überhaupt übernommen hätte. Der Gutachter ist allerdings der Meinung, daß nicht gleich Null gewesen sei, was Preußen noch zugute gekommen sei. Wie seine Ausdrucksweise erkennen läßt, rechnete auch er damit, daß es sich, soweit Schulden Westfalens getilgt oder Ausgaben Westfalens mit dem Erlös des Stiftsvermögens bestritten worden sind, jedenfalls zum großen oder größten Teil um solche Etatposten gehandelt haben werde, für die Preußen eine Haftung abgelehnt hat. Das Berufungsgericht aber hat diese Überzeugung des Sachverständigen von einem, wenn auch nur in engen Grenzen sich haltenden, Vorteil Preußens nicht geteilt. Es erklärt diese Meinung des Gutachters für nicht zutreffend. Das ist angesichts der erörterten Lage kein unmöglicher Schluß, es läßt sich also ein Denkfehler dabei nicht feststellen, zumal die Geldwirtschaft des bankerotten Westfalens, insbesondere auch der Hofhaltung Jéromes, geschichtlich offenkundig ist. Es handelt sich bei der Ansicht des Berufungsgerichts um eine tatsächliche Feststellung, die auch nicht beeinflußt erscheint durch die unrichtige Auffassung von der im ersten Urteil des Reichsgerichts geforderten Anrechnung von Gegenwerten oder von der Beweislast. An dieser tatsächlichen Feststellung müssen daher die Revisionsangriffe scheitern, mit denen eine Berücksichtigung einer durch Westfalen vorgenommenen Schuldentilgung von der Revision verlangt wird.

Was die auf Preußen gekommenen Vermögenswerte anbelangt, so waren nach § 35 Reichsdeputationshauptschluß alle Güter der fundierten Stifte usw. der freien und vollen Disposition der respektiven Landesherren überlassen. Daher handelte der Staat nur im Rahmen dieser seiner Berechtigung, wenn er über den Vermögensstamm nach seinen Wünschen wie ein Eigentümer verfügte, ihn versilberte und für seine Zwecke verwendete (RGZ. Bd. 96 S. 31 [42]). Man darf also nicht von Unrecht, Rücksichtslosigkeit, Unwirtschaftlichkeit sprechen und von der Betrachtung ausgehen, was geschehen wäre, wenn das Vermögen in seiner alten Form erhalten und getrennt verwaltet worden wäre. Eine solche Betrachtung findet sich zwar im Berufungsurteil, sie hat aber im wesentlichen nur theoretische Bedeutung, jedenfalls sind Schlüsse daraus für die Entscheidung über Wert und Erträgnisse des Vermögens nicht gezogen worden. Tatsächlich hat das Berufungsgericht die wirklichen Geschicke des Stiftsvermögens seiner Betrachtung bei Berechnung von Wert und Erträgnissen zugrundegelegt. Nur bei der Erörterung über die Wirkungen der Inflation hat es aus der theoretischen Annahme auch Rechtsfolgen gezogen.

Wenn auch der Staat das Recht hatte, das Stiftsgut für seine Zwecke zu verwenden, so wurde dadurch doch seine Pflicht gegenüber der Kirchengemeinde nicht beseitigt (vgl. RGZ. Bd. 104 S. 338 [340]). Das ergibt sich aus der Regelung, welche die im Reichsdeputationshauptschluß vorgesehene Fürsorge für die Kirchengemeinden durch die Kabinettsorder vom 25. September 1834 gefunden hat. Der Staat sollte einerseits das Stiftsvermögen für seine Zwecke verwenden dürfen, anderseits aber, wie die erwähnte Kabinettsorder bestimmt, unter gewissen Voraussetzungen in die Verpflichtungen des säkularisierten Stifts eintreten, die diesem der Kirchengemeinde gegenüber obgelegen hatten. Daher kann die Vorschrift der Kabinettsorder nur Sinn haben, wenn die Verwendung des Stiftsvermögens durch den Staat, etwa zur Schuldendeckung, nicht auch eine Befreiung von seiner Pflicht gegenüber der Kirchengemeinde bedeuten sollte nur aus dem Grunde, weil Erträgnisse des zur Schuldendeckung verwendeten Vermögens nicht mehr sichtbar in die Augen fielen. Wirtschaftlich blieb trotzdem der Staat im Genuß des Stiftsvermögens. Denn auch soweit Schulden des Staates gedeckt wurden, ersparte er die Zinsausgaben; soweit der Erlös des Stiftsvermögens zu Neuanlagen verwendet wurde, erwuchsen ihm die daraus entspringenden Einkünfte. Bleibt der Staat also hinsichtlich der für seine Zwecke verwendeten Teile des Stiftsvermögens im Genuß von Früchten, so fordert die Kabinettsorder doch nicht deren restlose Verwendung für die Kirchengemeinde. Der Zweck der Säkularisation ging in der Hauptsache dahin, den Staaten finanzielle Erleichterung zu verschaffen. Daher verbleiben nicht nur der Stamm, sondern auch die Nutzungen des Stiftsvermögens dem Staat, soweit er sie nicht zur Erfüllung seiner Verpflichtungen gegenüber der Kirchengemeinde aufbraucht. Wie hoch sich die Beträge für die Erfüllung dieser Verpflichtungen belaufen, kann nur nach den Regeln einer ordnungsmäßigen Wirtschaft beurteilt werden. Eine solche verlangt Rücklagen für unregelmäßige Bedürfnisse, etwa Bauausgaben, aber nur dann, wenn die Aufwendungen dafür voraussichtlich nur mit Schwierigkeit aus den laufenden Einnahmen würden gedeckt werden können. Den jährlichen regelmäßigen Bedarf und Rücklagen in erforderlicher Höhe muß der Staat daher aus den jährlichen Erträgnissen des Stiftsvermögens für die Kirchengemeinde verwenden oder bereitstellen; im übrigen aber fallen auch die jährlichen Erträgnisse dem Staat zur beliebigen Verwendung zu und scheiden damit endgültig aus der Verpflichtung für die Klägerin aus. Das ergibt sich auch aus der bisherigen Rechtsprechung des Reichsgerichts, denn nur unter dieser Voraussetzung konnte verlangt werden, daß Rücklagen für unregelmäßige Bedürfnisse gemacht werden müßten. Würde der Staat mit allen früheren Erträgnisüberschüssen verhaftet bleiben, so hätte die Ansammlung von Rücklagen nicht für notwendig befunden werden können. Es entspricht daher nicht der Rechtslage, daß das Berufungsgericht jene 209 Taler als Einnahme gestrichen hat, die der Gutachter als geschätzte Erträgnisse der seit 1814 eingezogenen und vom Staat für sich verwendeten Kapitalien in die Summe der jährlichen Einnahmen eingesetzt hatte. Anderseits verlangt die Revision zu Unrecht die Ansammlung von Rücklagen für die großen außerordentlichen Aufwendungen für den Dom in den Jahren 1911 (Heizung) und 1914 (Erneuerung des Hochaltars) schon seit dem Jahre 1850. Diese Ausgaben waren schwerlich schon in den Jahren 1850 bis 1897 vorauszusehen und daher im Rahmen ordnungsmäßiger Wirtschaft zu jener Zeit auch noch nicht zu berücksichtigen.

Die Kabinettsorder vom 25. September 1834 bestimmt als selbstverständlich, daß die zu gewährenden Entschädigungen nicht über den Ertrag des eingezogenen Klostervermögens ausgedehnt werden dürften. Zubußen über die Erträgnisse hinaus sollte der Staat also nicht leisten müssen. Ebensowenig war er verpflichtet, das Vermögen selbst für Zwecke der Kirchengemeinden anzugreifen. Tat er es aber doch, so fielen die Erträgnisse insoweit weg, konnte sich das Vermögen sogar ganz erschöpfen und damit auch jede Pflicht auf Zahlung aus Erträgnissen enden. Aus alledem ergibt sich die Notwendigkeit, den Unterschied zwischen dem Stamm des Vermögens und den Erträgnissen nicht zu verwischen und für jedes Jahr die Höhe der Erträgnisse und der Aufwendungen des Staats festzustellen und zu vergleichen, um etwaige Mehraufwendungen des Staats vom Stamm des Vermögens abziehen zu können, wodurch sich die Erträgnisse für die Folgezeit vermindern, um etwaige nicht verbrauchte

Überschüsse an Erträgnissen aber endgültig aus der Berechnung auszuscheiden. Die Rechnung wird schon unrichtig, wenn man in Bausch und Bogen nur sämtliche Einnahmen von mehr als 100 Jahren auf Stammvermögen und auf Erträgnisse unterschiedlos zusammenrechnet und damit die Gesamtausgaben vergleicht. Für die notwendige Unterscheidung von Stammvermögen und Erträgnissen ergeben sich aus dem Berufungsurteil keine Bedenken. Insbesondere ist dem Berufungsgericht in den Ausführungen nicht entgegenzutreten, mit denen ein Teil der Erträgnisse seit der Ablösungsgesetzgebung als Amortisationsquote und damit als Stamm des Vermögens behandelt worden ist. Erträgnisse aus westfälischer Zeit, die Preußen nachträglich eingezogen hat, verlieren dadurch nicht ihre Eigenart als Erträgnisse. Aus welchen Teilen das eingezogene Stiftsvermögen bestanden hat, kann selbstverständlich nur nach dem Zeitpunkt der Einziehung bemessen werden. Wert und Erträgnisse aber können schwanken, wie das von den Erträgnissen schon hervorgehoben ist. Soll die Verpflichtung nicht über die Erträgnisse ausgedehnt werden, so bedarf es einer Feststellung der Erträgnisse, und zwar für die Zeit, in der die Verpflichtung zu erfüllen ist. Ohne Schwierigkeit ist das möglich, soweit das Stiftsvermögen in seiner ursprünglichen Anlage erhalten ist. Denn dann können und müssen die wirklichen Erträgnisse dieser Teile des Vermögens der Berechnung zugrunde gelegt werden. Dem entspricht auch die bisherige Rechtsprechung des Reichsgerichts. Soweit der Staat aber Teile des Vermögensstamms für seine Zwecke verwendet hat, sind die Erträgnisse auf diese einfache Art nicht festzustellen. Die Erträgnisse treten dann nicht mehr sichtbar in die Erscheinung. Sie entspringen auch nicht mehr aus denselben Anlagen wie ursprünglich, ehe der Staat diese Teile versilberte und für sich verwandte. Die Vermögensstücke sind im Staatsvermögen aufgegangen und teilen nunmehr alle Wertschwankungen dieses Staatsvermögens und alle Wandlungen, die die Erträgnisse dieses Staatsvermögens erleiden. Soll der Staat vor Zubußen bewahrt bleiben, so können ihm Erträgnisse nur in solcher Höhe angerechnet werden, wie sie durchschnittlich das Staatsvermögen abwirft. Denn die Überleitung in das Staatsvermögen war eine berechtigte Maßnahme; wären also die Erträgnisse vielleicht nicht mehr so hoch wie aus der ursprünglichen Anlage des Stiftsvermögens, so scheidet doch jede unrechte Tat und jeder Schadensersatzanspruch aus. Anderseits kann aber auch die Wertsteigerung nicht unberücksichtigt bleiben, die in 100 Jahren ein solches Staatsvermögen erfahren haben dürfte; dabei ist nicht an die Vermehrung des Staatsvermögens, sondern an die Steigerung des inneren Werts zu denken. Was vor 100 Jahren in Talern bewertet wurde, entspricht nicht mehr einem Maßstab von 3 RM. je Taler heute. Da die Erträgnisse nicht mehr sichtbar in die Erscheinung treten, sondern voraussichtlich nur als Hundertsatz vom geschätzten Kapital werden berechnet werden können, muß die Grundlage für die Beurteilung der Höhe der Erträgnisse die auf den jeweiligen Zeitabschnitt abgestellte Feststellung der Wertverschiebung des Vermögens bilden. Die Feststellung der jeweiligen Höhe des Vermögens gibt auch die Grundlage für die Beurteilung, ob das Vermögen erschöpft ist. Die Zuschüsse des Staats über jährliche Einnahmen hinaus können nicht von dem Betrag abgerechnet werden, der dem Wert des Stiftsvermögens zur Zeit der Säkularisation entsprach, sondern um die Mehrleistungen des Staats wird der jeweilige Wert des Stiftsvermögens vermindert, berechnet für das Jahr, in dem der Zuschuß gegeben worden ist. Sonst würde Ungleiches von Ungleichem abgezogen und die Berechnung falsch werden. Auf die Bedeutung dieser Wertverschiebung ist z. B. schon in der Entscheidung des Reichsgerichts in JW. 1928 S. 3233 Nr. 4 mit den Worten hingewiesen worden, der Wert belaufe sich in damaliger — d. h. zur Zeit der Urteilsfällung — bestehender Währung auf ein Mehrfaches.

Mit Recht fühlt sich daher die Klägerin dadurch benachteiligt, daß das Berufungsurteil diese Wertänderungen bei seiner Berechnung der Erschöpfung des Vermögens, aber auch bei der Beurteilung der Jahreserträgnisse ganz außer acht gelassen hat. Dabei mag darauf hingewiesen sein, daß es sich bei dem Staatsvermögen um ein zusammengesetztes Vermögen handelt, das sich in öffentlicher Hand befindet, das in seinem Wert und seinen Erträgnissen durch diese Eigenart beeinflußt sein wird, so daß seine Schwankungen voraussichtlich nicht lediglich nach den Veränderungen des Geldwerts und der sonstigen Kapitalerträgnisse werden beurteilt werden können. Im übrigen ist es Sache des Tatrichters, vielleicht unter Zuziehung von Sachverständigen aus Kreisen der Wirtschaft oder Wirtschaftswissenschaft, die Gesichtspunkte zu beurteilen, die für das Maß der Wertänderung entscheidend sind. Es sei darauf hingewiesen, daß sich die Verpflichtung des Staats nur auf die Erträgnisse des säkularisierten Guts erstreckt, also nicht etwa auch die etwaigen Wertsteigerungen des Vermögens selbst ergreift, wohl aber die infolge solcher Wertsteigerung des Vermögens etwa auch eintretende Vermehrung der Erträgnisse. Es kann dahingestellt bleiben, ob die Erträgnisse von Vermögensbestandteilen, die lediglich zum Ersatz für ausscheidendes Stiftsvermögen angeschafft worden sind, — ebenso wie die Erträgnisse der erhalten gebliebenen Stiftsvermögensbestandteile selbst — gesondert zu betrachten wären. Denn um solche Ersatzanschaffungen handelt es sich nicht bei vom Staat neu erworbenen Vermögensstücken, die nur zum Teil mit Werten des Stiftsvermögens bezahlt, im übrigen von dem allgemeinen Staatsvermögen nicht unterschieden worden sind. Sie sind lediglich als Teile des allgemeinen Staatsvermögens zu betrachten. Es geht daher nicht an, die Domänen K. und H. und ihre Einkünfte im Wertverhältnis der zum Erwerbe mitbenutzten Stiftsgefälle als gesondert erhaltenes Stiftsvermögen zu behandeln und ihre Wertverschiebungen und Einkünfte der Berechnung gesondert zugrunde zu legen. Sie nehmen vielmehr lediglich als Teil des gesamten Staatsvermögens an der Schätzung der Erträgnisse der in das Staatsvermögen aufgegangenen Stücke des Stiftsvermögens teil.

Aus der Pflicht des Staats, für die Bedürfnisse der Gemeinde nach Kräften der Erträgnisse des Stiftsvermögens zu sorgen, ergibt sich die Folgerung, daß er Teile des Stiftsvermögens dieser Bestimmung nicht dadurch entziehen darf, daß er sie ohne Gegenleistung weggibt und so die Erträgnisse verringert. Das wäre in Anbetracht seiner Verpflichtungen gegenüber der Klägerin keine ordnungsmäßige Verwaltung. Nur da, wo für ihn eine anderweite Pflicht aus der gleichen Säkularisation zu erfüllen war, kommt der Wegfall der Vermögensbestandteile ihm zugute, mit denen erfüllt wurde (JW. 1927 S. 2510 Nr. 16). Nur wenn eine Pflicht für den Staat dazu bestand, würde er also befreit sein, soweit er einige Häuser für Schulzwecke an die Stadt N. unentgeltlich überlassen hat. Bisher ist nicht ersichtlich, daß gegenüber dieser Stadt eine solche Pflicht bestand. In einem Vorprozeß ist auch festgestellt worden, daß den Staat überhaupt keine Pflicht zur Unterhaltung einer Domschule traf. Frei wäre der Staat allerdings auch dann geworden, wenn etwa die klagende Gemeinde selbst zur Überlassung der Schulräume an die Stadt N. verpflichtet gewesen wäre, der Staat also nur eine Pflicht der Klägerin erfüllt hätte. Daß eine solche Pflicht bestanden hätte, ist jedoch bisher nicht einmal angedeutet. Irrig ist die Meinung des Berufungsgerichts, weil die Begründerin des Stifts schon die Unterhaltung von Schulen (übrigens doch nur geistlichen Schulen für die Zwecke der Kirche) vorgesehen gehabt hätte, wäre dem Staat die Verwendung der Häuser für Schulzwecke der Stadt N. gestattet. Im Sinne des Reichsdeputationshauptschlusses mag solche Verwendung liegen; das Berufungsgericht übersieht aber die Pflicht, die dem Staat nach Kräften der Erträgnisse des Vermögens durch die Kabinettsorder von 1834 auferlegt worden war. Das Reichsgericht hat schon in seiner Entscheidung RGZ. Bd. 96 S. 31 (42) hervorgehoben, daß die Verwendung für kirchliche Zwecke anderer Gemeinden, obwohl sie eine Verwendung im Sinne des bisherigen Zwecks ist, von der Verpflichtung aus der Kabinettsorder von 1834 nicht befreit. Wollte man sonach feststellen, wie hoch sich heute das Stiftsvermögen beläuft und welche Erträgnisse daraus anzuerkennen sind, oder ob es erschöpft ist, so hätte die Berechnung nur so aufgestellt werden dürfen: Die wirklichen Erträgnisse der Vermögensbestandteile, die noch in ihrer ursprünglichen Anlage erhalten sind, und die geschätzten Erträgnisse der Vermögensbestandteile, die Preußen in sein allgemeines Vermögen einverleibt oder unentgeltlich weggegeben hat, hätten jährlich berechnet werden müssen. Hiervon hätten die jährlichen Leistungen an die Klägerin unter Einberechnung etwa notwendiger Rücklagen abgezogen, der überschießende Teil an den Erträgnissen aber als Preußen zu freier Verfügung zugefallen in jedem Jahre ausgeschieden werden müssen. Etwaige Mehraufwendungen für die Klägerin über die Jahreserträgnisse hinaus hätten aber zutreffendenfalls in den jeweiligen Jahren vom Stiftsvermögen abgezogen werden müssen, und für das neue Rechnungsjahr wäre das berichtigte Stiftsvermögen mit seinen nunmehrigen Erträgnissen zugrunde zu legen gewesen. Dabei hätten in wirtschaftlich ruhigen Zeiten die Werte des Stiftsvermögens nicht für jedes Jahr neu geschätzt zu werden brauchen, sondern es hätte genügt, wenn die großen Wertverschiebungen, die im Laufe der Zeit eintraten, nur in größeren oder für wirtschaftlich bewegte Zeiten auch etwas kürzeren Spannen zu einer Neubewertung des Stiftsvermögens Anlaß gegeben hätten.

Mit Recht wendet sich die Revision schließlich auch gegen die Ausführungen über die Wirkungen des Währungsverfalls auf den Vermögensbestand. Es darf hierbei nicht von der Annahme ausgegangen werden, was geschehen wäre, wenn Preußen das Geld getrennt verwaltet und etwa in festverzinslichen Werten angelegt gehabt hätte. Preußen hat, wie es sein Recht war, das Stiftsvermögen im wesentlichen für seine Zwecke verwertet und damit in sein Staatsvermögen übergeführt. Die Werte, aus deren Erträgnissen Preußen die Klägerin zu dotieren hatte, teilen daher das Geschick des übrigen Staatsvermögens in der Zeit der Geldentwertung, und dementsprechend ist zu schätzen, was erhalten und was verloren ist.

RGZ. 143, 216

Kann im Gebiete des Preuß. ALR. einer evangelischen Kirchengemeinde, die sich beharrlich weigert, ihre Rechte vor Gericht geltend zu machen, auch jetzt noch von der kirchlichen Aufsichtsbehörde allein ein besonderer Vertreter für den Rechtsstreit bestellt werden?

Preuß. ALR. II 11 § 659. Preuß. Gesetz, betr. die evangelische Kirchenverfassung in den acht älteren Provinzen, vom 3. Juni 1876 (GS. S. 125) Art. 27. Preuß. Staatsgesetz, betr. die Kirchenverfassungen der evangelischen Landeskirchen, vom 8. April 1924 (GS. S. 221) Art. 10, 11.

IV. Zivilsenat. Urt. v. 18. Januar 1934 i. S. Gemeinde Th. (Bekl.) w. evang. Kirchengemeinde Th. (Kl.). IV 120/33.

I. Landgericht Stendal. II. Oberlandesgericht Naumburg a. S.

Die Frage ist bejaht worden aus folgenden

Gründen:

Es ist nicht mehr streitig unter den Parteien, daß im vorliegenden Fall die tatsächlichen Voraussetzungen des § 659 II 11 ALR. gegeben wären, unter denen die geistlichen Oberen einer Kirchengemeinde von Amts wegen einen Bevollmächtigten zur Durchführung eines Rechtsstreites bestellen können. Die Revision hält aber gegenüber den Ausführungen des Berufungsgerichts an der Auffassung fest, daß bei richtiger Auslegung dieser Vorschrift die geistlichen Oberen — hier das zuständige Konsistorium — nur im Einvernehmen mit der zuständigen Regierung von jener Befugnis einer Kirchengemeinde gegenüber Gebrauch machen dürften. Diese Auffassung kann nicht geteilt werden....

Wie das Reichsgericht bereits in RGZ. Bd. 10 S. 206 angenommen hat, ist die Vorschrift des § 659 II 11 ALR. durch die in den 70er Jahren des vorigen Jahrhunderts erfolgte Neuorganisation der evangelischen Kirche nicht beseitigt worden. An dieser Beurteilung hat das Reichsgericht in einer Reihe späterer Entscheidungen festgehalten (RGZ. Bd. 58 S. 245, Bd. 59 S. 329, Bd. 71 S. 51). Hiervon abzugehen liegt kein Grund vor. Zwar ist durch § 53 Abs. 2 des Gesetzes über die Vermögensverwaltung in den katholischen Kirchengemeinden vom 20. Juni 1875 (GS. S. 241) der § 659 a. a. O. für den Bereich der katholischen Kirchenverwaltung in dem Sinne geändert worden, daß die bischöflichen Behörden nur im Einvernehmen mit der staatlichen Aufsichtsbehörde die gerichtliche Geltendmachung von Ansprüchen der Kirche usw. anordnen hönnen. Diese Tatsache rechtfertigt jedoch, wie das Berufungsgericht mit Recht ausführt, nicht den Schluß, daß für die evangelischen Kirchengemeinden entsprechendes gelten müsse. Im Gegenteil ist daraus, daß der Gesetzgeber in der einschlägigen Bestimmung des Art. 27 des Gesetzes betr. die evangelische Kirchenverfassung in den acht älteren Provinzen vom 3. Juni 1876 eine Neuregelung der evangelischen Kirchengemeinden unterlassen hat, unbedenklich zu folgern, daß es beim alten Rechtszustande verbleiben sollte. Wenn die Revision meint, das Selbstverwaltungsrecht der evangelischen Kirchengemeinden würde stärker beschränkt sein als das der katholischen, sofern nur hinsichtlich dieser die geistliche Aufsichtsbehörde an das Einverständnis mit der Staatsbehörde gebunden wäre, so läßt sie außer acht, daß es sich bei der erwähnten

Kirchenorganisation nicht darum handelte, die Kirchengemeinde der kirchlichen Aufsichtsbehörde gegenüber freier zu stellen, sondern lediglich darum, sie in weiterem Umfange als bisher von der staatlichen Aufsicht zu befreien. Darauf ist schon im Urteil RGZ. Bd. 10 auf S. 209 hingewiesen worden. Etwas anderes besagt auch nicht der von der Revision angezogene Bericht der XI. Kommission zur Vorbereitung des Gesetzentwurfes (Nr. 153 der Drucksachen des Abgeordnetenhauses 3. Session 1876 Anl. Bd. 2 S. 1081) zu den Artikeln 22 bis 24 des Entwurfs. Dem Staate gegenüber steht aber die evangelische Kirche selbständiger da, wenn die kirchlichen Oberen bei Ausübung des Aufsichtsrechtes nicht an das Einverständnis der staatlichen Aufsichtsbehörde gebunden sind. Die Beklagte kann sich zur Stützung ihrer Ansicht auch nicht auf die Vorschrift des Artikels 10 Nr. 2 b des Staatsgesetzes, betr. die Kirchenverfassungen der evangelischen Landeskirchen, vom 8. April 1924 berufen. Danach ist die Staatsbehörde berechtigt, nach Benehmen mit der obersten kirchlichen Behörde die Rechte der Organe einer Kirchengemeinde auf vermögensrechtlichem Gebiet durch Bevollmächtigte auszuüben, wenn solche Organe nicht vorhanden sind und so lange die zuständige kirchliche Stelle von der Befugnis, Bevollmächtigte zu bestellen, keinen Gebrauch macht. Damit sichert sich der Staat ein Eingreifen beim Versagen der zuständigen kirchlichen Stellen in dem besonderen Falle, daß eine Kirchengemeinde der Organe entbehrt, die ihre Vermögensrechte wahrzunehmen haben. Daraus, daß die Vorschrift den in § 659 II 11 ALR. behandelten Fall der beharrlichen Weigerung dieser Organe, die Rechte der Kirchengemeinde gerichtlich geltend zu machen, nicht erwähnt, kann nur geschlossen werden, daß der Staat sich in diesem Fall ein Einschreiten nicht vorbehalten wollte. Ebensowenig steht Art. 11 a. a. O. der Auffassung des Beklagten zur Seite. Die Vorschrift schreibt, wie bisher Art. 27 Abs. 2 des erwähnten Gesetzes vom 3. Juni 1876, lediglich für die Zwangsetatisierung vor, daß die kirchliche Aufsichtsbehörde im Einverständnis mit der Staatsbehörde vorzugehen habe. Auch für die katholische Kirche ist durch § 17 des Gesetzes über die Verwaltung des katholischen Kirchenvermögens vom 24. Juli 1924 (GS. S. 585) die bisherige Regelung im wesentlichen aufrechterhalten worden. Ist aber keine Änderung des Rechtszustandes eingetreten, so muß die Vorschrift des § 659 II 11 ALR. für die evangelischen Kirchengemeinden auch jetzt noch als gültig angesehen werden.

Hiernach wird die klagende Kirchengemeinde durch den vom Konsistorium bestellten Bevollmächtigten im vorliegenden Rechtsstreit ordnungmäßig vertreten.

RGZ. 147, 233

Berechnungsgrundsätze für den Gegenwartswert säkularisierten Vermögens.

Alter Leitsatz:

1. Über den Inhalt der Rechte und Pflichten des Staats aus der Inkorporation einer Kirche in ein Stift und der Säkularisation dieses Stifts.

2. Über den Umfang der Bindung an eine vom Kompetenzgerichtshof erlassene Entscheidung.

3. Erlischt durch Vereinigung von Gläubiger- und Schuldnerschaft das Recht aus einer Schuldverschreibung auf den Inhaber?

Reichsdeputationshauptschluß — RDHSch. — vom 25. Februar 1803. Preuß. Verordnung über Kompetenzkonflikt vom 1. August 1879 (GS. S. 573). BGB. §§ 793 flg.

IV. Zivilsenat. Urt. v. 1. April 1935 i. S. kath. Stiftspfarrgemeinde in G. (Kl.) w. Stiftsfonds in G. (Bekl.). IV 179/34.

I. Landgericht Paderborn. II. Oberlandesgericht Hamm.

Um das Jahr 946 wurde von dem Grafen Haold in Geseke ein Kanonissenstift gegründet und dabei nach Angaben der Klägerin diesem Stift eine damals bereits vorhandene Kirche, die der Seelsorge der inneren Stadt diente, und ihr Amtsvermögen übereignet. Das Stift übernahm fortan die Pfarrseelsorge in der Gemeinde. Es waren ein Pfarrer und drei Kanoniker mit der Seelsorge befaßt, diese jedoch nur aushilfsweise. Ende des 18. Jahrhunderts trat zu diesen vier Geistlichen noch ein Kommendatar. Die Mittel, die der Unterhaltung der die Pfarrseelsorge verrichtenden Geistlichen dienten, waren infolge der Einwirkung von Krieg und Reformation unzureichend geworden. Zur Abstellung der Mängel kam es, nach nicht durchgeführten Versuchen unter Erzbischof Salentin von Köln, unter Erzbischof Ernst im Jahre 1587 zur Ernestinischen Union, durch welche die Erträgnisse einiger weiterer Vermögensstücke den alten Amtseinkünften dieser Geistlichen hinzugefügt wurden. Die Parteien haben darüber gestritten, ob diese neu zugeteilten Erträgnisse dem Stiftsvermögen entnommen waren oder außerhalb des Stifts stehenden selbständigen Fonds. So blieb der Zustand, bis im Jahre 1803 der Reichsdeputationshauptschluß erging. Durch ihn wurde das Stift mit dem Herzogtum Westfalen dem Großherzog von Hessen-Darmstadt zugeteilt. Im Jahre 1815 kam es dann an Preußen. Schon 1807 hatte der hessische Großherzog ein neues Statut erlassen. Am 28. Oktober 1819 regelte Preußen die Verhältnisse durch eine Kabinettsorder.

Mit der Klage verlangt die Klägerin die Ergänzung der Besoldung ihres zweiten Geistlichen, dessen Stellung der des ersten Kanonikers entspricht. Das Landgericht hat die Klage abgewiesen. Das Berufungsgericht hat dahin erkannt:

> Es wird festgestellt, daß der Beklagte verpflichtet ist, für die Zeit vom Erlasse dieses Urteils ab an die Klägerin oder an den bei ihr angestellten ersten Kanonikus alljährlich zu den Einkünften der Klägerin einen Zuschuß in solcher Höhe zu leisten, daß die Klägerin in der Lage ist, auch das dem ersten Kanonikus gemäß der jeweils geltenden Diözesanbesoldungsordnung für Vikare zustehende Gehalt zu zahlen. Bei Feststellung der Höhe des hiernach vom Beklagten zu deckenden Defizits sind jedoch diejenigen Beträge zugunsten des Beklagten in Anrechnung zu bringen, die der Klägerin auf Grund der von ihr bisher gefaßten Kirchensteuerbeschlüsse zufließen. Die Zuschußpflicht des Beklagten geht ferner nicht weiter, als die Erträge des auf ihn gelangten Vermögens des früheren Kanonissenstiftes in Geseke dazu ausreichen. Soweit die Klage weitergeht, wird sie abgewiesen.

Der Revision beider Parteien ist stattgegeben und die Sache an das Berufungsgericht zurückverwiesen worden.

Aus den Gründen:

Das Berufungsgericht nimmt an, daß das Rechtsverhältnis sich so wie aus einer Inkorporation gestaltet gehabt habe, und sieht in den Maßnahmen der hessischen und preußischen Regierung eine Säkularisation. Nach seiner Meinung ergibt sich aus den hessischen und preußischen Maßnahmen nicht die Absicht, dem neuen Stift eigene Rechtspersönlichkeit zu geben und damit allgemeingültiges objektives Recht zu schaffen, sondern nur, Anordnungen über die nunmehrige Verwaltung des in den Machtbereich des Staats gezogenen Vermögens zu treffen. Der Verklagte ist also der Staat.

Als Folge der Übernahme des stiftischen Vermögens auf den Staat ergibt sich nach der Meinung des Berufungsgerichts die Verhaftung des Staats, gemäß der Verpflichtung des Stifts für die Seelsorgebedürfnisse der Klägerin aufzukommen. Dem ist beizutreten. Auch ohne Rücksicht auf die Kabinettsorder vom 25. September 1834, deren Heranziehung zur Beurteilung des Klagegrundes für die vorliegende Klage nach dem Urteil des Kompetenzgerichtshofes vom 28. März 1925 nicht angeht, ist im Gebiet des gemeinen Rechts, aber auch im Bereich des erst durch das Publikationspatent vom 21. Juni 1825 (GS. S. 153) in G. eingeführten Preußischen Allgemeinen Landrechts eine Verpflichtung des Staats in der Rechtsprechung der ordentlichen Gerichte immer anerkannt worden, auf Grund der Vermögensübernahme für die alten

Pflichten des Stifts zur Deckung der Seelsorgebedürfnisse einzustehen (vgl. RGZ. Bd. 101 S. 10 [17]; JW. 1888 S. 350 Nr. 27).

Wenn auch der Reichsdeputationshauptschluß selbst nicht als Quelle subjektiver Berechtigung der Klägerin anzusehen ist (vgl. RGZ. Bd. 101 S. 12), so bilden für den Inhalt der rechtlichen Verpflichtungen des Staats doch auch die Bestimmungen des Reichsdeputationshauptschlusses mit eine Grundlage (vgl. RGUrt. v. 26. Januar 1907 II 363/06). In erster Reihe aber bleibt für die Ansprüche der Klägerin der Umfang der Inkorporationsverpflichtung des Stifts maßgebend.

Da die Verleihungsurkunde nicht erhalten ist, müssen zur Feststellung des Inhalts der Verpflichtung neben Schlüssen aus der allgemeinen Rechtsentwicklung des Inkorporationsrechts die sonstigen geschichtlichen Nachrichten und der Besitzstand herangezogen werden. Das Berufungsgericht hat festgestellt, daß die Bedürfnisse eines Seelsorgegeistlichen, der drei Kanoniker und des Kommendatars durch das Stift gedeckt worden waren. Dabei war aber zu beachten, daß die fünf Geistlichen sowohl für die Aufgaben bestellt waren, die ihnen die katholische Kirche für das Stift zugewiesen hatte, als auch für die Aufgaben, die der Gemeinde gegenüber zu erfüllen waren, und daß die Tätigkeit insbesondere der drei Kanoniker nur aushilfsweise für die Gemeinde in Anspruch genommen war. Das Berufungsgericht trägt diesem Umstand auch Rechnung, indem es darauf hinweist, daß die Klägerin nur für einen Kanoniker Gehalt fordert. Ob überhaupt ein zweiter Seelsorger für die Gemeinde, die etwa 2500 Seelen umfaßt, erforderlich ist, wird nicht ausdrücklich gesagt, anscheinend jedoch von beiden Parteien für selbstverständlich gehalten. Die Pflicht des Staates erschöpft sich darin, die Seelsorge für die Gemeinde sicherzustellen. Wenn dazu also neben dem Pfarrer, dessen Unterhalt nicht Gegenstand dieses Rechtsstreits ist, nur noch ein zweiter Geistlicher erforderlich ist, so geht die Verpflichtung des Staats auch nicht auf mehr als darauf, für diese zweite Stelle Mittel zu schaffen. Die für die Kanoniker und den Kommendatar im Stiftsvermögen ausgesonderten Teile bildeten nach den Feststellungen des Berufungsgerichts, die allerdings im Gegensatz zu der Auffassung des Beklagten stehen, keine eigenen selbständigen Pfründen, waren vielmehr Teile des Stiftsvermögens geblieben und unterlagen daher ebenso wie alle anderen unselbständigen, mit Stiftungszwecken beschwerten Fonds solchen Stiftsvermögens (vgl. über Meßstiftungen RGZ. Bd. 94 S. 185 [188], über den Fundus für Vikare RGUrt. v. 20. Oktober 1913 IV 277/13) der Einziehung durch den Staat. Gab also der Staat diese unselbständigen Teile des Stiftsvermögens im Jahre 1828 wieder heraus, damit sie der Seelsorge der Klägerin dienstbar wurden, so erfüllte er damit ganz oder zum Teil seine Verpflichtung, für die Seelsorgebedürfnisse der Klägerin aufzukommen.

Wie weit die Verpflichtung dadurch erfüllt worden ist, hängt von ihrem Inhalt ab. Dieser wird vom Berufungsgericht mehrfach dahin umschrieben, daß das Stift die gesamten Ausgaben für die Stiftskirchengemeinde getragen hat. Das mag für die älteste Zeit richtig sein. Ob es für die letzten Jahrhunderte noch zutraf, wird nicht ausreichend untersucht, hätte aber einer weiteren Erörterung bedurft. Ebenso, wie die kirchliche Behörde seinerzeit eine Inkorporationsverpflichtung begründen konnte und dabei deren Inhalt festzulegen pflegte, konnte der Bischof später Veränderungen vornehmen (vgl. Hinschius kath. Kirchenrecht Bd. 2 S. 454, 434). Die Bischöfe hatten seit dem Jahre 1573 (vgl. Bombiero-Kremenac in der Zeitschrift der Savignystiftung für Rechtsgeschichte Bd. 42 kanonistische Abteilung XI S. 100) wieder das uneingeschränkte Recht, die portio congrua festzusetzen. Die Ernestinische Union von 1587 muß aus diesen Verhältnissen heraus betrachtet und die Frage geprüft werden, ob nicht nur die Bezüge des ersten Kanonikers durch die Union der Höhe nach bestimmt sind, sondern auch die Verpflichtung des Stifts abschließend geregelt worden ist. Dazu hätte beachtet werden müssen, ob sich früher oder in der Folgezeit Anhaltspunkte dafür ergeben haben, daß das Stift noch irgendwelche Zubußen an den ersten Kanoniker geleistet hat außer den Vermögensteilen, die für ihn bisher und neu durch die Ernestinische Union ausgesondert worden waren. Es ist auffällig, daß vor der Ernestinischen Union die hinlänglichen Renten mangelten, so daß die Kanoniker in G. nicht residieren konnten. Das Stift ist also anscheinend zu weiterer Auffüllung ihrer Bezüge ohne Eingreifen des Erzbischofs nicht verpflichtet gewesen, hat die Bezüge jedenfalls nicht aufgefüllt. Es ist weiter auffällig, daß dem ersten Kanoniker später ein Vermögen durch den Bischof von Paderborn zugewiesen worden ist, das mit dem Stift nichts zu tun hatte, der Fonds der Maria-Hilf-Kapelle. Das Stift scheint also zu Aufbesserungen des ersten Kanonikers nicht mehr herangezogen worden zu sein. Das beachtet das Berufungsgericht in diesem Zusammenhange nicht bei seiner Feststellung, das Stift sei verpflichtet gewesen, weitere Mittel zur Verfügung zu stellen. Es könnte sich der Schluß rechtfertigen, daß nach der Ernestinischen Union und zur Zeit der Säkularisation dem Kanoniker Ansprüche gegenüber dem Stift nur noch im Rahmen dessen zustanden, was ihm durch die Ernestinische Union zugewiesen worden war. Die Parteien hätten hierauf hingewiesen und ihnen Gelegenheit zur Äußerung gegeben werden sollen, ob und was seit der Ernestinischen Union das Stift über das in dieser Union festgesetzte Maß hinaus für den ersten Kanoniker geleistet hat. Der

Tatrichter mag die Gesamtheit der Entwicklung feststellen und prüfen, welche Schlüsse aus der Ernestinischen Union, der späteren Zuwendung fremden Vermögens und dem Besitzstand auf den Umfang der zur Zeit der Säkularisation bestehenden Verpflichtung sich ergeben, und ob diese Verpflichtung durch Hingabe der dem ersten Kanoniker gewidmeten Vermögensteile bereits voll erfüllt ist.

Wäre eine solche volle Erfüllung nicht festzustellen, so wäre von dem Umfang der Seelsorgebedürfnisse auszugehen, also anscheinend von der Notwendigkeit, zwei Geistliche zu unterhalten. Die Parteien und das Berufungsgericht scheiden die Bedürfnisse des ersten Pfarrers ganz aus, wohl in der Annahme, daß seine Bezüge durch Herausgabe der für ihn bestimmten Vermögensteile geregelt sind. Das mag zutreffen. Auf das Gehalt des ersten Kanonikers bringen die Klägerin und das Berufungsgericht in Anrechnung, was an Vermögen der drei Kanoniker und des Kommendatars herausgegeben ist, dazu einige Nebenfonds. Das ist rechtlich nicht zu beanstanden. Aber de· Vermögensschwund und die Entwertung an den herausgegebenen Stücken hätten in jedem Falle zu Lasten der Klägerin gehen müssen (vgl. RGUrt. vom 4. November 1929 IV 97/28 und vom 30. Juni 1930 IV 282/29). Nach dieser Richtung hin lassen die Ausführungen des Urteils eine zutreffende Stellungnahme vermissen. Der Ertrag des im Jahre 1828 der Klägerin überlassenen Vermögens in dem Zustande, in dem es sich jetzt befindet, kann jedenfalls nicht maßgebend sein für die Entscheidung der Frage, welchen Teil vom Stamm seine Verpflichtung der Fiskus durch die Überlassung von Vermögensstücken im Jahre 1828 endgültig erfüllt hat.

Die Pflicht des Stifts aus der Inkorporation zur Bestreitung der kirchlichen Bedürfnisse der Klägerin bestand dem Grunde ihrer Entstehung nach nicht nur hilfsweise (vgl. Hinschius a. a. O. § 109 II, S. 446). Da das ganze Kirchenvermögen übernommen wurde, war mit anderen Mitteln zunächst gar nicht zu rechnen. Anders lag es, wenn kirchliche Obere etwas anderes bestimmten, etwa Mittel zur Verfügung stellten, die die inkorporierende Anstalt vor weiterer Inanspruchnahme schützen sollten. Es wäre daher vom rechtlichen Standpunkte aus nichts dagegen einzuwenden gewesen, daß das Berufungsgericht die Zuwendung des Bischofs von Paderborn an das erste Kanonikat dem Beklagten zugute gebracht hätte, wenn die Zuwendung den erwähnten Zwecken hätte dienen sollen. Die Begründung des Berufungsgerichts ist aber jedenfalls nicht ausreichend. Es war dabei zu beachten, daß nach katholischem Kirchenrecht auch einem Vikar, dem durch Stiftungen besondere Einnahmen zugewiesen wurden, neben dem Anspruch auf die portio congrua ein Recht auf solche Zuwendungen verblieb und diese nicht auf die portio congrua anzurechnen waren (vgl. Hinschius a. a. O. § 109 II 1 S. 449 Abs. 2 bei N. 7). Die Zuwendung des Maria-Hilf-Fonds kann also unter Umständen auch nicht anrechnungsfähig sein. Zuwendungen des Beklagten selbst bedeuten rechtlich Erfüllung, änderten an der Art seiner Verpflichtung nichts.

Aus der Natur des Anspruchs aus der Inkorporation läßt sich daher nicht folgern, daß die Verpflichtung des Stifts und des Staats hinter anderen Einnahmequellen zurückzutreten hat. Wenn das auch auf Grund kirchlicher Anordnung für anderweite Zuwendungen zutreffen kann, so doch eben nur auf Grund kirchlicher Anordnung und nicht ohne weiteres. Dem Berufungsgericht kann daher in der Ansicht nicht gefolgt werden, die Pflicht des Stifts habe wegen ihrer hilfsweisen Natur dadurch ihr Ende gefunden, daß die Klägerin Steuern erhoben hat. Ein Recht, sein Vermögen von der Pflicht zur Bestreitung der geistlichen Gehälter dadurch zu entlasten, daß es Steuern erhob, kam dem Stift nach der allgemeinen kirchensteuerrechtlichen Entwicklung nicht zu (vgl. Giese, Deutsches Kirchensteuerrecht bei Stutz Kirchenrechtliche Abhandlungen Heft 69/71 S. 13; Hinschius a. a. O. § 103 II S. 390 Abs. 5). Das Berufungsgericht stellt für den vorliegenden Fall ausdrücklich fest, daß die Parochianen in G. zur Zahlung von Steuern nicht verpflichtet waren. Die Verpflichtung des Stifts zur Bestreitung des Einkommens der Geistlichen ging also jedenfalls der der Parochianen zur Beisteuerung vor. Mit diesem Inhalt ist die Pflicht auf den Staat übergegangen. Aus dem neuzeitlichen Kirchensteuerrecht sind auch keine Gründe zu entnehmen, die aus der Steuerzahlung eine Einwirkung auf die alte Verpflichtung des Beklagten ergäben. Aus der Art der alten Verpflichtung oder dem Steuerrecht kann der Beklagte daher nichts dafür herleiten, daß durch Steuerzahlung der Gemeindemitglieder an seiner Schuld etwas geändert worden wäre. Daß durch die Steuerzahlung nicht etwa eine Schuld des Beklagten getilgt werden sollte und getilgt worden ist, bedarf keiner Begründung (§ 267 BGB.). Ob die Steuererhebung berechtigt war und wie die der Gemeinde dadurch zugekommenen Mittel zu verrechnen oder zu verwerten sind, ist eine Frage, die auf die Verpflichtung des Beklagten keinen Einfluß hat.

Auch die Erörterungen des Berufungsgerichts über das Verhältnis, in welchem die Ansprüche der Klägerin zu den Bedürfnissen stehen, die für die Aufrechterhaltung des Stifts erforderlich sind, können nicht gebilligt werden. Die Klägerin verlangt den Vorrang für ihre Ansprüche. Das Berufungsgericht billigt ihr diesen Vorrang zu. Nach der Darlegung des Beklagten muß damit gerechnet werden, daß bei Aufrechterhaltung des Stifts in seinem jetzigen Bestande weitere Mittel für die Aufbesserung der Seelsorgestellen nicht vorhanden sind.

— Auch zur Entscheidung dieser Rangfrage muß auf die Rechtslage zurückgegangen werden, die bei dem alten Stift bestand. Die allgemeine Rechtsentwicklung des Inkorporationsrechts war dahin gegangen, daß bei Verlust des für den Vikar ausgeworfenen Vermögensteils und bei Unvermögen des parochus primitivus, mit seinem sonstigen Vermögen die Verbindlichkeiten aus der Inkorporation zu erfüllen, so zu verfahren ist, wie wenn aus anderen Gründen die zur Unterhaltung eines Benefiziums erforderlichen Mittel fehlen, d. h. durch Vornahme von Unionen zugunsten des parochus primitivus oder Aufhebung der Inkorporation und Vereinigung der Pfarre mit einer anderen oder durch Suppression derselben (so Hinschius a. a. O. § 109 II 1 S. 450 Abs. 4). Die Entwicklung in Österreich hatte (vgl. Bombiero-Kremenac a. a. O. S. 61/63) nach dem 4. Laterankonzil bei den aus päpstlicher Kanzlei stammenden Urkunden allerdings dazu geführt, daß theoretisch betrachtet das inkorporierende Subjekt hinsichtlich der Einkünfte der Kirche auch ganz leer ausgehen konnte, wenn es seine Pflicht zur Gewährung der portio congrua erfüllte. Bei den nicht päpstlichen Erwerbungen war die Congruaformel nicht in dieser Bestimmtheit ausgebildet. Auch Bombiero-Kremenac erwähnt für etwas spätere Zeit (S. 82/83), daß Aushilfe in dem bei Hinschius angegebenen Sinne gesucht zu werden pflegte. Bombiero-Kremenac behandelt hier überall nur die Einkünfte aus dem Kirchenvermögen, also nicht einmal die aus dem Stiftsvermögen.

Daß die Bedürfnisse des parochus primitivus, die zur Aufrechterhaltung seines Bestandes notwendig sind, wegen der Inkorporationsverpflichtung hinter die Ansprüche der Seelsorger zurückzutreten hätten, ist also nirgends ausgesprochen, es wird nicht einmal dieser Möglichkeit gedacht, die zu verfügen den kirchlichen Behörden ebenfalls freigestanden haben mag. Als selbstverständliche Rechtsfolge ist jedenfalls aus der allgemeinen Rechtsentwicklung nach dem vorstehend Gesagten nicht zu entnehmen, daß die Stiftsbedürfnisse hinter die Pfarrbedürfnisse zurückzutreten hätten, und aus dem besonderen, hier gegebenen Werdegang auch nicht. Bei der Ernestinischen Union sind einzelne besondere Gefälle — mögen sie nun Vermögensstücke des Stifts gewesen sein oder nicht — erst auf Geheiß des geistlichen Oberen zum besseren Unterhalt der Seelsorger herangezogen, aber keine Einnahmen geschmälert worden, die der Aufrechterhaltung des Kanonissenstifts gedient haben. Das Stiftseinkommen war naturgemäß auch zur Unterhaltung der Kanonissen bestimmt. Ein Vorrang der Seelsorgebedürfnisse vor denen der Kanonissen ist also auch im vorliegenden Falle aus der geschichtlichen Entwicklung nicht zu entnehmen und mit einem solchen Inhalt die Pflicht zur Deckung der Seelsorgebedürfnisse der Klägerin daher auch auf den Beklagten nicht übergegangen. Daß die Ansprüche der Seelsorger anderen Ansprüchen nicht vorgehen, die aus demselben säkularisierten Vermögen erfüllt werden müssen, hat auch schon das Reichsgericht im Urteil vom 20. Oktober 1913 IV 277/13 angenommen, indem es ausführt, daß die Aufwendungen für Kirche und Schule die Gehaltserhöhung für den Geistlichen ausschließen. Dort wie hier handelt es sich also um den Fall, daß neben einer Kirche noch eine zweite Anstalt aus dem säkularisierten Vermögen vom Staat zu unterhalten ist.

§ 35 RDHSch. gab dem Landesherrn die Befugnis, das säkularisierte Vermögen zu Aufwendungen sowohl für Gottesdienst als auch für andere gemeinnützige Anstalten zu verwenden. Die Weiterführung des Stifts lag also durchaus im Sinne des Reichsdeputationshauptschlusses und im Rahmen der Befugnisse des Landesherrn, auch bei Veränderung der Zweckbestimmung. Der Gutachter F. hält das neue Stift sogar für den Rechtsnachfolger des alten. Durch Zuweisung von Mitteln, die dem alten Kanonissenstift gedient hatten, an das neue Stift veränderte der Landesherr die Rechtsstellung der Ansprüche der Klägerin nicht und schmälerte sie nicht. Die Klägerin hat daher kein Recht, hierüber Klage zu führen. Wenn die Klägerin auf RGZ. Bd. 96 S. 31 (42) hinweist, so übersieht sie, daß die dort vom Staate bedachte Kirchengemeinde in gar keinen Beziehungen zum Stiftsvermögen gestanden hatte und die Zuweisung von Vermögen an diese fremde Gemeinde der Klägerin den Zugriff auf Vermögensteile nahm, den sie vorher gehabt hatte. Die von der Klägerin gleichfalls zu ihren Gunsten in Anspruch genommene Entscheidung RGZ. Bd. 104 S. 338 (340) hebt ebenfalls nur hervor, daß ein Verbrauch des eingezogenen Stiftsvermögens zu anderen Zwecken als zur Erfüllung der auf diesem Vermögen ruhenden Verpflichtungen den Staat nicht befreit.

Auch aus den Bestimmungen des Reichsdeputationshauptschlusses ist also nichts dafür zu entnehmen, daß irgendeine Änderung in dem Rangverhältnis der Bedürfnisse für Seelsorger und Stift eingetreten wäre. Daher kann die Meinung des Berufungsgerichts nicht als richtig anerkannt werden, daß, wenn die Mittel zur Deckung der Bedürfnisse des Stifts und der Geistlichkeit nicht zureichen, diese vor jenen den Vorrang zu beanspruchen hätten. Der Beklagte darf vielmehr die Einkünfte aus dem alten Stiftsvermögen, die er bisher für das Stift in seiner neuen Form bestimmt hatte, soweit sie dem Umfange nach den Aufwendungen für die Unterhaltung des ehemaligen Kanonissenstiftes entsprachen, auch weiterhin für das jetzige Stift verwenden, selbst wenn die neuen Bedürfnisse der Klägerin nicht gedeckt werden.

Das Berufungsgericht erkennt das Recht des Beklagten an, die Unzulänglichkeit der Erträge des überkommenen Vermögens vorzuschützen und nachzuweisen. Die Berechtigung zu diesem Einwand ergibt sich aus der ausdrücklichen Bestimmung der Kabinettsorder vom 25. September 1834. Diese Berechtigung ist in RGZ. Bd. 111 S. 211 (222) (mit Berichtigung Bd. 116 S. 412) auf Grund der Kabinettsorder vom 25. September 1834 auch für die Klagegründe aus der Gesamtnachfolge anerkannt worden. Die Gesetzesnatur der Kabinettsorder vom 25. September 1834 ist vom Reichsgericht zuletzt in RGZ. Bd. 111 S. 211 gegenüber der gegenteiligen Auffassung eingehend begründet worden. Das Reichsgericht hat diese gesetzliche Bestimmung anzuwenden, soweit es nicht durch das Urteil des Kompetenzgerichtshofs daran gehindert ist. Die Behinderung beschränkt sich, unter Ausschluß jeden Eingriffs in die Sache selbst, auf die Frage der Zulässigkeit des Rechtswegs, also auf die Frage, ob der Klaganspruch, so weit er auf die Kabinettsorder gestützt ist, vom ordentlichen Gericht geprüft werden darf. Nur in dieser Beschränkung ist das ordentliche Gericht gebunden (vgl. Gaupp-Stein-Jonas ZPO., vor § 1, II E[2], S. 14 vor Note 128). Die Einwendungen des Gegners gegen die Ansprüche, für die der Rechtsweg offen steht, unterliegen unbeschränkt der Prüfung des ordentlichen Gerichts.

Da das Vermögen des Stifts vom sonstigen Staatsvermögen getrennt gehalten worden ist und getrennt unter sich auch die Vermögen der beiden Stifte G. und K., getrennt auch der Überschußfonds aus diesen beiden Vermögen — §§ 21, 22 des Statuts von 1872 —, bestehen ersichtlich keine Schwierigkeiten für die Feststellung aller dieser Vermögensteile. Das Berufungsgericht geht dabei von dem Bestande des Jahres 1819 aus, der aber mit dem Bestande bei Übernahme des Stifts durch Preußen auch übereingestimmt hat.

Diese Absonderung des Stiftsvermögens hat dadurch keine Einbuße erlitten, daß Teile des Stiftsvermögens im Laufe der Zeit in preußischen Staatsschuldpapieren angelegt, also Inhaberwertpapiere angeschafft worden sind. Die Folgerung des Berufungsgerichts, daß durch die Vereinigung von Schuldner (Staat) und Gläubiger (statio fisci Stiftsfonds G. = Staat) die Staatsschuld erloschen, daher das Stiftsvermögen für Staatszwecke verwendet und nunmehr insoweit im allgemeinen Staatsvermögen untergegangen sei, ist unrichtig. Eine Tilgung der Schuld war nicht beabsichtigt, sondern eine Anlage des Stiftsvermögens. Dadurch unterscheidet sich der vorliegende Fall von dem des in der Jur. Wochenschrift 1928 S. 3233 Nr. 4 abgedruckten Urteils vom 2. Oktober 1928 II 517/28. Dort waren versilberte Teile des säkularisierten Vermögens zur Tilgung von Schulden des Staats verwendet und damit diese Vermögensstücke allerdings in das allgemeine Staatsvermögen übernommen worden, was hier gerade nicht der Fall ist. Der Rechtssatz, daß durch Vereinigung von Gläubiger und Schuldner eine Forderung erlischt, gilt nur im Bereiche des Rechts der Schuldverhältnisse als selbstverständlich. Im Gebiet des Sachenrechts ist der Vereinigung nicht die gleiche Wirkung beigelegt (vgl. RGRKomm. z. BGB. Vorbem. 2 vor § 241). Das Recht der Schuldverschreibung auf den Inhaber ist so stark mit sachenrechtlichen Einflüssen durchsetzt (§§ 793, 935, 1207, 1293 BGB., §§ 821, 23 ZPO.; dazu RGZ. Bd. 58 S. 10), daß der für das Recht der Schuldverhältnisse gültige Satz von dem Untergang der Forderung durch Zusammentreffen von Gläubiger- und Schuldnerschaft auf das Recht aus dem Inhaberpapier nicht anzuwenden ist (vgl. RGZ. Bd. 18 S. 6 [8] und die dort angeführten Schriftsteller, ferner Dernburg, Preußisches Privatrecht 5. Auflage Bd. 2 S. 217 § 88 Nr. 7). Durch den Erwerb der Schuldverschreibungen für den Stiftsfonds ist an der Rechtslage und der Absonderung vom allgemeinen Staatsvermögen also nichts geändert. Im übrigen wäre bei Untergang eines Schuldverhältnisses durch Vereinigung von Schuldner und Gläubiger auch für den Unzulänglichkeitseinwand aus der Säkularisationsverpflichtung der in § 1991 Abs. 2 BGB. ausgesprochene Rechtsgedanke anzuwenden gewesen, der zu dem gleichen Ergebnis führt. Denn wenn das Recht einem Schuldner eine besondere Rechtsstellung dahin gewähren will, daß er nur mit den Erträgen einer bestimmten Vermögensmasse hafte, und er zu diesem Zweck diese Vermögensmasse gesondert zu halten veranlaßt ist, dann will das Recht dem Schuldner auch die Möglichkeit dazu bieten und nicht durch Rechtsfolgen, die in anderen Verhältnissen angemessen sind, den von ihm erstrebten Erfolg selbst verhindern.

Ebenso können auch die Waldüberlassungen an den Fiskus nicht aus dem Grunde unbeachtet bleiben, weil der Fiskus einen Verkauf an sich selbst nicht habe vornehmen können. Es handelt sich dabei nicht um den Abschluß eines Vertrags, sondern um die Frage, ob dieser Austausch von Vermögenswerten unter den beiden Vermögens massen möglich und anzuerkennen ist, und das ist auf Grund des Rechts zur Verwaltung, das dem Beklagten zusteht, zu bejahen, solange diese Verwaltung als ordnungsmäßig zu gelten hat.

Der Entwertungsverlust an den Inhaberpapieren ist daher bei Feststellung des Bestandes des eingezogenen Stiftsvermögens und der Höhe der verbleibenden Einkünfte zu Lasten der Klägerin zu berücksichtigen. Den gegenteiligen Ausführungen des Urteils ist nicht beizutreten. Da eine Vermischung mit dem allgemeinen Staatsvermögen nicht in Frage kommt, sind auch die Ausführungen über die Höhe der Rente des allgemeinen Staatsvermögens ohne Belang.

Aber auch sonst muß den Ansichten der Klägerin und des Berufungsgerichts über den Bestand der dem Zugriff der Klägerin unterliegenden Vermögenseinkünfte entgegengetreten werden. Zunächst sind alle Vermögensteile auszuscheiden, die vom Stift K. herrühren.

Denn eine Verpflichtung zur Bestreitung der Pfarrbedürfnisse der Klägerin bestand für dieses Stift nicht und kann daher auch nicht auf den Beklagten übergegangen sein.

Was die Einkünfte aus dem Überschußfonds G.-K. anlangt, so gab der Reichsdeputationshauptschluß dem säkularisierenden Staat das Recht auf die Überschüsse der Einkünfte des eingezogenen Vermögens, soweit sie nicht zur Bestreitung der Bedürfnisse der Klägerin in jedem Jahr erforderlich waren. Nur für größere einmalige Aufwendungen mußten im Rahmen ordentlicher Wirtschaftsführung, sobald das Bedürfnis dazu vorauszusehen war, die erforderlichen Rücklagen gemacht werden. Im vorliegenden Streitfalle kommen hierfür Bauaufwendungen in Betracht, vielleicht auch größere Aufforstungen. Der Tatrichter mag prüfen, wieviel der Staat von den von ihm zur Verrechnung gestellten Beträgen durch solche Rücklagen hätte tilgen müssen. Im übrigen aber gingen außerordentliche Aufwendungen, überhaupt alle Zahlungen, die über die Einnahmen jedes Jahres im gleichen Zeitabschnitt hinaus verbraucht wurden (Ablösung des Zehnten), vom Kapital ab und minderten daher insoweit in Zukunft auch die Erträge. Ein Recht, solche Mehraufwendungen eines Jahres auf Überschüsse anderer günstiger Jahre in Anrechnung zu bringen, besteht für die Klägerin nicht. Die Jahresüberschüsse schieden vielmehr endgültig aus der Verpflichtung des Staats gegen die Klägerin aus, und daher brauchte der Beklagte sie auch nicht zu verrechnen, wie das Urteil irrtümlich annimmt. Es kann dazu auf die Ausführungen in RGZ. Bd. 143 S. 143 verwiesen werden.

Die vorstehenden Erörterungen ergeben, daß die Klägerin irgendeinen Anspruch auf die Erträgnisse des Überschußfonds G.-K. nicht zu erheben hat, daß es daher auch gleichgültig ist, mit wieviel G. und mit wieviel K. an der Bildung dieses Fonds beteiligt ist, ob sich in diesem Fonds Staatspapiere befinden und ob diese entwertet sind. Ebenso geht es die Klägerin nichts an, ob der Staat aus diesem Überschußfonds Stiftstellen unterhält. Daß die Klägerin auch nicht Hand auf die Einkünfte des G.er Stiftsvermögens legen darf, mit dem der Staat das Stift im oben gekennzeichneten Umfange erhält, mag gegenüber den Ausführungen des Urteils nochmals hervorgehoben sein.

Haben Renten und Zehnten zum Stiftsvermögen gehört, die der Ablösungsgesetzgebung unterlagen, so können nur die Ablösungskapitalien dem Stiftsvermögen als Ersatzstücke zugeschrieben werden; ihre Anlage war Sache des Staats, und ihn trifft kein Vorwurf, wenn er Rentenbriefe dafür erhalten und behalten hat und diese einer Entwertung nicht entgangen sind. Nur ihr Aufwertungsbetrag kann jetzt als Stiftsvermögen betrachtet werden.

Der Staat weist in der Revisionsbegründung auf die Beweisschwierigkeiten hin, denen er verfallen ist. Zweifel scheinen sich z. B. darin ergeben zu haben, ob bei der unvollständigen Übersicht über die Geschicke des G.er Stiftsvermögens, die der Staat nur geben kann, der Zustand, der Wert und die Einkünfte dieses Vermögens sich überhaupt noch feststellen lassen. Der Anfangsbestand ist aber anscheinend bekannt. Soweit er nicht mehr in Natur vorhanden ist, wird es Sache tatrichterlicher Beweiswürdigung sein, zu ermitteln, welche Teile durch andere Werte ersetzt worden sind, z. B. durch die vorhandenen Staatspapiere, und welche Teile, weil ihr Verschwinden nicht aufgeklärt ist, der Staat als noch vorhanden gelten lassen müßte. Bei der Beweisschwierigkeit, in welcher sich der Staat befindet, weil er vor 100 Jahren mit den jetzigen Entwicklungen nicht gerechnet hat, würde man wahrem Recht fernbleiben, wenn man z. B. der Tatsache, daß Staatspapiere vorhanden sind, keine Bedeutung beimessen und wegen mangelnder Aufklärung den Staat für das ganze alte Vermögen für verantwortlich erklären wollte. Da die jährlich überschießenden Einkünfte dem Staate verblieben, schädigt mangelnde Auskunft hierüber die Klägerin nicht; nur dem Staat gereicht es zum Nachteil, wenn er Mehrverbrauch in einzelnen Jahren nicht mehr nachweisen, also auch das Kapital darum nicht mehr kürzen kann. Es wird sich bei den Kapitalwerten feststellen lassen, welche Teile schuldlos verloren, welche noch vorhanden sind oder doch vorhanden sein müßten, und welche Einkünfte daher zur Verfügung stehen. Wie im übrigen die Berechnung aufzustellen ist, ist in RGZ. Bd. 143 S. 143 näher dargelegt; dort ist auch darauf hingewiesen, in welcher Weise der Wert der jeweiligen Währung zu beachten ist.

Daß der Beklagte der Klägerin für ordnungsmäßige Verwaltung des Vermögens verantwortlich ist, nimmt das Berufungsgericht mit Recht an. Diese Pflicht ergibt sich aus der Verbindlichkeit zur Bestreitung der Bedürfnisse der Klägerin aus diesem Vermögen. Die Klägerin hat diese Verwaltung in verschiedener Richtung bemängelt.

Daß sie zu Unrecht auf die Entscheidungen RGZ. Bd. 96 S. 41, Bd. 104 S. 340 hingewiesen hat, ist schon hervorgehoben worden, ebenso, daß die Verwendung des Stiftsvermögens für Bedürfnisse des neuen Stifts im alten Umfang nicht zu beanstanden ist. Die Art der Verwaltung zu bestimmen, stand dem säkularisierenden Staate zu. Solange sie als ordnungsmäßig anzuerkennen ist, kann den Beklagten auch kein Vorwurf aus der Höhe der daraus entstehenden Kosten treffen. In drei Fällen werden dem Beklagten Vorwürfe gemacht, daß er Grundstücke veräußert hat. Hierzu wird Verletzung des § 139 ZPO. gerügt und werden neue Tatsachen vorgetragen. Das mag der Beklagte in der erneuten Verhandlung vor dem Berufungsgericht wiederholen. Zu diesen Fragen ohne neue Klärung des Tatbestandes jetzt Stellung zu nehmen, hat keinen Wert. Es sei aber gesagt, daß dem Staat die Art der Verwaltung zu bestimmen zusteht und daß bei Prüfung etwaigen Verschuldens die Siedlungsgesetzgebung nicht außer acht gelassen werden darf.

Schließlich besteht Streit, ob der Beklagte sich Zuschüsse, die auf Grund des Pfarrerbesoldungsgesetzes der Klägerin zugeflossen sind, auf die Forderung aus der Inkorporationsverpflichtung anrechnen kann. Die preußischen Pfarrerbesoldunggesetze enthalten zwar nicht, wie etwa das württembergische (VO. vom 28. März 1924 § 2, RBl. 1924 S. 183), eine ausdrückliche Anordnung dieses Inhalts. Es ist aber durch die Kabinettsorder vom 25. September 1834 angeordnet worden, daß im Falle der staatlichen Gewährung einer anderweiten Dotation oder Aushilfe für den gottesdienstlichen Bedarf der diesfällige Betrag von dem rechtlichen Anspruch abgerechnet werden muß, und daher hat auch das Reichsgericht immer die Anrechnungsfähigkeit anerkannt (vgl. RGUrteile vom 23. Juni 1927 IV 722/26 [Archiv kath. Kirchenrecht Bd. 107 S. 731] und vom 30. Juni 1930 IV 282/29).

RGZ. 152, 23

Katholisch-kirchliches und jüdisch-religiöses Eherecht als recipiertes staatliches (hier polnisch-russisches) Recht.

Alter Leitsatz:

1. Muß die Berufungsanschlußschrift durch den Berufungsanwalt eigenhändig unterzeichnet sein?

2. Inwieweit sind auf dem Gebiet der Anwendung ausländischen Rechts Revisionsangriffe zulässig?

3. Sind der Prüfungsbefugnis der deutschen Verwaltungsbehörden und Gerichte durch die in § 1315 Abs. 2 BGB. vorgesehenen Ehefähigkeitszeugnisse Schranken gezogen?

4. Zu den Voraussetzungen und Wirkungen des sog. privilegium Paulinum.

ZPO. §§ 522 a, 549. BGB. §§ 1309, 1315 Abs. 2, §§ 1326, 1329. Haager Eheschließungsabkommen vom 12. Juni 1902 (RGBl. 1904 S. 221) Art. 1. Codex juris canonici (1917) can. 1120 flg.

IV. Zivilsenat. Urt. v. 16. Juli 1936 i. S. Ehemann K. u. a. (Bekl.) w. Ehefrau K. (Kl.) IV 73/36.

I. Landgericht Berlin. II. Kammergericht daselbst.

Der Erstbeklagte ist am 13. Februar 1882 in Sompolno, Kreis Lodz, geboren. Er siedelte später nach Lodz über, wo er am 16. September

1905 die Klägerin heiratete, die ebenfalls im damaligen Königreich Polen geboren war. Beide waren damals Angehörige der jüdischen Religion und russische Staatsangehörige. Die Klägerin und der Erstbeklagte, aus deren Ehe zwei Töchter und ein Sohn hervorgegangen sind, haben dann mehrfach Lodz verlassen und sich längere Zeit in der Schweiz und in Deutschland aufgehalten, um aber immer wieder nach Lodz zurückzukehren. Während des größten Teiles des Krieges befand sich der Erstbeklagte in Deutschland, fuhr aber auch dann öfters zu seiner Familie nach Lodz. So blieb es bis 1920. Damals ließ er seine Familie nach Dortmund kommen. Dort lebten die Klägerin und der Erstbeklagte noch etwa drei Monate zusammen, bis dieser die Klägerin verließ. Er hatte nämlich die Zweitbeklagte, die damals Reichsdeutsche und evangelisch war, kennengelernt und ein Liebesverhältnis mit ihr angeknüpft. Er fuhr zunächst mit ihr auf drei Jahre nach Südamerika und lebte nach seiner Rückkehr von dort in Berlin weiter mit ihr zusammen. Aus diesem Verhältnis sind zwei Kinder hervorgegangen. Der Erstbeklagte trat dann zum römisch-katholischen Glauben über und faßte den Entschluß, die Zweitbeklagte zu heiraten. Da er keine Gründe für eine Scheidung der Ehe mit der Klägerin hatte, bat er den Bischof von Lodz um Bewilligung des Paulinischen Privilegs, wonach unter gewissen Voraussetzungen der zum Christentum übergetretene Ehegatte die Ehe mit seinem bisherigen Gatten nicht fortzusetzen braucht, sondern mit einem Christen eine neue Ehe eingehen kann. Der Bischof von Lodz ersuchte die Fürstbischöfliche Delegatur in Berlin, die Klägerin gemäß den Vorschriften des kanonischen Rechts zu befragen. Am 21. Dezember 1928 erging darauf folgende Anfrage an die Klägerin:

In Ihrer Ehesache bittet der Hochwürdigste Herr Bischof von Lodz um die Beantwortung folgender Fragen:

1. Wollen Sie selbst konvertieren?

2. Wollen Sie mit Ihrem jetzt katholischen Manne fernerhin, ohne ihn im Glauben zu stören, friedlich zusammenleben?

Eine Nichtbeantwortung dieser beiden Fragen müßte als Verneinung aufgefaßt werden.

Die Klägerin antwortete hierauf mit Schreiben vom 31. Dezember 1928, daß sie „ohne Rücksicht auf den Glaubenswechsel ihres Mannes bereit sei, mit diesem wieder zusammenzuleben“. Der Bischof von Lodz sah diese Antwort nicht als ausreichend an, und die Diözesankurie Lodz stellte am 29. Juli 1929 eine Bescheinigung dahin aus, daß der Erstbeklagte das Paulinische Privileg genieße und daß seine bisherige Ehe aufgelöst werde, wenn er rechtsgültig eine neue Ehe eingehe. Die beiden Beklagten beantragten daraufhin am 14. August 1929 bei dem Standesamt Xa in Berlin das Aufgebot und schlossen am 9. Oktober 1929 vor diesem Standesamt die Ehe, nachdem die Diözesankurie in Lodz am 12. September 1929 nochmals bescheinigt hatte, daß nach den dort geltenden Bestimmungen die frühere Ehe des Erstbeklagten der neuen Eheschließung nicht entgegenstehe, und nachdem die Lodzer Stadtstarostei am 20. September 1929 ein Ehefähigkeitszeugnis dahin ausgestellt hatte, daß ihr keine rechtlichen Hindernisse bekannt seien, die der Eingehung einer neuen Ehe entgegenstünden. Eine kirchliche Trauung hat damals nicht stattgefunden. Nachdem die Klägerin am 17. April 1932 die vorliegende Klage erhoben hatte, haben sich die Beklagten am 8. Juni 1932 in der römisch-katholischen Pfarrkirche der Heiligen Anna in Lodz trauen lassen, nachdem die Zweitbeklagte an demselben Tage zum römisch-katholischen Glauben übergetreten war.

Die Klägerin hat im ersten Rechtszug beantragt: 1. festzustellen, daß die zwischen den Beklagten vor dem Standesamt Xa in Berlin am 9. Oktober 1929 geschlossene Ehe nichtig sei, 2. festzustellen, daß die zwischen ihr und dem Erstbeklagten vor dem Lodzer Rabbinat am 16. September 1905 geschlossene Ehe noch heute gültig sei. Sie macht geltend, daß die Voraussetzungen für die Zubilligung des Paulinischen Privilegs an den Erstbeklagten nicht vorgelegen hätten, so daß die Eheschließung zwischen den Beklagten nicht die Wirkung einer Auflösung ihrer Ehe mit dem Erstbeklagten hätte haben können.

Die Beklagten haben gegenüber dem Klagantrag zu 1 keine Anträge gestellt. Dagegen haben sie Abweisung der Klägerin mit dem Klagantrag zu 2 beantragt und Feststellungswiderklage dahin erhoben, daß sie in gültiger Ehe miteinander verheiratet seien. Sie haben in erster Reihe die Zuständigkeit der staatlichen Gerichte für die Feststellung der Ungültigkeit ihrer Ehe bestritten und sich weiter darauf berufen, daß dem Erstbeklagten das Paulinische Privileg rechtswirksam erteilt worden sei.

Das Landgericht hat die zwischen den Beklagten vor dem Standesamt Xa in Berlin am 9. Oktober 1929 geschlossene Ehe für nichtig erklärt und festgestellt, daß die zwischen der Klägerin und dem Erstbeklagten vor dem Lodzer Rabbinat am 16. September 1905 geschlossene Ehe noch heute gültig sei. Die Widerklage hat es abgewiesen. Gegen dieses Urteil haben die Beklagten Berufung eingelegt, aber lediglich beantragt, unter teilweiser Abänderung des Urteils des Landgerichts die Klägerin mit dem Antrag auf Feststellung des Bestehens ihrer im Jahre 1905 mit dem Erstbeklagten geschlossenen Ehe abzuweisen. Sie haben im zweiten Rechtszug noch geltend gemacht, daß diese Ehe eine Nichtehe gewesen sei. Den Widerklageantrag haben sie in der Schlußverhandlung vor dem Berufungsgericht nicht mehr gestellt, ohne aber die Widerklage zurückzunehmen. Die

Klägerin hat beantragt, die Berufung mit der Maßgabe zurückzuweisen, daß fernerhin die von den Beklagten am 8. Juni 1932 in Lodz eingegangene Ehe für nichtig erklärt werde. Das Kammergericht hat die Berufung der Beklagten zurückgewiesen und auf die Anschlußberufung der Klägerin die von den Beklagten am 8. Juni 1932 in Lodz in kirchlicher Form geschlossene Ehe für nichtig erklärt.

Auf die Revision der Beklagten wurde das Berufungsurteil insoweit, als es die von den Beklagten am 8. Juni 1932 in Lodz geschlossene Ehe für nichtig erklärt hat, aufgehoben und die Anschlußberufung der Klägerin als unzulässig verworfen. Im übrigen wurde die Revision zurückgewiesen.

Gründe:

I. Die Zuständigkeit der deutschen Gerichte für die von den Parteien mit der Klage und der Widerklage erhobenen Ansprüche hat das Berufungsgericht auf Grund des § 606 Abs. 1 ZPO. ohne Rechtsirrtum als gegeben angesehen. Nicht zu beanstanden ist es auch, daß das Berufungsgericht in Übereinstimmung mit dem Landgericht den Klagantrag zu 1 als Klage auf Nichtigerklärung der von den Beklagten am 9. Oktober 1929 vor dem Standesamt Xa in Berlin geschlossenen Ehe aufgefaßt hat. Das rechtliche Interesse der Klägerin an der mit dem Klagantrage zu 2 begehrten alsbaldigen Feststellung, daß ihre mit dem Erstbeklagten am 16. September 1905 geschlossene Ehe noch heute gültig sei, ergibt sich ohne weiteres daraus, daß die Beklagten die Rechtswirksamkeit dieser Eheschließung bestritten und sich außerdem darauf berufen haben, daß diese Ehe durch die zwischen ihnen am 8. Juni 1932 geschlossene Ehe aufgelöst worden sei.

Nicht beigetreten werden kann dem Berufungsgericht darin, daß aus dem Fehlen der handschriftlichen Unterzeichnung der Berufungsanschlußschrift deswegen Bedenken nicht herzuleiten seien, weil das Fehlen nicht gerügt worden sei. Ob die Einlegung der Anschlußberufung in der gesetzlichen Form erfolgt ist, ist, und zwar auch noch in diesem Rechtszuge, von Amts wegen zu prüfen (§ 522 a Abs. 3 i. Verb. mit § 519 b Abs. 1 ZPO.). Auf die Befolgung der gesetzlichen Formvorschriften kann die Gegenpartei nicht wirksam verzichten (WarnRspr. 1928 Nr. 151). Bei der Berufungsanschlußschrift (§ 522 a Abs. 1 ZPO.) handelt es sich, ebenso wie bei der Berufungsschrift (§ 518 Abs. 1 ZPO.), um einen bestimmenden Schriftsatz. Sie bedurfte daher der eigenhändigen Unterzeichnung durch einen beim Prozeßgericht zugelassenen Rechtsanwalt (vgl. den Beschluß des Großen Senats in Zivilsachen vom 15. Mai 1936 V 62/35, RGZ. Bd. 151 S. 82). Da der als Berufungsanschlußschrift allein in Betracht kommende Schriftsatz vom 14. März 1934 nur die maschinenschriftliche Unterschrift des Anwalts trägt, so ist die Anschlußberufung nicht in der gesetzlich vorgeschriebenen Form eingelegt und muß deshalb als unzulässig verworfen werden, wobei bemerkt sein mag, daß dies der Erhebung einer neuen Klage auf Nichtigerklärung der am 8. Juni 1932 in Lodz geschlossenen Ehe nicht entgegensteht. Die Ausführungen des Berufungsgerichts, die sich mit der Frage der Gültigkeit dieser Ehe befassen, bleiben von Bedeutung für die Entscheidung über den Klagantrag zu 2.

II. Das angefochtene Urteil gelangt zu dem Ergebnis,

1. daß der Erstbeklagte und die Klägerin am 16. September 1905 in Lodz rechtsgültig die Ehe miteinander geschlossen haben;

2. daß diese Ehe auch nicht durch die von den Beklagten am 9. Oktober 1929 in Berlin geschlossene Ehe aufgelöst worden ist, weil der Eheschließung in bürgerlicher Form im Hinblick auf das Paulinische Privileg die rechtlichen Wirkungen einer kirchlichen Eheschließung nicht zukämen; diese Ehe sei daher mit Rücksicht auf das Ehehindernis der bestehenden Ehe nichtig;

3. daß am 8. Juni 1932 in Lodz die Ehe von den Beklagten zwar formell gültig geschlossen worden, daß aber eine ordnungsmäßige Interpellation der Klägerin nicht erfolgt ist, so daß diese Ehe wegen Fehlens der Voraussetzungen des Paulinischen Privilegs nicht die Wirkung einer Auflösung der zwischen der Klägerin und dem Erstbeklagten am 16. September 1905 geschlossenen Ehe gehabt habe; auch die am 8. Juni 1932 geschlossene Ehe sei daher nichtig.

Die Revision verkennt nicht, daß das Berufungsurteil zu einem erheblichen Teile auf der Anwendung ausländischen, nämlich polnischen und russischen, Rechts beruht und daß auch das kanonische Recht, insbesondere das Recht des Codex juris canonici, und das jüdische Recht, soweit es der Entscheidung zugrunde gelegt ist, gemäß dem Willen des polnischen oder russischen staatlichen Rechts zur Ausfüllung von Lücken und zur Auslegung des staatlichen Rechts, also als Bestandteil der polnischen oder russischen staatlichen Rechtsordnung angewendet worden ist, sowie daß auf die Verletzung dieses ausländischen Rechts die Revision nicht gestützt werden kann. Die Revisionsbegründung ist jedoch der Auffassung, daß die Feststellungen des Berufungsgerichts über den Inhalt des ausländischen Rechts der Nachprüfung des Revisionsgerichts insoweit unterworfen seien, als der Inhalt des ausländischen Rechts als Vorfrage für die Anwendbarkeit des deutschen Rechts in Betracht komme, und bezieht sich hierfür auf die Entscheidung RGZ. Bd. 136 S. 362 sowie die Ausführungen bei S t a u d i n g e r - R a a p e EG.z.BGB. Einl. unter K II, 4 b, S. 47 flg. Dort ist die Frage behandelt, ob im Falle des Art. 27 EG.z.BGB. die Feststellungen des Berufungsgerichts über den Inhalt des ausländischen Rechts der Nachprüfung durch das Revisionsgericht unterliegen. Um diesen Fall handelt es sich hier nicht. An der Hand der einzelnen Revisionsrügen wird zu erörtern sein, inwieweit sie auf eine zulässige Nachprüfung des Berufungsurteils abzielen.

III. Die Eheschließung zwischen der Klägerin und dem Erstbeklagten vom 16. September 1905 beurteilt das Berufungsgericht zutreffend nach dem damaligen russischen Recht, und zwar wendet es von den verschiedenen im zaristischen Rußland geltenden Rechten das für Kongreßpolen erlassene Ehegesetz vom 16. März 1836 an. Die Revision bemängelt insoweit, daß das Berufungsgericht nicht vollständig geklärt habe, ob die Klägerin und der Erstbeklagte die für die Anwendbarkeit des polnischen Rechts entscheidende polnische Landeszugehörigkeit besessen hätten, die durch Eintragung in die Bücher der ständigen Bevölkerung des Zarentums Polen erworben worden sei; daß die Klägerin und der Erstbeklagte eingetragen gewesen seien, sei nicht festgestellt. Mit dieser Rüge kann die Revision nicht gehört werden. Das Berufungsgericht stellt über den Inhalt des russischen Rechts fest, daß „landeszugehörig" zum Zarentum Polen die dort „ständig Ansässigen" gewesen seien; diese Voraussetzung sieht es als gegeben an, weil die Klägerin und der Erstbeklagte 1905 ebenso wie schon ihre Eltern im Zarentum Polen ansässig gewesen seien. Was die Revision hiergegen vorbringt, läuft nur darauf hinaus, daß das Berufungsgericht den Inhalt des ausländischen Rechts nicht erschöpfend festgestellt habe. Mit dieser Begründung kann die Anwendung einer irrevisiblen Rechtsnorm nicht angegriffen werden.

Das Berufungsgericht befaßt sich sodann mit dem Einwand der Beklagten, daß die Ehe zwischen der Klägerin und dem Erstbeklagten nicht vor einem Rabbiner geschlossen worden sei. Es führt hierzu aus: Nach jüdischem Recht, worauf Art. 179 des Ehegesetzes vom 16. März 1836 verweise, sei die Eheschließung vor einem Rabbiner kein notwendiges Formerfordernis. Nach dem Rechtsbuch des Schulchan aruch, einer Fortbildung der talmudischen Rechtslehren, dessen eherechtliches erstes Buch „Eben haäser" in Polen, wie bei der Mehrzahl der europäischen Juden, Gesetzeskraft habe, werde eine Frau „als verheiratet angesehen, wenn sie auf ordentliche Weise verlobt worden ist" (26. Abschnitt § 1 nach der deutschen Übersetzung von L ö w e). Die Verlobung könne stattfinden durch Hingabe von Geld (Ringübergabe) oder durch einen Verlobungsbrief (26. Abschn. § 4, 27. Abschn. § 1). Keine dieser Formen sehe die Mitwirkung eines Rabbiners vor. Nach jüdisch-religiösem Recht sei die Ehe also gültig. Nach Art. 185 des Ehegesetzes vom 16. März 1836 müsse nun allerdings die Trauung von dem der Gemeinde vorgesetzten Geistlichen oder von dem Ältesten der geistlichen Gemeinde, in welcher die beiden

Personen ansässig sind, nach dem Ritus der Ehegatten vollzogen werden. Selbst wenn aber die Behauptung der Beklagten zuträfe, daß ein Rabbiner bei der Eheschließung trotz der gegenteiligen Eintragung im Zivilstandsregister nicht anwesend gewesen sei, und wenn auch der Zivilstandsbeamte sich entgegen Art. 188 des Ehegesetzes nicht davon überzeugt hätte, ob die Ehe nicht etwa unter Verletzung der Vorschriften des Ehegesetzes abgeschlossen worden sei, so mache dies trotzdem auch nach staatlichem Recht die Eheschließung nicht ungültig. Denn Art. 190 zähle die Fälle der Ungültigkeit für die staatlichen Rechte abschließend auf, nenne einen solchen Fall aber nicht.

Die Revision rügt Verletzung der §§ 286, 139 ZPO., indem sie dem Berufungsgericht die Unterlassung einer Aufklärung nach der Richtung vorwirft, ob eine „ordentliche Verlobung" stattgefunden habe. Die Beklagten hätten geltend gemacht, daß statt einer solchen nur Besprechungen zwischen der Klägerin und dem Erstbeklagten vor dem zur Verlobung nicht legitimierten Onkel der Klägerin J. P. in Lodz stattgefunden hätten, von dem auch der Ring an die Klägerin übergeben worden sei. Bei Mangel einer „ordentlichen Verlobung" hätte eine Nichtehe vorgelegen. Diese Rüge ist zulässig, weil vom Standpunkt der Auslegung aus, die das Berufungsgericht selbst dem ausländischen Recht gegeben hat, das Vorliegen einer „ordentlichen Verlobung" für die Entscheidung erheblich war (RGZ. Bd. 78 S. 156; WarnRspr. 1933 Nr. 120). Sachlich ist die Rüge nicht begründet, denn dem tatsächlichen Vorbringen der Beklagten war nicht zu entnehmen, daß sie das Vorliegen einer „ordentlichen Verlobung" hätten bestreiten wollen. Ihr Vorbringen ging vielmehr lediglich dahin, daß auf Veranlassung der Eltern der Klägerin und des Erstbeklagten die Ehe nicht vor einem Rabbiner eingegangen worden sei; die gegenseitigen Besprechungen der Brautleute hätten vielmehr vor dem verstorbenen Onkel der Klägerin J. P. stattgefunden, der auch die Ringübergabe an die Klägerin vorgenommen habe; der Erstbeklagte habe lediglich eine passive Rolle gespielt; alles sei von den Eltern der Brautleute erledigt worden. Wenn dann im Anschluß hieran noch behauptet wird, daß der Erstbeklagte die Klägerin „vor der offiziellen feierlichen Verlobung", die nach talmudischem Recht in gewissen Beziehungen die Bedeutung des Beginns der Ehe habe, nicht gekannt habe, so erhellt hieraus, daß das Vorliegen einer „ordentlichen Verlobung" im Sinne des jüdischen Rechts nicht nur nicht bestritten, sondern ausdrücklich zugegeben werden sollte.

Die weiteren Einwendungen der Beklagten, daß es bei der Eheschließung vom 16. September 1905 an der freien Einwilligung gefehlt habe, daß keine Zeugen zugegen gewesen seien und daß die Klägerin damals bereits in ungetrennter Ehe mit einem anderen Manne gelebt habe, weist das Berufungsgericht zurück. Insoweit erhebt die Revision keine Angriffe.

Die Feststellung des Berufungsgerichts, daß die Eheschließung vom 16. September 1905 nach den Vorschriften des früheren russischen Rechts rechtsgültig gewesen sei, ist hiernach ohne Verfahrensverstoß und ohne einen in diesem Rechtszug nachprüfbaren sachlichen Rechtsirrtum getroffen.

IV. Es kann sich daher nur noch um die Frage handeln, ob diese Ehe auf Grund des Paulinischen Privilegs durch die am 9. Oktober 1929 und 8. Juni 1932 zwischen den Beklagten erfolgten Eheschließungen gelöst worden ist. Die Gültigkeit der Eheschließung vom 9. Oktober 1929 zwischen den Beklagten war nach den zutreffenden Ausführungen des Berufungsgerichts gemäß Art. 1 des Haager Eheschließungsabkommens vom 12. Juni 1902, dem Polen mit Wirkung vom 25. August 1929 an beigetreten war (Bekanntmachung vom 13. September 1929, RGBl. II S. 640), hinsichtlich des Erstbeklagten nach polnischem Recht, hinsichtlich der Zweitbeklagten nach deutschem Recht zu beurteilen. Hinsichtlich des Erstbeklagten wendet das Berufungsgericht von den verschiedenen in Polen geltenden Ortsrechten auf Grund des Art. 3 des polnischen Gesetzes über das internationale Privatrecht vom 2. August 1926 das Ehegesetz vom 16. März 1836 an. Dies liegt auf dem Gebiet der Anwendung irrevisiblen Rechts und wird von der Revision auch nicht beanstandet. Das Berufungsgericht stellt sodann fest, daß das polnische Recht ebenso wie das deutsche (§§ 1309, 1326 BGB.) den Anhängern sämtlicher Bekenntnisse verbietet, zur selben Zeit mit mehr als einer Person verheiratet zu sein. Es befaßt sich — unter ergänzender Heranziehung der Vorschriften des kanonischen Rechts über das privilegium Paulinum — weiter mit der Auslegung des Art. 207 des kongreßpolnischen Ehegesetzes, der bestimmt:

> Ein Ehegatte, der zu einer der nichtchristlichen Konfessionen gehört und die heilige Taufe angenommen hat, kann die Auflösung seiner Ehe verlangen, wenn sein Ehegenosse, der bei dem alten Glauben geblieben ist, sich weigert, weiteren Umgang mit ihm zu pflegen, oder ihn in der Erfüllung der Pflichten seines neuen Glaubens behindert.

Das Berufungsgericht führt aus, daß das privilegium Paulinum, ein altes katholisches Rechtsinstitut, das auf 1. Korinther 7, 12—15 zurückgehe, auch in der neuen Kodifikation des katholischen Kirchenrechts, dem Codex juris canonici von 1917, enthalten sei und hier eine klarere Form, insbesondere auch für seine Durchführung und Voraussetzungen erhalten habe (can. 1120 flg.). Eigentümlich sei dieser Rechtseinrichtung, daß eine formelle Auflösung der vorherigen Ehe durch Urteilsspruch oder besonderen Verwaltungsakt nicht erfolge, sondern daß durch die neue Eheschließung die alte Ehe unmittelbar gelöst werde (can. 1126). Von dieser Wirkung des privilegium Paulinum gehe auch Art. 207 des kongreßpolnischen Ehegesetzes stillschweigend aus. Auf Grund dieser Rechtslage hätten die Lodzer Diözesankurie und die dortige Stadtstarostei in ihren Bescheinigungen die Ehe des Erstbeklagten mit der Klägerin als der neuen Eheschließung nicht entgegenstehend bezeichnet. Das polnische Ehegesetz schreibe die die frühere Ehe auflösende Wirkung der neuen Ehe aber nur der kirchlichen Eheschließung zu (Art. 2). Hieran werde auch dadurch nichts geändert, daß jetzt gemäß Art. 13 des Gesetzes über das internationale Privatrecht vom 2. August 1926 auch für das kongreßpolnische Rechtsgebiet den im Ausland geschlossenen Zivilehen Rechtswirkung zuerkannt werde; denn hier handle es sich nicht um die reine Anerkennung einer Zivilehe, sondern um die Wirkungen, die eine bestimmte Form der Eheschließung, nämlich die kirchlich-sakramentale habe. Durch die nichtkirchliche Eheschließung vom 9. Oktober 1929 sei daher die alte Ehe nicht aufgelöst worden; daraus folge zugleich, daß die neue Ehe gegen das Ehehindernis des bestehenden Ehebandes verstoßen habe.

Diese Ausführungen des Berufungsgerichts haben die Auslegung des polnischen Rechts und des im vorliegenden Falle als Bestandteil dieses Rechts angewendeten kanonischen Rechts zum Gegenstande. Sie können daher mit der Revision nicht angegriffen werden. Den Standpunkt, daß die vor dem deutschen Standesamt am 9. Oktober 1929 geschlossene Ehe nach kanonischem Recht nicht gültig sei und daß sie daher nicht die Wirkung der Auflösung des Ehebandes der Naturalehe vom 16. September 1905 gehabt habe, hatten übrigens die Beklagten selbst im Rechtsstreit vertreten und demgemäß keine Gegenanträge genüber dem auf Feststellung der Nichtigkeit dieser Ehe gerichteten Klagantrag gestellt. Die Revision zieht gleichwohl die Richtigkeit der Annahme des Berufungsgerichts, daß der Eheschließung vom 9. Oktober 1929 das Ehehindernis der Doppelehe entgegengestanden habe, in Zweifel, indem sie geltend macht, daß die amtlichen Erklärungen der zuständigen polnischen geistlichen und weltlichen Behörden auch für das Gericht maßgeblich seien. Die Revision meint, daß die durch § 1315 Abs. 2 BGB. vorgesehenen und für Preußen in dem — im Jahre 1929 noch in Geltung gewesenen — Art. 43 Pr. AG.z.BGB. in der Fassung des Gesetzes vom 16. Dezember 1921 (GS. S. 561) geregelten Ehefähigkeitszeugnisse einen vollbefriedigenden Sinn nur dann erhielten, wenn man die in ihnen von den zuständigen ausländischen Behörden amtlich erteilte Auskunft über die nach ausländischem Recht bestehende Rechtslage als für die deutschen Verwaltungs- und Gerichtsbehörden maßgeblich anerkenne. Dieser Angriff ist zwar dem revisiblen Recht entnommen, er ist aber sachlich nicht begründet. Die für Ausländer vorgesehenen Ehefähigkeitszeugnisse ihrer Heimatbehörden haben nur den Zweck, dem Standesbeamten die Prüfung zu erleichtern, ob das für den Ausländer maßgebende Heimatrecht die Schließung der Ehe erlaubt, und damit die Gültigkeit der Ehe nach Möglichkeit zu sichern. Die endgültige Entscheidung darüber, ob eine vor dem Standesbeamten geschlossene Ehe gültig ist, steht aber den Gerichten zu, deren Prüfungsbefugnis durch § 1315 Abs. 2 BGB. keine Schranke gezogen ist. Auch die von der Revision angeführte Äußerung Bergmanns in der Zeitschrift für Standesamtswesen 1925 S. 365 behandelt nur die Frage, ob der Standesbeamte zur Nachprüfung des von der ausländischen Heimatbehörde ausgestellten Ehefähigkeitszeugnisses berechtigt oder verpflichtet ist oder ob ihm eine solche Nachprüfung nicht sogar versagt ist.

V. Das Berufungsgericht führt weiter aus, daß die am 9. Oktober 1929 geschlossene Ehe wie nach deutschem Recht (§ 1329 BGB.) so auch nach polnischem Recht (Art. 60 Nr. 2 des kongreßpolnischen Ehegesetzes) als gültig zu behandeln sei, solange die Nichtigkeit nicht durch Richterspruch festgestellt worden sei. Die bisher reichsdeutsche Zweitbeklagte habe daher durch die Eheschließung ihre deutsche Staatsangehörigkeit verloren (§ 17 Nr. 6 des Reichs- und Staatsangehörigkeitsgesetzes vom 22. Juli 1913, RGBl. S. 583) und die polnische Staatsangehörigkeit erworben (Art. 4 Nr. 3 und Art. 7 des polnischen Staatsangehörigkeitsgesetzes vom 20. Januar 1920). Dies habe zur Folge, daß die Eheschließung vom 8. Juni 1932 nunmehr für die beiden Beklagten nach polnischem Recht zu beurteilen sei, wobei für den Erstbeklagten wiederum das kongreßpolnische Ehegesetz und für die Zweitbeklagte dasselbe Gesetz zur Anwendung komme, weil sie gemäß Art. 3 Abs. 2 des polnischen Gesetzes über das internationale Privatrecht vom 2. August 1926 hinsichtlich des Wohnsitzes ihrem Ehemann folge. Die Eheschließung vom 8. Juni 1932 sei formgültig und insofern auch wirksam im Sinne des privilegium Paulinum vollzogen worden. Ob sie aber für die erste Ehe auflösende Wirkung gehabt habe, sei davon abhängig, ob das privilegium Paulinum sachlich und förmlich unter richtigen Voraussetzungen gewährt worden sei, was wiederum nach Art. 207 des kongreßpolnischen Ehegesetzes, hilfsweise nach den Bestimmungen des Codex juris canonici zu prüfen sei, soweit nicht etwa Art. 207 des Ehegesetzes entgegenstehe. Dem Einwand der Beklagten, daß die Erteilung des privilegium Paulinum durch die Lodzer Diözesankurie vom deutschen Gericht überhaupt nicht nachgeprüft werden könne, sei die Berechtigung zu versagen. Wenn auch nach kanonischem Recht (can. 247 § 3, can. 1962) für Streitigkeiten, die sich auf das privilegium Paulinum beziehen, die Sancta Congregatio Sancti Officii zuständig und diese Zuständigkeit auch für Polen als gegeben anzusehen sei, so sei dies doch für die deutschen Gerichte kein Hindernis, da die deutsche Gerichtsbarkeit eine Abhängigkeit von einer geistlichen Gerichtsbarkeit nicht anerkennen könne, die Mitwirkung geistlicher Gerichte vielmehr nach § 15 Abs. 3 GVG. ausgeschlossen sei. Die vom deutschen Gericht auf Grund des polnischen Rechts vorzunehmende Prüfung, ob das Ehehindernis der Doppelehe vorliege, erfordere auch eine Nachprüfung in der Richtung, ob das privilegium Paulinum habe erteilt werden dürfen oder nicht.

Zur Frage der Wirksamkeit der Erteilung des privilegium Paulinum führt das Berufungsgericht folgendes aus: Die Interpellation des ungetauften Eheteiles dahin, 1. ob er selbst konvertieren wolle, 2. ob er wenigstens mit dem anderen Ehegatten friedlich zusammenleben wolle, ohne ihn im Glauben zu stören, sei vom kanonischen Recht (can. 1121 § 2) zwingend vorgeschrieben. Würde sie, ohne daß der Heilige Stuhl dispensiert habe, nicht vorgenommen, so sei die zweite Ehe anders als bei sonstigen Fehlern beim Privilegium, die in weitgehendem Umfange in favorem fidei als für deren Bestand unerheblich behandelt würden, nichtig, wie sich aus can. 1121 § 1 ergebe. Ebenso müsse aber die Rechtslage angesehen werden, wenn nicht hinreichend, d. h. bis zur völligen Klärung oder wenigstens bis zur Unbehebbarkeit eines Zweifels, interpelliert worden sei. Denn durch die Interpellation solle ermittelt werden, ob die sachlichen Voraussetzungen des privilegium Paulinum gegeben seien. Daß aber nur beim Vorhandensein dieser Voraussetzungen der Getaufte die Auflösung seiner früheren Ehe, also die paulinische Vergünstigung verlangen könne, ergebe sich jedenfalls klar aus Art. 207 des kongreßpolnischen Ehegesetzes. Im vorliegenden Falle sei die Klägerin auf die erste der ihr vorgelegten Fragen überhaupt nicht eingegangen und habe sie damit sicherlich abgelehnt, nicht aber die zweite. Die im Schrifttum von Triebs, Handbuch des Katholischen Eherechts, IV. Teil S. 713, vertretene Ansicht, daß die Antwort des ungetauften Eheteils in favorem fidei qualifiziert sein, d. h. der durch die Taufe des anderen Ehegatten bewirkten Veränderung des ehelichen Verhältnisses Rechnung tragen müsse, finde sich bei keinem anderen namhaften Lehrer des kanonischen Rechts und sei schon deshalb bedenklich. Hier komme hinzu, daß die kirchliche Behörde eine weitere Prüfung der Sache unterlassen habe. Am Schluß ihres Schreibens vom 31. Dezember 1928 habe die Klägerin klar zum Ausdruck gebracht, daß sie einer Scheidung abgeneigt und ihr alles daran gelegen sei, sich den Mann und den Kindern den Vater zu erhalten. Bei nochmaliger Befragung oder Vorladung der Klägerin wäre eine den Erfordernissen des kanonischen Rechts genügende Antwort ohne weiteres erzielt worden. Die Voraussetzungen für das privilegium Paulinum seien mithin nicht festgestellt worden. Die Beklagten könnten sich auch nicht auf can. 1127 berufen, der ausspreche: „In re dubia privilegium fidei gaudet favore juris"; denn eine dubia res liege hier nicht vor.

Die Revision hält die Gründe, die das Berufungsgericht gegen die Rechtswirksamkeit des privilegium Paulinum anführt, nicht für stichhaltig. Die von Triebs vertretene Ansicht, die Antwort auf die zweite Frage müsse in favorem fidei qualifiziert sein, werde von dem berufensten Fachmann Gasparri Tractus Canonicus de Matrimonio Band 2 S. 211 geteilt. Die vom Berufungsgericht angenommene Unanwendbarkeit des privilegium Paulinum scheitere aber auch an der Rechtsvergünstigung, die dieses Glaubensprivileg nach can. 1127 des Codex juris canonici genieße. Die Revision verkennt nicht, daß es sich hierbei um die Anwendung polnischen Rechts handelt, die an sich mit der Revision nicht angreifbar ist. Sie hält sich aber im vorliegenden Fall auf Grund der folgenden Erwägungen für berechtigt, die unrichtige Anwendung des polnischen Rechts zu rügen: Die ausschließliche Anwendung polnischen Rechts erkläre sich lediglich daraus, daß die Ehe vom 9. Oktober 1929 bis zu ihrer rechtskräftigen Nichtigerklärung die Rechtswirkung des Verlustes der deutschen Staatsangehörigkeit und des Erwerbs der polnischen Staatsangehörigkeit habe. Diese Rechtswirkung falle aber mit der Rechtskraft des Nichtigkeitsurteils rückwirkend weg. Die Nichtigerklärung der Ehe vom 9. Oktober 1929 könne hier infolge der Verbindung beider Klagen nicht vor der Nichtigerklärung der Ehe vom 8. Juni 1932 rechtskräftig werden. Um eine für die Zweitbeklagte durch diese Klageverbindung herbeigeführte Schlechterstellung zu vermeiden, müsse ihr dieselbe Rechtslage zugebilligt werden, die eintreten würde, wenn erst die Ehe vom 9. Oktober 1929 rechtskräftig für nichtig erklärt und darauf die Klage auf Nichtigerklärung der Ehe vom 8. Juni 1932 erhoben worden wäre. Dann würde die Zweitbeklagte bei der Entscheidung über die Nichtigkeit der Ehe vom 8. Juni 1932 als Deutsche zu behandeln, die Gültigkeit der Ehe für sie nach deutschem Recht zu beurteilen und deshalb die Revision hinsichtlich der Frage zulässig sein, ob die Eheschließung der Zweitbeklagten gemäß § 1326 BGB. nichtig war, weil der andere Ehegatte, der Erstbeklagte, in einer gültigen Ehe gelebt habe. In demselben Umfang müsse die Revision auch im vorliegenden Falle für zulässig erachtet werden.

Diese Erwägungen sind, selbst wenn im übrigen den Gedankengängen der Revision gefolgt werden könnte, nicht geeignet, dem Revisionsgericht die Nachprüfung zu ermöglichen, ob das Berufungsgericht den Art. 207 des kongreßpolnischen Ehegesetzes und die Vorschriften des can. 1121 des Codex juris canonici richtig angewendet hat. Die Revision geht zwar zutreffend davon aus, daß § 1326 BGB. ein sog. Doppelverbot aufstellt, das sich in gleicher Weise gegen beide Verlobte richtet, daß also einem Deutschen die Eingehung der Ehe mit einem ausländischen Verlobten auch dann verboten ist, wenn nicht er selbst, sondern der andere Verlobte mit einem Dritten in gültiger Ehe lebt (RGZ. Bd. 136 S. 144/45). Die Frage aber, ob der ausländische Verlobte eines Deutschen mit einem Dritten in einer gültigen Ehe lebt, ist nach den im Zeitpunkt der neuen Eheschließung in Geltung gewesenen Gesetzen seines Heimatstaates zu beurteilen, deren richtige Anwendung sich der Nachprüfung des Revisionsgerichts entzieht. Dies hat der Senat bereits in dem Urteil vom 8. Juni 1936 IV 41/36 (RGZ. Bd. 151 S. 313) ausgesprochen, das sich auf den Fall der Eheschließung eines Deutschen mit einer katholischen, von Tisch und Bett geschiedenen Österreicherin bezieht, der von der österreichischen Verwaltungsbehörde Dispens vom Ehehindernis des Ehebandes erteilt worden war. Hier handelt es sich um die Frage, ob nach dem für den Erstbeklagten maßgebenden polnischen Recht die Eheschließung vom 8. Juni 1932 zugleich die Auflösung seiner am 16. September 1905 mit der Klägerin geschlossenen Ehe bewirkt hat. Wenn das Berufungsgericht dies verneint, so bewegt es sich ausschließlich auf dem Gebiete der Anwendung ausländischen, also nicht revisiblen Rechts.

Das Berufungsgericht hat nach alledem in einer mit der Revision nicht angreifbaren Weise angenommen, daß die Ehe zwischen der Klägerin und dem Erstbeklagten am 16. September 1905 gültig geschlossen worden und daß diese Ehe auch weder durch die Eheschließung der Beklagten vom 9. Oktober 1929 aufgelöst worden ist, da diese Ehe nichtig ist, noch durch die Eheschließung vom 8. Juni 1932, da die Voraussetzungen des privilegium Paulinum nicht vorgelegen haben. Die Revision ist daher unbegründet, soweit sie sich gegen die Entscheidung über die Klaganträge zu 1 und 2 sowie gegen die über die Widerklage richtet.

RGZ. 157, 246

Öffentlich-rechtliche Grundlegung des Friedhofsrechts.

Alter Leitsatz:

1. Worauf beruht das Recht einer Kirchengemeinde, die Benutzung ihrer Friedhöfe autonom zu regeln? Werden durch diese Regelung objektive Rechtsnormen geschaffen?

2. Welche Grenzen sind der Autonomie der Kirchengemeinden bei dieser Regelung gezogen?

3. Besteht ein allgemeines deutsches Gewohnheitsrecht des Inhalts, daß den Grabstätteninhabern ein Anspruch auf freie Wahl eines bestimmten Berufsgärtners bei der ersten Anlegung einer Grabstätte zusteht?

EG. z. BGB. Art. 133. Verfassung der Evang.-Luth. Landeskirche Schleswig-Holsteins vom 30. September 1922 (GS. 1924 S. 321) § 33 Abs. 3, §§ 70 flg.

IV. Zivilsenat. Urt. v. 25. April 1938 i. S. C. u. a. (Kl.) w. Kirchengemeindeverband Altona (Bekl.) IV 7/38.

I. Landgericht Altona. II. Oberlandsgericht Hamburg.

Der verklagte Kirchengemeindeverband gehört zur evangelisch-lutherischen Probstei Altona. Für seine Friedhöfe besteht eine am 1. April 1934 in Kraft getretene Friedhofsordnung, die u. a. folgendes bestimmt:

§ 2 Nr. 1: Auf den kirchlichen Friedhöfen werden die verstorbenen Gemeindemitglieder der evangelisch-lutherischen Kirchengemeinden der Probstei Altona beerdigt, für die eine Grabstätte erworben ist.

§ 10 Nr. 2: Der Erwerb gewährt kein Eigentumsrecht. Der Erwerber erhält das Recht, die Grabstätte nach Maßgabe der jeweils geltenden Friedhofsordnung für Beerdigungen zu benutzen sowie auszustatten.

§ 34 Nr. 2: Alle Grabstätten müssen in einer der Würde des Friedhofs entsprechenden Weise angelegt und gepflegt werden. Dies ist Sache der Grabbesitzer. Für die Ausführung wird folgendes bestimmt:

a) die erstmalige Anlegung, Bearbeitung und Bepflanzung jeder Grabstätte ist, soweit gärtnerische Arbeit in Frage kommt, ausschließlich durch die Friedhofsverwaltung nach voraufgegangener Vereinbarung ausführen zu lassen;

b) die weitere Pflege, Bepflanzung mit Blumen und Sträuchern, Aufstellen von Schnittblumen, Niederlegung von Kränzen sowie Winterdeckung kann vom Besitzer selbst ausgeführt oder von diesem gegen eine zu vereinbarende Vergütung der Friedhofsverwaltung oder einem der für die Grabpflege zugelassenen Berufsgärtner übertragen werden.

Die Kläger sind Handelsgärtner, deren Betriebe sich in der Nähe der Friedhöfe des Beklagten befinden. Ihr Klagantrag geht dahin:

dem Beklagten bei Meidung einer vom Gericht für jeden Fall der Zuwiderhandlung festzusetzenden Geld- oder Haftstrafe zu untersagen:

a) sie (Kläger) daran zu hindern, daß sie auf den Friedhöfen des Beklagten im Auftrage von Kirchengemeindemitgliedern die gärtnerische Neuanlegung von Gräbern ausführen,

b) den Kirchengemeindemitgliedern bekannt zu geben, daß die erstmalige Anlegung, Bearbeitung und Bepflanzung der Grabstätte, soweit gärtnerische Arbeit in Frage komme, ausschließlich durch die Friedhofsverwaltung nach voraufgegangener Vereinbarung auszuführen sei.

Das Landgericht gab den Klaganträgen statt, das Oberlandesgericht dagegen wies die Klage ab. Die hiergegen gerichtete Revision der Kläger blieb erfolglos.

Gründe:

I. Die am 1. April 1934 in Kraft gesetzte Friedhofsordnung des verklagten Kirchengemeindeverbands, um deren § 34 der Streit der Parteien geht, ist, wie das Berufungsgericht an Hand der Vorschriften der Verfassung der Evangelisch-Lutherischen Landeskirche Schleswig-Holsteins vom 30. September 1922 und der Verwaltungsordnung für deren Kirchengemeinden feststellt, ordnungsmäßig und rechtsgültig zustande gekommen. Ihre Nachprüfung ergibt keine rechtlichen Bedenken gegen die Rechtsgültigkeit der Friedhofsordnung.

II. Die Friedhofsordnung enthält in § 34 Bestimmungen, wodurch die gewerbliche Grabpflege auf den Friedhöfen des Beklagten nach verschiedenen Richtungen eingeschränkt oder ausgeschlossen wird. Den Streitpunkt der gegenwärtigen Sache bildet die Vorschrift des § 34 Nr. 2 unter a, wonach die erstmalige Anlegung, Bearbeitung und Bepflanzung jeder Grabstätte, soweit gärtnerische Arbeit in Frage kommt, ausschließlich durch die Friedhofsverwaltung auszuführen ist. Die Kläger, deren Betriebe sich in der Nähe der Friedhöfe am Diebsteich und am Bornkamp befinden und die seit Jahren im Auftrage der Grabstätteninhaber jede Art von gärtnerischen Arbeiten auf den genannten beiden Friedhöfen ausgeführt haben, fühlen sich durch diese Bestimmung der Friedhofsordnung in der Ausübung ihres Gewerbes beeinträchtigt und sehen darin einen unzulässigen Eingriff des Beklagten in ihren Gewerbebetrieb.

Das Berufungsgericht geht von der Auffassung aus, daß der verklagte Kirchengemeindeverband „als Eigentümer der Friedhöfe und als verfassungsmäßiges Verwaltungsorgan über sie“ befugt sei, in der Friedhofsordnung Vorschriften über die Benutzung der Friedhöfe, insbesondere auch über die Neuanlage und Erstausschmückung von Grabstätten, zu treffen, daß diese Befugnis aber den Beschränkungen unterliege, die sich aus Gesetzen, aus Gewohnheitsrecht und aus dem Widmungszweck des Friedhofs ergeben. Dieser Ansicht des Berufungsgerichts ist im Ergebnis beizupflichten. Gegen ihren rechtlichen

Ausgangspunkt werden von der Revision Bedenken erhoben. Es bedarf daher einiger grundsätzlicher Bemerkungen darüber:

Die Auffassung über die rechtliche Natur des Benutzungsrechtes an Friedhöfen hat im Laufe der Zeit eine allmähliche Wandlung erfahren. Früher war man in der Rechtsprechung und im Schrifttum bemüht, die zwischen der Gemeinde oder Kirchengemeinde und den Friedhofsbenutzern bestehenden Rechtsverhältnisse nach bürgerlichrechtlichen Grundsätzen und Rechtsnormen zu beurteilen. Man sah das Eigentumsrecht der Gemeinde am Friedhof und den zwischen der Gemeinde und Grabstätteninhabern geschlossenen Vertrag als das rechtlich Entscheidende an. Die jetzt vorherrschende Ansicht geht jedoch davon aus, daß die Rechte und Pflichten der einzelnen bei der Benutzung des Friedhofs auf der Eigenschaft des Friedhofs als einer öffentlichen Anstalt beruhen, ihre rechtliche Grundlage also in dem Gewaltverhältnis haben, in dem die Gemeinde oder Kirchengemeinde als Anstaltsträgerin den Anstaltsbenutzern gegenübersteht. Ein Recht auf Benutzung gegenüber einer öffentlichen Anstalt besteht — sofern nicht etwa im einzelnen Fall ein besonderer Rechtstitel vorliegt — grundsätzlich nur insoweit, als dies im Rahmen der öffentlichen Zweckbestimmung dieser Anstalt und der von der Gemeinde als Anstaltsherrin — nicht als Eigentümerin des Grund und Bodens — kraft ihrer Autonomie erlassenen Rechtsnormen festgelegt ist. Diese rechtliche Beurteilung hat sich zuerst durchgesetzt in der Rechtsprechung des preußischen Oberverwaltungsgerichts (Entsch. vom 26. Januar 1926 OVG. Bd. 80 S. 48; Entsch. vom 11. November 1930 JW. 1931 S. 676 Nr. 2, sowie die nichtveröffentlichten Entscheidungen vom 24. Februar 1931 II B 38/30 und II B 3/31). Der erkennende Senat des Reichsgerichts hat sich dieser Anschauung angeschlossen in seiner Entscheidung vom 30. April 1934 (RGZ. Bd. 144 S. 285[1]) sowie auch in der nichtveröffentlichten Entscheidung vom 29. Oktober 1936. Aus der letztgenannten Entscheidung ergibt sich, daß die — soweit es sich um kirchliche Friedhöfe handelt — heute noch bestehende Zuständigkeit der ordentlichen Gerichte für die Entscheidung derartiger Rechtsverhältnisse sich im wesentlichen aus der geschichtlichen Entwicklung erklärt. Auch im Urteil des Berufungsgerichts findet sich die Bemerkung, daß es heute nicht mehr zweifelhaft sein könne, daß das in Frage stehende Rechtsverhältnis öffentlich-rechtlicher Natur ist. Andere Stellen des Berufungsurteils deuten jedoch darauf hin, daß das Berufungsgericht die Befugnis des beklagten Kirchengemeindeverbandes, Vorschriften über die Anlegung und Ausschmückung von

[1]) Nicht einen kirchlichen, sondern einen gemeindlichen Friedhof betreffend. Die dortigen Rechtsausführungen sind in vertiefter Form Inhalt der vorliegenden Entsch., die sie wiederholt und fortentwickelt. D. B.

Grabstätten zu geben, aus dem Eigentumsrecht des Beklagten herleitet; auch wird vom „Hausrecht" des Beklagten gesprochen. Die Rüge der Revision, daß hinsichtlich der rechtlichen Natur des Verhältnisses, das zwischen dem Kirchengemeindeverband und den Benutzern seiner Friedhöfe besteht, hier eine gewisse Unklarheit erkennbar werde, ist nicht ohne Berechtigung. Es erscheint daher am Platze, zu wiederholen, daß nach der heute herrschenden Ansicht, der sich der erkennende Senat anschließt, der Anstaltscharakter des Friedhofs und die öffentlich-rechtliche Herrschaftsgewalt der Kirchengemeinde die rechtliche Grundlage der Friedhofsordnung und ihrer Vorschriften bilden. Die Vorschriften, welche die Friedhofsordnung des Beklagten über Friedhofsbenutzung und Grabstättenpflege aufstellt, sind keine Geschäftsbedingungen oder Bestimmungen vertraglicher Art, sondern sie sind objektives Recht. Die Befugnis, objektive Rechtsnormen zu setzen, ergibt sich aus der Autonomie der Kirchengemeinde als Trägerin der Anstalt. Diese Autonomie findet — von dem Vorliegen besonderer Rechtstitel der Friedhofsbenutzer im Einzelfall abgesehen — ihre Grenze an entgegenstehendem Gesetzes- oder Gewohnheitsrecht und an der Beschränkung, die sich aus dem Widmungszweck des Friedhofs ergibt. In dieser Hinsicht ist das Ergebnis das gleiche, zu dem auch das Berufungsgericht von seinem sich von privatrechtlichen Vorstellungen nicht ganz freimachenden Rechtsstandpunkt aus gelangt ist.

III. Das Berufungsgericht führt zutreffend aus, daß die Vorschrift des § 34 Nr. 2 a der Friedhofsordnung, wodurch die Berufsgärtner bei der erstmaligen Anlegung und Bepflanzung einer Grabstätte ausgeschlossen werden, gegen kein geschriebenes Gesetz verstößt. Reichsgesetzliche Bestimmungen über diesen Gegenstand gibt es nicht; er sollte, wie sich aus Art. 133 EG. z. BGB. ergibt, der Landesgesetzgebung vorbehalten bleiben. Aber auch die preußische Landesgesetzgebung hat davon abgesehen, Bestimmungen hierüber zu erlassen. Es blieb in Preußen den Gemeinden und Kirchengemeinden überlassen, im Rahmen ihrer Autonomie diese Angelegenheit selbständig zu ordnen, ohne hierbei durch andere Rechtsnormen eingeschränkt zu sein als durch etwa bestehende Rechtssätze des ungeschriebenen Gewohnheitsrechts.

Das Bestehen eines Gewohnheitsrechtes, durch das die Autonomie der Gemeinden oder Kirchengemeinden in der bezeichneten Richtung eingeschränkt werde, verneint das Berufungsgericht. Es erörtert die Verhältnisse, wie sie sich im Raume von Groß-Hamburg, wozu Altona, wenn auch nicht politisch, so doch tatsächlich schon immer gerechnet worden sei, mit dem Wachsen der Stadt herausgebildet haben. Dort besteht nach den Feststellungen des Berufungsgerichts seit langem die Übung, die Neuanlage und erstmalige Ausschmückung der Gräber nicht selbst vorzunehmen, sondern sie durch andere besorgen zu lassen. Es ist aber in Groß-Hamburg bei den Grabstätteninhabern keineswegs gebräuchlich, die Anlegung des Grabes gerade durch den Gärtner vornehmen zu lassen, dem sie für ihren Haus- und Gartenbedarf sonst ihr Vertrauen schenken. Im Gegenteil ist es dort vielfach üblich geworden, die gärtnerische Grabpflege der Friedhofsverwaltung und deren Angestellten zu überlassen. Einschränkende Maßnahmen, die bei einer Reihe Groß-Hamburger kirchlicher und kommunaler Friedhöfe getroffen wurden und die Berufsgärtner bei der Anlegung und Pflege der Gräber in mehr oder weniger weitem Umfang ausschlossen, sind, wie das Berufungsgericht feststellt, von den durch diese Maßnahmen in erster Linie betroffenen Grabstätteninhabern überall widerspruchslos aufgenommen worden. Das Berufungsgericht weist noch darauf hin, daß das Hamburgische Oberverwaltungsgericht sich wiederholt mit derartigen in Friedhofsordnungen getroffenen Vorschriften befaßt und ihre Gültigkeit bejaht habe.

Gegen diese Ausführungen des Berufungsurteils erhebt die Revision den Einwand, daß hier vom Berufungsgericht nur örtliche Verhältnisse erörtert und das Bestehen eines örtlichen Gewohnheitsrechtes verneint worden sei; daß es sich aber, wie die Kläger auch in den Vorinstanzen immer behauptet hätten, um eine allgemeine, deutsche, in den religiösen Anschauungen des ganzen deutschen Volkes begründete Sitte handele, wonach jeder Grabstätteninhaber nach seiner Wahl einen Berufsgärtner mit der gärtnerischen Neuanlage, Pflege und Ausschmückung der Gräber beauftragen könne. Der Revision ist zuzugeben, daß das Berufungsgericht ausdrücklich keine Feststellung getroffen hat, daß ein Reichsgewohnheitsrecht oder ein Landesgewohnheitsrecht dieses Inhalts nicht bestehe. Allein die von der Revision vermißte Feststellung ist begriffsmäßig in der vom Berufungsgericht festgestellten Tatsache mitenthalten, daß im Raume von Groß-Hamburg ein solches Gewohnheitsrecht nicht bestehe. Denn ein Reichsgewohnheitsrecht oder ein Landesgewohnheitsrecht des angegebenen Inhalts kann es nur geben, wenn allgemein im ganzen Reich oder im ganzen Lande Preußen, also auch in Hamburg und Altona, eine solche Übung besteht. Auch für andere Gebiete Deutschlands liegen übrigens gerichtliche Entscheidungen vor, die das Bestehen eines Gewohnheitsrechtes, wonach den Angehörigen des Bestatteten ein Recht auf freie Wahl eines Berufsgärtners für die Anlegung des Grabes zustehen soll, verneinen (Urt. des Oberlandesgerichts Düsseldorf vom 16. Oktober 1924 JW. 1924 S. 2054 Nr. 18 u. a.). Ebenso wird im Schrifttum die Annahme, daß sich ein allgemeines deutsches Reichsgewohnheitsrecht mit so weitgehendem Inhalt gebildet haben könnte, überwiegend abgelehnt (Brunner in der Deutschen Gemeindebeamtenzeitung 1936 S. 532 flg.; Berner, Das Bestattungswesen in Preußen 1932 S. 108). Nicht das Recht auf freie Auswahl unter den Berufsgärtnern, sondern nur das Recht auf eigene Ausschmückung der Grabstätten durch die Angehörigen selbst ist nach der im Schrifttum vorherrschenden Ansicht unbeschränkbar und unverletzlich, weil dies auf einer im deutschen Volke wurzelnden Sitte beruht; nur insoweit könnte von einem Reichsgewohnheitsrecht gesprochen werden; ein unentziehbares Recht auf freie Wahl des Gärtners für die Anlegung des Grabes besteht dagegen nach Reichsgewohnheitsrecht nicht. Nur durch örtliches Gewohnheitsrecht könnte ausnahmsweise in einzelnen Teilen Deutschlands, wenn die von der Rechtswissenschaft aufgestellten Voraussetzungen gegeben waren, ein so weitgehendes Recht zur Entstehung gelangt sein.

Für den Raum von Groß-Hamburg hat das Berufungsgericht nach dem Gesagten das Bestehen eines örtlichen Gewohnheitsrechts, wodurch die freie Auswahl eines bestimmten Berufsgärtners, und zwar auch bei der erstmaligen Anlegung einer Grabstätte, gewährleistet würde, verneint. Die Revision ist der Meinung, daß diese Feststellung des Nichtbestehens des erwähnten örtlichen Gewohnheitsrechts von rechtsirrigen Vorstellungen des Berufungsgerichts beeinflußt sei; sie meint, daß rechtsgrundsätzliche Bedenken zu erheben seien gegen die Auffassung des Berufungsgerichts, wonach in Altona, das bis zum 1. April 1937 politisch zu Schleswig-Holstein gehörte, Groß-Hamburgische Gebräuche und Rechtsauffassungen gegolten haben könnten. Solche Bedenken sind jedoch nicht gerechtfertigt. Durch Rechtsüberzeugung und deren Übung kann sich örtliches Gewohnheitsrecht innerhalb eines jeden durch Gemeinsamkeit des Rechtslebens verbundenen Gebietes bilden (Gierke, Deutsches Privatrecht 1. Band S 171). Es ist nicht notwendig, daß sich dieses Gebiet mit den politischen Grenzen decke. Deshalb konnten vom Berufungsgericht sehr wohl bei der Untersuchung, ob sich im Altonaer Gebiet eine Observanz bestimmten Inhalts gebildet habe, die Verhältnisse in dem räumlich und städtebaulich damit zusammenhängenden Hamburger Gebiete mitherangezogen werden, obschon bis April 1937 eine politische Zusammengehörigkeit dieser Gebiete nicht bestand. —

IV. Die Autonomie der Kirchengemeinde als Anstaltsträgerin, kraft deren sie befugt ist, für jedermann verbindliche Rechtssätze in bezug auf den Friedhofsgebrauch aufzustellen, findet, wie schon bemerkt, ihre Grenze nicht nur an einem etwa entgegenstehenden geschriebenen oder Gewohnheitsrecht, sondern auch an der Beschränkung, die sich aus der Widmung des Friedhofs ergibt.

Die Zweckbestimmung der Friedhöfe besteht in der Ermöglichung einer angemessenen und geordneten Leichenbestattung und in der dem pietätvollen Gedenken der Verstorbenen entsprechenden würdigen Ausgestaltung und Ausstattung des der Totenbestattung gewidmeten Grundstücks. So weit reicht also auch die öffentlich-rechtliche Aufgabe der Gemeinde oder Kirchengemeinde als Anstaltsträgerin und ihre Befugnis, autonom Anordnungen und Verbote in der von ihr erlassenen Friedhofsordnung aufzustellen. Das äußere Bild eines Friedhofs wird in hervorragendem Maße von der Beschaffenheit und dem Aussehen der einzelnen Grabstätten beeinflußt. Deren Aussehen wird aber wieder entscheidend bestimmt durch die Art und Weise ihrer erstmaligen Anlegung und Bepflanzung. Dafür zu sorgen, daß die Anlage der einzelnen Grabstätten dem gewollten Gesamtcharakter des Bestattungsplatzes keinen Abbruch tut, liegt daher ebenfalls im öffentlichen Interesse und gehört zum Aufgabenkreise der Friedhofsverwaltung. Es ist anzuerkennen, daß diese Aufgabe besser gelöst werden kann, wenn die Gemeinde oder Kirchengemeinde sich nicht nur mit der Überwachung begnügt und nur Richtlinien für die Anlegung der einzelnen Grabstätten herausgibt, sondern wenn sie die Anlegung der neuen Gräber selbst übernimmt und die Berufsgärtner von deren erster Anlegung und Bepflanzung ausschließt. Unbegründet ist daher der von der Revision erhobene Einwand, das Berufungsgericht hätte prüfen müssen, ob die Vorschrift, daß die Neueinrichtung der Gräber nur durch die Friedhofsgärtnerei erfolgen dürfe, notwendig gewesen sei. Es entbehrt aber ferner auch der Berechtigung, wenn die Revision bemängelt, das Berufungsgericht habe nicht berücksichtigt, daß der beklagte Kirchengemeindeverband mit der Übernahme der ersten Anlegung und Bepflanzung der Grabstätten in eigene Hand einen privatwirtschaftlichen, auf Gewinnerzielung gerichteten Betrieb eingerichtet habe, daß eine solche kapitalistische Erwerbstätigkeit aber nicht mit den Zwangsmitteln der öffentlichen Hoheitsgewalt ausgestattet und daß auf Grund solcher bevorrechtigten Stellung den privaten Unternehmern kein Wettbewerb bereitet werden dürfe. Das Berufungsgericht hat diese rechtlichen Gesichtspunkte nicht übersehen. Es stellt ausdrücklich fest, daß im vorliegenden Fall die Einnahmen aus der Eigengärtnerei der Friedhofsverwaltung nicht zur Bestreitung fiskalischer Bedürfnisse des Kirchengemeindeverbandes verwendet werden, sondern ausschließlich dem Friedhofe selbst zugute kommen. Damit ist in einer mit der Revision nicht angreifbaren Weise festgestellt, daß der eigene Gärtnereibetrieb der Friedhofsverwaltung nicht den privatwirtschaftlichen Interessen des beklagten Kirchengemeindeverbandes dient und daß der Beklagte daher bei der Ausübung seiner autonomen Hoheitsgewalt auf die dem Wettbewerb privater Gewerbetreibender auferlegten Beschränkungen keine Rücksicht zu nehmen braucht.

V. Erweist sich sohin, daß der verklagte Kirchengemeindeverband mit der Vorschrift des § 34 Nr. 2a seiner Friedhofsordnung unter keinem rechtlichen Gesichtspunkt die Grenzen der ihm als Herrn der Friedhofsanstalt zustehenden Autonomie überschritten hat, so wirkt diese Vorschrift als eine dem objektiven Recht angehörige Norm gegenüber allen. Sie hat unmittelbare gesetzliche Verbindlichkeit nicht nur gegenüber den Grabstätteninhabern, sondern auch gegenüber den Gärtnern, die Grabanlegungsarbeiten auf dem Friedhof verrichten wollen. Richtet sich aber das Verbot der ersten Anlegung und Bepflanzung von Grabstätten auf den Friedhöfen des Beklagten in rechtswirksamer Weise allgemein gegen alle Berufsgärtner, so können die drei Berufsgärtner, die die Klage erhoben haben, auch keinen besonderen Einwand gegen die Zulässigkeit dieses Verbotes ihnen gegenüber daraus herleiten, daß sie bis zum 1. April 1934 auf den beiden in Frage stehenden Friedhöfen jede Art von gärtnerischen Arbeiten ausgeführt haben. Denn weder aus der Gewerbefreiheit noch aus seinem eingerichteten und ausgeübten Gewerbebetrieb kann der Gewerbetreibende ein Recht herleiten, sein Gewerbe auf fremden Grundstücken oder in öffentlichen Anstalten unbehindert zu betreiben.

RGZ. 165, 242

Rechtsnatur und Formerfordernisse finanzieller Ausstattungsverpflichtungen politischer Gemeinden gegenüber daraufhin neu gegründeten kirchlichen Körperschaften.

Alter Leitsatz:

1. Zum Begriff der (öffentlich-rechtlichen) Widmung.

2. Setzt die Wirksamkeit der von einer politischen Gemeinde ausgehenden Widmung eine Verpflichtungserklärung voraus, die der Vorschrift des § 88 Abs. 4 Ziff. 7 der Preuß. Landgemeindeordnung für die sieben östlichen Provinzen der Monarchie vom 3. Juli 1891 (GS. S. 233) — LGO. — entspricht?

VII. Zivilsenat. Urt. v. 26. November 1940 i. S. Ev. Kirchengemeinde in B. (Kl.) w. Stadtgemeinde B. (Bekl.). VII 27/40.

I. Landgericht Berlin. II. Kammergericht daselbst.

Die klagende Kirchengemeinde wurde im Jahre 1895 durch Auspfarrung aus der evangelisch-lutherischen Stadtkirchengemeinde in K. errichtet. Die damals noch selbständige, später in der verklagten Stadtgemeinde aufgegangene politische Gemeinde A. förderte die Errichtung der Kirchengemeinde. Sie hatte sich schon durch Beschluß der

Gemeindevertretung vom 21. Mai 1892 zur Zahlung eines jährlichen Zuschusses von 300 M. zu dem Gehalt eines in A. amtierenden Hilfsgeistlichen bereit gefunden. Im Zuge der Verhandlung über die Errichtung der Kirchengemeinde stellte das Konsistorium der Provinz fest, daß unter Berücksichtigung der Weiterzahlung dieses Betrages für das Gehalt des Pfarrers der künftigen Kirchengemeinde noch 1300,93 M. und für die Besoldung des Organisten weitere 65,10 M. jährlich zu beschaffen seien. Das Konsistorium ersuchte den Gemeindevorstand, die Aufbringung dieser Beträge sowie auch die Entlohnung des Kirchendieners in Erwägung zu nehmen und die Angelegenheit der Gemeindevertretung vorzulegen. Diese beschloß am 24. April 1895, „die für die Aufbringung des Gehalts des neu anzustellenden Predigers und Organisten von A. vom Konsistorium geforderten 1366,03 M. zu bewilligen und die Remuneration für den Kirchendiener ebenfalls vorläufig auf die politische Gemeinde zu übernehmen". Der Gemeindevorstand gab hiervon durch den Gemeindevorsteher in einem Schreiben vom 25. April 1895, dem eine Ausfertigung des Beschlusses beigefügt war, dem Konsistorium Kenntnis. Die Gemeindebeschlüsse vom 21. Mai 1892 und 24. April 1895 wurden vom Kreisausschuß des Kreises am 6. März 1902 genehmigt. Nach Errichtung der Kirchengemeinde leistete die politische Gemeinde A., später als deren Rechtsnachfolgerin die Beklagte regelmäßig den jährlichen Zuschuß von 1666,03 M. Als im Jahre 1920 diese Zahlung erstmalig eingestellt wurde, erhob die Klägerin Klage auf Zahlung des fälligen Jahresbetrags und der in Zukunft fällig werdenden Jahresbeträge von 1666,03 M. Die Beklagte erkannte den Anspruch an und wurde durch Anerkenntnisurteil des Landgerichts vom 24. Juni 1921 antragsgemäß verurteilt. Sie kam diesem Urteil auch nach und zahlte seit Beendigung des Währungsverfalls zunächst jährlich 1666,03 RM. Auf Grund der Vierten Verordnung des Reichspräsidenten zur Sicherung von Wirtschaft und Finanzen vom 8. Dezember 1931 kürzte sie den Betrag um 316,54 RM. auf 1349,49 RM. Die Zahlung dieses Betrages stellte sie mit Wirkung vom 1. April 1937 ein.

Mit der vorliegenden Klage verlangt die Klägerin Zahlung der am 1. April 1937 und am 1. April 1938 fällig gewordenen sowie der nach dem letzten Zeitpunkte fällig werdenden Beträge von jährlich 1349,49 RM. Sie stützt diesen Anspruch auf die von der Gemeinde A. bei Errichtung der Kirchengemeinde eingegangene Verpflichtung und auf das Anerkenntnisurteil vom 24. Juni 1921.

Die Beklagte hat um Abweisung der Klage gebeten und widerklagend beantragt, das Anerkenntnisurteil vom 24. Juni 1921 dahin zu ändern, daß Ansprüche aus dem ihm zugrunde liegenden Rechtsverhältnis nicht beständen. Die Begründung einer vertraglichen Verpflichtung scheitere, so meint sie, an der Nichtwahrung der Form des § 88 Abs. 4 Ziff. 7 LGO. Die Gemeinde A. habe sich jedenfalls nur für die Dauer der Unzulänglichkeit der der Kirchengemeinde zur Verfügung stehenden Mittel zu dem Zuschuß verpflichten wollen. Diese Zeit sei abgelaufen, so daß auch die urteilsmäßige Verpflichtung beseitigt werden müsse.

Die Klägerin hat um Abweisung der Widerklage gebeten. Der Berufung auf die Formnichtigkeit des Zuschußversprechens begegnet sie mit der Einrede der unzulässigen Rechtsausübung und mit der Geltendmachung eines Schadensersatzanspruchs aus dem Gesichtspunkte des Verschuldens beim Vertragschluß.

Das Landgericht hat die Beklagte verurteilt, an die Klägerin 1664,31 RM. nebst Verzugszinsen sowie für die Zeit nach dem 1. April 1939 am 1. April jeden Jahres 803,26 RM. zu zahlen, und auf die Widerklage das Urteil des Landgerichts vom 24. Juni 1921 dahin geändert, daß die Beklagte vom 27. Februar 1939 ab nur noch den Wert von 1349,49 M. im Zeitpunkte der Verkündung jenes Urteils laufend jährlich zu zahlen habe. Im übrigen hat es Klage und Widerklage abgewiesen. Gegen dieses Urteil, soweit es ihren Anträgen nicht entsprochen hat, haben beide Parteien Berufung eingelegt. Das Kammergericht hat unter Abweisung der weitergehenden Klage und der Widerklage die Beklagte verurteilt, an die Klägerin 891,72 RM. nebst Verzugszinsen sowie am 1. April 1940 und fortlaufend am 1. April eines jeden Jahres 257,04 RM. zu zahlen.

Die Revision der Klägerin führte zur Verurteilung der Beklagten gemäß dem Klageantrage aus nachfolgenden

Gründen:

Die Zulässigkeit des Rechtswegs kann insoweit, als Klage und Widerklage von dem Anerkenntnisurteil vom 24. Juni 1921 ihren Ausgang nehmen, nicht in Frage stehen. Wenn die Vordergerichte auch im übrigen, soweit um den Bestand und den Inhalt der ursprünglichen Verpflichtung der verklagten Gemeinde gestritten wird, den Rechtsweg für zulässig erachten, so befinden sie sich in Übereinstimmung mit der ständigen Rechtsprechung des Reichsgerichts (RGZ. Bd. 111 S. 211, 214; WarnRspr. 1925 Nr. 31; JW. 1927 S. 785 Nr. 17). Danach ist für Ansprüche auf vermögensrechtliche Leistungen zu kirchlichen Zwecken, sofern nicht besondere Bestimmungen entgegenstehen, der Rechtsweg selbst dann zuzulassen, wenn diese Ansprüche — nach heutiger Auffassung — im öffentlichen Recht ihren Ursprung haben.

Das Kammergericht ist der Ansicht, daß durch die Vorgänge bei der Errichtung der klagenden Kirchengemeinde eine Verpflichtung der politischen Gemeinde A. zur Zahlung des streitigen Vorschusses nicht begründet worden sei. Es nimmt als zweifelsfrei an, daß als verpflichtendes Rechtsgeschäft nur ein — möglicherweise bürgerlich-rechtlicher — Vertrag in Frage kommen könne, dessen Rechtsnatur indessen nicht näher geprüft zu werden brauche, weil seine Rechtswirksamkeit in jedem Falle daran scheitere, daß bei der Erklärung der Gemeinde A. die Vorschrift des § 88 Abs. 4 Ziff. 7 LGO. nicht beachtet worden sei. Diese Beurteilung verkennt, wie die Revision mit Recht beanstandet, die rechtliche Bedeutung des der Klage zugrunde liegenden Vorgangs. Die Bereiterklärung der Gemeinde A., die Mittel aufzubringen, die nach der Feststellung des Konsistoriums zur Deckung des laufenden Geldbedarfs der in ihrem Bezirk zu errichtenden selbständigen Kirchengemeinde erforderlich waren, sollte die Schöpfung dieser Gemeinde ermöglichen und ihren Bestand sichern. Sie bildete demgemäß die Grundlage für die Errichtung der Kirchengemeinde durch die kirchliche Behörde und für deren Genehmigung durch die Staatsregierung. Ein mit solcher Zweckbestimmung gegebenes und zum Bestandteil des Gründungsplanes eines öffentlich-rechtlichen Verbandes gewordenes Leistungsversprechen entzieht sich der bürgerlich-rechtlichen Beurteilung. Es handelt sich vielmehr, wie in der Rechtsprechung des Reichsgerichts (RGZ. Bd. 10 S. 242) und des Preußischen Oberverwaltungsgerichts (Entsch. Bd. 21 S. 187 [190, 191], Bd. 28 S. 189 [192, 193], Bd. 50 S. 146 [149]) anerkannt ist, um die Begründung einer öffentlich-rechtlichen Verpflichtung. Bei diesem als Widmung bezeichneten Rechtsvorgange schöpft das einseitige Leistungsversprechen seine verpflichtende Kraft aus dem Zweck, dem die Leistung nach Bestimmung der für die Errichtung des neuen Verbandes öffentlich-rechtlich berufenen Organe gewidmet ist. Es kann deshalb nicht darauf ankommen, ob jenes Versprechen nach den Grundsätzen des bürgerlichen Schuldrechts eine Verpflichtung zu erzeugen vermag. Ebensowenig erscheint es geboten, daß, wenn es sich bei der Widmung um das Leistungsversprechen einer politischen Gemeinde handelt, dieses Versprechen den Vorschriften genügt, von deren Beachtung ihre rechtsgeschäftliche Bindung gegenüber Dritten gemeinderechtlich sonst abhängig ist. Die verpflichtende Kraft der Widmung setzt nur voraus, daß die Gemeinde ihren Willen, zum Besten des zu bildenden Verbandes eine Leistung zu erbringen, durch ihre Vertretung ordnungsgemäß und mit der erforderlichen Genehmigung der Aufsichtsbehörde gefaßt und diesen Willensentschluß der für die Körperschaftsgründung zuständigen Behörde zur Kenntnis gebracht hat. Diese Erfordernisse sind hier gegeben. Die Rechtsvorgängerin der Beklagten, die politische Gemeinde A., hat durch ihre Gemeindevertretung mit Genehmigung des Kreisausschusses die für die Aufbringung des Gehalts des Predigers und des Organisten erforderlichen Mittel im Betrage von jährlich 1366,03 M. bewilligt und sich auch unstreitig bereit erklärt, die schon früher für die Besoldung eines Hilfsgeistlichen ordnungsmäßig bewilligten 300 M. nunmehr zu dem genannten Zwecke weiter zu leisten. Diese Beschlüsse hat sie dem Konsistorium mitgeteilt, und sie sind für die darauf vorgenommene Errichtung der Kirchengemeinde grundlegend geworden. Die damit vollendete Widmung hat die Verpflichtung der Gemeinde zu der zugesagten Leistung dergestalt begründet, daß die ins Leben gerufene Kirchengemeinde die Ansprüche, die dieser Verpflichtung entsprechen, als eigene geltend zu machen befugt ist.

Ist danach, entgegen der Auffassung des Berufungsrichters, die Verpflichtung der Gemeinde A. auf Zahlung des Zuschusses bei Errichtung der klagenden Kirchengemeinde ungeachtet der Vorschrift des § 88 Abs. 4 Ziff. 7 LGO. rechtswirksam entstanden, so werden alle an die Nichtbeachtung dieser Vorschrift anknüpfenden Erwägungen des Berufungsurteils und die sich damit befassenden Revisionsangriffe gegenstandslos. Die Berechtigung des Klageanspruchs hängt nur noch davon ab, ob der Einwand der Beklagten, die Zuschußverpflichtung sei vermöge der ihr innewohnenden Beschränkung durch die wirtschaftliche Erstarkung der klagenden Kirchengemeinde erloschen, durchgreift und ob, verneinendenfalls, der in alter Währung begründete Anspruch in Höhe des mit der Klage begehrten Reichsmarkbetrages geltend gemacht werden kann. In beiden Richtungen ist der Rechtsstreit nach dem feststehenden Sachverhalt zur Endentscheidung reif (§ 565 Abs. 3 Ziff. 1 ZPO.).

Die aus den vorgelegten Akten des Konsistoriums in aller Vollständigkeit ersichtlichen Verhandlungen über die Errichtung der klagenden Kirchengemeinde ergeben, wie das landgerichtliche Urteil im einzelnen zutreffend ausführt, keinen Anhaltspunkt dafür, daß die Zuschußpflicht der Gemeinde A. zeitlich und umfänglich von der Erschließung anderer Mittel für die Befriedigung der kirchlichen Bedürfnisse abhängen sollte. Die Beschlüsse der Gemeindevertretung insbesondere vermögen eine derartige Auffassung nicht zu rechtfertigen. Die von der Gemeinde übernommene Leistung diente der Ausstattung der Kirchengemeinde und war als solche ihrem Wesen nach als dauernde Einnahmequelle gedacht und gewollt. Die den Kirchengemeinden in der Folge verliehene Berechtigung, sich die zur Erfüllung ihrer Aufgaben erforderlichen Mittel durch Erhebung von Kirchensteuern zu verschaffen (Preuß. Evang. Kirchengesetz vom 26. Mai 1905 — KGuVBl. S. 31 — und Preuß. Staatsgesetz vom 14. Juli 1905 — GS. S. 277 —), vermag den Fortbestand der Verpflichtung nicht in Frage zu stellen, da von dem Besteuerungsrecht grundsätzlich nur insoweit Gebrauch gemacht werden kann, als nicht andere Mittel, Einnahmen aus eigenem Vermögen oder Pflichtleistungen Dritter, zur Verfügung stehen. Es kann deshalb auch nicht darauf ankommen, ob durch starke Zunahme der Mitglieder der Kirchengemeinde deren Steuerkraft eine wesentliche Steigerung erfahren hat.

Für die Aufwertung der Zuschlußpflicht ist deren Zweckgebundenheit bestimmend. Danach erscheint es ohne weiteres naheliegend, daß die Zahlung eines dem Markbetrage des Zuschusses entsprechenden Reichsmarkbetrages unter Berücksichtigung der von der Klägerin hingenommenen Kürzung nach Maßgabe der durch die Vierte Verordnung des Reichspräsidenten zur Sicherung von Wirtschaft und Finanzen vom 8. Dezember 1931 angeordneten allgemeinen Senkung der Beamtengehälter die angemessene Aufwertung darstellt. Eine Aufwertung in diesem Ausmaß ist bereits durch die vorbehaltlosen Zahlungen der Beklagten seit Beendigung des Währungsverfalls bis zum Jahre 1936 und die Entgegennahme dieser Zahlungen seitens der Klägerin im Wege stillschweigenden Übereinkommens vollzogen worden. Dieser Folgerung kann nicht mit dem Einwand entgegengetreten werden, daß ein derartiges Aufwertungsabkommen nur bei Einhaltung der gemeinderechtlich vorgeschriebenen Verpflichtungsform für die Beklagte habe verbindlich werden können. Es besteht kein Bedenken, eine vertragliche Aufwertung der streitigen Verpflichtung in den eingehaltenen Grenzen der dem Gemeindevorstande (Magistrat) zustehenden laufenden Verwaltung zuzurechnen.

Der Klageanspruch ist danach in vollem Umfange begründet, ohne daß es noch darauf ankommen kann, ob und inwieweit sich aus dem Anerkenntnisurteil vom 24. Juni 1921 eine selbständige Verpflichtung der Beklagten ergibt. Die Revision der Klägerin muß daher Erfolg haben und, entsprechend ihrem Berufungsbegehren, zur antragsmäßigen Verurteilung der Beklagten führen, während deren Anschlußrevision als unbegründet zurückzuweisen ist.

RGZ. 165, 343

Rechtswegzuständigkeit für vermögensrechtliche Ansprüche von Geistlichen. Bestehen von Gehalts- und Ruhegehaltsansprüchen de Geistlichen dem Grunde nach.

Alter Leitsatz:

1. Ist für vermögensrechtliche Ansprüche der Geistlichen öffentlichrechtlicher Religionsgesellschaften aus ihrem Dienstverhältnis die ausschließliche Zuständigkeit der Landgerichte begründet und demgemäß die Revision ohne Rücksicht auf den Beschwerdewert zulässig?

2. Handelt es sich um die Gültigkeit einer in der Evangelischen Landeskirche getroffenen Maßnahme, wenn Streit darüber besteht, ob ein Bescheid der Finanzabteilung eines evangelischen Konsistoriums zu Recht ergangen ist, durch den die Anrechnung anderweitiger Bezüge auf das Ruhegehalt eines Geistlichen angeordnet worden ist?

GVG. § 71 Abs. 2. ZPO. § 547 Nr. 2. Gesetz über das Beschlußverfahren in Rechtsangelegenheiten der Evangelischen Kirche vom 26. Juni 1935 (RGBl. I S. 774) § 1.

III. Zivilsenat. Beschl. v. 29. November 1940 i. S. Evangelische Kirche der Altpreußischen Union (Bekl.). w. B. (Kl.). III 1/40.

I. Landgericht Berlin. II. Kammergericht daselbst.

Die Fragen wurden bejaht aus folgenden, zugleich den Sachverhalt ergebenden

Gründen:

Der Kläger war in der Zeit vom 17. November 1886 bis zum 31. März 1902 Pfarrer der Evangelischen Landeskirche der Altpreußischen Union. Durch Bescheid des Konsistoriums der Provinz S. vom 3. Januar 1902 wurde er in den Ruhestand versetzt. Er wandte sich dem Studium der Philologie zu und war vom 1. Oktober 1911 ab als Oberlehrer, später als Studienrat bei der Erziehungs- und Bildungsanstalt in D. angestellt. Am 30. September 1925 wurde er aus dieser Stellung in den Ruhestand versetzt. Seitdem bezog er sowohl als früherer Pfarrer wie auch als früherer Studienrat je ein Ruhegehalt. Seit dem 1. Mai 1934 betrug sein Pfarrerruhegehalt 237,67 RM. monatlich.

Durch Bescheid vom 27. Mai 1936 teilte die Finanzabteilung beim Evangelischen Konsistorium der Provinz S. dem Kläger mit, bei der Berechnung seines Ruhegehalts seien die Vorschriften der §§ 27, 28 des Preußischen Gesetzes betreffend die Pensionierung der unmittelbaren Staatsbeamten vom 27. März 1872 (GS. S. 268) — im folgenden als Pensionsgesetz bezeichnet — anzuwenden gewesen. Da das nicht geschehen sei, habe er in der Zeit vom 1. Januar 1933 bis 30. Juni 1936 insgesamt 6124,65 RM. zuviel erhalten; diese müsse er zurückzahlen. Als Pfarrerruhegehalt sind dem Kläger seitdem gezahlt worden vom 1. Juli bis 30. September 1936 monatlich 80,13 RM., vom 1. Januar bis zum 31. Juli 1937 monatlich 17,40 RM., vom 1. August bis zum 31. Dezember 1937 monatlich 64,61 RM. Bei Festsetzung dieser Beträge wurden sowohl die jeweiligen Monatsbeträge des anderen Ruhegehalts angerechnet als auch zum Zwecke der Wiedereinziehung der nach Meinung der Behörde in der Vergangenheit überhobenen Beträge Abzüge gemacht.

Die Beschwerde des Klägers gegen die Kürzungen wiesen die kirchlichen Behörden zurück; der Bescheid der Finanzabteilung beim Evangelischen Oberkirchenrat ist am 7. Mai 1938 ergangen. Der Zahlungsbefehl des Amtsgerichts vom 7. November 1938, den der Kläger über den Anspruch erwirkte, ist der Beklagten am 8. November 1938 zugestellt worden.

Der Kläger verlangt den Unterschied zwischen dem Betrage, der ihm in der Zeit vom 1. Juli 1936 bis zum 31. Dezember 1937 als Pfarrerruhegehalt gezahlt worden ist, und dem Betrage, den er erhalten haben würde, wenn ihm weiterhin monatlich 237,67 RM. gezahlt worden wären. Er macht geltend, daß es an einer gesetzlichen Grundlage für die Kürzungen fehle, und begehrt die Verurteilung der Beklagten zur Zahlung von 3352,43 RM. nebst näher bezeichneten Zinsen. Er führt aus, daß die monatliche Einbehaltung für frühere angebliche Zuvielzahlung gegen die Vorschriften des § 850 ZPO. und des § 394 BGB. verstoße.

Die Beklagte hält ihre Maßnahme für gerechtfertigt. Die Anwendung der angeführten Bestimmungen des preußischen Beamtenrechts entspreche allgemeinen Rechtsgrundsätzen, die alle Beamtenverhältnisse beherrschten, mindestens aber einem Gewohnheitsrecht oder beachtlicher Verwaltungsübung.

Das Landgericht hat die Klage abgewiesen, das Kammergericht ihr stattgegeben.

Mit der Revision erstrebt die Beklagte die Wiederherstellung des Urteils des ersten Rechtsganges. Der Kläger bittet um Zurückweisung der Revision.

I. Der Wert des Beschwerdegegenstandes liegt unter der Revisionssumme. Die Revision ist jedoch auf Grund des § 547 Nr. 2 ZPO. und des § 71 Abs. 2 GVG. zulässig. Nach diesen Bestimmungen hängt die Statthaftigkeit der Revision davon ab, daß nach dem Gesetz die ausschließliche Zuständigkeit des Landgerichts für die gerichtliche Geltendmachung des Anspruchs vorgeschrieben ist.

Freilich kann der Beklagten nicht zugegeben werden, daß durch irgendwelche gesetzlichen Bestimmungen, wie sie sie anführt, die ausschließliche Zuständigkeit der Landgerichte auch für Ansprüche von Geistlichen auf ihre Bezüge — auf Gehalt oder Ruhegehalt — ausgesprochen worden wäre (RGZ. Bd. 127 S. 307). Art. 9 Abs. 3 Satz 2 des preußischen Gesetzes betreffend die Pfarrbesoldung, das Ruhegehaltswesen und die Hinterbliebenenfürsorge für die Geistlichen der evangelischen Landeskirchen vom 26. Mai 1909 (GS. S. 113) — Anlage 3 des Gesetzes betreffend die Bereitstellung von Mitteln zu Diensteinkommensverbesserungen von demselben Tage (GS. S. 85) —

bestimmte insbesondere für Ruhegehälter lediglich die — von der Zulässigkeit der Revision durchaus zu scheidende — Verfolgbarkeit im Rechtswege nach Maßgabe des preußischen Gesetzes betreffend die Erweiterung des Rechtsweges vom 24. Mai 1861 (GS. S. 241). Dieses Gesetz enthielt sich jedoch einer Regelung über die Gerichtszuständigkeit überhaupt. Auch § 39 Abs. 1 Nr. 1 Preuß. AG. z. GVG. schrieb die ausschließliche Zuständigkeit der Landgerichte nur für die Ansprüche der Staatsbeamten gegen den Landesfiskus aus ihrem Dienstverhältnis vor, betraf also die Geistlichen nicht.

Dafür, daß gleichwohl über den Wortlaut der gesetzlichen Bestimmungen hinaus die ausschließliche Zuständigkeit der Landgerichte und damit die Revisionsfähigkeit für Ansprüche der Geistlichen öffentlich-rechtlicher Religionsgesellschaften gegen ihren Dienstherrn geltendes Recht sei, kann auch allein aus dem von beiden Streitteilen angeführten Urteil des Senats III 311/35 vom 4. August 1936 (RGZ. Bd. 152 S. 1) nichts Entscheidendes entnommen werden. Das Urteil spricht unmittelbar nur die Gleichbehandlung der Gemeindebeamten mit den Staatsbeamten in diesen die gerichtliche Geltendmachung der vermögensrechtlichen Ansprüche betreffenden Punkten aus. Es entspricht freilich dem Sinne dieser Entscheidung, die Geltung des dort dargelegten Grundsatzes auf alle öffentlichen Beamten zu erstrecken. Daraus folgt aber noch nicht notwendig seine Anwendung auf die Diener der öffentlich-rechtlichen Religionsgesellschaften. Denn der jene Entscheidung tragende Gesichtspunkt wurde aus dem in wesentlichem Umfange bereits verwirklichten Ziel der nationalsozialistischen Gesetzgebung entnommen, zu einer möglichst weitgehenden Vereinheitlichung des Beamtenrechts im allgemeinen und des Besoldungsrechts im besonderen zu gelangen. Es trifft nun freilich zu, daß die Geistlichen und die Kirchenbeamten der öffentlich-rechtlichen Religionsgesellschaften für den Geltungsbereich der Schutzvorschriften der Weimarer Verfassung als „Beamte" zu behandeln waren (Urteil des Reichsgerichts IV 608/25 vom 5. Juli 1926, abgedruckt RGZ. Bd. 114 S. 220). Dazu kommt, daß diese Geistlichen auch nach heutigem Recht den Beamten im eigentlichen Sinne des Staatsrechts in zahlreichen und auch wichtigen Hinsichten rechtlich gleichgestellt sind. Hierfür kann neben ihrer allgemeinen dienstlichen Stellung, zumal im Dienststrafrecht, beispielsweise auf die Anpassung ihrer Bezüge an die der unmittelbaren Staatsbeamten und auf ihre Unterwerfung unter dieselben Gehaltskürzungen hingewiesen werden, zu deren Anordnung die Kirchenbehörden staatsgesetzlich ermächtigt wurden (vgl. die Dritte Verordnung des Reichspräsidenten zur Sicherung von Wirtschaft und Finanzen usw. vom 6. Oktober 1931 Dritter Teil Kapitel IV § 3 Abs. 2, Kap. V § 15 Abs. 2 Satz 3 [RGBl. I S. 537, 546, 548]). In dieselbe Richtung weist die Anordnung, daß auch die Geistlichen den Treueid auf den Führer zu leisten haben (Verordnung vom 20. April 1938 [GBl. DEvK. Ausgabe B 1938 S. 41]). Das alles läßt aber die Tatsache unberührt, daß die Geistlichen nicht nur nach dem früheren Recht (Urteil des Senats III 58/11 vom 15. Dezember 1911, abgedruckt RGZ. Bd. 79 S. 1 [5]; vgl. Urteile des Preußischen Oberverwaltungsgerichts vom 4. Oktober 1881 [OVG. Bd. 8 S. 390], vom 7. und 11. Dezember 1889 [OVG. Bd. 19 S. 422 und 435]), sondern auch nach dem heutigen, auf dem Deutschen Beamtengesetz vom 26. Januar 1937 (RGBl. I S. 39) — DBG. — beruhenden Recht keine Beamten im eigentlichen Sinne sind, ihre rechtliche Stellung zum Staat vielmehr ganz anders und jedenfalls sehr viel loser ist als die eines jeden Beamten, auch eines Gemeindebeamten. Vor allem erfüllen die Beamten unmittelbar oder mittelbar staatliche Aufgaben; das trifft auf die Geistlichen nicht zu. Damit stimmt es überein, daß die Regelung der Besoldung der Geistlichen ungeachtet der Vorschrift des § 174 Satz 2 DBG., auf die noch zurückzukommen sein wird, von der staatlichen Gesetzgebung den einzelnen Religionsgesellschaften überlassen worden ist; sie kann in den Kirchen verschieden sein und braucht sich nicht an das Besoldungsrecht des Reichs anzulehnen.

Kann somit die Ausdehnung der Vorschrift über die ausschließliche Zuständigkeit der Landgerichte auf die Gehaltsansprüche der Geistlichen aus deren allgemeiner Stellung im Bereiche des Staatsrechts nicht abgeleitet werden, so ergibt sie sich doch als notwendige Folgerung aus bestimmten Regelungen des Deutschen Beamtengesetzes. Dessen § 174 Satz 1 ordnet die Geltung der Vorschriften des Abschnitts IX über den Rechtsweg wegen vermögensrechtlicher Ansprüche für die öffentlich-rechtlichen Religionsgesellschaften und deren Verbände an. Zu den hiernach anwendbaren Vorschriften gehört § 142 Abs. 1 DBG., nach dem vermögensrechtliche Ansprüche des Beamten, des Ruhestandsbeamten und der Hinterbliebenen aus dem Beamtenverhältnis durch Klage bei den Verwaltungsgerichten geltend gemacht werden. Das Inkrafttreten dieser Bestimmung ist durch § 182 DBG. nur insoweit bis zu der — noch ausstehenden — Errichtung des Reichsverwaltungsgerichts aufgeschoben worden, als es sich um die Zuständigkeit der Verwaltungsgerichte handelt. Im übrigen sind die Bestimmungen des Abschnitts IX auch für die bezeichneten Geistlichen am 1. Juli 1937 in Kraft getreten. Es ergibt sich also als Wille des Gesetzes, daß nach diesem Zeitpunkt ihre vermögensrechtlichen Ansprüche aus dem Dienstverhältnis mit den entsprechenden Ansprüchen der Beamten in der gerichtlichen Verfolgung eine übereinstimmende Behandlung erfahren sollen. Damit ist die Annahme unvereinbar, daß in der Folgezeit, sei es auch in der Zeit vor der Errichtung des Reichsverwaltungsgerichts, Unterschiede in der rechtlichen Behandlung der Beamten und der Geistlichen innerhalb des Gebiets, das § 174 DBG. im Auge hat, beibehalten oder erst entstanden sein könnten. Die Einheitlichkeit in der Regelung der Rechtsverfolgung, wie sie in der erwähnten Entscheidung des Senats (RGZ. Bd. 152 S. 1) für die Beamten ausgesprochen worden ist, muß daher die Geistlichen der öffentlichen Religionsgesellschaften mit umfassen.

Dem treten unterstützend die Folgerungen hinzu, die aus der weiteren Bestimmung des § 174 Satz 2 über den Willen des Gesetzgebers zu entnehmen sind. Sie ermächtigt die öffentlich-rechtlichen Religionsgesellschaften und deren Verbände, zur Regelung des Rechts ihrer Beamten und Seelsorger dem Deutschen Beamtengesetz entsprechende Vorschriften zu erlassen. Auch das weist in die Richtung, daß die Geistlichen rechtlich im weitesten Umfang übereinstimmend mit den öffentlichen Beamten behandelt werden sollen. Auch für ihre vermögensrechtlichen Ansprüche aus dem Dienstverhältnis erweist sich deshalb die ausschließliche Zuständigkeit der Landgerichte als geltendes Verfahrensrecht.

Gemäß § 547 Nr. 2 ZPO. folgt daraus die Zulässigkeit der Revision.

II. Der Kläger verlangt Teilbeträge eines ihm zu zahlenden Ruhegehalts. Die Berechtigung dieses Begehrens setzt voraus, daß ihm überhaupt ein Anspruch auf Ruhegehalt gegen die Beklagte zusteht. Bedenken dagegen ergeben sich aus der Entwicklung, die in den Verhältnissen der Evangelischen Kirche der Altpreußischen Union infolge der Staatsumwälzung des Jahres 1918 und der anschließenden Entwertungszeit eingetreten ist. Bis dahin war das Versorgungswesen wegen der Geistlichen dieser Kirche durch die Ruhegehaltsordnung für die Geistlichen der Evangelischen Landeskirche der älteren Provinzen vom 26. Mai 1909 (GS. S. 206) und die diesem Gesetz als Anlage beigefügten Satzungen betreffend die Ruhegehaltskasse für evangelische Geistliche der im Gebiete des Preußischen Staates vorhandenen evangelischen Landeskirchen (GS. S. 212) — beide staatsgesetzlich bestätigt durch Art. 1 des schon erwähnten Gesetzes betreffend die Pfarrbesoldung usw. vom 26. Mai 1909 — kirchengesetzlich geregelt. § 2 der Ruhegehaltsordnung hatte bestimmt, daß die Geistlichen im Ruhestand ein Ruhegehalt nach Maßgabe der Satzungen zu erhalten hätten. Diesen zufolge hatte die Aufbringung der Beträge aus der „Ruhegehaltskasse für evangelische Geistliche" zu geschehen, die von einem Vorstand und einem Verwaltungsausschuß „als selbständiger Fonds" verwaltet wurde. Nun waren jedoch die Mittel, mit denen die Versorgung der in den Ruhestand versetzten Geistlichen nach dem Kirchengesetz vom 26. Mai 1909 zu erfüllen war, durch die Entwertung zusammengeschrumpft. Die Fortsetzung der

Leistungen an ihre Diener konnte die Kirche nur mit Hilfe sehr erheblicher Staatsmittel ermöglichen, die das Land Preußen ihr auf Grund besonderer Gesetze zur Verfügung stellte. Das in Art. 45 und Art. 112 Nr. 11 der Verfassungsurkunde für die evangelische Kirche der Altpreußischen Union vom 29. September 1922 (KGVBl. 1924 S. 59, GS. 1924 S. 226) vorgesehene Gesetz zur Regelung der dienstlichen Verhältnisse der Geistlichen war nicht erlassen worden und ist auch für den Zeitraum, auf den sich der geltend gemachte Anspruch erstreckt, nicht ergangen; die Vorschrift des Art. 159 Abs. 1 der Kirchenverfassung über die Anwendung der jeweils für die preußischen unmittelbaren Staatsbeamten geltenden Bestimmungen bezog sich nur auf die Beamten der allgemeinen kirchlichen Verwaltung. Daß auf diese Weise die alte Regelung weitgehend gegenstandslos wurde und die Schaffung einer neuen rechtlichen Grundlage ausblieb, ließe sich dafür anführen, daß der Kläger überhaupt nicht in der Lage sei, irgendeinen Anspruch auf Zahlung von Ruhegehalt gegen die Beklagte geltend zu machen.

Gleichwohl ist solche Auffassung abzulehnen. Es kann nicht bezweifelt werden, daß der angeführte § 2 der Ruhegehaltsordnung dem Geistlichen im Ruhestand einen rechtlichen Anspruch auf Ruhegehalt einräumte. Wenn sich auch die Kirche zu seiner Erfüllung der Ruhegehaltskasse bediente und die Weise, in der diese Erfüllung zu geschehen hatte, auf die Besonderheiten der Einrichtung dieses „selbständigen Fonds" abgestellt war, so läßt das die Tatsache unberührt, daß es die Kirche selbst war, welche die Altersversorgung ihrer Geistlichen in dieser Weise geregelt hatte. Daß das geschehen konnte, setzt aber die Verpflichtung der Kirche voraus, überhaupt irgendwie für das Bestehen einer angemessenen Altersversorgung ihrer Geistlichen Sorge zu tragen. Diese Verpflichtung ist durch die Unmöglichkeit, sie in der bis dahin geordneten Weise, nämlich durch die Ruhegehaltskasse, weiter zu erfüllen, nicht weggefallen. Nun ist aber die gegenwärtige Beklagte dieselbe Rechtspersönlichkeit wie die Evangelische Landeskirche der älteren Provinzen. Das ergibt ohne weiteres die Einleitung ihrer gedachten Verfassungsurkunde. Schon aus diesem Grunde bestehen deren Verpflichtungen in ihr fort. Zudem soll nach Art. 152 der Kirchenverfassung das geltende kirchliche Recht in Kraft bleiben, soweit die Verfassung nicht ein anderes bestimmt. Hierzu kommt aber der Gesichtspunkt, den das von der Revision angeführte Urteil des Reichsgerichts IV 222/36 vom 30. November 1936 (abgedruckt SeuffArch. Bd. 91 Nr. 60) in ähnlichem Zusammenhange verwertet hat, nämlich daß der preußische Staat die Zuführung seiner Mittel an die Kirche davon abhängig gemacht hatte, daß diese sie zur Fortzahlung der Gehalts- und Ruhegehaltsbezüge an ihre Geistlichen und Beamten verwendete. So sprach beispielsweise § 3 des Preußischen Gesetzes über die Bereitstellung derartiger Mittel vom 7. Mai 1920 (GS. S. 272) aus, diese habe zur Voraussetzung, daß die evangelischen Landeskirchen ihren Geistlichen einschließlich der Ruhestandsgeistlichen usw. einen gesetzlichen Anspruch auf die Bezüge einräumten, die mit Hilfe der staatlichen Rente zu gewähren seien. Wenn die Kirche diese Zuschüsse annahm und, wie sie tat, dazu verwendete, fortlaufende Bezüge an ihre Diener zu zahlen, so ergab sich auch daraus, daß jeder, der, sei es auf Grund früheren Rechts, sei es als Folge in diesen Zeitabschnitt fallender Rechtsvorgänge, den Anspruch gegen die Kirche auf Zahlung von Gehalt oder Ruhegehalt erworben hatte, berechtigt war, an diesen Leistungen teilzunehmen.

Im gegebenen Fall handelt es sich aber weiter um die Frage, welche Grundsätze das Recht zu dieser Teilnahme beherrschen; des näheren darum, ob die Beklagte in der Lage war, § 28 Abs. 2 und § 28 a des Pensionsgesetzes in der Fassung des Art. IV des Preußischen Gesetzes über Änderungen der Dienst- und Versorgungsbezüge der unmittelbaren Staatsbeamten vom 12. Juli 1923 (GS. S. 305) sowie des § 29 des Preußischen Gesetzes über die Einstellung des Personalabbaues usw. (Personalabbau-Abwicklungsgesetz) vom 25. März 1926 (GS. S. 105) auf die Ruhegehaltszahlung an den Kläger für die Zeit vom 1. Januar 1933 ab entsprechend anzuwenden. Nach diesen Bestimmungen ist neben einem Ruhegehalt aus einem nach der ersten Ruhestandsversetzung angetretenen neuen Amt das alte Ruhegehalt nur bis zur Erreichung desjenigen Betrages zu zahlen, welcher sich für die Gesamtdienstzeit aus dem der Festsetzung des alten Ruhegehalts zugrunde gelegten Diensteinkommen ergibt.

Diesen Standpunkt hat die Beklagte dem Kläger gegenüber durch den Bescheid der Finanzabteilung bei dem Evangelischen Konsistorium der Provinz S. vom 27. Mai 1936 zur Geltung gebracht. Der Bescheid fällt zeitlich unter die Herrschaft des Gesetzes über das Beschlußverfahren in Rechtsangelegenheiten der Evangelischen Kirche vom 26. Juni 1935 (RGBl. I S. 774). Dort ist in § 1 Satz 1 vorgeschrieben:

> Hängt die Entscheidung eines bürgerlichen Rechtsstreits davon ab, ob seit dem 1. Mai 1933 in den Evangelischen Landeskirchen oder in der deutschen Evangelischen Kirche getroffene Maßnahmen gültig sind oder nicht und wird die Gültigkeit von einem am Verfahren Beteiligten ... bezweifelt, so hat dieses (das Gericht) das Verfahren bis zur Entschließung der „Beschlußstelle in Rechtsangelegenheiten der Evangelischen Kirche" (§§ 2, 3) auszusetzen.

Die Voraussetzungen dieser Aussetzung liegen im gegenwärtigen Fall vor. In dem Bescheide vom 27. Mai 1936 ist eine „Maßnahme" im Sinne der Bestimmung zu erblicken. Die Unbestimmtheit dieses Ausdrucks weist darauf hin, daß damit jegliche Äußerung umfaßt werden sollte, die von irgendeiner Stelle der genannten Kirchen ausging und unmittelbare oder mittelbare Wirkung für den Betroffenen erstrebte oder jedenfalls Nachachtung von demjenigen verlangte, an den sie gerichtet war. Mindestens dieses letzte trifft auf den Bescheid vom 27. Mai 1936 zu.

Die Entscheidung des gegenwärtigen Rechtsstreits hängt auch davon ab, ob diese Maßnahme „gültig ist oder nicht". Die Bedeutung des Bescheides vom 27. Mai 1936 für die Rechtslage ist in dreifach verschiedener Weise denkbar: Erstens könnte der Bescheid in „deklaratorischer" Weise nur aussprechen, was auf Grund der die Rechtsverhältnisse derartiger Ruhestandsgeistlicher beherrschenden Normen ohnehin Recht geworden war. Zweitens könnten diese Normen zwar denjenigen Folgerungen, auf deren Verwirklichung der Bescheid abzielt, unmittelbar keine Grundlage bieten, aber der Behörde, von der er ausging, die Befugnis verleihen, ihrerseits die Rechtslage in der daraus ersichtlichen Weise umzugestalten. Der Bescheid hätte dann rechtsändernde, „konstitutive" Bedeutung. Ihm könnte dabei entweder diejenige rückwirkende Kraft zukommen, die sich der Bescheid (bis zum 1. Januar 1933) beilegte, oder seine Wirkung könnte nur für die Zukunft möglich sein. Drittens ist denkbar, daß die Rechtslage, die nach dem Bescheide der Ruhegehaltsregelung des Klägers für die Zeit nach dem 1. Januar 1933 zugrunde gelegt werden soll, nach den maßgeblichen Normen weder bestand noch von dem Bescheide selbst hergestellt werden konnte; dieser entbehrte dann jeder rechtlichen Bedeutung. Die Frage, welche dieser Möglichkeiten zutrifft und somit der Entscheidung des Rechtsstreits zugrunde gelegt werden muß, ist diejenige nach der „Gültigkeit" des Bescheids im Sinne des Gesetzes vom 26. Juni 1935. Auch mit dem Worte „gültig" hat der Gesetzgeber erkennbar mit Bedacht einen Ausdruck allgemeinen Inhalts gewählt, um die Tragweite der Vorschrift auszudehnen. Daher muß angenommen werden, daß diese nicht nur auf die Fälle des Zweifels an der Rechtswirksamkeit eines von der Behörde als rechtsgestaltend gewollten Aktes zu erstrecken ist (also auf die zuvor an zweiter und dritter Stelle genannten Möglichkeiten), sondern schlechthin die Ungewißheit über die Berechtigung eines Verlangens der Behörde umfaßt, auch wenn damit nur die Verwirklichung einer (nach Meinung der Behörde) bereits durch gesetzliche Vorschriften hergestellten Rechtslage erstrebt wurde (die oben zuerst genannte Gestaltung).

Da sich ferner der Streit der Parteien gerade auf die Berechtigung des von der Kirchenbehörde in dem Bescheide vom 27. Mai 1936 eingenommenen Standpunktes erstreckt, ist das Verfahren auszusetzen, ohne daß der Senat in der Lage wäre, zu prüfen, ob die Rechtslage, deren Folgerungen der Bescheid verwirklichen wollte, etwa bereits auf Grund der das Rechtsverhältnis beherrschenden Normen gegeben war.

RGZ. 168, 143

Rechtsstellung kirchlicher Amtsträger nach staatlichem Recht. Geltung der staatlichen Amtshaftungsvorschriften auch gegenüber kirchlichen Körperschaften.

Alter Leitsatz:

Enthält es den Tatbestand eines Schadensersatzanspruchs, wenn ein früherer katholischer Geistlicher, der in dem besonderen Verfahren „contra clericos concubinarios" seines Amtes entsetzt worden ist, darlegt, daß nicht der — überhaupt nicht als begründet angenommene — Verdacht unkeuschen Wandels, sondern die dem Nationalsozialismus[1]) zugewandte Haltung des Geistlichen den wirklichen Grund seiner Amtsenthebung gebildet hat? Welche Rechtsnormen gelten für einen solchen Anspruch? Steht ihm der Rechtsweg offen? Gegen wen richtet er sich?

BGB. § 839. WeimVerf. Art. 131. Codex iuris canonici vom 27. Mai 1917 — CJC. — can. 133, can. 363 § 2, can. 366, can. 368 § 1, can. 2146 § 1, can. 2176 bis 2186. Konkordat zwischen dem Heiligen Stuhl und dem Deutschen Reich vom 20. Juli 1933 (Bekanntmachung vom 12. September 1933, RGBl. II S. 679) Art. 1, 13, 14 Abs. 1, Art. 33 Abs. 1. GVG. § 13.

III. Zivilsenat. Urt. v. 12. November 1941 i. S. Bischöflicher Stuhl in Tr. (Bekl.) w. H. (Kl.). III 53/41.

I. Landgericht Trier. II. Oberlandesgericht Köln.

Der Kläger bekleidete als katholischer Geistlicher eine Pfarrstelle in L. Aus dieser Stellung wurde er durch bischöfliches Dekret vom 18. Januar 1936 mit der Begründung entfernt, daß sein Verhältnis zu einer im Pfarrhause lebenden Verwandten, Fräulein Sch., in der katholischen Bevölkerung Anstoß erregt, der Kläger jedoch Fräulein Sch. trotz vorangegangener Aufforderung der bischöflichen Behörde nicht aus dem Pfarrhaus entfernt habe. Dem Dekret war eine Unter-

[1]) Der Abdruck dieser Entscheidung in der vorliegenden Auswahlsammlung erfolgt trotz allen nach ihrem Inhalt veranlaßten Vorbehalten wegen der unabhängig von der konkreten Fallgestaltung grundsätzlich wichtigen Rechtsausführungen z. B. zur Rechtsstellung der Geistlichen nach staatlichem Recht, zur Geltung der Amtshaftungsvorschriften gegenüber kirchlichen Körperschaften und zum Problem des sog. ‚Vorwandes'.

suchung durch den inzwischen verstorbenen Prälaten Gr. vorangegangen. Sie hatte über die Beziehungen des Klägers zu Fräulein Sch. nichts Belastendes ergeben, aber dazu geführt, daß ihm die Entfernung der Verwandten aus dem Pfarrhaus aufgegeben worden war. Der Kläger hatte infolgedessen Fräulein Sch. zusammen mit seiner Schwester in ein Pensionshaus in Sch. im Schwarzwald verbracht, dann aber die erstere, nachdem sie sich mit seiner Schwester überworfen hatte, am 1. September 1935 wieder in das Pfarrhaus aufgenommen. Der Ende Oktober 1935 neu ernannte Generalvikar des Bischofs, Dr. von M., hatte darauf dem Kläger Anfang Dezember 1935 bei einer mündlichen Unterredung den freiwilligen Verzicht auf seine Pfarrstelle nahegelegt und ihm, nachdem das vergeblich geblieben war, mit Schreiben vom 18. Dezember 1935 aufgegeben, die Verwandte binnen drei Tagen aus dem Pfarrhause zu entfernen. Dies Schreiben hatte der Kläger uneröffnet gelassen.

Nach längeren Verhandlungen mit dem Generalvikar und nachdem der Kläger eine Treueerklärung gegenüber dem Bischof abgegeben, sowie Exerzitien mitgemacht hatte, wurde er am 1. Mai 1936 als Hausgeistlicher in das Kloster W. überwiesen. Am 1. Dezember 1936 wurde ihm, wiederum nach längerem Schriftwechsel mit dem Generalvikar, die Pfarrstelle in I. übertragen. Hier nahm der Kläger entgegen seinem schriftlichen Versprechen gegenüber dem Generalvikar Fräulein Sch. wiederum als Haushälterin in das Pfarrhaus auf. Mit Dekret des Bischofs vom 15. Februar 1938 wurde er, nachdem er seinen kirchlichen Vorgesetzten gegenüber die Anwesenheit von Fräulein Sch. in seinem Haushalt mehrfach abgeleugnet hatte, nach Aufdeckung des Sachverhalts erneut seiner Pfarrstelle enthoben.

Infolge der Absetzungen ist ihm für die Zeit vom 1. Februar bis zum 30. September 1936 und nach dem 1. März 1938 das Pfarrergehalt nicht mehr gezahlt worden. Inzwischen hat er beim Arbeitsamt in S. eine Anstellung gefunden, aus der er einen Verdienst von etwa 170 RM. im Monat hat.

Der Kläger erstrebt den Ausgleich seines Gehaltsausfalls unter Berücksichtigung seiner Bezüge als Angestellter des Arbeitsamts. Sein Antrag geht auf Verurteilung des Beklagten zur Zahlung von 7431,30 RM. und von 2600 RM. nebst Zinsen, sowie auf die Feststellung, daß der Beklagte verpflichtet sei, an ihn vom 1. Mai 1940 bis zur Vollendung des 65. Lebensjahres die ihm nach dem Pfarrbesoldungsgesetz zustehenden Gehaltsbezüge abzüglich der von ihm anderweit verdienten Beträge zu zahlen. Nachdem er zuerst geltend gemacht hatte, daß die gegen ihn verfügten Amtsenthebungen nichtig seien, hat er sein Verlangen alsbald damit begründet, daß der Bischof und der Generalvikar sich durch das Vorgehen gegen ihn einer Verletzung der ihnen ihm gegenüber obliegenden Amtspflicht schuldig gemacht hätten. Es verhalte sich so, daß die in den beiden Absetzungsdekreten angegebenen Entlassungsgründe, nämlich seine Beziehungen zu der Verwandten sowie der Umstand, daß er sie nicht aus dem Pfarrhaus entfernt habe, nur vorgeschoben worden seien, und daß der wirkliche Grund für seine Absetzung in beiden Fällen in seiner der kirchlichen Behörde nicht genehmen politischen Einstellung, nämlich in seiner schon vor der Machtübernahme bekundeten Abwendung von der früheren Zentrumspartei und in seiner Ablehnung der kirchlichen Vereine sowie in seiner der NSDAP. zugetanen Haltung bestanden habe. (Es folgen eingehende Darlegungen über die politische Haltung des Klägers und die ihm hierbei aus kirchlichen Kreisen erwachsenen Widerstände. Dann heißt es weiter:)

Daß seine politische Einstellung und Betätigung der wahre Grund für die Amtsenthebungen gewesen seien, gehe daraus hervor, daß seine Beziehungen zu der Verwandten nicht nur tatsächlich völlig einwandfrei gewesen, sondern auch von der kirchlichen Behörde so beurteilt worden seien. Denn der Generalvikar habe selbst mehrfach erklärt, daß er ihm den Vorwurf geschlechtlicher Beziehungen zu Fräulein Sch. nicht machen wolle und auch nicht daran glaube. — —

Der Beklagte wendet sich in erster Reihe gegen die Zulässigkeit des Rechtsweges, mit der Begründung, daß das Schadensersatzbegehren des Klägers auf nichts anderes als auf die Nachprüfung der Rechtmäßigkeit der Entlassungsdekrete hinauslaufe und daher einen Eingriff in das der Kirche vom Staate zugestandene Selbstverwaltungsrecht bedeute. Des weiteren stellt der Beklagte seine Verpflichtung zur Sache in Abrede. Er macht geltend, daß für die Inanspruchnahme des Bischöflichen Stuhles als Beklagten eine Rechtsgrundlage fehle und daß die Klage, wenn überhaupt zuzulassen, gegen den Bischof oder den Generalvikar selbst zu richten gewesen sei.

In der Sache bestreitet der Beklagte das Klagevorbringen in allen wesentlichen Teilen. Er behauptet, daß für die Amtsenthebungen des Klägers nur die in den Entlassungsdekreten angegebenen Gründe, nicht aber politische Zusammenhänge maßgebend gewesen seien. Der Kläger verkenne, daß es für die Frage, ob die Maßnahmen gegen ihn begründet seien, nach dem kirchlichen Recht nicht darauf ankomme, ob er tatsächlich Beziehungen des Liebeslebens zu seiner Verwandten unterhalten habe, sondern vielmehr darauf, ob ein Ärgernis oder ein Verdacht in dieser Richtung vorgelegen habe. Das sei der Fall gewesen. In I. sei hinzugekommen, daß dem Kläger die Pfarrstelle nur unter der von ihm schriftlich zugesagten Bedingung übertragen worden sei, die Verwandte nicht mehr zu sich in das Haus zu nehmen, daß er dem von Anfang an zuwidergehandelt, seine vorgesetzte Behörde gröblich getäuscht und die Anwesenheit der Verwandten mehrfach der Wahrheit zuwider abgeleugnet habe.

Der Behauptung, daß diese Gründe nur vorgeschoben seien, stehe entgegen, daß der kirchlichen Behörde von der angeblichen politischen Einstellung oder Betätigung des Klägers ebensowenig etwas bekannt gewesen sei, wie seine Angaben über diese zutreffend seien. — — —

Das Landgericht erkannte nach den Anträgen des Klägers. Die Berufung des Beklagten hatte keinen Erfolg. Seine Revision wurde zurückgewiesen.

Gründe:

— — —

Einer Erörterung bedürfen zunächst die Fragen der Parteifähigkeit und der gesetzlichen Vertretung des Beklagten.

1. Nach § 50 ZPO. ist parteifähig, wer rechtsfähig ist. Die gegenwärtige Klage nimmt unter der Bezeichnung als „Bischöflicher Stuhl" das Bistum in Tr. als Beklagten in Anspruch, indem sie es damit, dem üblichen Sprachgebrauch entsprechend, in seiner Eigenschaft als Vermögensträger bezeichnet. Die Rechtsfähigkeit der Bistümer kann zwar nicht aus Art. 13 des Konkordats zwischen dem Heiligen Stuhl und dem Deutschen Reich vom 20. Juli 1933, veröffentlicht unter dem 12. September 1933 (RGBl. II S. 679), hergeleitet werden, ebensowenig wie sie durch Art. 137 Abs. 4 WeimVerf. begründet worden war, da beide Bestimmungen sich insoweit darauf beschränken, das von ihnen vorgefundene Recht bestehen zu lassen. Aber jedenfalls in dem hier in Betracht kommenden Gebiete des preußischen Rechts, und zwar auch für die erst nach dem Abschluß der Befreiungskriege von Preußen hinzuerworbenen Landesteile, war die Rechtsfähigkeit der Bistümer von jeher anerkannt. Statt weiterer Darlegung kann auf die Ausführungen in RGZ. Bd. 38 S. 324 (326/327) verwiesen werden (vgl. auch Güthe-Triebel, Grundbuchordnung, 6. Aufl., Anlage „Legitimationsfragen", „Bistum", Bd. 2 S. 1770; Förster-Eccius, Preuß. Privatrecht Bd. 4, 7. Aufl., § 283 bei Anm. 75 S. 703; Koch, Allgemeines Landrecht, 8. Aufl., Bem. 29 zu II 11 § 1034, Bd. 4 S. 644; Ebers, Deutsches und Preußisches Staatskirchenrecht S. 133 Bem. 4 zu II 11 § 160 ALR.; Staatslexikon, herausgegeben von Sacher, 5. Aufl., Art.: „Kirchliches Finanzwesen in Preußen" A I 3 a, Bd. 3 Sp. 326 unten).

Wegen der Parteifähigkeit des Beklagten sind also keine Bedenken begründet. Damit ist freilich noch nicht die Frage entschieden, ob der Beklagte auch diejenige Stelle ist, gegen die sich gerade der erhobene Anspruch richtet. Darüber ist später zu handeln.

2. Die Klage, und mit ihr übereinstimmend das angefochtene Urteil, bezeichnen den Beklagten als gesetzlich vertreten durch 1. den Bischof

von Tr., Bo., 2. den Generalvikar Dr. von M. in Tr. Damit ist nicht gemeint, daß es sich bei den Genannten um mehrere gesetzliche Vertreter handele, die nur gemeinschaftlich mit Wirkung für den Beklagten auftreten könnten. Sondern das angefochtene Urteil sagt unter Bezug auf Darlegungen des landgerichtlichen Urteils, daß auch dem Generalvikar neben dem Bischof die Stellung eines gesetzlichen Vertreters des Bischöflichen Stuhles zukomme. Daraus ergibt sich, daß das Berufungsgericht jeden der beiden Amtsträger als ohne Mitwirkung des anderen zur Vertretung des Beklagten berufen angesehen hat. Das ist zutreffend. Maßgebliche Rechtsquelle ist insoweit (Art. 1 Abs. 2 des Reichskonkordats), da es sich um die Ordnung des innerkirchlichen Bereichs handelt, das katholische Kirchenrecht. Dies verleiht sowohl dem Bischof (can. 329 § 1 CJC.) wie dem Generalvikar (can. 366 CJC.) die potestas ordinaria (can. 196 bis 198 CJC.), und nach can. 368 § 1 steht dem letzteren kraft seines Amtes die volle iurisdicto zu. Es verhält sich also so, daß auch die allgemeine Vertretungsmacht eines Generalvikars, sofern der Bischof einen solchen eingesetzt hat (can. 366 § 1), unmittelbar auf dem Gesetze beruht und daher den eingesetzten zum gesetzlichen Vertreter im Sinne der Vorschriften des bürgerlichen und des Verfahrensrechts (RGZ. Bd. 66 S. 240 [244]) macht.

Die Beurteilung der Zulässigkeit des Rechtsweges setzt voraus, daß die Natur des erhobenen Anspruchs erkannt ist. Von dieser ist also zunächst zu handeln.

3. Als einfachste Möglichkeit würde sich die Auffassung darbieten, daß in dem Klagebegehren die (teilweise) Geltendmachung des Anspruchs auf das Gehalt erblickt werden könnte, das dem Kläger als Inhaber der ihm übertragenen Pfarrstellen zustand. Der Rechtsweg würde gemäß §§ 174, 142, 182 des Deutschen Beamtengesetzes vom 26. Januar 1937 (RGBl. I S. 39) — DBG. — der Verfolgung eines solchen Anspruchs offenstehen, nachdem er den vermögensrechtlichen Ansprüchen der Geistlichen derjenigen Religionsgesellschaften, die Körperschaften des öffentlichen Rechts sind, jedenfalls seit der Bestimmung des Art. 129 Abs. 1 Satz 4 WeimVerf. (RGZ. Bd. 114 S. 220 [223 bis 225], Urteil III 648/25 vom 18. Mai 1926, abgedr. JW. 1927 S. 1253 Nr. 10) eröffnet worden war.

Aber aus Gründen sachlichrechtlicher Art muß dieser Anspruch hier außer Betracht bleiben. Er würde voraussetzen, daß der Kläger in den Zeiträumen, für die er die Leistungen verlangt, noch Inhaber des Kirchenamts war, mit dem das Gehalt verknüpft ist. Das haben die Vordergerichte indessen mit Recht verneint und dargelegt, daß die Amtsenthebungen, die von dem Generalvikar gegen den Kläger zuerst wegen der Pfarrstelle in L., später wegen derjenigen in I. ausgesprochen worden sind, bei der Beurteilung der Rechtslage als wirksam anzunehmen sind. Dafür haben sich die Vorentscheidungen zutreffend auf Vorschriften des Deutschen Beamtengesetzes, § 174 in Verb. mit § 146, berufen. — — —

Danach verhält es sich so, daß die Entscheidungen der kirchlichen Behörde, nach denen der Kläger in bestimmten Zeitpunkten seiner Pfarrstellen verlustig ging, in dem Rechtsstreit über Gehaltsansprüche des Klägers als bindend hingenommen werden müssen.

Das würde nur dann nicht gelten, wenn die von dem Generalvikar gegen den Kläger ausgesprochenen Amtsenthebungen sich als schlechterdings rechtlich unzulässige Maßnahmen darstellten; sie wären in diesem Fall als nichtig zu behandeln. Aber ein Mangel dieser Art ist nicht erkennbar, vielmehr liegt die Sache so, daß unter sachlichrechtlichen Voraussetzungen, wie sie hier in Betracht gezogen worden sind, die Wegnahme der Pfarrstellen in L. und in I. ausgesprochen werden konnte und daß diese Rechtsfolgen gegen den Kläger in Verfahren verwirklicht werden konnten, wie sie hier zur Anwendung gelangt sind. Die dafür maßgeblichen Normen werden ausschließlich durch das von der Katholischen Kirche selbst gesetzte Recht dargeboten, da es sich um Gegenstände handelt, die vollständig in den Bereich der Ämterhoheit fallen, die ihr als einem Zusammenhang selbständiger Körperschaften des öffentlichen Rechts von jeher zustand, übrigens durch das Reichskonkordat — Art. 14 — bestätigt worden ist.

Nach diesen Vorschriften (can. 133 CJC.) haben sich die Kleriker anstößigen Umgangs mit Frauen zu enthalten und, wenn nach dem Urteil des „Ordinarius" die Gefahr eines solchen Ärgernisses gegeben ist, die betreffende Frau aus ihrer Umgebung zu entfernen. Gegen Zuwiderhandelnde sieht der XXXI. Titel in Teil III des IV. Buchs des kirchlichen Gesetzbuchs ein abgekürztes Verfahren vor: Der Ordinarius hat zunächst den Kleriker unter Hinweis auf die drohende Strafe zur Entfernung der verdächtigen Person aufzufordern (can. 2176). Diese Aufforderung hatte der Generalvikar an den Kläger wegen der Verwandten, die sich in seinem Hause befand, sowohl in L. als auch in I. gerichtet, in L. mit einer Fristsetzung von drei Tagen; für I. hatte der Kläger sogar die Nichtaufnahme der Verwandten in sein Haus bei Antritt der Stelle schriftlich versprochen. In dem Falle, daß der Kleriker weder der Aufforderung nachkommt, noch antwortet, gebietet can. 2177 CJC. dem Ordinarius u. a., ihm, wenn er Pfarrer ist, sogleich die Pfarrstelle wegzunehmen. Der Kläger ließ aber in L. die ihm gesetzte Frist verstreichen, ohne zu antworten; in I. leugnete er sogar die Anwesenheit der Verwandten in seinem Haushalt seinen Vorgesetzten gegenüber der Wahrheit zuwider. Es entsprach hiernach äußerlich den Vorschriften des kirchlichen Rechts, wenn der Ordinarius in beiden Fällen die Amtsenthebung des Klägers von der Pfarrstelle aussprach. Alle diese rechtlichen Zusammenhänge sind auch, wie das angefochtene Urteil feststellt, von dem Kläger erkannt worden, und er hat demgemäß sein Verlangen unter dem anderen rechtlichen Gesichtspunkte des Schadensersatzanspruchs erhoben.

4. Den Schadensersatzanspruch gründet er darauf, daß durch die Amtsenthebungen Rechtspflichten verletzt worden seien, die dem Beklagten ihm gegenüber obgelegen hätten. Dieser Begründung steht nicht das Bedenken entgegen, daß sie sich zu den im vorigen Abschnitt gewonnenen Ergebnissen in einen unvereinbaren Widerspruch setze. Jene Erörterungen betrafen nur die Voraussetzungen einer möglichen Amtsenthebung und den äußeren Ablauf des Verfahrens; sie fanden diesen allerdings frei von Mängeln so grober Art, daß die getroffenen Maßnahmen als unwirksam zu behandeln wären. Das läßt aber offen, ob das Vorgehen gegen den Kläger nicht durch verborgene Zusammenhänge bedingt ist, deren Ausschaltung Pflicht seiner Vorgesetzten war und, wenn sie geschehen wäre, zu einer anderen Behandlung des Klägers geführt hätte. Dem Schadensersatzanspruch kann deshalb nicht etwa von vornherein entgegengehalten werden, daß er auf Grund der vom Kläger selbst eingeräumten Tatsachen jedes möglichen Sinnes entbehre. Damit ist aber noch nicht dargetan, ob ein derartiger Anspruch überhaupt im Recht eine Grundlage findet.

Es bedarf daher der Untersuchung, welcher Art ein Anspruch ist, mit dem ein früherer katholischer Geistlicher, der nach seiner Behauptung durch Rechtsverletzung seines kirchlichen Amts beraubt worden ist, den Ersatz des ihm dadurch verursachten Schadens fordert. Mit Recht haben die Vordergerichte bei dieser Prüfung von vornherein außer Betracht gelassen, daß die Entstehung eines solchen Anspruchs aus den Vorschriften über die Folgen von Verletzungen bürgerlichrechtlicher Verpflichtungen und die Haftung des Beklagten aus denjenigen Normen hergeleitet werden könnte, welche die Verantwortlichkeit von Körperschaften für Handlungen der von ihnen bestellten Hilfspersonen im bürgerlichen Geschäftsverkehr regeln (§§ 278, 831, 89, 31 BGB.). Dem steht entgegen, daß die selbständigen Gliederungen der Katholischen Kirche nicht nur Rechtspersönlichkeiten im bürgerlichen Verkehr sind, sondern Körperschaften des öffentlichen Rechts. Dieser in Preußen gegebene Rechtszustand — siehe die Nachweisungen unter II 1 — ist in Art. 137 Abs. 5 Satz 1 WeimVerf. und sodann in Art. 13 Satz 2 des Reichskonkordats ausdrücklich aufrechterhalten worden. Er schließt nicht nur ein, daß das Verhältnis der „Religionsgesellschaft" zu ihren Mitgliedern öffentlich-rechtlicher Natur ist, sondern auch, daß ihre gesamte innere Ordnung, der Inbegriff der Normen über ihre Verfassungs- und Verwaltungseinrichtungen, öffentliches Recht ist. Dazu gehören die Vorschriften, welche die Rechtsbeziehungen der Geistlichen betreffen. Deren Dienstverhältnisse unterliegen infolgedessen ausschließlich dem öffentlichen Recht. Die Geistlichen sind mithin keine „Angestellten" im bürgerlichrechtlichen Sinne dieses Wortes. Sie sind anderseits auch keine „Staatsbeamten", insbesondere keine Beamten im Sinne des Deutschen Beamtengesetzes, da es bei ihnen, wie die Revision, insoweit zutreffend, hervorhebt, an jeder unmittelbaren oder mittelbaren Beziehung zum Staatsdienste fehlt. Aber sie sind in einem weiteren, für den gegenwärtigen Zweck noch näher zu bestimmenden Sinn „öffentliche Beamte".

Liegt somit alles das, was gegen einen Geistlichen in Beziehung auf sein Amt veranlaßt wird, auf seiten sowohl des Oberen wie des Untergebenen auf dem Gebiete des öffentlichen Rechts, so ergibt sich die weitere Frage, welche Rechtsregeln die Folgen von Pflichtverletzungen des Oberen bestimmen, die etwa dabei vorfallen. Die Vordergerichte haben diese Normen in § 839 BGB. und Art. 131 WeimVerf. gefunden. Das angefochtene Urteil führt darüber aus: Es handele sich bei beiden Bestimmungen um Rechtsnormen ganz allgemeinen Inhalts. Diese umfaßten daher die Betätigung der öffentlichen Beamten und die Wirksamkeit der öffentlichen Körperschaften im weitesten Sinne. Denn sie sollten Gewähr dafür bieten, daß jeder Beamte sich bei seinen Handlungen gegenüber Dritten im Rahmen von Gesetz und Recht bewege und daß auch der Beamte selbst in seiner Stellung zum Staat oder der Körperschaft, in deren Diensten er steht, nach Gerechtigkeit und Gesetz behandelt werde und nicht der Willkür vorgesetzter Stellen unterworfen sei. Daraus folge, daß sie auch bei den mit öffentlich-rechtlicher Stellung ausgestatteten kirchlichen Körperschaften Anwendung finden müßten, insbesondere auf die Betätigung der kirchlichen Oberen und auf die Behandlung der Geistlichen durch diese. Einen Eingriff in das ausschließlich der Regelung durch die Kirche vorbehaltene Gebiet innerkirchlicher Betätigung enthalte das nicht, da weder die ungehemmte und ungestörte Erfüllung der sittlich-religiösen Aufgaben, die freilich allein der Kirche überlassen bleiben müsse, noch die Verleihung oder Entziehung einer kirchlichen Amtsstellung dadurch berührt werde.

Die Revision macht gegenüber diesen Auffassungen geltend: Die Kirchenbeamten, soweit sie, wie der Generalvikar, rein kirchliche Ämter bekleideten, seien weder Beamte im Sinne des § 839 BGB. noch solche im Sinne von Art. 131 WeimVerf. Das ergebe sich aus einer Betrachtung des strafrechtlichen und des staatsrechtlichen Beamtenbegriffs, die beide entgegen der Meinung des angefochtenen Urteils mit den Beamtenbegriffen des § 839 BGB. und des Art. 131 WeimVerf. in enger Verbindung ständen. Für die Unanwendbarkeit des § 839 BGB. und des Art. 131 WeimVerf. sei (in gleicher Weise wie für die Nichtzugehörigkeit der Kirchenbeamten zu jenen Gruppen) nicht der Mangel des öffentlich-rechtlichen Dienstverhältnisses, das vielmehr in aller Regel gegeben sei, sondern der Umstand entscheidend, daß die Kirchen keine vermittelnden Träger eines Zweiges der staatlichen Verwaltung seien, daß die Kirchenbeamten nicht Aufgaben betätigten, die aus der Staatsgewalt abgeleitet seien und staatlichen Zwecken dienten. Dieser Gesichtspunkt müsse zumal die Anwendung des Art. 131 WeimVerf. ausschließen, und zwar auch angesichts der Ausweitung, die diese Bestimmung durch die Rechtsprechung gegenüber dem staatsrechtlichen Beamtenbegriff insofern erfahren habe, als für den Beamten des Art. 131 WeimVerf. nicht das Bestehen eines öffentlich-rechtlichen Dienstverhältnisses vorausgesetzt werde. Der unmittelbaren wie der gleichsinnigen (analogen) Anwendung der Amtshaftungsbestimmungen stehe außerdem das Recht der Kirche auf Selbstbestimmung, insbesondere auf freie Ämterverleihung, entgegen, wie es der Kirche zuvor durch Art. 137 WeimVerf. und nunmehr durch Art. 1, 14, 33 Abs. 1 des Reichskonkordats gewährleistet worden sei. Solle diese Ämterverwaltung der Kirche wirklich frei und selbständig sein, so müsse es der Kirche überlassen bleiben, ob sie ihre Amtsträger bei Amtspflichtverletzungen einer Haftung gegenüber Dritten unterwerfen und möglicherweise selbst für den Schaden eintreten wolle. Auch müsse die Kirche im Einzelfalle selbständig feststellen können, ob eine schuldhafte Amtspflichtverletzung vorliege oder nicht.

Die Bescheidung dieser Einwendungen hat mit der Vorfrage zu beginnen, ob sie auf das allgemeine Recht zu gründen ist oder ob es sich um einen Gegenstand handelt, der von dem staatlichen Gesetzgeber der Religionsgesellschaft zur eigenen Regelung überlassen worden ist, so daß im gegenwärtigen Fall ausschließlich die Rechtssatzung der Katholischen Kirche zur Anwendung zu kommen hätte. Diese Vorfrage ist im Sinne der Anwendung des staatlichen Rechts zu entscheiden. Es bedarf zunächst keiner weiteren Erörterung, daß über die Grenzen, innerhalb deren kirchliche Rechtssetzung stattfindet, ausschließlich die staatliche Gesetzgebung zu befinden hat. Sie gewährt der Katholischen Kirche das Recht, ihre Angelegenheiten selbständig zu ordnen und zu verwalten und im Rahmen ihrer Zuständigkeit für ihre Mitglieder bindende Gesetze und Anordnungen zu erlassen, jedoch „innerhalb der Grenzen des für alle geltenden Gesetzes" (Art. 1 des Reichskonkordats). Hiernach fällt in den ausschließlichen Bereich der Rechtssetzung der Kirche die Ordnung der Lehre, die Verwaltung der kirchlichen Heilsmittel und der (mit diesen beiden Gegenständen zusammenhängende) innere Aufbau der Kirche. In das Gebiet des letzteren gehört allgemein betrachtet die Regelung, unter welchen Voraussetzungen die Kirche Personen als Seelsorger bestellen oder entfernen will, und im besonderen die Entscheidung über die Berufung einer bestimmten Person in ein solches Amt oder die Entfernung aus ihm. Die Kirche ist jedoch anderseits als in der Welt wirkende Anstalt genötigt, zur Erreichung ihrer Zwecke am allgemeinen Rechtsverkehr teilzunehmen, nämlich sich einer Anzahl von Sachen zu bedienen, sowie gegen andere Teilnehmer am Rechtsverkehr Rechte zu erwerben oder Verpflichtungen einzugehen. Sofern es sich — ausschließlich oder jedenfalls auch — darum handelt, ist sie „dem für alle geltenden Gesetz" unterworfen. Daraus ergibt sich, daß es nicht mehr in das Gebiet innerer kirchlicher Ordnung fallen kann, wenn die Kirche ihr obliegende Pflichten dieses äußeren Bereichs verletzt und dadurch einem anderen Rechtsträger Schaden verursacht, der auf dem Gebiete des Vermögens liegt. Auch wenn daher solcher Schaden dadurch herbeigeführt wird, daß ein Amtsträger der kirchlichen Körperschaft durch sein Verhalten eine öffentlich-rechtliche Pflicht verletzt, die ihm gegenüber einem anderen durch staatliche oder kirchliche Rechtsvorschrift auferlegt wird, muß die Entscheidung, welche rechtlichen Folgen das hat, dem staatlichen Recht entnommen werden.

Das gilt zunächst allgemein für die so geartete Schädigung irgendeines anderen, in erster Reihe also einer außerhalb des Ämteraufbaus der Kirche selbst stehenden Person. Es gilt aber auch im Verhältnis der Kirche und ihrer Amtsträger zu denen, die selbst der Kirche als Geistliche oder Kirchenbeamte angehören. Auch deren Vermögensrechte werden gegenüber der Kirche durch das staatliche Recht geschützt, wie schon die bereits erörterte Zulässigkeit der gerichtlichen Klage auf Zahlung des Diensteinkommens ergibt. In derselben Weise fällt es in den Bereich des für alle geltenden Gesetzes, wenn es sich darum handelt, die Rechtsfolgen in dem Falle zu bestimmen, daß die Vermögensrechte solcher Personen durch amtspflichtverletzende Behandlung seitens eines Oberen geschädigt worden sind.

Mit alledem ist freilich noch nichts darüber entschieden, ob gerade in den von den Vordergerichten angewendeten Bestimmungen in § 839 BGB. und in Art. 131 WeimVerf. die für einen derartigen Fall maßgeblichen Normen des staatlichen Rechts zu finden sind. Es könnte sich vielmehr so verhalten, daß diese Bestimmungen ihren tatbestandlichen Voraussetzungen nach so begrenzt wären, daß sie nur Betätigungen von Beamten für den Staat oder in seinen Aufbau eingegliederte öffentliche Körperschaften beträfen. Auch in dieser

Hinsicht halten jedoch die rechtlichen Darlegungen der Vordergerichte den Angriffen der Revision stand.

Der Sinn und Zweck des § 839 BGB. ist, wie allgemein anerkannt, der, es für den einzelnen nicht bei dem Schutze durch die Bestimmungen in § 823 Abs. 1, § 823 Abs. 2, § 826 BGB. zu belassen, soweit die Einwirkung auf seinen Rechtskreis von der Betätigung eines Beamten ausgegangen ist. Nach jenen Bestimmungen würde der Beamte nur bei Verletzung eines der in § 823 Abs. 1 bezeichneten Rechtsgüter oder bei Verstoß gegen ein Schutzgesetz im Sinne von § 823 Abs. 2 oder bei sittenwidrigem Handeln mit Schädigungsvorsatz haften. Solche Regelung würde aber die Bedeutung der Beamtentätigkeit im Gemeinschaftsleben unberücksichtigt lassen, die angesichts der geschichtlich gewordenen öffentlichen Bedürfnisse notwendigerweise in die Belange des einzelnen häufig und tief eingreift und von Regeln beherrscht wird, deren Gestaltung und Anwendung der Mitwirkung des einzelnen Volksgenossen weitgehend entzogen ist. § 839 BGB. will daher dem einzelnen einen Ausgleich gewähren, der diesem Zwecke zufolge überall da stattfindet, wo die Betätigung eines Beamten fehlgegriffen hat, indem sie sich über Amtspflichten hinweggesetzt hat, die gegenüber dem einzelnen zu erfüllen gewesen wären. Hieraus folgt, daß § 839 BGB. überall da angewendet werden muß, wo eine solche Betätigung mit Wirkung nach außen hin stattfindet, und zwar hat das, da es letzten Endes allein Sache des Staates ist, darüber zu bestimmen, wo überhaupt das zu geschehen hat oder geschehen darf, auch für die Fälle einer nur zugelassenen derartigen Betätigung zu gelten, mag diese auch — wie gegenüber den Einwendungen der Revision hervorzuheben ist — von Körperschaften ausgehen, die selbst nicht in den staatlichen Aufbau eingegliedert sind, sondern neben ihm bestehen. Darum handelt es sich bei der Betätigung der öffentlich-rechtlichen Kirchengesellschaften. Ihre Organe sind daher öffentliche Beamte (vgl. RGZ. Bd. 59 S. 329 [331]), insbesondere auch in dem Sinne, den § 839 BGB. voraussetzt. Den Ausführungen der vom Berufungsgericht angeführten Entscheidung des Oberlandesgerichts Köln 6 U 131/30 vom 19. Februar 1931 (HRR. 1931 Nr. 1044) über diesen Gegenstand ist daher beizutreten.

In entsprechender Weise wird in derartigen Fällen die Anwendung des Rechtsgrundsatzes, den Art. 131 WeimVerf. ausdrückt, durch das Bedürfnis gefordert, das zu seiner Entstehung geführt hat. Die Rechtsnorm erstrebt anerkanntermaßen in gleicher Weise den Schutz des der öffentlichen Gewalt unterworfenen Volksgenossen wie den des „Beamten". Dem ersteren will sie einen großzügigeren und leistungsfähigeren Schuldner verschaffen, den letzteren vor dem unmittelbaren Zugriff des wirklich oder vermeintlich Geschädigten schützen. Auch diese gesetzgeberischen Gesichtspunkte sind überall da begründet, wo die Ausübung irgendwelcher öffentlicher Gewalt stattfindet. Die höchstrichterliche Rechtsprechung hat demgemäß den Begriff des Beamten im Sinne des Art. 131 WeimVerf. in weitgehendem Maße von dem staatsrechtlichen Beamtenbegriff gelöst und ihn auf jede Person ausgedehnt, die das Reich oder seine Gliederungen mit öffentlicher Gewalt bekleidet haben (RGZ. Bd. 142 S. 190 [192], Bd. 158 S. 95 [98] u. a.). Diese Voraussetzung ist zwar bei der hier zu erörternden Gestaltung nicht gegeben, da bei dieser, wie die Revision an sich richtig betont, die Gewaltausübung nicht „für" den Staat, d. i. im Rahmen der von ihm ausgehenden Aufgabenverteilung, stattfindet, sondern von ihm nur zugelassen wird. Aber für diesen Fall fordert dasselbe öffentliche Bedürfnis das gleiche. Es handelt sich um die Anwendung eines Rechtsgrundsatzes ganz allgemeinen Inhalts. Er hat überall da einzutreten, wo öffentliche Gewalt ausgeübt wird, wobei völlig dahinstehen kann, ob den Verfassern des Art. 131 WeimVerf. eine Anwendung der Bestimmung außerhalb der unmittelbaren oder mittelbaren staatlichen Betätigung vor Augen gestanden hat oder nicht.

Die Revision sucht indessen zu zeigen, daß man mit dieser Auffassung in einen Widerspruch zu dem „freien Besetzungsrecht für alle Kirchenämter" gerate, das der Katholischen Kirche durch Art. 14 des Reichskonkordats gewährleistet worden ist. Sie glaubt, sich dabei in Übereinstimmung mit der Entscheidung des Reichsschiedsgerichts III S 11/24 vom 9. September 1924 (Reichsbesoldungsblatt 1924 S. 327) zu befinden, wo für den dem Art. 14 des Reichskonkordats entsprechenden Art. 137 WeimVerf. dargelegt worden sei, daß auf Grund des der Kirche gewährleisteten Selbstbestimmungsrechts die Religionsgesellschaften bei der Ämterverleihung sogar an die Schranken des für alle geltenden Gesetzes nicht gebunden seien, weil das zu einer Mitwirkung des Staates bei der Ämterverleihung führen würde. Unter einer Mitwirkung des Staates werde dabei alles verstanden, was auch nur mittelbar das Recht der Ämterverleihung beeinflussen könne, wie ein staatliches Besoldungssperrgesetz, durch das der Kirche bei Bemessung der Besoldungen Schranken auferlegt würden. Eine gleichartige mittelbare Beeinflussung liege aber vor, wenn der Staat verfüge, daß kirchliche Amtsträger bei schuldhafter Amtspflichtverletzung dem Dritten hafteten und daß die Kirche für den Schaden einzutreten habe, zumal wenn der Staat sich dabei selbst die Entscheidung darüber beilege, ob eine schuldhafte Verletzung der Amtspflichten stattgefunden habe oder nicht.

Diese Einwendungen sind nicht begründet. Es trifft freilich zu, daß in der Entscheidung des Reichsschiedsgerichts dargelegt wird, das der

Kirche eingeräumte Recht der Ämterbesetzung ohne Mitwirkung des Staates gehe insofern noch über ihr Recht der Selbstverwaltung „innerhalb des für alle geltenden Gesetzes“ hinaus, als es selbst an diese Schranke nicht gebunden sei; diese Steigerung mag ebenso für das Verhältnis von Art. 14 zu Art. 1 des Reichskonkordats gelten. Aber das ist hier ohne Belang. Anders als etwa ein Besoldungssperrgesetz gehört die dem § 839 BGB. und dem Art. 131 WeimVerf. zu entnehmende Rechtsnorm keineswegs dem besonderen Gebiet der Ordnung der Rechtsverhältnisse der Diener des Staates (der Kirche) an; vielmehr handelt es sich bei ihr um einen allgemeinen Rechtssatz, der auf die Entstehung, Veränderung oder Endigung eines Anstellungsverhältnisses schlechthin keine Wirkungen äußert. So ist auch für den gegebenen Fall zuvor dargelegt worden, daß die Amtsenthebungen des Klägers von der gerichtlichen Beurteilung als wirksam hinzunehmen sind. Darin erweist sich, daß die in dem allgemeinen Recht wurzelnde Verpflichtung öffentlich-rechtlicher Körperschaften, von ihren „Beamten“ begangenes Unrecht im Wege des Schadensersatzes auszugleichen, das ihr eingeräumte Recht, ihre inneren Verhältnisse selbst zu ordnen, unberührt läßt. Ein Eingriff in den Bereich des Art. 14 des Reichskonkordats liegt demnach nicht vor, und zwar auch dann nicht, wenn der Dritte, dem auf Grund des Art. 131 WeimVerf. Schadensersatz zu leisten ist, selbst Inhaber eines Kirchenamts ist oder war.

Ebensowenig findet ein Widerspruch zu der Bestimmung des Art. 33 Abs. 1 des Reichskonkordats statt, wonach die auf kirchliche Personen oder kirchliche Dinge bezüglichen Materien für den kirchlichen Bereich dem geltenden kanonischen Recht gemäß behandelt werden. Die „Materie“, um die es sich hier handelt, gehört dem allgemeinen Recht an; sie bezieht sich also nicht in dem Sinne, den die Vorschrift meint, auf kirchliche Personen oder Dinge.

Die Revision macht hierzu noch geltend, daß, auch wenn man Art. 131 WeimVerf. seinem allgemeinen Inhalt nach an sich im Falle der Pflichtverletzung seitens kirchlicher Amtsträger zur Anwendung in Betracht ziehe, diese durch die solchen Fall im übrigen beherrschende Sonderregelung ausgeschlossen werde. Das kirchliche Recht ergebe über eine derartige Haftung der kirchlichen öffentlichrechtlichen Körperschaften nichts. Demnach bestehe die für die Kirche im Sinne von Art. 131 Abs. 2 WeimVerf. geltende „nähere Regelung“ eben darin, daß die kirchlichen öffentlich-rechtlichen Körperschaften von der Anwendung des Grundsatzes des Art. 131 WeimVerf. auszunehmen seien. Damit stimme überein, daß auch das Preußische Staatshaftungsgesetz vom 1. August 1909 (GS. S. 691) die Haftung nicht auf die kirchlichen Körperschaften erstreckt habe. Diese Schlußfolgerungen scheitern schon daran, daß es an einer näheren Regelung des Gegenstandes im katholischen Kirchenrecht überhaupt fehlt, da es — wovon gerade auch die Revision ausgeht — über diesen Punkt schweigt. Abgesehen davon aber wollte das Reichsrecht keineswegs solchen Körperschaften, die zur Setzung allgemeinen Rechts überhaupt nicht befugt sind, die Bestimmung darüber überlassen, ob sie für ihre Beamten die Geltung der Vorschrift des Art. 131 WeimVerf. hinnehmen wollen oder nicht. Hiervon Abweichendes ist, wie gezeigt, auch nicht der Vorschrift des Art. 33 Abs. 1 des Reichskonkordats zu entnehmen.

Die Revision meint aber, daß, wenn man die Anwendbarkeit von § 839 BGB. und Art. 131 WeimVerf. auf Amtspflichtverletzungen von Amtsträgern der Kirche annehme, sich doch keine Verpflichtung des Beklagten zur Sache ergebe. Um die Haftung eines bestimmten öffentlichen Rechtsträgers aus Art. 131 WeimVerf. zu begründen, müsse dargetan werden, daß der die Amtspflicht verletzende Beamte „im Dienst" dieses Beklagten stehe. Das sei bei dem Generalvikar so wenig wie bei dem Bischof der Fall. Der Generalvikar stehe als Glied der kirchlichen Hierarchie im Dienste der katholischen Gesamtkirche, nicht im Dienste des Bischöflichen Stuhles, das letztere um so weniger, als der Generalvikar „sein Einkommen in Gestalt eines ihm vom Bischof oder Staat ausgesetzten Gehaltes beziehe". Die Auffassung, daß Bischof und Generalvikar in Diensten des Bischöflichen Stuhles ständen, verstoße geradezu gegen die Grundbegriffe der kirchlichen Hierarchie. Auch hier erweise sich eben, daß die Amtshaftungsbestimmungen des staatlichen Rechts wegen der ganz anderen Verhältnisse der Katholischen Kirche auf deren Beamte keine Anwendung finden könnten.

Diese Ausführungen unternehmen es, in die Beurteilung Gesichtspunkte hineinzutragen, die dieser nach dem Inhalt der in Rede stehenden Rechtsnorm fremd bleiben müssen. So steht es nämlich mit den Sonderheiten des katholischen Kirchenrechts, welche die Revision im Auge hat. Sie sind für die Verantwortlichkeit nach dem Rechtsgrundsatze des Art. 131 WeimVerf. ohne Bedeutung; diese bestimmt sich nach dem eigenen Maßstabe dieses Rechtsgrundsatzes. Ihm allein ist zu entnehmen, ob das Verhältnis des „Beamten" zu der öffentlichen Körperschaft, wie es nach der innerdienstlichen Regelung gegeben ist, die Haftung der Körperschaft begründet oder nicht. Entscheidend ist danach folgendes: Die Haftung nach dem Rechtsgrundsatze des Art. 131 WeimVerf. richtet sich, wie die höchstrichterliche Rechtsprechung in zahlreichen Entscheidungen dargelegt hat (RGR Komm. z. BGB. Bem. 1 Abs. 3 zu § 839) gegen diejenige öffentliche Körperschaft, in deren Dienst der „Beamte" steht. Der Generalvikar steht allerdings im Dienst der katholischen Gesamtkirche. Diese gliedert sich aber in eine Reihe im Rechtssinne selbständiger, weil mit öffentlicher und bürgerlicher Rechtsfähigkeit ausgestatteter Körperschaften. In ähnlicher Weise wie im Verhältnis zwischen dem Staat und den Kommunalverbänden — vgl. RGZ. Bd. 140 S. 126 (127 mit Nachweisungen) — erhebt sich daher die Frage, ob diejenige Beziehung, die als das „Indienststehen" verstanden wird, unmittelbar zwischen der Gesamtkirche und dem Generalvikar oder zwischen einer Gliederung jener, hier dem Bistum in Tr., und dem Generalvikar besteht. *Diese Frage hat das Berufungsgericht ohne Rechtsverstoß in dem* zuletzt genannten Sinne beantwortet. Das entspricht der Stellung, die das katholische Kirchenrecht dem Generalvikar anweist, indem es ihn, der von dem Bischof für den Bereich des Bistums ernannt wird, zum Bestandteil der Curia dioecesana macht (can. 363 § 2 CJC.) und seine Befugnisse auf den Bezirk die Diözese beschränkt (can. 366 § 1 CJC.). Welche Rechtsnatur dieser Stellung nach kirchlicher Auffassung zukommt, ist für die hier vorzunehmende Beurteilung ohne jeden Belang. Das durch das Reichskonkordat der Katholischen Kirche gewährte Stellenbesetzungsrecht erfährt durch die hier angenommene Regelung, wie dargelegt wurde, keine Beeinträchtigung.

Das Ergebnis des Bisherigen ist, daß die Körperschaften der öffentlich-rechtlichen Religionsgesellschaften nach den Normen des § 839 BGB. und des Art. 131 WeimVerf. verantwortlich sind, wenn ihr „Beamter" einem anderen durch Verletzung der ihm diesem gegenüber obliegenden Amtspflicht Schaden verursacht hat, sowie daß diese Haftung sich, wenn solche Amtspflichtverletzung von dem Generalvikar eines katholischen Bistums ausgegangen ist, unmittelbar gegen dieses richtet.

Der Verfolgung eines derartigen Anspruchs steht nach § 13 GVG. grundsätzlich der Rechtsweg offen. Nur darf eine so erhobene Klage nicht dazu führen, daß sich die ordentlichen Gerichte mit der unmittelbaren Nachprüfung von Verwaltungsmaßnahmen befassen, die von den zuständigen Stellen innerhalb des ihnen von dem Gesetzgeber zur eigenen verantwortlichen Erledigung eingeräumten Aufgabenbereichs erlassen worden sind. Wenn es sich also nur darum handelt, daß in dem äußeren Gewand einer Schadensersatzklage wegen Amtspflichtverletzung solche richterliche Nachprüfung eines Verwaltungsvorgangs erstrebt wird, so ist die Klage wegen Unzulässigkeit des Rechtswegs abzuweisen. Wie der erkennende Senat vielfach dargelegt hat (RGZ. Bd. 154 S. 167 [180/181], Bd. 159 S. 247 [249], beide mit weiteren Nachweisungen, Bd. 164 S. 15 [25]), ist es für die somit erforderliche Abgrenzung zwischen zuzulassenden und unzulässigen Klagen aus Amtspflichtverletzung entscheidend, ob der Klagevortrag, seine Richtigkeit unterstellt, die schlüssige Darlegung eines Sachverhalts enthält, der die sämtlichen Merkmale des in § 839 BGB. erforderten Tatbestandes ergibt. Hiervon geht auch das angefochtene Urteil aus.

Es bedurfte also der Prüfung, ob der Kläger einen in diesem Sinne genügenden Tatbestand behauptet hat. Der Sachverhalt, den sein Vorbringen ergibt, besteht darin, daß sowohl in L. wie in I. seine Entfernung von den Pfarrstellen nicht aus den in den beiden Absetzungsdekreten vom 18. Januar 1936 und vom 15. Februar 1938 angegebenen Entlassungsgründen, nämlich wegen der Beziehungen zu der Verwandten, verfügt worden sei, sondern daß diese nur vorgeschoben worden seien und daß der wirkliche Grund für seine Absetzung in beiden Fällen in seiner der kirchlichen Behörde nicht genehmen politischen Einstellung und Betätigung, nämlich seiner schon vor der Machtübernahme bekundeten ablehnenden Haltung gegenüber der früheren Zentrumspartei und den kirchlichen Vereinen sowie seiner der NSDAP. zugewandten Einstellung bestanden habe. Der Kläger verkennt dabei nicht, daß die beiden entscheidenden Verwaltungsmaßnahmen von seinen kirchlichen Oberen, wie gezeigt, im Rahmen ihrer ordnungsmäßigen rechtlichen Befugnis erlassen worden sind. Er stellt auch nicht in Abrede, daß die äußeren Voraussetzungen vorgelegen haben, welche die kirchlichen Vorschriften für solche Entscheidungen erfordern. Aber nicht diese Entscheidungen selbst enthalten nach der Auffassung des Klägers das Wesentliche des Falles. Dies erblickt er vielmehr darin, daß es bei dem Vorgehen gegen ihn von vornherein auf die Gewinnung eines Vorwandes für seine Entfernung abgesehen gewesen sei. In diesem allgemeineren Sinn also wirft der Kläger dem Amtsträger, der seine Entlassungen ausgesprochen hat, vor, daß dieser nicht aus den von ihm angegebenen, sondern aus anderen, unsachlichen und die Amtsentziehung nicht rechtfertigenden, ja vom Staate schlechterdings nicht hinzunehmenden Gründen gehandelt habe.

Das Berufungsgericht entnimmt daraus eine für die Eröffnung des Rechtsweges hinreichende Klagegrundlage. Es findet in den Entlassungsdekreten Ermessensentscheidungen und verweist auf die Rechtsprechung des erkennenden Senats, aus der es die Urteile RGZ. Bd. 125 S. 299 (307) und Bd. 159 S. 247 anführt, um darzutun, daß die Ausübung solchen Ermessens zwar grundsätzlich richterlicher Nachprüfung entzogen, diese jedoch dann geboten sei, wenn es sich darum handele, daß der Beamte „nicht nach pflichtmäßigem Ermessen, sondern willkürlich, etwa offensichtlich schikanös, feindselig oder unwahrhaftig, verfahren oder in so hohem Maße fehlerhaft vorgegangen sei, daß die Entscheidung sich schlechterdings nicht erklären oder rechtfertigen lasse". Daß hiernach eine Entlassung des Klägers aus den von ihm behaupteten Gründen einen Ermessensmißbrauch darstelle, könne nicht zweifelhaft sein. Trotz des Bestreitens des Beklagten verhalte es sich dabei auch nicht so, daß das Vorbringen über die Bestimmung des Generalvikars durch unsachliche Beweggründe nur Gegenstand einer einseitigen allgemein gehaltenen Beurteilung des Klägers sei; sondern dieser habe bereits in seiner Klageschrift eine Reihe von Einzeltatsachen angeführt, die, ihre Richtigkeit unterstellt, zu Schlußfolgerungen im Sinne des Klagevorbringens berechtigten und ein pflichtwidriges Handeln der in Frage kommenden Stellen in den Bereich der Wahrscheinlichkeit rückten.

Diese Beurteilung ist jedenfalls in ihrem Ergebnis nicht zu beanstanden. Der Kläger macht geltend, daß er nicht aus den ihm eröffneten Gründen entlassen worden sei, sondern wegen seiner dem Nationalsozialismus zugeneigten Einstellung und Betätigung. Das Vorbringen hat bei zwangloser Auffassung den Sinn, daß der Generalvikar nicht dazu gekommen wäre, die Amtsenthebungen zu veranlassen, wenn für ihn nicht die Kenntnis der politischen Stellungnahme des Klägers maßgebend gewesen wäre. Es handelt sich nach der Klagebegründung also darum, daß das politische Verhalten des Klägers eben den „ausschließlichen" Grund für seine Absetzung gebildet hat. Entspricht diese Behauptung den Tatsachen, so steht fest, daß aus sachfremden Beweggründen ein Eingriff in den Rechtskreis des Klägers vorgenommen worden ist, den die zuständige Stelle ohne diese Beweggründe unterlassen hätte. Eine solche Behandlung des Untergebenen enthält schon an sich eine, sogar vorsätzliche, Verletzung der Amtspflicht, die dem Vorgesetzten ihm gegenüber obliegt; der Kläger braucht sie nicht hinzunehmen, und die staatliche Rechtsprechung kann seinem Verlangen nach Ersatz des ihm dadurch verursachten Schadens nicht die Berücksichtigung versagen. Hierzu kommt aber die besondere Artung der Gründe für seine Maßregelung. Der Kläger legt dar, daß er wegen seiner dem Nationalsozialismus zugeneigten Einstellung verfolgt worden sei. Es versteht sich von selbst, daß der Staat auf solchem Beweggrunde beruhende Eingriffe in die Anstellungsverhältnisse abhängiger Personen, in welchem Bereich sie sich auch immer ereignen, unter gar keinen Umständen dulden kann.

Freilich ist bei alledem zu beachten, daß dann, wenn die rechtliche Wirksamkeit des Eingriffs grundsätzlich der richterlichen Nachprüfung entzogen ist, wie es sich im Falle der Entfernung eines Geistlichen aus dem Amte verhält, der Rechtsweg für die Klage nicht schon dadurch eröffnet wird, daß ihr die bloße Anführung beigefügt wird, die Enthebung sei wegen der dem Nationalsozialismus zugeneigten Einstellung des Betroffenen oder aus sachfremden Beweggründen anderer Art geschehen. Erforderlich ist vielmehr, wie allgemein bei derartigen Beamtenklagen, daß das Vorbringen genügend „substantiiert", d. h. in solchem Maße mit der Anführung von bestimmten Tatsachen unterbaut worden ist, daß das Gericht in der Lage ist, die Richtigkeit des vom Kläger gezogenen Schlusses nachzuprüfen. Dieser Anforderung genügte aber das Vorbringen, das der Kläger von vornherein dem Tatsachenrichter unterbreitet hatte.

Es träfe freilich nicht zu, wenn das angefochtene Urteil die Verwaltungshandlungen des kirchlichen Amtsträgers, welche die Entlassungen des Klägers aussprechen, selbst für Ermessensentscheidungen in dem üblichen Sinne des allgemeinen Verwaltungsrechts halten würde. Mit Recht setzt die Revision dieser Annahme den Hinweis entgegen, daß nach den maßgebenden kirchlichen Vorschriften bei dem hier gegebenen Sachverhalt eine Absetzung des Klägers nicht nur habe vorgenommen werden dürfen, sondern vielmehr habe vorgenommen werden müssen. Die Revision verweist dazu auf die Vorschrift des can. 2177 CJC., die für den Fall, daß die von dem Ordinarius an den Kleriker nach can. 2176 CJC. gerichtete Mahnung erfolglos bleibt, bestimmt:

> Ordinarius
>
> 1. Eum suspendat a divinis;
> 2. Parochum praeterea statim paroecia privet;
>
> in der Übersetzung: Der Ordinarius enthebe ihn (erstens) der geistlichen Dienste und nehme (zweitens) einem Pfarrer außerdem sogleich die Pfarre.

Es ist hiernach richtig, daß die Bestimmung, wie die sprachliche Form des lateinischen Textes erweist, an den Ordinarius das Gebot dieser Handlungen (suspendere, privare) richtet. Gleichwohl läßt diese Erkenntnis den Kern der Sache unberührt. Der Kläger hatte Beziehungen zu seiner Verwandten, die auf dem Gebiete des Liebeslebens gelegen hätten, weder zugegeben, noch war er ihrer überführt. Seine Behandlung als concubinarius, und zumal die Mahnung des can. 2176, setzten also voraus, daß die im can. 133 § 3 CJC. dem Ordinarius aufgetragene Beurteilung, ob die Gegenwart der Verwandten Ärgernis geben oder die Gefahr der Unkeuschheit für den Kläger hervorrufen könne, für diesen ungünstig ausgefallen war. Die Prüfung, ob diese wesentliche Voraussetzung für jedes Vorgehen gegen den Kläger vorlag, war also wirklich in das pflichtmäßige Befinden des Ordinarius gestellt, und es geht demgemäß keineswegs an der wahren Gestaltung der Dinge vorbei, wenn das Berufungsgericht, ohne freilich diesen Gegenstand im einzelnen zu erörtern, das Verfahren entscheidend vom „Ermessen" des Oberen getragen ansieht.

Jedenfalls verhielt es sich, wenn, entsprechend dem wirklichen Sinne des Klagevorbringens, der Zusammenhang und Gesamtverlauf der Vorgänge in das Auge gefaßt wird, keineswegs so, daß das Verhalten des Klägers nach dem kirchlichen Recht notwendigerweise die Folge der Dienstentlassung herbeiführen mußte. Das allein ist entscheidend. Hinzuzufügen ist noch, daß auch weder die Mahnungen an den Kläger, noch sein täuschendes Verhalten in I. eine wirkliche Notwendigkeit begründeten, ihn in der geschehenen Weise zu behandeln. Denn es stand nichts im Wege, daß der Generalvikar noch nach der Mahnung und sogar nach Aufdeckung der Täuschung zu dem Ergebnis kam, der Verdacht oder die Gefahr lägen nicht vor. Für sich allein betrachtet aber geben die von dem Vorwurf der Unkeuschheit zu scheidenden Verfehlungen des Ungehorsams oder der Täuschung für das abgekürzte Verfahren der can. 2176 flg. CJC. keine Rechtsgrundlage ab.

Die mitgeteilten Ausführungen des Berufungsgerichts haben der Revision Anlaß gegeben, dem angefochtenen Urteil auf den Boden der von diesem angezogenen Rechtsprechung über die Nachprüfung sogenannter Ermessensentscheidungen von Verwaltungsbehörden zu folgen. Die Revision meint, daß gerade auf der Grundlage dieser Rechtsprechung die Rechtmäßigkeit der Entlassungsdekrete nicht in Frage gestellt werden könne. Die mit ihr geforderten Voraussetzungen seien auch bei Zugrundelegung des von dem Berufungsgericht angenommenen Sachverhalts nicht gegeben. Dieser weiche von jenen Anforderungen insofern entscheidend ab, als der darin vorausgesetzte Grad der Fehlerhaftigkeit der Verwaltungshandlung und zumal ihrer Erkennbarkeit gegenwärtig nicht gegeben sei. Die höchstrichterliche Rechtsprechung erfordere einen „offenbaren" Ermessensmißbrauch; sie spreche davon, daß die Fehlerhaftigkeit der Ermessensentscheidung sich jedem sachlichen Beurteiler ohne weiteres aufdrängen müsse, sie verlange nicht bloß ein willkürliches, sondern ein „rein" willkürliches Handeln, die Amtshandlung dürfe sich „schlechterdings nicht erklären oder rechtfertigen lassen"; der Beamte müsse sich von „zweifellos" sachfremden Beweggründen haben leiten lassen. Um alles das handele es sich hier nicht. Der Kläger erhebe nicht den Vorwurf, daß „formell bestehende Befugnisse ohne wirkliche sachliche Berechtigung ausgenützt und dadurch mißbraucht worden" seien, sondern er behaupte nur, daß ein „formell wie sachlich berechtigtes Vorgehen der Behörde einem sachfremden inneren Grund entsprungen" sei. Damit dürfe er nicht gehört werden; denn eine dienststrafrechtliche Dienstentlassung, um die es sich hier handele, sei beim Bestehen eines gesetzlichen Entlassungsgrundes auf jeden Fall gerechtfertigt und daher keine Amtspflichtverletzung, auch wenn der Entlassene behaupte, daß die Entlassung in Wahrheit aus einem anderen, sachfremden Grund ausgesprochen worden sei.

Es ist der Revision zuzugeben, daß die Rechtsprechung, insbesondere auch des erkennenden Senats, die gerichtliche Nachprüfung von Ermessungsentscheidungen der Verwaltungsbehörden nur unter den genannten erschwerten Voraussetzungen zugelassen hat (RGZ. Bd. 99 S. 254 [256], Bd. 106 S. 216 [219/220], Bd. 113 S. 19 [20], Bd. 125 S. 299 [307], Bd. 126 S. 164 [166/167], Bd. 135 S. 110 [117], Bd. 138 S. 6 [14], Bd. 146 S. 366 [375], Bd. 147 S. 179 [183], Bd. 154 S. 117 [121], Bd. 159 S. 247 [251], Bd. 164 S. 15 [31/32]) und daß der Sinn dieser Rechtsprechung auf die grundsätzliche Verneinung solcher Nachprüfung und auf die Aussonderung allein derjenigen Verwaltungsvorgänge geht, die mit Verstößen so grober und in die Augen fallender Art behaftet sind, daß in ihnen eine ordnungsmäßige Ausübung der Verwaltung überhaupt nicht mehr erblickt werden kann. Aber diesen Gesichtspunkten ist kein Hindernis für die hier vorgenommene Beurteilung zu entnehmen. Bei den Dekreten, die die Amtsenthebungen des Klägers aussprechen, handelt es sich, wie gesagt, überhaupt nicht um Ermessensentscheidungen, sondern um gesetzesgebundene Maßregeln. Das ist aber deshalb ohne Bedeutung, weil auf dem Boden der Darstellung des Klägers das Wesentliche des Ablaufs nicht in diesen Entscheidungen selbst, sondern in der Gestaltung liegt, die der Generalvikar den Verfahren gegen den Kläger im ganzen gab. Der Kläger behauptet, er sei wegen seiner der NSDAP. zugeneigten Haltung abgesetzt worden. Ist das richtig, so liegt ein grober Ermessensmißbrauch in demselben Sinne vor, wie das in der gedachten Rechtsprechung des Senats vorausgesetzt worden ist. (Es kann wegen dieser Wertung des Verhaltens des Amtsträgers auf das schon Dargelegte verwiesen werden.) Jedenfalls in Anbetracht dieser von dem Kläger ausreichend behaupteten vorsätzlichen Verstöße kann also aus den Gesichtspunkten jener Rechtsprechung nichts gegen die Zulässigkeit des Rechtsweges entnommen werden.

Dieselben Erwägungen erledigen eine weitere Einwendung der Revision. Sie begründet ihre Auffassung, daß das Vorbringen des Klägers nicht die schlüssige Behauptung des Tatbestandes der Amtspflichtverletzung enthalte, auch damit, daß er durch einen „sachlich genügend begründeten behördlichen Akt" entlassen worden sei. Damit ergebe sich dieser als „auf jeden Fall gerechtfertigt", auch wenn der Entlassene behaupte, daß die Entlassung in Wahrheit aus einem anderen, sachfremden Grund ausgesprochen worden sei. Diese Erwägungen lassen zunächst den Umstand außer acht, daß der Kläger behauptet und ausreichend darlegt, gerade seine dem Nationalsozialismus zugeneigte Gesinnung habe den Grund seiner Entlassungen gebildet. Eine Verfolgung aus diesem Grund ist aber, wie gezeigt, unter allen Umständen unzulässig und enthält stets eine Amtspflichtverletzung. Ob, abgesehen hiervon, die Ausführungen der Revision beachtlich wären, wenn es sich bloß darum handelte, daß die politische Einstellung des Klägers für das Vorgehen gegen ihn nur einen Grund neben anderen abgegeben hätte, etwa in der Art, daß das Verschwinden des politisch Unliebsamen nur eine erwünschte Begleiterscheinung des aus einem anderen, sachlich gerechtfertigten Grund eingeleiteten Verfahrens gewesen wäre, braucht hier nicht untersucht zu werden, da der Kläger darlegt, daß seine dem Nationalsozialismus zugeneigte Gesinnung den einzigen Grund des Vorgehens gegen ihn gebildet habe, und, wie gezeigt, Gesichtspunkte aus dem kirchlichen Dienststrafrecht solcher Behauptung nicht entgegenstehen, weil dasjenige, was dem Kläger zur Last gelegt wurde, nicht notwendig zu seiner Dienstentlassung führen mußte. Nur mit dieser Behauptung des Klägers, daß er allein aus dem gedachten Grund entlassen worden sei, hatte es das Berufungsgericht zu tun. Sie hat es auch (wie hier in Vorwegnahme des Späteren beigefügt werden möge) als tatsächlich richtig festgestellt; denn das angefochtene Urteil sagt, daß ohne die Gründe politischer Art die Amtsenthebung des Klägers unterblieben wäre, und es bestätigt die Beurteilung des Landgerichts, das für erwiesen angesehen habe, daß auch die Enthebung des Klägers von seiner Pfarrstelle in I. nicht wegen seiner Verwandten oder seines Ungehorsams, sondern wegen seiner politischen Haltung vorgenommen worden sei. Danach verhält es sich so, daß bei den Oberen des Klägers schlechthin kein rechtfertigender Grund seiner Verfolgung bestand, diese vielmehr ausschließlich aus sachfremdem Anlaß betrieben wurde. Das enthält den Tatbestand einer Amtspflichtverletzung.

Die Revision hat in diesem Zusammenhange schließlich noch auf den schon herangezogenen § 146 DBG. hingewiesen. Durch diese Bestimmung würden, so führt sie aus, die Gerichte für die Beurteilung vermögensrechtlicher Ansprüche der Beamten, und gemäß § 174 DBG. auch der Geistlichen, an die Entscheidungen der Verwaltungsbehörden —hier des Generalvikars — gebunden, die darüber ergehen, ob und mit welchem Zeitpunkt das Beamtenverhältnis endet. Die Bindung bestehe nicht nur für die Klage nach § 142 DBG. über vermögensrechtliche Ansprüche aus dem Beamtenverhältnis, sondern auch für den in § 147 DBG. behandelten Anspruch wegen Verletzung einer Amtspflicht. Diesen Ausführungen ist insofern zuzustimmen, als allerdings für die rechtliche Würdigung des vom Kläger erhobenen Anspruchs unter jedwedem Gesichtspunkt davon auszugehen ist, daß seine Amtsenthebungen wirksam sind. Diese Auffassung liegt aber auch allen Erörterungen des angefochtenen Urteils und dieses Urteils zugrunde. Sie schließt indessen nicht die Unterstellung ein, und soll diese nach dem Willen des Gesetzgebers auch keineswegs hervorrufen, daß die Beendigung des Dienstverhältnisses in jeder Hinsicht einwandfrei, insbesondere ohne jede Amtspflichtverletzung zustande gekommen ist.

Mit alldem ist der Rechtsweg als zulässig dargetan.

Die Vordergerichte haben die, wie gezeigt, vom Kläger schlüssig behauptete Amtspflichtverletzung auch in tatsächlicher Beziehung festgestellt. (Wird ausgeführt.)

Die Revision kommt noch darauf zurück, daß der Anspruch des Klägers durch die Vorschrift des § 839 Abs. 3 BGB. ausgeschlossen werde. Nach dieser Bestimmung tritt die Ersatzpflicht des Beamten — oder gemäß Art. 131 WeimVerf. an seiner Stelle der öffentlichen Körperschaft — gegenüber dem Verletzten nicht ein, wenn dieser vorsätzlich oder fahrlässig unterlassen hat, den Schaden durch Gebrauch eines Rechtsmittels abzuwenden. Dabei handelt es sich um die Aufstellung eines rechtsvernichtenden Tatbestandes; es ist also Sache des in Anspruch Genommenen, insoweit den Sachverhalt darzulegen und insbesondere zu behaupten und erforderlichenfalls zu beweisen, daß die Unterlassung für den Schaden ursächlich gewesen ist und daß den Kläger an ihr ein Verschulden trifft (RGUrt. V 161/34 vom 15. Dezember 1934, abgedr. HRR. 1935 Nr. 731).

Nun hat der Beklagte freilich, wie die Revision hervorhebt, vorgetragen, daß der Kläger auf dem Wege des kirchlichen Verfahrens volles und ungeschmälertes Recht hätte finden können. Er hat darauf hingewiesen, daß der Kläger auf die gemäß can. 2176 CJC. vorgenommene Aufforderung, die Verwandte aus seinem Haushalt zu entfernen, seine Gegengründe hätte vorlegen und dadurch bewirken können, daß darüber zwei Examinatoren zu hören gewesen seien (can. 2178 CJC.), daß er ferner, falls trotzdem an der Aufforderung festgehalten wurde, abermals seine Gegengründe hätte vorbringen können, mit der Rechtsfolge, daß wiederum zwei Examinatoren hätten gehört werden müssen. Dieses Rechtsbehelfs einer zweimaligen Überprüfung des Sachverhalts habe er sich begeben, indem er der Aufforderung des Bischofs weder gehorcht, noch seine Gegengründe vorgebracht habe, so daß nunmehr die Absetzung habe verfügt werden müssen. Auch gegen die Absetzungsdekrete endlich habe der Kläger noch nach can. 2146 § 1 CJC. „das echte Rechtsmittel" des Rekurses an den heiligen Stuhl gehabt.

Das Landgericht hat sich in seinem Urteil mit diesem Vorbringen in folgenden Worten auseinandergesetzt: „Ein etwa mitwirkendes Verschulden des Klägers ist bei vorsätzlicher Amtspflichtverletzung nach der Rechtsprechung unbeachtlich. Daß er im Falle der Maßregelung wegen der Nichte den päpstlichen Gerichtshof anrufe, konnte nach Lage der Sache ihm nicht zugemutet werden, weil er Anspruch auf staatlichen Schutz hat und der Staat keine Möglichkeit der Nachprüfung der Entscheidung eines außerstaatlichen Gerichtes hat." Im zweiten Rechtszug ist der Beklagte auf diesen Gegenstand nicht zurückgekommen. Das angefochtene Urteil enthält sich jeder Auseinandersetzung mit ihm. Die Revision rügt das. Sie ist der Meinung, daß jedenfalls die Berücksichtigung dieses Einwandes zur Abweisung der Klage führen müsse. Die Beurteilung hat zu unterscheiden:

5. Bei der Äußerung des Beschuldigten auf die Mahnung des Ordinarius (can. 2176 CJC.), die übrigens im gegebenen Falle nur vor der Entfernung des Klägers von der Pfarrstelle in L. ergangen ist, handelt es sich überhaupt nicht um ein Rechtsmittel, dessen Begriff einen gewissen Abschluß mindestens eines Verfahrensabschnittes voraussetzt, sondern lediglich um eine Anhörung während des laufenden Verfahrens und vor der Entscheidung. Die Vorschrift des § 839 Abs. 3 BGB. hat also insoweit von vornherein außer Betracht zu bleiben. Eine Lässigkeit des Klerikers, der die in Rede stehende Möglichkeit, seine Rechte in einem derartigen Verfahren wahrzunehmen, ungenutzt vorübergehen läßt, kann demgemäß nur unter dem von dem Landgericht in diesem Zusammenhange verwendeten Gesichtspunkt mitwirkenden Verschuldens von Bedeutung sein. Im gegenwärtigen Falle haben die Vordergerichte aber festgestellt, daß den wirklichen Grund für die Entfernung des Klägers von den Pfarrstellen überhaupt nicht die Beziehungen zu seiner Verwandten, auf die sich die Anhörung allein hätte erstrecken können, sondern ausschließlich seine Gesinnung und sein Verhalten in politischer Hinsicht gebildet haben. Wenn es sich so verhält, dann liegt es auf der Hand, daß die Unterlassung des Klägers für den Ausgang des Verfahrens nicht ursächlich gewesen ist. Das Berufungsgericht brauchte daher auf diesen Gegenstand überhaupt nicht einzugehen.

6. Wegen des Rekurses an den heiligen Stuhl, den can. 2146 CJC. gewährt, besteht das erörterte Hindernis, ihn als ein wirkliches Rechtsmittel im Sinne des § 839 Abs. 3 BGB. anzusehen, nicht. Jedoch hat der Kläger andere Bedenken dagegen erhoben. Er weist darauf hin, das der Rekurs an eine Stelle gehe, die nicht nur nicht unmittelbar oder mittelbar dem staatlichen Behördenaufbau angehöre, sondern Bestandteil einer fremden Macht sei. Dort Recht zu nehmen, könne der Kläger nicht verpflichtet gewesen sein. Es erübrigt sich indessen, sich mit diesem Vorbringen auseinanderzusetzen. Denn ob der Rekurs ein Rechtsmittel im Sinne des § 839 Abs. 3 BGB. ist, ob der Kläger die Einlegung des Rekurses schuldhaft verabsäumt hat und ob das Rechtsmittel zu einer Wiedergutmachung des ihm angetanen Unrechts geführt haben würde, hätte von dem Berufungsgericht nach dem

zuvor Dargelegten nur dann geprüft werden müssen, wenn es sich einer solchen Verteidigung des Beklagten gegenübersah.

Das ist jedoch offenbar nicht der Fall gewesen. Von der Möglichkeit des Rekurses ist in dem schriftsätzlichen Vorbringen des Beklagten im ersten Rechtszuge nur in einem einzigen Satze die Rede. Das Urteil des Landgerichts hat den Einwand zurückgewiesen. Weder in der Berufungsbegründung noch in seinem sonstigen schriftsätzlichen Vorbringen des zweiten Rechtszuges ist der Beklagte auf die Möglichkeit des Rekurses zurückgekommen. Unter diesen Umständen kann die Nichterwähnung dieser Verteidigung in dem angefochtenen Urteil, zumal angesichts seines ausführlichen Eingehens auf den übrigen Streitstoff, nur mit der Vorstellung des Berufungsgerichts erklärt werden, daß der Beklagte den Einwand nicht mehr geltend mache. Diese Auslegung seines Prozeßverhaltens kann angesichts des verschwindend geringen Gewichts, das im Gegensatz zu der Ausbreitung des sonstigen Streitstoffs schon im ersten Rechtszug auf diesen Gegenstand gelegt worden war, nicht beanstandet werden.

Da das Revisionsverfahren dem Beklagten keine Möglichkeit bietet, seine Verteidigung in dieser Richtung wieder zu ergänzen, kann das Vorbringen der Revision zu diesem Punkte keine Erheblichkeit gewinnen.

Völkerrecht

RGZ. 42, 301

Einfluß der Änderung von Staatsgrenzen auf die Geltung der Privatrechtsordnung in dem betroffenen Gebiet.

Alter Leitsatz:

1. Vertrag über Abtretung des Verlagsrechtes an musikalischen Kompositionen für Frankreich unter Vorbehalt des Verlagsrechtes für das Gebiet des Deutschen Bundes. Ist der Umfang des dadurch begründeten Verlagsrechtes durch die Änderung der politischen Grenzen Frankreichs und Deutschlands infolge des Frankfurter Friedensvertrages von 1871 geändert?

2. Ist Art. 11 des Litterarvertrages zwischen Deutschland und Frankreich vom 19. April 1883 auf früher geschlossene Verträge anwendbar?

I. Zivilsenat. Urt. v. 9. November 1898 i. S. D. & fils (Kl.) w. M. (Bekl.). Rep. I. 278/98.

I. Landgericht I Berlin. II. Kammergericht daselbst.

Am 21./24. Mai 1864 schlossen G. Fl., Musikalienverleger in Paris, und H. M., Inhaber der damals in Dresden befindlichen Musikalienverlagsbuchhandlung C. F. M., folgenden Vertrag:

„M. C. F. M. cède à M. Fl. la propriété exclusive pour la France des trois opéras de Richard Wagner suivants: Tannhäuser, Fliegende Holländer et Rienzi. M. M. s'engage à ne pas vendre en France ses éditions allemandes sur ces trois opéras autrement que par l'entremise et avec le consentement de M. Fl. M. Fl. s'engage à ne pas envoyer en Allemagne, comprenant toute la Confédération Germanique, ses éditions françaises sans remplir les mêmes formalités vis-à-vis de M. M. Tous les autres pays seront considérés comme neutres, et les parties contractantes auront le droit d'y vendre leurs éditions comme bon leur semblera."

Im Schlußsatze der Urkunde werden dem deutschen Verleger als Entgelt für die Abtretung seiner Rechte 6000 Franken zugesichert.

Die Klägerin, als Rechtsnachfolgerin von G. Fl., nahm später den Beklagten, als derzeitigen Inhaber der M.'schen Verlagshandlung, wegen Verletzung dieses Vertrages, die teils den Rechtsvorgängern des Beklagten, teils ihm selbst zur Last fallen sollte, in Anspruch. Die Vertragsverletzung sollte darin bestehen, daß die M.'sche Verlagshandlung nach dem Jahre 1870 ohne Einwilligung der Klägerin deutsche und auch französische Ausgaben der in dem Vertrage genannten drei Opern in Elsaß-Lothringen vertrieben habe. Die auf Untersagung ferneren Vertriebes und auf Schadensersatz gerichteten Ansprüche der Klägerin wurden von den beiden vorderen Instanzen zurückgewiesen. Das Reichsgericht hat der Revision der Klägerin stattgegeben und die Sache an das Berufungsgericht zurückverwiesen aus folgenden

Gründen:

... Nach der Auffassung des Berufungsrichters ist der der Klage zugrunde liegende Vertrag dahin zu deuten, daß mit der Änderung der politischen Grenzen Deutschlands und Frankreichs sich auch der Umfang des jedem der beiden Teile vorbehaltenen Absatzgebietes ändern sollte. Diese Auffassung beruht auf der Erwägung, daß nach dem Sprachgebrauch die Ausdrücke „la France" und „l'Allemagne" auf die jeweils bestehenden politischen Grenzen der beiden Länder zu beziehen seien, und daß sich aus den Umständen des vorliegenden Falles nichts ergebe, was gegen diese Auslegung spreche. Eine positive Unterstützung derselben findet das Berufungsgericht darin, daß die Kontrahenten gebildete Personen waren, denen, wie Klägerin selbst anerkenne, die Möglichkeit einer Veränderung der politischen Grenzen beider Länder klar gewesen sei. Es sei daher anzunehmen, daß die Vertragschließenden, wenn sie ein von den politischen Grenzen unabhängiges Verlagsrecht hätten begründen wollen, sich anders als geschehen ausgedrückt haben würden.

Diese Ausführungen können nicht gebilligt werden; sie verkennen die Aufgabe, die der Vertragsauslegung im vorliegenden Falle zu stellen ist. Was zunächst den Sprachgebrauch anlangt, so kann nur derjenige Sprachgebrauch in Betracht kommen, der zur Zeit des Vertragsschlusses bestand. Im Jahre 1864 aber bedeutete „Frankreich" („la France") ein politisch und territorial bestimmt begrenztes Gebiet. „Deutschland" ("l'Allemagne") war zu jener Zeit nur ein „geographischer Begriff", der in einem weiteren oder engeren Sinne verstanden werden konnte, und der eine bestimmte Abgrenzung erst erhielt durch die ihm in dem Vertrage zuteil gewordene Erläuterung, wonach er das Gebiet des vormaligen Deutschen Bundes umfassen sollte. Hiernach war im Sinne des Vertrages Deutschland, ebenso wie Frankreich, politisch und dem Gebietsumfange nach abgegrenzt. Wollte man mit dem Berufungsgerichte annehmen, daß mit einer Änderung der politischen Grenzen auch die örtliche Abgrenzung der Vertragsgebiete sich ändern sollte, so würde man damit in den Vertrag etwas hineinlegen, was nach dem Wortverstande nicht in demselben enthalten ist. Denn für den Fall einer Veränderung der politischen Grenzen der beiden Länder enthält der Vertrag überhaupt keine Bestimmung. Ebensowenig liegt etwas dafür vor, daß die Parteien für einen derartigen Fall in dem einen oder anderen Sinne eine Bestimmung treffen wollten. Selbst wenn man davon ausgeht, daß die Parteien sich der Möglichkeit einer Veränderung der politischen Grenzen bewußt gewesen seien, so folgt daraus nicht, daß sie diese Möglichkeit bei Eingehung des Vertrages mit in den Kreis ihrer Berechnungen gezogen und für die bezeichnete Eventualität eine Bestimmung im Vertrage hätten treffen wollen. Denn hierzu würde das vom Berufungsgerichte unterstellte Bewußtsein der Parteien allein nicht genügen; es müßte auch dargetan werden, daß in dieser Hinsicht eine stillschweigende Willensübereinstimmung unter ihnen bestanden habe. Hierfür aber fehlt es an jedem Anhalt.

Mit dem vermutlichen Willen der Parteien läßt sich danach im vorliegenden Falle überhaupt nicht operieren. Bei unbefangener Würdigung der Sachlage ergibt sich, daß die nicht vorauszusehenden politischen Veränderungen, die das Jahr 1870 und der Frankfurter Friede herbeigeführt haben, in dem Vertrage vom 21./24. Mai 1864 nicht vorgesehen sind. Die Schlußfolgerung des Berufungsgerichtes beruht auch nicht sowohl auf einer Auslegung der Absicht der Parteien, als auf der Ansicht des Gerichtes darüber, was die Parteien bestimmt haben würden, wenn sie die später eingetretenen politischen Ereignisse vorausgesehen hätten. Das kann aber für die rechtliche Beurteilung nicht entscheidend sein. Ausschlaggebend ist vielmehr, welche rechtliche Folgerungen aus dem Inhalte des Vertrages für die hier in Betracht kommende Streitfrage zu ziehen sind, wenn man denselben seinem Wortverstande nach auf Gebiete bezieht, die zur Zeit des Vertragsschlusses sowohl politisch wie territorial in bestimmter Weise gegeneinander abgegrenzt waren. Für die Entscheidung dieser Frage ist von Bedeutung, daß das Geltungsgebiet von Privatrechtsnormen, die, sei es auf gesetzlichen Bestimmungen, sei es auf dem Gewohnheitsrechte beruhen, durch eine Verschiebung der politischen Grenzen regelmäßig nicht berührt wird. Es bedarf bei Veränderungen der Gebietshoheit eines besonderen gesetzgeberischen Aktes, um das bisher geltende Privatrecht außer Kraft zu setzen. Geschieht dies nicht, so behält dasselbe unveränderte Gültigkeit. Ist dies aber selbst bei den dem objektiven Rechte angehörigen Rechtssätzen als Regel zu betrachten, so wird man um so mehr bei rechtsgeschäftlichen Dispositionen davon ausgehen dürfen, daß das Gebiet, auf welches sie sich erstrecken, im Zweifel durch eine Veränderung der politischen Grenzen nicht betroffen wird. Von dieser Auffassung abzuweichen bietet die Sachlage des Streitfalles keine Veranlassung. Den Kontrahenten des Vertrages vom Mai 1864 kam es darauf an, sich hinsichtlich des Vertriebes der vorgenannten drei Wagnerschen Opern auseinanderzusetzen. Jedem der vertragschließenden Teile sollte ein bestimmtes Absatzgebiet ausschließlich vorbehalten, und er innerhalb dieses Gebietes vor der Konkurrenz seines Gegenkontrahenten geschützt sein, während alle übrigen Länder für „neutral" erklärt, d. h. dem Wettbewerbe beider Kontrahenten offengelassen, wurden. Man wird nun immerhin voraussetzen dürfen, daß für die Abgrenzung der zuerst erwähnten Vertragsgebiete der Umstand, daß es sich um politisch gegeneinander abgeschlossene Territorien handelte, von Einfluß gewesen ist; ausschließlich bestimmend war aber dieser Umstand gewiß nicht. Die Abfindung, die der französische Verleger dem deutschen zugesichert hat, bezieht sich jedenfalls mit auf die vom deutschen Verleger übernommene Verpflichtung, seine deutschen Ausgaben der erwähnten Opern ohne Einwilligung der französischen Verlagshandlung nicht in Frankreich zu vertreiben. Es liegt sehr nahe, daß die Kontrahenten hierbei wesentlich an die damals zu Frankreich gehörige deutsch sprechende Bevölkerung des Elsasses und an den hier sich eröffnenden Abnehmerkreis gedacht haben. Hierin ist aber durch die Ereignisse des Jahres 1870 und ihre staatsrechtlichen Folgen eine Änderung nicht eingetreten, und auch im übrigen ist nicht ersichtlich, inwiefern durch die Veränderung der politischen Grenzen die aus dem Vertrage vom Mai 1864 sich ergebenden Rechte der Parteien beeinflußt werden sollten.

RGZ. 62, 165

Es ist ein Rechtssatz des Völkerrechts, daß ein ausländischer Staat auch aus rein privatrechtlichen Ansprüchen, außer im Falle freiwilliger Unterwerfung unter die inländische Gerichtsbarkeit und außer im Falle einer dinglichen Klage über ein inländisches Grundstück, vor inländischen Gerichten nicht belangt werden kann.

Alter Leitsatz:

Inwieweit können gegen einen ausländischen Staat Klagen aus einem lediglich privatrechtlichen Verhältnis vor den deutschen Gerichten erhoben werden?

II. Zivilsenat. Urt. v. 12. Dezember 1905 i. S. B. (Kl.) w. belgischen Staats- u. Eisenbahnfiskus (Bekl.). Rep. II 193/05.

I. Landgericht Aachen. II. Oberlandesgericht Köln.

Im März 1902 schloß der verklagte belgische Eisenbahnfiskus mit dem Kaufmann K. in Antwerpen einen Vertrag ab, der die Lieferung von Eisenbahnschwellen von seiten des K. an den Beklagten zum Gegenstand hatte. Wegen der Ausführung des Vertrages entstanden zwischen beiden Streitigkeiten. Der Kläger, der in Düsseldorf wohnte, behauptete, K. habe ihm seine Rechte und Ansprüche aus dem Vertrage gegen den Beklagten übertragen. Gestützt hierauf, und indem er die Zuständigkeit des angerufenen Gerichts aus § 23 ZPO. herleitete, erhob er gegen den Beklagten Klage bei dem Landgericht in Aachen auf Auflösung des Vertrages, soweit die Schwellen nicht abgenommen seien, und im übrigen auf Zahlung, auf Rückgabe der gestellten Kaution und auf Schadensersatz. Der Beklagte beantragte die Abweisung der Klage, da er der Gerichtsbarkeit eines deutschen Gerichts nicht unterworfen sei; er verweigerte jede sachliche Einlassung. Die beiden Vorinstanzen wiesen die Klage wegen Unzuständigkeit ab; die Revision des Klägers wurde zurückgewiesen aus folgenden

Gründen:

„Bei der gegenwärtigen Streitlage steht allein in Frage, ob das Oberlandesgericht mit Recht angenommen hat, daß der verklagte belgische Staats- und Eisenbahnfiskus, gegen den aus einem rein privatrechtlichen Anspruch Klage erhoben ist, der Gerichtsbarkeit des angerufenen deutschen Gerichts nicht unterworfen sei. Das Oberlandesgericht ist zutreffend davon ausgegangen, daß diese Frage weder durch § 18 GVG. noch durch § 23 ZPO. entschieden wird, daß vielmehr, da in dieser Beziehung vertragliche Abmachungen zwischen Deutschland und Belgien nicht bestehen, auch die deutsche Gesetzgebung hierüber keine Bestimmungen enthält, Deutschland und Belgien aber voneinander unabhängige Staaten sind, allein das Völkerrecht entscheidend sein könne, d. h. das Recht, wie solches von den großen Kulturstaaten untereinander und im Verkehr mit den anderen Staaten anerkannt ist und gehandhabt wird. Nun besteht in der Literatur zwar im allgemeinen darin Übereinstimmung, daß, wenn es sich um Akte des Staates handelt, die er in Ausübung der Staatsgewalt nach öffentlichem Rechte vollzieht, der eine Staat der Gerichtsgewalt eines anderen Staates nicht unterworfen ist; dagegen herrscht Streit darüber, ob in diesem Sinne auch dann zu entscheiden ist, wenn, wie im vorliegenden Fall, der Staat nicht in seiner Eigenschaft als öffentliche Gewalt, sondern als juristische Person, als Fiskus, auf dem Gebiete des Privatrechts in Betracht kommt. Die einen nehmen auch dann in der Regel, mit gewissen Ausnahmen, die Exemtion an, während von anderen die Ansicht verfochten wird, in Privatrechtsstreitigkeiten sei der ausländische Staat, ebenso wie die ausländische Privatperson, der Gerichtsbarkeit der inländischen Gerichte unterworfen. Wenn hiernach die Frage nach der Doktrin zweifelhaft sein kann, so steht doch fest, daß die höheren Gerichte in Deutschland, Österreich, Frankreich, England und in den Vereinigten Staaten von Nordamerika, sowie bis vor einiger Zeit auch in Italien und in Belgien, also in den größeren, den internationalen Verkehr beeinflussenden Kulturstaaten, in ihren betreffenden Entscheidungen fast ständig den Grundsatz zum Ausdruck gebracht haben, der auswärtige Staat sei in der Regel auch bei privatrechtlichen Ansprüchen der Gerichtsbarkeit der inländischen Gerichte nicht unterwerfen.

Vgl. Löning, Die Gerichtsbarkeit über fremde Staaten usw., in der Festgabe der juristischen Fakultät Halle für Fitting, und Droop, in Gruchot, Beitr. Bd. 26 S. 289 ff., und die in diesen Abhandlungen angegebene Literatur und Rechtsprechung.

In diesem Sinne hat sich namentlich auch der preußische Kompetenzgerichtshof in seinen Entscheidungen vom 14. Januar 1882 und vom 14. Juni 1902 ausgesprochen, sowie auch der bayerische Kompetenzgerichtshof in den Gründen des Urteils vom 4. März 1885.

Stenographische Berichte über die Reichstagssession 1884/85 Bd. VII Anlage S. 1925 und 1930 ff. und Zeitschr. für internat. Privat- und öffentliches Recht Bd. 13 S. 397 ff.

... Dieses Ergebnis entspricht der im internationalen Verkehr anerkannten gegenseitigen Unabhängigkeit und Gleichheit der souveränen Staaten, worauf das Völkerrecht beruht. Die dem Staate innewohnende Herrschermacht offenbart sich in der Tätigkeit seiner Organe, also auch in der Rechtsprechung seiner Gerichte; diese üben ihre Tätigkeit im Namen des Staates oder des denselben repräsentierenden Staatsoberhauptes aus. Der Staat stellt kraft seiner Gewalt in dem gerichtlichen Urteil dasjenige fest, was zwischen den Streitenden rechtens ist, und gewährt zur Durchführung der Entscheidung die erforderlichen Zwangsmittel. Daraus folgt aber mit Notwendigkeit, daß, wenn der ausländische Staat, auch in Privatrechtssachen, gezwungen werden könnte, vor inländischen Gerichten Recht zu nehmen, er der inländischen Staatsgewalt unterworfen sein und an seiner völkerrechtlichen Unabhängigkeit Einbuße erleiden würde. Daher muß als ein Rechtssatz des Völkerrechts anerkannt werden, daß ein ausländischer Staat auch aus rein privatrechtlichen Ansprüchen vor den inländischen Gerichten nicht belangt werden kann.

Dieser Rechtssatz ist allerdings gewissen Einschränkungen zu unterwerfen. So wird ihm z. B. ziemlich allgemein die Anerkennung versagt, wenn es sich um eine dingliche Klage handelt, die sich auf ein im Inlande gelegenes Immobile bezieht; denn der Grund und Boden, als untrennbarer Teil des Staatsgebietes kann nur der Herrschaft desjenigen Staates, zu dem er gehört, unterstehen. Ferner ist allgemein anerkannt, daß in einem Privatrechtsstreit der eine Staat sich freiwillig der Gerichtsbarkeit eines anderen Staates unterwerfen kann, welche Unterwerfung bezüglich der vom Gegner erhobenen Widerklage anzunehmen sein wird, wenn der fremde Staat die Klage bei einem inländischen Gericht erhoben hat. Inwiefern aus konkludenten Handlungen auf eine freiwillige Unterwerfung zu schließen ist, bedarf keiner Erörterung, da in gegenwärtiger Sache der Beklagte sofort gegen die Zuständigkeit des Landgerichts in Aachen protestiert, und das ganze in Frage stehende Rechtsgeschäft in Belgien seinen Sitz hat.

Hiernach haben die Vorinstanzen mit Recht die Klage wegen Unzuständigkeit abgewiesen, und es ist hierbei einflußlos, daß in neuerer Zeit in Belgien selbst in der Rechtsprechung die Auffassung, fremde Staaten seien in Privatstreitigkeiten gleich den fremden Privatpersonen der belgischen Gerichtsbarkeit unterworfen, Anerkennung gefunden hat (Entscheidung des Brüsseler Kassationshofes vom 11. Juni 1903 in Sachen der Lüttich-Limburger Eisenbahngesellschaft gegen den Staat der Niederlande). Abhilfe könnte nur getroffen werden gemäß § 24 Einf.-Ges. zur ZPO."

RGZ. 102, 251

Leitsatz (zu 1 und 2 alt, zu 3 neu): **1. Wann handelt der Staat öffentlichrechtlich, wann privatrechtlich?**

2. Kann der Staat außerhalb seines Gebiets Staatshoheitsakte vornehmen? Ist der Rechtsweg gegen solche Akte zulässig?

3. *Kann ein Staat in rein privatrechtlichen Streitigkeiten vor den Gerichten eines anderen Staates belangt werden? Ist er bei dinglichen Klagen dem fremdstaatlichen Gerichtsstand der belegenen Sache unterworfen?*

VII. Zivilsenat. Urt. v. 7. Juni 1921 i. S. Gebiet Gotha (Bekl.) w. früh. Herzog von Sachsen-Koburg und Gotha (Kl.). VII 528/20

I. Landgericht Meiningen. II. Oberlandesgericht Jena.

Der Beklagte, der damals noch ein selbständiger Bundesstaat des Deutschen Reiches war, hat unter dem 31. Juli 1919 ein Gesetz erlassen, in welchem es u. a. heißt:

Die Schmalkaldener Forsten des ehemaligen Herzoglichen Hauses werden — vorbehaltlich der Rechte anderer Staten — beschlagnahmt und in das Eigentum des Staates übergeführt.

Auf Grund dieses Gesetzes hat der Beklagte dem Kläger den Besitz und die Verwaltung der in dem preußischen Kreise Herrschaft Schmalkalden gelegenen sog. Schmalkaldener Forsten entzogen. Zu diesen Forsten gehört die im Klagantrag genannte Parzelle. Der Antrag selbst geht dahin, 1. festzustellen daß der Kläger Eigentümer der Parzelle ist, 2. den Beklagten zu verurteilen, dem Kläger diejenigen Rechte wieder einzuräumen, die ihm als Eigentümer des genannten Grundbesitzes zustehen, insbesondere dessen Besitz und Verwaltung. Der Beklagte hat in der ersten mündlichen Verhandlung vom 10. Mai 1920 die Unzulässigkeit des Rechtswegs eingewendet und die Verhandlung zur Hauptsache verweigert. Das Landgericht hat die Einrede durch Zwischenurteil verworfen, das Oberlandesgericht hat die Berufung zuückgewiesen. Auch die Revision blieb erfolglos.

Aus den Gründen:

... Darin ist allerdings der Revision beizupflichten, daß gerade nach den leitenden Sätzen des Berufungsurteils der Rechtsweg für unzulässig erachtet werden müßte. Es wird dort ausgeführt, daß in der Frage der Vermögensauseinandersetzung die Parteien an sich gleichberechtigt auf privatrechtlichem Boden gegenüberstanden; insoweit habe das Rechtsverhältnis des Klägers zum Beklagten nicht auf der Unterordnung des Staatsbürgers unter die Staatshoheit beruht. ... Erst nach dem Scheitern der Vergleichsverhandlungen habe der Beklagte der Gesetzgebung sich bedient. Daraus zieht der Berufungsrichter den Schluß, daß das Gesetz vom 31. Juli 1919 einem privatrechtlichen Zwecke diente, nicht einem Staatshoheitszweck, und daß der Eingriff in das Privateigentum des Klägers, den es darstellt, ein privatrechtlicher, kein öffentlichrechtlicher sei. Dieser Schluß ist nach zwei Richtungen hin von Rechtsirrtum beeinflußt. Unrichtig ist einmal die Annahme, daß der Staat sich stets auf dem Boden des Privatrechts bewege, wenn es sich um sein Vermögen handelt. Will z. B. der Staat sein Vermögen vermehren, um seine staatlichen Aufgaben besser erfüllen zu können, und führt er deshalb durch Gesetz Monopole ein, so handelt der Staat öffentlich-rechtlich. Unrichtig ist ferner die Annahme, daß der verfolgte Zweck über den Charakter der Maßnahme entscheidet. Maßgebend ist weder der Zweck noch auch die Form der staatlichen Handlung, etwa die Gesetzesform; maßgebend ist vielmehr lediglich ihr Inhalt. Tritt der Staat den seiner Herrschaft unterworfenen Personen kraft obrigkeitlicher Gewalt im Wege des Gebots oder des Verbots gegenüber, so handelt er öffentlichrechtlich; stellt er sich gleichberechtigt neben sie, lädt er sie etwa vor den ordentlichen Richter, um einen Streit auszutragen, so handelt er privatrechtlich. Würde der Berufungsrichter von diesen Gesichtspunkten ausgegangen sein, so würde er erkannt haben, daß der Beklagte bei Erlaß des Gesetzes vom 31. Juli 1919 öffentlichrechtlich gehandelt hat. Er verließ damit den Boden des Privatrechts, auf dem er bis dahin mit dem Kläger als einem Gleichberechtigten über eine gütliche Einigung verhandelt hatte, er trat auf den Boden des öffentlichen Rechts, um im Wege staatlichen Zwanges das durchzuführen, was er anders nicht erreichen konnte.

Das Berufungsurteil war aber aus folgenden Erwägungen aufrechtzuerhalten: Nach einem anerkannten Grundsatze des zwischenstaatlichen Rechts endet die Staatshoheit eines jeden Staates an den Grenzen seines Gebiets. Da das im gegenwärtigen Rechtsstreite streitige Grundstück in Preußen liegt, so ist es der Staatshoheit des Beklagten nicht unterworfen. Der Beklagte konnte durch einen Staatshoheitsakt über dieses Grundstück nicht verfügen. Dessen ist er sich mehr oder weniger auch bewußt gewesen. Darauf deutet der im Gesetz vom 31. Juli 1919 zugunsten der Rechte anderer Staaten gemachte Vorbehalt hin. Allerdings hat diese Erkenntnis den Beklagten nicht abgehalten, auch das außerhalb Gothas belegene Eigentum des Klägers in das Gesetz vom 31. Juli 1919 einzubeziehen.

Ist aber dieses Gesetz nicht ein Akt der für Preußen maßgebenden Staatsgewalt, so ist es für die in Preußen liegenden Schmalkaldener Forsten und damit auch für das streitige Grundstück überhaupt nicht als der Akt einer Staatsgewalt anzusehen. Der Kläger ist in seinem Eigentum und seinem Besitz durch die Handlung des anderen verletzt, und nur einen rechtlich nicht in Betracht kommenden Zufall bedeutet es, daß der andere ein auswärtiger Staat ist. Weil dieser auswärtige Staat in Preußen Staatshoheitsakte nicht vornehmen kann, so darf er auch seinerseits in Preußen sich nicht darauf berufen, daß er einen Staatshoheitsakt vorgenommen habe. Danach ist der Rechtsweg für die erhobene Klage zulässig.

Was die Revision gegen diese Folgerungen ausführt, ist nicht schlüssig.

1. Das Landgericht in Meiningen ist für die erhobene Klage nach § 24 ZPO. als das ausschließlich zuständige Gericht der belegenen Sache angerufen worden. Schon in der Ausschließlichkeit dieses Gerichtsstandes für unbewegliche Sachen spiegelt sich die Staats- und Gebietshoheit wieder. Der Staat duldet nicht, daß fremde Richter über die in seinem Bereich liegenden Grundstücke urteilen. Wenn es deshalb auch eine — auf das Verhältnis der deutschen Länder untereinander allerdings nicht anwendbare — anerkannte Rechtsregel des zwischenstaatlichen Rechts ist, daß ein Staat vor den Gerichten eines

anderen Staates auch in rein privatrechtlichen Streitigkeiten nicht belangt werden darf, so wird doch davon die ebenso anerkannte Ausnahme gemacht, daß bei dinglichen Klagen jeder Staat dem Gerichtsstand der belegenen Sache unterworfen ist (Löning in der Festgabe für Fitting S. 267). Die Revision ... übersieht, daß das Landgericht in Meiningen angerufen worden ist, weil die preußischen Gebietsteile, in denen die Schmalkaldener Forsten liegen, zu diesem Landgericht gehören. Das Landgericht hat also als preußisches Gericht gesprochen und dasselbe gilt von dem Oberlandesgericht.

2. Die Revision sucht weiter auszuführen, daß das Gesetz vom 31. Juli 1919 sich nur gegen den Kläger richte, und daß dieser als gothaischer Staatsbürger die gothaische Staatsgewalt anerkennen müsse. Dabei übersieht die Revision, daß in dem Gesetz vom 31. Juli 1919 auch eine Verfügung über preußisches Land liegt, daß diese unzulässig war und von dem Staate Preußen und seinen Organen, zu denen auch seine Richter gehören, nicht anerkannt werden kann.

3. Der von der Revision aufgestellte Rechtssatz, daß jedes deutsche Land das Recht eines anderen Landes respektieren muß, ist grundsätzlich richtig, nur bedingt, wie schon erwähnt, die Gebietshoheit gewisse Ausnahmen. Das Reich kann in den verfassungsmäßig bestimmten Grenzen in die Gebietshoheit der einzelnen Länder eingreifen, daraus ist aber für das Verhältnis der einzelnen Länder zueinander nichts herzuleiten. Das verkennt die Revision.

RGZ. 102, 304

Einfluß von Gebietsabtretungen auf den Fortbestand der deutschen Gerichtsbarkeit für anhängige Prozesse.

Alter Leitsatz:

Kann für einen gegen das Deutsche Reich geführten Rechtsstreit die deutsche Gerichtsbarkeit infolge einer im Friedensvertrag vom 28. Juni 1919 angeordneten Abtretung preußischen Staatsgebietes erlöschen?

VII. Zivilsenat. Urt. v. 1. Juli 1921 i. S. Schloßsee-Entwässerungsgenossenschaft zu Niederzehren (Kl.) w. das Deutsche Reich, vertreten früher durch eine Abwicklungsstelle in Danzig, jetzt durch das Landesfinanzamt in Stettin (Bekl.) VII 591/20.

I. Landgericht Danzig. II. Oberlandesgericht Marienwerder.

Auf Grund eines Vertrags vom 21. September 1915 hatte die Inspektion der Kriegsgefangenenlager im Bereiche des XVII. Armeekorps der Klägerin 200 Kriegsgefangene und 26 Wachtmannschaften zu Meliorationsarbeiten gestellt. Als Unterkunftsvergütung sollte Klägerin bis auf Widerruf 15 Pfg. für den Tag und Kopf erhalten. Die Vergütung ist ihr auch bis zum 30. August 1916 gezahlt worden. Da die Gefangenen und Bewachungsmannschaften bei ihr bis 1. Dezember desselben Jahres verblieben sind, verlangte Klägerin mit der Klage Nachzahlung von 3084,60 M. als Vergütung für 91 Tage und 226 Köpfe. Der Beklagte beantragte Klagabweisung und forderte mittels Widerklage die vom 1. Mai bis 10. August 1916 gezahlte Unterkunftsvergütung von 4187,55 M. wegen eines schon im April desselben Jahres erfolgten Widerrufs der Zahlungspflicht zurück. Das Landgericht in Danzig wies durch Urteil vom 6. November 1919 die Klage ab und verurteilte auf die Widerklage die Klägerin zur Zahlung von 4187,55 M. an den Beklagten. Die Klägerin legte am 31. Dezember 1919 bei dem Oberlandesgericht in Marienwerder Berufung ein. Dieses erklärte durch Urteil vom 21. Oktober 1920 die weitere Rechtsverfolgung vor dem Oberlandesgericht für unzulässig, da für den Rechtsfall die deutsche Gerichtsbarkeit erloschen sei. Auf die Revision der Klägerin wurde das Berufungsurteil aufgehoben und die Sache an das Berufungsgericht zurückverwiesen aus folgenden

Gründen:

Die im Berufungsurteil vertretene Ansicht, daß für den vorliegenden Streitfall die deutsche Gerichtsbarkeit erloschen sei, kann nicht Billigung finden. Abzulehnen ist vor allem die Erwägung des Urteils, praktisch spreche gegen die Fortdauer der deutschen Gerichtsbarkeit in den fiskalischen Sachen, daß grundsätzlich der Fiskus des erwerbenden Staats an die Stelle des bisherigen deutschen oder preußischen Fiskus als dessen Rechtsnachfolger mit allen seinen Rechten und Pflichten trete und deshalb auch die im Prozeß verfolgte Schuld des deutschen oder preußischen Fiskus wegen Übergangs auf den ausländischen Staat materiell im Regelfall nicht mehr bestehe; ob im Einzelfall ein Verzicht des erwerbenden Staats auf diesen Übergang der Rechte und Pflichten anzunehmen sei oder besondere Vereinbarungen vorlägen, müsse in jedem einzelnen Falle näher dargelegt werden; hier sei es nicht geschehen. Diese Erwägung läßt den Verhandlungsgrundsatz außer acht. Zur Klage kommt ein aus einem schuldrechtlichen Vertrag im Jahre 1916 erwachsener Geldanspruch in Frage, erhoben von einer Genossenschaft, die in dem noch jetzt zu Deutschland gehörigen Gebiet ihren Sitz hat, als Gläubigerin gegen den deutschen Reichsmilitärfiskus als Schuldner. Letzterer hat den Anspruch bestritten und mit der Widerklage einen aus dem Jahre 1916 herrührenden, seitens der Klägerin bestrittenen Bereicherungsanspruch geltend gemacht. Weder aus den Sachvorträgen der Parteien noch sonstwie, insbesondere auch nicht aus dem Friedensvertrage von Versailles, ergibt sich irgendwelcher Anhalt dafür, daß die den Gegenstand des Rechtsstreits bildenden Forderungsrechte oder Schuldverpflichtungen auf eine andere Rechtspersönlichkeit übergegangen seien. Nach dem für die Entscheidung maßgeblichen Streitverhältnisse handelt es sich lediglich um einen Geldanspruch der Klägerin gegen den Beklagten und um einen Geldanspruch der letzteren gegen erstere.

Für die Frage des Fortbestandes oder der Erlöschung der deutschen Gerichtsbarkeit kommt nur der Anspruch der Klägerin in Betracht. Die Widerklage hat nur nebensächliche Bedeutung. Im Einklang mit dem Berufungsurteil ist ferner anzunehmen, daß seit dem 10. Januar 1920, dem Zeitpunkte des Inkrafttretens des Friedensvertrags, die deutsche Gerichtsbarkeit für das Gebiet der jetzigen Freien Stadt Danzig untergegangen ist. Daraus folgt, daß das Landgericht Danzig seit dem 10. Januar 1920 nicht mehr zur Ausübung deutscher Gerichtsbarkeit berufen ist. Nicht aber ist der allgemeinen grundsätzlichen Folgerung des Berufungsurteils beizustimmen, daß seitdem auch das Oberlandesgericht Marienwerder die Entscheidungsgewalt über die am 10. Januar 1920 bei ihm schon anhängigen Berufungen gegen Urteile des Danziger Landgerichts verloren habe. Wenn auch dies Landgericht im erwähnten Zeitpunkt als preußisches Gericht wegfiel, so blieben doch die von ihm vorher erlassenen Urteile, unter ihnen die in vorliegender Sache ergangene Entscheidung vom 6. November 1919, als Urteilssprüche einer preußischen Gerichtsbehörde bestehen, die jedenfalls in der Zeit bis zum 10. Januar 1920 gültig nur durch Berufung an das übergeordnete preußische Oberlandesgericht Marienwerder angefochten werden konnten (vgl. auch Entsch. des Reichsfinanzhofs Bd. 2 S. 258). Der Gedanke des Berufungsrichters, ein Erlöschen der Gerichtsbarkeit der ersten Instanz müsse für alle Instanzen wirken, geht viel zu weit. Nachdem das Berufungsgericht rechtsgültig mit der Berufung befaßt worden war, ist seine Spruchbefugnis nicht lediglich wegen der Abtrennung der im Art. 100 des Friedensvertrags umgrenzten, den Sitz des erstinstanzlichen Gerichts enthaltenden Gebietsteile von Deutschland erloschen. Erhebliche Bedenken gegen die Fortdauer der Spruchbefugnis des Berufungsgerichts könnten erst entstehen, wenn infolge der in jenem Artikel behandelten Gebietsabtretung die inneren Beziehungen des Klaganspruchs zum deutschen Inland geschwunden wären. Näher ist aber hierauf nicht einzugehen. Es steht immer nur in Frage, ob hier in zweiter Instanz deutsch-preußische oder danziger Gerichtsbarkeit einzutreten hatte. Nach einem anerkannten völkerrechtlichen Grundsatze kann ein Staat selbst aus rein privatrechtlichen Geschäften vor den Gerichten eines fremden Staates nicht belangt werden, es sei denn — was hier nicht in Betracht kommt — daß er sich solcher Gerichtsbarkeit freiwillig unterworfen hat oder es sich um eine Klage in ausschließlichem Gerichtsstand handelt. Nach diesem feststehenden Grundsatze, den der Berufungsrichter übersehen hat, kommt im vorliegenden, gegen das Deutsche Reich als Beklagten geführten Rechtsstreit die Entscheidungsgewalt in zweiter Instanz nicht einer im Gebiete der Freien Stadt Danzig, sondern einer in Deutschland bestehenden oberen Gerichtsbehörde zu. Wie aus dem Aufsatz in JW. 1921 S. 141 flg. ersichtlich ist, hat auch das in Danzig errichtete vorläufige Obergericht für Prozesse, die sich gegen den preußischen oder den deutschen Reichsfiskus richteten, mehrfach das Bestehen der danziger Gerichtsbarkeit verneint. Die mit der Revision angefochtene, lediglich auf der irrigen Annahme des Erlöschens der deutschen Gerichtsbarkeit ruhende Entscheidung ist sonach hinfällig. An der örtlichen Zuständigkeit des Berufungsgerichts kann ein Zweifel nicht obwalten. Sie ist aus der zur Zeit der Klageerhebung bestandenen Zuständigkeit des erstinstanzlichen Gerichts (§§ 12, 13, 18 ZPO.) abzuleiten. Jede Veränderung der die örtliche Zuständigkeit begründenden Umstände, namentlich der Übergang des Rechtes zur Vertretung des Beklagten auf eine Behörde mit dem Sitze in Stettin, ist einflußlos (§ 263 Nr. 2 ZPO., vgl. Gruchot Bd 47 S. 576).

RGZ. 103, 274

Kann gegen einen ausländischen Staat wegen privatrechtlicher Ansprüche aus einer von ihm betriebenen Schiffsreederei Klage vor inländischen Gerichten erhoben werden?

I. Zivilsenat. Urt. v. 10. Dezember 1921 i. S. G. S. (Kl.) w. United States Shipping Board (Bekl.) I 177/21.

I. Landgericht Bremen, Kammer f. Handelssachen. II. Oberlandesgericht Hamburg.

Am 24. August 1919 stieß auf dem Nieuwe Waterweg in der Nähe von Maaßluis (Holland) der der Klägerin gehörige Dampfer „Jonas Sell" mit dem den Vereinigten Staaten von Amerika gehörigen Dampfer „Ice King" zusammen. Die Klägerin behauptet, daß der Zusammenstoß durch ein Verschulden der Führung des Dampfers „Ice King" verursacht und ihr Dampfer „Jonas Sell" durch den Zusammenstoß beschädigt worden sei. Auf Ersatz dieses Schadens nimmt die Klägerin den Beklagten als den Vertreter des Reeders des „Ice King", der Vereinigten Staaten von Amerika, in Anspruch.

Der Beklagte hat die Einlassung zur Hauptsache verweigert und mit der Begründung, daß als die beklagte Partei die Vereinigten Staaten von Amerika anzusehen und diese der deutschen Gerichtsbarkeit nicht unterworfen seien, die Einreden der Unzuständigkeit des Gerichts und der Unzulässigkeit des Rechtswegs erhoben.

Das Landgericht verwarf die Einreden als unbegründet. Das Oberlandesgericht hob die landgerichtliche Entscheidung auf und wies die Klage ab.

Die Revision hatte keinen Erfolg.

Gründe:

Das Berufungsgericht hat die unbeanstandete Feststellung getroffen, daß der Eigentümer des Dampfers „Ice King" und damit der eigentliche Beklagte im gegenwärtigen Rechtsstreit nicht das United States Shipping Board, sondern die von ihm vertretenen Vereinigten Staaten von Amerika sind.

Das angefochtene Urteil knüpft an den vom Reichsgericht im Urteil vom 12. Dezember 1905 (RGZ. Bd. 62 S. 165 = vorliegender Band der Auswahlsammlung S. 285) ausgesprochenen Grundsatz an, daß ein ausländischer Staat auch aus rein privatrechtlichen Ansprüchen von den inländischen Gerichten in der Regel nicht belangt werden könne. Dieser trotz entgegenstehender Erkenntnisse einiger auswärtiger Gerichte (vgl. Löning, Die Gerichtsbarkeit über fremde Staaten und Souveräne, in der Festgabe für Fitting, S. 52 ff.) im wesentlichen aus der damals herrschenden Praxis hergeleitete völkerrechtliche Grundsatz ist jedenfalls für jene Zeit als zutreffend zu erachten. Es fragt sich, ob hieran inzwischen durch neu hervorgetretene Umstände, etwa durch den Weltkrieg und seine Vor- und Nachwirkungen, etwas geändert ist. Dies ist nicht der Fall. So hat die von der Revision vertretene und bisweilen im Schrifttum, seltener in der Rechtsprechung (vgl. HansRZ. 1921 S. 458) gebilligte Ansicht, daß ein ausländischer Staat, der im Inlande ein ausgedehntes gewerbliches Unternehmen eingerichtet hat und betreibt, sich damit für Rechtsstreitigkeiten aus diesem Gewerbe- oder Handelsbetrieb oder mit den ihm gehörigen (beweglichen) Vermögensstücken, die er in das Inland verbracht hat, auch den ausländischen Gerichten unterwerfe, in der Praxis eine allgemeine oder irgendwie vorherrschende Anerkennung nicht gefunden (Löning S. 114 ff.). Wenn ferner in Schrifttum und Rechtsprechung wiederholt „Kauffahrteischiffen" schlechthin die Exterritorialität in fremdländischen Häfen aberkannt worden ist, so ist dies im Hinblick auf eine Zeit geschehen, wo eine ausschließliche Verwendung von Staatsschiffen, d. h. im Eigentum eines souveränen Staates stehenden Seeschiffen, zu privaten Zwecken, insbesondere im Reedereigeschäft, in nennenswertem Umfange nicht bekannt war. Es kann daher aus jenen Meinungsäußerungen nichts Entscheidendes dafür entnommen werden, daß völkerrechtlich nur solche fremdländische Staatsschiffe von der inländischen Gerichtsbarkeit befreit seien, welche ganz oder teilweise im öffentlichen Dienst stehen. Allerdings ist in den internationalen Übereinkommen vom 23. September 1910 „zur einheitlichen Feststellung von Regeln über den Zusammenstoß von Schiffen" (RGBl. 1913 S. 49) in Art. 11 und „zur einheitlichen Feststellung von Regeln über die Hilfeleistung und Bergung in Seenot" (RGBl. 1913 S. 66) in Art. 14 insofern zwischen Staatsschiffen, die ausschließlich für einen öffentlichen Dienst bestimmt sind, und Staatsschiffen, bei denen dies nicht zutrifft, ein Unterschied gemacht, als der dort vorgesehene Vorbehalt nur auf die ersteren bezogen ist. Dies betrifft aber nur das den wesentlichen Gegenstand jener Übereinkommen bildende materielle Privatrecht und läßt keinen hier in Betracht kommenden Rückschluß zu auf die Entwicklung des Völkerrechts nach der im vorliegenden Falle maßgeblichen, das prozeßrechtliche Gebiet betreffenden Richtung hin. Ähnlich verhält es sich mit den von der *International Law Association* beschlossenen und vom 3. September 1921 datierten „Hague Rules" und den ihnen beigefügten „Resolutions". Die Hague Rules berühren nur einen Abschnitt des materiellen Privatrechts. Wenn daher in Nr. 3 der „Resolutions" als Meinung der International Law Association angeführt wird, daß die Hague Rules auch auf Schiffe anwendbar seien, die im Eigentum einer Regierung stehen oder von ihr gechartert sind, ausgenommen solche Schiffe, die ausschließlich im Flotten- oder Heeresdienst verwendet werden, so ist daraus für die hier interessierende Immunitätsfrage etwas Wesentliches nicht zu folgern. Freilich läßt sich nicht verkennen, daß die besonders im Schrifttum hervorgetretenen Bemühungen, die grundsätzliche völkerrechtliche Immunität von Privatzwecken dienendem Staatseigentum zu beseitigen oder doch einzuschränken, besonders auf dem Gebiete des internationalen Seerechts in maßgeblichen Kreisen mehr und mehr Anklang finden. Aber diese Entwicklung ist in der Praxis des internationalen Verkehrs noch nicht derartig allgemein in die Erscheinung getreten, daß daraus eine rechtswirksame Änderung des oben angeführten völkerrechtlichen Grundsatzes entnommen werden könnte (vgl. auch die Verfassung des Deutschen Reichs vom 11. August 1919 Art. 4).

Demgemäß ist auch hier davon auszugehen, daß ein ausländischer Staat, wie die von dem United States Shipping Board vertretenen Vereinigten Staaten von Amerika, selbst in reinen Privatrechtsstreitigkeiten grundsätzlich von der inländischen Gerichtsbarkeit befreit ist, und es ist nur zu prüfen, ob etwa besondere Umstände gegeben sind, welche im vorliegenden Fall eine Ausnahme von dieser Regel rechtfertigen.

Wie schon in RGZ. Bd. 62 S. 167 = vorliegender Band S. 288 hervorgehoben ist, können dingliche Klagen, die sich auf unbewegliche, im Inlande belegene Sachen beziehen, auch gegen einen fremden Staat vor inländischen Gerichten erhoben werden. Hieran anknüpfend ist vornehmlich im Schrifttum erörtert worden, daß in ähnlicher Weise die Rechtsverfolgung eines Schiffsgläubigers gegen einen ausländischen Staat als Reeder eines im Inlande befindlichen Schiffs vor inländischen

Gerichten zulässig sein müsse. Demgegenüber ist aber folgendes zu beachten: Der Grund und Boden und die mit ihm festverbundenen Sachen bilden einen untrennbaren Teil des Staatsgebiets, in welchem sie belegen sind, sie können nur der Herrschaft dieses Staates unterstehen und nur er ist in der Lage, ein Urteil in ein solches Immobile zu vollstrecken. Demgemäß ist auch im deutschen Recht für Klagen, durch welche das Eigentum, eine dingliche Belastung oder die Freiheit von einer solchen geltend gemacht wird, für Grenzscheidungs-, Teilungs- und Besitzklagen, sofern es sich um unbewegliche Sachen handelt, *das Gericht der belegenen Sache ausschließlich zuständig* (§ 24 ZPO.) und wird diese Zuständigkeit durch die die Exterritorialität betreffenden Vorschriften der §§ 18, 19 GVG. laut § 20 ebenda nicht berührt. Mit dieser Sach- und Rechtslage muß der ausländische Staat, wenn er inländischen Grund und Boden erwirbt, von vornherein rechnen. Dagegen hängt, wenigstens nach deutschem Recht, der Anspruch eines Schiffsgläubigers, dem der Reeder mit Schiff und Fracht verhaftet ist, weder hinsichtlich seiner Geltendmachung vor deutschen Gerichten noch hinsichtlich seiner Durchführung im Wege der Zwangsvollstreckung grundsätzlich von dem Aufenthalt des Schiffs im deutschen Inlande ab. Ein solcher Anspruch braucht auch keineswegs nur dinglicher Natur zu sein. Vielmehr ist der Reeder dem Schiffsgläubiger auch persönlich verhaftet, wenn der im § 774 HGB. erörterte Fall vorliegt, wie das regelmäßig und so auch im gegenwärtigen, eine persönliche Klage betreffenden Streitfalle zutrifft. Die Klägerin würde also aus einem obsiegenden Urteile berechtigt sein, nicht nur gegen den an dem fraglichen Zusammenstoß beteiligten Dampfer „Ice King", sondern auch gegen anderes Privatzwecken dienendes Eigentum des Beklagten oder der Vereinigten Staaten von Amerika, z. B. gegen andere ihnen gehörige und im Reedereigeschäft verwendete Schiffe, die Zwangsvollstreckung zu betreiben, und zwar sowohl in Deutschland als auch unter Umständen außerhalb des deutschen Herrschaftsgebiets. Dies alles zeigt aber, daß zwischen dem Klageanspruch und einem dinglichen Anspruch hinsichtlich eines inländischen Grundstücks gerade in der hier maßgeblichen Beziehung ein erheblicher Unterschied besteht, der ihrer gleichartigen völkerrechtlichen Behandlung in der Exterritorialitätsfrage entgegensteht. Es fragt sich daher nur noch, ob etwa eine Ausnahme von dem völkerrechtlichen Grundsatz dadurch gegeben ist, daß die vom Beklagten vertretenen Vereinigten Staaten von Amerika ausdrücklich oder durch schlüssige Handlungen sich freiwillig der inländischen Gerichtsbarkeit unterworfen haben.

Der Beklagte und sein Geschäftsherr, die Vereinigten Staaten von Amerika, haben trotz ihrer Eigenschaft als souveränes Staatswesen eine große Zahl von Handelsschiffen zu Eigentum und nehmen mit ihnen am internationalen Handelsverkehr durch Betreiben von Reedereigeschäften teil, wobei sie sich besonderer „Agenturen" bedienen, die u. a. auch in Deutschland eigene Niederlassungen unterhalten. Ihrem Vorgehen haben sich andere Staaten, insbesondere Sowjet-Rußland, angeschlossen, indem auch sie im staatlichen Eigentum stehende Seeschiffe ausschließlich zu privaten Zwecken im internationalen Verkehr verwenden. Es ist damit insofern eine neue, bis dahin im internationalen Verkehr nicht bekannte Tatsache geschaffen, als die früheren, die Einrichtung von Staatsreedereien betreffenden Unternehmungen *in verhältnismäßig bescheidenen Grenzen geblieben sind (vgl.* F e i n e , Die völkerrechtl. Stellung der Staatsschiffe, 1921). Zahlreiche Stimmen aus Juristen-, Handels- und sonstigen Interessentenkreisen vertreten die Ansicht, es habe der betreffende Staat, in dem er einen umfangreichen Geschäftsbetrieb ganz nach Art und Aufmachung einer privaten Reederei einrichtete und nunmehr dauernd unterhält, sich in allen damit zusammenhängenden rechtlichen und wirtschaftlichen Fragen einem Privatunternehmer gleichgestellt und insoweit auf seine Souveränitätsrechte verzichtet.

Nun ist aber schon oben bemerkt worden, daß im allgemeinen aus dem Errichten und Betreiben einer gewerblichen Niederlassung durch einen ausländischen Staat im Inlande ein Verzicht auf seine Exterritorialität hinsichtlich der aus diesem Gewerbebetrieb entstehenden Streitigkeiten oder hinsichtlich seiner im Inland befindlichen beweglichen Vermögensstücke nicht zu entnehmen ist. Dies gilt insbesondere auch für den von einem ausländischen Staat im Rahmen des privaten Geschäftsverkehrs ausgeführten Betrieb von inländischen Transportunternehmungen, wie z. B. von Kraftwagenlinien, Eisenbahnen, Dampfbooten auf Binnengewässern usw. (vgl. L ö n i n g S. 114). Es ist aber nicht einzusehen, inwiefern von derartigen Unternehmungen der Betrieb eines Reedereigeschäfts nach der hier maßgeblichen Richtung hin so erheblich abweichen soll, daß in der Einrichtung und Unterhaltung eines solchen auf das Inland hinübergreifenden Reedereibetriebs ohne weiteres ein Verzicht des ausländischen Staats auf seine Exterritorialität zu erblicken wäre. Dies um so weniger, als ein derartiger, dem Wesen eines souveränen Staats widersprechender Verzicht nur aus solchen Handlungen dieses Staats geschlossen werden darf, die den Verzichtswillen mit Sicherheit ergeben. Es kommt im vorliegenden Falle hinzu, daß die Vereinigten Staaten von Amerika, allerdings erst nach dem den Gegenstand des gegenwärtigen Rechtsstreits bildenden Schiffszusammenstoß und nach Erhebung der gegenwärtigen Klage, aber in Verfolg der Einrichtung und Durchführung ihres geschilderten Reedereibetriebs, klar zum Ausdruck gebracht haben, daß sie dieserhalb auf ihre Immunität keineswegs verzichten wollen. Denn in dem

„Act Authorising suits against the United States in admirality etc." vom 9. März 1920 sind laut sec. 7 die zuständigen Behörden der Vereinigten Staaten von Amerika ausdrücklich angewiesen worden, die Immunität dieses Staatswesens als Reeders der betreffenden Schiffe in Fällen der hier fraglichen Art vor fremdstaatlichen Gerichten geltend zu machen. Und zwar soll diese Geltendmachung der Immunität („to claim such vessel as immune") in erster Linie erfolgen und nur dann auf ein weiteres Verfahren vor dem fremden Gericht eingegangen, Sicherheit geleistet werden usw., wenn sich dies trotzdem als erforderlich erweisen sollte, wobei jedoch die Immunitätseinrede grundsätzlich aufrecht erhalten bleiben soll („provided however, that nothing in this section shall be held to prejudice or preclude a claim of the immunity of such vessel . . . from foreign jurisdiction in a proper — d. h. geeignetem — case"). Hieran wird auch nichts geändert durch die in sec. 9 der United States Shipping Act vom 7. September 1916 enthaltene und auf Schiffe der hier fraglichen Art bezügliche Erklärung: „Such vessels while employed solely as merchant vessels shall be subject to all law, regulations and liabilities governing merchant vessels . . ." (vgl. auch die deutsche Übersetzung der U. St. Shipping Act im Deutschen Handelsarchiv, Jahrg. 1917 S. 331—339). Es kann dahingestellt bleiben, ob die Annahme des Berufungsgerichts, daß jene Erklärung eine lediglich auf das Gebiet der Vereinigten Staaten von Amerika beschränkte Regelung der Rechtsverhältnisse der fraglichen Schiffe bedeute, zutrifft und ob diese Annahme des Gerichts, als auf der Auslegung eines ausländischen Rechtssatzes beruhend, einer Nachprüfung in der Revisionsinstanz entzogen ist. Denn jedenfalls ist die vom Berufungsgericht gezogene Schlußfolgerung, daß die Erklärung einen Verzicht des Beklagten auf die hier streitige Immunität nicht enthalte, zu billigen, da die erwähnte Bestimmung in sec. 9, wie aus dem Gesamtinhalt der Shipping Act klar hervorgeht, die materiellen Privatrechtsverhältnisse im Auge hat und nichts entscheidet für die auf einem anderen Rechtsgebiet liegende Frage der Exterritorialität der Vereinigten Staaten von Amerika hinsichtlich der hier fraglichen Schiffahrtsunternehmungen.

Nach alledem muß es bei dem völkerrechtlichen Grundsatz der Immunität der vom Beklagten vertretenen Vereinigten Staaten von Amerika auch im vorliegenden Streitfalle sein Bewenden haben. Der vielfach erhobene Einwand, daß dies eine offenbare Unbilligkeit gegenüber den berechtigten Interessen der inländischen Schiffahrts- und Handelskreise bedeute und mit den Erfordernissen eines gesunden Weltverkehrs nicht zu vereinigen sei, ist — wenngleich ihm eine gewisse Berechtigung nicht abgesprochen werden kann — in der behaupteten Allgemeinheit nicht zutreffend. Denn der die Exterritorialität für seine Handelsschiffe in Anspruch nehmende Staat muß gewärtig sein, daß seinen betreffenden Schiffen nicht nur die Vorteile, sondern auch die Nachteile zuteil werden, welche mit einer solchen Immunität verbunden sind oder sein können. So könnten diesen Schiffen die für Kriegsschiffe und sonstige ausschließlich für einen öffentlichen Dienst bestimmte Staatsschiffe üblichen Beschränkungen in der Einlaufs-, Verkehrs- und Aufenthaltsbefugnis in inländischen Häfen auferlegt werden. Ferner könnte — da kein Staat verpflichtet ist, in seinem Gebiet einen anderen Staat zum Betriebe eines Gewerbes, eines Handelsgeschäfts oder einer Verkehrsanstalt zuzulassen — durch inländische Maßnahmen auf gesetzlichem, vertraglichem oder anderem Wege bestimmt werden, daß der Beklagte oder die Vereinigten Staaten von Amerika sich für alle aus dem in das Inland hinübergreifenden Gewerbebetrieb entstehenden Rechtsstreitigkeiten ausdrücklich der inländischen Gerichtsbarkeit unterwerfen (vgl. Löning S. 115, 159, 283, 327). Insbesondere aber könnte der Verkehr selbst bei der ihm innewohnenden Elastizität ohne besondere Schwierigkeiten durch geeignete Gegenmaßnahmen den aus der fraglichen Exterritorialität für die inländischen Interessenten drohenden wirtschaftlichen Nachteilen begegnen (vgl. Horwitz in der HansRZ. 1921 S. 454). Damit würde voraussichtlich auch eine Förderung der Ansätze eintreten, die auf eine Anpassung des Völkerrechts an die Bedürfnisse des internationalen Geschäftsverkehrs durch Beseitigung der Immunität von ausschließlich handeltreibenden Staatsschiffen hinweisen.

RGZ. 107, 44

Vorrang besonderer Regelungen aus Anlaß des Abschlusses eines Krieges gegenüber dem sonstigen innerstaatlichen Recht und den allgemeinen Grundsätzen des internationalen Privatrechts.

Alter Leitsatz:

Stehen die Bestimmungen des Versailler Vertrags der Einklagung eines in Deutschland befindlichen, von der Londoner Zweigniederlassung einer deutschen Bank akzeptierten Wechsels durch den deutschen Gläubiger gegen die deutsche Hauptniederlassung der Bank entgegen?

V. Zivilsenat. Urt. v. 2. Juni 1923 i. S. B. & Söhne (Kl.) w Dr. Bank (Bekl.). V 755/22.

I. Landgericht I Berlin. II. Kammergericht daselbst.

Ein von einer Bank in Santiago am 2. Juni 1914 auf die Dresdner Bank in London E. C. gezogener, von dieser am 8. Juli 1914 akzeptierter Wechsel, zahlbar 90 Tage nach Sicht, ist am 2. Juni 1914 an die Firma L. in Hamburg und von dieser an die Klägerin giriert worden. Als Wechselinhaberin klagt diese gegen die Dresdner Bank, die für die Verbindlichkeiten ihrer Londoner Filiale hafte und vergeblich zur Zahlung aufgefordert sei, auf Entrichtung der Wechselsumme nebst Zinsen. Ihre Klage wurde abgewiesen, ihre Berufung zurückgewiesen. Die Revision hatte Erfolg.

Gründe:

Gegen die Zulässigkeit des Rechtswegs bestehen keine Bedenken. Namentlich ergeben sich solche nicht aus § 1 des AG. z. Friedensvertrage vom 31. August 1919 oder aus § 11 des Reichsausgleichsgesetzes vom 24. April 1920, da der Streit ausschließlich die Forderung einer deutschen offenen Handelsgesellschaft gegen eine deutsche Aktiengesellschaft, also keine Zahlung an einen Staatsangehörigen einer „gegnerischen Macht" (Art. 296 des Versailler Vertrages) zum Gegenstand hat (vgl. auch Lehmann Reichsausgleichsgesetz Anm. 41 zu § 9).

Das Kammergericht hat an der Hand der auf dem Wechsel befindlichen Indossamente festgestellt, daß die streitige Wechselforderung in der Zeit vom 2. Juni 1914 bis zum 24. August 1920, also namentlich im Zeitpunkte des Inkrafttretens des Versailler Vertrages, einem Angehörigen des Deutschen Reichs, nämlich der Firma L. und sodann der Klägerin, zugestanden hat. Es hat die Klage auf Grund des Art. 297 b des genannten Vertrags abgewiesen, weil die streitige Forderung ein „Recht" im Sinne dieser Vorschrift (auch § 14 der Anlage zu Art. 297, 298 das.) darstelle und sich innerhalb des englischen Gebiets befinde, da der Wechsel in London zahlbar gemacht, London also Erfüllungsort für die Verpflichtung der Akzeptantin sei, und nach einem Grundsatz des internationalen Privatrechts bei Forderungen der Erfüllungsort als ihr Sitz gelte. Die Klägerin hätte somit zur Verfügung über die Wechselforderung der Zustimmung des englischen Staates bedurft, die ihr nicht erteilt sei. Demnach sei die Klage abzuweisen, ohne daß es einer Entscheidung bedürfe, ob die Klageforderung von der winding up order erfaßt sei, ob die durch diese ausgesprochene Beschlagnahme noch bestehe und ob Aussicht auf Befriedigung der Klägerin aus dem Vermögen der Londoner Filiale der Beklagten vorhanden sei.

Diese Begründung kann die Entscheidung des Berufungsgerichts nicht tragen. Aus allgemeinen Grundsätzen, insbesondere des deutschen Rechts ergibt sich allerdings gegen die Berechtigung des Klaganspruchs kein Bedenken daraus, daß der Wechsel von der Londoner Zweigniederlassung der Beklagten akzeptiert, die Klage aber gegen ihre Berliner Zweigniederlassung gerichtet ist. Denn die Zweigniederlassung ist nach deutschem Recht, wenn sie auch eine gewisse Selbständigkeit besitzt und im Verkehr als ein selbständiges Glied der Handlungsunternehmung aufgefaßt wird, kein von der Hauptniederlassung verschiedenes besonderes Rechtssubjekt; das Hauptgeschäft und das Zweiggeschäft bilden vielmehr einen einheitlichen Geschäftsbetrieb derselben Rechtspersönlichkeit. Träger der Rechte und Pflichten, die aus dem Betriebe der Zweigniederlassung erwachsen, ist hiernach der Inhaber der Hauptniederlassung. Bei einer Aktiengesellschaft, wie der Beklagten, gilt der durch die Satzung bestimmte Sitz der Gesellschaft als Hauptniederlassung. Die Hauptniederlassung der Beklagten befindet sich in Deutschland, und die Beklagte hat erklärt, daß sie für ihre Hauptniederlassung in Dr. eintrete. Mit Rücksicht hierauf bedarf es auch keiner Erörterung, inwieweit die Klage aus einer im Geschäftsbetrieb entstandenen Verbindlichkeit gegen eine Zweigniederlassung gerichtet werden kann.

Weiter ist richtig, daß für die Frage, nach welchem Rechte sachlich ein schuldrechtliches Verhältnis zu beurteilen ist, gemäß den in Deutschland anerkannten Grundsätzen des internationalen Privatrechts, soweit die Beteiligten darüber keine ausdrückliche oder stillschweigende Vereinbarung getroffen haben, der Erfüllungsort oder der Wohnsitz des Schuldners maßgebend ist. Dementsprechend ist vom Kammergericht dargelegt, daß hinsichtlich der Verjährung die Wechselforderung dem Rechte desjenigen Ortes unterliegt, an dem der Wechsel zahlbar gemacht ist. Davon verschieden ist aber die Frage zu beantworten, welches Recht im Hinblick auf das Verfahren, insbesondere auf die Wirksamkeit gerichtlicher oder sonst behördlicher Maßregeln, ausschlaggebend ist, namentlich welcher Ort als derjenige zu erachten ist, an dem das Vermögen sich befindet, das von der Maßregel getroffen werden soll. Auch hier gilt nach deutschem und allgemeinem internationalen Privatrecht an sich der Grundsatz, daß eine Forderung sich dort befindet, wo der Schuldner seinen Wohnsitz hat. Das Kammergericht hat aber nicht in Betracht gezogen, daß nach der Auffassung des deutschen Rechts dieser allgemeine Grundsatz eine Ausnahme erleidet bei Forderungen, die in Wertpapieren verkörpert sind. Namentlich ist nach deutschem Rechte davon auszugehen, daß bei einer Wechselforderung die Wechselurkunde der Träger des Rechts ist. Die Wechselforderung findet in der Urkunde ihre Verkörperung derart, daß sie ohne den Besitz der letzeren nicht geltend gemacht werden kann; das Recht aus dem Papier ist mit dem Recht am Papier untrennbar verbunden und teilt das rechtliche Schicksal desselben. Die Forderung aus einem Wechsel befindet sich sonach im Sinne des deutschen Rechts, auch nach der Auffassung des täglichen Lebens, da, wo die Wechselurkunde untergebracht ist. Nach den Feststellungen des Kammergerichts muß davon ausgegangen werden, daß der streitige Wechsel schon vor dem Ausbruch des Weltkrieges bis zum August 1920, also namentlich beim Inkrafttreten des Versailler Vertrags, sich in Deutschland befunden hat, wo er sich auch jetzt noch befindet. Wenn also nur die vorerwähnten Grundsätze des deutschen Rechts, die das Kammergericht seiner Entscheidung zugrunde gelegt hat, maßgebend wären, so würde die Anwendbarkeit des für sein Urteil herangezogenen Art. 297 b des Versailler Vertrages entfallen, da die alliierten oder assoziierten Mächte danach nur befugt sind, deutsche Rechte usw. „innerhalb ihrer Gebiete usw." zurückzubehalten und zu liquidieren, der Art. 297 nach seinen Eingangsworten überhaupt nur die Frage der privaten Güter usw. „in Feindesland" betrifft.

Der Rechtsstreit ist aber nicht nur nach deutschem Recht oder den allgemeinen Grundsätzen des internationalen Privatrechts zu entscheiden. Maßgebend muß vielmehr, auch für die Frage, wo die streitige Wechselforderung im Rechtssinne sich befindet, in erster Linie die besondere Regelung sein, die sich für die rechtlichen Beziehungen der Parteien aus den Bestimmungen des Versailler Vertrags ergibt, da dieser mit seiner Verkündung und Anordnung im Reichsgesetzblatt auch deutsches Reichsgesetz geworden ist und somit auch die im Gebiete des Deutschen Reichs Wohnenden bindet (RGZ. Bd. 98 S. 257). Von den Bestimmungen des genannten Vertrags hat das Kammergericht bloß diejenige des Art. 297 b verwertet. Es muß aber rechtlichen Bedenken unterliegen, nur auf diese Vorschrift die Entscheidung zu gründen. Denn in ihrem Absatz 1 ist den alliierten und assoziierten Mächten nur das Recht vorbehalten, bestimmte Güter usw. innerhalb ihrer Gebiete zurückzubehalten und zu liquidieren. Wenn im Anschluß daran Absatz 2 besagt, daß die Liquidation nach den Gesetzen des beteiligten alliierten oder assoziierten Staates erfolge, ohne dessen Zustimmung der deutsche Eigentümer weder über diese Güter usw. verfügen noch sie belasten dürfe, so ist daraus allein noch nicht zu entnehmen, daß dieser Staat auch bezüglich des Umfangs der Liquidation über dasjenige Vermögen hinausgehen dürfe, das nach allgemeinen Grundsätzen als innerhalb seines Gebiets befindlich anzusehen wäre. Zur Ergänzung des Art. 297 b ist vielmehr weiter der Inhalt des ihm unmittelbar folgenden Art. 297 d und der Anlage zu Art. 297, 298 heranzuziehen.

In Art. 297 d ist vorgeschrieben, daß im Verhältnis zu Deutschland und seinen Reichsangehörigen alle außerordentlichen Kriegsmaßnahmen oder kraft solcher vorgenommenen oder vorzunehmenden Handlungen, wie sie in den §§ 1 und 3 der Anlage näher bestimmt sind, als endgültig und für jedermann bindend anzusehen sind. Nach § 1 der Anlage ist die Gültigkeit aller Liquidationsanordnungen usw. gegen Unternehmungen oder Gesellschaften oder aller anderen Verfügungen usw. bestätigt, die von einem Gericht oder einer Verwaltungsbehörde eines der vertragschließenden Teile in Anwendung der

Kriegsgesetzgebung über feindliche Güter, Rechte oder Interessen ausgegangen oder erlassen worden sind oder als ausgegangen oder erlassen gelten. Unter den Begriff der außerordentlichen Kriegsmaßnahmen fallen nach § 3 der Anlage Maßnahmen jeder Art, solche der Gesetzgebung, der Verwaltung usw., auch künftige, deren Zweck ist oder sein wird, dem Eigentümer die Verfügungsbefugnis zu entziehen, namentlich Maßnahmen mit dem Zwecke, die feindlichen Guthaben zu beschlagnahmen, zu verwerten oder zu sperren. Diese Bestimmungen finden nach § 14 das. weiter Anwendung auf Schulden, Guthaben usw. Endlich hat nach § 10 der Anlage Deutschland binnen bestimmter Frist jeder alliierten oder assoziierten Macht alle in Händen seiner Angehörigen befindlichen Urkunden usw., die sich auf Güter, Rechte oder Interessen im Gebiete der betreffenden Macht beziehen, zu übermitteln (vgl. § 1 des RGes. vom 31. August 1919 über Enteignungen usw. aus Anlaß des Friedensvertrags, RGBl. S. 1527).

Die Entscheidung des Rechtsstreits erfordert nach alledem Feststellungen darüber, welche Maßnahmen der vorbezeichneten Art England bezüglich der Wechselforderungen Deutscher gegen einen in England wohnhaften Schuldner getroffen hat, namentlich ob es Anordnungen erlassen hat, die ihre Einklagung in Deutschland hindern. Wenn solche Wechselforderungen von England tatsächlich beschlagnahmt sind, so muß diese Maßnahme (weil nicht ausgeschlossen ist, daß nach den für die Anwendung des Versailler Vertrags ausschlaggebenden Grundsätzen auch derartige Forderungen als in England befindlich erachtet werden können) als für die deutschen Reichsangehörigen gleichfalls bindend angesehen werden. Wenn sie nach englischem Kriegsrecht die Wirkung hat, daß die Beschlagnahme einen deutschen Gläubiger hindert, die Forderung in Deutschland einzuklagen (wodurch ja der Schuldner, da er in Deutschland nur gegen Rückgabe der Wechselurkunde zu zahlen hat, mit deren Rückempfang in die Lage käme, sie zu vernichten und so für den englischen Liquidator die Geltendmachung der an den Besitz der Urkunde geknüpften Rechte zu erschweren), so muß dies ebenfalls in Deutschland als maßgebend anerkannt werden.

In dieser Hinsicht war im ersten Rechtszuge unbestritten, daß die Wechselforderungen Deutscher gegen ihre in England wohnhaften Schuldner, auch gegen dortige Zweigniederlassungen deutscher Banken, in dem von der Beklagten behaupteten Umfange der Beschlagnahme verfallen waren. Im zweiten Rechtszuge war dies aber streitig geworden. Die Beklagte hatte vorgebracht: Infolge der englischen Kriegsmaßregeln sei, da die Londoner Zweigniederlassungen deutscher Gesellschaften abgetrennte Wesenseinheiten, separate entities, bildeten (vgl. Simon in „Der Friedensvertrag" Jahrgang 1 S. 153), die dem Einflusse der Hauptniederlassung völlig entzogen seien, das zu ihnen gehörige Vermögen völlig aus dem der deutschen Hauptniederlassung ausgeschieden; danach gälten Forderungen gegen solche Zweigniederlassungen als innerhalb des englischen Machtbereichs liegend, ohne daß zwischen Akzept- und anderen Gläubigern unterschieden werde; vielmehr würden auch Akzeptforderungen, falls sie in den Büchern der Londoner Zweigniederlassung gebucht seien, als Rechte innerhalb Englands angesehen; die deutschen Guthaben, so auch Wechselforderungen der vorbezeichneten Art, seien durch die winding up order beschlagnahmt: demgemäß sei von seiten Englands die Auslieferung dieser Akzepte von der deutschen Regierung gefordert worden; diese Beschlagnahme habe die Wirkung einer Pfändung dergestalt, daß die Forderungen von deutschen Gläubigern, die (wie die Klägerin) eine Genehmigung zu ihrer Einziehung von der englischen Regierung nicht erhalten haben, nicht mehr geltend gemacht werden dürften; sie, die Beklagte, habe zwar Verhandlungen mit England über die Aufhebung dieser Beschlagnahme gepflogen, die aber noch nicht zum Ziele geführt hätten. Die Klägerin hat diese Anführungen bestritten.

Die Entscheidung kann erst in voller Kenntnis der bestrittenen englischen Maßnahmen getroffen werden, die nach den obigen Ausführungen auch für Deutschland und seine Reichsangehörigen bindend sind, die aber zum Teil nicht vom Revisionsgericht, sondern nur vom Tatrichter aufgeklärt werden können. Das Kammergericht hat diese Fragen unentschieden gelassen, namentlich diejenige, ob die englische Regierung durch die winding up order auch Wechselforderungen, bei denen die Wechselurkunde sich in Deutschland befindet, beschlagnahmt und diese Beschlagnahme aufrecht erhalten hat. Daher mußte die Vorentscheidung aufgehoben und die Sache an das Berufungsgericht zurückverwiesen werden.

RGZ. 107, 121

Rechtsfolgen des Wechsels der Gebietshoheit. Unterliegen gebietsfremde Personen einem nachträglichen Wechsel des für sie maßgeblich gewesenen Rechts des Erfüllungsortes.

Alter Leitsatz:

1. Ist eine deutsche Bank, die eine Niederlassung in Deutsch-Ostafrika hatte, verpflichtet, ihre dort ausgegebenen Rupiennoten in Silber oder wenigstens nach dem Kurswert von Silberrupien einzulösen?

2. Ist das Recht des Erfüllungsortes für die Beurteilung vertraglicher Rechtsverhältnisse auch dann maßgebend, wenn das dort geltende Recht infolge Wegfalls der deutschen Staatshoheit gewechselt hat?

I. Zivilsenat. Urt. v. 19. September 1923 i. S. W. (Kl.) w. Deutsch-Ostafrik. Bank (Bekl.) I 164/22.

I. Landgericht I Berlin. II. Kammergericht daselbst.

Der Pflanzer W. hatte bei der in Daressalam befindlichen Niederlassung der beklagten Bank vor längerer Zeit einen Betrag von mehr als 1000 Rupien in Noten der Bank eingezahlt. Über den Nachlaß des W. wurde der Konkurs eröffnet. Der Konkursverwalter verlangt mit der Klage Zahlung eines Teilbetrags von 400 Rupien in Silber. Die Beklagte hat Klagabweisung beantragt. Sie hat sich auf den Standpunkt gestellt, *daß die eingezahlte Rupie nach dem festen Wertverhältnis* von 1 Rupie zu $1^{1}/_{3}$ M. zurückzuzahlen sei. In den Vorinstanzen wurde die Klage abgewiesen. Die Revision des Klägers hatte keinen Erfolg.

Gründe:

Das Berufungsgericht ist zur Abweisung der Klage auf Grund folgender Erwägungen gelangt: Die Noten seien nach ihrem Wortlaute bei der Kasse der Beklagten in Daressalam einzulösen gewesen. Da die dortige Niederlassung nicht mehr bestehe, sei an sich die Hauptniederlassung in Berlin zur Einlösung verpflichtet; jedoch sei diese Verpflichtung durch die beiden Verordnungen des Gouverneurs von Deutsch-Ostafrika vom 15. November 1915 und vom 29. August 1916 aufgehoben. Beide Verordnungen seien gesetzmäßig erlassen und seien noch heute in Kraft. Ob die Engländer nach Besetzung des Schutzgebiets die Verordnungen aufgehoben hätten, sei gleichgültig, da die englischen Behörden nicht befugt seien, die Rechtsverhältnisse zwischen den beiden streitenden Parteien zu regeln. Die Bestimmungen des Versailler Vertrags seien gleichfalls ohne Belang.

Die Revision erhebt folgende Bedenken: Mit welchen Zahlungsmitteln die in Deutsch-Ostafrika entstandenen Schulden zu tilgen seien, richte sich nach dem dort herrschenden Recht. Das sei dasjenige Recht, das von den Engländern dort eingeführt worden sei. Mit Zahlungsmitteln der jetzt dort herrschenden Währung seien die Noten einzulösen. Es müsse also das jetzt dort gültige Recht festgestellt und sodann nach deutschem Recht (§ 244 BGB.) der Umrechnungskurs bestimmt werden.

Diese Rügen vermögen das Berufungsurteil nicht zu erschüttern.

Zwei Punkte sind vorweg zu erörtern. Einmal ist nicht ganz klar, wie der Tatbestand, der der Klage zugrunde liegt, im einzelnen gestaltet ist. Nach dem Wortlaut der Klage hatte W. bei der Beklagten über 1000 Rupien als Depot eingezahlt. Nach dem angegriffenen Urteil hat der eingezahlte Betrag in Rupiennoten bestanden. Es ist zweifelhaft, ob es sich dabei um ein offenes Depot handelte oder um eine Einzahlung zur Gutschrift in laufender Rechnung. Der Unterschied könnte für die Art der Forderung des Klägers von Bedeutung sein. Nach Lage des Rechtsstreits braucht jedoch hierauf nicht eingegangen zu werden. Denn die Parteien wollen übereinstimmend die im Hauptantrage verkörperte Frage zur Entscheidung bringen, ob die Beklagte verpflichtet ist, eine gegen sie bestehende Rupienforderung in Silberrupien (oder deren Wert in deutscher Mark) auszuzahlen.

Der zweite vorweg zu erledigende Punkt betrifft die Behauptung, daß die beklagte Bank überhaupt nicht verpflichtet sei, die von ihr ausgegebenen Rupiennoten einzulösen. Diese Behauptung wird darauf gestützt, daß der Text der Noten lautet: „Die ... Bank zahlt bei ihrer Kasse zu Daressalam dem Einlieferer dieser Banknote ... Rupien", daß aber eine Kasse in Daressalam nicht mehr bestehe, so daß die eingegangene Verpflichtung nichtig sei. Ersichtlich ist diese Schlußfolgerung unrichtig. Der Wegfall der Möglichkeit, an dem vereinbarten Erfüllungsorte zu zahlen, führt keineswegs die Nichtigkeit der ganzen Verpflichtung herbei, sondern bewirkt nur, daß die Verpflichtung an einem anderen, der Sachlage angemessenen Orte zu erfüllen ist.

Die streitige Hauptfrage anlangend bemängelt die Revision, daß das Berufungsgericht nicht das am Erfüllungsorte herrschende Recht — das ist jetzt das von den Engländern dort eingeführte Recht — seiner Entscheidung zugrunde gelegt habe. Es sei in den Instanzen behauptet worden, daß nach diesem Recht die Einlösung der Noten in Silberrupien zu erfolgen habe. Dieser Revisionsrüge ist jedoch nicht stattzugeben. Allerdings geht das Reichsgericht in ständiger Rechtsprechung davon aus, daß im Zweifel ein schuldrechtliches Verhältnis nach dem Rechte des Erfüllungsortes zu beurteilen ist, weil dies mutmaßlich dem Willen der Vertragsteile entspricht. Allein dieser Grundsatz wird durchaus nicht ausnahmslos angewendet, sondern eben nur, soweit der mutmaßliche Parteiwille nicht entgegensteht (vgl. RGZ. Bd. 61 S. 393 und besonders Bd. 68 S. 205). Die Besonderheit des streitigen Falles liegt nun außerdem darin, daß das Recht am Erfüllungsorte gewechselt hat. Bei einer solchen Sachlage mag es sein, daß die Rechtsverhältnisse derjenigen Parteien, die sich an Ort und Stelle befinden, sich nach dem neu eingeführten Rechte einer fremden Macht regeln. Aber keineswegs entspricht es dem mutmaßlichen beiderseitigen Vertragswillen, noch ist aus anderen Gründen anzunehmen, daß das neu eingeführte Recht auch für die Verpflichtungen derjenigen Vertragspartei maßgebend ist, die sich nicht unter der örtlichen Herrschaft jenes neuen fremden Rechts befindet. Für eine solche Annahme fehlt es an genügendem Grunde. Ist ein Vertragsverhältnis unter der Herrschaft eines bestimmten Rechts einmal entstanden, so bleibt dieses Recht maßgebend, wofern nicht der gemeinsame Wille beider Vertragsteile dahin geht, sich dem am Erfüllungsort neu eingeführten Recht zu unterwerfen, oder wofern die Parteien nicht örtlich unter der Herrschaft des neuen Rechts stehen. Aus diesen Gründen ist das streitige Rechtsverhältnis nicht nach dem jetzt in Daressalam eingeführten Recht zu beurteilen.

Nach deutschem Recht aber ist die Klage unbegründet. Eine etwa bestehende Verpflichtung der Beklagten, ihre Noten in Silberrupien einzulösen, ist durch die Verordnungen des Gouverneurs von Deutsch-Ostafrika vom 15. November 1915 und vom 29. August 1916 bis auf weiteres aufgehoben. Die zweite Verordnung ist jedenfalls rechtsgültig, da sie auf Grund der Ermächtigung des Deutschen Kaisers erlassen worden ist. Die Verordnung setzt die Verpflichtung der Beklagten, ihre Noten gegen Münzen einzulösen, bis zu einem noch zu bestimmenden Termin außer Kraft. Die Verordnung, die bis heute nicht aufgehoben worden ist, ist noch heute in Geltung. Sie ist zwar aus Anlaß der Notwendigkeiten des Krieges erlassen, aber sie hat nicht etwa mit dem Ende des Krieges ihre Geltung von selbst eingebüßt, sondern sie besteht weiter, wie viele andere Verordnungen, die im Kriege erlassen worden sind.

Danach besteht heute keine Verpflichtung der Beklagten, ihre Rupiennoten in Silberrupien einzulösen oder für die Noten den Kurswert der Silberrupien oder deren Silberwert in deutscher Mark zu zahlen.

RGZ. 107, 173

Ist ein Rechtsgeschäft nichtig, das gegen ein für das besetzte Gebiet von der Besatzungsmacht erlassenes Verbot verstößt? Kommt der Schuldner in Verzug, wenn er die Leistung verweigert, weil sie gegen ein solches Verbot verstoßen würde?

III. Zivilsenat. Urt. v. 2. Mai 1923 i. S. Sch. (Kl.) w. W. (Bekl.). III 323/22.

I. Landgericht Landau. II. Oberlandesgericht Zweibrücken.

Laut Schlußschein, datiert Koblenz den 10. Juli 1919, kaufte der Beklagte von der Klägerin 30 Faß Weindestillat, lieferbar gegen den 27. Juli 1919 frei Rhens bei Koblenz. Der Beklagte verkaufte die Ware weiter an einen Kunden im unbesetzten Gebiet; dieser widerrief aber kurz vor dem Liefertermin die Bestellung, weil das Weindestillat ohne Genehmigung der Reichsbranntweinstelle nicht in das unbesetzte Gebiet eingeführt werden dürfe. Der Beklagte wollte darauf die Klägerin ersuchen, mit der Lieferung noch zu warten; sein Telegramm erreichte jedoch die Klägerin nicht und diese sandte die Ware nach Koblenz. Der Beklagte lehnte die Annahme der Ware ab. Die Klägerin fordert deshalb Schadensersatz wegen Nichterfüllung.

Das Landgericht gab der Klage zum Teil statt, das Berufungsgericht wies sie ab. Die Revision der Klägerin hatte keinen Erfolg.

Gründe:

Das Berufungsgericht weist die Klage ab, weil der zwischen den Parteien geschlossene Vertrag vom 10. Juli 1919 wegen Verstoßes gegen die Verordnung des Kommandierenden der amerikanischen Besatzungstruppen vom 9. Dezember 1918, durch die der Verkauf von alkoholischen Getränken mit Ausnahme von Bier und schwachen Weinen im amerikanischen Besatzungsgebiete verboten worden war, nach § 134 BGB. nichtig sei. Dem kann nicht beigetreten werden. Unter den gesetzlichen Verboten im Sinne des § 134 BGB. können, soweit es sich um Rechtsgeschäfte handelt, die auf deutschem Boden wurzeln und deutschem Rechte unterstehen, nur solche gesetzliche Anordnungen — Gesetze im Sinne des Art. 2 EG. z. BGB. — verstanden werden, die vom Reiche oder innerhalb der sachlichen und örtlichen Zuständigkeitsgrenze von den Ländern erlassen worden sind. Anordnungen, die von fremden Besatzungsbehörden für das von ihnen besetzte deutsche Gebiet erlassen worden sind, können, auch wenn diesen Besatzungsbehörden nach allgemeinen völkerrechtlichen Grundsätzen oder nach besonderen mit dem Deutschen Reiche geschlossenen Verträgen die gesetzgebende Gewalt für das besetzte Gebiet in gewissen Grenzen zusteht und die Anordnungen sich in diesen Grenzen halten, nicht als gesetzliche Verbote nach § 134 gelten. Selbstverständlich hat der Gesetzgeber bei der Regelung des § 134 BGB. an Fälle dieser Art nicht gedacht. Nur Verbote, die von einer deutschen gesetzgebenden Gewalt, von deutschen Behörden erlassen worden sind, die hervorgegangen sind aus deutschem sittlichen Empfinden und deutschem Rechtsbewußtsein und die den deutschen wirtschaftlichen — allgemeinen oder örtlichen — Bedürfnissen Rechnung tragen, konnte er im Auge haben. Nur ihnen konnte er die tief in das Privatrecht und in das wirtschaftliche Leben einschneidende Bedeutung beilegen, daß gegen die Verbote verstoßende Verträge nichtig seien, nicht Anordnungen fremder Besatzungsbehörden, die die Interessen dieser fremden Mächte, ihrer Truppen und Organe zu wahren bestimmt sind, aus fremden Rechtsanschauungen erwachsen und ohne Rücksicht auf deutsches Rechtsempfinden und die deutschen wirtschaftlichen Verhältnisse erlassen werden. Liegt eine solche Einwirkung der von fremden Behörden für das besetzte deutsche Gebiet erlassenen Anordnungen auf die privatrechtliche Gültigkeit der dagegen verstoßenden Verträge grundsätzlich schon außerhalb der durch das Völkerrecht den Befugnissen der besetzenden Fremdmacht gezogenen Grenzen, so ist es vollends ausgeschlossen, daß der deutsche Gesetzgeber die Anordnungen von Fremdmächten auf deutschem Gebiet den deutschen Gesetzen in jeder Beziehung, namentlich in der hier fraglichen, gleichstellen wollte.

Gleichwohl kann die Revision keinen Erfolg haben. Denn wenn das der Klage zugrunde liegende Rechtsgeschäft auch nicht nichtig war, so war seine Erfüllung doch dem Beklagten nicht zuzumuten. Nach der Feststellung des Berufungsgerichts fiel der Ankauf unter das Verbot der amerikanischen Besatzungsbehörde, dessen Übertretung mit Bestrafung, Beschlagnahme des Bestandes des Übertreters und Schließung seines Geschäfts bedroht war. Der Beklagte hätte sich hiernach einer Bestrafung und weiteren nachteiligen Folgen ausgesetzt, wenn er den Vertrag, wie die Klägerin es forderte, durch Abnahme des gekauften Weindestillats innerhalb des Geltungsgebiets des Verbots erfüllte. Diesen Folgen sich auszusetzen, konnte ihm nicht zugemutet werden. Es handelte sich nicht um ein willkürlich erlassenes Verbot der amerikanischen Besatzungsbehörde, dem den Gehorsam zu verweigern eine rechtliche oder eine sittliche vaterländische Pflicht erfordert hätte, sondern um eine Anordnung, die nach den Bestimmungen des Waffenstillstandsabkommens und nach Art. 43 der Anlage zum Haager Abkommen, betreffend die Gesetze und Gebräuche des Landkriegs, vom 18. Oktober 1907 nicht für unzulässig erachtet werden konnte.

Der Beklagte war deshalb zur Erfüllung in der im Vertrage vorgesehenen Weise nicht verpflichtet, er hatte das Unterbleiben der Vertragsleistung nicht zu vertreten, er handelte nicht schuldhaft und war nicht in Verzug geraten (§ 285 BGB.). Eine Verpflichtung zum Schadensersatz bestand daher für ihn aus dem Vertrage vom 10. Juli 1919 nicht. Die Voraussetzungen insbesondere des Schadensersatzanspruchs aus § 326 BGB. waren nicht gegeben.

RGZ. 107, 382

Einfluß von Gebietsabtretungen auf den Fortbestand der deutschen Gerichtsbarkeit für bereits anhängige, von einer Gebietsabtretung betroffene Prozesse.

Alter Leitsatz:

1. Ist mit dem Erlöschen der deutschen Gerichtsbarkeit über die im Versailler Vertrag an Polen oder an die Freie Stadt Danzig abgetretenen Gebiete auch die Spruchbefugnis der höheren Instanzen in den bei ihnen anhängigen Sachen ohne weiteres untergegangen?

2. Ist der preußische Staat noch passiv legitimiert in Rechtsstreitigkeiten über Schadensersatzansprüche aus früheren Stromregulierungsarbeiten in Gebieten, die durch den Versailler Vertrag an Polen gefallen sind?

V. Zivilsenat. Urt. v. 19. Dezember 1923 i. S. Graf v. A. u. Gen. (Kl.) w. preuß. Staat (Bekl.). V 390/20.

I. Landgericht Danzig. II. Oberlandesgericht Marienwerder.

Die Erblasserin der Kläger, Gräfin v. A., war eingetragene Eigentümerin des Rittergutes Ostrometzko und einiger Grundstücke in der Feldmark Striesau. Die zu diesem Grundbesitz gehörigen, am rechten Weichselufer gegenüber Fordon gelegenen Wiesen wurden früher durch die sog. Reptowka, einen teils natürlichen, teils künstlichen Wasserlauf, entwässert. Dieser stand mit dem Weichselstrom durch den etwa 500 bis 600 m langen Reptowkagraben in Verbindung. Durch Versandung dieses Grabens wurde im Jahre 1890 die Verbindung zwischen der Reptowka und der Weichsel völlig unterbrochen. Infolgedessen konnte das Wasser aus der Reptowka nicht mehr in die Weichsel abfließen, so daß die Wiesen versumpften, die bisher durch die Reptowka entwässert worden waren. Die Eigentümerin der Wiesen führte die Versandung des Reptowkagrabens auf die vom Beklagten vorgenommenen Stromregulierungsarbeiten, namentlich auf die Anlegung von Buhnen, zurück und verlangte von ihm Schadenersatz. Durch rechtskräftig gewordenes Zwischenurteil des Landgerichts in Danzig vom 8. Juli 1899 ist über den Grund des Anspruchs dahin entschieden worden, daß der Anspruch der Klägerin auf Ersatz desjenigen Schadens gerechtfertigt sei, den sie durch Behinderung der Vorflut an ihren in der Reptowkaniederung belegenen Wiesen erlitten habe. Im Verfahren über den Betrag beantragte sie alsdann, den Beklagten zur Zahlung von 224 181,25 M. zu verurteilen. Durch Urteil des Landgerichts Danzig vom 7. Mai 1913 wurde der Beklagte verurteilt, an die Klägerin einen Teil des verlangten Betrages zu zahlen; mit ihrer Mehrforderung wurde die Klägerin abgewiesen. Gegen dieses Urteil legten beide Parteien Berufung ein. Im Lauf der Berufungsinstanz verstarb die Erblasserin der Kläger; der Rechtsstreit wurde von den jetzigen Klägern fortgesetzt. Durch Urteil des Oberlandesgerichts in Marienwerder vom 22. Juni 1920 wurden die Berufungen beider Parteien zurückgewiesen. Beide Parteien haben Revision eingelegt.

Die Weiterverfolgung der Revision der Kläger wurde gemäß Art. V Abs.4 des Entlastungsgesetzes vom 27. März 1923 für unzulässig erklärt; die Revision des Beklagten wurde zurückgewiesen.

Gründe:

... Der Beklagte erhob den Einwand der Unzulässigkeit des Rechtsweges und der Unzulässigkeit der Berufung. Er machte geltend, das Landgericht Danzig liege im Abtretungsgebiet, das Berufungsgericht hätte deshalb über die Berufung überhaupt nicht entscheiden dürfen. Ferner machte die Revision des Beklagten geltend, er sei passiv nicht mehr legitimiert, da die Reptowkawiesen, auf die sich der Klageanspruch beziehe, in dem an Polen abgetretenen Gebiet lägen. Diese Angriffe führen zu der auch von Amts wegen zunächst zu prüfenden Frage, ob die deutsche Gerichtsbarkeit infolge der Abtretung der hier in Betracht kommenden Gebiete erloschen ist. Denn es handelt sich bei den Einwendungen des Beklagten nach der Begründung, die er ihnen selbst gibt, weniger um die Zulässigkeit des Rechtswegs und der Berufung, als um die Frage der Fortdauer der deutschen Gerichtsbarkeit. Diese Frage ist aber für den vorliegenden Fall zu bejahen. Mit dem Zeitpunkt des Inkrafttretens des Versailler Vertrages, dem 10. Januar 1920, war allerdings die deutsche Gerichtsbarkeit für das Gebiet der jetzigen Freien Stadt Danzig untergegangen; das Landgericht Danzig war seitdem zur Ausübung deutscher Gerichtsbarkeit nicht mehr berufen. In jenem Zeitpunkt schwebte aber der vorliegende Rechtsstreit bereits in der Berufungsinstanz beim Oberlandesgericht Marienwerder. Das Berufungsgericht war schon im Jahre 1913 mit der Sache befaßt worden. Wegen der Abtrennung der Gebietsteile, die den Sitz des erstinstanzlichen Gerichts umfaßten, von Deutschland erlosch die Spruchbefugnis des Berufungsgerichts nicht ohne weiteres. Irgendwelche Abmachungen zwischen dem Deutschen Reich und der Freien Stadt Danzig über den Übergang der Rechtspflege sind bisher noch nicht bindend getroffen. Beziehungen zu dem nach Art. 100 des Versailler Vertrages von Deutschland getrennten und nach Art. 102 als Freie Stadt Danzig begründeten Gebiete hatte der vorliegende Rechtsstreit auch nur insofern gehabt, als die Behörde, welche den beklagten Fiskus im Rechtsstreit zu vertreten hatte, ihren Sitz in Danzig hatte (§ 18 ZPO.). Es handelte sich nicht etwa um einen dinglichen Anspruch oder um einen Anspruch, für den ein ausschließlicher Gerichtsstand in jenem abgetretenen Gebiet begründet war, vielmehr nur um einen auf eine Geldzahlung gerichteten Schadensersatzanspruch. Aus der Regelung der völkerrechtlichen Beziehungen zwischen dem Deutschen Reich und der Freien Stadt Danzig ergeben sich daher keine Bedenken gegen die Entscheidungsgewalt des Oberlandesgerichts Marienwerder und jetzt des Reichsgerichts in dieser Sache (RGZ. Bd. 102 S. 304).

Das Gebiet, auf dem sich die dem Schadensersatzanspruch zugrunde liegenden Vorgänge abspielten, ist durch den Versailler Vertrag an Polen gelangt. Das deutsch-polnische Abkommen, betreffend die Überleitung der Rechtspflege vom 20. September 1920 (Bek. vom 8. Dezember 1920 RGBl. S. 2043), greift aber hier nicht Platz.

Aus Art. 256 des Vertrags von Versailles, wonach die Mächte, in deren Besitz deutsches Gebiet übergeht, gleichzeitig alles Gut und Eigentum des Deutschen Reichs oder der deutschen Staaten erwerben, das in diesen Gebieten liegt, ist nichts dafür zu entnehmen, ob die hier in Rede stehende Schadensersatzforderung etwa von dem polnischen Staat zu berichtigen wäre. Irgendwelche besonderen Vereinbarungen, aus denen der Ubergang dieser Schuld auf den polnischen Staat herzuleiten wäre, hat der Beklagte nicht anzugeben vermocht. Die Haftung des polnischen Staates für die streitige Verbindlichkeit wäre aber auch dann nicht gegeben, wenn man sie als eine aus der staatlichen Strombauverwaltung hervorgegangene Verbindlichkeit ansehen wollte, die unter diejenigen in der deutsch-polnischen Vereinbarung vom 9. Januar 1920 über die Inkraftsetzung des Versailler Vertrags behandelten Staatsausgaben zu zählen wäre, welche gemäß den deutschen Gesetzen und Verordnungen nach den Budgets und Wirtschaftsplänen der verschiedenen Verwaltungen zu leisten sind. Denn nach dieser Vereinbarung ist für die finanzielle Abrechnung bezüglich der Einnahmen und Ausgaben, welche sich auf das von Polen in den abgetretenen Gebieten erworbene Eigentum und Vermögen beziehen, der 1. Oktober 1919 der Stichtag in dem Sinne, daß alle Einnahmen und Ausgaben bis zu diesem Termin auf Rechnung des Deutschen Reichs oder Preußens, alle Einnahmen und Ausgaben nach diesem Termin auf Rechnung Polens gehen. Dabei soll es nicht auf den Zeitpunkt der Leistung der Ausgabe oder des Eingangs der Einnahme, sondern auf den Zeitpunkt der Fälligkeit ankommen. Da die eingeklagte Forderung schon vor dem Kriege fällig war, käme eine Verpflichtung Polens zur Berichtigung der eingeklagten Summe auch nach diesem Abkommen nicht in Betracht. Hiernach kann die Abgabe des Rechtsstreits an ein polnisches Gericht nicht stattfinden. Demnach ist das Reichsgericht zur Entscheidung über die Revision zuständig. . . .

RGZ. 109, 357

Beschlagnahme und Liquidation des Vermögens ausländischer Zweigniederlassungen deutscher Banken. Rechtsstellung der Bankkunden.

Alter Leitsatz:

1. Wie ist das Rechtsverhältnis einer deutschen Bank gegenüber einem Kunden, der bei ihrer Zweigniederlassung im feindlichen Ausland vor und während des Krieges ein Depositenkonto besessen hat, zu beurteilen, wenn das Vermögen der Zweigniederlassung auf Grund des Versailler Vertrags beschlagnahmt und liquidiert worden ist?

2. Über Beachrichtigungsschreiben im Bankverkehr.

§ 697 BGB. § 346 HGB.

I. Zivilsenat. Urt. v. 20. Dezember 1924 i. S. B. Bank (Bekl.) w. H. (Kl.) I 11/24.

I. Landgericht I Berlin, Kammer für Handelssachen.
II. Kammergericht daselbst.

Der Kläger, der etwa bis zum Jahre 1915 in Brüssel wohnte und jetzt in Amerika lebt, ist türkischer Staatsangehöriger. Er hatte bei der Filiale der beklagten Bank in Brüssel seit 1910 zwei auf belgische Franken lautende Konten, und zwar ein Scheckkonto und ein Konto mit 15tägiger Abrechnung. Am 1. Juli 1918 betrug das Guthaben des Klägers auf beiden Konten zusammen 25 487 belgische Franken. Der Kläger verlangte mit der Klage Abrechnung und Auszahlung in belgischen Franken.

Das Landgericht wies die Klage ab. Das Kammergericht verurteilte *die Beklagte, dem Kläger eine zum 31. März 1923* abschließende bankmäßige Abrechnung, lautend auf belgische Frankenwährung, zu erteilen und ihm nach ihrer Wahl 27 300 belgische Franken oder den dieser Summe entsprechenden Markbetrag nach dem am Tage der Zahlung an der Berliner Börse notierten Kurse zu zahlen. Die Revision der Beklagten hatte Erfolg.

Gründe:

Der Kläger stützt seine Ansprüche darauf, daß er bei der Filiale der Beklagten in Brüssel zwei Depositenkonten in belgischer Währung vor dem Beginn des Krieges habe anlegen lassen und während der Kriegszeit unterhalten habe. Zutreffend weist das Berufungsgericht darauf hin, daß nach der allgemeinen Vorschrift in § 697 BGB., sowie der besonderen Natur des Bankdepositengeschäfts der Kläger seine Ansprüche auf Rechnungslegung und Herausgabe der Depots grundsätzlich gegen die Brüsseler Niederlassung der Beklagten erheben müßte. Im vorliegenden Falle ist die Entscheidung in wesentlichen Punkten abhängig von tatsächlichen Feststellungen, die noch nicht oder noch nicht in genügender Weise getroffen sind.

Es ist davon auszugehen, daß durch den Versailler Vertrag und die belgischen Gesetze vom 10. November 1918 und 17. November 1921 die Vermögenswerte der Brüsseler Filiale der Beklagten, soweit sie dem Zugriff der belgischen Behörden tatsächlich ausgesetzt waren, beschlagnahmt und liquidiert worden sind. In welchem Umfang und in welcher Art diese Beschlagnahme und Liquidation erfolgt ist, hängt von den einschlägigen tatsächlichen Vorgängen ab. Soweit die Beschlagnahme und Liquidation des genannten Filialvermögens reicht, sind etwaige Ansprüche des Klägers gegen die Brüsseler Filiale der Beklagten materiell- und prozeßrechtlich von der beklagten Hauptniederlassung zu vertreten. Denn durch den Versailler Vertrag und die zu seiner Durchführung bestimmten Maßnahmen, Gesetze und Verordnungen ist im Verhältnis der Parteien daran nichts geändert, daß die Brüsseler Filiale keine selbständige Rechtspersönlichkeit hatte, vielmehr Träger ihrer Rechte und Verbindlichkeiten grundsätzlich die beklagte Hauptniederlassung war und ist.

Des weiteren hängt es von noch festzustellenden Tatsachen ab, ob, in welcher Weise und in welchem Umfang auf Grund des belgisch-türkischen Friedensvertrags und der genannten belgischen Gesetze eine Beschlagnahme und Liquidation der klägerischen Guthaben bei der Brüsseler Filiale der Beklagten erfolgt wäre, wenn diese Guthaben in den Büchern der Brüsseler Filiale der Beklagten fortgeführt worden wären. Ist anzunehmen, daß solchenfalls die klägerischen Guthaben ganz oder teilweise beschlagnahmt worden wären, so ist, soweit der Umfang dieser als öffentlichrechtliche Konfiskation wirkenden Beschlagnahme anzusehen ist, grundsätzlich ein Anspruch des Klägers auf Auszahlung seiner Guthaben in belgischer Währung gegen die Beklagte nicht gegeben und den Klagansprüchen der Boden entzogen. Sache der Beklagten ist es, dies dem Klagvorbringen gegenüber im einzelnen darzulegen und zu beweisen. Es bleibt aber dem Kläger unbenommen, seinerseits klarzustellen, daß eine solche Beschlagnahme nicht oder nicht in ihrem vollen Umfange wirksam geworden wäre, weil bei der Liquidation der Brüsseler Filiale der Beklagten die beschlagnahmte Forderung des Klägers gar nicht oder nur zum Teil abgedeckt worden wäre. Soweit festgestellt werden sollte, daß eine solche Abdeckung tatsächlich nicht erfolgt wäre, steht eine etwa weiter gehende Beschlagnahme der Forderung den Ansprüchen des Klägers nicht im Wege. Seine Ansprüche würden also insoweit begründet sein, als bei einem Fortführen seiner Guthaben in den Büchern der Brüsseler Filiale der Beklagten eine Beschlagnahme dieser Guthaben nicht erfolgt wäre oder die erfolgte Beschlagnahme im Liquidationsverfahren nicht zu einer Abdeckung der Forderung des Klägers aus dem betreffenden Filialvermögen der Beklagten geführt hätte. Die Ansprüche würden aber darüber hinaus auch insoweit begründet sein, als etwa — was gleichfalls festzustellen wäre — eine durchgeführte Beschlagnahme und Liquidation der Guthaben des Klägers zu seiner Schadloshaltung geführt hätte, indem etwa der liquidierte Betrag der Türkei auf Reparationskonto gutgeschrieben und von der Türkei ganz oder teilweise dem Kläger erstattet worden wäre.

RGZ. 111, 40

Gegenstandsloswerden völkerrechtlicher Verträge und des darauf beruhenden innerstaatlichen Rechts allein durch die Macht der Verhältnisse.

Alter Leitsatz:

Galten im Reichsgebiete während des Herbstes 1919 noch die Bestimmungen des Vertrags von Brest-Litowsk über den Erwerb von unbeweglichem Vermögen?

V. Zivilsenat. Urt. v. 23. Mai 1925 i. S. E. (Kl.) w. G. u. Gen. (Bekl.). V 185/24.

I. Landgericht Hamburg. II. Oberlandesgericht daselbst.

Der Kläger hat sein Klageverlangen, die Beklagten zur Einwilligung in die Berichtigung des Grundbuchs durch Wiedereintragung des Klägers als Eigentümers ihrer im Oktober des Jahres 1919 vom Kläger erworbenen, in Hamburg belegenen Grundstücke zu verurteilen, darauf gestützt, daß die Beklagten als russische Staatsangehörige zum Grunderwerb der Genehmigung des Hamburger Senats bedurft hätten und daß mangels einer solchen Genehmigung das Eigentum an den Grundstücken nicht auf sie übergegangen sei. Der gegenteilige Standpunkt der Beklagten ist von den Vorinstanzen geteilt und demgemäß auf Abweisung der Klage erkannt worden.

Die Revison des Klägers hatte Erfolg.

Gründe:

Abs. 1 Satz 1 des § 28 Hamburg. Ausführungsgesetzes zum Bürgerlichen Gesetzbuch vom 14. Juli 1899, worauf sich der Kläger beruft, lautet: „Der Erwerb von Grundeigentum durch Ausländer ist von der Genehmigung des Senats abhängig."

Das Berufungsgericht geht davon aus, daß das dem Eingreifen dieser Vorschrift entgegenstehende, ursprünglich im deutsch-russischen Handelsvertrag von 1894/1904 den beiderseitigen Staatsangehörigen gewährleistete Recht, ungehindert im fremden Lande Grundeigentum zu erwerben, durch den Vertrag von Brest-Litowsk wiederhergestellt worden sei. Einem vom Kläger beigebrachten Rechtsgutachten des Professors Jacobi in Leipzig stimmt das Berufungsgericht zwar insoweit zu, als es annimmt, daß eine ausdrückliche Aufhebung des Vertrags von Brest-Litowsk zwischen den Vertragsparteien niemals erfolgt sei. Aus dem mit den Verbandsmächten abgeschlossenen Waffenstillstandsvertrag und dem Vertrag von Versailles könne Rußland mangels formeller Zustimmung für die Beziehungen zwischen ihm und Deutschland keine Rechte herleiten. Aber die Auffassung müsse verworfen werden, daß aus näher angegebenen schlüssigen Handlungen dieser beiden Mächte ihr Einverständnis über die Aufhebung des zwischen ihnen abgeschlossenen Friedensvertrags für die hier in Betracht kommende Zeit zu entnehmen sei. Anders als bei Handelsverträgen im Falle der Kriegserklärung sei hier eine ausdrückliche Erklärung der Vertragsparteien über die Aufhebung unerläßlich. Wolle man selbst eine stillschweigende Übereinkunft als ausreichend ansehen und sie in dem auf den Vertragsschluß folgenden Verhalten der beiden Mächte finden, so fehle es dennoch an einem für den gegenwärtigen Rechtsstreit maßgebenden Wegfall des durch die Veröffentlichung des Vertrags von Brest-Litowsk im Reichsgesetzblatt innerstaatlich in Kraft getretenen Rechtssatzes, der seine Geltung nur durch verfassungsmäßige Aufhebung wieder hätte einbüßen können.

Die Revision stellt die Begründung des angegriffenen Urteils in vollem Umfang zur Nachprüfung. Diese muß zugunsten des Klägers ausfallen.

Der Vertrag zwischen Deutschland und Rußland vom 10. Februar/29. Januar 1894 nebst Zusatzvertrag vom 28./15. Juli 1904, der als im Reichsgesetzblatt (*1894 S. 153, 1905 S. 35*) ordnungsgemäß veröffentlichte und deshalb für das Reichsgebiet verbindliche Norm den nach Art. 88 EG. z. BGB. für Hamburg geltenden § 28 AG. z. BGB. außer Kraft gesetzt hatte, war seiner Bezeichnung wie seinem Inhalt nach ein Handelsvertrag und verlor daher beim Kriegsausbruch, wie alle mit den Feindmächten abgeschlossenen Handelsverträge, seine Geltung. Es bedurfte eines neuen Handelsvertrages oder sonstigen Abkommens zwischen Deutschland und Rußland, um es zu ermöglichen, daß für die Angehörigen letzteren Reiches die Geltung der landesrechtlichen Vorschrift des § 28 a. a. O. wieder aufgehoben wurde. Das ist durch die Bekanntmachung vom 7. Juni 1918 (RGBl. S. 654) geschehen, die den Vertrag von Brest-Litowsk betraf, nach dessen Art. XI in Verb. mit Anlage 2 zwar der frühere deutsch-russische Handelsvertrag als erloschen erklärt, dagegen laut Unteranlage 1 zu Anlage 2 bestimmt wurde (vgl. RGBl. 1918 S. 479, 492 Nr. 1 Abs. 1, 498 Art. 2 Abs. 1):

> „Die Angehörigen jedes der beiden vertragschließenden Teile sollen in dem Gebiet des anderen Teils gleich den Inländern berechtigt sein, jede Art von beweglichem oder unbeweglichem Vermögen zu erwerben."

Es fragt sich, ob jenes die früheren Vertragsbeziehungen zwischen Deutschland und Rußland endgültig beseitigende Abkommen, nachdem es in Deutschland innerstaatlich wirksam geworden war, diese Wirksamkeit an dem hier maßgebenden Tage der Auflassung der Grundstücke an die Beklagten — ausweislich des erstinstanzlichen Urteils im Herbst 1919 — wieder eingebüßt hatte. Hierfür hat der Vertrag von Versailles keinerlei Bedeutung. Denn zwar ist das ihm zustimmende deutsche Reichsgesetz vom 16. Juli 1919 (RGBl. S. 687) mit dem Tage der Verkündung, der Vertrag selbst jedoch nach seinen Schlußbestimmungen (RGBl. 1919 S. 1329) für das Reichsgebiet erst mit der Niederlegung der Ratifikationsurkunden in Kraft getreten. Sie ist erst im Jahre 1920, also nach dem hier in Betracht kommenden Zeitpunkt, erfolgt (RGBl. 1920 S. 31). Auch hatte inzwischen die Reichsregierung weder im Ausführungsgesetz zum Versailler Vertrage vom 31. August 1919 (RGBl. S. 1530) eine hier eingreifende Bestimmung getroffen, noch von der ihr nach § 28 dieses Ausführungsgesetzes zustehenden Ermächtigung zu weiteren Maßregeln, die sich für die Ausführung des Vertrags als notwendig und dringend erweisen sollten, hinsichtlich der Rechtsbeziehungen zwischen Deutschland und Rußland Gebrauch gemacht.

Dem den Abschluß des Friedensvertrags einleitenden Waffenstillstandsabkommen zwischen den an ihm beteiligten Verbandsmächten und Deutschland vom 11. November 1918 kann schon mangels Zustimmung Rußlands die Bedeutung einer zwischen Deutschland und Rußland unmittelbar geltenden völkerrechtlichen Vereinbarung und mangels Kundgabe durch die Reichsregierung die Wirkung eines innerstaatlichen Gesetzesbefehls nicht zuerkannt werden. In beiderlei Hinsicht hat das Berufungsgericht den Nachweis einer Außerkraftsetzung des Vertrags von Brest-Litowsk zu dem hier fraglichen Zeitpunkt vermißt. Dies trifft allerdings insofern zu, als weder völkerrechtlich noch innerstaatlich eine formelle Aufhebung des Vertrags und seiner Wirkungen auf den Rechtsverkehr stattgefunden hat. Die Würdigung der seinem Abschluß folgenden geschichtlichen Ereignisse zeigt jedoch, daß er zwischen den an seinem Abschluß beteiligten Mächten bereits im Herbst 1918 tatsächlich außer Kraft getreten war und daß seither die in ihm enthaltenen Bestimmungen auch für die Rechtsbeziehungen der beiderseitigen Staatsangehörigen keine Bedeutung mehr beanspruchen können.

Bereits am 5. November 1918 hatte die deutsche Regierung der russischen mitgeteilt, daß sie die diplomatischen Beziehungen zu ihr als abgebrochen ansehe. Dadurch wurde die Ausführung des zwischen ihnen kurz zuvor geschlossenen Friedensvertrages unterbrochen. Als wenige Wochen später die russische Sowjetregierung durch Funkspruch „an alle" kundgab, sie sehe die Verträge von Brest-Litowsk als beseitigt an, wurde offenbar, daß auf eine Vertragserfüllung ihrerseits nicht mehr gerechnet werden konnte. Die deutsche Regierung hat damals allerdings nur an andere Feindmächte und deshalb nicht mit unmittelbarer Wirkung für ihre Beziehungen zu Rußland bezüglich des Verzichts auf die Wirkungen des Vertrags Erklärungen abgegeben und ist mit Rußland erst bei Abschluß des Vertrags von Rapallo vom 16. April 1922 wieder in Vertragsbeziehungen getreten (vgl. Gesetz vom 17. Juli 1922, RGBl. II S. 677).

Welche Bedeutung aber die deutsche Regierung den dem Vertrag von Rapallo vorausgegangenen geschichtlichen Ereignissen beilegte, zeigt sich aus folgenden Eingangsworten der Denkschrift, mit welcher der Entwurf eines Gesetzes über den deutsch-russischen Vertrag von Rapallo dem Reichstag vorgelegt wurde (Verhandlungen des Deutschen Reichstags, Wahlperiode 1920/22 Bd. 374 Nr. 4546 S. 2):

„Durch Nr. XV des Waffenstillstandsabkommens mit den Alliierten vom 11. November 1918 sowie durch die Art. 116 Abs. 2 und 292 des Vertrags von Versailles ist Deutschland verpflichtet worden, den Friedensvertrag mit der russischen Sowjetrepublik von Brest-Litowsk und die gleichzeitig oder später zu seiner Ergänzung abgeschlossenen deutsch-russischen Verträge als aufgehoben anzusehen. Nach der Unterbrechung der diplomatischen Beziehungen zwischen Deutschland und Rußland im Herbst 1918 hat sich auch die Sowjetrepublik nicht mehr als an jene Verträge gebunden angesehen. Zwischen den beiden Ländern bestand mithin ein vertragsloser Zustand. Das bedeutete jedoch nicht das Wiederaufleben des Kriegszustandes. Nachdem der Friedenszustand einmal eingetreten war, konnte er durch die bloße Aufhebung der erwähnten Verträge nicht wieder in den Kriegszustand umgewandelt werden."

In der Tat kann, in Übereinstimmung mit diesen Ausführungen, das Verhalten beider in Betracht kommender Mächte in der Zwischenzeit nicht anders aufgefaßt werden, als daß beide seit dem Herbst 1918 den Vertrag von Brest-Litowsk als erledigt und beseitigt angesehen und ihre Ansicht hinreichend zum Ausdruck gebracht haben. Rußland hat dies damals ausdrücklich erklärt, und die deutsche Regierung hat es durch Unterlassen einer Verwahrung dagegen, durch Nichtbeanspruchen vertraglicher Rechte, sowie durch die Räumung der besetzten russischen Gebiete in Verbindung mit dem Verhalten gegenüber anderen Mächten bestätigt. Daß beide Mächte in dieser Hinsicht derselben Auffassung waren, geht gleichfalls daraus klar hervor, daß der Vertrag von Brest-Litowsk in demjenigen von Rapallo nicht mehr erwähnt worden ist.

Die Würdigung des geschichtlichen Hergangs führt aber auch zu dem Schluß, daß es der deutschen Regierung nicht erforderlich erscheinen mußte und erschienen ist, neben den gesetzlichen Schritten, die sie nach dem Unterliegen Deutschlands im Weltkriege zur Ausführung des Vertrages von Versailles unternahm, noch eine besondere Kundgebung an die Reichsangehörigen zu erlassen, mit welcher der Vertrag von Brest-Litowsk ausdrücklich außer Kraft gesetzt wurde, der, wie allen bekannt, durch die Macht der Verhältnisse gegenstandslos geworden war. Hinsichtlich einer solchen Nachwirkung eines verlorenen Krieges können Anforderungen nicht Platz greifen, die für Regelfälle an die Verlautbarung des Aufhörens staatsrechtlicher Geltung völkerrechtlicher Abkommen etwa aufzustellen wären. Auch wenn man sonst Unterschiede bei Beurteilung der Frage gelten lassen will, inwieweit die Rechte der einzelnen aus einem Staatsvertrag durch Vorgänge berührt werden, die das friedliche Verhalten der Völker zueinander unterbrechen — z. B. bei Handelsverträgen oder Urheberrechtsabkommen —, läßt sich doch ein Unterschied zwischen völkerrechtlicher und innerstaatlicher Wirkung bei einem Vertrage, wie dem von Brest-Litowsk, nicht machen, dessen politischer, militärischer, wirtschaftlicher und privatrechtlicher Inhalt ein einheitliches und untrennbares Ganzes bildet. Hier ist jeder Teil vom Ganzen abhängig, steht und fällt mit ihm, sowohl was die Geltung nach außen wie diejenige nach innen anlangt. Daß aber der übermächtige Druck der Ereignisse dem deutsch-russischen Friedensvertrag in seiner Gesamtheit nach beiden Seiten hin jegliche praktische Bedeutung genommen hatte, war im Herbst 1918 für jeden ohne weiteres erkennbar. Es konnte der dem Drucke weichenden Reichsregierung nicht zugemutet werden, den Reichsangehörigen die Tatsache, daß nunmehr wieder der Vertrag bedeutungslos geworden sei, ausdrücklich amtlich kundzutun, wenngleich er auf amtlichem Wege zur Kenntnis gebracht worden war, ehe die ihn beseitigenden Ereignisse eingetreten waren.

Alsdann aber stand der Wirksamkeit des § 28 Hamb. AG. z. BGB. zur Zeit der Auflassung der streitigen Grundstücke an die Beklagten nichts im Wege. Da die hiernach erforderliche Genehmigung des Senats den Beklagten als russischen Staatsangehörigen nach dem vorgetragenen Tatbestand des erstinstanzlichen Urteils nicht erteilt worden und infolgedessen Eigentum an den Grundstücken auf die Beklagten bisher nicht übergegangen ist, war das angefochtene Erkenntnis aufzuheben.

RGZ. 111, 115

Persönliche Rechtsstellung deutscher Mitglieder internationaler gemischter Schiedsgerichtshöfe.

Alter Leitsatz:

1. Zur Rechtsstellung der von Deutschland ernannten Mitglieder der nach dem Versailler Vertrag errichteten gemischten Schiedsgerichtshöfe. Sind sie unabsetzbare Richter? Sind sie Reichsbeamte? Können sie aus ihrer Stellung jederzeit abberufen werden?

2. Kann ein Landesbeamter zugleich Reichsbeamter sein?

III. Zivilsenat. Urt. v. 9. Juni 1925 i. S. D. (Kl.) w. Deutsches Reich (Bekl.). III 1062/23.

I. Landgericht I Berlin. II. Kammergericht daselbst.

Der Kläger, damals noch Landgerichtsrat am Landgericht III in Berlin, seit dem 1. Juni 1920 Kammergerichtsrat daselbst, wurde am 6. März 1920 vom Auswärtigen Amt als Gehilfe des deutschen Staatsvertreters bei dem auf Grund von Art. 304 des Versailler Vertrags gebildeten deutsch-französischen gemischten Schiedsgerichtshof einberufen und war als solcher bis zum 5. April 1920 tätig. Dann wurde er als deutscher Richter bei dem deutsch-jugoslawischen gemischten Gerichtshof in Aussicht genommen. Da sich aber dessen Zusammentritt verzögerte, wurde ihm erst durch Erlaß des Reichsministers des Auswärtigen vom 18. April 1921 das Amt eines Richters bei dem genannten Schiedsgerichtshof übertragen. Durch Erlaß desselben Ministers vom 10. September 1921 wurde er gebeten, neben dieser Tätigkeit auch das Amt des deutschen Richters beim deutsch-tschechoslowakischen gemischten Schiedsgerichtshof zu übernehmen. In beiden Stellungen war der Kläger in der Schweiz und in Österreich tätig, wurde im Dezember 1921 auch vertretungsweise in Berlin bei den Staatsvertretern der gemischten Schiedsgerichtshöfe beschäftigt. Durch Erlaß vom 2. Februar 1922 nahm der Reichsminister des Auswärtigen die dem Kläger erteilten Aufträge zur Wahrnehmung des Amtes eines deutschen Schiedsrichters bei dem deutsch-jugoslawischen und dem deutsch-tschechoslowakischen gemischten Schiedsgerichtshof zurück. Von seiner ersten Einberufung im März 1920 an war der Kläger aus dem preußischen Justizdienst beurlaubt. Nur vor dem Zusammentritt des deutsch-jugoslawischen gemischten Schiedsgerichtshofs hat er im Januar und Februar 1921 vorübergehend seine Dienstgeschäfte als Kammergerichtsrat wahrgenommen. Erst nach seiner Entlassung aus der schiedsrichterlichen Tätigkeit ist er dauernd an das Kammergericht zurückgekehrt.

Der Kläger ist der Auffassung, daß der Reichsminister des Auswärtigen nicht befugt gewesen sei, ihn aus seinem Amte als Mitglied der beiden Schiedsgerichtshöfe abzuberufen, da es ihm für die Dauer des Bestehens der beiden Gerichtshöfe übertragen worden sei. Mit der Klage verlangt er deshalb Zahlung der ihm als Mitglied der beiden Gerichtshöfe zustehenden Beschäftigungszulage von jährlich 6000 M. zunächst für die Zeit vom 1. April 1922 bis zum 1. Oktober 1923, sodann Feststellung, daß der Beklagte verpflichtet sei, ihm allen durch die ungerechtfertigte Entlassung entstandenen und noch entstehenden Schaden zu ersetzen.

Der Beklagte hat Klagabweisung beantragt. Er hält den Reichsminister des Auswärtigen für berechtigt, die Bestellung der deutschen Richter für die auf Grund des Versailler Vertrags errichteten gemischten Schiedsgerichtshöfe zu widerrufen, also auch die dem Kläger erteilten Aufträge zurückzunehmen.

Das Landgericht hat dem Zahlungsantrag des Klägers mit einer für diese Instanz nicht weiter in Betracht kommenden Einschränkung stattgegeben, die auf Feststellung gerichtete Klage aber abgewiesen. Beide Teile haben Berufung eingelegt. Der Kläger hat in der Berufungsinstanz seine Anträge erweitert auf Feststellung dahin, daß seine Entlassung aus den Ämtern als Schiedsrichter unzulässig und staatsrechtlich und völkerrechtlich unwirksam sei. Das Kammergericht hat die Berufung des Klägers zurückgewiesen, der Berufung des Beklagten dagegen stattgegeben und die Klage vollständig abgewiesen. Auf die Revision des Klägers wurde das Berufungsurteil aufgehoben.

Gründe:

...Die vermögensrechtlichen Ansprüche, die der Kläger durch seine Bestellung zum deutschen Mitglied des deutsch-jugoslawischen und des deutsch-tschechoslowakischen gemischten Schiedsgerichtshofs gegen das Deutsche Reich erworben hat, stehen ihm über den 2. Februar 1922 hinaus dann zu, wenn seine durch Erlaß des Reichsministers des Auswärtigen von diesem Tage ausgesprochene Amtsenthebung rechtsunwirksam ist. Der Kläger beruft sich zur Begründung ihrer Rechtsunwirksamkeit auf seine Eigenschaft als unabsetzbarer Richter, als Reichsbeamter und als Schwerkriegsbeschädigter.

1. Seine Unabsetzbarkeit als Richter leitet der Kläger sowohl aus völkerrechtlichen wie aus staatsrechtlichen Grundsätzen her. Sie stehen ihm indessen nicht zur Seite.

a) Eine allgemein anerkannte Regel des Völkerrechts (vgl. Art. 4 RVerf.) dahin, daß die Mitglieder internationaler Gerichtshöfe unabsetzbar seien, besteht nicht. Ihre Unabsetzbarkeit bedarf vielmehr völkerrechtlich der besonderen vertraglichen Festlegung. An ihr fehlt es für die durch Art. 304 des Versailler Vertrags eingesetzten gemischten Schiedsgerichtshöfe. § 1 der Anlage zu diesem Artikel bestimmt, nach welchem Verfahren ein ausgeschiedenes Mitglied eines gemischten Schiedsgerichtshofs zu ersetzen ist. Die Fälle, in denen ein solches Ausscheiden erfolgen kann, haben durch die Worte „wird es (ein Mitglied des Gerichtshofs) aus irgendeinem Grund an der Ausübung seines Amtes behindert" möglichst umfassend bezeichnet werden sollen. Es steht nichts im Wege, darunter auch den Fall der Abberufung des Mitglieds durch seine Regierung zu begreifen. Jedenfalls ist dem angeführten § 1 nicht zu entnehmen, daß solche Abberufung ausgeschlossen sein sollte. So hat denn auch Frankreich durch Art. 3 des Dekrets vom 17. Januar 1920 (Journal officiel S. 946) bestimmt, daß die Mitglieder der gemischten Schiedsgerichtshöfe auf Vorschlag des Minister der auswärtigen Angelegenheiten durch Dekret (des Präsidenten der Republik) ernannt werden und daß sie auf demselben Wege ihres Amtes enthoben werden können. Der Kläger sucht diese Bestimmung damit zu erklären, daß Frankreich die Unabsetzbarkeit der Richter nicht kenne. Das ist unrichtig. Auch nach französischem Recht sind die Richter grundsätzlich unabsetzbar...

Die Tatsache, daß Deutschland als Richter für die gemischten Schiedsgerichtshöfe bisher nur Personen bestimmt hat, die die Befähigung zum Richteramte besitzen, beweist für ihre Unabsetzbarkeit nichts.

Gegen die Ausführungen des Kammergerichts, das es ebenfalls abgelehnt hat, die Unabsetzbarkeit des Klägers auf Grund des Versailler Vertrags anzuerkennen, erhebt die Revision eine Rüge aus § 286 ZPO. Der Berufungsrichter habe zu Unrecht dem Antrage des Klägers nicht stattgegeben, die Botschafterkonferenz in Paris um eine Auskunft darüber zu ersuchen, daß nach den in ihren Händen befindlichen Materialien zum Versailler Vertrag die Absetzung der Schiedsrichter nur unter den Formen und unter den Voraussetzungen des betreffenden nationalen Rechts erfolgen könne, wie auch seinem weiteren Antrage, den Professor P. in Berlin als Sachverständigen über die Streitfrage zu vernehmen. Dieser Revisionsangriff scheitert daran, daß § 286 ZPO. lediglich die tatsächliche Würdigung des Sachverhalts betrifft. Bei der Ermittlung des anzuwendenden Rechts ist das Gericht nicht an Anträge der Parteien gebunden.

Das Kammergericht hat nach alledem die Rechtslage in völkerrechtlicher Hinsicht einwandfrei beurteilt.

b) Die richterliche Unabsetzbarkeit kann der Kläger in seiner Eigenschaft als Mitglied der gemischten Schiedsgerichtshöfe aber auch nach deutschem Rechte nicht beanspruchen. Entscheidend ist in dieser Hinsicht, daß die Reichsverfassung die Unabsetzbarkeit nur den Richtern der ordentlichen Gerichtsbarkeit zuerkennt. Sie werden nach Art. 104 Abs. 1 RVerf. auf Lebenszeit ernannt und können wider ihren Willen nur kraft richterlicher Entscheidung und nur aus den Gründen und unter den Formen, welche die Gesetze bestimmen, dauernd oder zeitweise ihres Amtes enthoben oder an eine andere Stelle oder in den Ruhestand versetzt werden. Die ordentliche Gerichtsbarkeit wird nach Art. 103 RVerf. durch das Reichsgericht und die Gerichte der Länder ausgeübt. Die Mitglieder der gemischten Schiedsgerichtshöfe gehören danach nicht zu den Richtern der ordentlichen Gerichtsbarkeit im Sinne des Art. 104. Über ihn hinaus steht die Unabsetzbarkeit nur den Richtern zu, denen sie durch Gesetz besonders beigelegt wird. Ein allgemeiner Rechtsgrundsatz dahin, daß sämtliche Richter, auch die der besonderen Gerichte und der Verwaltungsgerichte, unabsetzbar seien, kann angesichts der Beschränkung, in der die Reichsverfassung die richterliche Unabsetzbarkeit gewährleistet, nicht anerkannt werden. So sind denn beispielsweise die Mitglieder der Finanzgerichte zwar als solche unabhängig und nur dem Gesetz unterworfen (§ 14 Abs. 4 RAbgO.). Die Vorsitzenden und ständigen Mitglieder kann der Reichsminister der Finanzen aber aus ihrem Richteramt entfernen, indem er sie aus ihrem Hauptamt als Mitglieder des Landesfinanzamts abberuft (§ 15 das.). Die Ansicht des Klägers, er sei als richterliches Mitglied der gemischten Schiedsgerichtshöfe unabsetzbar, findet somit auch im deutschen Recht keine Grundlage.

2. Die vom Kläger in zweiter Reihe in Anspruch genommene Eigenschaft als Reichsbeamter hat das Landgericht als vorhanden angenommen und daher dem Zahlungsanspruch des Klägers stattgegeben. Das Kammergericht dagegen hat sie verneint, jedoch zu Unrecht. Denn der Kläger ist vom Reichsminister des Auswärtigen, dessen Befugnis hierzu außer Streit ist, als Reichsbeamter angestellt worden. Die Erlasse des genannten Ministers vom 18. April und 10. September 1921 können nur dahin verstanden werden, daß sie die Ernennung des Klägers zum Reichsbeamten aussprechen. Durch den ersten Erlaß wird ihm das Amt eines Richters bei dem deutsch-jugoslawischen gemischten Schiedsgerichtshof übertragen. In dem zweiten Erlaß wird er gebeten, neben dieser Tätigkeit auch das Amt des deutschen Richters bei dem deutsch-tschechoslowakischen gemischten Schiedsgerichtshof zu übernehmen. Daß der Minister diese Ausdrucksweise in der Absicht gewählt haben sollte, ein privatrechtliches Dienstverhältnis zu begründen, muß als ausgeschlossen bezeichnet werden. Die Ämter, von denen die Erlasse sprechen, können nur Reichsämter sein, da sie vom Deutschen Reich verliehen werden. Diese Auslegung der Erlasse wird durch sachliche Gründe unterstützt. Das Reich hatte ein erhebliches Interesse daran, daß die deutschen Mitglieder der Schiedsgerichtshöfe in den Kreis der Reichsbeamten eintraten und damit deren Pflichten übernahmen. Andernfalls hätte ihnen beispielsweise nicht einmal die Pflicht zur Amtsverschwiegenheit obgelegen. Auch hätten sie ohne ihre Ernennung zu Reichsbeamten während ihrer Tätigkeit bei den Schiedsgerichtshöfen keiner Disziplinargewalt unterstanden. Der Reichsminister des Auswärtigen selbst hat den Kläger offenbar zunächst als Reichsbeamten angesehen. Denn er hat ihn gelegentlich einer Unterbrechung der Tätigkeit der Schiedsgerichtshöfe bei der Berliner Amtsstelle der Staatsvertreter bei den gemischten Schiedsgerichtshöfen verwandt, in einer Stellung also von unzweifelhaftem Beamtencharakter.

Das Kammergericht glaubt dem Kläger die Reichsbeamteneigenschaft hauptsächlich deshalb absprechen zu müssen, weil er preußischer Landesbeamter geblieben sei; mit dem Fortbestehen dieses Verhältnisses sei seine Anstellung als Reichsbeamter unvereinbar. Dieser Ansicht kann nicht beigepflichtet werden. Richtig ist zwar, daß der Kläger, der aus dem preußischen Justizdienst nur beurlaubt worden war, trotz seiner Übernahme in den Reichsdienst preußischer Beamter (Richter) geblieben ist. Es ist aber durch keine positive Vorschrift untersagt, daß jemand gleichzeitig Reichsbeamter und Landesbeamter ist. Und ebensowenig läßt sich die Unzulässigkeit einer solchen Doppelstellung aus allgemeinen Erwägungen herleiten.

Das Beamtenverhältnis wird gekennzeichnet durch das Gewaltverhältnis, das die Anstellung zwischen dem Gemeinwesen und dem Beamten begründet und das letzterem eine besondere Gehorsams-, Treue- und Dienstpflicht ersterem gegenüber auferlegt. Daraus mag im allgemeinen folgen, daß niemand gleichzeitig Beamter von zwei verschiedenen Staaten sein kann. Reich und Länder stehen einander aber nicht als fremde Staaten gegenüber. Mögen ihre Interessen in Einzelfragen vielfach auseinandergehen, so hängen sie doch rechtlich und tatsächlich aufs engste zusammen. Die Länder sind Glieder des Reichs und bilden mit ihm ein Ganzes. Das Endziel ihrer Betätigung ist kein anderes als das des Reichs, die Wohlfahrt des deutschen Volkes. So stellt der Eintritt in den Reichsdienst den Landesbeamten keineswegs mit Notwendigkeit in einen solchen Widerstreit der Pflichten, daß sein Verbleiben im Landesdienst dadurch unmöglich würde. Die Fortdauer des Unterordnungsverhältnisses, in dem er zu seinem Lande steht, ist durchaus vereinbar mit der Übernahme einer entsprechenden Bindung gegenüber dem Reiche. Das Reichsgericht (RGZ. Bd. 43 S. 131) hat ausgesprochen, daß ein reichsdienstliches Nebenamt mit einem landesdienstlichen Hauptamt Hand in Hand gehen kann. Damit hat es den Grundsatz anerkannt, daß sich die Stellungen als Reichsbeamter und als Landesbeamter gegenseitig nicht ausschließen. In der Regel wird sich freilich aus der Natur der Dinge ergeben, daß ein Landesbeamter, der im Reichsdienst ein Hauptamt übernimmt, zuvor aus dem Landesdienst ausscheidet. Ist das in Frage kommende Reichsamt aber nur von zeitlich beschränkter Dauer, so steht nichts im Wege, seine Übernahme dem Landesbeamten durch Beurlaubung aus dem Landesdienste zu ermöglichen, wie das im vorliegenden Fall hinsichtlich des Klägers geschehen ist.

Die Anstellung des Klägers durch den Reichsminister des Auswärtigen genügt dem Erfordernis des § 1 RBG. Die ihm zugegangenen Erlasse des genannten Ministers sind dem § 4 Abs. 1 RBG. entsprechende Anstellungsurkunden. Die Dauer des dem Kläger übertragenen Reichsamts richtet sich also nach den Bestimmungen des Reichsbeamtengesetzes. Eine Anstellung des Klägers auf Lebenszeit ist allerdings nicht erfolgt, da er nur für ein seiner Natur nach vorübergehendes Geschäft angenommen worden ist (vgl. § 38 RBG.). Er erhebt auch selbst nur Ansprüche für die Dauer des Bestehens der beiden gemischten Schiedsgerichtshöfe, denen er zugeteilt worden ist. Während ihres Bestehens würde seine Entlassung aus dem Reichsdienst wider seinen Willen — von dem Falle des Disziplinarverfahrens abgesehen — nach § 2 RBG. nur zulässig sein, wenn seine Anstellung unter dem ausdrücklichen Vorbehalt des Widerrufs oder der Kündigung erfolgt wäre. Diesen Vorbehalt der Ernennung des Klägers beizufügen, wäre der Reichsminister des Auswärtigen nicht gehindert gewesen. Er hat diesen Vorbehalt nicht gemacht und hat sich dadurch außerstande gesetzt, den Kläger durch Widerruf oder Kündigung aus dem Reichsdienst zu entlassen. Die Folgen dieser Säumnis können dem Reiche nicht abgenommen werden.

§ 2 RBG. kann hier auch nicht deshalb ausgeschaltet werden, weil er nur auf planmäßige Reichsbeamte anzuwenden sei. Für diese im § 2 unzweifelhaft nicht zum Ausdruck gelangte Einschränkung lassen sich überzeugende Gründe nicht anführen. Die Begriffe „lebenslänglich angestellt" und „nicht planmäßig" schließen sich keineswegs aus. Auch ist der Kläger ja nicht lebenslänglich angestellt worden. Für das ihm übertragene Amt von vorübergehender Dauer konnte aber sehr wohl davon abgesehen werden, eine Planstelle zu schaffen. . . .

Der Revision des Klägers ist demnach stattzugeben und das Berufungsurteil aufzuheben, soweit es der Klage nicht entsprochen hat.

RGZ. 111, 149

Bedeutung der Exterritorialität. Zulässigkeit der Widerklage gegen einen Exterritorialen.

Alter Leitsatz:

Kann gegen den im Inlande klagenden Exterritorialen eine Widerklage erhoben werden?

II. Zivilsenat. Urt. v. 23. Juni 1925 i. S. B. (Bekl.) w. K. (Kl.). II 228/23.

I. Landgericht III Berlin. II. Kammergericht daselbst.

Der Kläger gehört als Legationssekretär der bei dem Deutschen Reiche beglaubigten chinesischen Gesandtschaft an und ist damit Exterritorialer im Sinne des § 18 GVG. Am 13. September 1922 kaufte er von der Beklagten einen Kraftwagen, den er teilweise bezahlte. Mit der am 4. November 1922 eingereichten Klage verlangte er die Lieferung des Wagens Zug um Zug gegen Zahlung eines Restbetrages von 1 100 000 M. Daneben erwirkte er am 23. dess. Mts. beim Prozeßgericht eine einstweilige Verfügung des Inhalts, daß die Beklagte gehalten sei, ihm den Wagen herauszugeben. Durch die Vollstreckung dieser Verfügung gelangte er in den Besitz des Wagens. Die Beklagte trat der Klage entgegen mit der Behauptung, daß sie berechtigterweise von dem Kaufvertrag zurückgetreten sei, weil der Kläger seiner Zahlungspflicht nicht genügt habe; auch erhob sie Widerklage auf Zurückgabe des Wagens.

Das Landgericht wies die Klage ab und gab der Widerklage statt. Die einstweilige Verfügung hob es im Widerspruchsverfahren auf.

Der Kläger legte gegen das in der Hauptsache ergangene Urteil Berufung ein, beschränkte aber das Rechtsmittel auf die Entscheidung zur Widerklage. Ohne sich auf die Sache selbst einzulassen, begehrte er die Abweisung der Widerklage, weil sie gegen ihn als Exterritorialen unzulässig sei. Das Kammergericht entsprach diesem Antrag. Auf die Revision der Beklagten wurde das Berufungsurteil aufgehoben und die Sache in die Vorinstanz zurückverwiesen.

Gründe:

Die Frage, ob und unter welchen Voraussetzungen gegen einen im Inlande klagenden Exterritorialen eine Widerklage erhoben werden kann, ist, wie in dem ähnlichen Falle der Klage eines fremden Staates oder eines fremden Souveräns, lebhaft bestritten. Während von der einen Seite Widerklagen allgemein zugelassen werden mit der Begründung, daß die Erhebung der Klage vor dem deutschen Gericht eine zulässige Unterwerfung bezüglich etwaiger Widerklagen enthalte, gehen die hiervon abweichenden Meinungen teilweise so weit, daß Widerklagen für schlechthin unstatthaft erklärt werden. Das Berufungsgericht hat sich dieser letzteren Auffassung angeschlossen. Es erwägt, der § 18 GVG. gehöre dem öffentlichen Recht an, über ihn könne sich weder der Exterritoriale noch das deutsche Gericht hinwegsetzen, selbst das Einverständnis des Exterritorialen würde die Prozeßvoraussetzung für die Widerklage nicht schaffen.

Nach der Ansicht des Senats ist es ebenso ungerechtfertigt, unter dem Gesichtspunkte der stillschweigenden Unterwerfung Widerklagen allgemein zuzulassen, wie es ungerechtfertigt erscheint, allgemein die Zulässigkeit zu verneinen. Die Entscheidung wird vielmehr immer von der Besonderheit des einzelnen Falles abhängen.

Hier liegt die Sache nun so, daß der vom Landgericht mit seiner Klage abgewiesene Exterritoriale sich den Kraftwagen, auf dessen Lieferung die Klage gerichtet war, durch eine von ihm erwirkte, nachher im Widerspruchsverfahren aufgehobene einstweilige Verfügung des Prozeßgerichts verschafft hat. Er befindet sich damit nicht nur zu Unrecht im Besitze des Wagens, sondern will, indem er sich auf die Widerklage nicht einläßt, seine Exterritorialität auch dazu benutzen, den durch die einstweilige Verfügung geschaffenen Zustand im Verhältnis zur inländischen Gerichtsbarkeit zu einem dauernden zu machen. Dieser Standpunkt des Klägers kann nicht als richtig anerkannt werden. Die Exterritorialität hat nur die negative Bedeutung, daß gegen den ihren Schutz Genießenden die inländische Gerichtsbarkeit nicht in Bewegung gesetzt werden darf. Sie darf jedoch, wenn der Exterritoriale seinerseits als Kläger die inländische Gerichtsbarkeit in Anspruch nimmt, nicht dazu führen, daß der inländische Beklagte in dem Gebrauch von Rechtsbehelfen beschränkt wird, deren er sich bedienen will, um seine rechtliche Stellung gegenüber dem erhobenen Anspruch zu wahren. Das wäre aber hier der Fall, wenn die Widerklage wegen der Exterritorialität des Klägers nicht zugelassen würde. Denn die Beklagte verfolgt mit ihr, mag sie sich auch formell als Angriffsmittel darstellen, der Sache nach doch nur den Zweck, den Angriff, den der Kläger seinerseits gegen sie unternommen hat, abzuwehren. Auf die streitige Frage, ob es dem Exterritorialen freisteht, sich der inländischen Gerichtsbarkeit zu unterwerfen, kommt es dabei nicht an, weil es sich um eine Folgerung handelt, die sich schon aus dem Wesen der Exemtion ergibt, und nicht um ein Eingreifen der inländischen Gerichtsbarkeit, dessen Zulässigkeit darauf beruht, daß der Kläger auf die an sich begründete Exemtion verzichtet hat.

RGZ. 111, 204

Rechtsformen innerstaatlicher Ausführungshandlungen zur Erfüllung völkerrechtlicher Verpflichtungen (Übernahme Ausgewiesener aus abgetretenen Gebieten).

Alter Leitsatz:

1. Zur Unterscheidung einer Anforderung auf Grund der §§ 4 ff. des Ausführungsgesetzes zum Friedensvertrage vom 31. August 1919 (RGBl. S. 1530) von einem Vertragsantrag.

2. Zur Frage der privatrechtlichen oder der öffentlich-rechtlichen Natur eines Abkommens zwischen dem Deutschen Reich und einem Kommunalverband über Leistungen zur Ausführung des Vertrags von Versailles.

IV. Zivilsenat. Urt. v. 2. Juli 1925 i. S. Fiskus des Deutschen Reichs (Bekl.) w. Bezirksverband des Regierungsbezirks Kassel (Kl.). IV 141/25.

I. Landgericht I Berlin. II. Kammergericht daselbst.

Im Januar 1922 verlangte die französische Regierung unter kurzer Fristsetzung die Übernahme einer Anzahl aus Elsaß-Lothringen ausgewiesener Hilfsbedürftiger. Daraufhin ersuchte der Reichsminister des Innern unter dem 18. Januar 1922 den Kläger um vorläufige Unterbringung derjenigen Hilfsbedürftigen, welche in der Rheinprovinz nicht untergebracht werden könnten; gleichzeitig wurde „die Erstattung der durch die Übernahme und Unterbringung entstehenden Kosten aus Reichsmitteln vorbehaltlos zugesichert". Durch Schreiben vom 23. Januar 1922 erklärte sich der Kläger zur vorläufigen Unterbringung der betreffenden Personen bereit mit dem Vorbehalte, daß einmal alle durch die Übernahme und Unterbringung, auch durch die gegebenenfalls notwendig werdende Verlegung in eine andere Anstalt entstehenden Kosten für die ganze Dauer des Aufenthalts aus Reichsmitteln gedeckt würden, wie dies ja auch in Aussicht gestellt sei, daß sich weiterhin aus der Übernahme keinerlei belastende armenrechtliche Folgen für einen Armenverband des Bezirks ergäben und daß schließlich die Reichsregierung bemüht sei, die Überführung der vorläufig übernommenen Personen in die für sie in Betracht kommenden Landesteile zu veranlassen. Auf Wunsch des Klägers bestätigte der Reichsminister des Innern unter dem 27. Januar 1922, daß er der vorläufigen Unterbringung der 17 hilfsbedürftigen Personen deutscher Abstammung, deren Abtransport aus elsaß-lothringischen Anstalten bevorstehe, unter den erwähnten Bedingungen zustimme. Der Kläger überführte darauf 17 Personen in die ihm unterstellte Landesheilanstalt in Marburg. Der Beklagte zahlte die Verpflegungskosten bis Ende März 1923, lehnte dann aber die Weiterzahlung mit der Begründung ab, daß die elsaß-lothringische Flüchtlingsfürsorge abgebaut werden müsse.

Der Kläger vertritt den Standpunkt, daß durch den wiedergegebenen Schriftwechsel zwischen ihm und dem Beklagten ein privatrechtlicher Vertrag zustande gekommen sei, durch den der Beklagte die Tragung der Verpflegungskosten für die Hilfsbedürftigen auf die ganze Dauer ihres Aufenthaltes im Gebiete des Klägers übernommen habe. Er verlangt mit der Klage die Erstattung ihm in der Zeit vom 1. Mai 1923 bis zum 29. Februar 1924 entstandener Verpflegungskosten. Beide Vorinstanzen haben gegen den Widerspruch des Beklagten den Rechtsweg für zulässig erachtet. Das Reichsgericht hat dies gebilligt.

Aus den Gründen:

Die Vorfrage, ob der vorliegende Streit als eine bürgerliche Rechtsstreitigkeit im Sinne des § 13 GVG. vor die ordentlichen Gerichte gehört, wird im Berufungsurteil mit der folgenden Begründung bejaht: Der Kläger habe das Ersuchen des Beklagten vom 18. Januar 1922, in dem dieser ihm „vorbehaltlos" zugesichert habe, daß die durch die Übernahme und Unterbringung der Hilfsbedürftigen entstehenden Kosten aus Reichsmitteln erstattet würden, als das Angebot des Abschlusses eines privatrechtlichen Vertrags auffassen müssen. Der Beklagte habe in seinem Ersuchen, dem sogenannten Erlaß, in keiner Weise darauf hingewiesen, daß er den Kläger für verpflichtet halte, dem Übernahmeersuchen nachzukommen. Insbesondere seien die §§ 4, 5 des Ausführungsgesetzes zum Friedensvertrage vom 31. August 1919 (RGBl. S. 1530), die der Beklagte jetzt anführe, um darzutun, daß der Kläger zur Übernahme verpflichtet gewesen sei, in dem Erlaß gar nicht erwähnt. Schon wegen des Fehlens des Hinweises auf diese Bestimmungen sowie mit Rücksicht auf die vorbehaltlose Übernahme der entstehenden Kosten auf das Reich habe für den Kläger jede Veranlassung gefehlt, in dem Erlaß einen „Bescheid" im Sinne des § 7 des Ausführungsgesetzes vom 31. August 1919 zu sehen. Ebensowenig sei aus dem Erlaß des Beklagten zu entnehmen gewesen, daß der Kläger auf Grund der Vorschriften über den Unterstützungswohnsitz habe in Anspruch genommen werden sollen, wobei zu berücksichtigen sei, daß er nach diesen Vorschriften auch nicht haftbar gewesen sei. So lasse denn auch die Antwort des Klägers vom 23. Januar 1922 deutlich erkennen, daß er der Überzeugung gewesen sei, er sei vollkommen *frei, ob er die Hilfsbedürftigen aufnehmen wolle oder nicht,* und könne dementsprechend seine Bedingungen stellen. Daß diese Auffassung richtig gewesen sei, habe der Beklagte durch das Schreiben vom 27. Januar 1922, mit dem er den „Bedingungen" des Klägers zugestimmt habe, bestätigt. Auch juristische Personen des öffentlichen Rechts könnten Verträge des Privatrechts mit Privatpersonen oder anderen juristischen Personen des öffentlichen Rechts rechtswirksam abschließen. Wenn Jellinek (System der subjektiven öffentlichen Rechte S. 348) ausführe, daß „öffentliches Recht niemals das Objekt privater Rechtsgeschäfte bilden könne", so sei aus diesem Satze, dessen Richtigkeit dahingestellt bleiben könne, für den vorliegenden Fall nichts zu folgern. Denn es handle sich nicht etwa um eine vereinbarte Abänderung, Erweiterung oder Einschränkung irgendwelcher öffentlichrechtlicher Normen, auf Grund deren dem Beklagten gegen den Kläger ein Anspruch auf Unterbringung der Hilfsbedürftigen zugestanden hätte. Vielmehr habe sich der Beklagte an den Kläger wie an eine Privatperson gewendet.

In diesem Rechtszug . . . bewegen sich die auf die Zulassung des ordentlichen Rechtswegs beziehenden Revisionsangriffe in den beiden folgenden Richtungen:

a) Die Revision rügt die Verletzung der §§ 4, 5, 8 des Ausführungsgesetzes zum Friedensvertrag vom 31. August 1919. Ihr ist zuzugeben, daß die Auffassung des Berufungsgerichts, die in Rede stehende Leistung sei keine solche, welche die Reichsregierung hätte anfordern können, nicht unbedenklich ist. Es mag dem Beklagten darin gefolgt werden können, wenn er geltend macht: Nach Art. 53 des Vertrags von Versailles sei Deutschland verpflichtet gewesen, diejenigen Einwohner von Elsaß-Lothringen, welche nicht gemäß der Anlage hinter Art. 79 des Vertrags die französische Staatsangehörigkeit erlangten, in seinem Gebiet aufzunehmen. Es habe sich daher um die Erfüllung einer im Friedensvertrag übernommenen Verpflichtung gehandelt, als die Reichsregierung die von der französischen Regierung aus Elsaß-Lothringen ausgewiesenen hilfsbedürftigen Geisteskranken übernommen und für ihre Unterbringung in einer deutschen

Irrenanstalt gesorgt habe. Der Betrieb einer Irrenanstalt sei, wenn er in Händen Privater liege, ein gewerblicher Betrieb (§ 30 GewO.), die Verpflegung eines Kranken in einer solchen Anstalt also die Leistung eines gewerblichen Betriebs. Von dem Unternehmer einer Privatirrenanstalt hätte eine derartige Leistung demnach auf Grund des § 4 a. a. O. angefordert werden können. Dieselbe Anforderung habe aber gemäß § 5 a. a. O. auch an den klagenden Bezirksverband gerichtet werden können, selbst wenn dieser die von ihm eingerichtete Anstalt nicht in gewerblicher Form, d. h. nicht in der Absicht der Gewinnerzielung, betreibe.

Die Richtigkeit dieser Ausführung kann dahingestellt bleiben. Denn darauf, ob die Reichsregierung eine Anforderung hätte vornehmen können, kommt es nicht entscheidend an, wenn sie die ihr etwa mögliche Anforderung tatsächlich nicht vorgenommen hat. Das letztere aber hat das Berufungsgericht auf Grund einer rechtlich einwandfreien Würdigung des Schriftwechsels der Parteien festgestellt. Die Anforderung erfolgt nach § 7 a. a. O. ohne besonderes Verfahren möglichst nach Anhörung des Leistungsverbandes (§ 5) oder des Betriebsinhabers (§ 4) durch Bescheid an diese. Der Bescheid hat Art und Umfang, sowie Ort und Zeit der angeforderten Leistung zu bestimmen. Er soll ausdrücklich darauf hinweisen, daß die Leistung zur Erfüllung des Friedensvertrags oder ergänzender Abkommen bestimmt ist. Die Aufnahme dieses Hinweises in den Bescheid ist hiernach nicht zwingend, sondern durch eine bloße Ordnungsvorschrift angeordnet. Der an den Betroffenen zu richtende Bescheid selbst aber ist das notwendige Ausdrucksmittel für die Anforderung, ebenso wie nach § 2 des Gesetzes über Enteignungen und Entschädigungen aus Anlaß des Friedensvertrags vom 31. August 1919 (RGBl. S. 1527) der entsprechende „Bescheid" für die Enteignung. Bei der Anforderung wie bei der Enteignung handelt es sich um staatlichen Zwang. Dessen Anwendung muß dem Betroffenen durch den „Bescheid" kundgemacht werden. Zur Ausübung des Zwanges wurde die Reichsregierung durch die beiden Gesetze ermächtigt, um sie instand zu setzen, „nötigenfalls auch gegen den Willen der Beteiligten die gesamten wirtschaftlichen Kräfte des Reichs bis zur äußersten Grenze für die Erfüllung der in dem Friedensvertrag und in etwaigen ergänzenden Abkommen übernommenen Verpflichtungen nutzbar zu machen". In erster Linie aber sollte, wie in der Begründung zu den Entwürfen beider Gesetze ausdrücklich hervorgehoben ist, darauf hingewirkt werden, die erforderlichen Leistungen „im Wege des Vertrags" sicherzustellen. Richtete daher ein Reichsminister an einen Verband, von dem er eine Leistung anfordern konnte, ein Ersuchen, in dem weder die technische Bezeichnung „Anforderung" gebraucht, noch der in § 7 a. a. O. vorgeschriebene Hinweis gemacht wurde, so kann dies, wie in der Vorentscheidung geschehen, als ein wichtiges Anzeichen dafür angesehen werden, daß keine Anforderung erfolgen sollte. Kam wie hier dazu, daß der Reichsminister in dem Ersuchen „vorbehaltlos", also ohne die sich für eine Anforderungsvergütung aus den §§ 8, 9 das. ergebenden Maßgaben, die Übernahme der entstehenden Kosten auf die Reichskasse zusicherte, so konnte in dem Ersuchen ohne Rechtsirrtum ein den freihändigen Erwerb der Leistungen anbahnender Vertragsantrag gefunden werden. Das spätere Schreiben des Reichsministers, in dem er den auf sein Ersuchen von dem Verband gestellten „Bedingungen" zustimmte, stellt sich erst recht nicht als ein eine Anforderung aussprechender Bescheid dar.

Beim Fehlen einer Anforderung trifft die in § 8 a. a. O. für die Entscheidung über eine Anforderungsvergütung vorgesehene Zuständigkeit des Reichswirtschaftsgerichts im vorliegenden Falle nicht zu.

b) Die Revision macht weiter geltend, daß auch dann, wenn in dem Schriftwechsel vom Januar 1922 ein Vertragsschluß zu erblicken sein sollte, nach der rechtlichen Natur des Gegenstandes dieses Vertrags der sich an ihn knüpfende Streit keine bürgerliche Rechtsstreitigkeit im Sinne des § 13 GVG. sei. Der vorausgesetzte Vertrag stelle sich, so wird unter Bezugnahme auf Otto Mayer, Deutsches Verwaltungsrecht 3. Aufl. Bd. 2 § 60, ausgeführt, als ein vereinbartes Zusammenwirken zweier Verwaltungskörper dar, die als gleichwertige Träger öffentlicher Gewalt bei der Erfüllung einer öffentlich-rechtlichen Aufgabe Hand in Hand gegangen seien und deren Beziehungen daher sachlich und verfahrensrechtlich nur nach öffentlichem Recht zu beurteilen seien. Allerdings könnten auch juristische Personen des öffentlichen Rechts Verträge privatrechtlichen Inhalts miteinander abschließen. Diese Möglichkeit beschränke sich aber auf die Fälle, in denen der behandelte Gegenstand seiner Natur nach der privaten Vereinbarung zugänglich sei.

Der letzte Satz ist zweifellos richtig. Er steht aber der Auffassung des vorliegenden Abkommens als eines privatrechtlichen Vertrags nicht entgegen. Die öffentlich-rechtliche Natur des Abkommens ergibt sich nicht schon daraus, daß die in ihm ausbedungene Leistung der Erfüllung einer vom Reich im Friedensvertrag übernommenen, also öffentlich-rechtlichen Verpflichtung diente. Wenn das Reich, das nach dem Friedensvertrag zur Lieferung von Schiffen, Tieren, Maschinen, Werkzeugen, Kohlen, Farbstoffen und anderen Gegenständen verpflichtet war, solche Gegenstände, statt sie zu enteignen oder ihre Lieferung anzufordern, freihändig erwarb, so konnte dies im Wege privatrechtlicher Kauf- oder Lieferungsverträge geschehen. Ebenso konnte das Reich die Bereitstellung der von ihm abzuliefernden

Gegenstände in der Weise bewirken, daß es ihren Transport, auch eine zur Ausführung des Friedensvertrages erforderliche und deshalb der Anforderung zugängliche Leistung, einem im Wege privatrechtlichen Vertrags angenommenen Transportunternehmer übertrug. Die hier in Rede stehende Unterbringung aus Elsaß-Lothringen ausgewiesener Hilfsbedürftiger in einer deutschen Irren-, Heil- und Pflegeanstalt kann, wenn auch insoweit eine Anforderung möglich gewesen sein sollte, grundsätzlich nicht anders beurteilt werden. Das Reich konnte über die Unterbringung der Kranken in einer, sei es privaten oder kommunalen, Anstalt einen privatrechtlichen Vertrag abschließen. Der klagende Bezirksverband war freilich zugleich ein Landarmenverband. Er war aber als solcher gegenüber den von ihm in seine Anstalt übernommenen Kranken nicht unterstützungspflichtig und hat es in dem Schreiben vom 23. Januar 1922 mit Zustimmung des Beklagten ausdrücklich abgelehnt, daß aus der Übernahme jener Kranken für einen Armenverband seines Bezirks, also für ihn selbst als Landarmenverband oder für einen Ortsarmenverband, armenrechtliche Folgen hergeleitet werden dürften. Er hat somit damals nicht in seiner Eigenschaft als Landarmenverband, sondern lediglich in seiner Eigenschaft als Inhaber einer zur Unterbringung der ausgewiesenen Kranken geeigneten Anstalt mit dem Beklagten verhandelt. Der Fall liegt darum rechtlich anders als die von Otto Mayer a. a. O. Anm. 24 für öffentlich-rechtliche Vereinbarungen über eine Aushilfe auf dem Gebiete der gemeindlichen Armenunterstützung gegebenen Beispiele, daß die eine Gemeinde ihrem Angehörigen, der sich bei der anderen aufhält, durch diese die nötige Unterstützung verabreichen läßt oder sie bittet, ihn in das dortige Krankenhaus aufzunehmen, oder daß der Landarmenverband einen Ortsarmenverband mit der Fürsorge für einen Landarmen beauftragt. In solchen Fällen handelt es sich bei der von der angegangenen Gemeinde zur Besorgung übernommenen fremden Angelegenheit nach den Worten von Otto Mayer (a. a. O. S. 389 Nr. III) „zugleich um eine eigene Angelegenheit oder doch um eine Aufgabe, in der einem bestimmten höheren Zwecke (nämlich der Armenfürsorge) entsprochen wird, dem man beiderseits zu dienen hat". Zu der umstrittenen Frage, ob in derartigen Fällen die Geschäftsbesorgung nur unter öffentlich-rechtlichen, nicht unter privatrechtlichen Gesichtspunkten zu betrachten ist, braucht hier keine Stellung genommen zu werden. Denn unter den festgestellten besonderen Umständen des gegebenen Falles trifft die von Otto Mayer für seine Lehre vom öffentlich-rechtlichen Vertrag zwischen Verwaltungskörpern aufgestellte Voraussetzung (a. a. O. S. 380), daß man beiderseits „als Träger öffentlicher Verwaltung und der darin erscheinenden öffentlichen Gewalt" gehandelt habe, beim klagenden Bezirksverbande nicht zu.

RGZ. 117, 284

Innerstaatliche Rechtsgeltung völkerrechtlicher Verträge.

Alter Leitsatz:

1. Inwieweit ist der Versailler Vertrag als innerdeutsches Recht zu behandeln?

2. Was ist im Sinne von Art. 365 Abs. 1 VV. unter Gütern zu verstehen, die durch Deutschland von oder nach den Gebieten der alliierten und assoziierten Mächte durchgeführt werden?

Versailler Vertrag Art. 365 Abs. 1.

I. Zivilsenat. Urt. v. 18. Juni 1927 i. S. G. (Kl.) w. Deutsche Reichsbahn-Gesellschaft (Bekl.). I 372/26.

I. Landgericht Altona. II. Oberlandesgericht Kiel.

Für Viehtransporte, die in den Monaten Februar bis Mai 1924 von Dänemark durch Deutschland in die Tschechoslowakei gingen, hat die Beklagte die Fracht nach dem gewöhnlichen Tarif berechnet und bezahlt erhalten. Der Kläger, ein Deutscher, der sich die Rechte der Absender hat abtreten lassen, verlangt Frachterstattung im Betrage von 6247,80 RM. nebst Zinsen, indem er geltend macht, die Fracht müsse nach einem für die Zeit vom 15. Februar bis zum 31. Mai 1924 in Geltung gewesenen Ausnahmetarif berechnet werden. Dieser bezog sich auf Rindvieh, Schweine und Schafe, die im Deutschen Reich verwendet wurden. Der Kläger meint ihn in Anspruch nehmen zu können, weil gemäß Art. 365 VV. Durchfuhrgüter nach der Tschechoslowakei eine gleich günstige Behandlung genießen müßten. Die Beklagte wendet ein, Art. 365 sei deshalb nicht anwendbar, weil das Vieh von Flensburg-Weiche ab auf neue Frachtbriefe befördert worden sei und im Deutschen Reich keine Verwendung gefunden habe. Die Vorinstanzen haben die Klage abgewiesen. Die Revision des Klägers blieb erfolglos.

Aus den Gründen:

Das angefochtene Urteil geht stillschweigend davon aus, daß der einzelne einen unmittelbaren Anspruch auf Gewährung der aus Art. 365 Abs. 1 VV. sich ergebenden Meistbegünstigung hat, die sich auch in der Anwendung eines Tarifs äußern kann. Das trifft zu und kann nicht durch den Hinweis auf andere Artikel des Vertrags entkräftet werden. Der Versailler Vertrag ist innerdeutsches Recht geworden, auf das sich jeder berufen kann, wenn die einzelne Vorschrift nach Inhalt, Zweck und Fassung, ohne daß es noch völker- oder staatsrechtlicher Akte bedarf, privatrechtliche Wirkungen auszuüben geeignet ist. Das ist bei einer Vorschrift, die u. a. — worauf es hier ankommt — die Behandlung der auf der deutschen Reichsbahn beförderten Frachtgüter betrifft, der Fall.

Aus der wirtschaftspolitischen Natur der Bestimmung, die nicht dem einzelnen Angehörigen der Feindstaaten, sondern deren gesamtem Wirtschaftsgebiet durch möglichst günstige Behandlung auf den deutschen Bahnen Vorteile verschaffen soll, folgert Jellinek mit Recht in einem dem Kläger erstatteten Gutachten, daß sich auf sie nicht nur der Angehörige der bevorrechtigten ausländischen Staaten, sondern auch der Deutsche berufen kann. . . . (Das RG. erachtet dann jedoch die Abweisung der Klage durch die Vorinstanzen aus Gründen in der Sache selbst für begründet.)

RGZ. 119, 156

Rechtliche Organisation der Reparations-Sachlieferungen nach dem ersten Weltkrieg.

Alter Leitsatz:

Über die Ansprüche, die deutschen Verkäufern oder Unternehmern aus Reparations-Sachlieferungsverträgen gegen das Deutsche Reich zustehen.

II. Zivilsenat. Urt. v. 29. November 1927 i. S. Firma B. K. & Co. (Kl.) w. Deutsches Reich (Bekl.). II 242/27.

I. Landgericht I Berlin.

Die Klägerin hat im Rahmen des sog. Cuntze-Bemelmans-Abkommens vom 2. Juni 1922 mit der Regierung des Königreichs der Serben, Kroaten und Slowenen, vertreten durch die serbische Reparationskommission, am 16. Juni 1923 in Wiesbaden einen Liefervertrag über 1 000 000 m Wäschestoff, zu 0,98 GM. das Meter und 60 000 Handtücher zu 1,80 GM. das Stück abgeschlossen. Es sollte in Teilleistungen von September 1923 bis Ende Janauar 1924 geliefert werden. Das Reich leistete die vertraglich vorgesehene Vorauszahlung von 320 000 GM. am 21. August 1923 in Papiermark auf Reparationsscheck Ende September 1923 machte die Klägerin die erste Teillieferung von 300 000 m Wäschestoff für 294 000 GM. Dabei blieb es. Das Reich lehnte weitere Zahlungen ab; Verhandlungen der Klägerin mit der serbischen Regierung verliefen fruchtlos. Die Klägerin hat deshalb im Laufe des Jahres 1924 die nicht zur Ablieferung gelangte Ware freihändig und, wie sie behauptet, bestmöglich anderweitig verkauft und verlangt nunmehr vom Reich den ihr durch seine Zahlungsverweigerung und die hierdurch vereitelte Vertragsausführung erwachsenen „effektiven" Schaden, den sie auf insgesamt 63 738,69 RM. beziffert. Davon sind in diesem Rechtsstreit 5000 RM. nebst Zinsen eingeklagt. Die Klägerin macht hierzu geltend, der Vertrag, der die Klausel enthalten habe, daß die Zahlung durch die Deutsche Regierung erfolgen solle, sei vom Reichskommissar für Ausführung von Aufbauarbeiten am 3. August 1923 genehmigt und damit die Zahlungspflicht des Reichs ausdrücklich übernommen und anerkannt worden; eine solche Anerkennung ergebe sich auch aus der vom Reich nachher geleisteten Teilzahlung von 320 000 GM. Der Beklagte hat ... den Einwand der Unzulässigkeit des Rechtswegs erhoben.

Das Landgericht wies die Klage ab, weil der Rechtsweg unzulässig sei. Die unmittelbar beim Reichsgericht eingelegte Revision der Klägerin hatte keinen Erfolg.

Gründe:

Die nach Teil VIII des Versailler Vertrags dem Reich obliegenden Sachlieferungen wurden ursprünglich in der Weise bewirkt, daß das Reich die fraglichen Waren entweder im freien Verkehr erwarb oder sie auf Grund der Bestimmungen des Ausführungsgesetzes zum Friedensvertrag vom 31. August 1919 (II. Abschnitt §§ 4 ff.) durch Verfügung von hoher Hand anforderte und sie dann der Reparationskommission zur Verteilung an die Gläubigerstaaten übergeben ließ. Die Bezahlung und Abfindung der deutschen Lieferanten war ausschließlich Sache des Reichs. In der Folge brachten das Wiesbadener Abkommen vom 6. Oktober 1921, im besonderen aber das sog. Cuntze-Bemelmans-Abkommen vom 2. Juni 1922 (beide Abkommen erlangten durch das Gesetz betreffend die Anwendung der Verträge zwischen dem Deutschen Reich und Frankreich usw. vom 29. Juni 1922 auch innerstaatliche Verbindlichkeit) erhebliche Abänderungen insofern, als Sachleistungen, wie sie der Friedensvertrag im Auge hatte, nunmehr auch auf Grund privatrechtlicher Verträge zwischen deutschen Staatsangehörigen und Angehörigen der alliierten und assoziierten Mächte erfolgen konnten. Mit den Voraussetzungen, dem Inhalt und den Rechtswirkungen solcher Verträge befaßt sich namentlich das Cuntze-Bemelmans-Abkommen nebst Anlagen, das zwischen der Deutschen Regierung und der Reparationskommission abgeschlossen worden ist und den beteiligten alliierten Regierungen freistellt, ob sie für die von ihnen angeforderten Sachleistungen diesem Abkommen beitreten wollen. Unter den alliierten Mächten, die ihren Betritt erklärt haben, befindet sich laut Bekanntmachung vom 15. März 1923 auch das Königreich der Serben, Kroaten und Slowenen. ... Es handelt sich unbestrittenermaßen um einen Sachlieferungsvertrag, der auf Grund des Cuntze-Bemelmans-Abkommens zwischen der in Deutschland ansässigen und den deutschen Gesetzen unterliegenden Klägerin und der Regierung des Königreichs der Serben, Kroaten und Slowenen zustande gekommen ist. Solche Verträge werden nach rein privatrechtlichen Grundsätzen abgeschlossen (Art. VIII des Abkommens); sie müssen nur u. a. die Klausel enthalten, daß die Beteiligten mit der

Zahlung über Reparationskonto einverstanden sind. Die Verträge sind dann binnen einer Frist von 14 Tagen der Reparationskommission zur Genehmigung vorzulegen, die sie alsbald der Deutschen Regierung zustellt. Die Zustellung hat die Bedeutung der vorläufigen Genehmigung; letztere wird binnen 14 Tagen endgültig, falls nicht eine der beteiligten Regierungen einen begründeten Antrag auf Aufhebung bei der Reparationskommission stellt, der aber nur auf ganz bestimmte Gründe gestützt werden kann. Der Vertrag selbst wird und bleibt, wie ein gewöhnliches Privatrechtsgeschäft, mit seinem Abschluß wirksam, und zwar auch dann, wenn die Genehmigung aufgehoben wird, vorbehaltlich einer gegenteiligen Parteiabmachung (Art. IX Abs. 1, 2, 3, 7, 8 des Cuntze-Bemelmans-Abkommens). Das Reich ist demnach beim Abschluß der Verträge selbst in keiner Weise beteiligt. Es kann nur gegebenenfalls seine Verpflichtung zur Zahlung über Reparationskonto durch begründeten Widerspruch ausschließen.

Über die Wirkung der endgültigen Genehmigung des Vertrags durch die Reparationskommission bestimmt Art. X Nr. 2 des Cuntze-Bemelmans-Abkommens noch folgendes: „Die Deutsche Regierung übernimmt unverzüglich alle dem alliierten Staatsangehörigen gegenüber dem deutschen Staatsangehörigen erwachsenden finanziellen Verpflichtungen zu den vereinbarten Zahlungsterminen vorbehaltlich der in Art. VII vorgesehenen Barzahlung." Im übrigen wird der Vertrag ausschließlich zwischen den Vertragsparteien ausgeführt, die „untereinander durch die Bedingungen dieses Vertrags vollständig gebunden sind". Dem Reich wird der Gegenwert der geleisteten Zahlungen in Goldmark von der Reparationskommission zu Lasten der beteiligten Regierung gutgeschrieben. Zur „Erleichterung der Durchführung" der Nr. 2 und 3 des Art. X trifft Art. XII in Verbindung mit den Anlagen C und D des Abkommens weitere Bestimmungen. Hiernach hat das Reich seine Zahlungen in der Weise zu bewerkstelligen, daß es Schecks, die nach bestimmtem Muster auf ein oder mehrere von ihm ausgewählte Bankinstitute ausgestellt sind, rechtzeitig der beteiligten Regierung übermittelt, die sie dem Besteller ausfolgt. Dieser hat sich ausschließlich mit der beteiligten Regierung finanziell auseinanderzusetzen (Art. X Nr. 4). Er übersendet dann den Scheck seinem deutschen Vertragsgegner, der ihn dem bezeichneten Bankinstitut zur Einlösung für Rechnung des Reichs vorlegt (Anlage D zum Cuntze-Bemelmans-Abkommen Nr. I bis III). Das Reich trägt nach Art. XII Abs. 3 allein die Verantwortung für alle Folgen des Unterbleibens einer Zahlung.

Aus diesen Bestimmungen will die Klägerin, obwohl es wegen des Kaufpreisrestes nicht mehr zur Ausstellung und Ausfolgung eines Schecks an sie gekommen ist, einen unmittelbaren Anspruch gegen das Reich auf Zahlung des Kaufpreises oder Werklohns herleiten und aus der Nichterfüllung dieses Anspruchs das Reich auf Ersatz des ihr erwachsenen Schadens haftbar machen. Es ist der Klägerin zuzugeben, daß ein solcher Anspruch, wenn er bestünde, allerdings rein privatrechtlichen Charakter hätte. Er würde sich auf einen bürgerlichrechtlichen Vertrag stützen, bei dem das Reich auf Grund des durch das Gesetz vom 29. Juni 1922 auch innerstaatlich verbindlich gewordenen Cuntze-Bemelmans-Abkommens die dem Käufer obliegenden Zahlungspflichten zu erfüllen hätte. Für diesen Anspruch wären seiner Natur nach, da er auf einem privatrechtlichen Geschäft beruhen würde, die bürgerlichen Gerichte zuständig (§ 13 GVG.). Es würde sich dabei nirgends um ein auf die Unterwerfung unter die öffentliche Gewalt begründetes oder hierwegen besonders ausgestaltetes Verhältnis handeln... Die Vorfrage, ob nach der Rechtsgrundlage des geltend gemachten Anspruchs an und für sich der Rechtsweg zulässig ist, muß demnach bejaht werden.... (Das RG. bestätigte jedoch aus anderen rechtlichen Erwägungen die erstinstanzliche Klageabweisung wegen Unzulässigkeit des Rechtswegs.)

RGZ. 121, 180

Steht den deutschen Gerichten die Nachprüfung der Entscheidung eines Gemischten Schiedsgerichtshofs auf ihre Gesetzmäßigkeit zu?

VI. Zivilsenat. Urt. v. 24. Mai 1928 i. S. G. (Kl.) w. M. & Co. (Bekl.) VI 193/27.

I. Landgericht Hamburg. II. Oberlandesgericht daselbst.

Aus den Gründen:

Die Entscheidung hängt von der Frage ab, ob die beiden Urteile des Deutsch-Japanischen Schiedsgerichtshofs für die Parteien bindend sind. Die Revision macht hierzu folgendes geltend. Der Schiedsgerichtshof habe seine im Versailler Vertrag begründete Zuständigkeit überschritten und das müsse von den deutschen Gerichten nachgeprüft werden können. (Es folgen weitere Einwendungen gegen die Urteile des Schiedsgerichtshofs.)

Auf alle diese Fragen ist nicht einzugehen, weil die Rechtswirksamkeit der vom Schiedsgerichtshof erlassenen Entscheidungen in den von der Revision hervorgehobenen Richtungen nicht durch die deutschen Gerichte nachzuprüfen ist. Äußerlich liegen, wie unbestritten ist, formgerechte und begründete Entscheidungen des ordnungsmäßig eingesetzten Schiedsgerichtshofs vor. Ebenso sind die Voraussetzungen für das Eingreifen des Schiedsgerichtshofs im allgemeinen gegeben, da eine japanische Firma an einem während des Krieges vor deutschen Gerichten geführten Rechtsstreit als Partei teilgenommen hat. Von Scheinurteilen, die als nicht vorhanden betrachtet werden könnten (Stein-Jonas Bem. I vor § 578 ZPO.), kann keine Rede sein. Nun mag es zwar sein, daß nach allgemeinen Rechtsgrundsätzen zwischenstaatliche Schiedssprüche für die Regel angreifbar sind, wenn sie aus dem Rahmen des zugrundeliegenden Schiedsvertrags herausfallen (Jsay, Die privaten Rechte im Friedensvertrag 1923 § 274). Hier kommen aber die Sondervorschriften des Versailler Vertrags entscheidend in Betracht. Art. 304 g VV. bestimmt:

> „Die Hohen vertragschließenden Teile kommen überein, die Entscheidungen des Gemischten Schiedsgerichtshofes als endgültig zu betrachten und ihnen verbindliche Kraft für ihre Staatsangehörigen beizulegen."

Das kann nur dahin verstanden werden, daß die Entscheidungen der berufenen Schiedsgerichtshöfe als selbständige, für sich allein mit endgültiger verbindlicher Kraft ausgestattete Rechtsakte gelten sollen. Hiermit ist eine Nachprüfung der vom Schiedsgerichtshof seiner Entscheidung beigegebenen Gründe durch die Landesgerichte unvereinbar. Das muß auch gelten, wenn der Schiedsgerichtshof im Urteil vom 10. März 1925 seine Zuständigkeit für den vor den deutschen Gerichten damals noch schwebenden Teil des Klaganspruchs ausdrücklich geprüft und bejaht hat. Jeder etwa mögliche Zweifel wird aber beseitigt durch das Reichsgesetz zur Ausführung der Bestimmungen des Friedensvertrags über Gemischte Schiedsgerichtshöfe vom 10. August 1920 (RGBl. S. 1569). Dort ist im § 3 bestimmt, daß die Entscheidungen der Schiedsgerichtshöfe endgültig sind und zwischen den Parteien die Wirkung eines rechtskräftigen Urteils haben. Weiter verordnet § 4, daß für die Zwangsvollstreckung im allgemeinen die Vorschriften der deutschen Gesetze über die Zwangsvollstreckung aus Entscheidungen deutscher Gerichte gelten. Danach ist der Entscheidung des Gemischten Schiedsgerichtshofs eine über die Bedeutung eines sonstigen Schiedsspruchs weit hinausgehende Rechtswirkung beigelegt, die ein Zurückgehen auf die im Friedensvertrag geschaffenen allgemeinen Grundlagen und die Nachprüfung ausschließt, ob sich die Entscheidung innerhalb der vertraglichen Grenzen gehalten hat. Die von der Revision erhobenen Anfechtungsgründe würden nicht ausreichen, die Wiederaufnahme des Verfahrens nach den Vorschriften der §§ 578 flg. ZPO. zu rechtfertigen, selbst wenn ein solches Verfahren mit der Endgültigkeit der Entscheidungen vereinbar und nicht dafür gegebenenfalls der Gemischte Schiedsgerichtshof zuständig wäre. Die Angriffe der Revision gegen die Rechtswirksamkeit der schiedsgerichtlichen Entscheidungen können somit keine Beachtung finden.

RGZ. 132, 128

Kann sich der deutsche Gläubiger einer neutralen Bank, dessen Guthaben bei einer im Bereich einer feindlichen Macht befindlichen Zweigniederlassung der Bank von dieser feindlichen Macht beschlagnahmt und liquidiert worden ist, seinem Schuldner — der neutralen Bank — gegenüber darauf berufen, daß die feindlichen Maßregeln gegen den Versailler Vertrag verstoßen hätten?

Versailler Vertrag Art. 297 zu b.

I. Zivilsenat. Urt. v. 18. März 1931 i. S. H. B. & Co. (Kl.) w. Sch.schen Bankverein (Bekl.). I 254/30.

I. Landgericht Hamburg. II. Oberlandesgericht daselbst

Die Klägerin ist eine offene Handelsgesellschaft mit dem Sitz in Hamburg. Ihre Gesellschafter sind Deutsche. Der verklagte Bankverein hat seine Hauptniederlassung in der Schweiz. Vor dem Kriege unterhielt die Klägerin bei der Londoner Zweigniederlassung des Beklagten ein Girokonto, das ein erhebliches Guthaben für sie auswies. Im Oktober 1925 forderte der englische administrator of German Property auf Grund der treaty of peace orders aus 1919 bis 1924 von der Londoner Zweigniederlassung die Ablieferung des Guthabens. Diese übersandte am 21. Oktober 1925 einen Scheck über den Betrag. Die Klägerin widersprach der Auszahlung und bat, wenigstens vorläufig zu verhindern, daß der Betrag auf Reparationskonto gutgeschrieben würde. Das Ersuchen wurde dem Administrator weitergegeben, und dieser erklärte sich auch bereit, den Betrag bis zur Erledigung eines zwischen den Parteien in der Schweiz schwebenden Rechtsstreits zurückzuhalten. Im Oktober 1926 lehnte er dann die weitere Zurückhaltung ab und erteilte die Gutschrift an das Deutsche Reich für Rechnung der Klägerin.

Die Klägerin fordert die Auszahlung eines Teilbetrags ihres Guthabens. Sie macht geltend, die Schuld der Londoner Zweigniederlassung habe ihren Sitz am Orte der Hauptniederlassung des Beklagten in der Schweiz gehabt, habe sich also nicht innerhalb des britischen Gebiets befunden und habe daher auch nicht auf Grund von Art. 297 lit. b Vers. Vertr. von der englischen Regierung liquidiert werden können. Daher sei die verklagte Hauptniederlassung des Beklagten nach wie vor zur Auszahlung des Guthabens verpflichtet. Der Beklagte steht auf dem Standpunkt, die Beschlagnahme und Liquidation in England sei rechtmäßig erfolgt, zum mindesten habe seine Londoner Zweigniederlassung den Anordnungen des englischen Administrators gehorchen müssen; deshalb sei die Schuld erloschen.

Das Landgericht gab der Klage statt, das Oberlandesgericht wies sie ab. Die Revision der Klägerin hatte keinen Erfolg.

Aus den Gründen:

Es bedarf keiner Erörterung, ob die von dem englischen Verwalter vorgenommene Beschlagnahme und Liquidierung des Guthabens der Klägerin nach Art. 297 lit. b Vers. Vertr. berechtigt gewesen ist und deshalb von den deutschen Gerichten anerkannt werden müßte. Es kann unterstellt werden, daß dies nicht der Fall ist. Dann bleibt für die Entscheidung die Frage zu beantworten, ob die Maßregel trotz ihrer Ungesetzlichkeit die Wirkung ausgeübt hat, den Beklagten von seiner Schuld zu befreien. Diese Rechtsfrage ist im Schrifttum wiederholt behandelt worden, am ausführlichsten von Fuchs in Leske und Löwenfeld: Die Beschlagnahme, Liquidation und Freigabe deutschen Vermögens im Auslande, Teil II. Er kommt zu dem Ergebnis, daß sich der Schuldner auf die im Verhältnis zum deutschen Gläubiger unwirksame Beschlagnahme nicht berufen könne und daß er gegebenenfalls doppelt zahlen müsse. Es sei nicht ersichtlich, warum der Gläubiger die Nachteile der ungerechtfertigten Maßregel tragen solle; Sache des Schuldners sei es, namentlich wenn es sich um ein neutrales Unternehmen handle, sich gegen unberechtigte Einziehungsversuche zu wehren, indem er den Liquidator auf den Rechtsweg verweise oder schließlich Schritte seiner Regierung gegen den liquidierenden Staat veranlasse (a. a. O. S. 120). Dieser Ansicht kann sich der erkennende Senat nicht anschließen. Sie beachtet nicht genügend, daß die Liquidation nicht einen Eingriff in das Vermögen des Beklagten, sondern die Inanspruchnahme des Vermögens der deutschen Gläubigerin bezweckte. Richtete sich der Angriff des englischen Verwalters gegen das Vermögen der Klägerin, nicht aber gegen den Beklagten, so liegt es in der Natur der Sache, daß sich die Klägerin gegen diesen Angriff zur Wehr zu setzen hatte. Der Beklagte, der nach der ursprünglichen Regelung zur Begleichung der Schuld in London verpflichtet war, genügte seinen Verpflichtungen der Klägerin gegenüber damit, daß er ihr von den Maßnahmen des englischen Administrators Mitteilung machte. Daß er in dieser Beziehung etwas versäumt hätte, wie die Revision behauptet, ist nicht zuzugeben. Schon zu Anfang des Rechtsstreits in der Schweiz war die Klägerin davon unterrichtet, daß die englische Behörde die Einziehung des Guthabens beabsichtige und nur bis zur Beendigung des Schweizer Prozesses Aufschub gewähren wolle. Die Klägerin mußte daher damit rechnen, daß, nachdem in der Schweiz keine sachliche Entscheidung erzielt worden war, der feindliche Verwalter alsbald weitere Schritte ergreifen würde. Ihnen entgegenzutreten, lag — wie dargetan — der Klägerin ob. Eine Pflicht des Beklagten, von sich aus entsprechende Schritte zu unternehmen, läßt sich nirgends herleiten. Mit Recht hat der Berufungsrichter auf die ähnliche Rechtslage bei der Pfändung und

Überweisung einer Forderung an einen bürgerlichrechtlichen Gläubiger hingewiesen. Der Beklagte kann sich darauf berufen, daß seine Zweigniederlassung durch einen Hoheitsakt englischer Behörden, in deren Machtbereich sie sich befand, gezwungen worden ist, die Forderung der Klägerin an den englischen Staat zu begleichen. Es bedarf nicht, wie die Revision meint, einer Untersuchung darüber, auf welcher Grundlage dieser Hoheitsakt beruhte. Denn daß die englische Behörde mit Zwangsmaßnahmen vorgegangen wäre, wenn die Niederlassung des Beklagten nicht freiwillig gezahlt hätte, kann ohne weiteres angenommen werden. Die Revision zieht auch mit Unrecht in Zweifel, ob eine endgültige Maßnahme des feindlichen Verwalters vorliege. Nach dem Tatbestand ist unbestritten, daß die Gutschrift an das Deutsche Reich für Rechnung der Klägerin erfolgt ist.

RGZ. 138, 243

Ein Schiff auf hoher See ist Bestandteil seines Heimatstaates.

Alter Leitsatz:

Welches Recht ist anzuwenden, wenn auf Grund eines Zusammenstoßes zweier Schiffe verschiedener Nationalität auf hoher See vor einem deutschen Gericht Schadensersatzansprüche erhoben werden?

I. Zivilsenat. Urt. v. 12. November 1932 i. S. AfricanSteamship Co. (Bekl.) w. Oldenburg-Portugiesische Dampfschiffs-Reederei (Kl.). I 68/32.

I. Landgericht Hamburg, Kammer f. Handelssachen. II. Oberlandesgericht daselbst.

Am 22. Juni 1930 fand auf hoher See (im englischen Kanal) ein Zusammenstoß statt zwischen dem (deutschen) Dampfer der Klägerin „Casablanca" und dem (englischen) Motorschiff der Beklagten „Henry Stanley". Beide Schiffe wurden beschädigt; der Dampfer „Casablanca" sank infolge des Unfalls mit seiner Ladung und ist völlig verloren gegangen. Die Klägerin behauptet, das Motorschiff „Henry Stanley" habe den Zusammenstoß verschuldet. Sie hat auf Schadensersatz und auf Duldung der Zwangsvollstreckung in das Motorschiff geklagt. (Der Gerichtsstand in Hamburg war damit begründet, daß die Klägerin in Hamburg befindliches Vermögen der Beklagten mit Arrest belegt hatte und dieser durch Leistung von Sicherheit abgewendet worden ist.)

Die Beklagte hat die Zuständigkeit der angerufenen Gerichte nicht beanstandet, aber geltend gemacht, daß englisches Recht maßgebend sei und daß sie danach wegen des gesamten Schadens höchstens bis zur Höhe von 8 £ für jede Tonne des „Henry Stanley" in Anspruch genommen werden könne. Diese Haftungsgrenze betrage 29 249.10.5 £. Dementsprechend ist die Beklagte im ersten Rechtszug unter Abweisung der Klägerin mit den weitergehenden Klagansprüchen zur Zahlung von 29 249.10.5 £ nebst Zinsen verurteilt worden.

Auf die Berufung der Klägerin erklärte das Berufungsgericht die Klage dem Grunde nach auch insoweit für berechtigt, als sie über jene Summe hinausgeht. Die Revision der Beklagten hatte keinen Erfolg.

Gründe:

Zutreffend weist das Berufungsgericht darauf hin, daß ein Fall der vorliegenden Art, der einen Zusammenstoß auf hoher See zwischen einem deutschen und einem ausländischen (englischen) Schiff bei einseitiger Schuld der ausländischen Schiffsführung betrifft, in der Rechtsprechung des Reichsgerichts bisher nicht entschieden worden ist.

Das Berufungsgericht meint, daß den von ihm erörterten Gründen für die Anwendung des Rechts der Flagge des schuldigen Schiffes im Hinblick auf die besonderen Verhältnisse der Seeschiffahrt erhebliche Bedenken gegenüberständen, die im vorliegenden Fall zur Anwendung deutschen Rechts führen müßten. Indem das Berufungsgericht dies näher darlegt, stellt es fest: Die Fehler, die zum Zusammenstoß geführt hätten, seien zwar auf dem Motorschiff der Beklagten gemacht worden, die unerlaubte Handlung aber, aus welcher der streitige Schadensersatzanspruch hergeleitet werde, sei erst durch die Berührung (den Zusammenstoß) der beiden Schiffe vollendet und damit an Bord des Dampfers der Klägerin begangen worden.

Die so vom Vorderrichter begründete Annahme, daß das der Besatzung des „Henry Stanley" zur Last fallende Verschulden auch an Bord des beschädigten und zum Sinken gebrachten deutschen Schiffes begangen worden sei, entspricht der in Rechtsprechung und Schrifttum durchweg gebilligten Rechtsauffassung. Nach anerkannten Grundsätzen des deutschen internationalen Privatrechts hat das deutsche Gericht bei der Einordnung rechtlicher Tatbestände zunächst von deutschrechtlichen Gesichtspunkten auszugehen. Nach deutschem Recht stellt sich der Schiffszusammenstoß, der durch Verschulden einer Schiffsbesatzung herbeigeführt wird, als eine unerlaubte Handlung dar. Werden in einem solchen Fall die Handlungen des Täters in dem einen Rechtsgebiet begangen, wirkt sich aber der schadenbringende Erfolg in einem anderen Rechtsgebiet aus, so gelten im Rechtssinn die beiden in Betracht kommenden Orte als Begehungsorte. Dasselbe hat für Schiffe verschiedener Nationalität auf hoher See zu gelten, da ein Schiff auf hoher See als ein Bestandteil seines Heimatstaates anzusehen ist und Handlungen, die auf einem solchen Schiff begangen werden, der gleichen rechtlichen Beurteilung unterliegen wie Handlungen in seinem Heimatstaat. Waren nun im vorliegenden Fall die Handlungen, die schuldhafterweise den Zusammenstoß der beiden Schiffe herbeiführten, an Bord des englischen Schiffes begangen, trat aber der schadenbringende Erfolg des Zusammenstoßes auf dem deutschen Schiff ein, so sind beide Schiffe als Begehungsort anzusehen, so daß der Begehungsort sowohl auf englischem wie auf deutschem Rechtsgebiet liegt. In einem solchen Fall kann die rechtliche Beurteilung grundsätzlich nach beiden Rechtssystemen geschehen, also hier sowohl nach englischem wie nach deutschem Recht (Nußbaum, Deutsches Internationales Privatrecht S. 288 ff.).

Dementsprechend kann die Klägerin ihren Schadensersatzanspruch grundsätzlich auf jedes der beiden Rechte stützen. Anderseits liegt es dem Richter ob, bei der rechtlichen Stellungnahme zum Sachverhalt zu prüfen, ob dieser wenigstens nach einem der beiden Rechte den geltend gemachten Anspruch als begründet erscheinen läßt. Stellt das eine Recht strengere, das andere geringere Anforderungen und findet in dem letzeren Recht der Klaganspruch eine ausreichende Stütze, so hat der Richter dieses anzuwenden. Eine Einschränkung erleidet dieser Grundsatz allerdings insofern, als nach Art. 12 EG. z. BGB. gegen einen Deutschen aus einer im Ausland begangenen unerlaubten Handlung nicht weitergehende Ansprüche geltend gemacht werden können, als sie nach den deutschen Gesetzen begründet sind. Danach kann für einen Fall der vorliegenden Art der Grundsatz, daß für Anwendung des maßgeblichen Rechts bei Zusammenstößen zwischen Schiffen verschiedener Staatszugehörigkeit die Nationalität des schuldigen Schiffes entscheidend sei, nicht gebilligt werden.

Wendet man diese Grundsätze auf den vorliegenden Fall an, so läßt sich das Ergebnis, zu dem das Berufungsgericht gelangt ist, nicht beanstanden. Der auf hoher See erfolgte Zusammenstoß ist unstreitig durch alleiniges Verschulden der Schiffsbesatzung des englischen Schiffs herbeigeführt worden. Da der Begehungsort im Rechtssinne sowohl auf englischem wie auf deutschem Rechtsgebiet liegt, steht der Anwendung deutschen Rechts kein Bedenken entgegen. Nach deutschem Recht ist der Klaganspruch unzweifelhaft dem Grunde nach berechtigt.

RGZ. 145, 16

Leistungen im neutralen Ausland an den Sequester (Verwalter) beschlagnahmten privaten Vermögens von Angehörigen eines gegnerischen kriegführenden Staates.

Alter Leitsatz:

Bezieht sich der Artikel 297 des Versailler Vertrags vom 28. Juni 1919 nebst Anlage auch auf Ansprüche eines deutschen Reichsangehörigen gegen einen Neutralen, der seinen Wohnsitz oder seine Geschäftsniederlassung bereits zur Zeit des Weltkriegs und des Abschlusses des Versailler Vertrags im neutralen Ausland hatte?

I. Zivilsenat. Urt. v. 13. Juni 1934 i. S. v. M. (Kl.) w. Aktieselskabet K. H. (Bekl.). I 24/34.

I. Landgericht I Berlin. II. Kammergericht daselbst.

Der Kläger war neben seinem Bruder und seiner Mutter Mitgesellschafter der offenen Handelsgesellschaft M. & Co. in Reims, deren Unternehmen nach Ausbruch des Weltkriegs in Frankreich unter Zwangsverwaltung gestellt und später zwangsversteigert worden ist. Am 19. April 1918 hat die verklagte dänische Bank, bei welcher die Firma M. & Co. ein laufendes Konto hatte, aus dem Guthaben der Firma an die für diese im Kriege bestellten französischen Sequester auf deren Anfordern 22 000 dänische Kronen ausgezahlt. Der Kläger behauptet, daß die Beklagte zu dieser Auszahlung weder berechtigt noch verpflichtet gewesen sei, da sie grundsätzlich nur Anweisungen der bei ihr durch Niederlegung ihrer Unterschriften zur Vertretung berechtigten Gesellschafter oder Prokuristen der Firma M. & Co. habe befolgen dürfen. Die Zahlung sei daher für die Beklagte der Firma M. & Co. gegenüber nicht schuldbefreiend gewesen. Der Kläger erhebt, und zwar sowohl aus eigenem Recht als auch als Rechtsnachfolger seiner Mitgesellschafter, Anspruch auf den genannten Betrag und hat dieserhalb unter Vorbehalt weitergehender Rechte die Beklagte auf Zahlung von 10 000 dänischen Kronen nebst Zinsen verklagt. Die Beklagte hat den Klaganspruch bestritten, Abweisung der Klage und im Wege der Widerklage beantragt, festzustellen, daß dem Kläger außer den beanspruchten 10 000 dänischen Kronen nebst Zinsen ein weiterer Anspruch auf 12 000 dänische Kronen nebst Zinsen nicht zustehe.

Im ersten Rechtszug wurde dem Klagantrag stattgegeben und die Widerklage abgewiesen. Diese Entscheidung wurde im zweiten Rechtszug dahin geändert, daß die Klage abgewiesen und der Widerklage stattgegeben wurde. Auf die Revision des Klägers ist das angefochtene Urteil aufgehoben und die Sache an das Berufungsgericht zurückverwiesen worden.

Gründe:

... Das Berufungsgericht hat im wesentlichen aus folgenden Erwägungen die Klage für unbegründet und die Widerklage für begründet erklärt:

Bei der Auszahlung am 19. April 1918 habe das streitige Guthaben der offenen Handelsgesellschaft M. & Co. zugestanden. Die Beklagte habe damals mit befreiender Wirkung an die genannte Firma zahlen können. Die Beklagte habe ihre Zahlungspflicht erfüllt, wenn ihre Zahlung in das Vermögen der Firma M. & Co. gelangt sei, ohne daß es einen Unterschied mache, ob dieser Erfolg durch die vertretungsberechtigten Gesellschafter jener Firma oder durch die französischen Sequester oder durch dritte Personen herbeigeführt worden sei. Im vorliegenden Fall habe die Beklagte den französischen Sequestern einen Scheck über 22000 dänische Kronen auf eine französische Bank übersandt. Diese habe den Scheckbetrag zu Händen der Sequester ausgezahlt. Die Sequester hätten den Betrag unstreitig in das Vermögen der von ihnen zwangsverwalteten Firma M. & Co. gelangen lassen. Damit habe die Beklagte ihre Zahlungsverpflichtung rechtswirksam erfüllt und sei die Klagforderung erloschen. Für die nach der so vollzogenen Schuldtilgung auf Grund des Versailler Vertrags und des darauf fußenden französischen Liquidationsgesetzes vorgenommene Liquidation des Vermögens der Firma M. & Co. habe die Beklagte dieser nicht einzustehen, weil dadurch die Tilgung der Schuld seitens der Beklagten nicht rückgängig gemacht worden sei.

Der Revision ist zuzugeben, daß auf diesem Wege nicht schlechthin dem Klaganspruch der Boden entzogen werden kann. War die Beklagte im Verhältnis zu der Firma M. & Co. weder berechtigt noch verpflichtet, der Forderung der französischen Sequester auf Auszahlung der 22000 dänischen Kronen nachzukommen, so brauchte die genannte Firma an sich diesen Eingriff in das ihr bei der Beklagten zustehende Guthaben dieser gegenüber nicht gelten zu lassen. Vielmehr konnte sie nach wie vor von der Beklagten, die grundsätzlich im Rahmen des maßgeblichen Vertragsverhältnisses aus dem Guthaben der Firma M. & Co. Zahlungen nur nach den Anweisungen dieser Firma leisten durfte, die volle Auszahlung des Kontos verlangen. Ob und inwiefern die Beklagte diesem Verlangen mit dem Einwand begegnen konnte, daß ihre an die französischen Sequester geleistete Zahlung in das Vermögen der Firma M. & Co. gelangt sei, hing davon ab, ob diese Firma durch jene Zahlung hinsichtlich des Zahlungsbetrags rechtlich und wirtschaftlich ebenso gut gestellt wurde, wie wenn die Zahlung nicht erfolgt wäre. Das ist aber nach den eigenen Feststellungen des Berufungsgerichts nicht der Fall.

Das Berufungsgericht hätte daher zunächst feststellen müssen, welchem Recht das zwischen der Beklagten und der Firma M. & Co. begründete Vertragsverhältnis über das bei der Beklagten zugunsten der genannten Firma geführte laufende Konto unterstand. Die Beklagte hatte und hat ihren Sitz in Kopenhagen. Die von dem

Kläger aufgestellte Behauptung, daß nach den für das streitige Rechtsverhältnis maßgeblichen Geschäftsbedingungen der Beklagten Kopenhagen als Erfüllungsort und als ausschließlicher Gerichtsstand für die Vertragsteile vereinbart sei, ist von der Beklagten nicht bestritten worden. War aber kraft ausdrücklicher Parteivereinbarung Kopenhagen Erfüllungsort für die Verpflichtungen der Beklagten gegenüber der Firma M. & Co., so würde hieran nichts geändert sein, wenn — wie die Beklagte behauptet hat — nach dänischem Recht grundsätzlich als „Sitz einer Geldforderung" der Wohnsitz des Gläubigers anzusehen sein sollte. Abgesehen hiervon würde auch nach den Grundsätzen des in Deutschland anerkannten zwischenstaatlichen Privatrechts mangels entgegenstehender Parteivereinbarungen Kopenhagen als Erfüllungsort für die Zahlungsverpflichtung der Beklagten aus dem laufenden Konto der Firma M. & Co. anzusehen sein. Dementsprechend ist gleichfalls nach den Grundsätzen des deutschen zwischenstaatlichen Privatrechts mangels abweichender Parteiabreden für die eben erwähnte Verpflichtung der Beklagten das dänische Recht als maßgebend zu erachten.

Nach dänischem Recht war — wie keiner näheren Darlegung bedarf — die Beklagte im Verhältnis zur Firma M. & Co. berechtigt und verpflichtet, die streitige Zahlung an einen gehörig ausgewiesenen gesetzlichen Vertreter oder Bevollmächtigten dieser Firma zu leisten. Der Kläger bestreitet aber mit Recht, daß die französischen Sequester als solche Vertreter anzusehen seien. Die Frage, ob die französischen Sequester zu der Zeit, als sie die streitige Zahlung in Empfang nahmen, hierzu im Verhältnis zur Firma M. & Co. befugt waren, ist grundsätzlich — d. h. soweit keine Vereinbarungen der Vertragsteile entgegenstehen — nach französischem Recht zu entscheiden, welchem die damals in Reims ansässige Firma unterstand. Dabei ist jedoch folgendes zu beachten:

Sollte zu der Zeit, als die französischen Sequester das Zahlungsverlangen an die Beklagte stellten und diese daraufhin am 19. April 1918 die Zahlung durch Übersendung eines Schecks auf eine französische Bank leistete, das französische Kriegsrecht den genannten Sequestern eine solche Befugnis zuerkannt haben, so würde dies doch von deutschen Gerichten nicht als wirksam anerkannt werden können. Denn die Erteilung einer solchen Befugnis war völkerrechtswidrig, da nach der damals allgemeinen Rechtsauffassung auf dem europäischen Festland das Privateigentum im Kriege unverletzlich war, wie denn auch diese Unverletzlichkeit noch im Waffenstillstandsabkommen zugesichert worden ist. Die danach maßgebliche Vorschrift des zwischenstaatlichen Privatrechts geht aber nach anerkannten Rechtsgrundsätzen etwa entgegenstehenden französischen Kriegsrechtsmaßnahmen vor.

Nun waren allerdings die Inhaber der Firma M. & Co. unbestritten deutsche Reichsangehörige, und der Kläger ist es noch. Als solcher untersteht der Kläger den Bestimmungen des zum deutschen Reichsgesetz erhobenen Versailler Vertrags. Es kann aber dahingestellt bleiben, ob diese Vorschriften für die Firma M. & Co. und den Kläger insofern rückwirkende Kraft haben, als danach ihnen gegenüber die französischen Sequester zur Anforderung der streitigen Zahlung bei der Beklagten schon zu der Zeit als befugt zu erachten sind, als diese Anforderung erfolgte (Versailler Vertrag Art. 297 d, Anlage §§ 1 und 3). Denn jedenfalls berühren die hier in Betracht kommenden Vorschriften nicht das streitige Verhältnis zwischen der Firma M. & Co. oder ihren Gesellschaftern und der Beklagten. Nach Art. 297 Abs. 1 a. a. O. bezieht sich dieser Artikel sowie Art. 298 nebst Anlage nur auf „die Frage der privaten Güter, Rechte und Interessen in Feindesland", und die in Art. 297 d a. a. O. vorgesehene Regelung ist ausdrücklich beschränkt auf das „Verhältnis zwischen den alliierten oder assoziierten Mächten oder deren Staatsangehörigen einerseits und Deutschland oder seinen Reichsangehörigen anderseits". Dementsprechend betrifft auch die Anlage zu den genannten Artikeln im § 2, wo es unter anderem heißt „unzulässig ist jeglicher Anspruch und jegliche Klage gegen irgendeine Person wegen einer Handlung oder Unterlassung, die auf den außerordentlichen Kriegsmaßnahmen, Gesetzen oder Verordnungen einer der alliierten oder assoziierten Mächte beruht", trotz ihrer dem Wortlaut nach weitgehenden Fassung nicht auch Ansprüche gegen Angehörige eines neutralen Staates, wie sie Gegenstand des vorliegenden Rechtsstreits sind. Daß die Beklagte, als sie dem von den französischen Sequestern an sie gerichteten Zahlungsersuchen stattgab, nicht „im Namen oder nach den Weisungen (sous les ordres; under the direction) einer Gerichts- oder Verwaltungsbehörde" Frankreichs gehandelt hat (Anlage § 2 Satz 1 a. a. O.), bedarf keiner näheren Darlegung. Nach alledem stehen die Vorschriften des Versailler Vertrags dem Kläger nicht entgegen, wenn er sich darauf beruft, daß die Beklagte, welche ihren Sitz im neutralen Ausland bereits zu der Zeit hatte, als das Ersuchen der französischen Sequester an sie gelangte, diesem Ersuchen nicht hätte Folge zu leisten brauchen, sondern ihm auf Grund des zwischen ihr und der Firma M. & Co. bestehenden Vertrags- und Vertrauensverhältnisses hätte entgegentreten müssen und auch mit Erfolg hätte entgegentreten können.

War somit die Beklagte in ihrem Verhältnis zu der Firma M. & Co. nicht befugt, ohne Erlaubnis oder Genehmigung dieser Firma die streitige Zahlung an die französischen Sequester zu leisten, so ist der Klaganspruch grundsätzlich berechtigt. Und zwar gilt dies auch dann, wenn die Beklagte, wie sie behauptet hat, damals in Frankreich erhebliche, dem Zugriff der französischen Behörden unterliegende Vermögenswerte gehabt haben sollte und im Hinblick hierauf bei Ablehnung der Anforderung der französischen Sequester für sich wirtschaftliche oder sonstige Nachteile befürchten mußte. Denn derartige, dem damals geltenden Völkerrecht widersprechende Ereignisse konnten das auf rein privatrechtlicher Grundlage beruhende Rechtsverhältnis zwischen der Beklagten und der Firma M. & Co. oder ihren Gesellschaftern nicht beeinträchtigen.

Es fragt sich daher nur noch, ob und gegebenenfalls inwieweit nach dem Vorbringen der Beklagten dem Klaganspruch entgegengehalten werden kann, daß darauf zur Vermeidung einer den gegenwärtigen Rechtsstreit berührenden ungerechtfertigten Bereicherung das anzurechnen ist, was etwa der Firma M. & Co. zugeflossen ist durch Verwendung des den französischen Sequestern übermittelten Scheckbetrags zugunsten der genannten Firma (oder ihrer Gesellschafter) oder auch durch Zahlungen des Deutschen Reiches an diese Firma (oder ihre Gesellschafter) im Wege des Ausgleichsverfahrens. Das Berufungsgericht hat hierüber keine ausreichenden Feststellungen getroffen.

RGZ. 146, 8

Bedeutung der staatsvertraglichen Vereinbarung des „freien und ungehinderten Zutritts zu den Gerichten" für fremde Staatsangehörige. Die allgemeine Gleichstellungsklausel betrifft nicht die Befreiung von der Ausländerkaution.

Alter Leitsatz:

Ist ein lettländischer Staatsangehöriger verpflichtet, wegen der Prozeßkosten Sicherheit zu leisten?

III. Zivilsenat. Urt. v. 16. Oktober 1934 i. S. L. (Kl.) w. P. (Bekl.) III 49/34.

I. Landgericht Berlin. II. Kammergericht daselbst.

Aus den Gründen:

Sicherlich gewährt die allgemeine Rechtsschutzklausel, wonach in vielen zwischenstaatlichen Verträgen der „freie und ungehinderte Zutritt zu den Gerichten" (libre accès devant les tribunaux), der den Angehörigen eines fremden Staates zugesprochen wird, für sich allein nicht die Befreiung von besonderen, in der inländischen Prozeßgesetzgebung für Ausländer vorgesehenen Erschwernissen, insbesondere nicht die Zulassung zum Armenrecht und die Befreiung von der Pflicht zur Sicherheitsleistung wegen der Prozeßkosten. Es kann sich also nur fragen, ob der hier in Rede stehende deutsch-lettische Vertrag von 1926 mit seinem Zusatz, daß die beiderseitigen Staatsangehörigen „in dieser Hinsicht alle Rechte und Befreiungen genießen sollen, die den Inländern zustehen", über die allgemeine Rechtsschutzklausel hinaus nicht nur ein „jus standi in judicio", sondern eine allgemeine Befreiung von bestehenden Sonderbestimmungen zuungunsten von Ausländern gewährleisten wollte. Die Verneinung der Frage ergibt sich aus einer Vergleichung mit ähnlichen Klauseln in anderen zwischenstaatlichen Verträgen des Deutschen Reichs nach 1920.

Es finden sich verschiedene Fassungen, die sich in drei Gruppen zusammenfassen lassen:

1. Klauseln, die lediglich von freiem Zutritt zu den Gerichten sprechen,
2. Klauseln mit einem Zusatz ähnlich dem in Art. I § 4 des Deutsch-lettischen Vertrags von 1926 (Gleichbehandlungsklausel),
3. Klauseln, die sich ausdrücklich mit der Sicherheitsleistung befassen.

Unter der ersten Gruppe sind z. B. zu nennen:

1. Der vorläufige Handelsvertrag mit dem Königreich der Serben, Kroaten und Slowenen vom 4. Februar/5. Dezember 1921 (RGBl. 1922 II S. 106), der in Art. 9 bestimmt:

> Die Angehörigen des einen vertragschließenden Staats sollen im Gebiet des anderen . . . gegen Beobachtung der daselbst geltenden einschlägigen Gesetze und Verordnungen befugt sein, alle ihre Rechte geltend zu machen und namentlich vor Gericht als Kläger oder Beklagte Prozesse zu führen.

2. Das vorläufige Handelsabkommen zwischen Deutschland und Frankreich vom 5. August 1926 (RGBl. II S. 435), wo es in Art. 8 heißt:

> Die Staatsangehörigen beider Hohen vertragschließenden Teile genießen auf dem Gebiet des andern Teils die Meistbegünstigung für den Reiseverkehr, den Aufenthalt, die Niederlassung wie für die Ausübung von Handel, Gewerbe und jeden anderen Beruf und für die damit zusammenhängenden Rechte und Interessen. Sie haben freien und ungehinderten Zutritt zu den Gerichten.

3. Der Freundschafts-, Handels- und Konsularvertrag zwischen dem Deutschen Reiche und den Vereinigten Staaten von Amerika vom 8. Dezember 1923 (RGBl. 1925 II S. 795), dessen Art. I Abs. 3 lautet:

> Die Staatsangehörigen des einen Vertragsteils sollen gemäß den am Orte geltenden Gesetzen freien Zutritt zu den Gerichten des

anderen Teiles haben, sowohl zur Verfolgung wie zur Verteidigung ihrer Rechte, und zwar in allen gesetzlich vorgesehenen Instanzen.

Zur zweiten Gruppe gehören:

1. Der Vertrag zwischen dem Deutschen Reich und der Tschechoslowakischen Republik über Rechtsschutz und Rechtshilfe in bürgerlichen Angelegenheiten vom 20. Januar 1922 (RGBl. 1923 II S. 57). Er bestimmt in Art. 1:

In bürgerlichen Angelegenheiten genießen die Angehörigen des einen vertragschließenden Teils in Ansehung des gesetzlichen und gerichtlichen Schutzes ihrer Person und ihres Eigentums im Gebiete des anderen Teiles, unbeschadet der dort geltenden Sprachgesetze, die gleiche Behandlung wie die Landesangehörigen.

Sie haben zu diesem Zweck freien und ungehinderten Zutritt zu den Gerichten und können dort unter denselben Bedingungen wie die Landesangehörigen auftreten.

2. Der Handelsvertrag zwischen Deutschland und Litauen vom 1. Juni 1923 (RGBl. 1924 II S. 205) Art. 3:

Die Angehörigen des einen vertragschließenden Teiles sollen im Gebiet des anderen vertragschließenden Teiles freien Zutritt zu den Gerichten und den diesen gleichgestellten Behörden zur Verfolgung und Verteidigung ihrer Rechte haben. Sie sollen in dieser Hinsicht alle Rechte und Befreiungen genießen, die den Inländern zustehen, und insbesondere befugt sein, sich in jeder Rechtslage der durch die Landesgesetzgebung zugelassenen Anwälte, Bevollmächtigten und Beistände zu bedienen.

3. Der Handels- und Schiffahrts-Vertrag zwischen dem Deutschen Reiche und Italien vom 31. Oktober 1925 (RGBl. II S. 1021) Art. 4:

Die Angehörigen jedes vertragschließenden Teils genießen im Gebiete des anderen Teils in Beziehung auf den gesetzlichen und gerichtlichen Schutz ihrer Person und ihrer Güter die gleiche Behandlung wie die Inländer.

Demgemäß sind die Angehörigen jedes vertragschließenden Teils ohne Unterschied hinsichtlich ihres Wohnsitzes sowie die juristischen Personen und die in Art. 8 bezeichneten Handelsgesellschaften berechtigt, im Gebiete des anderen Teils vor Gericht als Kläger und Beklagte unter ihrem Namen oder unter ihrer Firma aufzutreten.

Sie können sich zu diesem Zwecke eines Anwalts, Notars oder anderer nach den Landesgesetzen zugelassener Personen bedienen, die ihnen zur Vertretung ihrer Interessen geeignet erscheinen, und genießen vor Gericht die gleichen Rechte und Vorrechte, die den Inländern zustehen oder künftig zustehen oder künftig zustehen werden.

4. Der Handels- und Schiffahrtsvertrag zwischen dem Deutschen Reich und Japan vom 20. Juli 1927 (RGBl. II S. 1088) Art. I Abs. 1:

Die Angehörigen eines jeden vertragschließenden Staates sollen volle Freiheit genießen, überall die Gebiete des anderen Staates zu betreten und sich daselbst aufzuhalten.

Unter der Voraussetzung, daß sie sich nach den Landesgesetzen richten, werden sie die nachstehend aufgeführten Rechte genießen:

. . . .

8. Sie sollen vollen Schutz ihrer Person und ihres Vermögens erhalten; sie sollen, wie die Inländer, freien Zutritt zu den Gerichten und zu den anderen zuständigen Behörden haben, um ihre Rechte wahrzunehmen und zu verteidigen.

5. Der Handels- und Schiffahrtsvertrag zwischen dem Deutschen Reich und der Republik Estland vom 7. Dezember 1928 (RGBl. 1929 II S. 510) Art. 3 Abs. 1:

Die Angehörigen eines jeden der vertragschließenden Teile genießen im Gebiet des anderen Teiles in Beziehung auf den rechtlichen und behördlichen Schutz ihrer Person und ihrer Güter die gleiche Behandlung wie die Inländer und die Angehörigen des meistbegünstigten Staates. Sie haben auf dem Gebiete des anderen Teiles zur Verfolgung und Verteidigung ihrer Rechte freien Zutritt zu den Gerichten . . . und genießen in dieser Beziehung die gleichen Rechte, die den Inländern und den Angehörigen des meistbegünstigten Staates zustehen. Sie sollen wie diese frei sein, ihre Anwälte und sonstigen Rechtsbeistände . . . auszuwählen . . .

6. Der Handels- und Schiffahrtsvertrag zwischen dem Deutschen Reich und Griechenland vom 24. März 1928 (RGBl. II S. 240) Art. 5:

Die Angehörigen jedes der vertragschließenden Teile genießen in dem Gebiet des anderen Teils in Beziehung auf den gesetzlichen und gerichtlichen Schutz ihrer Person und ihrer Güter die gleiche Behandlung wie die Inländer.

Demgemäß sind die Angehörigen jedes der vertragschließenden Teile ohne Rücksicht auf ihren Wohnsitz sowie die juristischen Personen und die im Artikel 6 bezeichneten Gesellschaften berechtigt, im Gebiet des andern Teils vor Gericht als Kläger und Beklagte unter ihrem Namen und unter ihrer Firma aufzutreten.

Sie können zu diesem Zweck ihre Anwälte und sonstigen Rechtsbeistände unter denjenigen Personen aussuchen, die zur Ausübung ihres Berufs nach den Gesetzen des Landes zugelassen sind.

7. Der Handels- und Schiffahrtsvertrag zwischen dem Deutschen Reiche und der Republik Litauen vom 30. Oktober 1928 (RGBl. 1929 II S. 104) Art. 4:

Die Angehörigen eines jeden der vertragschließenden Teile genießen im Gebiet des anderen Teiles in Beziehung auf den *gerichtlichen und behördlichen Schutz ihrer Person und ihrer* Güter die gleiche Behandlung wie die Inländer und die Angehörigen der meistbegünstigten Nation. Sie haben auf dem Gebiete des anderen Teiles zur Verfolgung und Verteidigung ihrer Rechte freien Zutritt zu den Gerichten und anderen dem Rechtsschutz dienenden Organen und genießen in dieser Beziehung die gleichen Rechte, die den Inländern und den Angehörigen der meistbegünstigten Nation zustehen. Sie sollen wie diese frei sein, ihre Anwälte und sonstigen Rechtsbeistände unter denjenigen Personen auszuwählen, die zur Ausübung dieses Berufs nach den Gesetzen des Landes zugelassen sind.

Im Gegensatz zu sämtlichen bisher genannten Verträgen steht die dritte Gruppe von Verträgen, die über die bisher aufgeführten Klauseln hinaus sich ausdrücklich mit der Befreiung von Sicherheitsleistung befassen. Hierher zählen:

1. Der Vertrag zwischen dem Deutschen Reiche und der Tschechoslowakischen Republik über Rechtsschutz und Rechtshilfe in bürgerlichen Angelegenheiten vom 20. Januar 1922 (RGBl. 1923 II S. 57). Er gewährleistet in Art. 1 die Gleichbehandlung der beiderseitigen Staatsangehörigen in bezug auf gesetzlichen und gerichtlichen Schutz und besagt dann in Art. 3 weiter:

Keine Sicherheitsleistung oder Hinterlegung, unter welcher Benennung es auch sei, darf den Angehörigen des einen vertragschließenden Teiles, die vor den Gerichten des anderen Teiles als Kläger oder Intervenienten auftreten, wegen ihrer Eigenschaft als Ausländer oder wegen Mangels eines inländischen Wohnsitzes oder Aufenthalts auferlegt werden.

2. Der Vertrag über Rechtsschutz und Rechtshilfe zwischen dem Deutschen Reiche und der Republik Österreich vom 21. Juni 1923 (RGBl. 1924 II S. 55):

Art. 1: Die Angehörigen jedes der vertragschließenden Staaten genießen in dem Gebiete des anderen Staates in Ansehung des gesetzlichen und gerichtlichen Schutzes ihrer Person und ihres

Eigentums die gleiche Behandlung wie die Inländer. Sie haben freien und ungehinderten Zutritt zu den Gerichten und können dort unter denselben Bedingungen und in derselben Weise wie die Inländer auftreten.

Art. 2: Keine Sicherheitsleistung und Hinterlegung, unter welcher Benennung es auch sei, darf den Angehörigen des einen Staates, die vor den Gerichten des anderen Staates als Kläger ... auftreten, wegen ihrer Eigenschaft als Ausländer oder mangels eines inländischen Wohnsitzes oder Aufenthalts auferlegt werden.

Das gleiche gilt für die Vorauszahlung, die von den Klägern oder Intervenienten zur Deckung der Gerichtskosten einzufordern wäre

3. Das vorläufige Wirtschaftsabkommen zwischen Deutschland und Estland vom 27. Juni 1923 (RGBl. 1924 II S. 161) Art. 3:

Die Angehörigen eines jeden der vertragschließenden Teile haben im Gebiete des anderen freien Zutritt zu den Gerichten und den diesen gleichgestellten Behörden zwecks Verfolgung und Verteidigung ihrer Rechte und genießen in dieser Hinsicht alle Rechte und Begünstigungen, die den Inländern zustehen. Sie sollen wie diese befugt sein, sich in jeder Rechtslage der durch die Landesgesetze zugelassenen Anwälte, Bevollmächtigten oder Beistände zu bedienen.

Die vorstehenden Bestimmungen gelten jedoch nicht für die Gewährung des Armenrechts, die Befreiung von der Sicherheitsleistung für die Prozeßkosten (Judicatum solvi), die Verwaltung des beweglichen Nachlasses und die Stellung der Gläubiger im Konkursverfahren. Diese Rechtsgebiete sollen bis zum Abschluß eines besonderen Rechtshilfeabkommens auf der Grundlage der Gegenseitigkeit geregelt werden.

4. Der Deutsch-polnische Vertrag über den Rechtsverkehr vom 5. März 1924 (RGBl. 1925 II S. 139):

Art. 1: Die Angehörigen eines der vertragschließenden Staaten genießen im Gebiete des anderen Staates in bürgerlichen Angelegenheiten hinsichtlich des gerichtlichen Schutzes ihrer Person und ihres Eigentums die gleiche Behandlung wie die Landesangehörigen. Der gerichtliche Schutz besteht darin, daß sie freien und ungehinderten Zutritt zu den Gerichten haben und dort unter denselben Bedingungen wie die Landesangehörigen auftreten können.

Art. 2: Den Angehörigen des einen Staates, die vor den Gerichten des andern Staates als Kläger oder Intervenienten auftreten, darf wegen ihrer Eigenschaft als Ausländer oder wegen

Mangels eines inländischen Wohnsitzes oder Aufenthalts keine Sicherheitsleistung oder Hinterlegung, unter welcher Benennung es auch sei, auferlegt werden.

5. Das Niederlassungsabkommen zwischen dem Deutschen Reich und der Union der Sozialistischen Sowjet-Republiken vom 12. Oktober 1925 (RGBl. 1926 II S. 6):

Art. 10: Die Angehörigen jedes vertragschließenden Teils ... haben auf dem Gebiete des andern Teils zur Verfolgung und Verteidigung ihrer Rechte freien Zutritt zu den Gerichten und anderen dem Rechtsschutz dienenden Organen und genießen in dieser Beziehung alle Rechte und Befreiungen, die den Inländern zustehen. Sie sollen wie diese frei sein, ihre Anwälte ... auszusuchen ...

Art. 12: Keine Sicherheitsleistung oder Hinterlegung, unter welcher Benennung es auch sei, darf Angehörigen eines vertragschließenden Teils, die vor den Gerichten des andern Teils als Kläger oder Intervenienten auftreten, wegen ihrer Eigenschaft als Ausländer oder wegen Mangels eines inländischen Wohnsitzes oder Aufenthalts auferlegt werden, vorausgesetzt, daß sie ihren Wohnsitz im Gebiete des einen oder anderen Teils haben.

6. Wörtlich ebenso wie der unter 1. wiedergegebene Art. 3 des Deutsch-tschechoslowakischen Vertrags vom 20. Januar 1922 lautet Art. 1 der Erklärung des Deutschen Reichs und Frankreichs vom 5. Oktober 1927 (RGBl. II S. 895).

7. Der Deutsch-bulgarische Vertrag über den Rechtsverkehr vom 22. Dezember 1926 (RGBl. 1927 II S. 416) Art. 1:

Den Angehörigen des einen Staates, die vor den Gerichten des anderen Staates als Kläger oder Intervenienten auftreten, darf wegen ihrer Eigenschaft als Ausländer oder wegen Mangels eines inländischen Wohnsitzes oder Aufenthalts keine Sicherheitsleistung oder Hinterlegung, unter welcher Benennung es auch sei, auferlegt werden.

8. Das Deutsch-britische Abkommen über den Rechtsverkehr vom 20. März 1928 (RGBl. II S. 624) Art. 14:

Die Angehörigen des einen vertragschließenden Teiles sollen in dem Gebiete des anderen Teiles ... völlig gleiche Behandlung hinsichtlich des Armenrechts und der Schuldhaft genießen und sollen, sofern sie in dem genannten Gebiet ihren Wohnsitz haben, nicht verpflichtet sein, Sicherheit für Kosten irgendwelcher Art zu leisten, wo ein Angehöriger des anderen vertragschließenden Teiles davon befreit ist.

9. Das Deutsch-litauische Abkommen über den Rechtsverkehr vom 30. Oktober 1928 (RGBl. 1929 II S. 255) Art. 1:

Den Angehörigen des einen Staates, die vor den Gerichten des anderen Staates als Kläger oder Intervenienten auftreten, darf wegen ihrer Eigenschaft als Ausländer oder wegen Mangels eines inländischen Wohnsitzes oder Aufenthalts keine Sicherheitsleistung oder Hinterlegung, unter welcher Benennung es auch sei, auferlegt werden.

10. Das Deutsch-türkische Abkommen über den Rechtsverkehr in Zivil- und Handelssachen vom 28. Mai 1929 (RGBl. 1930 II S. 7):

Art. 1. Die Angehörigen jedes der vertragschließenden Staaten genießen im Gebiete des anderen Staates in allem, was den gesetzlichen und gerichtlichen Schutz ihrer Person und ihres Vermögens angeht, die gleiche Behandlung wie die eigenen Staatsangehörigen.

Demgemäß haben sie freien Zutritt zu den Gerichten und können vor Gericht unter denselben Bedingungen und in derselben Weise wie die eigenen Staatsangehörigen auftreten.

Art. 2. Keine Sicherheitsleistung oder Hinterlegung, unter welcher Benennung es auch sei, darf den in einem der beiden Länder ansässigen Angehörigen des einen Staates, die vor den Gerichten des anderen Staates als Kläger oder Intervenienten auftreten, wegen ihrer Eigenschaft als Ausländer oder mangels eines inländischen Wohnsitzes oder Aufenthalts auferlegt werden.

Aus dem Vergleich dieser Fassungen ergibt sich eindeutig, daß sich die allgemeine Gleichstellungsklausel nicht auf die Verpflichtung zur Stellung der sog. Ausländerkaution bezieht, auch nicht, wenn dabei allgemein noch von Mitgenuß von Vorrechten und Befreiungen, Begünstigungen und dergl. die Rede ist, die den Inländern zustehen. Diese Vorrechte usw. sind zum Teil besonders erläutert als Recht der freien Bevollmächtigtenwahl, Recht zum Auftreten unter der Firma und dgl. Wo aber die Befreiung von der Sicherheitsleistung für die Prozeßkosten gewollt ist, ist dies regelmäßig ganz ausdrücklich ausgesprochen. Insbesondere ergeben die deutschen Abkommen mit der Tschechoslowakischen Republik, mit der Republik Österreich, mit Frankreich, mit der Sowjetunion, mit Polen deutlich, daß in der Zusicherung freien Zutritts zu den Gerichten die Befreiung von der Ausländerkaution auch dann nicht ohne weiteres enthalten ist, wenn den Ausländern darin gleiche Behandlung wie den Inländern, ja sogar alle den Inländern zustehenden „Rechte und Befreiungen" zugesichert sind. Besonders lehrreich ist das vorläufige Wirtschaftsabkommen zwischen Deutschland und Estland, in dem besonders betont ist, daß in der Zusage der den Inländern zustehenden Rechte und Begünstigungen in bezug auf den Zutritt zu den Gerichten nicht die Befreiung von der Sicherheitsleistung enthalten ist. Angesichts des in den aufgeführten Abkommen festgehaltenen gleichmäßigen Sprachgebrauchs kann nur angenommen werden, daß hiermit eine allgemeine Regel, nicht aber eine Ausnahme aufgestellt sein sollte. Der Kläger kann sich sonach nicht auf das Deutsch-lettische Wirtschaftsabkommen von 1926 berufen ...

RGZ. 157, 389

1. Wie ist der Einwand, daß ein Schiff als fremdes Staatsschiff der deutschen Gerichtsbarkeit nicht unterliege, rechtlich zu würdigen? Kann dieser Einwand die Einrede der örtlichen oder sachlichen Unzuständigkeit des deutschen Gerichts oder der Unzulässigkeit des Rechtswegs begründen?

2. Unter welchen Voraussetzungen kann für ein dem ausländischen Staate nicht gehöriges, aber von ihm gechartertes Schiff die Immunität der Staatsschiffe in Anspruch genommen werden?

Brüsseler Internationales Abkommen zur einheitlichen Feststellung von Regeln über die Immunitäten der Staatsschiffe vom 10. April 1926 (RGBl. 1927 II S. 484) Art. 1, 2, 3, 6. Zusatzprotokoll vom 24. Mai 1934 (RGBl. 1936 II S. 303). ZPO. § 263 Abs. 2 Nr. 2, § 274 Abs. 2 Nr. 1, §§ 275, 303, 512 a, 549 Abs. 2. GVG. § 18.

I. Zivilsenat. Urt. v. 16. Mai 1938 i. S. G. (Bekl.) w. A. (Kl.). I 232/37.

I. Landgericht Bremen. II. Oberlandesgericht Hamburg.

Am 20. Mai 1937 sind in der Nordsee der Dampfer V. der Klägerin und der Dampfer S., mit dem die Beklagte die Seeschiffahrt betreibt, zusammengestoßen. Der Dampfer V. ist schwer beschädigt worden und nach kurzer Zeit gesunken.

Die Beklagte ist eine Aktiengesellschaft unter der Kontrolle eines ausländischen Staates. Der Dampfer S. steht nicht in dessen Eigentum, ist aber von ihm der Beklagten zur Ausrüstung und Verwendung, ausschließlich im Dienste jener Regierung, überlassen worden. Der Dampfer ist im Schiffsregister einer Hafenstadt jenes Landes als Schiff der Beklagten eingetragen worden. Seine Besatzung ist von der Beklagten, nicht von jenem Staat angestellt.

Die Klägerin hat am 24. Mai 1937 bei dem Amtsgericht Bremen wegen eines ihr aus dem Unfall angeblich erwachsenen Schadensersatzanspruchs von 500 000 RM sowie wegen 100 000 RM Zinsen und Kosten gegen die Beklagte einen dinglichen Arrest in Höhe von 600 000 RM erwirkt und demnächst zustellen lassen. Die Beklagte hat keinen Widerspruch erhoben. In den Arrestakten befindet sich eine — von dem Vertreter jenes Landes in Berlin am 29. Juli 1937 auf Grund des Brüsseler Internationalen Abkommens zur einheitlichen Feststellung von Regeln über die Immunitäten der Staatsschiffe vom 10. April 1926 und des Zusatzprotokolls dazu vom 24. Mai 1934 abgegebene, über das auswärtige Amt an das Amtsgericht Bremen zwecks Aufhebung der Beschlagnahme übermittelte — Erklärung, wonach das Schiff S. von jener Regierung gechartert worden war und eine ausschließlich ihr gehörige Ladung beförderte, die nicht zu Handelszwecken bestimmt war.

Mit der Mitte Juni 1937 zugestellten Klage verlangte die Klägerin unter der Behauptung schuldhafter Navigierung der S. Duldung der Zwangsvollstreckung in diesen Dampfer wegen einer Schadensersatzforderung von 500 000 RM nebst Zinsen; sie stellte ferner vor dem Landgericht einen Hilfsantrag auf Zahlung dieser Beträge.

Die Beklagte beantragte Abweisung der Klage, indem sie jegliches Verschulden ihres Dampfers bestritt. In erster Reihe machte sie aber geltend, das Landgericht Bremen sei sachlich und örtlich unzuständig. Maßgeblich sei das erwähnte Internationale Abkommen in Verbindung mit dem Zusatzprotokoll. Nach Artikel 3 § 1 des Abkommens, I des Zusatzprotokolls könnten Ansprüche gegen den Dampfer S. aus dem Zusammenstoß nur vor den Gerichten ihres Landes erhoben werden. Der Dampfer S. sei von ihrem Staat auf eine bestimmte Zeit zu ausschließlich staatlichen Diensten gechartert worden und werde nicht zu Handelszwecken verwendet.

Das Landgericht hat die abgesonderte Verhandlung über die von der Beklagten erhobene „prozeßhindernde Einrede der sachlichen und örtlichen Unzuständigkeit des Landgerichts Bremen" angeordnet und die Einrede durch Zwischenurteil vom 15. Juli 1937 verworfen. Hiergegen hat die Beklagte Berufung eingelegt mit dem Antrage, das Zwischenurteil aufzuheben und die Klage abzuweisen. Die Klägerin hat Verwerfung der Berufung beantragt, weil diese nach § 512 a ZPO. unzulässig sei. Sie hat auf Befragen erklärt, daß sie den „Hilfsantrag" auf Zahlung nicht als „Eventualantrag", sondern neben und gleichberechtigt mit dem Hauptantrage gestellt habe. Die Beklagte hat dagegen nichts eingewandt. Das Oberlandesgericht hat die Berufung als unbegründet zurückgewiesen. Die Revision der Beklagten blieb erfolglos.

Gründe:

A. Die Zulässigkeit der Revision hängt gemäß § 549 Abs. 2 ZPO. davon ab, ob sie darauf gestützt ist, daß das Gericht seine örtliche Zuständigkeit mit Unrecht angenommen habe. Dabei kommt es nicht auf die von der Revisionsklägerin oder in dem Urteil gebrauchten Worte, sondern auf den sachlichen Gehalt der von der Beklagten erhobenen Einrede an. Diese geht dahin, daß eine individuelle Befreiung von der deutschen Gerichtsbarkeit gegeben sei, weil der Dampfer S. ein immunes Staatsschiff sei, das zur Zeit des Zusammenstoßes Kohlen für einen ausländischen Staat als Charterer beförderte, dessen Verfügung und Kontrolle es unterstanden habe. Damit ist keine internationale Unzuständigkeit, sondern eine auf der völkerrechtlichen Stellung jenes Staates beruhende Herausnahme aus der deutschen Gerichtsbarkeit geltend gemacht.

Zwar hat das Reichsgericht wiederholt entschieden, daß die Vorschriften der Zivilprozeßordnung über die örtliche Zuständigkeit die Gerichtsgewalt der deutschen Gerichte nicht nur in deren Verhältnis zueinander regeln, sondern zugleich mittelbar dem Auslande gegenüber die Grenze für die Ausübung der deutschen Gerichtsbarkeit ziehen und daß deshalb auch die Frage, ob diese überhaupt ausgeübt werden durfte, mit der Bejahung der örtlichen Zuständigkeit durch das Landgericht endgültig entschieden sei. Allein in diesen Fällen handelte es sich immer darum, daß das Landgericht entschieden hatte, ob ein deutsches oder ein ausländisches Gericht (nach deutschem internationalem Prozeßrecht) örtlich zuständig war; diese Entscheidung wurde der Nachprüfung in den höheren Instanzen entzogen. Soweit in jenen Reichsgerichtsurteilen von Bejahung oder Verneinung der Gerichtsbarkeit die Rede ist, war die internationale Zuständigkeit in dem ihr hier beigelegten Sinne gemeint, nicht die völkerrechtliche Immunität. Daß diese beiden Begriffe sich nicht decken, wird klar durch die Erwägung, daß eine völkerrechtliche Befreiung von der einheimischen Gerichtsbarkeit selbst dann beachtet werden muß, wenn auch im Auslande keine Klagemöglichkeit besteht, der Kläger also rechtlos ist. So genießen insbesondere ausländische Staaten (und Staatsoberhäupter) das Vorrecht der Exterritorialität selbst dann, wenn sie auch vor ihren eigenen Gerichten nicht belangt werden können. Wenn in Artikel 3 § 1 Abs. 2 des Brüsseler Internationalen Immunitäten-Abkommens den Beteiligten das Recht eingeräumt ist, ihre Ansprüche u. a. aus Schiffszusammenstößen bei den zuständigen Gerichten des Staates, dem das Schiff gehört oder der es verwendet, geltend zu machen, ohne daß dieser Staat sich auf seine Immunität berufen könnte, so wird auch dadurch an dem rechtlichen Charakter der schon auf älterem Völkerrecht beruhenden und durch das Internationale Abkommen nur näher geregelten Immunität der Staatsschiffe als einer von internationaler Zuständigkeit grundsätzlich unabhängigen Befreiung von fremder Gerichtsbarkeit nichts geändert. Ebenso ordnet auch Pagenstecher (Zeitschrift für ausländisches und internationales Privatrecht 1937 S. 344 oben) den Fall des § 18 GVG. (Befreiung der ausländischen Diplomaten,

Staaten und Staatsoberhäupter) nicht unter die internationale Zuständigkeit, sondern im Gegensatz dazu unter die fehlende facultas jurisdictionis (Gerichtsbarkeit) ein. Die Gründe, aus denen der Satz abgeleitet worden ist, daß über die örtliche Zuständigkeit des Gerichts nicht mehr gestritten werden solle, wenn einmal die Zuständigkeit durch eine gerichtliche Entscheidung bejaht worden sei, auch der Gesichtspunkt einer Entlastung des Reichsgerichts treten zurück hinter der Notwendigkeit, die die außenpolitischen Beziehungen des Deutschen Reiches berührenden Entscheidungen der Landgerichte über die Befreiungen fremder Staaten und ihrer Schiffe von der inländischen Gerichtsbarkeit einer Nachprüfung im Instanzenzuge zugänglich zu machen und damit zugleich auf diesem völkerrechtlich wichtigen Gebiete eine einheitliche Rechtsprechung herbeizuführen. Diese Notwendigkeit besteht auch und gerade dann, wenn Sachurteile, die trotz mangelnder facultas jurisdictionis ergehen, als nichtig anzusehen sind (vgl. Pagenstecher in JW. 1931 S. 2516 Anm. zu Nr. 4).

Hat somit das Landgericht nicht über seine örtliche Zuständigkeit, sondern über die Frage der Immunität des Dampfers S. entschieden, so ergibt sich nicht nur die Zulässigkeit der Revision, sondern es greifen auch gegen die Zulässigkeit der Berufung keine Bedenken aus § 512 a ZPO. durch. Solche Bedenken können aber noch daraus hergeleitet werden, daß nach den §§ 275, 303 ZPO. ein Zwischenurteil nur dann selbständig anfechtbar ist, wenn es eine prozeßhindernde Einrede verwirft, nicht, wenn es einen sonstigen Zwischenstreit entscheidet.

Mit der Rechtsnatur der völkerrechtlichen Befreiung außerdeutscher Staaten von der inländischen Gerichtsbarkeit hat sich der erkennende Senat schon in seinem Urteil vom 4. Juni 1930 I 39/30 (JW. 1931 S. 150 Nr. 6) beschäftigt. Auch dort ist eine Einordnung unter die örtliche Unzuständigkeit, ferner unter die Unzulässigkeit des Rechtswegs abgelehnt worden. Angenommen wurde, daß die Befreiung die sachliche Zuständigkeit des angerufenen Gerichts betreffe. Wenn in jenem Zusammenhang ausgeführt wurde, daß die deutschen Gerichte sich der Entscheidung enthalten müßten, weil nach Völkerrecht nicht sie, sondern die bürgerlichen Gerichte des Heimatstaates sachlich zuständig seien, so kann diese Begründung nach dem oben Dargelegten nicht aufrechterhalten werden. Weiter kann aber auch daran nicht festgehalten werden, daß die völkerrechtliche Befreiung eines ausländischen Staates von der deutschen Gerichtsbarkeit einen Fall der sachlichen Unzuständigkeit bilde. Vielmehr ist mit Pagenstecher (Zeitschrift für ausländisches und internationales Privatrecht 1937 S. 339 ff) die facultas jurisdictionis als eine selbständige Prozeßvoraussetzung anzusehen. Hat hiernach das Landgericht allerdings nicht über eine der in § 274 ZPO. aufgezählten prozeßhindernden Einreden, insbesondere nicht über die des Abs. 2 Nr. 1 entschieden, so ist Pagenstecher aber weiter auch darin (a. a. O. S. 358) beizutreten, daß ein dringendes praktisches Bedürfnis besteht, den § 275 ZPO. auf den Einwand der individuellen völkerrechtlichen Befreiung von der inländischen Gerichtsbarkeit entsprechend anzuwenden. Sonach ergibt sich die selbständige Anfechtbarkeit des Zwischenurteils und damit die Zulässigkeit der Berufung.

Da nach dem Dargelegten die Immunität eines ausländischen Staatsschiffes weder unter die örtliche noch unter die sachliche Unzuständigkeit des deutschen Prozeßgerichts fällt, so scheidet der weitere prozessuale Gesichtspunkt des § 263 Abs. 2 Nr. 2 ZPO. schon aus diesem Grunde aus. Es kommt aber darauf, daß das einschlägige Brüsseler Abkommen und das Zusatzprotokoll „für" den hier beteiligten Staat erst nach Erhebung der vorliegenden Klage in Kraft getreten sind, auch deshalb nicht an, weil die Wirksamkeit „für das Deutsche Reich" schon am 8. Januar 1937 eingetreten war (RGBl. 1936 II S. 303). Aus Artikel 6 Abs. 1 des Abkommens ergibt sich, daß jeder Vertragsstaat das Recht hat, es Nichtvertragsstaaten nicht zugute kommen zu lassen. Von diesem Rechte hat aber das Deutsche Reich keinen Gebrauch gemacht. Also hatten die deutschen Gerichte schon seit dem 8. Januar 1937 das Abkommen auch zugunsten derjenigen Staaten anzuwenden, die es noch nicht ratifiziert, ja nicht einmal unterzeichnet hatten (ebenso Farsleben in Hansa 1927 S. 1119 a. E.).

B. Sind somit die bisher erörterten prozessualen Bedenken überwunden, so war als Kern des Streites zu prüfen, ob der Klage der von der Beklagten erhobene Einwand der völkerrechtlichen Immunität entgegensteht. Dabei müssen beide Klaganträge behandelt werden. Nicht zu entscheiden war in diesem Rechtsgang, ob der von der Klägerin gestellte Hilfsantrag ohne Beachtung des § 297 ZPO. in einen Hauptantrag übergeführt werden konnte, ob eine solche Überführung sachlich richtig war und ob der auf Zahlung gerichtete Antrag im Recht — und in welchem maßgeblichen — begründet ist.

Ein Überblick über das ältere Völkerrecht, wie es vor dem Brüsseler Immunitäten-Abkommen galt, ergibt, daß nach dem damaligen Rechtszustande weder die Beklagte von der Zahlungsklage noch ihr Schiff von der dinglichen Klage befreit gewesen wäre.

Auch die Revision behauptet nicht, daß das ältere Völkerrecht einer in die Rechtsform einer privatrechtlichen Aktiengesellschaft gekleideten Reederei Immunität gegenüber persönlichen Zahlungsansprüchen gewährt hätte; eine derartige Befreiung wäre auch durch keine inneren Gründe, wie Unantastbarkeit der Souveränität eines fremden Staates, Achtung seines Eigentums oder seiner öffentlichen

Betätigungen, zu rechtfertigen gewesen. Nach der Rechtsprechung des Reichsgerichts sind von der deutschen Gerichtsbarkeit nicht einmal ausländische öffentlich-rechtliche juristische Personen wie Landkreise oder Stadtgemeinden befreit, geschweige denn Personen des Privatrechts.

Der Revision kann aber auch nicht zugegeben werden, daß vor dem Internationalen Abkommen vom 10. April 1926 die Befreiung eines dem fremden Staate nicht gehörigen, sondern von ihm nur gecharterten, wenn auch ausschließlich für öffentliche Zwecke bestimmten Schiffes von der dinglichen Klage völkerrechtlich, insbesondere in der deutschen Auffassung des Völkerrechts, anerkannt gewesen sei.

Dabei war in diesem Rechtsgang in tatsächlicher Beziehung davon auszugehen, daß der Dampfer S. zur Zeit des Zusammenstoßes ausschließlich Bunkerkohlen für Übungen der Kriegsmarine seines Heimatstaates befördert hat. Weiter soll daher zugunsten der Beklagten auch unterstellt werden, daß das Schiff nicht für Handelszwecke bestimmt war oder verwendet wurde.

Gerade Mittelstein, auf den sich die Revision in erster Reihe beruft, widerlegt die von ihr vorgetragene Auffassung des allgemeinen internationalen Rechts. Wenn er an der von ihr angeführten Stelle (Zeitschrift für Internationales Privat- und Strafrecht Bd. 2 S. 252) erklärt, das Privilegium der Arrestfreiheit — um das es sich im gegenwärtigen Rechtsstreit gar nicht handelt — genössen alle Staatsschiffe, welche staatlichen Interessen dienten, so fragt sich eben, was hier unter Staatsschiffen zu verstehen ist. Das wird deutlich erst a. a. O. S. 255. Dort heißt es: wenn der Staat Privatschiffe chartere, um Kriegsbedürfnisse zu transportieren, so veränderten diese Schiffe dadurch nicht ihre Natur; würden sie aber weitergehend von der Regierung bemannt, unter das Kommando eines in ihrem Dienste stehenden Offiziers gestellt und führten sie die Kriegsflagge, so erschienen sie allerdings wie sonstige Staatsschiffe als Repräsentanten des Staates.

Feine hatte in seiner Abhandlung „Die völkerrechtliche Stellung der Staatsschiffe" (S. 24/25) ausgeführt, daß für jede der beiden Anschauungen, die das Kriterium des Staatsschiffes einerseits in den Eigentumsverhältnissen und andererseits in der Bestimmung des Schiffes sähen, gewichtige Gründe sprächen. Er hat dann als geltendes Völkerrecht die Anschauung festgestellt, die das Eigentum am Schiff zur Grundlage des Staatsschiffsbegriffes mache. Nachdem inzwischen die Entscheidung RGZ. Bd. 103 S. 274 = vorliegender Band S. 294 über den amerikanischen Dampfer „Ice King" veröffentlicht worden war, bezeichnet Feine in der Hanseatischen Rechts-Zeitschrift 1922 Sp. 248 als derzeit herrschende Meinung, der sich auch das Reichsgericht angeschlossen habe, die, wonach die Eigenschaft als Staatsschiff ausschließlich von den Eigentumsverhältnissen und nicht von der Zweckbestimmung abhänge. In der Tat hat der erkennende Senat in dem erwähnten Urteil den Begriff des Staatsschiffes dahin bestimmt, daß es sich um ein im Eigentum eines souveränen Staates stehendes Seeschiff handeln müsse.

Böger, auf den sich die Revision weiter beruft, will zwar (in: Die Immunität der Staatsschiffe, Heft 2 der vom Institut für internationales Recht an der Universität Kiel herausgegebenen Abhandlungen zur fortschreitenden Kodifikation des internationalen Rechts, S. 28 u.) auch jedes vom Staate gecharterte Schiff als Staatsschiff bezeichnen, jedoch nur dann, wenn der Staat in ein Ausrüsterverhältnis zu dem privaten Eigentümer tritt. Strupp (Grundzüge des positiven Völkerrechts 5. Aufl. S. 159) bezeichnet als Staatsschiff das einem Staate gehörige Schiff, das ausschließlich für einen öffentlichen Dienst bestimmt ist und einem zu diesem Zwecke besonders in Gemäßheit der Landesgesetze bestellten Offizier untersteht.

Aufschlußreich ist namentlich die Denkschrift des englischen Richters Sir Maurice Hill, in der das Internationale Immunitäten-Abkommen angeregt worden ist. Dort (Bulletin No. 57 des Comité Maritime International S. 5 ff.) wird auseinandergesetzt, daß sich die Immunität derjenigen Schiffe, die zwar Privateigentum, aber dem Dienste eines Staates gewidmet (affectés) seien oder sich in seinem Besitze befänden, nach der britischen Rechtsprechung nur auf die Legung an die Kette erstrecke, dagegen nicht auf ein gerichtliches Verfahren in rem. Wenn ein Schiff Privateigentum sei, aber zeitweilig von einem souveränen Staate verwendet (employé) werde, so sei die Zustellung der Klage in rem wirksam und könne auch die Klage selbst nicht für unzulässig erklärt werden. Die in Rede stehende Immunität komme nur souveränen Staaten zu. Sie könne nicht von dem Eigentümer des Schiffes in Anspruch genommen werden. Die bloße Zustellung der Klage stelle keinen Eingriff in die Rechte des souveränen Staates dar. Sie nötige diesen nicht, zu erscheinen und sich der Gerichtsbarkeit zu unterwerfen. Er werde nur betroffen, wenn das Schiff beschlagnahmt (saisi) werde. Nur stelle die Legung an die Kette eine Behinderung in der Benutzung des Schiffes durch den souveränen Staat dar. Im Anschluß an diese Darlegungen wird übrigens weiter (S. 7) ausgeführt, man könne in Ermangelung jeglicher Vorentscheidung nicht als geltendes Recht anerkennen, daß die Immunität sich beispielsweise auf ein Schiff erstrecke, das, obwohl Privateigentum, durch eine Regierung gechartert würde, um eine Ladung Kohlen für ihre Staatseisenbahnen zu befördern.

Auch McNair stellt (im British Year Book of International Law 1921—22 S. 74) die englische Gerichtsübung so dar, daß die Schiffe, die nicht Eigentum eines ausländischen souveränen Staates, sondern von ihm gechartert oder requiriert oder sonst in seinem Besitze seien, zwar nicht auf Anordnung des Seegerichts arrestiert werden dürften, solange sie einer derartigen Chartepartie, Requirierung oder sonstigen Besitznahme unterlägen; daß aber gerichtliche Maßnahmen in personam gegen den Eigentümer des Schiffes und (abgesehen von Arrest) gerichtliche Maßnahmen in rem unberührt blieben und ein Schiffsgläubigerrecht oder ein Urteil in rem im Wege der Zwangsvollstreckung durchgesetzt werden könnten, sobald der Besitz des fremden Staates endige.

Bemerkenswert ist schließlich aus dem Bulletin No. 65 des Comité Maritime International S. 249 ff. eine auf der Gotenburger Konferenz am 16. August 1923 gepflogene Erörterung. Der britische Delegierte Sir Norman Hill sprach von dem Fall, daß ein Schiff im ganzen durch die Regierung gechartert sei, zum Beispiel ein Kohlenschiff für die Flotte, das nicht von Offizieren der Kriegsmarine (naval ratings) geführt (operated), aber doch ganz im Dienste der Kampfschiffe verwendet werde. Der amerikanische Delegierte Englar äußerte die Meinung, daß solche Schiffe bisher nicht immun seien und daß der Zweck des Entwurfs sei, gewisse Immunitäten abzuschaffen, nicht sie zu vermehren; ein von einer Privatgesellschaft betriebenes (operated) und zufällig Öl für die britische Flotte beförderndes Schiff wäre in den Vereinigten Staaten nicht immun. Der damalige Präsident des Internationalen Seerechts-Ausschusses, der inzwischen verstorbene belgische Minister Louis Franck, gab dem Delegierten Englar recht. Nach dem geltenden Recht des europäischen Festlandes bestehe, wenn ein derartiger durch die britische Admiralität gecharterter Dampfer zum Beispiel nach Antwerpen kommen und auf der Schelde einen Zusammenstoß haben sollte, keine Immunität.

Wenn auch hiernach die Meinungen über den Begriff der Staatsschiffe und den Umfang der ihnen zustehenden Immunitäten nicht ganz einheitlich waren, so kann doch die bezeugte kontinentaleuropäische, britische und amerikanische Rechtsanschauung unbedenklich dahin zusammengefaßt werden, daß, wenn ein Schiff von einem Staate gechartert war, aber nicht durch einen von diesem eingesetzten Kapitän befehligt wurde, das Schiff jedenfalls nicht von der dinglichen Klage und noch weniger sein Eigentümer von der Zahlungsklage befreit war. Diese Feststellung des älteren völkerrechtlichen Zustandes trägt zur Auslegung des Immunitäten-Abkommens bei. Da dieses nämlich auf eine Einschränkung der bis dahin den Staatsschiffen eingeräumten Vorrechte abzielte, ist von vornherein nicht zu erwarten, daß es die Rechtsstellung der Charterschiffe und ihrer Eigentümer namentlich gegenüber der britischen Rechtsübung verbessert haben sollte. Eine solche Erweiterung der Immunität ist denn auch in der Tat nicht eingetreten, wie nunmehr an der Hand des Abkommens und des Zusatzprotokolls darzulegen ist.

Die Artikel 1 und 2 des Abkommens stellen grundsätzlich die einem Staate gehörigen oder von ihm verwendeten (exploités) Seeschiffe, die einem Staate gehörigen Ladungen sowie die Staaten, denen diese Schiffe gehören oder die sie verwenden oder denen diese Ladungen gehören, den privaten Schiffen, Ladungen und Reedereien gleich. Von diesen Grundsätzen macht der Artikel 3 gewisse Ausnahmen u. a. für Hilfsschiffe, navires de ravitaillement und andere Fahrzeuge, die einem Staate gehören oder von ihm verwendet (exploités) werden und zur Zeit der Entstehung der Forderung ausschließlich einem staatlichen Dienst und nicht Handelszwecken gewidmet sind.

Der Beklagten kann zugegeben werden, daß unter „ravitaillement" nicht nur die Verproviantierung im engeren Sinne, die Versorgung mit Mundvorrat, sondern auch mit sonstigem Flottenbedarf zu verstehen ist und daß der Dampfer S. unter die „navires de ravitaillement" oder auch „navires auxiliaires" im Sinne des Artikels 3 § 1 Abs. I des Brüsseler Abkommens zu rechnen sein mag. Daraus allein ergibt sich aber noch nicht die Immunität des Schiffes, sondern es muß hinzukommen, daß es entweder einem Staate gehört oder von ihm „verwendet" (exploité) wird. Dies folgt schon daraus, daß der erwähnte Absatz Ausnahmen von den beiden ersten Artikeln des Abkommens macht und daß in diesen nur solche Schiffe behandelt werden, die einem Staate gehören oder von ihm „verwendet" werden. Aus dem von der Revision angeführten Schrifttum (B ö g e r a. a. O. S. 27, Annuaire de l'Institut de Droit International 1927 I S. 227) ergibt sich nur, daß Kohlenschiffe der Kriegsmarine für einen staatlichen Dienst und nicht für Handelszwecke bestimmt sind; das genügt aber nach Art. 3 § 1 Abs. 1 des Brüsseler Abkommens nicht, um die Eigenschaft als immunes Staatsschiff zu begründen, sondern es ist außerdem das Eigentum des Staates oder die „Verwendung" (exploitation) durch ihn erforderlich (ebenso v a n S l o o t e n a. a. O. S. 470 oben).

Daß der Dampfer S. ihrem Heimatstaate nicht gehörte, gibt die Beklagte zu. Zu der von der Revision gewünschten ausdehnenden Anwendung des Wortes „appartenant" besteht schon deshalb keine Veranlassung, weil die Fälle, in denen dem Staate zwar nicht das Eigentum an dem Schiff, aber eine gewisse Verfügungsmacht darüber zusteht, in dem Immunitäten-Abkommen durch die Worte „exploités par lui" erfaßt werden.

Dieses in dem maßgeblichen französischen Text gebrauchte Wort „exploiter" bedeutet nicht nur ausnutzen oder benutzen, sondern auch verwalten, betreiben, sich betätigen. Es ist (vgl. Comité Maritime International Bulletin No. 57 S. 437 u.) an die Stelle des englischen Wortes to operate getreten, das nicht „verwenden" im Sinne einer bloßen Benutzung bedeutet, sondern „betreiben, verwalten, führen, leiten".

Die Revision wendet sich gegen die Auffassung des Berufungsgerichts, daß eine Charterung durch den Staat den Begriff der exploitation nur dann erfülle, wenn das Schiff auch „sous les ordres ou sous le contrôle" des Staates stehe. Eine Auseinandersetzung hierüber erscheint aber entbehrlich, weil die Nr. I des Zusatzprotokolls vom 24. Mai 1934 gerade zur Behebung von Zweifeln über die Auslegung des Wortes „exploités" vereinbart worden ist und den vorliegenden Fall trifft.

Auch die Beklagte selber hatte in ihrem Schriftsatz vom 8. Juli 1937 das Zusatzprotokoll für anwendbar erklärt und hinzugefügt, es handele sich bei der S. um ein vom Staat für eine bestimmte Zeit zu ausschließlich staatlichen Diensten gechartertes Schiff im Sinne von I des Zusatzprotokolls. Jetzt hingegen sucht die Beklagte das Zusatzprotokoll auszuschalten, und zwar mit der Begründung, daß es nur bei Charterung auf bestimmte Zeit oder für eine bestimmte Reise gelte, während im vorliegenden Falle der Dampfer S. auf unbestimmte Zeit gechartert gewesen sei. Diesem Gedankengange steht entgegen, daß der maßgebende französische Text „à temps" zu einer Unterscheidung zwischen bestimmter und unbestimmter Zeit nicht nötigt. Diese Unterscheidung spielt auch sonst im Seerecht keine Rolle. Als auf der Antwerpener Konferenz des Comité Maritime International (Bulletin No. 91 Seite 268) der britische Delegierte Sir Leslie Scott das Zusatzabkommen durch die Mitteilung ankündigte, daß seine Regierung an die anderen Regierungen die Bitte gerichtet habe, eine leichte Abänderung oder vielmehr einen Zusatz zu dem Abkommen von 1926 anzunehmen, um die durch eine Regierung auf Zeit gecharterten Schiffe zum Genusse gewisser Bestimmungen des Abkommens zuzulassen, bediente auch er sich des allgemeinen Ausdrucks time-charter und war von bestimmter Zeit nicht die Rede. Die weite Fassung des Zusatzprotokolls „affrétés, soit à temps, soit au voyage" will ersichtlich alle vorkommenden Fälle der Zeit- oder Reisecharter eines ganzen Schiffes einbeziehen. Es ist auch nicht einzusehen noch von der Revision dargelegt worden, weshalb bei der Regelung der Immunitäten von Staatsschiffen eine Charterung auf unbestimmte Zeit anders behandelt werden sollte als eine solche auf bestimmte Zeit.

Käme es dennoch hierauf an, so könnte an Hand der Charterpartie nur festgestellt werden, daß die Charterung auf 12 Monate, also auf bestimmte Zeit, erfolgt ist. Etwas anderes hat auch die Beklagte selber nach den Tatbeständen der beiden Instanzurteile und ihrem bereits angeführten Schriftsatz vom 8. Juli 1937 nicht behauptet. Die von der Beklagten unmittelbar dem Landgericht übergebene Bescheinigung vom 4. Juni 1937 ist überholt durch die — auf dem in Artikel 5 des Immunitäten-Abkommens (I Abs. 2 Satz 2 des Zusatzprotokolls) vorgeschriebenen Wege über das Auswärtige Amt und das Reichsjustizministerium vorgelegte — Bescheinigung vom 29. Juli 1937, in der von einer Charterung für unbestimmte Zeit nicht mehr die Rede ist.

Aus dem hiernach auf den vorliegenden Fall anwendbaren Zusatzprotokoll ergibt sich nun, daß die von den Staaten auf Zeit (oder für eine Reise) gecharterten Schiffe, falls sie ausschließlich zu einem staatlichen Dienst und nicht zu Handelszwecken bestimmt sind, zwar nicht Gegenstand irgendwelcher Beschlagnahmen, Arreste oder Zurückhaltungen sein können, daß aber diese Immunität in keiner Weise alle anderen den Beteiligten etwa zustehenden Rechte oder Rechtsmittel beeinträchtigt. Zu den hiernach von der (teilweisen) Immunität der Charterschiffe unberührt bleibenden Rechtsbehelfen gehören sowohl die dingliche Klage als auch die Zahlungsklage gegen den Eigentümer des Schiffes. Insbesondere zwingt der Unterschied des Wortlautes in I Abs. 2 Satz 1 des Zusatzprotokolls von dem sonst gleichen des Artikels 3 § 1 Abs. 1 des Abkommens zu der Auslegung, daß gegen die in dem Zusatzprotokoll behandelten Charterschiffe ein gerichtliches Verfahren in rem völkerrechtlich nicht ausgeschlossen ist. Ob im einzelnen Fall eine solche dingliche Klage, um die es sich im gegenwärtigen Rechtsstreit handelt, zulässig ist, bestimmt sich also allein nach dem Landesrecht ohne völkerrechtliche Schranken. Dies Ergebnis wird auch durch innere Gründe gerechtfertigt. Wie die Revision zutreffend ausführt, steht nicht eine Exterritorialität des Schiffes in Frage, sondern wird nur die der Sicherung eines öffentlichen Zweckes dienende Befreiung von der Gerichtsbarkeit in Anspruch genommen. Dieser öffentliche Zweck ergab sich aus der Bestimmung der Kohlenladung für Übungen der Kriegsmarine. Er konnte zwar durch eine Zurückhaltung des Schiffes insbesondere im Wege des Arrestes beeinträchtigt werden, aber nicht durch die dingliche Klage und noch weniger durch die Zahlungsklage gegen die private Schiffseigentümerin. Schon in seinem erwähnten Urteil RGZ. Bd. 103 S. 274 ff. = vorl. Bd. S.294 über den amerikanischen Dampfer

„Ice King" hat der erkennende Senat ausgeführt, daß wenigstens nach deutschem Recht der Anspruch eines Schiffsgläubigers, dem der Reeder mit Schiff und Fracht verhaftet sei, weder hinsichtlich seiner Geltendmachung vor deutschen Gerichten noch sogar hinsichtlich seiner Durchführung im Wege der Zwangsvollstreckung grundsätzlich von dem Aufenthalt des Schiffes im deutschen Inland abhänge. Daraus ergibt sich, daß die Erhebung und Durchführung der dinglichen Klage gegen ein von einem ausländischen Staat gechartertes Privatschiff mit einer Zurückhaltung des Schiffes und folglich einer Störung des staatlichen Dienstes, zu dem es verwendet wird, nicht verknüpft zu sein braucht, und so erklärt sich auch die Beschränkung des Zusatzprotokolls vom 24. Mai 1934 auf die Befreiung der Charterschiffe von Beschlagnahmen, Arresten und Zurückhaltungen ohne Einbeziehung der dinglichen Klagen, in Übereinstimmung mit dem dargelegten Rechtszustande, wie er in Großbritannien gegolten hatte, auf dessen Wunsch das Zusatzprotokoll die teilweise Immunität der Charterschiffe eingeführt hat.

Schließlich kann die Revision auch damit nicht gehört werden, daß im Grunde die Übergabe des Schiffes vom Staate an die Beklagte, seine Ausrüstung durch diese und die dann erfolgte Charterung durch den Staat nur eine Form sei, hinter der sich die Tatsache verberge, daß der Staat das Schiff für seine öffentlichen Zwecke in Betrieb genommen habe. Der internationale Rechtsverkehr muß sich auf klaren Rechtsverhältnissen aufbauen. Will ein Staat die volle Immunität des Brüsseler Abkommens genießen, so muß er für den Betrieb seiner Schiffahrt auch die entsprechende äußere Rechtsform wählen. Entschließt er sich aus Gründen, die hier nicht zur Erörterung stehen, zur Charterung, so kann er nicht nachträglich geltend machen, daß „im Grunde" gar keine Charterung vorliege, und sich dadurch den Rechtsfolgen aus dem Internationalen Abkommen und namentlich dem Zusatzprotokoll entziehen.

Hinsichtlich des eine Verurteilung der Beklagten zur Zahlung begehrenden Klagantrages soll noch hinzugefügt werden, daß insoweit die Revision ohne weiteres, d. h. ohne Rücksicht auf die Bedeutung des Wortes „exploité", der Zurückweisung unterlag, selbst wenn das Zusatzprotokoll nicht für die Fälle der Charterung alle Rechte und Rechtsmittel, mit alleiniger Ausnahme von Beschlagnahmen, Arresten und Zurückhaltungen, ausdrücklich vorbehalten hätte. Das Abkommen beschäftigt sich nämlich nur mit Staaten und Staatsschiffen (sowie Ladungen und Reisenden), nicht mit privaten Reedereien. Wenn in Artikel 3 § 1 Abs. 1 des Abkommens gewisse Staatsschiffe von den Bestimmungen der Artikel 1 und 2 ausgenommen werden, so kann diese Ausnahme nicht die persönliche Zahlungspflicht von privaten Schiffahrtsunternehmungen betreffen, weil solche auch schon durch die beiden ersten Artikel nicht erfaßt sind. Was die Zahlungsansprüche gegen Staaten aus den Zusammenstößen gewisser Staatsschiffe anbelangt, so trifft hier Artikel 3 § 1 Abs. 2 des Abkommens die besondere Regelung, daß solche Ansprüche nur bei den eigenen Gerichten des zu verklagenden Staates geltend gemacht werden können. Diese Regelung gilt aber eben nur für die Staaten, nicht für private Reedereien. Eine andere als die hier vertretene Auffassung ist auch aus dem von der Revision angeführten Schrifttum nicht zu entnehmen; insbesondere sprechen Alfred Sieveking (JW. 1926 S. 1309 Spalte 2), van Slooten (a. a. O. S. 468) und Böger (a. a. O. S. 185) nur von Klagen gegen Staaten, nicht auch gegen private Schiffseigentümer.

Nach alledem mußte die Revision als unbegründet zurückgewiesen werden.

RGZ. 136, 339

Zerstückelung innerstaatlicher Gebietskörperschaften durch Änderung der Staatsgrenzen. Privatrechtliche Schuldenhaftung der Restgebietskörperschaft.

Alter Leitsatz:

Haftet für die privatrechtlichen Verwaltungsschulden eines Landkreises, dessen Gebiet durch die Teilung Oberschlesiens zu mehr als der Hälfte an Polen gefallen ist, der bei Preußen verbliebene Restkreis?

Versailler Vertrag Art. 88, 256.

III. Zivilsenat. Urt. v. 24. Mai 1932 i. S. Landkreis Guttentag (Kl.) w. P. (Bekl.). III 286/31.

I. Landgericht Oppeln. II. Oberlandesgericht Breslau.

Der Landkreis Lublinitz fiel bei der Teilung Oberschlesiens zu etwa zwei Dritteln an Polen. Dem bei Preußen verbliebenen Restkreis wurden durch das preußische Gesetz über die Neuordnung der kommunalen Verfassung und Verwaltung von Gemeinden und Kreisen in der Provinz Oberschlesien vom 5. Januar 1927 (GS. S. 1) einige Bezirke anderer, gleichfalls durch die Teilung zerstückelter Kreise zugeschlagen. Er erhielt den Namen: Landkreis Guttentag. Dieser klagt nunmehr gegen den verklagten Rechtsanwalt auf Schadensersatz auf Grund folgenden Sachverhalts:

Der Häuer L. aus Königshütte ist am 30. Juni 1917 an Trichinose gestorben. Seine Hinterbliebenen führten den Tod auf den Genuß von Schweinefleisch zurück, das L. von der Verwaltung der Königsgrube erhalten hatte und das an die Königsgrube wieder von dem

Kreiskommunalverband Lublinitz aus dem dortigen Kreisschlachthaus geliefert worden war. Die Hinterbliebenen nahmen den Kreiskommunalverband Lublinitz in Anspruch. Durch Urteil des Landgerichts vom 12. April 1922 wurde der Klaganspruch dem Grunde nach für gerechtfertigt erklärt; damals war Prozeßbevollmächtigter des Kreiskommunalverbandes der Rechtsanwalt M. Die Berufung des Beklagten wurde durch Versäumnisurteil des Oberlandesgerichts vom 22. Juni 1925 zurückgewiesen; dies Urteil ist rechtskräftig geworden. Durch Schriftsatz vom 21. Dezember 1925 wurde nunmehr der Restkreis des Kreiskommunalverbandes Lublinitz, vertreten durch den Kreistag, dieser in der laufenden Verwaltung vertreten durch den Landrat als Vorsitzenden des Kreisauschusses, und zwar den Landrat in Guttentag, zur Verhandlung über die Höhe geladen. Als Vertreter des damaligen Bekl. trat der jetzt verklagte Rechtsanwalt P. auf. Der damalige Beklagte erhob den Einwand der mangelnden Passivlegitimation, und das Landgericht wies auf Grund dieses Einwandes die Klage ab. Die damaligen Kläger legten Berufung ein. Die Berufungsschrift vom 24. Januar 1927 und der Schriftsatz vom 7. Februar 1927 wurden dem jetzigen Beklagten am 11. April 1927 zugestellt. Ein weiterer Schriftsatz vom 15. Februar 1927, der die Berufungsbegründung enthielt, wurde ihm am 1. März 1927 gleichzeitig mit der Ladung zum Verhandlungstermin vom 2. Mai 1927 zugestellt. Der damalige Beklagte war in diesem Verhandlungstermin nicht vertreten. Es erging daher am 12. Mai 1927 Versäumnisurteil dahin, daß das klagabweisende Urteil abgeändert und die Klagansprüche gegenüber dem Restkreis des Kreiskommunalverbandes Lublinitz, jetzt Kreis Guttentag, dem Grunde nach für gerechtfertigt erklärt wurden. Auch dies Versäumnisurteil wurde rechtskräftig. Daraufhin hat das Landgericht nach Beweisaufnahme durch Urteil vom 11. Oktober 1928 den Restkreis des Kreiskommunalverbandes Lublinitz, nunmehr Kreis Guttentag, den jetzigen Kläger, verurteilt, an die Hinterbliebenen des L. eine Rente zu zahlen. Dies Urteil ist ebenfalls rechtskräftig geworden.

Der Kläger nimmt jetzt den Bekagten wegen Rechtsanwaltsverschuldens in Anspruch. Der Bekl. hatte nämlich zwar den Kreis Guttentag benachrichtigt, daß ihm die Berufungsschrift vom 24. Januar 1927 zugestellt worden sei; er hat ihm dann aber keine weiteren Nachrichten gegeben. Infolgedessen ist der Kreis Guttentag in dem Verhandlungstermin vor dem Oberlandesgericht am 2. Mai 1927 nicht vertreten worden. Der Beklagte hat weiter den Kreis Guttentag weder von der Zustellung des Versäumnisurteils benachrichtigt noch selbst für Einlegung des Einspruchs gesorgt; deshalb ist das Versäumnisurteil rechtskräftig geworden. Der Kläger macht geltend, daß er in dem Vorprozeß über den Grund des Anspruchs nur infolge des schuldhaften Verhaltens des Beklagten unterlegen sei. Denn er sei nicht passiv legitimiert gewesen, da die Schulden des Kreises Lublinitz nicht auf ihn übergegangen seien. Der Anspruch gegen ihn sei auch sonst nicht begründet und außerdem verjährt gewesen. Bei ordnungsmäßiger Wahrnehmung seiner Rechte durch den jetzigen Beklagten würde es mithin zu einer endgültigen Abweisung der Ansprüche der Hinterbliebenen des L. gekommen sein. Der Kläger hat beantragt, den Beklagten zu verurteilen, ihn von seinen durch das Urteil des Landgerichts vom 11. Oktober 1928 festgestellten Verbindlichkeiten zu befreien.

Das Landgericht gab der Klage statt, das Oberlandesgericht wies sie ab. Die Revision des Klägers führte zur Aufhebung und Zurückverweisung.

Gründe:

Das Berufungsgericht hat die Klage abgewiesen, weil das die Passivlegitimation des Klägers bejahende Versäumnisurteil vom 12. Mai 1927 sachlich zu Recht ergangen, der Vorprozeß also richtig entschieden sei. Das grobe Verschulden des Beklagten, das zur Nichtvertretung des heutigen Klägers im Verhandlungstermin vom 2. Mai 1927 und zur Unterlassung eines Einspruchs gegen das Versäumnisurteil geführt habe, sei somit für den Schaden des Klägers nicht ursächlich. Im Hauptstreitpunkt der Parteien nimmt das Oberlandesgericht die Passivlegitimation des heutigen Klägers für den Vorprozeß als gegeben an. Zwar liege keine Wesenseinheit des Kreises Guttentag mit dem Kreise Lublinitz vor; denn der jetzige Kreis Guttentag umfasse nur Teile des früheren Kreises Lublinitz und außerdem, wenn auch nur in geringem Umfang, Bezirke aus anderen preußischen Kreisen. Gesetzlich oder durch sonstige Vorschriften sei die Rechtsnachfolge nicht geregelt. Die Entscheidung könne auch nicht darauf abgestellt werden, zu welchem Teil der Ort gehört habe, wo die Kreisverwaltung früher geführt worden sei und wo sich das Schlachthaus befunden habe. Die Rechtsnachfolge des Klägers sei aber aus allgemeinen Erwägungen abzuleiten. Der jetzige Kreis Guttentag umfasse einen erheblichen Teil des alten Kreises und mit verschwindenden Ausnahmen nur diesen Teil. Hiernach könne man den Kläger nur als Rechtsnachfolger des alten Kreises Lublinitz erachten, unbeschadet der Frage, ob etwa auch ein polnischer Kreis Rechtsnachfolger geworden sei. Gegebenenfalls sei gegen die Möglichkeit von Ausgleichsansprüchen nichts einzuwenden. . .

Die Entscheidung des Rechtsstreites hängt davon ab, ob der Kläger für die Schadensersatzansprüche der Erben L. als Rechtsnachfolger des alten Kreises Lublinitz anzusehen ist. In dieser Beziehung kann weder dem Standpunkt des Berufungsrichters noch demjenigen der Revision, die jede Haftung des Klägers für Schulden des Kreises Lublinitz ablehnt, beigetreten werden, sondern es ist eine anteilige Haftung des Klägers als gegeben zu erachten.

Vergeblich macht die Revision geltend, daß der alte Kreis Lublinitz durch seine Zerreißung untergegangen sei, und daß eine Nachfolge in öffentliche Rechtsverhältnisse nur durch besondere gesetzliche Bestimmungen begründet oder auf Grund gesetzlicher Ermächtigung von der Verwaltung angeordnet werden könne. Es ist zwar richtig, was auch der Berufungsrichter nicht verkennt, daß durch die Zerreißung und Abtretung des größten Teils des Kreises Lublinitz dieser frühere preußische Kreis als öffentlichrechtlicher Verband zu bestehen aufgehört hat und seine Rechtspersönlichkeit erloschen ist. Damit konnten jedoch nur diejenigen Rechte und Pflichten untergehen, die an den Bestand des Kreises als solchen, an die Fortdauer seiner Rechtspersönlichkeit gebunden waren. Hierunter fielen aber keineswegs privatrechtliche Verwaltungsschulden wie die aus den §§ 31, 831, 823 BGB. hergeleiteten Schadensersatzansprüche der Erben L. Ebensowenig wie etwa im öffentlichen Eigentum des früheren Kreises stehende Sachen herrenlos wurden, ebensowenig konnten durch seine Zerreißung und das damit verbundene Aufhören seiner Rechtspersönlichkeit privatrechtliche Ansprüche Dritter ohne weiteres untergehen. Dementsprechend ist es auch für die privatrechtlichen Verpflichtungen eines Staates als allgemeiner staatsrechtlicher Grundsatz anerkannt, daß sie bei eintretendem Wechsel der staatlichen Herrschaft auf den Rechtsnachfolger übergehen. Die nicht an die Person der untergehenden Verbandspersönlichkeit geknüpften und daher an sich weiterbestehenden Rechte und Pflichten bilden eine körperliche Verlassenschaft, für die sich die Rechtsnachfolge entweder nach besonderen gesetzlichen Bestimmungen oder nach völkerrechtlichen Verträgen oder endlich nach allgemeinen Rechtsgrundsätzen regelt, wie sie insbesondere auch in der Rechtsübung des Völkerrechts bei der sog. Staatensukzession zum Ausdruck gekommen sind.

Zwar hat der erkennende Senat in seinem Urteil vom 13. April 1923 III 525/22 (abgedr. LZ. 1923 Sp. 561) die Haftung des bei Preußen verbliebenen Restteils der Provinz Posen für den Anspruch eines Beamten verneint, der früher im Dienst des Provinzialverbandes der Provinz Posen stand. Er hat damals angenommen, daß nur durch die Gesetzgebung die Frage gelöst werden könne, inwieweit die bei Preußen verbliebene Restprovinz für die Verbindlichkeiten des früheren Provinzialverbandes einzustehen habe. Gegenüber dem vorliegenden Rechtsstreit besteht jedoch eine grundlegende Verschiedenheit. Denn in jenem Fall handelte es sich um einen öffentlich-rechtlichen Beamtengehaltsanspruch, der auf Sondergesetzen der untergegangenen Provinz Posen beruhte, dessen rechtliche Voraussetzungen sich somit von der einer privatrechtlichen Verwaltungsschuld grundsätzlich unterschieden. Den Untergang einer Schuld der letzteren Art anzunehmen, würde aber, wie ausgeführt, mit allgemeinen Rechtsgrundsätzen unvereinbar sein.

Zutreffend hat der Berufungsrichter angenommen, daß die Rechtsnachfolge für den zerschlagenen früheren Kreis Lublinitz weder im Wege der Gesetzgebung noch in dem des völkerrechtlichen Vertrags geregelt worden ist. Die einschlägigen Vorschriften treffen keinerlei Bestimmungen über die Rechtsnachfolge und die Hinterlassenschaft der durch die politische Zerreißung untergegangenen Kreise. Hierüber ist auch kein völkerrechtliches Abkommen geschlossen worden, wie es z. B. über die Teilung des Oberschlesischen Knappschaftsvereins (Gesetz vom 22. Februar 1923 RGBl. II S. 132; vgl. dazu RGZ. Bd. 113 S. 83) und für die Sparkassen (Gesetz über das deutsch-polnische Sparkassenabkommen vom 17. Juli 1929 RGBl. II S. 609) zustande gekommen ist. Ebensowenig greifen allgemeine gesetzliche Bestimmungen ein. § 5 der Kreisordnung für die östlichen Provinzen vom 19. März 1881 (GS. S. 179) gilt nur bei Veränderung der Kreisgrenzen (§ 3 das.). § 2 des Zuständigkeitsgesetzes vom 1. August 1883 (GS. S. 237) regelt lediglich die Frage der Auseinandersetzung der beteiligten Kreise.

Keinesfalls kann, wie die Revision meint, aus dem Schweigen des preußischen Gesetzes vom 5. Januar 1927 gefolgert werden, eine Rechtsnachfolge des deutschen Restkreises Lublinitz, der nach Aufnahme von unbedeutenden Teilen anderer preußischer Kreise durch § 3 das. den heutigen Namen des Klägers erhalten hat, sei gesetzlich ausgeschlossen worden. Vielmehr spricht die Fassung des Gesetzes: „Der Restkreis Lublinitz erhält die Bezeichnung Kreis Guttentag" dafür, daß Rechte und Verbindlichkeiten des Restkreises ohne weiteres auch diejenigen des Klägers wurden. Der Restkreis Lublinitz besaß auch eigene Verbandspersönlichkeit, was die Revision zwar bestreitet, was sich aber ohne weiteres aus den preußischen Gesetzen vom 27. Juli 1922 und 5. Januar 1927 ergibt. Seine Rechtsnachfolgerschaft muß sich also nach allgemeinen Rechtsgrundsätzen richten. Solche sind im Schrifttum für den Fall des Erlöschens von öffentlich-rechtlichen Verbandspersönlichkeiten anerkannt und haben insbesondere auch in der völkerrechtlichen Übung bei der Zerstückelung von Kommunalkörpern infolge von Gebietsabtretungen ihren Niederschlag gefunden (vgl. dazu z. B. Gierke Die Genossenschaftstheorie und die Deutsche Rechtsprechung S. 856/857, 866; Huber Die Staatensuccession S. 110 flg. [114]). Da immerhin etwa ein Drittel des alten zerschlagenen Kreises bei Deutschland verblieben ist, so kann trotz Abtretung des Hauptorts mit den Organen der Zentralverwaltung nicht von einem Übergang der früheren Verbandspersönlichkeit als solcher auf den polnischen Staat gesprochen werden. Es handelte sich ferner um eine allgemeine Verwaltungsschuld, die in dem angeblichen Verschulden der am Kreisschlachthaus Bediensteten ihren Rechtsgrund hatte, und die somit nicht ihrer Natur nach in einem bestimmten Gebietsteil des alten Kreises wurzelte. Deshalb kommt auch nicht etwa aus diesem Rechtgrund die alleinige Haftung eines bestimmten Gebietsteils in Frage.

Auch für eine Gesamthaftung öffentlicher Verbände, die aus einzelnen zerschlagenen Gebietsteilen gebildet worden sind, fehlt es an einer genügenden Rechtsgrundlage. Diese könnte außerdem unter Umständen — etwa beim Übergang unbedeutender Gebietsteile — zu sehr unbilligen Ergebnissen führen, für den ein etwaiger Ausgleichsanspruch keinen genügenden Ersatz böte. Vielmehr kann als die nächstliegende Lösung nur eine Rechtsnachfolge in verhältnismäßige Teile der Schulden in Frage kommen (vgl. auch Gierke a. a. O. S. 866; Huber a. a. O. S. 111 zu Note 286, S. 114 Nr. 161). Die Schadensersatzansprüche der Erben L. stellten, wie ausgeführt, eine allgemeine Verwaltungsschuld des alten Kreises Lublinitz dar; sie lasteten somit auf dem ganzen Gebiet als solchem. Indem nun bei der Zerschlagung dieses Gebiets gewisse Gebietsteile bei dem Restkreis verblieben, traf sie anteilig auch ein entsprechender Teil der allgemeinen Verwaltungsschulden, soweit sie den sachlichrechtlichen Bestand des früheren Kreises in sich aufnahmen (vgl. auch Urteil des Oberappellationsgerichts Kassel vom 22. November 1864 über den Untergang der Stadt- und Landjudenchaft des Hochstiftes Fulda in SeuffArch. Bd. 19 Nr. 12).

Das angefochtene Urteil geht sonach ohne genügende Rechtsgrundlage aus von einer Rechtsnachfolge des Klägers in die gesamte Schuld des Kreises Lublinitz gegenüber den Erben L. Es unterliegt daher der Aufhebung. Der Vorderrichter wird in tatrichterlicher Beurteilung zu prüfen haben, in welchem Umfang die Schuld des alten Kreises Lublinitz auf den Restkreis übergegangen ist. Dabei kann von vornherein eine Haftung des Kläger nur zu einem kleineren Teil in Frage kommen, da der Polnische Staat etwa zwei Drittel des Kreisgebiets, den Verwaltungssitz und nach der unwidersprochen gebliebenen Behauptung des Klägers das Verwaltungsvermögen erhalten hat. Für den Verteilungsmaßstab können außer dem Größenverhältnis der Gebietsteile im übrigen noch ihre Steuerkraft, der etwaige Übergang werbender Anlagen und ähnliche Gesichtspunkte von Bedeutung sein. . .

RGZ. 141, 290

Schuldenhaftung bei Staatensukzession. Einfluß von Gebiets- und Bevölkerungsverlusten auf den Rechtsbestand der Gebietskörperschaft.

Alter Leitsatz:

1. Gehen im Falle der Staatensukzession die sog. bezüglichen Schulden von Rechts wegen über?

2. Ist der Landkreis Ratibor durch den infolge des Vertrages von Versailles eingetretenen Verlust der Hälfte seines Gebietes, seiner Einwohner und seiner Steuerkraft aufgelöst worden?

IV. Zivilsenat. Urt. v. 29. Juni 1933 i. S. Polnischer Knappschaftsverein (Kl.) w. Landkreis Ratibor (Bekl.). IV 70/33.

I. Landgericht Ratibor.

Der Landkreis Ratibor erhielt von dem Oberschlesischen Knappschaftsverein in Tarnowitz auf Grund eines Vertrages vom 19. Dezember 1910/9. Januar 1911 ein verzinsliches Tilgungsdarlehen. Den Gegenstand des Rechtsstreits bildet die Aufwertung der Restforderung aus diesem Darlehen. Der Übergang der Forderung auf den Kläger beruht erstens auf Art. 214 § 1 des Deutsch-Polnischen Abkommens vom 15. Mai 1922 (sog. Genfer Abkommen, RGBl. II S. 238) und Art. 1 des Deutsch-Polnischen Abkommens vom 26. August 1922 (RGBl. 1923 II S. 132), wonach der frühere Oberschlesische Knappschaftsverein (der ursprüngliche Dahrlehnsgläubiger) in einen Deutschen Knappschaftsverein mit dem Sitz in Gleiwitz und einen Polnischen Knappschaftsverein mit dem Sitz in Tarnowitz (den jetzigen Kläger) geteilt worden ist; zweitens auf Art. 5 der Entscheidung des Rates des Völkerbundes vom 13. Januar 1930 und Nr. 11 seiner Anlage 2 (bekanntgemacht RGBl. 1931 II S. 213), wonach die streitige Forderung als „Forderung aus Schuldscheindarlehen" auf Polen übertragen worden ist; drittens auf dem Vertrage zwischen dem Deutschen Reich und der Republik Polen über Sozialversicherung vom 11. Juni 1931, nach dessen Schlußprotokoll die Forderung mit Wirkung vom 13. Januar 1930 als auf den Kläger übergegangen gilt. Der Beklagte beruft sich zur Abwehr der Klage u. a. auf folgende Tatsachen. Der 83 654,5 ha große ursprüngliche Landkreis Ratibor hat auf Grund des Vertrags von Versailles und des Genfer Abkommens insgesamt 44 767,9 ha verloren, teils an Polen, teils an die Tschechoslowakische Republik; an die letztere das sog. Hultschiner Ländchen. Der Darlehnsbetrag ist bestimmungsgemäß verwendet worden zum Erwerbe des Grundes und Bodens für den Bau einer Eisenbahn von Annaberg über Petershofen nach Hultschin und Deutsch-Krawarn. Die

Strecke verläuft — abgesehen von einem geringfügigen Teil (vom Bahnhof Annaberg bis zur jetzigen Reichsgrenze) — ganz in dem Hultschiner Ländchen. Der Grund und Boden ist dem Preußischen Staate, der davon den Bau der Eisenbahn abhängig gemacht hatte, unentgeltlich zur Verfügung gestellt worden.

Das Landgericht hat aus den mitgeteilten Tatsachen die Folgerung gezogen, daß für die Darlehnsschuld nur noch der an die Tschechoslowakische Republik übergegangene Teil des alten Kreises hafte, und hat deshalb die Klage abgewiesen.

Die vom Kläger unmittelbar eingelegte Revision führte zur Aufhebung und Zurückverweisung.

Gründe:

Das Landgericht geht davon aus, der jetzt verklagte Landkreis Ratibor sei nicht wesensgleich mit dem Landkreise gleichen Namens, der sich auf Grund des der Klage zugrundeliegenden Vertrages als Darlehnsschuldner verpflichtet habe. Dieser Kreis sei durch die Gebietsabtretungen an die Tschechoslowakische Republik und an Polen zerstückelt worden; denn er habe dadurch reichlich die Hälfte seines Gebietes, seiner Bewohner und seiner Steuerkraft verloren. Die Rechtsnachfolge richte sich nach allgemeinen Grundsätzen und sei danach gemäß völkerrechtlicher Übung grundsätzlich eine anteilsmäßige. Eine Ausnahme gelte für die sog. bezüglichen Schulden, nämlich diejenigen, welche aus einem bestimmten Gebiete herrührten oder in dessen Interesse aufgenommen worden seien oder ihrer Natur nach in einem bestimmten Gebietsteile wurzelten. Für derartige Schulden hafte allein der Übernehmer des Gebietes, auf das sich diese Schulden bezögen. Eine solche bezügliche Schuld sei hier gegeben. Denn das Darlehen sei zur Bestreitung der Kosten des Grunderwerbs für den Bahnbau von Annaberg über Hultschin nach Deutsch-Krawarn aufgenommen und verwendet worden, nachdem der Preußische Staat den Bau der Eisenbahn von der unentgeltlichen Abtretung des Grundes und Bodens abhängig gemacht habe. Das Beziehungsgebiet sei das an die Tschechoslowakische Republik abgetretene Hultschiner Ländchen. In seinem beinahe ausschließlichen Interesse habe der Bau der Eisenbahn gelegen, möge auch ein gewisses Interesse des übrigen Teiles des Kreises, wie das bei jedem Bahnbau der Fall sei, nicht von der Hand zu weisen sein. Die Haftung für die Darlehnsschuld treffe daher allein den an die Tschechoslowakische Republik übergegangenen Teil des Kreises.

Die Revision setzt dem die Einwendung entgegen, die Schuldnereigenschaft des verklagten Kreises sei durch die Entscheidung des Rates des Völkerbundes vom 13. Januar 1930 mit verbindlicher Wirkung festgestellt worden. Das Landgericht hat diese Frage nicht erörtert. Der Kläger hatte sich zur Begründung seines Anspruchs zwar auf die bezeichnete Entscheidung bezogen, ihr aber die jetzt vorgetragene Auslegung nicht zuteil werden lassen. Sie ist auch abzulehnen. Dem Rate des Völkerbundes lag es nur ob, bei der Auseinandersetzung über das Vermögen des ehemaligen Oberschlesischen Knappschaftsvereins in Ermangelung einer Einigung die Entscheidung zu treffen, wem die jetzt streitige Forderung zuzusprechen sei. Er war aber nicht mit der Frage befaßt, ob die Forderung bestehe und gegen wen. Aus der Entscheidung kann denn auch nur entnommen werden, daß es sich um eine Bezeichnung der Forderung, nicht aber um die Feststellung ihres Bestehens handelt. Auch der Kläger mißt der Entscheidung in einem anderen Punkte keine feststellende Bedeutung bei, soweit es sich nämlich um die Bezeichnung der Forderung als Schuldscheindarlehen handelt; er hat hierzu selbst vorgetragen, daß nur der tatsächliche Charakter der Schuldverbindlichkeit maßgebend sei. Die Frage nach der Schuldnereigenschaft des verklagten Kreises wird somit nicht schon durch die Entscheidung des Rates des Völkerbundes erledigt.

Die weiteren Angriffe der Revision richten sich gegen die Auffassung des Vorderrichters, es habe eine Rechtsnachfolge in die Schuld des ursprünglichen Landkreises Ratibor stattgefunden, und zwar, weil es sich um eine sog. bezügliche Schuld handle, nicht anteilsmäßig nach dem Verhältnis des beim Reich verbliebenen Teils des alten Kreises und der auf die Tschechoslowakei und auf Polen übergegangenen Teile, sondern zu Lasten der Tschechoslowakei, auf deren Gebiet sich die mit dem geliehenen Geld erworbenen Grundstücke und die auf ihnen erbaute Eisenbahn, abgesehen von einem unwesentlichen kleinen Teil, befänden.

Da eine ausdrückliche Regelung weder im Vertrag von Versailles noch in den Abkommen mit den beiden Auslandstaaten getroffen ist und es auch sonst an einer ausdrücklichen gesetzlichen Regelung fehlt, so müssen die allgemeinen Rechtsgrundsätze entscheiden.

Nach ihnen ist anerkannt, daß im Falle der sog. Staatensukzession die „bezüglichen Schulden" dem politischen Schicksal des Gebietes folgen (Huber Staatensukzession 1898 S. 96; Guggenheim Beiträge zur völkerrechtlichen Lehre vom Staatenwechsel 1925 S. 117). Als bezügliche Schuld wird eine solche angesehen, die aus einem bestimmten Gebiete herrührt oder in dessen Interesse gemacht ist (Huber a. a. O.). Das Landgericht meint, daß ein derartiger Fall hier gegeben sei, weil die erworbenen Grundstücke zum Gebiete des Hultschiner Ländchens gehörten und der Bau der auf ihnen verlaufenden

Eisenbahn im beinahe ausschließlichen Interesse dieses Ländchens liege, denn der Zweck des Bahnbaues sei dessen Erschließung und seine Heranführung an das preußische und das ehemalige österreichische Eisenbahnnetz gewesen. Der Vorderrichter nimmt deshalb weiter an, die Beziehung der Schuld auf das Hultschiner Ländchen, also auf das an die Tschechoslowakei übergegangene Gebiet, sei begründet. Es könnte sich fragen, ob sich diese Auffassung mit der wenigstens zu unterstellenden Tatsache verträgt, daß die Verwendung des geliehenen Geldes nicht Gegenstand des Vertrages zwischen den Darlehnsparteien war. Außerdem glaubt die Revision sich auf die Verletzung des Erfahrungssatzes berufen zu können, wonach die Erschließung eines bestimmten Gebietes durch den Bau einer Eisenbahn nicht nur diesem, sondern auch den Nachbargebieten von Nutzen sei. Beide Fragen können indes auf sich beruhen. Auch bedarf es nicht näherer Erörterung, ob der an die Spitze gestellte Grundsatz auf Schulden der hier fraglichen Art, nämlich Verwaltungsschulden von Kommunalverbänden, anzuwenden ist. Denn der Übergang der Schuld tritt keinesfalls von Rechts wegen ein. Vielmehr würde nur eine völkerrechtliche Verpflichtung des neuen Gebietseigentümers zur Übernahme der „bezüglichen Schulden" begründet worden sein (vgl. Huber a. a. O. S. 96; F. F. Schmidt Der Übergang der Staatsschulden bei Gebietsabtretungen 1913). Solange sie nicht erfolgt ist, bleiben die Rechte des Gläubigers unberührt. Hieran wird auch dadurch nichts geändert, daß die Forderung auf einen ausländischen Gläubiger übergegangen ist.

Der Beklagte kann die völlige oder teilweise Beseitigung seiner Schuldverpflichtung auch nicht damit rechtfertigen, daß er mit dem ursprünglichen Schuldner nicht wesensgleich sei. Allerdings hat nach den Feststellungen des Landgerichts der alte Landkreis Ratibor infolge des Vertrags von Versailles rund die Hälfte seines Gebietes, seiner Bewohner und seiner Steuerkraft eingebüßt. Hierdurch veränderte er aber nicht ohne weiteres seine Rechtspersönlichkeit. Daß sie erhalten geblieben ist, ergeben mit Deutlichkeit das preußische Gesetz über die Neuordnung der kommunalen Verfassung und Verwaltung von Gemeinden und Kreisen in der Provinz Oberschlesien vom 5. Januar 1927 (GS. S. 1), die Begründung zu dessen Entwurf und die darüber gepflogenen Verhandlungen des Preußischen Landtags (2. Wahlperiode 1. Tagung 1925/26, Drucksache Nr. 3545 sowie Bericht über die Sitzung vom 1. Dezember 1926 S. 15 494 flg.). Es bestand Einigkeit darüber, daß der — wenn auch geschwächte — Landkreis Ratibor unbedingt erhalten werden müsse, und das Gesetz selbst enthält nur Bestimmungen über die Abtrennung weiterer Teile und die Zuteilung neuen Gebietes. Der Hinweis des Landgerichts auf RGZ. Bd. 136 S. 339 = vorl. Bd.

S. 369 geht fehl. Dort handelte es sich um den Kreis Lublinitz, der aufgehört hatte, als öffentlich-rechtlicher Verband zu bestehen.

Die Schwächung des Kreises kann lediglich als einer der Umstände berücksichtigt werden, die für die Bemessung der Höhe der Aufwertung in Betracht kommen.

Hiernach war unter Aufhebung des angefochtenen Urteils die Sache zur Erörterung der Höhe des Anspruchs an das Landgericht zurückzuverweisen.

Sachregister

(Die Ziffern bedeuten die Seitenzahlen dieses Bandes)

I. Kirchenrecht

A

Amtshaftung kirchlicher Körperschaften 258

Amtsträger, kirchliche, Rechtsstellung nach staatlichem Recht. Amtshaftung 258

Andersgläubige, Recht auf Mitbenutzung kirchlicher Friedhöfe 66

B

Baukosten siehe Kirchenbaulast und Pfarrbaulast

Bauplatz, Kosten, siehe Pfarrbaulast

Berlin Rechtslage 34

D

Dotation der Pfarre mit dem Nießbrauch an Pfarrländereien 3

Dotationsverpflichtung des Staates aus der Säkularisation 87, 101

E

Ehrensitz des Patrons nach kanonischem Recht 6

Ersitzung des Patronats 1

— der Freiheit von patronatsrechtlichen Obliegenheiten 34

F

Filialgemeinde 28 siehe Tochterkirche

Friedhofsrecht, öffentlich-rechtliche Grundlegung des Friedhofsrechts 226

— Mitbenutzung kirchlicher Friedhöfe durch Andersgläubige 66

— Recht auf Benutzung durch Vornahme einer Beerdigung, Klagbarkeit 10

— Eigentumsverhältnisse im linksrheinischen Gebiet 17

G

Geistlicher, Rechtsgrundlage der Dienst- und Versorgungsbezüge, Rechtsweg für vermögensrechtliche Ansprüche 249

— Niederlegung des Amtes 77

Geldsammlungen für kirchliche Zwecke, Rechtsstellung der Sammler 52

Gemeinden, politische, Verhältnis der Kirche zu ihnen nicht Gegenstand der Regelung in Art. 138 Abs. 1 RVerf. 179

—, politische, Rechtsnatur und Formerfordernisse finanzieller Ausstattungsverpflichtungen mit Bezug auf neu gegründete kirchliche Körperschaften 244

Gerätschaften, kirchliche als Gegenstand von Privatrechten 129

Gottesdienst, dem Gottesdienst geweihte Sachen, Stellung im Rechtsverkehr 5

H

Hand- und Spanndienste 2, 7, 28

Heizungsanlage, Anschaffungskosten, Patronatsrecht 84, 122

Hoheitsakte, innerkirchliche 49, 194

J

Jüdische Synagogengemeinden, Rechtsentwicklung in Preußen 185

K

Kab.-Order, preußische, vom 25. Sept. 1834, Rechtsnatur und Inhalt 87, 140

Kirche, Begriff als Gegenstand des Patronatsrechts 43

Kirche, Verhältnis zu Gemeinden und Gemeindeverbänden nicht Gegenstand der Regelung in Art. 138 Abs. 1 RVerf. 179

Kirchenbaulast nach ALR nur nach Maßgabe der dortigen Einzelregelung (Teil II Titel 11 §§ 720 ff., 779 ff.); § 584 a.a.O. ist keine konstitutive darüber hinaus Rechte gewährende Generalklausel 8
—, Subsidiarität (nur in Ermangelung eines hinlänglichen Kirchenvermögens) *8, 30, 56*
—, Kosten eines zweiten durch Wachstum der Gemeinde bedingten Kirchengebäudes 40
—, Umwehrung (Einfriedigung) des Kirchplatzes, Kosten 36
siehe auch Pfarrbaulast

Kirchengebäude als dem privaten Rechtsverkehr nicht entzogene Sachen 5

Kirchenglocken, Läuten als Ausübung einer im Rechtsweg nicht überprüfbaren öffentlich-rechtlichen Befugnis der Kirche 49

Kirchenmitgliedschaftsverhältnis Rechtsnatur 194

Kirchenpolizei und Kirchenstuhlrecht 6, 23, 175

Kirchensitzrecht siehe Kirchenstuhlrecht

Kirchenstuhlrecht, Wesen 23, 32
—, Folgerungen hieraus bei Neubestuhlung 23
—, Zerstörung des alten und Errichtung eines neuen Kirchengebäudes 31
—, Entschädigungsanspruch bei Aufhebung 23, 26, 27, 33, 51
—, kirchenpolizeiliche Befugnisse 6, 175
—, Entscheidung über Ordnung und Benutzung rein kirchliche Angelegenheit 51
— auch in kath. Kirchen 5
Rechtsweg 6, 25, 26/27

Kirchenvorstand, Mitglieder, Rechtsstellung 191

Kirchhöfe siehe Friedhofsrecht

Kirchplatz, Kosten der Einfriedigung (Umwehrung) 36

Küsterlehrerstelle, Auseinandersetzung des Vermögens 150

L

Läuten der Kirchenglocken als Ausübung einer im Rechtsweg nicht überprüfbaren öffentlich-rechtlichen Befugnis der Kirche 49

Landdotation des Pfarrers 3

M

Märkisches Provinzialrecht 34

Mutterkirche, Verhältnis zur Tochterkirche 28

N

Nießbrauch des Pfarrers an Pfarrländereien 2

O

Orden, kirchliche, und ordensähnliche Kongregationen, Rechtsstellung im bürgerlichen Rechtsverkehr 97

Orgel, Anschaffungskosten, Patronatsrecht 84

P

Patronat nicht identisch mit einzelnen Realberechtigungen, sondern Quelle und Grundlage von Rechten und Pflichten 1
—, lastenfreies und lastenpflichtiges 181

Patronatsbaulast, Begriff 43

Patronatsherr, Integritätsanforderungen an seine Person 59

Patronatsrecht, Wesen (Quelle und Grundlage von Rechten und Pflichten) 1, 59, 84
—, Entstehung und Wesen (kein Recht territorialer Natur, ein Individualrecht kirchlich öffentlichrechtlicher Natur) 18 ff., 21

Patronatsverhältnis, Zweiseitigkeit 2

Paulinum, Privilegium 224

Pfarräcker, Nießbrauch des Pfarrers 3

Pfarrbauern 3

Pfarrbaulast, Pfarrwirtschaftsgebäude für Pfarrländereien 2
—, Wohnbedarf von Hilfsgeistlichen 104

Pfarrbaulast, umfaßt sie die Verpflichtung, den Kaufpreis für die Baustelle zu zahlen? 7
—, umfaßt sie die Verpflichtung zur Mietzinszahlung bei zwischenzeitlicher Einmietung des Pfarrers? 7
— des Patrons der Tochterkirche hinsichtlich nur bei der Mutterkirche befindlicher Pfarrgebäude? 27
Pfarrei, Teilung, Wirkung für das Patronat 18
Pfarrer, Rechtsstellung als ‚Beamte' i. S. des Art. 129 Abs. 1 Satz 3 und Satz 4 RVerf. 171
—, Nießbrauch an Pfarrländereien 2
—, Präsentationsrecht des Patrons 18
Pfarrgebäude siehe Pfarrbaulast
Pfarrgüter 3
Pfarrländereien, Nießbrauch des Pfarrers hieran 2
Präsentation des Pfarrers, Recht des Patrons 18, 38
Privatrechtsfähigkeit der dem Gottesdienst geweihten Sachen 5, 129
Privilegium Paulinum 224

R

Rechtsstreitvertretung, kirchenaufsichtliche Bestellung 209
Rezeption kirchlichen Rechts in die staatliche Rechtsordnung 224

S

Säkularisation 87, 101, 107, 119, 200, 212
—, Gegenwartswert säkularisierten Vermögens 200, 212
Sammlungen, Geldsammlungen für kirchliche Zwecke, Rechtsstellung der Sammler 52
Schuldenhaftung des Staates aus der Säkularisation 107
— bei Verlust des Stiftsvermögens während der französ. Zwischenherrschaft 119
Selbstbestimmungsrecht, kirchliches 64
Selbstverwaltungsrecht, kirchliches (Art. 137 Abs. 3 Satz 1 RVerf.) 115
Staatsleistungen an die Kirche, Begriff 135
—, Aufhebung vor Inkrafttreten der RVerf. 125
—, Beihilfen zur Besoldung der Geistlichen 163
Synagogengemeinden, jüdische, Rechtsentwicklung in Preußen 185

T

Teilung des Patronatsgutes 132
Tochterkirche, Rechtsstellung, Verhältnis zur Mutterkirche 28
— und Patron der Mutterkirche 21
—, Verpflichtung des Patrons der Tochterkirche hinsichtlich nur bei der Mutterkirche befindlicher Pfarrgebäude 27
Trennung bisheriger Einheitspfarrei, Patronatsrecht 73

U

Umwehrung (Einfriedigung) des Kirchplatzes, Kosten 36
Unterhaltsverpflichtung der Kirchen gegenüber ihren Bediensteten nach ALR 8, 9 unten

V

Verkehrsfähigkeit der dem Gottesdienst geweihten Sachen 5

W

Wirtschaftsgebäude für Pfarrländereien (Pfarrbaulast) 2

II. Völkerrecht

A

Änderung von Staatsgrenzen und Privatrechtsordnung 282
—, Zerstückelung innerstaatlicher Gebietskörperschaften durch Änderung von Staatsgrenzen, Schuldenhaftung 369
Ausführung, innerstaatliche, völkerrechtlicher Verbindlichkeiten, Rechtsformen 328

Ausländischer Staat, Stellung in der inländischen Gerichtsbarkeit 285
—, inländische Gerichtsbarkeit über ausländischen Staat als Schiffsreeder? 294
Auslandsvermögen, privates, Beschlagnahme und Liquidation 313, 344
—, Abwehr hierbei unterlaufender Rechtswidrigkeiten 340

B

Besatzungsrecht, Grenzen seines legitimen Geltungsanspruchs 308
Beschlagnahme und Liquidation privaten Auslandsvermögens 313, 340, 344

E

Exterritorialität, Widerklage gegen Exterritorialen 326

G

Gebietsabtretungen, Einfluß auf den Fortbestand der deutschen Gerichtsbarkeit für anhängige Prozesse 291, 310
—, Rechtsfolgen für gebietsfremde Personen 305
Gebietsbezogenheit der Staatshoheit 288
Gebietshoheit, Wechsel, Rechtsfolgen für gebietsfremde Personen 305
Gebietskörperschaften, innerstaatliche, Zerstückelung durch Änderung der Staatsgrenzen, Schuldenhaftung 369
—, Bedeutung von Gebiets- und Bevölkerungsverlusten durch Änderung der Staatsgrenzen 375
Gemischte Schiedsgerichtshöfe, internationale, persönliche Rechtsstellung deutscher Mitglieder 320
Gerichte, „freier und ungehinderter Zutritt zu den Gerichten" für fremde Staatsangehörige 349
Gerichtsbarkeit, inländische, Stellung ausländischer Staaten 285
—, inländische Gerichtsbarkeit über ausländischen Staat als Schiffsreeder? 294
—, deutsche, Einfluß von Gebietsabtretungen für anhängige Prozesse 291, 310
—, rechtlicher Status von einem ausländischen Staat gecharterter Schiffe 357
Gerichtsstand der belegenen Sache bei dinglichen Klagen 288

I

Internationale gemischte Schiedsgerichtshöfe, persönliche Rechtsstellung deutscher Mitglieder 320
—, Nachprüfbarkeit ihrer Entscheidungen durch deutsche Gerichte? 338

K

Kriegsabschlußregelungen und sonstige innerstaatliche Rechtsordnung 300

M

Macht der Verhältnisse, Erledigung völkerrechtlicher Verträge 315

P

Privatrechtsordnung in einem durch Änderung von Staatsgrenzen betroffenen Gebiet 282
Prozesse, schwebende, Einfluß von Gebietsabtretungen 291, 310

R

Reparations-Sachlieferungen, rechtliche Organisation nach dem ersten Weltkrieg 335

S

Schiedsgerichtshöfe, internationale gemischte, persönliche Rechtsstellung deutscher Mitglieder 320
Schiff auf hoher See als Bestandteil des Heimatstaates 342
Schiffe, von einem ausländischen Staat gecharterte, rechtlicher Status gegenüber der inländischen Gerichtsbarkeit 357
Schuldenhaftung bei Staatensukzession 375
— bei Zerstückelung innerstaatlicher Gebietskörperschaften durch Änderung der Staatsgrenzen 369

FSC
www.fsc.org
MIX
Papier | Fördert gute Waldnutzung
FSC® C083411

Kolibri 360 GmbH
Ferdinand-Jühlke-Straße 7
99095 Erfurt, Deutschland
produktsicherheit@kolibri360.de